UmweltWissenschaften

Schriftenreihe der Fakultät für Umweltwissenschaften
und Verfahrenstechnik
der Brandenburgischen Technischen Universität Cottbus

Geschäftsführender Herausgeber

Prof. Dr. rer. pol. MICHAEL AHLHEIM, BTU Cottbus

Titel der bisher erschienenen Bände

M. Kotulla, H. Ristau und U. Smeddinck (Hrsg.)
Umweltrecht und Umweltpolitik
1998. ISBN 3-7908-1093-2

G. Wiegleb, F. Schulz und U. Bröring (Hrsg.)
Naturschutzfachliche Bewertung im Rahmen
der Leitbildmethode
1999. ISBN 3-7908-1174-2

Gerhard Wiegleb · Udo Bröring
Jadranka Mrzljak · Friederike Schulz
(Herausgeber)

Naturschutz in Bergbaufolgelandschaften

Landschaftsanalyse und Leitbildentwicklung

Mit 99 Abbildungen
und 76 Tabellen

Springer-Verlag Berlin Heidelberg GmbH

Prof. Dr. Gerhard Wiegleb
Dr. Udo Bröring
Dipl.-Biol. Jadranka Mrzljak
Lehrstuhl Allgemeine Ökologie
Brandenburgische Technische
Universität Cottbus
Universitätsplatz 3–4
D-03044 Cottbus

Dr. Friederike Schulz
Fakultät Umweltwissenschaften
und Verfahrenstechnik
Brandenburgische Technische
Universität Cottbus
Universitätsplatz 3–4
D-03044 Cottbus

ISBN 978-3-7908-1279-4

Die Deutsche Bibliothek – CIP-Einheitsaufnahme
Naturschutz in Bergbaufolgelandschaften: Landschaftsanalyse und Leitbildentwicklung / Gerhard Wiegleb ... (Hrsg.). – Heidelberg: Physica-Verl., 2000
(UmweltWissenschaften)
ISBN 978-3-7908-1279-4 ISBN 978-3-642-57638-6 (eBook)
DOI 10.1007/978-3-642-57638-6

Umschlaggestaltung: Erich Kirchner, Heidelberg

SPIN 10756310 88/2202-5 4 3 2 1 0 – Gedruckt auf säurefreiem Papier

Vorwort

Im Rahmen des Verbundprojektes „Niederlausitzer Bergbaufolgelandschaft: Erarbeitung von Leitbildern und Handlungskonzepten für die verantwortliche Gestaltung und nachhaltige Entwicklung ihrer naturnahen Bereiche" - kurz: Leitbilder für naturnahe Bereiche oder LENAB - erfolgte eine umfassende ökologische Inventarisierung der Offenlandschaften der Niederlausitzer Bergbaufolgelandschaften (im folgenden BFL). Mit Hilfe der Leitbildmethode wurden die erhobenen wissenschaftlichen Daten für Entscheidungen im Planungsprozeß aufbereitet. Für einzelne Biotoptypen, Biotopkomplexe und Tagebaugebiete wurden abgestimmte Umweltqualitätsziele definiert, die aus Grundmotiven wie Naturnähe und Biodiversität abgeleitet sind. Damit wurden Wege zu einer ökologisch begründeten, wirtschaftlich tragfähigen und gesellschaftlich akzeptierten Nutzung des natürlichen Entwicklungspotentials der Landschaft aufgezeigt.

Im Verbundprojekt wurden Teilprojekte mit unterschiedlicher Aufgabenstellung bearbeitet, die sich mit der Dynamik und räumlichen Verteilung terrestrischer Lebensgemeinschaften, der Besiedlung und Vegetationsentwicklung des Land-Wasser-Übergangsbereiches sowie der Limnologie und Gewässerchemie der Bergbaurestseen und Fließgewässer befaßten. Weitere Arbeitsbereiche waren Aufbau und Führung einer GIS-Anwendung und einer Verbunddatenbank, Fernerkundung zur Kennzeichnung naturnaher Standorte, retrospektive Biotop- und Nutzungsstrukturen als ökologische Planungsgrundlage für Rekultivierungsmaßnahmen sowie die Untersuchung sozio-ökonomischer Bedingungen und Ziele bei der Gestaltung naturnaher Bereiche der Niederlausitzer BFL.

Mit der Publikation werden die im Rahmen dieses Verbundvorhabens erarbeiteten Ergebnisse nach dreieinhalbjähriger Projektlaufzeit dargestellt. Während der bereits vorgelegte Abschlußbericht kurz und prägnant die Gesamtergebnisse des Verbundes und die Berichte der Teilprojekte darstellt sowie nahezu das gesamte empirische Datenmaterial dokumentiert, erfolgt im vorliegenden Buch in 20 Einzelbeiträgen eine übergreifende Darstellung der Forschungsergebnisse und konzeptionellen Entwicklungen im Zusammenhang, wobei oft Bearbeiter aus verschiedenen Teilprojekten als Kapitelautoren beteiligt sind. Dafür wurden bestimmte, aus der Sicht verschiedener Disziplinen sich ergebene Aspekte synthetisch bearbeitet, diskutiert und in ihrer Praxisrelevanz dargestellt.

Im ersten Teil „Leitbildentwicklung, Projektverlauf, sozioökonomische Rahmenbedingungen" werden die Ausgangsbedingungen für das LENAB-Verbundvorhaben in Bezug auf die Leitbildentwicklung und andere naturschutzfachliche Rahmenbedingungen ausgeführt. Aus heutiger Sicht können die Interessen und Motive der Akteure besser beurteilt werden. Einige Schwierigkeiten im Ablauf der Leitbildentwicklung und der Implementation der Ergebnisse werden diskutiert. Die besonderen Hinderungsgründe für eine erfolgreiche Implementation moderner Denkweisen werden am Beispiel der divergenten Wertvorstellungen von Akteuren im Gebiet diskutiert. Am Beispiel von ausgewählten Teilgebieten wird versucht, auf der Ebene von Rahmenszenarien und Objektszenarien die naturschutzfachliche Sicht in eine räumliche Gesamtsicht zu integrieren, wofür auch die Ergebnisse der siedlungsstrukturellen Analysen und Befragungen in den Tagebaurandgemeinden herangezogen wurden.

Im zweiten Teil „Großräumige Landschaftsanalyse" werden zunächst die Ergebnisse der Auswertung historischen Karten- und Luftbildmaterials dargestellt. Zum anderen werden Anwendungen der satelliten- und modernen luftgestützten Fernerkundung zur Erfassung aktueller Landschaftsmerkmale vorgestellt. Vergleiche mit Flächeneinheiten der Landschaftsplanung und Biotoptypenkartierung zeigen Vorteile und Grenzen des Einsatzes von Fernerkundungsmethoden für die vorliegende Fragestellung auf.

Im dritten Teil „Terrestrische Ökologie" werden Untersuchungen der Aktivität von Bodenorganismen sowie bodenchemische und –physikalische Kennwerte der untersuchten Standorte dargelegt. Die Vegetation der Bergbaufolgelandschaften sowie die Ergebnisse experimenteller Untersuchungen zur Initialsetzung von Trockenrasen und Zwergstrauchheiden werden beschrieben. Die kleinräumige Vegetationsentwicklung in Versuchsflächen unterschiedlicher Behandlung konnte über mehrere Jahre dokumentiert werden. Am Beispiel ausgewählter Säugetierarten wird die Bedeutung verschiedener Biotopstrukturen erläutert und mögliche Zusammenhänge zwischen diesen Strukturen und Verhaltensmustern speziell des Migrationsverhaltens der untersuchten Tiere aufgezeigt. Erhebungen der Besiedlung der BFL mit Wirbellosen werden ausgewertet und Muster von Lebensgemeinschaften dargestellt.

Aus allgemeinen Überlegungen zum Generalisierungsproblem und dem beispielhaften Vergleich verschiedener gebräuchlicher Generalisierungsansätze werden im vierten Teil „Datenhaltung und Generalisierung" Schlußfolgerungen für die Praxis abgeleitet. Das Problem der räumlichen Generalisierung („vom Punkt zur Fläche") ist in der Literatur noch wenig bearbeitet. Es tritt jedoch in der praktischen Arbeit in vielfältiger Form auf. An Beispielen von Datensätzen aus der Bergbaufolgelandschaft werden Methoden der Generalisierung für vegetationskundliche und zoologische Datensätze vorgestellt, deren Ergebnisse durch Validierungsdaten überprüft wurden. Als Basis dienten u. a. mittels fernerkundlicher Methoden erstellte digitale Karten und GIS. Aufgezeigt werden auch die Bedeutung einer gemeinsamen Datenhaltung für einen Forschungsverbund der Komplexität von LENAB und der Weg, der hierfür erfolgreich gewählt wurde.

Im abschließenden Teil 5 „Gewässerökologie" werden die aktuellen Rahmenbedingungen für Gewässer in der Bergbaufolgelandschaft und deren beginnende morphologische Eigenentwicklung dargelegt. Anhand ausgewählter Ergebnisse limnologischer Untersuchungen an geogen versauerten Tagebauseen in der Niederlausitz werden die besonderen Eigenschaften dieses Gewässertyps dargestellt. Verschiedene chemische Analysetechniken wurden verwendet, um die Mechanismen und Strategien aufzuklären, mit denen die Erstbesiedlungsvegetation den extremen Bedingungen widersteht.

Ein wichtiges programmatisches Ziel hat das LENAB-Verbundprojekt durch die Art und Weise, in der Forschung organisiert wurde, erreicht. Durch eine inhaltliche Integration sozialwissenschaftlicher Fragen, der Entwicklung des Datenbanksystems, der Methoden der Fernerkundung sowie abgestimmten Kartierungen von Biotopen, Böden, Flora und Fauna konnte eine weitestgehende Verbindung hergestellt und ein hoher Grad der Geschlossenheit erreicht werden, was sich in vergleichbaren Projekten oft als sehr schwierig erwiesen hat. Die Methodik der Forschungsorganisation ist daher wichtiges Ergebnis und in Teilen auf andere Projekte übertragbar. Dies gilt auch für die Methodik der naturschutzfachlichen Arbeit generell: Die Leitbildentwicklung mit den verschiedenen normativen und empirischen Inputs; die Generalisierungsschritte, die mit Hilfe der Fernerkundung, historischer Kartographie und geeigneter Datenhaltung und -aufbereitung durchgeführt wurden; die Arbeit mit Objektszenarien und Bewertungsansätzen bis zur Entwicklung differenzierter Managementkonzepte und Handlungsempfehlungen, die für die Renaturierungs- und Sanierungsmaßnahmen in der BFL entwickelt wurden und auf andere naturschutzfachliche Aufgaben übertragbar sind.

Das LENAB-Verbundprojekt wurde durch das BMBF (Fkz 0339648) und die LMBV mbH gefördert. Die Herausgeber bedanken sich bei allen Beteiligten, namentlich bei Herrn Dr. Kutscher (Projektträger BEO Jülich) sowie den Herren Dr. Sauer (†) und Dr. Hildmann (LMBV mbH) für die gute Zusammenarbeit sowie bei den Mitgliedern des Projektbeirates für ihre Bereitschaft zur wissenschaftlichen Begleitung des Verbundes. – Wir danken allen Mitarbeiterinnen und Mitarbeitern in den einzelnen Teilprojekten und beteiligten Institutionen für ihr Engagement und ihre Kooperationsbereitschaft. Die Auswertungen wurden unterstützt durch zahllose Diskussionen mit externen Kolleginnen und Kollegen auf Workshops und Seminaren, auch ihnen sei an dieser Stelle gedankt. Nicht zuletzt bedanken wir uns bei allen Autoren und Rezensenten dieses Buches sowie dem Physica-Verlag (Heidelberg) für die gute Zusammenarbeit.

Cottbus, September 1999
Die Herausgeber

Inhaltsverzeichnis

Teil 3 Terrestrische Ökologie

Teil 4 Datenhaltung und Generalisierung

Teil 5 Gewässerökologie

Teil 1

Leitbildentwicklung, Projektverlauf, sozioökonomische Rahmenbedingungen

1 Die Niederlausitzer Bergbaufolgelandschaft – Probleme und Chancen

Friederike Schulz[1] & Gerhard Wiegleb[2]

[1] Brandenburgische Technische Universität Cottbus, Fakultät 4, Postfach 101344, D-03013 Cottbus, e-mail: fschulz@tu-cottbus.de

[2] Brandenburgische Technische Universität Cottbus, LS Allgemeine Ökologie, Postfach 101344, D-03013 Cottbus, e-mail: wiegleb@tu-cottbus.de

Zusammenfassung. Die Ausgangsbedingungen für das LENAB-Verbundvorhaben werden dargestellt. Im Gegensatz zur Rekultivierung land- und forstwirtschaftlicher Nutzflächen gab es 1994 nur unklare Vorstellungen, welche Zielvorstellungen in den naturnahen Bereichen der Bergbaufolgelandschaft zu verfolgen sind und wie diese Ziele mit den gesellschaftlichen Rahmenbedingungen kommunizieren. Die Durchsetzung naturschutzfachlicher Konzepte wurde durch historisch und technokratisch orientierte Denkweisen beeinträchtigt, die zu schwer korrigierbaren Fehlentscheidungen aus der Sicht des Naturschutzes führten. Die Verbindung zwischen wissenschaftlichen Erkenntnissen und dem Sozialsystem wird mit Hilfe der Szenariomethode auf der Basis von Rahmen- und Objektszenarien deutlich gemacht. Dabei wird die starke Wertbeladenheit aller angesprochenen Aspekte deutlich, die sich einer kritisch-rationalistischen Herangehensweise wie im vorliegenden Projekt erprobt teilweise entzieht. Aus heutiger Sicht können die Interessen und Motive der Akteure besser beurteilt werden. Anwendungsforschung führt für den Wissenschaftler zu einer Reihe von Dilemmata, die noch unzureichend aufgearbeitet sind.

Schlüsselwörter. Akteursanalyse, Anwendungsbezug, Objektszenarien, Rahmenszenarien, Verantwortung der Wissenschaft.

1 Einleitung

Das Verbundvorhaben LENAB hatte die Zielstellung, Leitbilder und Handlungskonzepte für die naturnahen Bereiche der Niederlausitzer Bergbaufolgelandschaft (im folgenden BFL) zu erarbeiten (Bröring et al. 1995). Derartige Forschung war zum Zeitpunkt des Vorhabenbeginns erwünscht und wurde auch finanziell gefördert (durch BMBF und LMBV). Im Jahre 1994 lagen für die Renaturierung von terrestrischen Flächen innerhalb der Sanierungsgebiete, für die keine unmittelbare

Folgenutzung wie Land- und Forstwirtschaft vorgesehen war, keine tragfähigen und allgemein anerkannten Konzepte vor. Mit Hilfe der Methode der diskursiven Leitbildentwicklung (Wiegleb 1996) sollten deshalb wissenschaftlich begründete Grundlagen zur Herstellung und Erhaltung von sich selbst organisierenden Flächen mit naturnahen Biozönosen und Ökosystemen und deren Einpassung in ein ökologisch und sozioökonomisch tragfähiges Gesamtkonzept der Bergbaufolgelandschaft erarbeitet werden. Ein weitergehendes Ziel war es, wissenschaftlich begründete Handlungsanweisungen und -konzepte für die in den Sanierungsplänen geforderte naturschutzfachliche und wasserwirtschaftliche Detailplanung der Flächenkategorie „Renaturierung" (als „Vorrangflächen für Arten- und Biotopschutz") im Rahmen der Sanierung der Bergbaufolgelandschaft bereitzustellen.

Im folgenden soll ein Überblick über das im Rahmen des Verbundvorhabens Erreichte gegeben werden. Des weiteren sollen offenkundige Schwierigkeiten der Vorhabensdurchführung problematisiert werden. Soweit möglich, sollen die jeweiligen Gründe dargelegt werden. Dies schließt auch die Frage nicht aus, was man hätte besser machen können. Einige Ausführungen sind von persönlicher Betroffenheit gekennzeichnet und haben nur anekdotischen Charakter. Eine umfassende Evaluation des Vorhabens ist damit nicht geplant. Die eigentlichen ökologischen und naturschutzfachlichen Details werden in anderen Kapiteln des Buches dargestellt.

2 Ausgangsbedingungen 1994

2.1 Das Untersuchungsgebiet

Die Tagebauregion der Niederlausitz umfaßt Südbrandenburg und den Nordosten von Sachsen 130 km südöstlich von Berlin und 100 km nördlich von Dresden (Abb. 1.1). Sie liegt am südöstlichen Rand der norddeutschen Tiefebene. Saale- und Weichseleiszeit formten das Oberflächenrelief der Landschaft. Mit Ausnahme der nordwestlichen Region bilden Sandböden die überwiegenden eiszeitlichen Ablagerungen. Kohlegruben wurden sowohl in ehemaligen Gletschertälern als auch auf Grundmoränen geöffnet. Dies führt zu jeweils unterschiedlichen hydrologischen Verhältnissen. Auf Nichtbergbauflächen bilden Forste zu etwa 70% den überwiegenden Landnutzungstyp. Landwirtschaft spielt in den meisten Teilen der Lausitz traditionell eine untergeordnete Rolle aufgrund der allgemein nährstoffarmen Böden.

Für das Vorhaben wurden zwei Hauptuntersuchungsräume innerhalb des Niederlausitzer Braunkohlereviers ausgewählt. Dabei handelt es sich um den Großraum der Schlabendorfer Felder mit den angrenzenden Tagebauen Seese-Ost und Seese-West sowie den Raum westlich von Lauchhammer (Sanierungsgebiet Lauchhammer II). Für die Fernerkundung, Kartenauswertung, und sozioökonomische Auswertung wurden diese Räume als Ganzes betrachtet. Ökologische Probenahmen fanden in ausgewählten Teilräumen statt. Experimentelle Untersuchungsflächen wurden zusätzlich in den Tagebauen Cottbus-Nord, Meuro, Schlabendorf-Nord und -Süd sowie Seese-West angelegt.

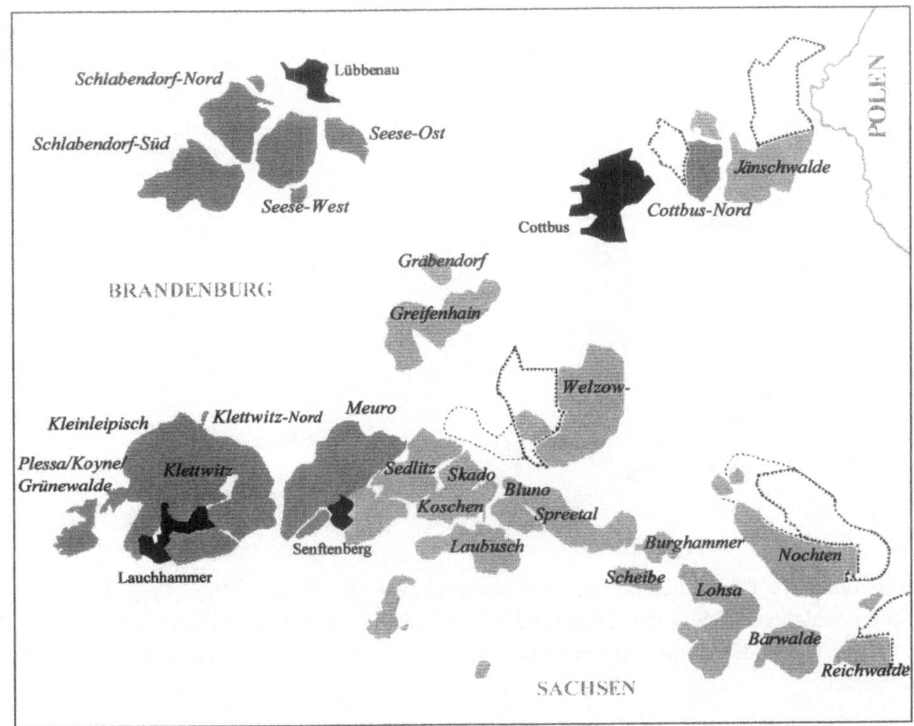

Abbildung 1.1 Übersicht über das Lausitzer Braunkohlerevier Mitte der 90er Jahre. ■ im LENAB-Verbundprojekt untersuchte Tagebaue, □ nicht untersuchte Tagebaue, ■ Ortsgebiete. Durchbrochene Linien weisen genehmigte Abbaugrenzen aus.

Der Untersuchungsraum Schlabendorfer Felder. Dieser Untersuchungsraum (Abb. 1.2) liegt teilweise im Landkreis Dahme-Spreewald (Altkreis Luckau), teilweise im Landkreis Oberspreewald-Lausitz (Altkreis Calau), ca. 10 km von Lübbenau entfernt. Die Entfernung von Cottbus beträgt 40-50 km. Das Gebiet ist typisch für den modernen Großtagebau und in sich stark differenziert. Während der Tagebau Schlabendorf-Nord in weiten Teilen bereits rekultiviert wurde (Ende des Bergbaus 1975), ist der Tagebau Schlabendorf-Süd deutlich jünger und weist einen hohen Anteil nicht bearbeiteter Flächen auf (Ende des Bergbaus 1992). Durch Kalkmergel tritt stellenweise ein geringerer Versauerungsgrad der Kippsubstrate und Restseen auf. Die Tagebaue befinden sich zum Teil im während der Projektlaufzeit eingerichteten Naturpark Niederlausitzer Landrücken. Ein gültiger Sanierungsplan (Braunkohlenausschuß 1993) liegt vor.

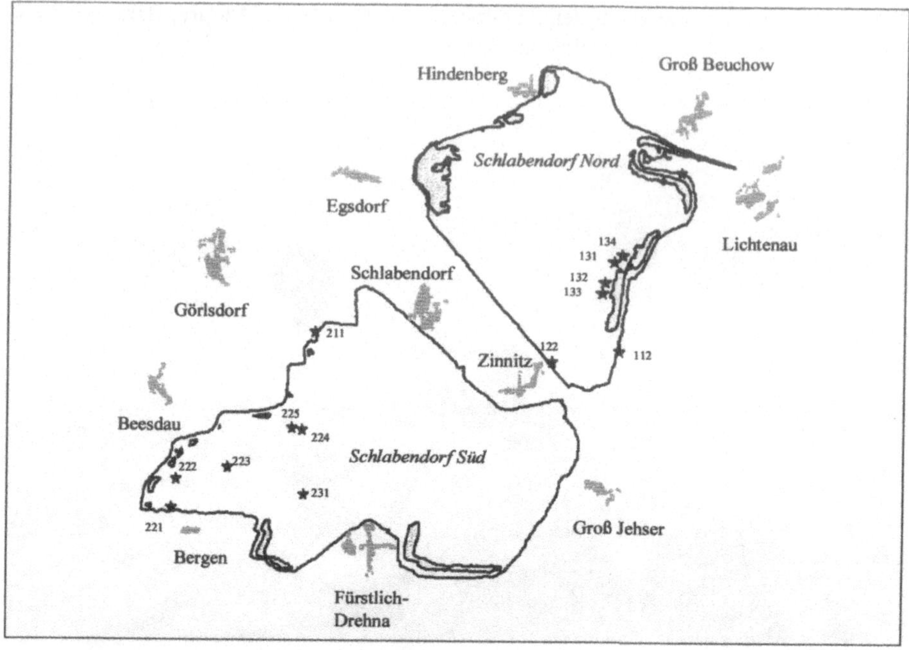

Abbildung 1.2 Tagebauregion der Niederlausitz: Lage der Probeflächen (*) in den Tagebauen Schlabendorf-Süd und Schlabendorf-Nord. Die Ortsgebiete (dunkel) und die Restseen (hell) mit den aktuell vorhandenen Wasserflächen sowie die Tagebaugrenzen sind dargestellt.

Der Untersuchungsraum westlich Lauchhammer. Südwestlich der Großtagebaue Klettwitz und Klein-Leipisch liegen die Restseeketten von Koyne und Grünewalde sowie Plessa-Lauch und Plessa. Das Gebiet liegt teilweise im Landkreis Oberspreewald-Lausitz (Altkreis Senftenberg) und teilweise im Elbe-Elster-Kreis (Altkreis Bad Liebenwerda) zwischen Finsterwalde, Lauchhammer und Bad Liebenwerda. Die Altbergbaubereiche haben ein Alter von bis zu ca. 70 Jahren und sind gekennzeichnet durch kleinflächige Abbaugebiete und Bruchfelder. Das Gebiet ist stellenweise touristisch erschlossen. Die Entfernung zu Cottbus beträgt 60-70 km, zu Lauchhammer 5-15 km. Es ist Teil des Naturparks Niederlausitzer Heidelandschaft. Ein Sanierungsplan für den Bereich des Altbergbaugebietes wurde während der Vorhabenslaufzeit verabschiedet (Braunkohlenausschuß 1996).

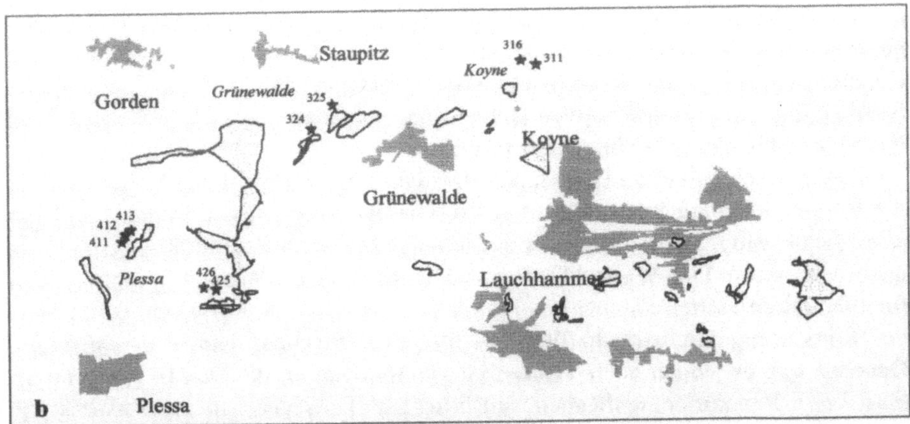

Abbildung 1.3 Tagebauregion der Niederlausitz: Lage der Probeflächen (*) in den Tagebauen Plessa, Koyne und Grünewalde. Die Ortsgebiete (dunkel) und die Restseen (hell) sind dargestellt.

2.2 Projektbezogene Ausgangsbedingungen

Die Niederlausitz ist durch eine jahrzehntelange bergbauliche Tätigkeit und die dazugehörenden Industriestandorte geprägt. Aus verschiedenen Gründen wurden Braunkohlentagebaue früher nur unvollständig rekultiviert bzw. wiedernutzbar gemacht. Hierdurch ist eine Situation entstanden, die zur Etablierung des Sanierungsbergbaus als einer „neuen" bergmännischen Tätigkeit geführt hat (Bilkenroth & Hildmann 1998). Die aktuelle BFL setzt sich somit aus Hinterlassenschaften verschiedener Phasen des bisherigen Bergbaus zusammen, so dem Altbergbau vor 1945, dem Bergbau der ehemaligen DDR und den Tagebauen, die seit 1989 aufgrund der politischen Veränderungen z. T. überhastet aufgegeben wurden (vgl. Blumrich et al. 1998). Gemeinsam ist allen Phasen eine von Fall zu Fall unterschiedlich lange Zeitverzögerung zwischen bergbaulicher Inanspruchnahme und Wiedernutzbarmachung. Dies hatte 1990 zu einer Situation geführt, auf die weder rechtliche (z. B. Bundesberggesetz) noch planerische Vorgaben adäquat abgestimmt waren. Während im Langfristbergbau die Dinge unmittelbar und sukzessive angegangen werden, galt es im Sanierungsbergbau, in einem großen Gebiet gleichzeitig den Handlungsbedarf zu erkennen und Weichen für die Zukunft nicht zu verstellen (Schulz et al. 1999).

In dieser Situation setzte die Arbeit des LENAB-Verbundvorhabens an. Die Sanierungsplanung des Landes Brandenburg sieht in den zu sanierenden Tagebauen eine Fläche von ca. 5 000 ha für naturnahe Bereiche (sog. „Renaturierungs- und Sukzessionsflächen", auch „Vorrangflächen für Arten- und Biotopschutz") vor. Derartige Flächen umfassen ca. 15% der terrestrischen Bereiche. Flächenanteil und Verteilung innerhalb der Tagebaue wurden ebenso wie die der land- und forstwirtschaftlichen Flächen durch die Sanierungspläne (z. B. Braunkohlenausschuß 1993, 1996) festgelegt. Diese Ausgangslage hatte die Zielsetzung zur Folge, aus einer Datenerhebung auf verschiedenen räumlichen Skalen unter Einbeziehung der sozioökonomischen Situation im Gebiet Leitbilder zu formulieren und Handlungsanweisungen zu erarbeiten. Das Vorhaben verstand sich als modellhafte Bearbeitung eines repräsentativen Gebietes im Sinne der „anwendungsorientierten Grundlagenforschung" (Mittelstraß 1990).

Offensichtlich gab es zu Beginn der 90er Jahre widersprüchliche Strömungen in der Regionalplanung bzw. unter den Entscheidungsträgern der Region. Auf der einen Seite waren Denkmuster aus der vorangegangenen Rekultivierungstradition noch sehr stark. Die Wertschätzung des Holzertrages (darum Einrichtung von forstlich rekultivierten Flächen) und die Wertschätzung der Agrarproduktion (darum Einrichtung landwirtschaftlich rekultivierter Flächen) waren ungebrochen. Daneben gab es jedoch auch Tendenzen zur Innovation, die sich in der Einrichtung von „Renaturierungsflächen" ausdrückten. Dies geschah eher halbherzig, denn 15% sind ein sehr geringer Anteil, wenn man bedenkt, daß 15% Schutzgebiete eine Zielzahl sind, die eigentlich auf der gesamten Landesfläche erreicht werden sollte, aber außerhalb der BFL nirgends auch nur annähernd erreicht wird.

Nur durch die disziplinäre Herkunft vieler Akteure (Wasserwirtschaft) erklärbar ist die Dominanz der Wasserfrage im Planungsablauf. Während man sich im terrestrischen Bereich damit begnügte, Flächenkategorien festzulegen (ohne zu bedenken, ob diese nachhaltig zu bewirtschaften sind oder nicht) und deren weitere Ausfüllung dem freien Spiel der Kräfte (z. B. den regionalen Arbeitskreisen des Braunkohlenausschusses) überließ, wurden im aquatischen Bereich weitreichende Umweltqualitätsziele (UQZ) festgeschrieben. Deren Erreichung ist im wahrsten Sinne des Wortes „um jeden Preis" anzustreben und bestimmt im wesentlichen die Geldflüsse für die zukünftige Sanierung und Rekultivierung. Es fehlte um 1990 jegliche Vorstellung davon, daß das historisch Gewordene einen Wert haben könnte, den es zu nutzen gilt. Nicht verschwinden lassen, sondern Kapital daraus schlagen, wäre eine sinnvolle Alternative gewesen, die aber möglicherweise nicht denkbar war. Wir beziehen hier nicht nur unmittelbar finanzielle Werte sondern auch ideelle, z. B. durch Naturerlebnis vermittelte mit ein. Insgesamt dominierte ein paternalistisches Planungssystem bzw. ein Denken in großen Unternehmen, die „schon alles richtig machen" würden. In der öffentlichen Diskussion, ausgedrückt im Presseecho der Lausitzer Rundschau, dominierten eher Schlagworte („größtes Umweltprojekt Deutschlands") als sachdienliche Information.

Dem sollten im Rahmen des Vorhabens differenzierte Lösungen gegenüber gestellt werden. Angestrebt wurden datenbasierte Entscheidungen und nicht dogmatische nach Rekultivierungsrichtlinie xyz. Dem entscheidungstheoretischen Determinismus („... keine Alternative zur Restlochflutung!") sollte nicht eine völlige Beliebigkeit gegenübergestellt werden, sondern es galt, verschiedene realistische Alternativen fachlich zu begründen und auf der Basis von Leitbildern zu bewerten.

3 Rahmenbedingungen

3.1 Das Wiederherstellungsszenario

In der Lausitz herrscht ein stark technisch orientiertes, mit historischen Versatzstücken garniertes Verständnis von Landschaft und Landschaftsgestaltung vor (Wiederherstellungs"szenario"; Blumrich et al. 1998). Die wirtschaftliche Nachhaltigkeit dieses „Szenarios", das zielstrebig verfolgt wird, ist nicht bewiesen. Tabelle 1.1 zeigt den Versuch einer Rekonstruktion des öffentlichen Gedankenguts nach verschiedenen Quellen, insbesondere Luckner (1997; ergänzt durch Mitschriften bei Tagungen und Workshops veranstaltet u. a. vom NABU e. V., der Friedrich-Ebert-Stiftung, dem MUNR Brandenburg, der LAUBAG, der LMBV, der BTU Cottbus und dem Oberbergamt des Landes Brandenburg). Eine logisch-hierarchische Unterteilung in Leitbilder, Leitlinien und UQZs ist zu erkennen (Tab. 1.1).

Dieses Leitbild verkennt, daß die Niederlausitz eine technogene Kulturlandschaft mit „urlandschaftsäquivalenten Elementen" (Sehm & Wiedemann 2000, dieser Band) bzw. eine eigenständige „technogene Naturraumeinheit" (Katzur 1997) ist. Die „urlandschaftsäquivalenten Elemente" sind beiläufig durch den bergbaulichen Eingriff entstanden, womit eine Chance verbunden ist, die es zu nutzen gilt (sowohl für den Naturschutz als auch für die touristische Vermarktung).

Historisierendes Leitbild:

Das historisierende Leitbild findet sich in Formulierungen wie „Wiederherstellung einer lausitztypischen Kulturlandschaft" oder „weitgehende Wiederherstellung des vorbergbaulichen Zustandes". Der genaue historische Bezugspunkt bleibt imaginär. Warum eine Anknüpfung an historische Leitbilder sich bei Renaturierungsvorhaben grundsätzlich nicht anbietet, wird in Abschnitt 3.4.2 noch erläutert. Müller (1935) kannte einen Ausdruck „lausitztypisch" noch nicht. Das Leitbild stammt ideengeschichtlich aus der forstlichen Rekultivierung (vgl. Sauer 1996, Preussner 1997), wo es als sektorale Leitlinie seine Berechtigung hat (z. B. bei der Wahl „gebietstypischer Baumarten"). Die Anwendung auf den Gesamtraum einschließlich der naturnahen Bereiche im Sanierungsbergbau ist hingegen außerordentlich problematisch. Die Unmöglichkeit der Erreichung dieses Leitbildes wurde wegen der tiefgreifenden Änderungen im Naturraumpotential (Reliefenergie, Bodenbeschaffenheit, Gewässeranteil, Wassergüte und -menge) mehrfach ausführlich belegt (Wiegleb 1996, Katzur 1997, Hildmann 1997). Die Änderungen sind so fundamental, daß auch eine Annäherung an den vorbergbaulichen Zustand unmöglich ist.

Tabelle 1.1 Das technologisch orientierte Leitbild für die BFL, gegliedert nach Zielebenen (aus verschiedenen Quellen; verändert nach Blumrich et al. 1998).

Zielebene	**Zielvorstellung**	**Kommentar**
Leitbild	Wiederherstellung einer „lausitztypischen" Kulturlandschaft	Bezugszeitpunkt für „Lausitztypik" unklar oder unbekannt
Leitlinie 1	Gefahrenabwehr: - Gefahr des Setzungsfließens - Gefahr der Versauerung von Grundwasser, Vorflut und potentiellen Nutzseen - Gefahr der finanziellen Folgeschäden (durch Nicht-Nutzbarkeit)	Übertriebene Auslegung des Gefahrenbegriffes nach dem BBergG; Setzungsfließen als Gefahr nur in siedlungsnahen und sonstigen leicht zugänglichen Bereichen Versauerung als Gefahr nur soweit sie bewohnte Bereiche außerhalb der BFL tangiert, oder abgestimmten Entwicklungszielen unmittelbar zuwider läuft
Leitlinie 2	Wiedernutzbarmachung (ordnungsgemäße Gestaltung der Oberfläche)	Einseitige Sichtweise im Hinblick auf land- und forstwirtschaftliche Rekultivierung; fehlende Prüfung des tatsächlichen Bedarfs (bei landwirtschaftlichen Flächen) oder der Auswirkungen auf das Landschaftsbild (Ausweitung der Forstflächen)
Leitlinie 3	Wiederherstellung eines „landschaftsgerechten", „ausgeglichenen", „langfristig stabilen" bzw. „selbstregulierenden" Wasserhaushaltes	Ziel problematisch, ein selbstregulierender Wasserhaushalt existiert in der mitteleuropäischen Kulturlandschaft fast nirgends mehr; langfristige Kosten (mögliche Schäden an Gebäuden und bereits eingerichteten Nutzflächen) sind volkswirtschaftlich nicht gegengerechnet, Nachsorgeaufwand unbekannt
UQZ (Auswahl)	Neutralisierung aller Restgewässer	Weder ökologisch sinnvoll noch ökonomisch machbar, Negation des Wertes des Bestehenden
	Geomorphologische Wiedereingliederung aller Tagebaue	Negation der kulturhistorischen Bedeutung des Bergbaues und der entstandenen landschaftlichen Eigenart

Leitlinien:

Die Leitlinien „Gefahrenabwehr", „Wiedernutzbarmachung" und „Wiederherstellung des Wasserhaushaltes" ergeben sich dagegen unmittelbar aus dem Bundesberggesetz und sind in dieser oder ähnlicher Form in alle Sanierungs- und Betriebspläne integriert (z. B. Braunkohlenausschuß 1993, 1996). Als solche sind sie zu akzeptieren und bei jeglicher Planung zu berücksichtigen. Die Erfahrung zeigt jedoch, daß bis vor kurzem resultierende Maßnahmen ohne Rücksicht auf vorhandene oder notwendige Grundlageninformation nach einheitlichen Schemata durchgeführt wurden. Problematisch ist zudem die weitreichende Auslegung dieser Begriffe.

1. **Gefahrenabwehr.** In der BFL ist eine Ausweitung des Gefahrenbegriffes über das im technischen Bereich sonst übliche Maß hinaus auf potentielle und sehr unwahrscheinliche Gefahren festzustellen. Damit werden Bereiche, die laut einschlägigen Bestimmungen wie BNatSchG, BbgNatSchG oder FFH-Richtlinie geschützt sein sollten, nachträglich möglicherweise durch Sanierungsmaßnahmen beeinträchtigt. Hier entstehen Ziel- und Rechtskonflikte. Allein die Tatsache, daß z. B. wasserrechtliche Verfahren in der Brandenburger BFL, anders als etwa in Sachsen-Anhalt, oft als Plangenehmigungsverfahren abliefen und nicht als Planfeststellungsverfahren, erschwerte die Einbringung naturschutzfachlicher Belange.
2. **Wiedernutzbarmachung.** Der bis vor kurzem praktizierten Ausgrenzung des Naturschutzes aus dem Wiedernutzbarmachungskonzept des Bundesberggesetzes lag die nicht mehr zeitgemäße Annahme zugrunde, daß Nutzung immer im kommerziellen Sinne zu sehen ist. Obwohl die Wiedernutzbarmachung „im öffentlichen Interesse“ zu erfolgen hat, blieb der Naturschutz außen vor (gerade so, als ob Naturschutz nicht im öffentlichen Interesse wäre). Damit wurde eine künstliche Opposition zwischen „Naturschutz” und „Nutzbarkeit” erzeugt. Vielmehr sind wir der Meinung, daß Naturschutz als Nutzung angesehen werden kann (was auch den Intentionen des Baugesetzbuches und des Raumordnungsgesetzes entspricht), und eine Naturlandschaft damit immer auch eine Art „Kulturlandschaft“ ist (vgl. dazu auch Abschnitt 3.4.2 und 5.2). Daraus folgt auch, daß Flächen, in denen sich nach Kippung naturschutzfachlich wertvolle Strukturen etabliert haben, nicht zum Zwecke der „Wiedernutzbarmachung“ rekultiviert werden dürfen, es sei denn, man führt eine Umweltverträglichkeitsprüfung oder eine Verträglichkeitsprüfung nach FFH-Richtlinie durch. Neuerdings werden erfreulicherweise Naturschutzvorrangflächen unter dem Kürzel SN („sonstige Nutzungen“) auch in den Wiedernutzbarmachungsbilanzen der LMBV geführt.
3. **Herstellung eines „sich selbst regulierenden Wasserhaushaltes“.** Eine grundsätzliche Kritik an dieser Leitlinie ist schwierig, da man sich wegen der Komplexität des Problems selbst leicht in Widersprüche verwickelt. Man kann jedoch folgendes zu Bedenken geben: Ein „selbstregulierender Wasserhaushalt” ist ein Zustand, der sonst in der mitteleuropäischen Kulturlandschaft kaum mehr existiert. Fast überall werden Wasserstände von Seen, Grabensystemen, Grundwasserleitern usw. künstlich nach den Vorgaben von Landnutzern reguliert. Die Anhebung des Wasserstandes in der BFL erfolgte bisher ohne ausreichende Prüfung der Frage, ob in bestimmten Fällen das Belassen der Grundwasserferne nicht volkswirtschaftlich und ökologisch günstiger ist als die Wiederherstellung der Grundwassernähe. Die Kosten des Weiterpumpens sind ggf. gut kalkulier-

bar, der Nachsorgeaufwand für die jetzigen Maßnahmen wird nicht exakt berücksichtigt.

Dies schließt die nicht ausreichende Berücksichtigung der Tatsache ein, daß viele vermeintliche oder potentielle Gefahren ohne den Wiederanstieg des Wassers (z. B. Pyritauswaschung) gar nicht auftreten würden. „Wasserwirtschaft" ist nicht nur Wassermengen- und Wassergütewirtschaft mit eigener intern widersprüchlicher Logik, sondern sie ist nach dem Wasserhaushaltsgesetz des Bundes auch der Leistungsfähigkeit des Naturhaushaltes verpflichtet. Obwohl in wasserwirtschaftlichen Publikationen (z. B. Luckner & Eichhorn 1995) ein gewisses Problembewußtsein sichtbar wird und auch explizit Maßnahmen zur „Renaturierung" gefordert werden, wird insgesamt ausschließlich auf technologische Lösungen („Fremdflutung", „Neutralisierung") gesetzt.

Umweltqualitätsziele:

Aus den vielen genannten Umweltqualitätszielen seien vor allem die Neutralisierung der Restgewässer und die „geomorphologische Wiedereingliederung" (bzw. „Anpassung an ein regionaltypisches Landschaftsbild") genannt. Beide Ziele sind in ihrer überzogenen Form abzulehnen, wie im vorliegenden Artikel an verschiedenen Stellen belegt.

Die genannten Ziele sind zwar hierarchisch angeordnet, aber nicht logisch widerspruchsfrei. Große Seen gehören gerade nicht zur historischen „lausitztypischen" Landschaft (siehe Leitbild), sie entstehen aber zwangsläufig bei ungehindertem Grundwasseranstieg (siehe Leitlinie 3). Man toleriert so zwar die „neuen" Restgewässer, aber nicht deren „neue" Wasserchemie. Man definiert dann unter Rückgriff auf die vermutete ehemalige Wasserqualität Lausitzer Gewässer Umweltqualitätsziele, die teuer und schwierig zu erreichen sind (z. B. „Neutralisierung aller Restgewässer"). Diese führen zu einer aus naturschutzfachlicher Sicht unerwünschten großräumigen Vereinheitlichung der Landschaft unter Negation der bergbaulich bedingten Eigenart. Diese zeichnet sich in terrestrischen Bereichen u. a. aus durch Großräumigkeit, relative Nährstoffarmut, Störungsfreiheit, Heterogenität des Substrates und anhaltende Dynamik (LBV und NABU 1995, Katzur 1997, BfN 1999). Wegen der massiven Veränderungen wäre es u. E. sogar sinnvoll, die einzelnen Tagebaue als neue naturräumliche Einheiten zu fassen und sie nicht den ehemaligen Naturräumen zuzuordnen, wie dies in Planwerken häufig geschieht.

Weitere Widersprüche treten auf bei der Beurteilung grundwasserabsenkungsbedingter Schäden im Tagebaurandbereich. Es ist umstritten, ob so etwas wie eine Wiederherstellungspflicht von ausgetrockneten Quellen und kleinen Bächen, abgestorbenen Wäldern bzw. der Produktionsfunktion land- und forstwirtschaftlicher Flächen allgemein besteht. Im Langfristbergbau ist diese gegeben, nicht jedoch im Sanierungsbergbau. Im Fall überregional gefährdeter Biotoptypen (z. B. Quellbiotopen) mag dies trotzdem sinnvoll sein, in anderen Fällen (z. B. Kiefernforsten) ist kein zwingender Grund erkennbar.

3.2 Raumordnerische Rahmenszenarien

Alternativen können am besten in Form von Szenarien als gedachte Zukünfte gegenüber gestellt werden. Dies kann sowohl auf der größeren räumlichen Skala geschehen (als Rahmen für naturschutzfachliches Handeln) als auch auf der lokalen Skala (als Illustration der Konsequenzen). Der erstgenannte Ansatz soll kurz erläutert und in Beziehung zur herrschenden Praxis gesetzt werden.

Die Renaturierung bzw. die Gestaltung der naturnahen Bereiche der BFL kann in verschiedene Szenarien in unterschiedlicher Weise eingebunden gedacht werden. Ausgangspunkt waren einfache Klassifikationen von Szenarien, wie Ausgleichs- und Entwicklungsszenarien, denen als realistisches Pendant das Wiederherstellungsszenario gegenübergestellt wurde. Nach ausführlicher Diskussion, unter Einbeziehung des entsprechenden raumordnerischen Sachverstandes und der Ergebnisse der empirischen Sozialforschung wurden die Szenarien auf vier reduziert und fachlich ausgestaltet. In Tabelle 1.2 sind diese Rahmenszenarien für die Entwicklung der Niederlausitz gegenübergestellt (vgl. auch Stierand 2000, Serbser 2000, dieser Band).

Alle Szenarien orientieren sich an theoretischen raumordnerischen Konzepten, die eingeführt und erprobt sind. Sie enthalten eine Definition des Ist-Zustandes, realistische Entwicklungsziele und Angaben zum Weg, wie man dorthin kommt. Folgende Szenarien wurden verfolgt.

- **Grüne Lunge Niederlausitz:** Dies entspricht dem Konzept des „ökologischen Ausgleichsraumes". Der natürlichen Entwicklung der BFL wird breiter Raum zugebilligt, die menschlichen Aktivitäten finden ohne größeren Aufwand statt.
- **Bestmögliche Infrastruktur schaffen:** Auf der Basis von außen kommender Investitionen wird eine Entwicklung gefördert, die die Region vielseitig, auch industriell nutzbar macht, notwendige infrastrukturelle Maßnahmen werden erbracht.
- **Eigene Kräfte nutzen:** Die Entwicklung der Region basiert auf den vorhandenen Kenntnissen, Ressourcen und Ideen. Externe Geldmittel oder Projekte spielen keine Rolle.
- **Regionale Entwicklung durch koordinierte Projekte:** Investitionen, Fördermittel und Unternehmungen werden zu Projekten gebündelt. Die Ideen und auch die Mittel dafür können sowohl aus der Region als auch von außerhalb kommen. Im Gegensatz zur Bestmöglichen Infrastruktur ist die Beteiligung der Region größer, sowohl bei der Ideenfindung als auch bei der Realisierung.

Insgesamt erscheinen z. Z. das Ausgleichsszenario „Grüne Lunge" und das „Projektszenario" (mit der IBA Fürst-Pückler-Land als wichtigstem Projekt) sowohl am aussichtsreichsten als auch am verträglichsten für Naturschutzinteressen.

Tabelle 1.2 Raumordnerische Rahmenszenarien (verändert nach Stierand 2000).

	Grüne Lunge Niederlausitz	**Bestmögliche Infrastruktur schaffen**	**Eigene Kräfte nutzen**	**Gebietsentwicklung durch Projekte**
Orientierung	Konzept Ökologischer Ausgleichsraum	Zentrale-Orte-Konzept	Konzept Endogene Potentiale	Konzept der IBA Emscher-Park
Definition des Ist-Zustandes	Die Niederlausitz ist ein durch Landwirtschaft, Wald und dünne Besiedlung geprägtes Gebiet	Die Niederlausitz ist ein peripheres Gebiet, gekennzeichnet durch Bevölkerungsverluste und Versorgungsnachteile	Die Niederlausitz verfügt über ungenutzte Potentiale, zu denen z. B. die Landschaft und die Qualifikation der Bevölkerung gehören	Die Niederlausitz verfügt über Ansatzpunkte für attraktive Projekte im Bereich von Natur, Technik und Siedlungsstruktur
Entwicklungsziele	Die Niederlausitz soll ökologische Ausgleichsleistungen für die Ballungsgebiete erbringen	Die Niederlausitz soll gleichwertig mit Infrastruktur ausgestattet und versorgt werden	Die Niederlausitz soll alle eigenen Ansatzpunkte für eine Weiterentwicklung ausbauen	Projekte sollen eine nachhaltige, ökologische, soziale und ökonomische Entwicklung der Niederlausitz anstoßen
Strategien und Maßnahmen	Zahlreiche und ausgedehnte Schutzgebiete, ökologische Landwirtschaft, sanfter Tourismus	Bau von Straßen und Siedlungen, Erhalt und Ansiedlung von Unternehmen, öffentliche Förderung	Wahrung und Ausbau orts- und regionalspezifischer Besonderheiten, Beschränkung auf mit regionalen Mitteln Machbares	Eine möglichst vielfältige Entwicklung mit den Prioritäten einer Internationalen Ausstellung gestalten

3.3 Raumgliederung nach Nutzungsintensität

Die oben dargestellten Rahmenszenarien beeinflussen die Möglichkeiten der Umsetzung naturschutzfachlich als optimal angesehener Entwicklungskonzepte für die Niederlausitzer Bergbaufolgelandschaft. Je nachdem, welches dieser Konzepte vorrangig umgesetzt wird, ergeben sich unterschiedliche Freiheitsgrade für naturschutzfachliches Handeln, oder anders gesagt, können in konkreten Raumausschnitten konkurrierende Ziele auftreten. Hier gilt es einen Abgleich zu schaffen. Im Sinne der diskursiven Leitbildentwicklung wurde innerhalb des Projektes versucht, die aus den verschiedenen Arbeitsbereichen resultierenden „Forderungen" ortskonkret miteinander abzugleichen und ein Gesamtkonzept für den Untersuchungsraum vorzulegen. Da unter keinen Umständen 100% der BFL dem Naturschutz zur Beobachtung der freien Sukzession überlassen werden können, muß die Frage nach dem „Wieviel“ der Nutzung erlaubt sein. Hier wird eine Anknüpfung an ein Gradientenmodell in sechs Abstufungen vorgeschlagen (Tab. 1.3, verändert nach Blumrich et al. 1998).

Tabelle 1.3 Nutzungskaskaden in Bezug auf Nutzungstypen.

Biotoptyp **Nutzungsform und -intensität**	**Gewässer**	**Wald**	**Offenland (Grasland, Heide, vegetationsfreie Fläche)**
1. Intensive Primärnutzung	Intensivgewässer („Aquakultursee“)	Intensivwald (Kiefern- bzw. Roteichenmonokultur)	Intensivoffenland (Weide, Mähweide, Acker)
2. Intensive (direkte) Erholungsnutzung	Freizeitsee (Bade-, Angel-, Tauchsee)	Freizeitwald (z. B. Wald mit Trimmpfad)	Freizeitoffenland (Trittrasen, Liegewiese)
3. Extensive Primärnutzung	Extensivgewässer (Vorfluter, Fischereigewässer, Hochwasserschutzsee, Speichersee)	Extensivwald (Naturnaher Waldbau)	Extensivoffenland (Heide, Magerrasen, Erosionsschutzrasen)
4. Forschungsnutzung	Forschungssee	Forschungswald	Forschungsoffenland
5. Landschaftsnutzung (extensive Erholungsnutzung)	Landschaftssee	Landschaftswald (Erholungswald)	Landschaftsoffenland (Trockenrasen, Heide)
6. Keine Nutzung	Natursee (Museumssee)	Naturwald	Naturoffenland (Sukzessionsoffenland)

Wir unterscheiden intensive und extensive „Primärnutzung“, intensive und extensive Erholungsnutzung, Forschungs“nutzung“ und „keine kommerzielle Nutzung“. Im Gewässerbereich ergibt sich dadurch eine logische Abstufung der Nutzungen, deren Äquivalente in terrestrischen Bereichen nicht so klar sind, weil sie kaum gebräuchlich sind. Für einige der Felder der Tabelle existieren bereits anderweitige Begrifflichkeiten, die hier eingefügt wurden. Im Wald ist selbst die „intensivste“ Nutzung nicht so intensiv wie Intensivnutzungen im Offenland, und Mehrfachnutzungen sind relativ leicht möglich (vgl. auch Schmidt 1997). Allein die Schwierigkeit der Trennung landwirtschaftlich genutzter und ungenutzter Bereiche (früher als „Öd- und Unland“ klassifiziert) im Offenland erschwert die Übersicht. Solange eine ertragsorientierte Intensivnutzung stattfindet, gleichgültig, ob als Agro-Industrie, integrierter Landbau oder ökologischer Landbau, sind Nebennutzungen mit Wohlfahrtswirkungen für den Naturschutz kaum realisierbar. Erst wenn so etwas wie „leitartengerechte Landwirtschaft“ greift, können Naturschutzinteressen auch in dieser Intensitätsstufe durchgesetzt werden.

Sowohl Ist-Zustand als auch Leitbild können für jeden Teilbereich der BFL durch ein „Intensitätsprofil“ charakterisiert werden. Was das Leitbild betrifft, so gilt für ungenutzte naturnahe Bereiche (Gewässer, Wald und Offenland) aus naturschutzfachlicher Sicht im Prinzip der Satz „So viel wie möglich“, der aber nicht praxistauglich ist. Wir wählen deshalb folgende Formulierung:

- Die 15% terrestrischer naturnaher Bereiche stellen eine Mindestanforderung dar. Zugänge aus allen anderen Nutzungskategorien sind erwünscht und zu fördern.
- Stillgelegte Agrarflächen gehen nicht an die Forstwirtschaft, sondern werden den naturnahen Bereichen zugeschlagen.
- Fehlgeschlagene Forstkulturen werden nicht aufmelioriert und neu bepflanzt, sondern ebenfalls den naturnahen Bereichen zugeschlagen. Auf diese Art und Weise würde der Forderung, die Forstflächen nicht zu erhöhen, sondern ggf. zu verringern, Genüge getan.

Für die Restflächen, insbesondere die den naturnahen Bereichen unmittelbar angrenzenden, gilt die Bevorzugung der Varianten 3 und 5 („extensive Primärnutzung“ und „Landschaft“). Die Integration zusätzlicher, auch ökotechnologisch angelegter Naturzellen und Kleinstrukturen in den Bereichen der intensiven Nutzung ist durchaus erwünscht. Obwohl unser Interesse schwerpunktmäßig den terrestrischen Bereichen gilt, möchten wir darauf hinweisen, daß unter landschaftlichen Gesichtspunkten terrestrische und aquatische Qualitätsziele in Einklang zu bringen sind. Deshalb sollte gelten:

- Im aquatischen Bereich sind strengste Kriterien an die Sinnhaftigkeit der Neutralisierung von Gewässern zu stellen. Jedes Gewässer, das nicht mit ökonomisch vertretbarem Aufwand (Herstellungskosten und Betrieb) neutralisiert werden kann, ist der Kategorie „Natursee“ zuzuschlagen.
- Aus der Sicht des leitbildorientierten Naturschutzes gehören saure Gewässer, auch extrem saure mit pH 2-3, zum integralen Bestandteil der Niederlausitzer BFL.

4 Retrospektive Analyse 1998

Im Nachgang sind einige unzweifelhafte Errungenschaften des LENAB-Vorhabens festzuhalten. Diese sind zu untergliedern in allgemeine Erkenntnisse, die auch auf andere Forschungsvorhaben übertragen werden können, und spezielle Erkenntnisse, die aus der regionalen Sicht der „Anwender“ den eigentlichen Ertrag ausmachen sollten. Dabei zeigt sich auch die Schere der Ansprüche innerhalb derer sich „anwendungsorientierte Grundlagenforschung“ abspielt: Der überregionale Geldgeber (hier BMBF) möchte „übertragbare Ergebnisse" erzielen, der regionale Geldgeber (hier LMBV) solche, die unmittelbar auf seinen Flächen planungsrelevant sind.

Die allgemeinen Erkenntnisse des Verbundvorhabens können wie folgt zusammengefaßt werden:

- **Wichtige Beiträge zur Lösung des naturschutzfachlichen Bewertungsproblems mit Hilfe der Leitbildmethode.** Die Leitbildmethode hat sich als wichtiges strukturierendes Element von naturschutzfachlichen Planungsverfahren erwiesen (Bröring et al. 1996, Wiegleb 1997, 1999, Vorwald & Wiegleb 1998, 1996). Die Methode ist auch über die BFL hinaus anwendbar. Sie muß nunmehr nicht mehr im Kontext von Modellvorhaben „erforscht", sondern in der Praxis angewandt werden.
- **Beiträge zur Lösung des Generalisierungsproblems ökologischer Punktdaten in die Fläche.** Insbesondere durch den Einsatz von Fernerkundungsmethoden und konsequenten Methodenvergleich konnten wichtige Fortschritte erreicht werden (Erhard et al. 1997, Felinks et al. 1997, Felinks 2000, dieser Band).
- **Lösung des Problems des internen Datenaustausches in Forschungsverbünden und der Datenhaltung in einer zentralen Datenbank.** Dieses Problem, das andere Verbundvorhaben quält, war im Projektverlauf von geringer Bedeutung (Anders & Bröring 2000, dieser Band). Dies liegt aber möglicherweise weniger in der Herangehensweise begründet, sondern in der Persönlichkeitsstruktur der maßgeblich Beteiligten und ist deshalb schwer vermittelbar.

Als besonders wichtige spezielle Ergebnisse sollen folgende hervorgehoben werden:

- **Nachweis der Schutzwürdigkeit weiter Gebiete der BFL.** Dies war bisher nur Insidern bekannt und ist auch heute noch für viele überraschend (Bröring & Wiegleb 1999, Felinks & Wiegleb 1998, Wiegleb et al. 1999, Beiträge dieses Bandes). Bergbaufolgelandschaften sind keine lebensfeindlichen Mondlandschaften, sondern technogene Kulturlandschaften mit einer besonderen landschaftlichen Eigenart (Katzur 1997, Blumrich et al. 1998). Die Schutzwürdigkeit reicht sogar aus, um weite Teile der BFL als FFH-Gebiete auszuweisen.
- **Erarbeitung eines arbeitsfähigen Kartierschlüssels für Biotoptypen der BFL.** Diese Ergebnisse stellen eine wichtige Ergänzung des Brandenburger Biotoptypenschlüssels (LUA 1995) dar und werden auch in der Praxis (Pflege- und Entwicklungsplanung) angewandt. In die Neuauflage des landesweiten Schlüssels sollen sie übernommen werden.
- **Erarbeitung von Handlungsanweisungen für die Behandlung verschiedener terrestrischer und aquatischer Biotope.** Dies geschah unter anderem in Form von Entscheidungsbäumen (Bröring et al. 1998, Wiegleb 2000, dieser Band).

Diesen Errungenschaften stehen aber auch Negativpunkte gegenüber. Hierzu gehört die anhaltende Rekultivierung der Altbergbaugebiete, die zum Verlust naturschutzfachlich sehr wertvoller Flächen führt. Gesellschaftlich steht dem der kurzfristige Erhalt einiger Arbeitsplätze gegenüber. Der absehbare Verlust weiterer wertvoller terrestrischer Offenlandbereiche durch die stattfindende Restseenflutung betont das nach wie vor bestehende Primat der Wasserfrage. Terrestrische Fragen werden immer nachgeordnet, Naturschutzfragen allemal. Um dies zu verstehen, wird hier eine grobe Analyse der Motive und Absichten der verschiedenen Akteure durchgeführt (Tab. 1.4).

Tabelle 1.4 Versuch einer ansatzweisen Akteursanalyse.

Akteur	**Funktion**	**Relation zum Verbund**	**Motive und spezielle Problemfelder**
LMBV	Sanierungsträger, Flächeneigner	Kofinanzierung, Erteilung bergrechtlicher Betretungsgenehmigungen	Geringes Interesse an naturnahen Flächen (Verwertungszwang), terrestrische Offenlandflächen werden unter Gewerke Forst behandelt (z. T. aufgeforstet)
Sanierungsgesellschaften	Durchführung konkreter Sanierungsmaßnahmen	Logistische Hilfe bei Experimenten	Achtlose Zerstörung von Probeflächen
Gemeinsame Landesplanung Berlin-Brandenburg	Zuständigkeit für die landesplanerischen Zielstellungen	Beirat	Unklare Vorstellung, was Naturschutz bedeutet
UNB	Schutzgebietsausweisung, Pflege- und Entwicklungsplanung	Betretungsgenehmigung vorläufiger NSG	Froh über das Erreichte (jeder gerettete cm^2 nicht rekultiviertes Land zählt)
MUNR	Landschaftsrahmenplanung, eigentlicher Folgenutzer	Fanggenehmigung, Betretungsgenehmigung NSG	Desinteresse an Naturschutz in der BFL (wegen anderweitiger Verpflichtungen)
Forstverwaltung	Flächeneigner	Befahrungsgenehmigung	Störung der Jagd unerwünscht, Naturschutzinteresse nur im Wald
LAGS und Naturparke	Landschaftsplanung, Biotopmanagement	Erwerb von Ortskenntnis durch Führung	Geringe Kontinuität wegen häufigem Personalwechsel

Fortsetzung Tabelle 1.4

LUA und Naturschutzstation Wanninchen	Naturschutzkonzeptionen, wasserwirtschaftliche Rahmenbedingungen	Beirat	-
NABU	Keine offizielle, Personalunion von Funktionsträgern und Verbandsmitgliedern	Personalunion Projektmitarbeiter und NABU	Überregionale Verbandsinteressen nicht mit den regionalen koordiniert
Lokale Naturschützer	Keine offizielle	Erwerb von Ortskenntnis durch Führung	Wenig Konfliktbereitschaft, froh über das Erreichte
LAUBAG/ DEBRIV	Aktivbergbau	Beirat	Mitnahmeeffekte
Oberbergamt Cottbus	Bergrechtliche Überwachung	Beirat	Wiedernutzbarmachung im Sinne BBergG, einseitige Auslegung des öffentlichen Interesses
Touristen und Naherholer	Keine offizielle	-	Naturerlebnis, Naturgenuß, Wertschätzung der landschaftlichen Eigenart

Die Tabelle weist eine insgesamt ungünstige Gemengelage aus. Kaum ein Akteur hatte primäres Interesse am Naturschutz in der BFL. Solche Akteure, die dies hatten, waren aufgrund der gemachten Erfahrungen bei der Durchsetzung (besser Wegwägung) ihrer Interessen froh, daß überhaupt Flächen für Naturschutz reserviert wurden. Fragen der genauen Gestaltung rangierten hinter der Frage des Erhaltes überhaupt.

Als problematisch erwies sich die Tatsache, daß z. T. ganz andere Erwartungen an wissenschaftliche Forschungen geknüpft wurden, als diese erfüllen konnte. Wissenschaftliche Forschung muß sich gewisse Freiheiten herausnehmen können, um sich von reiner Projektierung, die auch ein Planungsbüro vornehmen könnte, zu unterscheiden. „Aus dem Elfenbeinturm herauswagen" heißt nicht, den Anwendungsbezug jedes einzelnen Schrittes um jeden Preis zu erzwingen. Es heißt auch nicht, das zu tun, was alle Beteiligtem von einem erwarten. Letzteres ist um so schwieriger, wenn die Akteure Schwierigkeiten haben, ihre Erwartungen überhaupt zu artikulieren. In diesem Sinne müssen alle Versuche des Projektes über Öffentlichkeitsarbeit, Anwenderseminare und andere Kanäle Informationen in die Praxis einzuspeisen, kritisch gesehen werden.

Oft wurden auch Fragen an die Wissenschaft falsch gestellt, eventuell sogar in wohlmeinender Absicht. Eine gelegentlich gestellte Frage war: Wie sollen die Flächen gestaltet werden, damit sie naturschutzfachlich optimal sind? Im Rahmen verschiedener naturschutzfachlicher Kontexte hat diese Frage ganz unterschiedliche Antworten. Unter den Grundmotiv „Prozeßschutz" ist es eigentlich egal, wie die Fläche gestaltet wird, sofern sie anschließend in Ruhe gelassen wird. Unter dem Grundmotiv „Biodiversität" wäre eine genaue Analyse der Zielparameter erforderlich, um eine Antwort geben zu können. Wahrscheinlich wäre es am besten, nichts zu tun. In beiden Fälle braucht man jedoch keine ökologische Forschung, um die Frage beantworten zu können.

Für den Wissenschaftler ergeben sich durchaus auch moralische Dilemmata. Wie soll er sich verhalten, wenn vor seinen Augen offensichtliche Mißstände auftreten, z. B.

- Forstliche Rekultivierung in großem Stil, obwohl die ökologische Nachhaltigkeit nicht bewiesen ist, die Wohlfahrtsfunktionen nicht gegeben sind, der hohe Waldanteil sogar kontraproduktiv für die Erholungsnutzung sein könnte und vor allem der finanzielle Aufwand den Nutzen in keinem Fall rechtfertigt.
- Neutralisation der Restlöcher, obwohl auch hier die ökologische Nachhaltigkeit nicht gegeben ist aufgrund der Gefahr der langanhaltenden Rückversauerung. Es fehlen Prüfungen, welche Restlöcher wirklich ohne größeren Aufwand neutralisiert werden können, so daß es auf der größeren Ebene zu einer abgestimmten Entscheidung käme, wo neutralisiert wird und wo nicht. Ganz abgesehen davon ist die Notwendigkeit der Neutralisierung nicht per se gegeben, da saure Gewässer nicht ohne Prüfung der näheren Umstände als „Landschaftsschaden" klassifiziert werden können.
- Verwendung „billiger" Saatgutmischungen für Zwischenbegrünungen, die wegen Standortunangepaßtheit nicht angehen und zu hohen Folgekosten, z. B. nach Böschungsrutschungen, führen. Es wird ignoriert, daß sowohl in LENAB als auch in anderen Vorhaben, z. B. im BTUC Innovationskolleg, umfassende Forschungen zu standortgerechten Saatmischungen durchgeführt wurden.

Man kann zu dem im vorangehenden Gesagten verschiedene Standpunkte einnehmen. Man kann seine Forschung ordentlich machen, und was die Gesellschaft damit anfängt, ist einem völlig egal. Man kann aber auch ein Anliegen haben, sonst würde man sich ggf. nicht mit dem Thema beschäftigen. Es ist nicht so, daß man als Wissenschaftler das Recht hat, daß die erzielten Ergebnisse unmittelbar umgesetzt werden. Aber als Bürger hat man das Recht zu fragen, warum bestimmte Ergebnisse nicht umgesetzt werden, obwohl deren Einsatz im „öffentlichen Interesse" liegt und öffentliche Gelder zur Erreichung aufgewendet wurden. Andererseits mögen auch Wissenschaftler von der beschriebenen Situation profitieren, z. B. wenn sie sich dazu entschließen, obskure Neutralisierungsverfahren im Rahmen von Forschungs- und Entwicklungsvorhaben zu propagieren, deren ökonomische und zielbringende Durchführung von Fachkollegen angezweifelt wird.

5 Schlußfolgerungen

Die Beteiligten sind sich nicht einig, wie der Erfolg des Projektes gerade im Hinblick auf die zuletztgenannten Aspekte einzuschätzen ist. Viele objektive Probleme bestehen fort, ob mit oder ohne Forschung, bzw. haben sich sogar verschärft. Richtungweisende Visionen für die Lausitz, die den Naturschutz als ernstzunehmende Option für die Entwicklung der Region einbeziehen, sind nicht vorhanden oder haben zumindest keine Öffentlichkeit.

Danksagung

Die vorliegenden Untersuchungen wurden im Rahmen des Verbundvorhabens LENAB durchgeführt, gefördert vom BMBF (Fkz 0339648) und der LMBV mbH. Wir danken der gesamten Mannschaft für die gute Zusammenarbeit.

Literatur

Bilkenroth, K.-D. & Hildmann, D. 1998. Grundlagen und Entwicklung des Sanierungsbergbaus. In W. Pflug (Hrsg.) Braunkohlentagebau und Rekultivierung. Springer, Berlin: 1015-1020.

Blumrich, H., Bröring, U., Felinks, B., Fromm, H., Mrzljak, J., Schulz, F., Vorwald, J. & Wiegleb, G. 1998. Naturschutz in der Bergbaufolgelandschaft – Leitbildentwicklung. Studien und Tagungsberichte 17: 44 S.

Braunkohlenausschuß 1993. Sanierungsplan Schlabendorfer Felder. Potsdam.

Braunkohlenausschuß 1996. Sanierungsplan Lauchhammer, Teil II. Potsdam.

Bröring, U. & Anders, T. 2000. Datenbank und Datenhaltung im Rahmen des Verbundprojektes LENAB, dieser Band.

Bröring, U. & Wiegleb, G. 1999. Seltene oder gefährdete Wanzen (Heteroptera) in Offenlandbereichen der Niederlausitzer Bergbaufolgelandschaft. Naturschutz u. Landschaftspflege in Brandenburg 8(2): 60-63.

Bröring, U., Felinks, B., Mrzljak, J., Schulz, F. & Wiegleb, G. 1998. Konzepte für die verantwortungsvolle Gestaltung und nachhaltige Entwicklung naturnaher Offenlandbereiche der Bergbaufolgelandschaft. Forum der Forschung 7: 85-90.

Bröring, U., Schulz, F. & Wiegleb, G. 1995. Niederlausitzer Bergbaufolgelandschaft: Erarbeitung von Leitbildern und Handlungskonzepten für die verantwortliche Gestaltung und nachhaltige Entwicklung ihrer naturnahen Bereiche. Z. Ökol. Naturschutz 4: 176-178.

Bröring, U., Schulz, F., Stierand, R., Vorwald, J. & Wiegleb, G. 1996. Die Leitbildmethode als Planungsmethode - Errungenschaften und Defizite. Aktuelle Reihe BTU Cottbus 8/96: 146-152.

Bundesamt für Naturschutz (BfN) 1999. Natur in den Neuen Bundesländern: Braunkohlenlandschaften haben viel zu bieten. Faltblatt. Bonn.

Erhard, M., Grote, R., Weber, E. & Wiegleb, G. 1997. Vom Punkt zur Fläche: Theoretische und praktische Probleme bei der räumlichen Integration ökologischer Daten. Aktuelle Reihe BTU Cottbus 4/97: 65-85.

Felinks, B. & Wiegleb, G. 1998. Welche Dynamik schützt der Prozeßschutz? Aspekte unterschiedlicher Maßstabsebenen - dargestellt am Beispiel der Niederlausitzer Bergbaufolgelandschaft. Naturschutz u. Landschaftsplanung 30: 298-303.

Felinks, B. 2000. Dynamik der Vegetationsentwicklung in den terrestrischen Offenlandbereichen der Bergbaufolgelandschaft, dieser Band.

Felinks, B., Pilarski, M. & Wiegleb, G. 1997. A hierarchical classification of vegetation of the former brown coal mining areas of eastern Germany (Lower Lusatia, Brandenburg). Conference Abstracts, IAVS Symposium, Ceske Budejovice, August 1997: 32-33.

Hildmann, E. 1997. Bergbau und Sanierung - Eingriff und Chance. LMBV-konkret 4/97: 3.

Katzur, J. 1997. Bergbaufolgelandschaften in der Lausitz. Naturraumpotential und Naturressourcen im Braunkohlenrevier. Naturschutz u. Landschaftsplanung 29: 114-121.

LBV und NABU 1995. Naturschutz in der Bergbaufolgelandschaft Südbrandenburgs. LBV-Blickpunkt-Reihe, Senftenberg: 36 S.

LUA Brandenburg 1995. Biotopkartierung Brandenburg. Kartieranleitung. Potsdam.

Luckner, L. & Eichhorn, D. 1995. Durchführbarkeitsstudie zur Rehabilitation des Wasserhaushaltes der Niederlausitz auf der Grundlage vorhandener Lösungsansätze. Im Auftrage der LMBV. Senftenberg.

Luckner, L. 1997. Flutungskonzept Lausitz. In 3. OLB-Symposium „Sanierung Wasserhaushalt Lausitz" am 25.03.97 in Cottbus. Polykopie, Cottbus: 14 S.

Mittelstraß, J. 1990. Von der Freiheit der Forschung und der Verantwortung des Wissenschaftlers. Naturwissenschaften 77: 149-157.

Müller, J. 1935. Die Umwandlung der Niederlausitzer Kulturlandschaft seit 1850. Beih. Mitt. d. sächs.-thüringischen Vereins f. Erdkunde zu Halle a. d. Saale 4. Niemeyer, Halle: 98 S.

Preussner, K. 1997. Die Strategie der forstlichen Rekultivierung in der LAUBAG auf dem Weg zur naturgemäßen Waldwirtschaft am Beispiel einer Rekultivierungsfläche im Tagebau Welzow-Süd. Symposium Umweltverträglicher Braunkohlebergbau in der Lausitz, Senftenberg: 33-37.

Sauer, H. 1996. Zur Rekultivierung im Lausitzer Braunkohlebergbau - Analyse und Aufgaben. Workshop Rekultivierung 1991/92, Senftenberg: 10-13.

Schmidt, P.A. 1997. Naturnahe Waldbewirtschaftung. Ein gemeinsames Anliegen von Naturschutz und Fortwirtschaft. Naturschutz u. Landschaftsplanung 29: 75-83.

Schulz, F., Bröring, U. & Wiegleb, G. 1999. Leitbildentwicklung und Handlungskonzepte für naturnahe Bereiche der Bergbaufolgelandschaft - Ergebnisse des BMBF-Verbundvorhabens LENAB. Schriftenreihe des DRL 70, in Druck.

Sehm, K. & Wiedemann, B. 2000. Kartographische Analyse der retrospektiven Biotop- und Nutzungsstrukturen als Planungsgrundlage für Gestaltung und Entwicklung der Bergbaufolgelandschaft, dieser Band.

Serbser, W. 2000. Lebenswelt und Dorfentwicklung am Rande des Sanierungsbergbaus, dieser Band.

Stierand, R. 2000. Sozioökonomische Beiträge zur Gestaltung der Bergbaufolgelandschaften in der Niederlausitz, dieser Band.

Vorwald, J. & Wiegleb, G. 1996. Anforderungen an Leitbilder für die Entwicklung von Bewertungsverfahren im Naturschutz. Aktuelle Reihe BTU Cottbus 8/96: 38-49.

Vorwald, J. & Wiegleb, G. 1998. Beispielhafte Entwicklung von Leitbildern in der Bergbaufolgelandschaft. Aktuelle Reihe BTU Cottbus 4/98: 1-55.

Wiegleb, G. 1996. Leitbilder des Naturschutzes in Bergbaufolgelandschaften am Beispiel der Niederlausitz. Verh. Ges. Ökol. 25: 309-319.

Wiegleb, G. 1997. Leitbildmethode und naturschutzfachliche Bewertung. Z. Ökologie u. Naturschutz 6: 43-62.

Wiegleb, G. 1999. Stellung der Bewertung im Rahmen der „guten naturschutzfachlichen Praxis“. In G. Wiegleb, F. Schulz & U. Bröring (Hrsg.) Naturschutzfachliche Bewertung im Rahmen der Leitbildmethode. Physica, Heidelberg: 37-47.

Wiegleb, G. 2000. Leitbildentwicklung in der Bergbaufolgelandschaft als Beispiel für das Konzept der „guten naturschutzfachlichen Praxis“, dieser Band.

Wiegleb, G., Vorwald, J. & Bröring, U. 1999. Synoptische Einführung in das Thema „Bewertung im Rahmen der Leitbildmethode“. In G. Wiegleb, F. Schulz & U. Bröring (Hrsg.) Naturschutzfachliche Bewertung im Rahmen der Leitbildmethode. Physica, Heidelberg: 1-14.

2 Leitbildentwicklung in der Bergbaufolgelandschaft als Beispiel für das Konzept der „guten naturschutzfachlichen Praxis“

Gerhard Wiegleb[1]

[1] Brandenburgische Technische Universität Cottbus, LS Allgemeine Ökologie, Postfach 101344, D-03013 Cottbus, e-mail: wiegleb@tu-cottbus.de

Zusammenfassung. Der Ausgangspunkt des Forschungsverbundes LENAB in Bezug auf die Leitbildentwicklung und andere naturschutzfachliche Rahmenbedingungen wird dargestellt. Leitbilder für naturnahe Bereiche waren nicht vorhanden und Daten für deren sinnvolle Erstellung fehlten weitgehend. Einige Schwierigkeiten im Ablauf der Leitbildentwicklung werden andiskutiert. Während wissenschaftsintern die Diskursmethode erfolgreich angewandt wurde, stieß diese außerhalb des fachlichen Bereiches auf Unverständnis oder gar Ablehnung. Die methodischen Arbeitsschritte werden unter besonderer Berücksichtigung der Entwicklung spezifischer Leitbilder dargestellt. Das planungstheoretische Ideal „gute naturschutzfachliche Praxis“ wurde soweit wie möglich eingehalten, allerdings fehlt der konkrete Umsetzungsschritt. Die besonderen Hinderungsgründe für eine erfolgreiche Implementation moderner Denkweisen werden am Beispiel der divergenten Wertvorstellungen von Akteuren im Gebiet dargestellt. Die technologische und naturschutzfachliche Sichtweise prallen bei fast allen Schutzgütern hart aufeinander. Die Existenz der neuartigen Flächenkategorie „naturnahe Bereiche“ findet in der Diskussion nicht genügend Berücksichtigung. Auf der Basis der Naturschutzgrundmotive „Biodiversität“ und „Naturnähe“ konnten ortskonkrete Handlungsanweisungen für bestimmte Bereiche oder Flächentypen („Modelllandschaften“) entwickelt und auf der Basis alternativer Leitbildmotive vergleichend bewertet werden. Neben der Erstbewertung und der Auswahl von Handlungsoptionen für kleinräumige Naturschutzvorrangflächen eignet sich die Leitbildmethode auch zur Erfolgskontrolle und zur großflächigen Gebietsauswahl für ein landesweites Schutzgebietssystem.

Schlüsselwörter. Grundmotive, Handlungsoptionen, Leitbildmethode, Modellandschaften, Naturschutzpraxis, Szenarien, Wertvorstellungen.

1 Einleitung

Um zu einer rationalen Definition von Naturschutzzielen zu kommen, ist es nötig, das eigene Vorgehen offenzulegen und zu rechtfertigen. Das Konzept der „guten naturschutzfachlichen Praxis" (Blumrich et al. 1998) geht davon aus, daß alle im folgenden genannten Arbeitsbereiche die Elemente einer umfassenden Naturschutztheorie bilden, die nötig sind, um eine fruchtbare Naturschutzpraxis anzuregen. Das Konzept basiert auf den essentiellen Elementen: Leitbildentwicklung, Rechtfertigung, Datenerhebung und –analyse, Bewertung, Entscheidung, Entwicklung von Handlungskonzepten und Maßnahmen sowie Erfolgskontrolle.

Die Leitbilder stehen im Mittelpunkt dieses Ensembles, wobei eine vielfältige Vernetzung mit den anderen Elementen auftritt (vgl. Wiegleb 1997a, b, Blumrich et al. 1998). Am Anfang naturschutzfachlichen Handelns steht immer eine gesellschaftliche Fragestellung (z. B. Gefahrenabwehr, Umweltvorsorge, Prioritätensetzung der Landnutzung). Dies führt zur Leitbildentwicklung unter Berücksichtigung vorhandener Umweltzielvorstellungen, rechtlicher Vorgaben, naturräumlicher Gegebenheiten sowie ethischer Rechtfertigungen von Naturschutzhandlungen. Gleichzeitig beginnt die gezielte Datenerhebung im Plangebiet, deren Ergebnis über verschiedene Auswertungsschritte tabellarisch, kartographisch und textlich dargestellt wird. Dies schließt im Regelfall die Erstellung von Prognosen und die Entwicklung von Szenarien für zukünftige Entwicklungen mit ein. Die Ergebnisse der Bearbeitungsstränge Zielentwicklung und Datenerfassung werden im Rahmen eines Soll-Ist-Abgleiches (= Bewertung) verglichen, wobei der Begriff „Ist-Zustand" auch konstruierte zukünftige und vergangene Zustände mit einschließt. Zielentwicklung und Datenerfassung müssen in der „gleichen Sprache" gehalten sein, d. h. gleiche Meßgrößen und gleiche raum-zeitliche Bezugsskalen verwenden. Bei Vorliegen von sektoralen Zielen ergibt sich aus der Feststellung einer Soll-Ist-Abweichung unmittelbar der Handlungsbedarf, bei komplexen Zielen ist ein formales Bewertungsverfahren zur Entscheidungsunterstützung nötig (Plachter 1994). In Ausnahmefällen kann die Bewertung ohne expliziten Sollwert auf der Basis von entscheidungsunterstützenden Rankingverfahren geschehen (Brüggemann et al. 1996).

An die Bewertung schließt sich eine Entscheidung über Handlungskonzepte und Maßnahmen an. Diese können unterschiedlicher Art sein (Renaturierung, Ausweisung von Vorrangflächen für bestimmte Nutzungen, Ausweisung von Schutzgebieten, Schutzprogramme für Arten oder Biotope usw.). Das heißt, daß „Handlungskonzepte und Maßnahmen" ein komplexes Bündel von Strategien, Instrumenten und Maßnahmen darstellen, was die Abarbeitung mehrerer Entscheidungsebenen erfordert. Den Maßnahmen nachgelagert ist im Idealfall ein sektorales Monitoring oder eine umfassende Erfolgskontrolle.

2 Aufgabenstellung und Voraussetzungen bei Vorhabensbeginn

2.1 Leitbilder für naturnahe Flächen der Bergbaufolgelandschaft

Den Stand der Leitbildentwicklung zu Vorhabensbeginn im Jahre 1995 und damit zusammenhängender Tätigkeiten wie Flächenauswahl, Datenerfassung und Entwicklung von Handlungskonzepten für naturnahe Bereiche der Bergbaufolgelandschaft (BFL) stellt Tabelle 2.1 dar (vgl. auch Wiegleb 1995a, b, 1996, Bröring et al. 1995, Blumrich et al. 1995).

Tabelle 2.1 Ausgangslage bei Vorhabensbeginn 1995 und Status nach Abschluss des Vorhabens 1998.

Naturschutzfachliche Tätigkeit	Status zu Beginn	Status nach Abschluß
Auswahl der Vorranggebiete	Vorhanden, aber nicht verbindlich bzw. flächenscharf (Sanierungspläne)	Vergleichende Bewertung, Prioritätensetzung und Korrektur möglich
Datenerhebung	Umfassende Datenerhebung nötig (nur punktuell bzw. sektoral vorhanden)	Für UG hohe Datenqualität erreicht, für Übertragung des Ansatzes vergleichbare Datenqualität nötig
Leitbild-entwicklung	Nicht vorhanden bzw. Problem nicht erkannt (landschaftsplanerische Allgemeinplätze)	Abgeschlossen, Akzeptanz und Umsetzung nötig (Allgemeinplätze bestehen im amtlichen Raum fort)
Handlungs-/ Management-konzepte	Vorhanden, aber nicht akzeptiert bzw. nicht akzeptabel (technisch orientierte Rekultivierung)	Ableitung eines diversifizierten Maßnahmenkataloges aus akzeptablen Zielen möglich, Verfahren erproben und implementieren

Die Sanierungsplanung des Landes Brandenburg sieht in den zu sanierenden Tagebauen im terrestrischen Bereich nur die Festlegung von Nutzungskategorien als verbindlich vor. Deren Flächenanteil und Verteilung innerhalb der Tagebaue werden durch die Sanierungspläne festgelegt. Dabei wurde bis 1995 eine Fläche von ca. 5 000 ha für naturnahe Bereiche („Renaturierungs- und Sukzessionsflächen", auch „Vorrangflächen für Arten- und Biotopschutz") ausgewiesen, auf denen keine unmittelbare Folgenutzung wie Siedlung, Industrie, Verkehr oder Land- und Forstwirtschaft vorgesehen ist. Derartige Flächen umfassen ca. 15% der terrestrischen Bereiche. Diese Flächenaufteilung wurde durch das Verbundvorhaben LENAB als Ausgangssituation gesetzt. Durch den teilweise erheblichen zeitlichen Abstand zwischen Aufgabe der bergbaulichen Tätigkeit und der beginnenden

Sanierung hatten sich in der BFL zahlreiche Biotoptypen unterschiedlichen Alters und Entwicklungszustandes herausgebildet. Sie reichen von extrem trockenen Standorten über Feuchtbereiche bis zu offenen Wasserflächen (Felinks & Wiegleb 1998).

Für die entstehenden Gewässer, deren setzungsfließgefährdete Uferbereiche ebenfalls als Renaturierungsflächen ausgewiesen sind, legen die Sanierungspläne keine Nutzungskategorien, sondern exakte Umweltqualitätsziele fest („EU-Badewasserqualität"), so daß die Zielfindung im aquatischen Bereich keine Rolle mehr spielt (nur noch die Machbarkeit der Zielerfüllung). Das hat für die Forschung im terrestrischen Bereich insofern negative Konsequenzen, als der Forschungsbedarf viel schwerer zu rechtfertigen ist als im aquatischen Bereich.

Es lagen bei Vorhabensbeginn nur punktuelle biozönotische Untersuchungen vor, die diese Flächen als ein wesentliches und belebendes Element der Bergbaufolgelandschaft beschreiben (z. B. Bornkamm 1994, Jentsch 1994). Eine flächendeckende umfassende Datenerhebung im biotischen Bereich hatte nicht stattgefunden (vgl. Wiegleb et al. 1998, Blaschke et al. 1999, Wiegleb & Felinks 1999, Mrzljak & Wiegleb 1999c). Diese Ausgangslage hatte die Zielsetzung zur Folge, aus einer Datenerhebung auf verschiedenen räumlichen Skalen unter Einbeziehung der sozioökonomischen Situation im Gebiet Leitbilder zu formulieren und Handlungsanweisungen zu erarbeiten. Der Forschungsbedarf in Bezug auf die Leitbildentwicklung im terrestrischen Bereich resultierte aus der Tatsache, daß für die Renaturierung dieser Flächen keine vergleichbaren Konzepte vorlagen, wie dies für die land- und forstwirtschaftliche Rekultivierung der Fall ist (z. B. Preußner 1997). Trotz fehlender Zieldefinition hatten sich bereits Handlungskonzepte zum Erhalt, zur Herstellung und zum Management naturnaher Bereiche herausgebildet, die eher technisch begründet waren, bzw. sich mit dem im Rahmen des bergrechtlich Machbaren mit Mindestanforderungen abfanden. Dieser Zustand wurde als nicht akzeptabel angesehen. Die in der Einleitung aufgeführten Komponenten Bewertung, Entscheidung und Rechtfertigung hatten überhaupt keine kritische Würdigung und Berücksichtigung in den bisherigen Planungsverfahren gefunden.

2.2 Die Leitbildmethode als Planungsmethode in der BFL

Die Leitbildmethode in ihren verschiedenen Ausprägungen wurde zu Beginn des Projektes als planungstheoretisches Ideal eingeführt. Wesentliches Kennzeichen der „diskursiven Leitbildentwicklung" (Bröring et al. 1996, Wiegleb 1997a, Bröring & Wiegleb 1999) ist die ständige Einbeziehung von Wissensbasen und Werthaltungen unterschiedlicher Akteure (Ökologen, Planer, Landnutzer, Interessenvertreter) im Planungsprozeß zur Erreichung größtmöglicher Akzeptanz eines Vorhabens sowohl im politischen wie auch im öffentlichen Raum. Eine Übersicht über die Akteure und deren Motive in der Niederlausitzer BFL findet sich in Schulz & Wiegleb (2000, dieser Band).

Vergleichbare planungstheoretische Modelle werden als „offene Planung" (DVWK 1996) oder „kooperative Planung" (Dickhaut 1996) bezeichnet. Wiegleb

(1997a) setzte die diskursive Leitbildentwicklung der unabgestimmten Fachplanung als „Expertenmodell" entgegen. Das ist eine verkürzte Gegenüberstellung. Zum einen stellt eine unabgestimmte Fachplanung kein reines Expertenmodell (im Sinne der ausschließlichen Beteiligung von Ökologen und Naturschutzfachleuten) dar, sondern enthält notwendigerweise bereits wertende Entscheidungen der Planungsträger (z. B. in der Landschaftsplanung, Jordan 1996). Auf der anderen Seite ist das „Expertenmodell" im engeren Sinne, d. h. der fachinterne Konsens unter Ökologen und Naturschutzfachleuten, notwendiger Teil der diskursiven Leitbildentwicklung. Alle im Projekt erarbeiteten Vorschläge sind „Expertenmodelle" (Wiegleb 1997a), wobei jedoch im Rahmen eines Forschungsprojektes mehr Standpunkte vorab berücksichtigt und abgewogen werden konnten als dies im „Normalfall" einer Planung möglich ist.

Der Versuch der Implementation der Leitbildmethode in die Planung von Rekultivierungs- und Sanierungsmaßnahmen kann als innovativ betrachtet werden. Zugrunde lag die Vermutung, daß Vorhaben im Bereich des Natur- und Landschaftsschutzes ohne die Definition von zielorientierten Vorgaben wenig Aussicht auf Erfolg haben (Jessel 1996). Die diskursive Methode berücksichtigt, daß bei Beginn der Leitbildentwicklung schon Zielvorstellungen verschiedenster Art existieren. Aus diesen können im Laufe des Prozesses Konkretisierungen vorgenommen werden. Sie berücksichtigt auch, daß für jedes naturschutzfachliche Vorhaben Rahmenbedingungen existieren (Schutzverordnungen, landesplanerische Zielstellungen, landesweite Schutzprioritäten), die eine Umsetzung beeinflussen können. Bis zum Beginn des LENAB-Vorhabens wurde der Naturschutz in der BFL nur als Restflächenverwertung angesehen. Hier tritt die diskursive Leitbildentwicklung zur Herstellung des fachinternen Konsens gemäß § 1 Absatz 2 BNatSchG auf den Plan.

Die sich aus der Verbindung der diskursiven Leitbildentwicklung (Wiegleb 1997a) und der guten naturschutzfachlichen Praxis ergebenden Probleme (vgl. Vorwald & Wiegleb 1996, Schulz et al. 1999) konnten fachintern gelöst werden. Nicht hinreichend ausgearbeitet wurde das Problem, wie die wissenschaftliche Information in den Entscheidungsprozeß eingespeist werden, bzw. wie Fachwissen und Alltagswissen zusammengeführt werden können (vgl. Schluchter 1996, Güsewell & Falter 1997). Selbst gutwillige Akteure finden nur ausnahmsweise einen Konsens, wenn sehr unterschiedliche Sprachen gesprochen werden. Aufgrund der Unerfahrenheit der Akteure mit demokratischen Planungsstrukturen konnte diese planungstheoretische Idealvorstellung nicht erfolgreich eingesetzt werden. In der BFL hat der Naturschutz insgesamt nur eine untergeordnete Funktion. Auf der Ebene der Finanzierungs- und Entscheidungskompetenz spielt er kaum eine Rolle. Er unterliegt sofort, wenn andere Ansprüche, die durch scheinbare Zweckrationalität unterstützt werden (Wasserwirtschaft, Beschäftigung), konkurrierend auftreten.

Theoretisch gibt es im Rahmen der diskursiven Leitbildentwicklung (Wiegleb 1997a) keinen echten Gegensatz zwischen Naturschutzzielen und wirtschaftlichen sowie sozialen Werten und Zielen. Naturschutz steht der „Gesellschaft" nicht gegenüber, sondern ist in diese integriert. Sowohl die genannten Experten als auch

Interessenvertreter des Naturschutzes sind Teile der Gesellschaft und bringen ebenso wie andere Akteure ihre Ziele und Wertvorstellungen in den Zielfindungs- und Entscheidungsprozeß ein. Daß sie ggf. dabei unterliegen können, ist im Rahmen der offenen Planung einkalkuliert. Die Gesellschaft bzw. deren handelnde Akteure und Entscheidungsträger wissen dann jedoch, welche Schutzgüter und Werte sie mißachten. Praktisch ergaben sich mit der Leitbildmethode aber außerhalb des wissenschaftlichen Diskurses verschiedene Schwierigkeiten (vgl. Schulz & Wiegleb 2000, dieser Band), die von völligem Unverständnis bis zu expliziter Ablehnung reichten.

Eine besondere Rolle der Vermittlung von unterschiedlichen wertbeladenen Standpunkten kommt der Szenariotechnik zu, die im Naturschutz weniger ausgereift ist als in den Sozialwissenschaften. Szenarien sind ein geeignetes Mittel, um mit unvermeidlichen Planungsunsicherheiten (Schretzemeyer 1996) und Informationsdefiziten (Faber et al. 1992) umzugehen. Zudem ist die Methode besonders geeignet, Möglichkeiten aufzuzeigen, die jenseits des Denkhorizontes der gegenwärtigen Sanierungspraxis liegen („echte Alternativen“). Sind die Alternativen eines Szenarios deutlich genug gewählt, kann man die wahrscheinlichen Unterschiede im Ausgang ausreichend voneinander abgrenzen. Dessen ungeachtet kann angesichts der Komplexität der meisten realen Naturschutzprobleme kein Vertreter eines Standpunktes sicher sein, daß sein Ziel das „Richtige” ist. Der Begriff „Szenario” bezieht sich hier auf wahrscheinliche Ausgänge von komplexen Prozessen unter bestimmten, unterschiedlich gewählten Rahmenbedingungen, die man so vollständig und widerspruchsfrei wie möglich darzustellen versucht (vgl. auch Stierand 1996).

3 Ablauf des Vorhabens

3.1 Konzept der Leitbildentwicklung als Teil der guten naturschutzfachlichen Praxis

An der grundsätzlichen Zielstellung des Gesamtvorhabens hat sich während der Laufzeit nichts verändert. Innerhalb der Teilprojekte ergaben sich Veränderungen im Ablauf (z. B. durch Wechsel von Mitarbeitern, methodischen Problemen oder dem Zeitpunkt von Datenverfügbarkeit). Diese hatten jedoch keinen Einfluß auf die Verwirklichung der generellen Zielstellung. Nach einer Phase der intensiven Datenerhebung in den ersten zwei Jahren trat im Laufe des dritten Jahres die Auswertung der Ergebnisse im Sinne der Praxisrelevanz in den Vordergrund. In diesem Zeitraum wurde auch die Öffentlichkeitsarbeit (Zielgruppen wissenschaftliche Öffentlichkeit bzw. Bewohner und Akteure der Region) verstärkt. Hierzu wurden ein Statusseminar und mehrere Praxisseminare durchgeführt, sowie Ausstellungen in den Untersuchungsgebieten (vgl. Fromm et al. 2000, dieser Band). Reaktionen auf diese Veranstaltungen wurden im Sinne des methodischen Ansatzes aufgenommen und so weit als möglich berücksichtigt.

Tabelle 2.2 Methodische Arbeitsschritte im Verbundvorhaben LENAB.

Arbeitsschritt	**Ansatz**	**Kommentar**	**Generalisierung**
Datenerhebung	Repräsentative Probenahme	Intensive Bearbeitung möglich, Generalisierung nötig	Über Biotoptypen oder Fernerkundung, Inkaufnahme von Informationsverlusten
Leitbildentwicklung	Auf der Grundlage der erhobenen Daten unter Berücksichtigung gesellschaftlich akzeptierter Grundmotive des Naturschutzes	Differenzierung nach Grundmotiven unumgänglich, Diskurs nötig, da einzelne Naturschutzziele logisch und kausal nicht miteinander verbunden sind	Alle Bergbaufolgelandschaften mit ähnlicher Landschaftsausstattung
Entwicklung von Szenarien	Aus Prognosemodellen unter Einschluß bestimmter Grundmotive und Managementoptionen	Für verschiedenskalige Objekte möglich, differenziert nach sozioökonomischen Rahmenszenarien	Alle Flächen mit ähnlicher Ausstattung und Struktur
Bewertung	Abgleich mit Leitbild, Messung des aktuellen Zielerfüllungsgrades	Ausgefeilte Bewertungsmethodik erarbeitet, auf der Basis von Objekten, Biotoptypen und Optimalhabitaten	Möglich mit Zusatzinformation
Maßnahmen und Handlungskonzepte	Aufgliederung in Entscheidungsebenen	Konzentration auf die Ebenen: „Initiale Gestaltung" sowie „Pflege und Management", „Grundsätzliche Beibehaltung" bzw. „Änderung der Größe und Lage" nicht bearbeitet	Individuell zu entscheiden anhand von Objektszenarien und Entscheidungsbäumen
Erfolgskontrolle	Wiederholte Messung des Erfüllungsgrades	Nötig zur Rechtfertigung des finanziellen Aufwandes für Sanierung und Forschung	Möglich bei Fortschreibung der Datenbasis

Bei der Datenerhebung wurde eine bewußte Entscheidung für eine repräsentative Probenahme getroffen. Dies hat den Vorteil, daß eine intensive Bearbeitung möglich ist, für die Umsetzung aber ein Instrument der Generalisierung „vom Punkt zur Fläche" bereitstehen muß (vgl. Felinks et al. 2000, Wiegleb & Vorwald 2000, dieser Band). Von den genannten Aspekten wird nur die Leitbildentwicklung und

Szenariotechnik ausführlicher beschrieben. Die nötige Erfolgskontrolle von Maßnahmen kann nur in Folgeprojekten geschehen.

Die Ergebnisse der bodenökologischen, vegetationskundlichen und zoologischen Untersuchungen wurden im Hinblick auf die Entwicklung differenzierter Leitbilder ausgewertet. Im Sinne der diskursiven Leitbildentwicklung wurden diejenigen Protoleitbilder (Grundmotive), die als relevant für den Naturschutz in der Bergbaufolgelandschaft auf den Vorrangflächen angesehen wurden (Blumrich et al. 1998), fachlich konkretisiert. Im Anschluß wurden die Biotoptypen der Offenlandflächen charakterisiert, in Abhängigkeit der naturschutzfachlichen Zielsetzungen Handlungsanforderungen formuliert und daraus resultierende Entwicklungspotentiale abgeleitet. Auf der Betrachtungsebene der Landschaft wurden auf eine empirische Datenbasis begründete Modellandschaften für jüngere und ältere Tagebaue entwickelt. Im Zusammenhang mit den allgemein entwickelten Handlungsanforderungen für die Entwicklung auf Biotoptypenebene ergaben sich Richtlinien für die Ausarbeitung differenzierter, auch flächenscharfer Szenarien (Objektszenarien, vgl. Stierand 2000, dieser Band).

3.2 Besondere Rahmenbedingungen für die Leitbildentwicklung

Die Wertbeladenheit aller möglichen Entscheidungen in der BFL wird am deutlichsten an der unterschiedlichen A-priori-Bewertung, der unterschiedliche Schutzgüter inklusive ihrer Wechselwirkungen in der BFL unterliegen (Tab. 2.3). Absichtlich wurden alle Schutzgüter gemäß UVPG analysiert, um die Kluft zwischen traditioneller Denkweise und neuartiger naturschutzfachlicher Denkweise in aller Klarheit deutlich zu machen.

Die konventionellen Beschreibungen und Handlungsziele stammen aus einer Zeit, in der es Vorrangflächen für den Naturschutz nicht gab. Sie sind deshalb nicht grundsätzlich schlecht, sondern eben nur für die Betrachtung solcher Bereiche unangemessen.

Tabelle 2.3 Ausgewählte Beispiele für die unterschiedliche Bewertung von Schutzgütern in der BFL.

Schutzgut	**Spezieller Aspekt, Wechselwirkung**	**Konventionelle Bewertung und Handlungsziele**	**Neubewertung aus naturschutzfachlicher Sicht**
Boden	Beweglichkeit (Klima/Luft, Immission)	Erosionsgefahr durch Wind und Wasser, Festlegung durch Ansaat und Bepflanzung nötig	Geomorphologische Dynamik erhalten, im Sinne von Prozeßschutz

Fortsetzung Tabelle 2.3

Boden	Nährstoffgehalt (Pflanzen)	Wegen Nährstoffarmut Produktionsfunktion nicht gewährleistet, Melioration nötig	Nährstoffarmut als Voraussetzung für die Ansiedlung von Organismen, die die eutrophierte Kulturlandschaft meiden
Boden	Relief (Tiere)	Gefährliche Böschungen, Abschrägung, Spreng- und Rüttelverdichtung nötig	Steilwände als Habitate spezialisierter Tiere, Voraussetzung für Bodendynamik
Grundwasser	Menge (Boden, Grundwasserneubildung)	Grundwasserabsenkung, Wiederherstellung eines selbstregulierenden Wasserhaushaltes nötig	Kontingenter Parameter, irrelevant für Naturschutzbemühungen
Grundwasser	Güte (Boden, Verluste)	Versauerung, Neutralisierung oder Abflußverhinderung nötig	Teilweise kontingenter Parameter, z. B. im Rahmen von Prozeßschutz
Oberflächenwasser	Güte (Tiere, Pflanzen)	Saure Oberflächengewässer als Gefahrenpotential, durchgehende Neutralisierung nötig	Kontingenter Parameter, kein unmittelbarer Handlungsbedarf, biogene Neutralisation nutzen
Klima/ Luft	Mesoklima (Boden, Bewuchs)	Auswirkungen unbewachsener Flächen auf die Niederschläge, Begrünung nötig	Kontingenter Parameter, Wirkung nicht bewiesen, geht im Rauschen unter
Tiere	Habitatansprüche der Arten	Nicht Objekt des Interesses	Lebensraum für Spezialisten wenig bewachsener Habitate, prioritäre Arten
Tiere	Flächengröße	Nicht Objekt des Interesses	Refugium, große ungestörte Gebiete für Arten mit großem Raumanspruch (Großsäuger, Topprädatoren)
Tiere	Verbundfunktion	Nicht Objekt des Interesses	Metapopulationsdynamik, wandernde Tierarten, Schutzgebietssystem NATURA 2000
Pflanzen	Standortansprüche der Arten	Nicht Objekt des Interesses	Lebensraum für Spezialisten nährstoffarmer Standorte, prioritäre Arten
Pflanzen	Vegetation	Nicht Objekt des Interesses, „Magerrasen“, „Pioniervegetation“, „Ruderalvegetation“ als abwertende Begriffe	Vegetationsmosaik, Nebeneinander von Sukzessionsstadien, räumliche und zeitliche Vielfalt als Voraussetzung für Biodiversität erhalten

Fortsetzung Tabelle 2.3

Pflanzen	Biotoptypen	Nicht Objekt des Interesses, bisher nicht einmal kartierbar (fehlten im Schlüssel)	Biotope des Offenlandes als prioritäre Lebensräume (FFH-Richtlinie) schützen (bis zu welchem Schwellenwert bzw. mit welchem Aufwand?)
Landschaft	Landschaftsbild/ bergbaufolgespezifische Formen	Mondlandschaft, Wüste, Unlandschaft, keine Kulturlandschaft, Sanierung, Heilung, Wiederherstellung nötig	Wildnis, bizarre Formen, landschaftsästhetisches Potential für Naturgenuß und Erholung nutzen
Landschaft	Landschaftsbild/ Oberflächenform	Tagebaurandeffekte beseitigen, geomorphologische Wiederangleichung nötig	Landschaftliche Eigenart bewahren, Bergbau als Kulturgeschichte
Landschaft	Landschaftsbild/ Offenlandcharakter (Pflanze)	„Offenland“ als abwertender Begriff („Nicht-Wald“), mehr Aufforsten als bisher	Erholungswert von Geländeübergängen, freie Sicht gewährleisten, übermäßige Bewaldung verhindern
Landschaft	Landschaftsbild/ Bauwerke, Technik (Kultur- und sonstige Sachgüter)	Altlasten, Schrott (ggf. marktfähig), Sanierung, Demontage	Toxische Altlasten beseitigen, kulturhistorische Bedeutung der Technik akzeptieren, teilweise erhalten und pflegen

4 Ergebnis der Leitbildentwicklung

4.1 Grundmotive des Naturschutzes

In Tabelle 2.4 ist das Ergebnis der Leitbildentwicklung dargestellt. Insgesamt wurden vier Grundmotive unterschieden, die als zulässige Rahmenziele des Naturschutzes gelten können und logisch und kausal unabhängig sind. Jedes Grundmotiv wird dabei zunächst fachlich konkretisiert und dann mit entsprechenden Meßgrößen versehen. Nicht in allen Fällen konnten Meßgrößen direkt benannt werden (vgl. auch Wiegleb 1998, Blumrich et al. 1998, Schulz & Wiegleb 1999).

Für Anwendung auf die naturnahen Flächen im einzelnen wurden von den einzelnen Arbeitsgruppen nur noch zwei Grundmotive ernsthaft betrachtet, nämlich Naturnähe und Biodiversität. Hieraus konnten Objektszenarien konstruiert, Handlungsempfehlungen abgeleitet sowie auch Vorschläge für die Flächenauswahl und Erfolgskontrolle abgeleitet werden (Mrzljak & Wiegleb 1999b, Bröring et al. 1998, Wiegleb et al. 1998).

Tabelle 2.4 Übersicht über gültige Naturschutzgrundmotive.

Grundmotiv und fachliche Konkretisierung	Meßgröße
Naturnähe (Natürlichkeitsgrad)	
Prozeßschutz: Gewährleistung natürlicher Entwicklungen und Prozesse	
- Oberflächendynamik (Wind- und Wassererosion)	Neigung, Relief
- Gewässerentwicklung	Biogene Neutralisation
- Bodenentwicklung	Bodenentwicklungsstadien
- Landschaftsdynamik	Heterogenität der Landschaft
- Metapopulationsdynamik	Austauschraten
- Vegetationsdynamik (Sukzession)	Sukzessionsstadien
Minimierung der Nutzungsintensität: Freiheit von aktueller anthropogener Störung, Belastung bzw. Eingriff	
- Flächengröße bzw. Zerschneidung und Isolation	Größe in km^2
- Entfernung zu Störungen und Intensivnutzungen	Abstand zu Siedlungsflächen
- Störungsfreiheit	Nutzungs- und Betretungsintensität
- Nährstoffarmut	Gehalte an pflanzenverfügbaren Nährstoffen und Basen
- Hemerobie	Versiegelungs- und Bebauungsgrad
- Natürlichkeitsgrad von Biotopen (Abweichung PNV)	Biotoptypenklassifikation
Wildnis: Erhalt der urlandschaftstypischen Elemente des Landschaftsbildes nach Kippung	
- Sichtbarkeit urlandschaftstypischer Elemente	Zahl der Schüttrippen, Steilhänge u.ä.
Biodiversität	
Artdiversitätsschutz: Lokale Optimierung der Artenzahlen wildlebender Pflanzen und Tiere	
- Maximale Artenzahlen	Gesamtflora Region
- Diversitätsindizes	Shannon-Weaver-Index
- Artenfehlbeträge	Abweichung vom regionalen Erwartungswert
Funktionaler Diversitätsschutz: Maximierung bzw. lokale Optimierung der Konnektivität in Nahrungsketten	
- Konnektivität	-?
- Funktionale Redundanz	-?
- Energieflußdichte	-?
- Topprädatoren	Anwesenheit, Arealgröße

Fortsetzung Tabelle 2.4

Artenschutz i.e.S.: Schutz lokaler Populationen, die allgemein als selten, gefährdet oder aus anderen Gründen als schützenswert gelten (Zielartenschutz)	
- Gefährdete Arten	Zahl Rote-Liste-Arten
- Seltene Arten	Zahl der Fundorte, Populationsgröße (MVP, PVA)
- Arten, für die hoheitliche Verantwortung gewährleistet ist	Relative und absolute Populationsgröße
- Sympathische Arten	Fischotter
Biotopschutz incl. Biotopverbund: Schutz bestimmter - naturraumtypischer - Lebensräume, Teillebensräume und ggf. lokaler Artenzusammensetzungen (Leitartenschutz)	
- Biotop- oder regionaltypische Arten (empirische Leitarten)	Fundpunkte, Abundanz
- Regionaltypische Biotope	Flächenanteil
- Seltene und geschützte Biotoptypen	Flächenanteil § 32 BbgNatSchG-Biotope
- Biotopqualität für bestimmte Gruppen	Struktur, Futterpflanzen
- Biotopvielfalt	Heterogenitätsmaße aus Fernerkundung
- Regionaler Biotopverbund: Linien- und fleckenhafte Rückzugsgebiete, Ausbreitungsachsen und Trittsteine	Größe der Kernflächen, Zahl der Korridore und Trittsteine
- Überregionaler Biotopverbund (wandernde Tierarten)	Zahl Rastvögel
Nachhaltigkeit	
Stoffverlustminimierung: Optimierung des Wirkungsgrades der Landschaft in Bezug auf Stoffverluste	
- Stabilität	-?
- Stoffausträge	Austräge (Protonen und Kationen) in Gewässer und Grundwasser
- Abflußganglinien	Amplituden
Erhalt bzw. Herstellung der Landschaftsfunktionen: Förderung der Ertragspotentiale, insbesondere des Bodens, Verhinderung von Winderosion, Grundwasserschutz, Förderung der Grundwasserneubildung	
- Bodenabtrag	Flächenanteile
- Pyritverwitterung	pH-Wert in Grund- und Oberflächenwasser
- Grundwasserwiederanstieg	In m
- Grundwasserneubildung	In m^3

Fortsetzung Tabelle 2.4

Erhalt bzw. Herstellung der Landschaftsfunktionen: Förderung der Ertragspotentiale, insbesondere des Bodens, Verhinderung von Winderosion, Grundwasserschutz, Förderung der Grundwasserneubildung	
- Bodenabtrag	Flächenanteile
- Pyritverwitterung	pH-Wert in Grund- und Oberflächenwasser
- Grundwasserwiederanstieg	In m
- Grundwasserneubildung	In m^3
Exergy-Speicherung: Selbstorganisierende Landschaft fern vom thermodynamischen Gleichgewicht	
- Entropie	-?
- Privilegierte Information	Unbekannt, informationstheoretische Maße möglich
Kulturlandschaft	
Biotopgestaltung, -pflege und -management: Erhalt und Initiierung von Landschaftselementen, die bedeutsam im Hinblick auf gleichzeitige Förderung von Tourismus und Biotopschutz sind	
- Kleinstrukturen	Zahl und Verteilung Hecken
- Gewässerneutralisierung	pH-Wert Restseen, Kosten
- Landschaftsbild	Offenlandanteil
- Eigenart	-?
Landschaftsgärtnerei und -architektur: Angleichung der Landschaft an die historische Kulturlandschaft vor dem Tagebau	
- Wiederherstellung des Wasserhaushaltes	Wasserdefizit
- Geomorphologische Wiederangleichung	Unsichtbarkeit des Tagebaurandes
- Rekultivierung	Flächenanteil LN und FN Bereiche, Kosten
Land art: Artifizielle Landschaft incl. neuartiger kulturhistorischer Elemente	
- Technikgeschichte	Erhalt der Förderbrücke F 60
- Eurobiennale	Zahl der Kunstwerke

Es ergeben sich klare Alternativen in der langfristigen Landschaftsentwicklung, die auch von Durka & Altmoos (1997) als Hauptalternative für naturnahe Bereiche im Mitteldeutschen Braunkohlerevier herausgearbeitet wurden:

- **Biotoppflege.** Diese Option wird begründet durch das Motiv „Offenlandschaft", das wiederum von den Motiven „Zielartenschutz" und „Erhalt des Landschaftsbildes" beeinflußt wird. Nur so ist Offenland zu erhalten, wobei fraglich ist, ob die Kosten langfristig aufgebracht werden können.

- **Freie Sukzession.** Diese Option wird begründet durch das Oberziel „Naturnähe" im Sinne der o. a. Diskussion. Damit kann das Offenland zu großen Teilen in Wald übergehen (s. o.) und somit aufgrund gesetzlicher Regelungen (Nutzungspflicht) möglicherweise für die Vorrangnutzung „Naturschutz" nicht mehr verfügbar sein.

4.2 Handlungsalternativen für terrestrische Biotoptypen

Diese Alternativen können in Form von Entscheidungsbäumen in konkrete Handlungsanweisungen umgesetzt werden. In den Abbildungen 2.1 bis 2.3 sind für die Biotopklassen (vgl. Felinks 2000, dieser Band) Sandtrockenrasen (F, H), Hochgrasbestände (G) und Ansaaten (O) die aus den verschiedenen Grundmotiven resultierenden Handlungsanforderungen schematisch dargestellt (Bröring et al. 1998). Aus den Ausführungen für das Grundmotiv Naturnähe ergibt sich für die Vegetationstypen Sandtrockenrasen, Calamagrostis- u. a. Hochgras-Bestände sowie Anssaten auf Vorrangflächen für den Naturschutz in allen drei Fällen als Entwicklungsziel eine ungestörte Sukzession bzw. eine natürliche Entwicklung auf nicht beeinflußten Flächen. Im Hinblick auf das Grundmotiv Biodiversität sind vor dem Hintergrund einer gemäßigten Offenhaltung definierte und gewünschte Zustände der Sandtrockenrasen oder auch dichte, strukturreiche Hochgrasbestände zu erhalten sowie Ansaatflächen zu standorttypischen Sandtrockenrasen oder krautreichen Hochgrasbeständen zu entwickeln. Für beide Grundmotive gelten gleichermaßen folgende Handlungsanforderungen: Vermeidung weiterer Nährstoffeinträge, Einrichtung von Pufferzonen zu angrenzenden Nutzflächen, Anstreben eines Schutzstatus für längerfristige Planungen, Schaffung von Akzeptanz bei Planern, Entscheidungsträgern und in der Bevölkerung. Darüber hinaus sind unter dem Grundmotiv Naturnähe auf den Flächen jede weitere Nutzung, lenkende Eingriffe oder andere Störungen zu vermeiden. Wind- und Wassererosion sowie die Entstehung temporärer Gewässer sind zuzulassen. Somit lassen sich die Handlungsanforderungen für das Grundmotiv Naturnähe auch in Kürze als „Greife nicht ein! Schaue zu!" (Trommer 1992) zusammenfassen.

Die Handlungsanforderungen im Hinblick auf das Grundmotiv Biodiversität lassen sich für die drei genannten Vegetationstypen folgendermaßen zusammenfassen. Eine Nutzung der entsprechenden Flächen erfolgt nur im Rahmen von Pflegemaßnahmen, die Offenhaltung zentraler Flächen erfolgt unter Berücksichtigung von Schwellenwerten, allerdings ist ein Gehölzaufwuchs im Randbereich (Waldmantel, -saum) zuzulassen. Hingegen bleiben Initialsetzungen standorttypischer Arten auf Sandtrockenrasen mit einem erhöhten Anteil an offenen Sandflächen oder auch zu entwickelnde Ansaatflächen (vgl. Bauriegel et al. 2000, dieser Band) sowie die Ansiedlung von Regenwürmern auf Ansaatflächen und Hochgras-Bestände beschränkt (vgl. Hahn & Fromm 2000, dieser Band).

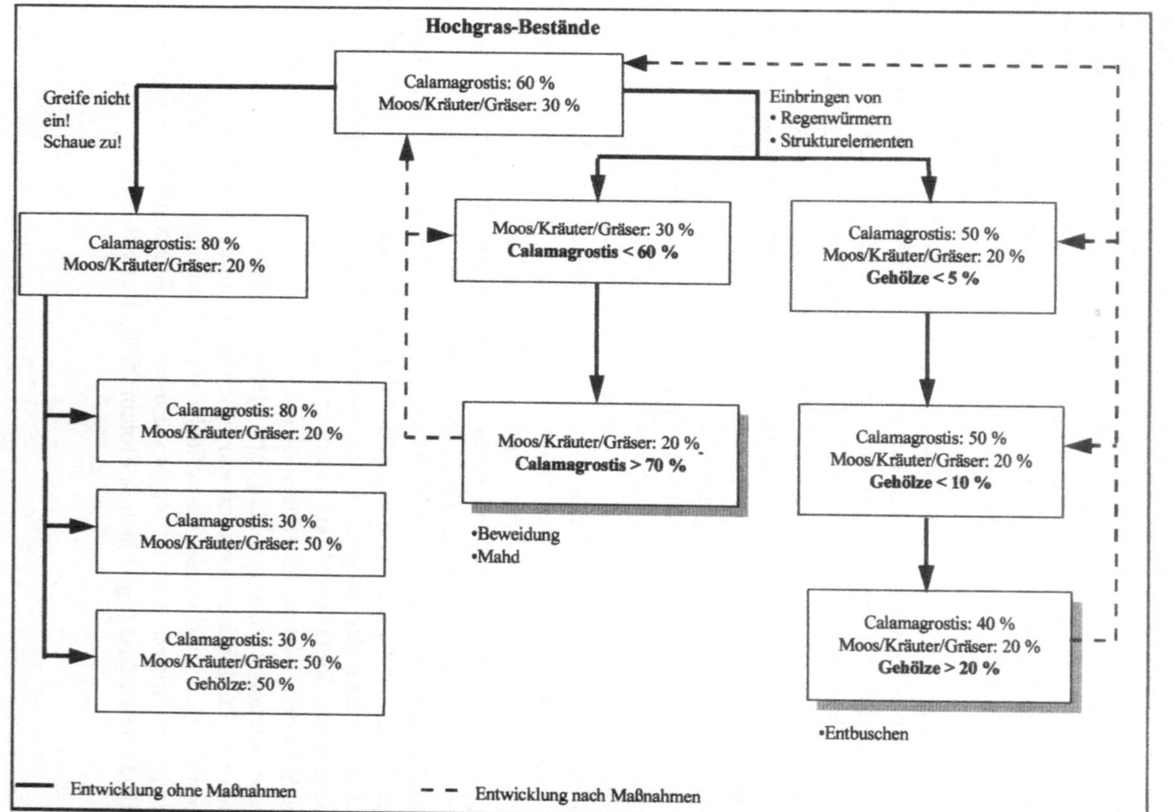

Abbildung 2.3 Entwicklungswege von Hochgrasbeständen unter den Grundmotiven Naturnähe (ohne Maßnahmen) und Biodiversität (Maßnahmen).

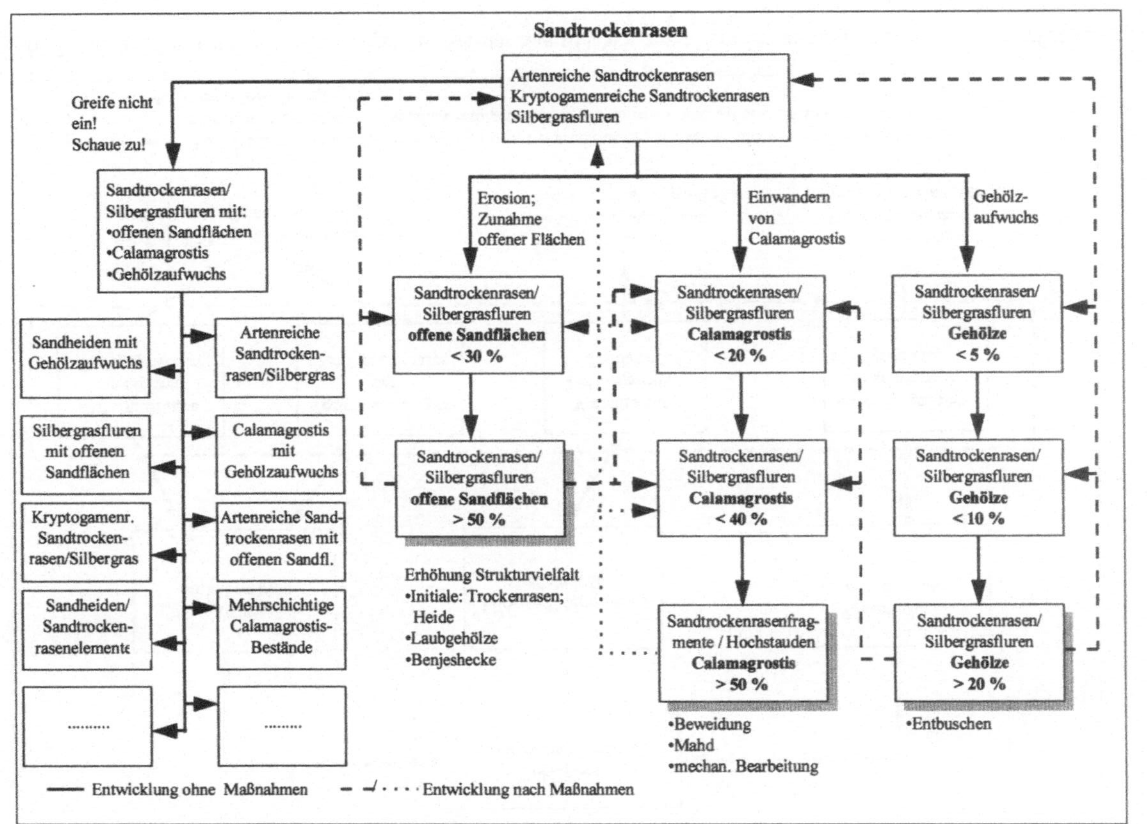

Abbildung 2.2 Entwicklungswege von Sandtrockenrasen unter den Grundmotiven Naturnähe (ohne Maßnahmen) und Biodiversität (Maßnahmen).

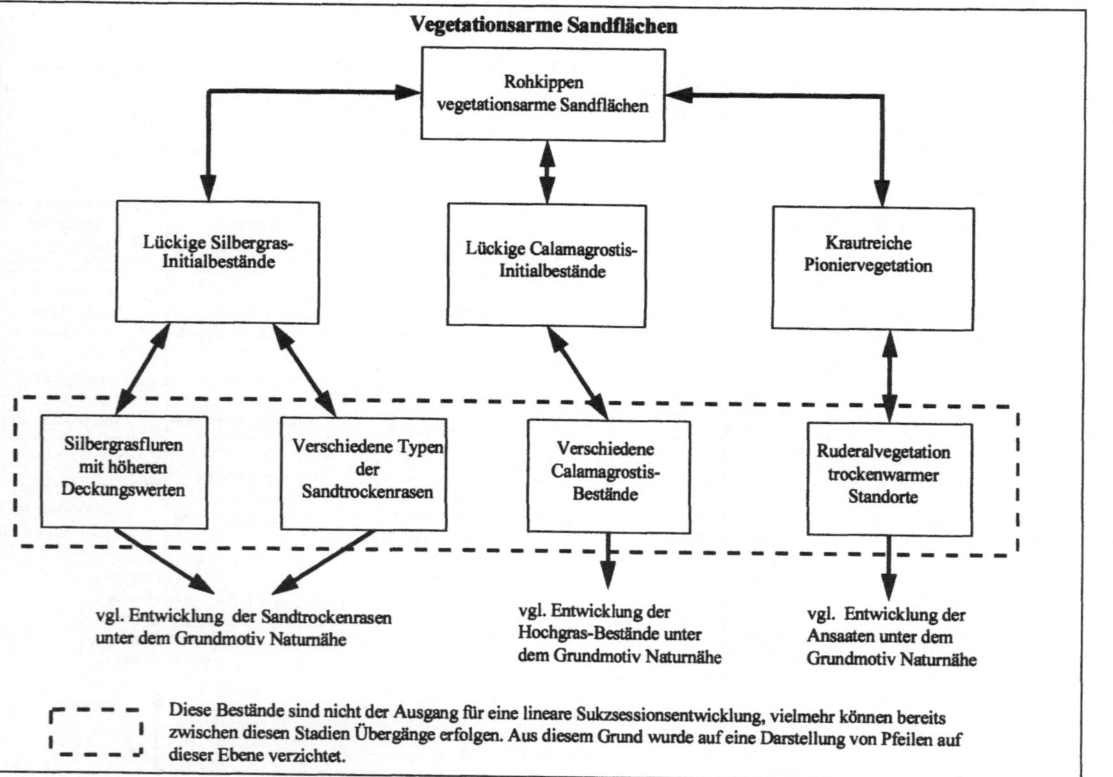

Abbildung 2.1 Entwicklungswege vegetationsarmer Sandflächen unter dem Grundmotiv Naturnähe (Prozeßschutz).

Auf Flächen mit bereits etablierten Sandtrockenrasen kann auf weitere Sanierungsmaßnahmen verzichtet werden. Auch die Etablierung trockener Zwergstrauchheiden mittels Initialsetzung ist dort möglich, wo dieser Biotoptyp als Entwicklungsziel sinnvoll ist (vgl. Blumrich 2000, dieser Band). Entsprechend des Grundmotivs Naturnähe können sich aus den genannten Beständen Vegetationstypen verschiedener zeitlicher Stabilität und Artenzusammensetzung herausbilden, kommt das Grundmotiv Biodiversität zur Anwendung bleibt der Offenlandcharakter der Landschaft erhalten.

4.3 Optimierung im Landschaftsverbund

Optimierungen von charakteristischen Vegetationseinheiten des Offenlandes der Bergbaufolgelandschaft ergeben Modellandschaften aus Kombinationen von Biotoptypen. Sie bilden allgemeine Szenarien bzw. geben die Eigenschaften sinnvoller Szenarien an. In Tabelle 2.5 ist dies für Artendiversität, Artenschutz i.e.S. (= Grundmotiv „Biodiversität"), Minimierung der Nutzungsintensität und Prozeßschutz (= Grundmotiv „Naturnähe") durchgeführt. Ebenso läßt sich nach Tagebautyp oder nach Vegetationseinheiten gliedern. Die beschriebenen Modelllandschaften sind abgeleitet aus Schlabendorf-Nord und -Süd für „Randbereiche" und „Innenkippe" und für „Altbergbau" aus Koyne, Plessa und Grünewalde. Die Modellandschaften beschreiben unmittelbar die schutzwürdigsten Gebiete konkreter Tagebaue. Aufgrund der breiten Datenbasis und synthetischer Auswertung mehrerer Tiergruppen sind sie als Kriterienkatalog zur Gebietsauswahl schutzwürdiger Flächen anderer Tagebaue sowie als Handlungsempfehlungen zur Gestaltung aktiver Tagebaue konzipiert (vgl. auch Blumrich & Wiegleb 1998, 1999, Bröring et al. 1998, Felinks & Wiegleb 1998, Fromm et al. 1997, Fromm & Wiegleb 1999, Mrzljak & Wiegleb 1999a).

Tabelle 2.5 Optimale Kombinationen von Vegetationstypen der Offenlandschaften von Tagebauen als vier Szenarien von Grundmotiven des Naturschutzes. Die Modellandschaften wurden mit synthetischer Auswertung der Erhebungen zur Wanzen-, Spinnen-, Heuschrecken- und Laufkäferfauna mittels Biotophybride-Verfahren entwickelt (Mrzljak & Wiegleb 1999a).

Artendiversität			
Allgemein	**Randbereiche**	**Außenkippe**	**Innenkippe**
Kraut- und grasreiche Hochgrasbestände, Calamagrostis	Calamagrostis	Kraut- und grasreiche Sandmagerrasen, Calamagrostis und Wiesen auf aschemelioriertem Substrat	Kraut- und grasreiche Sandmagerrasen, Calamagrostis und Wiesen

Fortsetzung Tabelle 2.5

Artenschutz i.e.S.			
Allgemein	**Randbereiche**	**Außenkippe**	**Innenkippe**
Kraut- und grasreiche Sandmagerrasen, Moos- und flechtenreiche Bestände	Heideflächen	Kraut- und grasreiche Sandmagerrasen, moos- und flechtenreiche Bestände und lückige Kiefernaufforstungen mit Silbergrasunterwuchs (ohne weitere Pflege)	Kraut- und grasreiche Sandmagerrasen, moos- und flechtenreiche Bestände
Minimierung der Nutzungsintensität			
Allgemein	**Randbereiche**	**Außenkippe**	**Innenkippe**
Kraut- und grasreiche Sandmagerrasen, Kraut- und grasreiche Hochgrasbestände, Calamagrostis und kleinräumig offene Sandflächen	Calamagrostis	Kraut- und grasreiche Sandmagerrasen, Calamagrostis, Wiesen auf aschemelioriertem Substrat und kleinräumig offene Sandflächen	Kraut- und grasreiche Sandmagerrasen, Calamagrostis und Wiesen
Prozeßschutz			
Allgemein	**Randbereiche**	**Außenkippe**	**Innenkippe**
Alle Vegetationstypen und ihre Vorläufer in der Sukzession	Calamagrostis und Heideflächen	Kraut- und grasreiche Sandmagerrasen, Calamagrostis, moos- und flechtenreiche Bestände, kleinräumig offene Sandflächen, Wiesen auf aschemelioriertem Substrat, vegetationsarme Sandflächen, lückige Silbergrasfluren, krautreiche Pionierfluren, Mähgutinitialsetzungen, Ansaaten	Kraut- und grasreiche Sandmagerrasen, Calamagrostis, moos- und flechtenreiche Bestände, Wiesen, vegetationsarme Sandflächen, lückige Silbergrasfluren, krautreiche Pionierfluren, Mähgutinitialsetzungen, Ansaaten

5 Funktionen von naturschutzfachlichen Leitbildern

Fachlich gesehen ist die Hauptfunktion von naturschutzfachlichen Leitbildern die Erstellung einer Bewertungsbasis (Wiegleb 1994, 1997a, b, 1999a, b, Wiegleb et al. 1999). Dies war die Hauptuntersuchungsrichtung von LENAB: Für gegebene Flächen wurden Leitbilder erstellt, die nach einer flächenbezogenen Bewertung zur Überprüfung laufender Handlungen oder rationalen Einleitung neuer Handlungen führen sollten. Eine solche Prüfung ergibt z. B.:

- Flächendeckende Aufforstung, insbesondere in Renaturierungsflächen, bzw. Wiederaufforstung fehlgeschlagener Bereiche sind zu vermeiden.
- Industrieansaat führt zu einem Diversitätsverlust, der oft irreversibel ist, bzw. nur mit weiteren aufwendigen ökotechnologischen Methoden kompensiert werden kann.
- Planierung und Einebnung führt zu langweiligem Landschaftsbild.

Daneben können Leitbilder aber auch weitere Funktionen übernehmen, die von allgemein naturschutzfachlichem Interesse sind, und die die Anwendbarkeit und Übertragbarkeit der Ergebnisse über die eigentlichen Untersuchungsflächen hinaus garantieren.

Das Leitbild als Grundlage für Gebietsauswahlverfahren

Liegen flächendeckende Informationen über verschiedene Gebiete vor, so können auf der Basis bestehender Leitbilder geeignete Flächen für deren Verwirklichung bestimmt werden. Dabei handelt es sich um eine wesentliche Verbreiterung des Ansatzes, da nicht nur Generalisierung sondern auch deren Umkehrung (von der Fläche zum Punkt bzw. vom Typ zum Einzelfall) von Zielen und Strategien geleistet werden müssen. Als Gebietsauswahlverfahren stehen Verfahren auf der Basis von Potentialeignung, aktueller Habitateignung, aktuellem kleinräumigem Artenbesatz und großräumigem Beitrag solcher Schutzgüter zu überregionalen Konzepten zur Verfügung. Konkrete Auswahlverfahren sind in Durka et al. (1997) und Mrzljak & Wiegleb (1999a) beschrieben (vgl. auch Wiegleb & Vorwald 2000, dieser Band).

Das Leitbild als Planungsgrundlage für Nachfolgeflächen derzeit aktiver Tagebaue

Die Gestaltung von Flächen, die aktuell vom Tagebau beansprucht werden, kann aus dem Leitbild so abgeleitet werden, daß der ermittelte Sollzustand als Planziel gesetzt wird (Mrzljak & Wiegleb 1999a, b, Schulz & Wiegleb 1999, Vorwald & Wiegleb 1998, 1999). Ein Maßnahmenkatalog der zu erfolgenden Bodenbehandlung bzw. Initialsetzungen der Zielbiotoptypen auf noch auszuweisenden Naturschutzvorrangflächen kann aufgestellt werden. Dies setzt voraus, daß der Naturschutz auch im laufenden Bergbau als Folgenutzungsvariante erwogen wird.

Das Leitbild als Grundlage für Managementkonzeptionen von naturnahen Flächen bzw. Naturschutzflächen allgemein

Die Vegetationstypen der Bergbaufolgelandschaft sind, oft kleinräumiger ausgeprägt, ebenfalls in der umgebenden Kulturlandschaft zu finden. Soweit im vorliegendem Bericht ausgeführte Typisierungen von Flächen diagnostizierbar sind, so ist auch der entsprechende Maßnahmenkatalog gültig. Dies betrifft sowohl weitere, in der vorliegenden Untersuchung nicht einbezogene Tagebaue der Niederlausitz, als auch vergleichbare Flächen des gewachsenen Landes wie z. B. Truppenübungsplätze, Energietrassen und andere nicht intensiv genutzte Bereiche.

Somit steht mit der Leitbildmethode ein kraftvolles, vielseitig einsetzbares Instrument für die Naturschutzplanung zur Verfügung.

Danksagung

Die vorliegenden Untersuchungen wurden im Rahmen des Verbundvorhabens LENAB durchgeführt, gefördert vom BMBF (Fkz 0339648) und der LMBV mbH. Ich danke U. Bröring (Cottbus), B. Felinks (Leipzig) und R. Stierand (Schwepnitz) für wertvolle Hinweise und kritische Durchsicht des Manuskriptes.

Literatur

Bauriegel, E., Krause, M. & Wiegleb, G. 2000. Experimentelle Untersuchungen zur Initialsetzung von Trockenrasen in der Niederlausitzer Bergbaufolgelandschaft, dieser Band.

Blaschke, W., Donath, H., Fromm, H. & Wiegleb, G. 1999. Landscape characteristics and nature conservation in former brown-coal mining areas. Die Vogelwelt, in Druck.

Blumrich, H. & Wiegleb, G. 1998. Etablierung und Renaturierung von Zwergstrauchheiden in der Niederlausitzer Bergbaufolgelandschaft. Verh. Ges. Ökol. 28: 291-300.

Blumrich, H. & Wiegleb, G. 1999. Naturschutzfachliche Vorstellungen für die Niederlausitzer Bergbaufolgelandschaft. In W. Konold, R. Böcker & U. Hampicke (Hrsg.) Handbuch des Naturschutzes. Ecomed, Landsberg, in Druck.

Blumrich, H. 2000. Potentiale der Renaturierung und Initialsetzung von Zwergstrauchheiden in der Niederlausitzer Bergbaufolgelandschaft, dieser Band.

Blumrich, H., Bröring, U., Felinks, B., Fromm, H., Mrzljak, J., Schulz, F., Vorwald, J. & Wiegleb, G. 1998. Naturschutz in der Bergbaufolgelandschaft – Leitbildentwicklung. Studien und Tagungsberichte 17: 44 S.

Blumrich, H., Fromm, H., Schulz, F., Vorwald, J. & Wiegleb, G. 1995. Naturschutzziele in der Bergbaufolgelandschaft - Utopie und Realität. Aktuelle Reihe BTU Cottbus 7/95: 104-116.

Bornkamm, R. 1994. Prinzipielle Überlegungen zu einer ökologischen Rekultivierung. Aktuelle Reihe BTU Cottbus 6/94: 32-35.

Bröring, U. & Wiegleb, G. 1999. Leitbilder in Naturschutz und Landschaftspflege. In W. Konold, R. Böcker & U. Hampicke (Hrsg.) Handbuch des Naturschutzes. Ecomed, Landsberg, in Druck.

Bröring, U., Felinks, B., Mrzljak, J., Schulz, F. & Wiegleb, G. 1998. Konzepte für die verantwortungsvolle Gestaltung und nachhaltige Entwicklung naturnaher Offenlandbereiche der Bergbaufolgelandschaft. Forum der Forschung 7: 85-90.

Bröring, U., Schulz, F. & Wiegleb, G. 1995. Niederlausitzer Bergbaufolgelandschaft: Erarbeitung von Leitbildern und Handlungskonzepten für die verantwortliche Gestaltung und nachhaltige Entwicklung ihrer naturnahen Bereiche. Z. Ökol. Naturschutz 4: 176-178.

Bröring, U., Schulz, F., Stierand, R., Vorwald, J. & Wiegleb, G. 1996. Die Leitbildmethode als Planungsmethode - Errungenschaften und Defizite. Aktuelle Reihe BTU Cottbus 8/96: 146-152.

Brüggemann, R., Kaune, A., Klein, J. & Zellner, R. 1996. Anwendung der Hasse-Diagrammtechnik zur Bewertung ökologischer Schutzziele. USWF – Z. Umweltchem. Ökotox. 8(2): 89-96.

Dickhaut, W. 1996. Möglichkeiten und Grenzen der Erarbeitung von Umweltqualitätszielen in kooperativen Planungsprozessen. Durchführung und Evaluierung von Projekten. Schriftenr. Institut WAR der TH Darmstadt 94: 315 S.

Durka, M., Altmoos, M. & Henle, K. 1997. Naturschutz in Bergbaufolgelandschaften des Südraumes Leipzig unter besonderer Berücksichtigung der spontanen Sukzession. UFZ-Bericht 22/97.

Durka, W. & Altmoos, M. 1997. Naturschutz in der Bergbaufolgelandschaft als Teil einer nachhaltigen Landschaftsentwicklung. In I. Ring (Hrsg.) Nachhaltige Entwicklung in Industrie- und Bergbauregionen - eine Chance für den Südraum Leipzig. Teubner, Stuttgart: 52-72.

DVWK, 1996. Fluß und Landschaft - Ökologische Entwicklungskonzepte. DVWK-Merkblätter 240/1996. Bonn.

Faber, M., Manstetten, R. & Proops, J. 1992. Toward an open future: Ignorance, novelty, and evolution. In R, Costanza, B.B. Norton & B.D. Haskell (Hrsg.) Ecosystem Health - New Goals for Environmental Management. Island Press, Washington DC: 72- 96.

Felinks, B. & Wiegleb, G. 1998. Welche Dynamik schützt der Prozeßschutz? Aspekte unterschiedlicher Maßstabsebenen - dargestellt am Beispiel der Niederlausitzer Bergbaufolgelandschaft. Naturschutz u. Landschaftsplanung 30: 298-303.

Felinks, B. 2000. Dynamik der Vegetationsentwicklung in den terrestrischen Offenlandbereichen der Bergbaufolgelandschaft, dieser Band.

Felinks, B., Mrzljak, J. & Pilarski, M. 2000. Generalisierung vegetationskundlicher und zoologischer Daten „vom Punkt in die Fläche“ – empirische Aspekte, dieser Band.

Fromm, H. & Wiegleb, G. 1999. Leitbildorientierte Bewertungsverfahren für den Boden am Beispiel der Bergbaufolgelandschaft. In G. Wiegleb, F. Schulz & U. Bröring (Hrsg.) Naturschutzfachliche Bewertung im Rahmen der Leitbildmethode. Physica, Heidelberg: 109-119.

Fromm, H., Blumrich, H., Harder, H. & Kahle H.-J. 2000. Ergebnisse der Öffentlichkeitsarbeit eines naturschutzfachlichen Verbundprojektes in der Niederlausitzer Bergbaufolgelandschaft, dieser Band.

Fromm, H., Hahn, B. & Wiegleb, G. 1997. Bodenfauna und Mikroorganismen in „Substraten“ der Niederlausitzer Bergbaufolgelandschaft - Initiale für eine Bodenentwicklung? Mitteil. Dtsch. Bodenk. Ges. 83: 153-157.

Güsewell, S. & Falter, R. 1997. Naturschutzfachliche Bewertung. Ein erweiterter Ansatz unter Berücksichtigung von ästhetischen, symbolischen und mythischen Aspekten. Naturschutz u. Landschaftsplanung 29: 44-49.

Hahn, B. & Fromm, H. 2000. Biotische und abiotische Eigenschaften von Böden naturnaher Offenlandbereiche der Niederlausitzer Bergbaufolgelandschaft, dieser Band.
Jentsch, H. 1994. Das Naturschutzgebiet Sukzessionslandschaft Nebendorf. Naturschutz u. Landschaftspflege in Brandenburg 3(1): 29-32.
Jessel, B. 1996. Leitbilder und Wertungsfragen in der Naturschutz- und Umweltplanung. Naturschutz u. Landschaftsplanung 28: 211-216.
Jordan, R. 1996. Anmerkungen zur „Unabgewogenheit" in der kommunalen Landschaftsplaung. Natur u. Landschaft 71: 533-535.
Mrzljak, J. & Wiegleb, G. 1999a. Optimierungsverfahren für Landschaft: „Biotophybride". In G. Wiegleb, F. Schulz & U. Bröring (Hrsg.) Naturschutzfachliche Bewertung im Rahmen der Leitbildmethode. Physika, Heidelberg: 179-191.
Mrzljak, J. & Wiegleb, G. 1999b. Konflikte bei der naturschutzfachlichen Bewertung aufgrund unterschiedlicher Zielarten – Fakt oder Fiktion. In G. Wiegleb & U. Bröring (Hrsg.) Implementation naturschutzfachlicher Bewertungsverfahren in Verwaltungshandeln. Aktuelle Reihe BTU Cottbus, in Druck.
Mrzljak, J. & Wiegleb, G. 1999c. Spider colonization of former brown coal mining areas – time or structure dependant? Landscape and Urban Planning, eingereicht.
Plachter, H. 1994. Methodische Rahmenbedingungen für synoptische Bewertungsverfahren im Naturschutz. Z. Ökol. u. Naturschutz 3: 87-106.
Preußner, K. 1997. Die Strategie der forstlichen Rekultivierung in der LAUBAG auf dem Weg zur naturgemäßen Waldwirtschaft am Beispiel einer Rekultivierungsfläche im Tagebau Welzow-Süd. Symposium Umweltverträglicher Braunkohlebergbau in der Lausitz, Senftenberg: 33-37.
Schluchter, W. 1996. Bürgerbeteiligung - Mediation - TRIPLEX-Methode: Grundlagen für die Entstehung bürgerfreundlicher Planungen durch Einbeziehung der Betroffenen. Aktuelle Reihe BTU Cottbus 8/96: 30-37.
Schretzemeyer, M. 1996. Was führt zum Scheitern raumplanerischer Konzepte? RuR 6/1996: 397-410.
Schulz, F. & Wiegleb, G. 1999. Development options of natural habitats in a post mining landscape. Land Degradation and Development 10, in Druck.
Schulz, F. & Wiegleb, G. 2000. Die Niederlausitzer Bergbaufolgelandschaft – Probleme und Chancen, dieser Band.
Schulz, F., Bröring, U. & Wiegleb, G. 1999. Leitbildentwicklung und Handlungskonzepte für naturnahe Bereiche der Bergbaufolgelandschaft - Ergebnisse des BMBF-Verbundvorhabens LENAB. Schriftenreihe des DRL 70, in Druck.
Stierand, R. 1996. Konkurrierende Leitbilder in der Raumordnung. Aktuelle Reihe BTU Cottbus 8/96: 5-17.
Stierand, R. 2000. Sozioökonomische Beiträge zur Gestaltung der Bergbaufolgelandschaften in der Niederlausitz, dieser Band.
Trommer, G. 1992. Wilderness - ein weittragendes Leitbild amerikanischen Naturverständnisses. Verh. Ges. Ökol. 21: 489-494.
Vorwald, J. & Wiegleb, G. 1996. Anforderungen an Leitbilder für die Entwicklung von Bewertungsverfahren im Naturschutz. Aktuelle Reihe BTU Cottbus 8/96: 38-49.
Vorwald, J. & Wiegleb, G. 1998. Beispielhafte Entwicklung von Leitbildern in der Bergbaufolgelandschaft. Aktuelle Reihe BTU Cottbus 4/98: 1-55.
Vorwald, J. & Wiegleb, G. 1999. Methodischer Beitrag zur Entwicklung von Leitbildern und Handlungskonzepten in Bergbaufolgelandschaften. In R. Hüttl, E. Weber & D.

Klem (Hrsg.) Ökologisches Entwicklungspotential von Bergbaufolgelandschaften. De-Gruyter, Berlin.

Wiegleb, G, Vorwald, J. & Bröring, U. 1999. Synoptische Einführung in das Thema „Bewertung im Rahmen der Leitbildmethode“. In G. Wiegleb, F. Schulz & U. Bröring (Hrsg.) Naturschutzfachliche Bewertung im Rahmen der Leitbildmethode. Heidelberg: 1-14.

Wiegleb, G. & Felinks, B. 1999. Succession in postmining landscapes – chance or necessity. Ecological Engineering, in Druck.

Wiegleb, G. & Vorwald, J. 2000. Integration biologisch-ökologischer Daten vom Punkt in die Fläche, dieser Band.

Wiegleb, G. 1994. Einführung in die Thematik des Workshops „Ökologische Leitbilder”. Aktuelle Reihe BTU Cottbus 6/94: 7-13.

Wiegleb, G. 1995a. Begrüßung und Zusammenfassung der Ergebnisse des Wokshops „Naturschutzziele in der Bergbaufolgelandschaft“ vom 6.10. 1995 an der BTU Cottbus. Aktuelle Reihe BTU Cottbus 8/95: 9-12.

Wiegleb, G. 1995b. Naturschutzziele in der Bergbaufolgelandschaft - thematischer Aufriß. Aktuelle Reihe BTU Cottbus 7/95: 6-11.

Wiegleb, G. 1996. Leitbilder des Naturschutzes in Bergbaufolgelandschaften am Beispiel der Niederlausitz. Verh. Ges. Ökol. 25: 309-319.

Wiegleb, G. 1997a. Beziehungen zwischen naturschutzfachlichen Bewertungsverfahren und Leitbildentwicklung. NNA-Berichte 3/97: 40-47.

Wiegleb, G. 1997b. Leitbildmethode und naturschutzfachliche Bewertung. Z. Ökologie u. Naturschutz 6: 43-62.

Wiegleb, G. 1998. Sind Biodiversität und nachhaltige Landnutzung miteinander vereinbar? Studien und Tagungsberichte 11: 28-32.

Wiegleb, G. 1999a. Stellung der Bewertung im Rahmen der „guten naturschutzfachlichen Praxis“. In G. Wiegleb, F. Schulz & U. Bröring (Hrsg.) Naturschutzfachliche Bewertung im Rahmen der Leitbildmethode. Physica, Heidelberg: 37-47.

Wiegleb, G. 1999b. Umweltbewertung und naturschutzfachliche Bewertung – monetärer Minimalismus oder ökologisch begründete Spitzfindigkeiten. In G. Wiegleb & U. Bröring (Hrsg.) Implementation naturschutzfachlicher Bewertungsverfahren in Verwaltungshandeln. Aktuelle Reihe BTU Cottbus, in Druck.

Wiegleb, G., Bröring, U., Mrzljak, J., Grondtke, A. & Saure, C. 1998. Inventarization, assessment and management of arthropod diversity in postmining landscapes of Lower Lusatia (Brandenburg, Germany). Proceedings of thr VIth European Congress of Entomology, Ceske Budejovice: 750.

3 Sozioökonomische Beiträge zur Gestaltung der Bergbaufolgelandschaften in der Niederlausitz

Rainer Stierand[1]

[1] Universität Dortmund, Institut für Raumplanung, D-44221 Dortmund, c./o. Schulstr. 2, D-01936 Schwepnitz, e-mail: stierands@t-online.de

Zusammenfassung. Die ausgewählten Untersuchungsgebiete und die benachbarten bergbaunahen Orte weisen trotz der gemeinsamen Prägung durch den Braunkohlentagebau im einzelnen sehr unterschiedliche Strukturen auf. In Abhängigkeit der Orte hinsichtlich Lage, sozioökonomischer Struktur und sozialkultureller Charakteristik sind auch im Verhältnis zu den Bergbaufolgelandschaften andere Verhaltensstile, Einstellungen und Erwartungen zu finden. Die Gestaltung der Bergbaufolgelandschaften soll durch ein entsprechend differenziertes Vorgehen auf diese sozialräumlichen Gegebenheiten Rücksicht nehmen, damit die natürlichen Potentiale von den Bewohnern genutzt aber auch geschont werden können. Vor diesem Hintergrund wurde im LENAB-Forschungsverbund versucht, mit Hilfe einer breiten sozialwissenschaftlichen Erhebung und der Kontrolle ihrer Ergebnisse vor Ort die Basis für eine raumdifferenzierende Sanierungspraxis auf den Bergbauflächen herzustellen. Gleichzeitig werden Grundlagen für eine Dorfentwicklung in der Umgebung der Tagebaugebiete geschaffen, die auf die landschaftlichen Eigenarten Rücksicht nimmt. Die gemeinsame Gestaltungsaufgabe aller Verbundteilprojekte an den Szenarien wurde auf der Grundlage des Prinzips der diskursiven Leitbildentwicklung begonnen. Sowohl auf der begrifflichen Ebene als auch auf der Ebene der praktischen Formulierung der Rahmenszenarien und Objektszenarien gelang es am Beispiel von ausgewählten Teilgebieten im Ansatz, die naturschutzfachliche Sicht in eine räumliche Gesamtsicht zu integrieren und integrierte Gestaltungskonzepte vorzuschlagen. Diese Vorgehensweise kann vor allem durch die Einbeziehung von Akteuren aus dem nicht-wissenschaftlichen Bereich verbessert werden. Ein generelles Ergebnis der Forschung ist, daß die Bergbaufolgelandschaften als Entwicklungspotential für die Region ernst genommen werden. Es kann nur genutzt werden, wenn die Bewohner der Region in die Gestaltung einbezogen werden.

Schlüsselwörter: Empirische Basis, IBA Fürst-Pückler-Land, Leitbild, Objektszenarien, politisch-planerisches Handeln, Rahmenszenarien, Sanierungsplanung, tagebaunahe Dörfer, Teilregionen, Visionen.

1 Einleitung

Die Niederlausitz liegt im östlichen Teil Deutschlands und ist heute ein Randgebiet der Europäischen Union an der Grenze zu Polen. Ihre Fläche umfaßt im wesentlichen den südlichen Teil des Bundeslandes Brandenburg. Das eigentliche die Region verbindende Element ist die Prägung durch den Braunkohlentagebau. Der Tagebau verursachte einen großen Teil der regionalen Probleme. Zwar blickt der Bergbau, vor allem in der südlichen Niederlausitz, auf eine weit über 140-jährige Tradition zurück, aber erst durch die Konzentration der Energieerzeugung in den letzten 50 Jahren, dem Ausbau dieser Region zum „Energiezentrum" der DDR (neben dem mitteldeutschen Revier) und die dann in Folge der Wiedervereinigung beider deutscher Staaten einsetzende rasche wirtschaftliche Umstrukturierung, verbunden mit der Stillegung der meisten Tagebaufelder und Braunkohle verarbeitenden Industriebetriebe, entstand die Situation, in der sich heute die Region befindet. Insbesondere die vom Bergbau wieder verlassenen Tagebaugebiete haben erhebliche ökonomische, soziale und infrastrukturelle Schwierigkeiten, gleichzeitig aber in den Bergbaufolgelandschaften große natürliche Potentiale und in den an die ehemaligen Tagebaufelder angrenzenden Gebieten Chancen für einen siedlungsstrukturellen Neuaufbau. Gerade die bergbaugeschädigten Gebiete können also Ansatzpunkte für einen Strukturwandel der Niederlausitz darstellen. Ansatzpunkte für einen in diesem Sinne positiven Umgang mit den Bergbaufolgelandschaften in Zusammenarbeit mit den naturwissenschaftlichen Forschungsdisziplinen zu ermitteln und Gestaltungsvorschläge zu unterbreiten, war das Anliegen des Teilprojektes Sozioökonomie im LENAB-Forschungsverbund.

Zur Kennzeichnung der im Rahmen des LENAB-Verbundvorhabens ausgewählten Untersuchungsgebiete wurde eine Unterscheidung zwischen einem nördlichen, weitgehend ländlichen Gebiet und einem südlichen weit stärker industrialisierten Gebiet in der West-Niederlausitz notwendig. Das Tagebaugebiet „Schlabendorfer Felder" liegt im Nordwesten der Niederlausitz in dem dünn besiedelten ländlichen Raum mit Dörfern, die von jeher durch agrarische Großbetriebe und bäuerliche Landwirtschaft gekennzeichnet waren. Das andere untersuchte Tagebaugebiet befindet sich in dem altindustrialisierten Gebiet „Koyne/Plessa" im Südwesten der Niederlausitz. Beide Gebiete sind durch den schnellen und tiefgreifenden Transformationsprozeß nach der Wende 1989, speziell durch die damit einhergehende plötzliche Einstellung der Kohleförderung und dadurch verursachte Rekultivierungsdefizite (größtenteils auch durch die schon vorher vernachlässigte Rekultivierung) sehr stark in Mitleidenschaft gezogen. In diesen Teilregionen ist zu beobachten, daß sich die ökonomischen, sozialen und siedlungsstrukturellen Gegebenheiten von einem zum anderen Ort stark unterscheiden. In nahezu jedem Ort findet sich eine Sondersituation. Offenbar wird sie nicht nur durch die regionale Gemengelage unterschiedlicher sozioökonomischer Strukturen, sondern auch durch die besonderen historischen Entwicklungen und heutigen Konstellationen in den Orten bestimmt.

Eine wichtige Forschungshypothese lautete demgemäß: In Abhängigkeit von den unterschiedlichen lokalen sozioökonomischen und sozialkulturellen Situationsbedingungen werden auch die Bergbaufolgelandschaften und ihre Potentiale sehr verschieden wahrgenommen. Man findet entsprechend sehr unterschiedliche Verhaltensstile, Einstellungen und Erwartungen in Bezug auf die Bergbaufolgelandschaften vor.

Die Beschreibung und konzeptionelle Berücksichtigung der heterogenen räumlichen Situationen in der nur auf den ersten Blick recht einheitlichen Niederlausitz wurde demgemäß zu einem wesentlichen Anliegen der Forschungsarbeit. Während unsere Zwischenergebnisse die regions- und ortsspezifischen Problemsituationen schon sehr bald verdeutlichten, folgte die Sanierungspraxis in der Niederlausitz zunächst allerdings weiterhin einem sehr einförmigen Muster.

2 Die Situation bei Vorhabensbeginn

Die an den genannten Gebieten beispielhaft durchzuführenden Untersuchungen sollten nach allgemeiner Erwartung und insbesondere der Erwartung der Forschungsförderer (BMBF und LMBV mbH) grundlegende, auch in anderen Braunkohlegebieten der Niederlausitz anwendbare Ergebnisse liefern. Es zeigte sich aber, daß die Forschungsarbeit von der Entwicklung in der Sanierungspraxis ständig überholt wurde.

Im nördlichen Untersuchungsgebiet der Schlabendorfer Felder waren durch den Sanierungsplan verbindliche Festlegungen für die Kippenflächen und Restseen schon vor Beginn der Forschungsarbeit getroffen worden. Aus arbeitsmarktpolitischen Gründen unterlag der Sanierungsprozeß in diesem Gebiet darüber hinaus ständig der Notwendigkeit, sehr rasch Betätigungsfelder für ehemalige Bergarbeiter in Arbeitsbeschaffungsmaßnahmen zur Verfügung zu stellen und deshalb Rekultivierungsmaßnahmen durchzuführen, bevor Ergebnisse aus dem Forschungsprojekt vorliegen konnten. Im südlichen Untersuchungsgebiet um Koyne/Plessa bestand demgegenüber zwar aus bergbaulicher Sicht Sanierungsbedarf, aus Sicht der Bewohner der umliegenden Städte und Dörfer aber kein aktueller Gestaltungsbedarf - im Gegenteil befürchtete der Naturschutz dort durch einen zu starken Sanierungseingriff Zerstörungen in der historischen Bergbaufolgelandschaft.

Für diese und andere Braunkohlenfolgelandschaften wurden unter Handlungsdruck in der Sanierungsplanung und im Sanierungsgeschehen zunächst auch weiterhin eher einheitliche und seit jeher bewährte Konzepte favorisiert: erprobte Techniken bei der Abwehr von Rutschungen, bei der Rekultivierung durch Aufforstung und Gewinnung landwirtschaftlicher Flächen, beim Umgang mit den Restseen. Neue Nutzungskonzepte, die z. B. auf großflächigen Erhalt von Offenlandflächen aus Naturschutzgründen, die Erhaltung von nachbergbaulichen Landschaften als touristische Attraktion, auf bergbaugeschichtlichen Denkmalschutz, auf Dorfentwicklung von tagebaugeschädigten Orten und generell die Anpassung der ehemaligen Tagebauflächen an den Bedarf der umgebenden besiedelten Landschaft abzielten, hatten zunächst nur eine geringe Chance, unmittelbar berücksichtigt zu werden.

Von Bergbau- und Naturschutzseite her befürchtete man möglicherweise durch die Ergebnisse eines vorwiegend von der Bundesebene her geförderten und von den Hochschulen durchgeführten Forschungsprojektes gestört oder gar bevormundet zu werden. Dagegen war es die erklärte „Philosophie" des Forschungsverbundes LENAB, alle Festlegungen in amtlichen Plandokumenten, die schon beschlossen oder in der Aufstellung waren (Sanierungsplänen, Landschaftsrahmenplänen, Landesentwicklungsplänen), als Ausgangspunkte zu nehmen und darüber hinaus durch einen engen Kontakt mit den Planungsinstitutionen und Sanierungsträgern zu einer größtmöglichen Realitätsnähe der Forschungsarbeit und zur Abstimmung von Konzepten zu kommen.

In sozialwissenschaftlicher Hinsicht dagegen lag ein weitgehend unbearbeitetes Feld vor uns. Zwar beleuchteten sozialwissenschaftliche Untersuchungen für verschiedene andere Regionen in den neuen Bundesländern das allgemeine Bild der sozialen und ökonomischen Wandlungsprozesse; sie gingen jedoch auf die Spezifika des extremen Strukturwandels und den Handlungsbedarf in den ehemaligen Braunkohlengebieten nicht ein (siehe Kommission für die Erforschung des sozialen und politischen Wandels in den neuen Bundesländern 1996). Analyseansätze zur Bedeutung von stillgelegten Flächen der Braunkohlenwirtschaft für ihre lokale und regionale Umgebung lagen in erster Linie aus dem Leipziger Südraum vor (vgl. Entwicklungsgesellschaft Südraum Leipzig mbH 1992). Sie hatten jedoch mit der peripher gelegenen Niederlausitz kaum vergleichbare Ergebnisse erbracht.

Auf der regionalen Ebene „Niederlausitz" lieferte die damals aktuell abgeschlossene „Dornier-Studie" eine Fülle von Daten und Aussagen zur sozioökonomischen Situation und Entwicklung (Dornier 1994). Auf diese Untersuchung konnten wesentlich die eigenen Aussagen zur regionalen Einordnung der Untersuchungsgebiete gestützt werden. Sie enthielt jedoch keine speziellen Auswertungen für die von LENAB ausgewählten Teilregionen oder für einzelne ausgewählte Orte.

Für eine Reihe von Dörfern, darunter auch Orte in den Untersuchungsregionen von LENAB, waren in Zusammenhang mit der „Agrarstrukturellen Vorplanung" und der „Integrierten ländlichen Entwicklung – Dorfentwicklung" (ILE) parallel zur Arbeit des TP Sozioökonomie ebenfalls Dorfuntersuchungen begonnen worden. Diese Arbeiten verstanden sich jedoch als Ressortforschung des Landwirtschaftsministeriums Brandenburg. Über ihre Durchführung, Methoden und Ergebnisse erhielten wir zunächst keine Informationen; die Ergebnisse dieser Untersuchungen standen uns jedoch später zur Verfügung und ergaben eine wichtige Vergleichsbasis.

Für die beiden ausgewählten Untersuchungsgebiete waren demgemäß zu Beginn unserer Forschungsarbeit keine vergleichbaren Analysen zur sozioökonomischen und siedlungsstrukturellen Situation und zu Entwicklungsperspektiven verfügbar, auf denen die eigene Arbeit hätte aufbauen können.

3 Methodenentwicklung

Das Forschungsprojekt wollte gemäß der Projektausschreibung dazu beitragen, daß die ökologische Gestaltung der Bergbaufolgelandschaften die Gleichwertigkeit der Lebensbedingungen in der Niederlausitz im Vergleich zu anderen Räumen fördern und vielfältige Entwicklungsmöglichkeiten eröffnen sollte. Der Zusammenhang zwischen der ökologischen Gestaltung der Bergbaufolgelandschaften und der sozioökonomischen Entwicklung der Region sollte also im Mittelpunkt stehen.

Aus sozialer und ökonomischer Sicht konkretisierten wir nach Literaturanalyse, Theoriediskussion und nach der ersten Kenntnis der Situation vor Ort deshalb das genannte allgemeine Arbeitsziel in verschiedenen Einzelforderungen:

- Die heutige und künftige Umweltqualität siedlungsnaher Bergbaufolgelandschaften soll nicht nur unter ökologischen Gesichtspunkten, sondern auch unter Berücksichtigung anthropogener Nutzungen qualifiziert und prognostiziert werden.
- Dies soll so rechtzeitig und so öffentlich geschehen, daß die Bewohner (und ihre Repräsentanten) ihre Zielvorstellungen darauf ausrichten und die entstehenden natürlichen Restriktionen und Potentiale in ihre Pläne einbeziehen können.
- Das Gestaltungskonzept soll auf die kreativen Ansätze der ortsansässigen Bevölkerung zurückgreifen, sie ernst nehmen, unterstützen oder auf neue Wege hinweisen.
- Die Gestaltung soll mit dem Ziel und unter Bedingungen erfolgen, die darauf ausgerichtet sind, daß Bewohner mit der Bergbaufolgelandschaft wieder ein „Zweckbündnis" eingehen, „Freundschaft" schließen oder „gute Nachbarschaft" herstellen.
- Die naturnahe Gestaltung der Bergbaufolgelandschaften soll die Anforderungen der umgebenden Siedlungen berücksichtigen. Gestaltungsmaßnahmen in den Bergbaufolgelandschaften sollen mit den Entwicklungskonzepten der betreffenden Orte abgestimmt werden.
- Die dörflichen Nutzungsformen sollen aber ebenfalls auf die benachbarten naturnahen Bereiche, deren Biotopqualität, Wasser-, Boden- und ästhetische Qualität Rücksicht nehmen.

Demgemäß war ein sozioökonomischer Forschungsansatz notwendig, der auf den parallelen Fortgang der ökologischen Untersuchungen angewiesen war und in sozialwissenschaftlicher Hinsicht neben kleinräumig auswertbaren und aktuellen Strukturdaten zur sozioökonomischen Situation in den Orten Informationen von den Bewohnern selbst benötigte, um ihre Wahrnehmungen, Einschätzungen und Bewertungen erfassen zu können. Diese Daten waren nur mit Hilfe von Kartierungen und Befragungen zu erlangen, die eine quantitative und gleichzeitig qualitative Auswertung erlaubten.

Die auf quantifizierende Auswertungen abzielende Erhebung des TP Sozioökonomie umfaßte in zwei Erhebungsphasen 1995 und 1996 im nördlichen Untersuchungsgebiet acht Gemeinden mit zwölf Ortslagen und im südlichen Untersuchungsgebiet vier Gemeinden mit vier Ortslagen. Im Jahre 1995 wurden zunächst sechzehn Ortslagen mit ca. 8 300 Einwohnern kartiert und die Grundstücksnutzung erhoben. 1996 wurden diese siedlungsstrukturellen Erhebungen überprüft und die Kartierungen für zwei Orte im nördlichen Untersuchungsgebiet ergänzt. Insgesamt wurden dabei 2 258 Grundstücksnutzungen erhoben.

In die Befragungen wurden 1996 neun Gemeinden mit dreizehn Ortslagen einbezogen: Dabei wurden alle erreichbaren Haushalte nach den sozialstrukturellen Merkmalen der Haushaltsmitglieder befragt. Außerdem wurde die Person, die den Haushaltsfragebogen ausfüllte, in dem standardisierten Fragebogen um Auskünfte über Wanderungsmotive, Berufssparten, Wahrnehmung und Beurteilung des Wohnortes und der benachbarten Gebiete der Bergbaufolgelandschaft, sowie über Zukunftserwartungen gebeten. Gut 70,5% aller Haushalte in den neun Gemeinden beteiligten sich an dieser durchweg freiwilligen Erhebung.

Gleichzeitig wurden mit 150 Bewohnern und Gewerbetreibenden in diesen Orten teilstandardisierte Interviews zur Ortsgeschichte, zu Wanderungsmotiven, Berufsleben, Wahrnehmung und Beurteilung des Wohnortes und den benachbarten Gebieten der Bergbaufolgelandschaft, sowie den Zukunftserwartungen durchgeführt. Diese wurden in den Jahren 1996 und 1997 durch ebenfalls teilstandardisierte Interviews mit Bürgermeistern (9 Interviews), Planungsexperten (16 Interviews) und schließlich in den Teilregionen ansässigen Gewerbetreibenden (14 Interviews) ergänzt.

Die Auswertung der standardisierten Haushaltsbefragung und der teilstandardisierten Interviews erfolgten als „Sachanalyse" mit Hilfe relationaler Datenbank- und Statistiksoftware und, in räumlicher Differenzierung, mit Hilfe der erarbeiteten digitalen Kartographie unter Arc/Info. Die Kombination von sozialstrukturellen und siedlungsstrukturellen Analysen erlaubten u. a. eine Zusammenfassung der untersuchten Ortslagen zu Ortstypen. Auf der Grundlage dieser Ortstypik wurden schließlich die Wahrnehmungen, Beurteilungen und Zukunftserwartungen der Bevölkerung hinsichtlich der Lebensqualität in den Orten und hinsichtlich der Einstellungen zu den nahegelegenen Bergbaufolgelandschaften, wie sie mittels der Befragung und der teilstandardisierten Interviews erhoben worden waren, interpretiert und in den Prozeß der Leitbildentwicklung einbezogen (siehe Serbser 2000, dieser Band).

Mit Hilfe von Arc/Info konnte die bildliche Darstellung der räumlichen Verteilung von natürlichen, sozioökonomischen, infrastrukturellen und baulichen Gegebenheiten zur Hypothesengenerierung und Hypothesenprüfung genutzt werden. Es half im TP Sozioökonomie zunächst dabei, die Daten der amtlichen Statistik zur Beschreibung der Gesamtregion und der ausgewählten Teilregionen sowie die Daten aus der Haushaltsbefragung zur Lebensqualität und Umweltwahrnehmung in den tagebaunahen Dörfern und Ortslagen durch ihre räumliche Darstellung aufzubereiten und anschaulich darzustellen. Mit Hilfe von Arc/Info konnten aber auch die Flächennutzungskonzepte aus Programmen, Plänen und Gutachten (z. B. Entwürfe der Landschaftsrahmenpläne, Flächennutzungspläne) und die Untersuchungsergebnisse verschiedener Verbundpartner (durch die Verschneidung mit im gleichen Format bereitgestellten Layern) in die Analysen des TP Sozioökonomie einbezogen werden. Z. B. stand auf Grundlage der historischen Analysen der Landschaftsentwicklung mit Hilfe digitalisierter Kartendokumente des TP Verbunddatenbank, der aktuellen Biotopanalyse der Bergbaufolgelandschaft mit Hilfe von Satelliten- und Luftbildern des TP Fernerkundung und den Informationen, die unsere Dorfkartierungen erbrachten, schließlich eine neue integrierte Informationsbasis zur Verfügung (Abb. 3.1).

Dieses Vorgehen erleichterte nicht zuletzt die kartographische und bildliche Darstellung der wissenschaftlichen Ergebnisse für Laien und ermöglichte z. B. den Ortsbewohnern während der Ausstellungen die Kontrolle von Erhebungsergebnissen aus ihrer Ortskenntnis heraus. Ein Tabellenwerk statt der Bilder wäre ungleich schwerer zu verstehen gewesen. Auch die Kommunikation mit den Experten aus der Orts-, Stadt- und Regionalplanung konnte durch die Darstellung der Zwischenergebnisse in Karten und Bildern verschiedentlich unterstützt werden.

Die räumliche Darstellung ermöglichte es, versuchsweise Erkenntnisse, die an einem Ort gewonnen worden waren auch auf Objekte benachbarter vergleichbarer Flächen zu übertragen. Sie erlaubte nicht zuletzt die Verdeutlichung von Konfliktpunkten zwischen den Zielvorstellungen der Verbundpartner hinsichtlich der Weiterentwicklung der zunächst jeweils isoliert betrachteten Objekte insbesondere bei der Szenarienkonstruktion (siehe unten). Auch die Integration der naturwissenschaftlichen und sozialwissenschaftlichen Erkenntnisse konnte am besten mittels der räumlichen Darstellung geleistet werden; auf der räumlichen Ebene wurden die gemeinsamen Gestaltungsaufgaben deutlich, die unterschiedlichen Lösungsmodelle diskutiert und schließlich auch aufeinander abgestimmt.

Eine Präsentation der mit diesen Methoden ermittelten und aufbereiteten Einzelergebnisse erfolgte in vorläufiger Form bereits einige Monate vor Abschluß des Projektes auf zwei Compact Disks. Dort wurden über Bildschirm- und Tonausgabe die Ergebnisse der empirischen Untersuchungen zur Siedlungsstruktur, Sozialstruktur und den Lebenswelten aus den beiden Untersuchungsgebieten „Schlabendorfer Felder“ und „Koyne/Plessa“ ausführlich dargestellt. Auf den beiden CDs, die ebenfalls dem Abschlußbericht beigelegt wurden, werden auch die ausgewerteten Pläne abgebildet und durch gesprochene Texte erläutert. Außerdem sind auf den CDs die als Ton-Dia-Show präsentierten „Visionen für die Niederlausitz“ enthalten. CDs und Ton-Dia-Show wurden anläßlich der Ausstellungen in den Untersuchungsgebieten (in Fürstlich Drehna und Plessa) angefertigt und richteten sich in Darstellungsform und -inhalt an die Bewohner aller untersuchten Orte ebenso wie an das Fachpublikum.

Die „Visionen für die Niederlausitz“ schildern in Bildern und Tönen die Inhalte der Leitbilder und Szenarien (siehe unten) in der Alltagssprache und vor dem Hintergrund der Alltagserfahrungen der Bewohner der Region. Sie verdeutlichen grundsätzliche Entwicklungsalternativen und deren Konsequenzen für die Untersuchungsgebiete und beispielhaft für die Orte Fürstlich Drehna und Plessa. Dabei wurde die Zukunftsoffenheit und gleichzeitig die Realisierbarkeit der aufgezeigten Alternativen demonstriert. Durch die Aufgliederung der Visionen in die kurz-, mittelfristige und langfristige Perspektive forderten sie den Zuschauer und Zuhörer dazu auf, sich Entwicklungsprozesse vorzustellen. Der Unterschied von Leitbild- und Realisierungsebene wurde dadurch verdeutlicht, daß neben den grundsätzlichen Entwicklungsrichtungen auch mehrere zur jeweiligen Entwicklungsperspektive gehörige Projekt- und Realisierungsbeispiele vorgestellt wurden, die teilweise bewußt zu Widerspruch herausforderten. Der Zuschauer und Zuhörer war herausgefordert, sich ein eigenes Bild von der wahrscheinlichen Zukunft seiner Region und seines Ortes zu machen.

In der Tat löste die computerunterstützte Präsentation von Bildern und gesprochenen Texten und die Ton-Dia-Show mit den „Visionen" auf den Ausstellungen viele Diskussionen über die vorstellbare und gewollte Richtung der Regionsentwicklung aus (siehe auch Fromm et al. 2000, dieser Band). Es kristallisierten sich die Elemente heraus, die für besonders wichtig gehalten wurden. Viele Bewertungen deuteten schließlich darauf hin, daß die Vision „Gebietsentwicklung durch Projekte" als die bevorzugte Vision gelten konnte. Sie integrierte die meisten der in den vier „Visionen" angesprochenen Zukunftsperspektiven und erlaubte die Integration vieler der positiv bewerteten konkreten Projektvorschläge.

Mit den skizzierten Methoden gelang es insgesamt erfolgreich, den Forschungsprozeß für die Bevölkerung vor Ort sichtbar zu machen, seine Ergebnisse umfassend und verständlich darzustellen und in ihrer Nützlichkeit für den Alltag zu verdeutlichen. Wir haben uns aufgrund dieser Erfahrungen vorgenommen, dieses Vorgehen auch für andere Anwendungen außerhalb der wissenschaftlichen Forschung z. B. für die regionale und kommunale Planung weiter zu entwickeln. Nach unserer Überzeugung gelingt es auf diesem Wege besser als mit Hilfe anderer Darstellungsmethoden, die Öffentlichkeit über Orte und Sachverhalte zu informieren, gleichzeitig dabei wissenschaftliche Ergebnisse noch einmal zu kontrollieren, die Bewohner mit offenen Fragen zu konfrontieren und auf dieser Grundlage mit ihnen Diskussionen selbst über komplexe Fragestellungen zu führen.

Die über den ursprünglich vorgesehenen Rahmen hinausgehende digitale Kommunikationsmöglichkeit war durch die Verbesserung und Verbilligung der elektronischen Speichermedien (insbesondere Festplatten und Compact Disc) und der Programmsoftware während der Projektlaufzeit möglich geworden. Sie lag im Sinne des auf umfassende Information und Kommunikation zwischen den beteiligten Wissenschaftlern, den Praxisexperten und der Gebietsbevölkerung abzielenden Forschungskonzeptes. Entwicklungsaufwendungen für dieses Informationssystem entstanden durch den Programmieraufwand zur Anpassung des Netscape Navigators, bei der Digitalisierung von Plänen und bei der Bild- und Tonbearbeitung. In inhaltlicher Hinsicht bestand die Herausforderung darin, wissenschaftliche Untersuchungsziele, Untersuchungsmethoden und Forschungsergebnisse in allgemeinverständliche Texte, Bilder und Graphiken zu übersetzen.

Die im TP Sozioökonomie erzielten Ergebnisse können insbesondere in den Zusammenhang der Forschungen über ländliche Entwicklung und Regionalentwicklung in peripheren Gebieten eingeordnet werden. Unsere mit Hilfe der skizzierten

Methoden durchgeführte Untersuchung liefert aufgrund ihres vergleichenden Charakters und der dadurch möglichen Typisierung von Orten auch einen Beitrag zur Beschreibung der sozialräumlichen Struktur von Dörfern in der Bundesrepublik und insbesondere in den neuen Bundesländern. Sie versuchte in dieser Hinsicht beispielhaft einen Weg aufzuzeigen, wie inhaltliche und methodische Ansätze der Raumforschung und der Sozialforschung verknüpft werden können.

Insbesondere mußten die Forschungsergebnisse aber den untersuchten Beispielregionen und der Niederlausitz zugute kommen. Als Fundament für Gestaltungsvorschläge wurden deshalb empirisch valide Untersuchungsergebnisse benötigt. Deshalb hat diese Studie versucht, sich auf umfangreiche eigene Kartierungen und Befragungen zu stützen. Mit der interaktiven Vorgehensweise konnte sie sich darüber hinaus bei den Befragten noch einmal vergewissern, ob die Analyseergebnisse den alltäglichen Erfahrungen entsprachen und die Leitbilder und vorgeschlagenen Maßnahmen von den Befragten akzeptiert wurden. Außerdem ergab sich über die zentrale Datenhaltung des Forschungsverbundes die Möglichkeit zu Quervergleichen mit den Ergebnissen der naturwissenschaftlichen Teilprojekte des Forschungsverbundes LENAB. Sofern die Politik und die Planungspraxis die Ergebnisse wirklich nutzen, stellen sie eine gute Basis für einen rational begründeten Mitteleinsatz in den untersuchten Teilregionen und insgesamt in den bergbaugeprägten Gebieten der Niederlausitz dar.

4 Leitbilder und Szenarien

Das für die Forschung im LENAB-Verbund grundlegende Modell der „diskursiven Leitbildentwicklung" resultierte aus einer Kritik am Vorgehen der „Unabgestimmten Naturschutzfachplanung", die dem Naturschutz erlaubte, unabhängig von anderen Interessenten seine Ziele zu formulieren. Das Vorgehen barg die Gefahr in sich, daß die entwickelten Ziele von anderen gesellschaftlichen Kräften nicht akzeptiert wurden (Wiegleb 1997). Sie standen als verabsolutierte und nichthinterfragbare Standpunkte den Zielen aus anderen gesellschaftlichen Funktionsbereichen unvermittelt gegenüber; ihre Verwirklichung blieb deshalb letztendlich beschränkt.

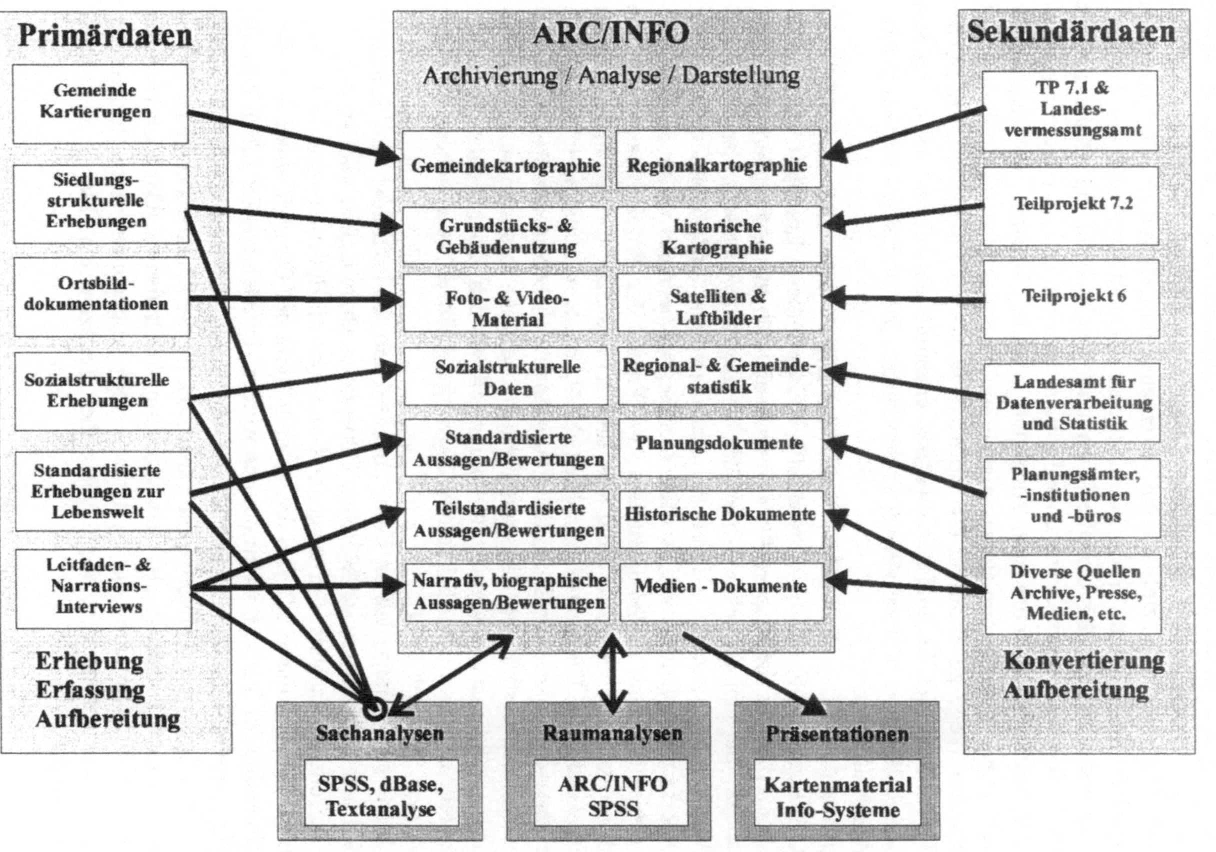

Abbildung 3.1 Methodenmix bei der Analyse der Siedlungsstruktur und der Sozialstruktur (Graphik W. Serbser).

Es mögen primär die schlechten Erfahrungen der Naturschutzpraxis mit diesem Vorgehen gewesen sein, die zu der Einsicht geführt hatten, daß anders vorgegangen werden müsse.

Gemeinsame Grundidee im LENAB-Verbund war demgegenüber, daß die „Leitbilder“ für die Gestaltung der naturnahen Bereiche der Bergbaufolgelandschaften nicht als vorgegebene oder von einer Autorität (einem Naturschutzverband, der Wissenschaft, einem Gutachter) vorgebbare Ziele anzusehen seien, sondern das Ergebnis einer diskursiven Leitbildentwicklung zwischen Forschern aus unterschiedlichen Disziplinen und vielen anderen gesellschaftlichen Akteuren sein sollten (Bröring et al. 1996). In inhaltlicher Hinsicht ergab sich die Anforderung alternative Leitbilder einzubeziehen und vergleichend zur Diskussion zu stellen, in denen die unterschiedlichen Problemverständnisse und Wertvorstellungen der beteiligten Akteure zum Ausdruck kommen konnten. In prozessualer Hinsicht ergab sich für den Forschungsverbund aus der Idee die Leitbilder auf diskursivem Wege zu ermitteln die Notwendigkeit, den Diskussionsprozeß, der zur Erarbeitung der Leitbilder notwendig erschien, einzuleiten, in geeigneten Formen zu führen und innerhalb der Projektlaufzeit zumindest zu einem vorläufigen Abschluß zu bringen.

Ergänzend zum Begriff „Leitbild“ wurde der Begriff „Szenario“ eingeführt (ILS 1989, Stierand 1996). Darunter wurden leitbildorientierte Entwürfe von Gestaltungskonzepten für die Region, die Teilregionen, die Orte oder andere „Objekte“ verstanden, die, von der Wissensbasis der beteiligten Wissenschaftler oder anderen Akteuren her gesehen, als ebenso wahrscheinliche „mögliche Zukünfte“ für die Objekte angesehen werden mußten. Der Begriff Szenario wurde speziell deshalb notwendig, weil es darauf ankam, den Prozeß der Problemlösung und die Zeitphasen bei der Verwirklichung von unterschiedlichen Gestaltungskonzepten zu berücksichtigen. Die Szenarien sollten als Alternativen „entworfen“ werden, d. h. als unterscheidbare wahrscheinliche Ausgänge von komplexen Entwicklungsprozessen nach bestimmten Zielvorstellungen und unter bestimmten Rahmenbedingungen möglichst widerspruchsfrei dargestellt werden, danach einander gegenübergestellt und in einem diskursiven Bewertungsprozeß vergleichend bewertet werden (vgl. Wiegleb 1999).

Es stellte sich heraus, daß im Forschungsverbund die Leitbilder und Szenarien von den beteiligten wissenschaftlichen Disziplinen überwiegend von ihren speziellen Forschungsgegenständen ausgehend und sehr disziplinspezifisch formuliert waren (in der Abbildung 3.2 also am unteren Rand der Graphik angesiedelt waren). So mußte der Versuch unternommen werden, im nächsten Schritt zu disziplinär integrierteren räumlichen Leitbildern und Gestaltungsszenarien für die untersuchten Teilregionen („Teilszenarien“; also z. B. für die Schlabendorfer Felder) zu kommen und diese dann in „Rahmen-Szenarien“ einzubetten. Dennoch folgt die folgende Kurzbeschreibung der Systematik vom Allgemeinen zum Besonderen, beginnt also in der Graphik oben, wobei die „Teilszenarien“ hier nicht speziell erläutert werden.

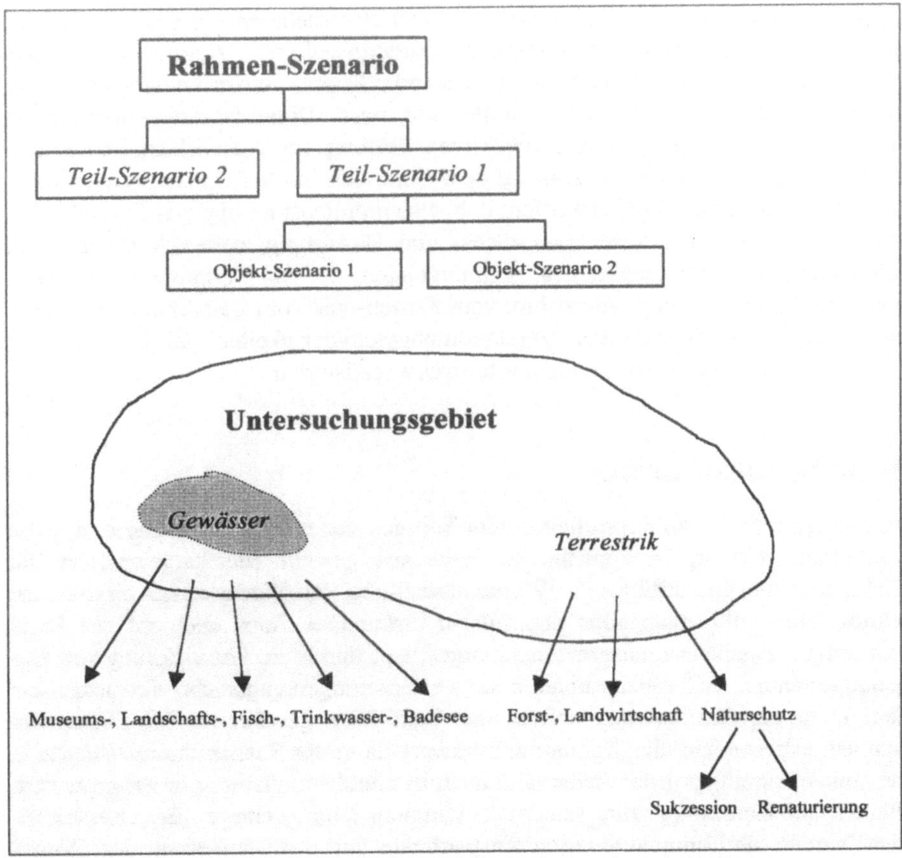

Abbildung 3.2 Rahmenszenarien und Objektszenarien (Graphik W. Serbser).

Da die Leitbildentwicklung nur iterativ, auf Grundlage der gegebenen fachlichen Standpunkte und der jeweiligen Wissensbasis der unterschiedlichen Akteure erfolgen kann, wurde ein Prozeß erforderlich, der nach dem Modell des „Forums" oder der „runden Tische" organisiert war. Dies sollte in mehrmaligen aufeinander aufbauenden Gesprächsrunden unter Beteiligung der Wissenschaftlerteams sowie der wichtigsten regionalen Akteure erfolgen. Weil dieser Abstimmungsprozeß auf integrierte Gestaltungsvorschläge abzielte, mußten fachübergreifende Koordinationsversuche stattfinden und Bemühungen vorherrschen, einen Konsens zu finden. Als Verfahrenshilfsmittel bot sich die Technik der Mediation und der Zukunftswerkstatt an (siehe Gaßner et al. 1992, Bischoff et al. 1996). Sie ermöglichen eine Diskussion, die Synergien und neue kreative Lösungsansätze hervorbringt. Voraussetzung für ihre Anwendung sind relativ „offene Situationen": die Teilnehmer müssen bereit sein, sich aus vorgegebenen Denkmodellen zu befreien. Es ist wichtig, daß bei den Gesprächsrunden Wissenschaftler nicht unter sich bleiben, sondern durch die Einbeziehung von Experten aus der öffentlichen Verwaltung, aus der Politik, aus Bürgerinitiativen und aus Unternehmen die Orientierung an praktischen Lösungsansätzen deutlich im Vordergrund steht. Angestrebt war darüber hinaus eine nachvollziehbare und standardisierte Bewertungsmethode, die grobe Fehler vermeiden helfen sollte und nach Digitalisierung mehrmalige schnelle Rechengänge zur intersubjektiven Prüfung der Auswirkungen der Bewertungsurteile erlaubt hätte. Das auf dem Computer implementierte Bewertungsschema mußte dabei möglichst offen, d. h. also möglichst gering „verdrahtet" sein. Die Implementierung dieser Gesprächs- und Bewertungsmethodik erwies sich schließlich, trotz der erheblichen Anstrengungen, die das Teilprojekt Sozioökonomie in dieser Richtung unternahm, vom Kosten- wie vom Zeitaufwand her, aber auch wegen interdisziplinärer Verständigungsschwierigkeiten, im Rahmen des Forschungsverbundvorhabens als nur teilweise realisierbar.

5 Rahmenszenarien

Ausgangspunkt für die Formulierung der Rahmenszenarien war die These, daß die Leitbildentwicklung im Forschungsprojekt sich gewollt oder ungewollt in die Diskussion um die strukturelle Weiterentwicklung der Niederlausitz einmischen würde. Dies sollte dann aber ebenfalls in diskursiver Form und, auf der Basis vorläufiger Ergebnisse unserer Forschungsarbeit, durch die Entwicklung von Gegenargumenten, Differenzierungen oder Verbesserungen gegenüber den schon auf dem Wege der Realisierung befindlichen Leitbildern geschehen. Zur Diskussion standen insbesondere die „Expertenleitbilder", die in der Raumordnungsdebatte in der Bundesrepublik vorherrschen und auch im Land Brandenburg in Programmen, Plänen und Konzepten zum Ausdruck kommen. Vier wichtige „Expertenleitbilder" wurden als Rahmenszenarien ausgearbeitet und der Darstellung der „Visionen für die Niederlausitz" zugrunde gelegt (Tab. 3.1).

5.1 Die Niederlausitz als ökologischer Ausgleichsraum (Vision „Grüne Lunge Niederlausitz")

Der Ansatz geht auf die Theorie der gesellschaftlichen Arbeitsteilung zurück und unterstellt einen Gesamtraum, der als arbeitsteiliges System eine funktionale Spezialisierung der Teilregionen aufweist. Aus der zunehmenden gesellschaftlichen Differenzierung folgt entsprechend eine fortschreitende funktionsräumliche Arbeitsteilung. Die Menschen können, in der Konsequenz dieses Ansatzes, in einer Region nur leben, weil grundlegende Funktionen von anderen Regionen mit erfüllt werden.

Die Niederlausitz ist in diesem Konzept in großen Teilen ein funktionaler Ausgleichsraum, der insbesondere als großflächiges Erholungsgebiet ökologische Ausgleichsleistungen für Berlin und auch Dresden übernehmen muß. Planerisch wird diese Arbeitsteilung durch den Ausweis als Vorranggebiet festgeschrieben,

Tabelle 3.1 Rahmenszenarien in der Übersicht.

Leitbild	Grüne Lunge Niederlausitz	Bestmögliche Infrastruktur schaffen	Eigene Kräfte nutzen	Gebietsentwicklung durch Projekte
Typ	Orientiert am Raumordnungskonzept „Ökologischer Ausgleichsraum"	Orientiert am „Zentrale-Orte-Konzept"	Orientiert am Raumordnungskonzept „Endogene Raumentwicklung"	Orientiert am Konzept der „IBA Fürst-Pückler-Land"
Definition des Ist-Zustandes	Zwischen den Ballungsgebieten Dresden, Berlin, Leipzig, Cottbus gelegenes, durch Landwirtschaft, Wald und viele Schutzgebiete gekennzeichnetes, dünn besiedeltes Gebiet	Zwischen Dresden, Berlin, Leipzig, Cottbus gelegenes, peripheres und benachteiligtes, durch Bevölkerungsverlust und Versorgungsnachteile gekennzeichnetes Gebiet	Die Niederlausitz verfügt über viele ungenutzte natürliche und sozioökonomische Potentiale, zu denen z. B. die Landschaft und die Qualifikation der Bevölkerung gehören	Die Niederlausitz verfügt über Ansatzpunkte für attraktive Projekte im Bereich von Natur, Landschaft, Technikgeschichte, Siedlungsstruktur und Baudenkmale
Entwicklungsziele	Die Niederlausitz soll ökologische Ausgleichsleistungen für die Ballungsgebiete erbringen	Die Niederlausitz muß gleichwertig mit Infrastruktur ausgestattet und versorgt werden	Die Niederlausitz soll alle eigenen Ansatzpunkte für eine Weiterentwicklung ausbauen	Einzelne Projekte sollen als Pole für eine nachhaltige, ökologische, soziale und ökonomische Entwicklung der gesamten Region dienen
Grundmotive	Biodiversität und freie Sukzession in naturnahen Bereichen, unzerschnittene Landschaften	Sozioökonomische und infrastrukturelle Modernisierung in allen Teilräumen	Kulturelle und wirtschaftliche Eigenständigkeit und regionales Selbstbewußtsein	Den Strukturwandel der Region zukunftsweisend und nachhaltig gestalten
Strategien und Maßnahmen	Unterschutzstellung weiterer Gebiete, ökologische Landwirtschaft, sanfter Tourismus	Straßen-, Siedlungsbau, Erhaltung und Ansiedlung von Unternehmen, öffentliche Förderung durch Land, Bund, EU	Wahrung und Ausbau orts- und regionalspezifischer Besonderheiten, Beschränkung auf regionale Mittel	Gestaltung einer vielfältigen Entwicklung mit den organisatorischen und finanziellen Mitteln einer IBA

das u. a. als Freiraum mit land- und forstwirtschaftlicher Produktion, als Freizeit- und Erholungsgebiet und zur langfristigen Sicherung der Wasserversorgung ökologische Ausgleichsfunktionen erfüllt (vgl. Brösse 1995).

Das Konzept des ökologischen Ausgleichsraums würde in der Niederlausitz z. B. die Ausweisung der Naturparks und des Biosphärenreservats Spreewald unterstützen, den Bevölkerungsverlusten und dem Bedeutungsverlust der meisten Klein- und Mittelstädte aber nicht entgegenwirken. Vor allem der Tourismussektor würde von der Verwirklichung dieses Konzeptes profitieren.

5.2 Zentrale Orte für die Niederlausitz (Vision „Bestmögliche Infrastruktur schaffen“)

Im Zentrale-Orte-Konzept stehen ursprünglich die ländlichen Unterzentren im Mittelpunkt des raumordnungspolitischen Interesses. Um der Abwanderung aus ländlichen Gebieten am Ende der fünfziger Jahre entgegenzuwirken sollte auf dem Lande nicht nur eine ausreichende öffentliche und private Versorgung mit Schulen, Sporteinrichtungen, Kreditinstituten usw. gewährleistet werden, sondern die ländlichen Mittelpunktsiedlungen sollten auch Standorte für Industrie und Gewerbe sein. Diese Versorgungsfunktion des Zentrale-Orte-Konzepts wird seit den 70er Jahren in verschiedenen Bundesländern um die Entwicklungsfunktion ergänzt: ausgewählte Mittel- und Oberzentren dienen in Regionen mit Strukturschwächen als Schwerpunkte der gewerblichen Entwicklung.

Das Zentrale-Orte-Konzept ist in der Bundesrepublik durchgehend in allen Bundesländern in Plänen, Programmen und Gesetzen verankert. Die Förderung von zentralen Orten gehört überall zu den wichtigsten Zielen und Instrumenten der Landes- und Regionalplanung. Auch in Brandenburg ist das Zentrale-Orte-Konzept eine Art Basiskonzept.

Bezogen auf die Siedlungen in der Umgebung der Bergbaufolgelandschaften trägt es sicher dazu bei, zerrissene Verkehrsnetze zwischen den Orten zu reparieren und die Ausstattung der tagebaunahen Dörfer und ihre Verflechtungsbereiche wieder zu komplettieren. Mit seiner kleinräumigen Orientierung begründet es, bezogen auf die Niederlausitz, im Vergleich zu dem Konzept der großräumigen funktionalen Arbeitsteilung und der damit verbundenen Ausweisung von ökologischen Ausgleichsräumen, trotz der häufig betonten theoretischen Verwandtschaft, ein eher gegenteiliges Vorgehen der Landesplanung.

5.3 Endogene Raumentwicklung (Vision „Eigene Kräfte nutzen“)

Nach diesem Konzept soll das Ziel der Weiterentwicklung einer Region gestützt auf die dort vorhandenen Kräfte und Ansätze erfolgen. In diesem Sinne wurden die regionseigenen Möglichkeiten der wirtschaftlichen und sozialen Entwicklung in der Bundesrepublik erst nach 1980 untersucht. In der Folge setzte sich schnell eine Form von Regionalanalyse durch, in der spezielle Strukturmängel, aber auch besondere Chancen und Möglichkeiten, durch die genaue Untersuchung der regionalen Gegebenheiten identifiziert wurden. Diese Analysen erfolgten im Auftrage des Bundesministers für Wirtschaft nach 1990 auch für 35 Teilregionen der ehemaligen DDR. Die Schwächen des Konzeptes wurden bald erkannt, denn ohne externe Hilfen, alleine auf der Basis regionseigener Potentiale, war die regionale Entwicklung in Problemgebieten nirgends gestaltbar.

Dennoch fand dieses Konzept der „selbstverantworteten regionalen Entwicklung" in modifizierter Form gerade in Nordrhein-Westfalen und in Niedersachsen eine positive Auslegung und kann heute als erfolgreich gelten. Der Aufbau neuer Entscheidungsstrukturen (Regionalkonferenzen) führte zu verbesserter innerregionaler Kooperation. Die Zielfindung wurde von der Landesebene zu den regionalen Entscheidungsgremien hin dezentralisiert, die Projektfindung ebenfalls regionalisiert. Vergleichbare Ansätze zu diesem Konzept entstehen in Brandenburg durch das wachsende Selbstbewußtsein der Regionalen Planungsgemeinschaften.

5.4 IBA Fürst-Pückler-Land (Vision „Gebietsentwicklung durch Projekte")

Nach der Internationalen Bauausstellung (IBA) in Berlin und der Internationalen Bauausstellung Emscherpark im Ruhrgebiet wird in der Niederlausitz ebenfalls eine IBA stattfinden. Bei entsprechender Adaption der IBA-Emscher-Planungsphilosophie an die Bedingungen der Niederlausitz und unter Nutzung der Erfahrungen aus den vorangegangenen Bauausstellungen ergibt dieser Ansatz ein neues Leitbild. Den besonderen Bedingungen der Bergbauregion wird es mit dem Schwerpunkt „Landschaftsbauausstellung" gut gerecht und kann einen ökologisch und sozial tragfähigen, phantasievollen und wirtschaftlich leistbaren Umgang mit den Bergbaufolgelandschaften unterstützen.

6 Objektszenarien

Auf der Grundlage der Ergebnisse der verschiedenen Teilprojekte sowie nach einer für alle Verbundpartner gemeinsamen Systematik wurden „Objektszenarien" entworfen und durch die Darstellung von Maßnahmen für drei Zeitphasen konkretisiert. Als Beispiel sind je ein Objektszenario des TP Sozioökonomie (Tab. 3.2) und des TP Faunistische Erfassung, Biotopkartierung, und Bewertung (Tab. 3.3) wiedergegeben. Die Objektszenarien, die alle Teilprojekte für ihren fachlichen Bereich und für einzelne Orte, terrestrische und aquatische Objekte ausgearbeitet haben, konnten schließlich größtenteils in die Visionen integriert werden. Mit ihrer Hilfe wurde musterbeispielhaft aufgezeigt, welche Bedeutung ein bestimmtes Rahmenszenario für die Entwicklung einer Teilregion hinsichtlich ihrer einzelnen Orte und landschaftlichen Elemente haben würde.

Tabelle 3.2 Objektszenario Schlabendorf. Verfasser: R. Stierand.

Objektszenario:

Gastfreundliches ökologisches Wohndorf Schlabendorf

Ist-Zustand des Objektes

Historisch: Nord-Süd-Orientierung des Ortes (entlang der Wudritz) gestört; heute West-Ost-Orientierung (Luckau - Calau).

Dorf im raschen soziostrukturellen und baulichem Wandel: Großer repräsentativer Dorfanger, zahlreiche leerstehende landwirtschaftliche Gebäude, Brachflächen und Baulücken; Neubautätigkeit; leerstehendes Dorfgasthaus (ehemals beliebter Treffpunkt für die Teilregion); Neubau der Kanalisation, neue Straßenbeläge auf verschiedenen Haupt- und Nebenstraßen. Ca. 300 Einwohner, zahlreiche Neubürger; überdurchschnittlich viele junge Bürger, ein Vollerwerbsbauer, ein Betrieb (Ökoanlagen für Gartenbau u. Haustechnik), ein Geschäft (Bäckerei), ein Zeitschriften-Verkauf.

Interessanter Dorfgrundriß, historisch interessante Hofanlagen, kulturhistorisch wichtige Kirche. Aktive Kommunalpolitik; Dorfsanierungsprogramm 1992-94

Ocker-imprägnierte Wudritz als Fließgewässer.

Zielorientierung der Entwicklung

Allgemein: Stärkung der Wohnfunktion, ökologische Dorfentwicklung, naturnahe Erholung für Städter. Ökologisches Bauen, modellhafte Wärmedämmung und Energiegewinnung (Windpark, Solarenergienutzung), beispielhafte Abwässerreinigung; beispielhafte Dorfbegrünung. Tourismuskonzept (welches u. a. diesen Modellcharakter des ökologischen Dorfes herausstellt).

Grundmotiv (Leitbild)

Rahmenszenario Zentrale-Orte-Konzept, Grundmotiv: Naturnähe

Bedingungen für Entwicklung

Allgemein: Erhalt des historischen Dorfgrundrisses; Bereitstellung von Baugrundstükken

Kurzfristig (1-4 Jahre): Wie allgemein und Erhalt der guten Verbindung zur Autobahn, Verbesserte Autobusverbindungen; Reinigung und Wiederherstellung des Bachbettes

Mittelfristig (5-14 Jahre): Wie allgemein und Wiederherstellung von öffentlichen Straßen: nach Süden (Fürstlich Drehna), Westen (Görlsdorf) und Norden (Richtung Hindenberg)

Langfristig (15-50 Jahre): Wie allgemein und Lage am See

Maßnahmen für Entwicklung

Kurzfristig (1-4 Jahre): Bedarfsermittlung, Planung, Förderung und Verwirklichung: Dorfentwicklungsprogramm, Fördermittelanträge, Bebauungsplan, innerörtliche und überörtliche Verkehrsplanung; Bachsanierung; Naturnahe Gestaltung und Pflege der Landschaft in der Umgebung des Dorfes. Entwicklung eines der Zielorientierung angepaßten Tourismuskonzeptes. Reinigung und Wiederherstellung des Bachbettes

Mittelfristig (5-14 Jahre): Verwirklichung, Förderung: Neubau auf Brachflächen, Abrundung des Ortsgrundrisses, Lückenbebauung, Ausbau erhaltenswerter ehemaliger landwirtschaftlicher Gebäude. Ausstattung mit Pension, Lebensmittelgeschäft, Gaststätte mit Biergarten, Post (evtl. in einem), Sportplatz, Kinderspielplatz usw. für Einheimische und Gäste zusammen. Erhaltung und Ansiedlung von kleinen Firmen und Handwerksbetrieben. Bergbaufolgelandschaft: Erschließung durch Rad-, Fuß- und Reitwege; Naturlehrpfad, Wildgehege o. ä.; Wiederherstellung von öffentlichen Straßen: nach Süden (Richtung Fürstlich Drehna), Westen (Richtung Görlsdorf) und Norden (Richtung Hindenberg)

Langfristig (15-50 Jahre): Stabilisierung und kontinuierliche Anpassung

Tabelle 3.3 Objektszenario ehemaliger Tagebau Agnes (Plessa), Verfasser: W. Blaschke.

Objektszenario:
Restsee 109, ehem. Tagebau Agnes, 1894 - 1925, freie Sukzession
Ist-Zustand des Objektes
1,4 ha Wasserfläche, < 2m tief, pH-Wert etwa 3, im Gegensatz zu anderen Restseen starker Besatz mit Wasserpflanzen
Ufer mit Schmalblättrigem Wollgras (Eriphorum angustifolium), Rundblättrigem Sonnentau (Drosera rotundifolia), Glockenheide (Erica tetralix)
Kranichschlafplatz für Nichtbrüter und zu Beginn des Herbstzuges
pH-Wert verhindert Fortpflanzung von Lurchen und Libellen
Zielorientierung der Entwicklung
Allgemein: Das Gebiet hat eine etwa 70jährige Entwicklung hinter sich, die Beispiel für die Entwicklung „ähnlicher" Gebiete sein kann. - Keine Eingriffe in die Entwicklung
Kurzfristig (1-4 Jahre): Kontrolle der Entwicklung des pH-Wertes und die Auswirkungen auf die Entwicklung der Vegetation und die Besiedlung mit Lurchen und Libellen
Mittelfristig (5-14 Jahre): s.o.
Langfristig (15-50 Jahre): s.o
Grundmotiv (Leitbild)
Sukzessionsentwicklung: Die Flora besteht aus Pflanzen, welche für nährstoffarme Moore charakteristisch sind. Das gilt ebenso für die Besiedlung mit Lurchen und Libellen.
Artenschutz: Kranichschlafplatz
Kulturhistorische Bedeutung: Diese „Entwicklung" ist wegen der modernen Technologie der Braunkohlenförderung nicht mehr möglich
Bedingungen für Entwicklung
Allgemein: Keine Eingriffe in die natürliche Entwicklung, keine Sanierungsmaßnahmen, während der Kranichrastzeit keine Jagd; diese Gefahr besteht deshalb, weil der Restsee Einstandsgebiet einer offensichtlich starken Rotwildpopulation ist
Maßnahmen für Entwicklung
Allgemein: Der Restsee 109 ist wegemäßig nicht erschlossen. Um ihn forstlich und jagdlich bewirtschaften zu können, wurden an mehreren Stellen über den Floßgraben Brücken gebaut. Aus Naturschutzsicht wäre der Abbau wünschenswert

7 Zusammenfassung der Forschungsergebnisse

Das Forschungsprogramm des Teilprojektes Sozioökonomie versprach vor allem Beiträge in drei wesentlich unterschiedlichen Bereichen. Mit Hinweis auf die jeweils erzielten Ergebnisse sollen diese hier noch einmal zusammenfassend aufgeführt werden:

1. Die Analyse der Regionalstruktur der Niederlausitz erstreckte sich auf die historische Siedlungsentwicklung und die neuzeitliche Wirtschafts- und Sozial-

entwicklung der Gesamtregion, der ausgewählten Teilregionen und der einzelnen untersuchten Orte.

Es zeigte sich, daß in beiden Untersuchungsgebieten aufgrund der historischen Entwicklung seit dem 19. Jahrhundert, aufgrund der unterschiedlichen Betroffenheit vom Ausbau der Niederlausitz zum Energiezentrum der DDR oder unmittelbar durch die Erschließung eines Tagebaufeldes, die einzelnen Orte und Teilregionen sehr unterschiedliche Prägungen erhalten haben. Auch die derzeitigen siedlungsstrukturellen Gegebenheiten und aktuellen Entwicklungen, z. B. die heutige Lage im Verkehrssystem oder die Neubautätigkeit wirken noch einmal raumdifferenzierend. So findet man in der Niederlausitz heute ein Patchwork unterschiedlicher räumlicher Situationen vor. Sie wurden im TP Sozioökonomie von ihrer quantitativen und qualitativen Seite her berücksichtigt und dargestellt.

Wir haben diese sehr unterschiedlichen lokalen Konstellationen als vielfältige, jeweils räumlich spezifische Restriktionen und Potentiale für die zukünftige räumliche Entwicklung verdeutlicht und Hinweise darauf gegeben, welche Rolle eine spezifische Gestaltung der Bergbaufolgelandschaften in diesem Zusammenhang spielen kann. Da gerade die Vielfalt der regionalen und örtlichen Gegebenheiten für die Weiterentwicklung in der Region einen wichtigen Ansatzpunkt bildet, sollte sie bei der Gestaltung der Bergbaufolgelandschaften nicht eingeebnet werden. Sie sollte vielmehr durch spezifische, auf die unterschiedlichen Bedürfnisse der tagebaunahen Gemeinden bezogene und den ebenfalls sehr heterogenen Charakter der Kippenlandschaften und Restseen betonende Gestaltung bzw. Nicht-Gestaltung betont werden.

2. Die sozialstrukturellen und lebensweltlichen Analysen umfaßten in erster Linie die regionalen und örtlichen sozioökonomischen Situationsbedingungen (Lebensbedingungen, Lebenslagen, Lebensqualität), die sozialstrukturellen Merkmale der Bewohner und die (häufig traditionell vorgegebenen) Wahrnehmungs- und Verhaltensmuster. Außerdem kam es uns auf die individuellen Beurteilungen und Erwartungen der Bewohner, sowie auf ihre jeweiligen Zielvorstellungen und Interessen an: in Bezug auf die Region, den eigenen Ort, die benachbarten Bergbaufolgelandschaften. Auch diese interpretierten wir als Ressourcen für die zukünftige Entwicklung der Region und der Orte, sowie als Potential für die Gestaltung der Bergbaufolgelandschaften und integrierten sie später in die Szenarien.

Hauptkennzeichen der strukturellen sozioökonomischen Situation sind allerdings die immer noch zunehmende Arbeitslosigkeit und in den meisten Orten noch anhaltende Bevölkerungsverluste, sowie in der Konsequenz drohende Versorgungsengpässe z. B. bei der Lebensmittel- und Gesundheitsversorgung. Auf dieser allgemeinen Ebene würden in erster Linie gezielte sozial- und arbeitsmarktpolitische Maßnahmen eine geeignete Antwort darstellen, die in unserer Arbeit aber nicht Gegenstand der Untersuchung oder von Maßnahmenvorschlägen sein konnten. Im Rahmen unserer Fragestellung haben wir versucht auf diese allgemeine Situation in den Untersuchungsregionen dadurch zu antworten, daß wir in den Szenarien und „Visionen" Hinweise zur Tourismusentwicklung, zum Infrastrukturausbau, zum Siedlungsbau usw. gegeben haben, die auch zur Schaffung von Arbeitsplätzen führen würden. Wir weisen in den Szenarien und Visionen auch auf die Notwendigkeit hin, den Entleerungstendenzen in den Untersuchungsgebieten entgegenzusteuern. Verschiedene Vorschläge in den Visionen zielen in diese Richtung.

Grundlage für solche Vorschläge sind die in der Untersuchung erarbeiteten Erwerbstypen und Ortstypen. Sie leisten eine vergleichende strukturelle Differenzierung der Orte und benennen die speziellen Voraussetzungen, die in den jeweiligen Teilgebieten in sozioökonomischer und sozialkultureller Hinsicht gegeben sind. Einzelne daraus resultierende praktische Hinweis des TP Sozioökonomie bestehen vor allem darin, daß die Anziehungskraft der Region durch die Hervorhebung der ortskulturellen Besonderheiten und ihre Darstellung nach außen, durch die Pflege und Bekanntmachung der natürlichen Attraktionen gerade in den Bergbaufolgelandschaften (z. B. Museumsseen, Steilkippen, Sukzessionsflächen), durch den Erhalt technischer Denkmäler (wie der Förderbrücke im Tagebau Klettwitz) und durch ihre Präsentation als „Leuchtturmprojekte“ gesteigert würde: Durch diese Maßnahmen kann auch die Ortsverbundenheit der Bewohner und die Anziehungskraft für Unternehmen erhöht werden. In diesem Zusammenhang haben wir allerdings auch auf die Bedeutung der Verbesserung der örtlichen Infrastruktur, insbesondere der Wiederherstellung eines differenzierten Wegenetzes hingewiesen.

Im Szenario „Zentrale-Orte-System“ und in der Vision „Bestmögliche Infrastruktur schaffen“ wird auf die Notwendigkeit hingewiesen, einen räumlich gezielten Ausgleich für die aus der Bergbauvergangenheit resultierenden Nachteile zu schaffen und staatliche Förderprogramme speziell auch an diese Gebiete zu adressieren bzw. Einzelvorhaben hier zu realisieren. Die erwähnte Vision „Bestmögliche Infrastruktur schaffen“ und das Szenario „Internationale Bauausstellung“ (Vision „Entwicklung durch Projekte“), geben Beispiele für notwendige Maßnahmen und für Projekte (ohne sie bis in die Einzelheiten zu differenzieren und zu prüfen, wie dies die Aufgabe eines Planungsprojektes wäre). Gegenwärtig befinden sich verschiedene dieser Projekte, insbesondere durch den Beginn der „IBA Fürst-Pückler-Land“, auf dem Wege der Verwirklichung.

3. Ein weiteres Ziel des TP Sozioökonomie war es, dazu beizutragen, daß die Ableitung von praktischen Schlußfolgerungen aus den Untersuchungsergebnissen und der Entwurf von Gestaltungsalternativen für die vom Bergbau hinterlassenen Landschaften als diskursiver Prozeß stattfand. Dem entsprach der Arbeitsbereich Leitbildentwicklung, Szenarienkonstruktion und das Bewertungsverfahren als Versuch auf diskursivem Wege verschiedene Gestaltungsmöglichkeiten zu entwerfen und in der Diskussion gegeneinander abzuwägen (siehe das Kapitel 5).

Insgesamt gesehen ist auch dieser Ansatz erfolgreich gewesen, obwohl der Versuch, die verschiedenen Leitbilder und Szenarien einander systematisch gegenüber zu stellen und sie methodisch kontrolliert einem Integrationsprozeß zu unterwerfen nur in der Runde der am Verbund beteiligten Wissenschaftlerteams und nur mit skizzenhaften Ergebnissen gelang.

Einige abschließende Bemerkungen zur „Praxisrelevanz" der Forschungsergebnisse: Die Ergebnisse des TP Sozioökonomie geben in Verbindung mit den anderen Forschungsergebnissen des Verbundes für praktisch-planerisches Handeln Orientierungspunkte, indem sie die Entwicklungsalternativen vorstellen, die auf der Basis wissenschaftlicher Analysen in den Untersuchungsgebieten entworfen wurden. Sie sollten im nächsten Schritt von den Experten in der öffentlichen Verwaltung zur Kenntnis genommen, geprüft und von den gewählten Repräsentanten in der Politik entschieden werden. Das Forschungsprojekt verstand seine Arbeit in dieser Hinsicht als wissenschaftliche, praxisorientierende und entscheidungsvorbereitende Arbeit; es wollte ausdrücklich nicht „einzig-richtige Lösungen" vorschlagen.

Da der Forschungsverbund in diesem Untersuchungsfeld zu einem wichtigen Teil auch Grundlagenforschung betrieb, was für das TP Sozioökonomie z. B. im Bereich der Dorfuntersuchungen in den tagebaubetroffenen Orten zutrifft, hat das Endergebnis in planerisch–praktischer Hinsicht nicht den Detaillierungsgrad eines Planungsgutachtens, aus dem unmittelbar technische Handlungsvorschläge abgeleitet werden können. Dies war auch von Beginn des Forschungsprozesses an nicht angestrebt.

Der dargestellte Forschungsansatz und die dargestellten Forschungsergebnisse sind dagegen für die Gestaltung der Bergbaufolgelandschaften in einer anderen, generelleren, aber ebenfalls sehr praxisrelevanten Hinsicht von Bedeutung:

- Sie zeigen neue Sichtweisen auf, nach denen die Bergbaufolgelandschaften grundsätzlich anders zu sehen sind als es vielfach heute noch der Fall ist: nicht als möglichst schnell zu beseitigender „Schandfleck", sondern als natürliches Potential und als natürliche Attraktion.
- Sie machen deutlich, daß die Bergbaufolgelandschaften als eine natürliche Ressource und Sehenswürdigkeit nicht erst am Abschluß der Sanierung, sondern schon während des gesamten Prozesses der neuerlichen Umgestaltung und Wiederbesiedlung durch Pflanzen, Tiere und einer der Natur angepaßten Wiedernutzung durch Menschen anzusehen sind.
- Sie weisen auf die Notwendigkeit hin, diese Umgestaltung so zu beeinflussen und zu betreiben, daß die Bergbaufolgelandschaften in ihrer neuen Form den Bewohnern in der Region wieder eine vertraute Landschaft werden, in deren Nachbarschaft sie gerne wohnen und mit deren natürlichem Reichtum sie schonend und dennoch zum eigenen Nutzen umgehen.

Danksagung

Die vorliegenden Untersuchungen wurden im Rahmen des Verbundvorhabens LENAB durchgeführt, gefördert vom BMBF (Fkz 0339648) und der LMBV mbH.

Literatur

Bischoff, A., Selle, K. & Sinning, H. 1996. Informieren, Beteiligen, Erörtern. Kommunikation in Planungsprozessen. Eine Übersicht zu Formen, Verfahren, Methoden und Techniken. 2. Aufl., Dortmund.

Bröring, U., Schulz, F., Stierand, R., Vorwald, J. & Wiegleb, G. 1996. Die Leitbildmethode als Planungsmethode – Errungenschaften und Defizite. Aktuelle Reihe BTU Cottbus 8/96: 146-152.

Brösse, U. 1995. Funktionen in Raumordnung und Landesplanung. In Handwörterbuch der Raumordnung. Braunschweig: 353-356.

Dornier GmbH, 1994. Ökologischer Sanierungs- und Entwicklungsplan Niederlausitz, Bd. I, Bd. II. Umweltbundesamt (Hrsg.), Berlin.

Entwicklungsgesellschaft Südraum Leipzig mbH 1992. 1. Regionalkonferenz Südraum Leipzig. Schriftenreihe der Entwicklungsgesellschaft Südraum Leipzig, Heft 1.

Fromm, H., Blumrich, H., Harder, H. & Kahle, H.-J. 2000. Ergebnisse der Öffentlichkeitsarbeit eines naturschutzfachlichen Verbundprojektes in der Niederlausitzer Bergbaufolgelandschaft, dieser Band.

Gaßner, H., Holznagel, B. & Lahl, U. 1992. Mediation – Verhandlungen als Mittel der Konsensfindung bei Umweltstreitigkeiten. Bonn.

ILS (Institut für Landes- und Stadtentwicklungsforschung des Landes NRW) (Hrsg.) 1989. Szenarien in der Stadtentwicklung. Dortmund.

Kommission für die Erforschung des sozialen und politischen Wandels in den neuen Bundesländern 1996. Berichte zum sozialen und politischen Wandel in Ostdeutschland. Schriftenreihe der Kommission für die Erforschung des sozialen und politischen Wandels in den neuen Bundesländern" (KSPW). Leske & Budrich, Köln.

Serbser, W. 2000. Lebenswelt und Dorfentwicklung am Rande des Sanierungsbergbaus, dieser Band.

Stierand, R. 1996. Konkurrierende Leitbilder in der Raumordnung. Aktuelle Reihe BTU Cottbus 8/96: 5-17.

Wiegleb, G. 1997. Leitbildmethode und naturschutzfachliche Bewertung. Z. Ökologie und Naturschutz 6: 43-62.

Wiegleb, G. 1999. Stellung der Bewertung im Rahmen der „guten naturschutzfachlichen Praxis". In G. Wiegleb, F. Schulz & U. Bröring (Hrsg.) Naturschutzfachliche Bewertung im Rahmen der Leitbildmethode. Physica, Heidelberg: 37-47.

4 Lebenswelt und Dorfentwicklung am Rande des Sanierungsbergbaus

Wolfgang Serbser[1]

[1] Brandenburgische Technische Universität Cottbus, Fakultät 4, Postfach 101344, D-03013 Cottbus, e-mail: serbser@tu-cottbus.de

Zusammenfassung. Der Beitrag thematisiert Voraussetzungen, Chancen und praktische Anknüpfungspunkte der Bürgerbeteiligung für eine nachhaltige ökologische und sozioökonomische Entwicklung der Bergbaufolgelandschaften und der umliegenden Gemeinden. Ein methodologischer Überblick zeigt, wie in den vorgenommenen sozialwissenschaftlichen Erhebungen, Analysen und Interpretationen der engen Verknüpfung und dem wechselseitigen Spannungsverhältnis von Ökologie und Gesellschaft am Beispiel der Bergbaufolgelandschaft Rechnung getragen werden kann. Die Einbeziehung der Besonderheiten regionaler und lokaler Strukturen in Verbindung mit den Erfahrungen der beteiligten Menschen erlaubt es, die jeweils typischen Milieus der Lebenswelten in diesen Gemeinden zu erfassen, daraus die spezifischen Gestaltungs- und Veränderungspotentiale für die Orte und die angrenzenden Bergbaufolgeflächen abzuleiten und damit Wege einer aktiven Einbeziehung der Bürger aufzuzeigen. Es zeigt sich, daß die verschiedenen Ortsmilieus durch Traditionen und die Art der Erwerbswirtschaft geprägt sind und damit jeweils spezifische Strategien der Transformationsbewältigung entwickelt haben, wodurch sie unterschiedliche Potentiale in die zukünftige Entwicklung der Bergbaufolgelandschaften einbringen können. Gerade die Gemeinden, die immer wieder Zuwanderungen und Traditionsbrüche bewältigt haben, zeigen sich als innovative Milieus und damit wichtige Motoren für zukünftige Entwicklungsprozesse. Nicht zuletzt daraus ergeben sich Sinn und Notwendigkeit aber auch die Chance einer gemeindeübergreifenden Vernetzung dieser Potentiale in einem Kommunikationsprozeß zwischen Bürgern, Experten und Politik mit der Zielstellung der Entwicklung und Umsetzung eines problemorientierten Gesamtkonzeptes der nachhaltigen Entwicklung der Bergbaufolgelandschaften.

Schlüsselwörter. Bergbaufolgelandschaft, Bürgerbeteiligung, Dorfentwicklung, Innovationspotentiale, Lebenswelt, Milieus, Situationsanalyse, Tradition, Transformation.

1 Einleitung

Wer über mögliche Leitbilder, Szenarien und Handlungskonzepte der zukünftigen Gestaltung einer Kulturlandschaft nachdenkt, die in ein ökologisch wie sozioökonomisch tragfähiges Gesamtkonzept integriert sein sollen, das zudem dem Prinzip der Nachhaltigkeit folgt, kommt nicht umhin, die Bewohner dieser Landschaft einzubeziehen. Das übergeordnete Ziel der Nachhaltigkeit macht es erforderlich, die Bewohner nicht nur als Ideengeber - wie zumeist und bestenfalls in den bislang gängigen Planungsverfahren - sondern selbst als Organisatoren, Träger und voneinander lernende Macher eines Entwicklungsprozesses zu sehen und sie damit auch zu den eigentlichen Trägern und Umsetzern eines Gestaltungsprozesses werden zu lassen.[1] Nur so ist der Tatsache Rechnung zu tragen, daß schließlich die Bürger als Nutzer einer Landschaft, als dort Wohnende, Arbeitende oder Erholung Suchende schließlich die Nutzer der Ressourcen, aber auch die Produzenten und Nutzer von Gütern und Dienstleistungen sind.

Gerade wenn es sich um so großflächige Gebiete wie die Bergbaufolgelandschaft (BFL) der Niederlausitz handelt, die als Nachlaß und Altlast einer über Jahrzehnte alles in dieser Region bestimmenden Industrie wieder in die Landschaft integriert werden sollen, spielt die Einbeziehung ihrer Bewohner und insbesondere der Bürger der unmittelbar durch die Tagebaue betroffenen Randgemeinden eine wichtige Rolle. Ökologische und gesellschaftliche Tatbestände und die mit einer Gestaltung der Bergbaufolgelandschaft verbundenen Zielvorstellungen sind hier nicht nur räumlich benachbart, sondern durchdringen einander und sind auch thematisch eng miteinander verknüpft. Die Arbeit des LENAB-Forschungsverbundes verstand sich deshalb als ein Beitrag dazu, durch die ökologische Gestaltung der Bergbaufolgelandschaften auch die Gleichwertigkeit der Lebensbedingungen in der Niederlausitz im Vergleich zu anderen Regionen Deutschlands zu fördern. Sie zielte darauf, daß vielfältige naturnahe, aber auch soziale und damit verbunden sozioökonomische Entwicklungsmöglichkeiten eröffnet werden (vgl. Serbser 1998a, b).

Für die Sozialwissenschaftler des Forschungsverbundes stellte sich damit die Aufgabe, nicht nur dieser engen Verknüpfung und dem wechselseitigen Spannungsverhältnis von Ökologie und Gesellschaft in den vorgenommenen Erhebungen, Analysen und Interpretationen Rechnung zu tragen, um einerseits die strukturellen Lebensbedingungen der Bürger in den Tagebaurandgemeinden, andererseits aber auch die Einstellung zu und den Umgang mit ihrer Umwelt einschließlich der benachbarten Folgelandschaften zu klären, sondern auch die Aufgabe, auf Basis dieser Analysen Wege für eine aktive Einbeziehung der Bürger aufzuzeigen.

---

[1] Das ist der Kern der lokalen Agenda, entsprechend der Beschlüsse der Rio-Konferenz 1992, Agenda 21, Kapitel 28 (BMU 1992).

2 Konzept der soziologischen Situationsanalyse

Die aktive Einbeziehung der Bürger in eine Gestaltungsaufgabe wie die zukünftige Entwicklung der Bergbaufolgelandschaft und ihrer naturnahen Bereiche setzt die Kommunikationsbereitschaft aller beteiligten Akteure voraus, also der betroffenen Bürger als (zunächst) Laienakteure ebenso wie der beteiligten Experten, Politiker und Praktiker. Die Kommunikationsbereitschaft von Akteuren hängt von den jeweiligen Interessen und diese wiederum vom Erkennen der Zusammenhänge gegebener Problemlagen mit den eigenen Interessen ab sowie vom erwarteten Eintritt eines Nutzens für die jeweiligen Akteure. Die Einschätzung dieser Nutzenrealisierungsmöglichkeiten steuert einen Großteil der Aufrechterhaltung und Verfolgung eines Interesses oder allgemeiner einer Intention und letztlich damit auch die Bereitschaft einer Beteiligung an einer gemeinsamen Gestaltungsaufgabe.

Intentionen und erwartete Nutzenrealisierungsmöglichkeiten folgen aber in der Regel nicht den Kriterien eines allgemeingültig objektiven und somit übergeordnet optimierten Nutzens, sondern bilden sich in der individuellen Lebenswelt der Akteure. Sie setzen sich aus den jeweiligen Lebensbedingungen der Akteure und den subjektiven Wahrnehmungen und Interpretationen dieser durch die Akteure zusammen. Gesellschaftliche und natürliche Rahmenbedingungen einerseits und die individuelle Perspektive der Akteure andererseits verschmelzen in der alltäglichen Lebenswelt. Individuelle Wahrnehmungen und Umwelterfahrungen, aus denen sich die Problemwahrnehmungen, die Interessen und Intentionen zur Gestaltung von Umwelt speisen, erfolgen in diesen lokalen Kontexten, den Wohn- und Arbeitsorten, den Orten der alltäglichen Versorgung und der Freizeitgestaltung, allgemein in diesen jeweils konkreten Umgebungen.

Wenn ein Großteil des Handlungsrepertoires, der Kenntnisse und Erwartungen der Menschen lokal geprägt sind, müssen sie in ihrer räumlichen Differenziertheit erfaßt werden. Das alltagsweltliche Handeln ist nur zu verstehen, wenn die strukturellen Lebensbedingungen solcher Orte und die in Befragungen und Gesprächen geäußerten persönlichen Erfahrungen und Wahrnehmungen dort agierender Personen miteinander verbunden werden. Soziales Handeln ist aber nicht nur von Orten geprägt, sondern auch symbolisch und aktiv auf Orte gerichtet. In dieser Sicht können aus den individuellen und kollektiven Einstellungen und Verhaltensweisen der Bewohner nicht nur die lokalen Gegebenheiten und die Umweltsituation entschlüsselt, sondern gleichzeitig Rückschlüsse auf das lokale Veränderungspotential und damit verbundene Gestaltungstendenzen gezogen werden. Die Einbeziehung der Besonderheiten regionaler und lokaler Strukturen in Verbindung mit den Erfahrungen der beteiligten Menschen erlaubt es, die jeweils typischen Milieus der Lebenswelten in diesen Orten zu erfassen und daraus die spezifischen Gestaltungs- und Veränderungspotentiale für die Orte und die angrenzenden Bergbaufolgeflächen abzuleiten.

Ein geeignetes Verfahren, diesem intensiven Wechselverhältnis von Individuum und Umwelt, von individueller und kollektiver Wahrnehmung und Handlungsperspektive einerseits und struktureller Prägung durch die gesellschaftlichen und natürlichen Gegebenheiten anderseits gerecht zu werden, bietet das Konzept der soziologischen Situationsanalyse (vgl. Serbser 1997). Sie erlaubt die theoretisch abgesicherte Verknüpfung von subjektiver Handlungsintention und objektiver Rahmenstruktur im Kontext der lokalen Lebenswelt.

Methodologisch gesehen bedeutet dies, daß in die empirischen Analysen gleichzeitig die Makro-, Meso- und Mikroebene oder mit anderen Worten, die gesellschaftliche, die ortsbezogene bzw. lokale und die individuelle Perspektive einbezogen werden müssen. In forschungsmethodischer Hinsicht wird es notwendig, quantitative und qualitative Erhebungsverfahren gleichzeitig zu verwenden und wechselseitig für die Interpretation zu nutzen. Einen Überblick über diese verschiedenen einzubeziehenden Ebenen und das mithin zu verwendende Material zeigt die Konzeption der soziologischen Situationsanalyse in Tabelle 4.1.

Schließlich bedarf es einer entsprechenden theoretischen Konzeption, wie diese Ebenen miteinander verbunden zu denken sind, die also auf allen drei Problemebenen nunmehr allgemeine Theorieansätze zur Verfügung stellt, die explizit bereits das Verhältnis von Struktur und Handeln in sich aufnehmen und einen konstanten Erklärungszusammenhang ermöglichen, auch wenn die untersuchten Situationen historisch spezifisch variieren (Serbser 1997: 159 ff). Diese drei aufeinander bezogenen Theorieansätze sind:

1. Eine vor allem von F. Schütze (Matthes & Schütze 1981) ausdifferenzierte und auf G. H. Mead zurückgehende allgemeine und universale *Theorie des Handelns*, die als formalpragmatische Grundlagentheorie die individuelle Lebensbewältigung, die Kosmisationsbewältigung, gesellschaftstheoretisch erklärt und gleichzeitig die Kriterien dafür liefert, an denen sich die Plausibilität daraus hergeleiteter Erklärungssätze überprüfen läßt.
2. Eine auf G. H. Mead (1993) basierende allgemeine und universale *Konstitutionstheorie sozialer Organisation*, die den Zusammenhang von Individuen, sozialen Bezugsgruppen als signifikante Kollektive und Gesellschaft durch die Wechselseitigkeit der Entwicklung von Selbstidentität und Fremdidentität gesellschaftstheoretisch faßt.
3. Eine auf W. I. Thomas (1958) beruhende allgemeine *Theorie sozialen Wandels*, die es mit dem Konzept der Situationsanalyse ermöglicht, die jeweils historisch spezifischen Situationen und ihre Veränderungen auf den drei Ebenen sozialer Organisation - der individuellen Lebensorganisation bzw. Organisation der Persönlichkeit, der Organisation der signifikanten Bezugsgruppen und der Organisation der Gesellschaft - gesellschaftstheoretisch zu erklären.

Neben Datenmaterial auf der Makro- und Mikroebene kommt in diesem Konzept den Daten auf der Mesoebene, also der lokalen Ebene der Ortsgemeinde, eine besondere Bedeutung zu. Insbesondere die Siedlungs- und Sozialstruktur muß hierzu möglichst flächendeckend und lückenlos ermittelt werden. Diese wiederum muß zeitgleich zu den qualitativen Materialien in thematischen und biographischen Interviews liegen, um Verzerrungen in der Analyse und Interpretation zu vermeiden.

Tabelle 4.1 Konzeption der soziologischen Situationsanalyse.

Konzeptionelle Ebene sozialer Organisation	**Sozialräumliche/ lebensweltliche Analyseebene**	**Ebene der Faktoren**	**Art der Faktoren**	**Art des Erhebungsmaterials (Beispiele)**
Makroebene *Soziale Organisation der Gesellschaft*	**Nationale Ebene**	„Abstrakt-objektiv"	Äußere Rahmenbedingungen	Daten der Landes- und Kreisstatistik; Planungsdaten und -dokumente wie Landschaftsrahmen- und Flächennutzungspläne; Textmaterialien aus Experteninterviews mit Aussagen über z. B. regionale Entwicklungsziele
Gesellschaftliche Perspektive	**Regionale Ebene**	„Latent-objektiv"	Erfahrbare Rahmenbedingungen	Gesetzes- und Regelwerke unterschiedlicher räumlicher Geltungsbereiche; historische und contemporäre Dokumente als Text-, Karten-, Bild-, Ton- oder Filmmaterialien
Mesoebene *Soziale Organisation der Bezugsgruppen*	**Räumliche Teilgebiete**	„Manifest-objektiv"	Konkrete Handlungsbedingungen	Daten der Gemeindestatistik; Planungsdaten und -dokumente wie Bebauungspläne und teilräumliche Entwicklungsvorhaben; Interviewtextmaterialien lokaler Experten über z. B. Vorhaben im wirtschaftlichen oder politischen Bereich oder die lokale Bedeutung ortsspezifischer kultureller Werte und Traditionen
Lokale Perspektive	**Soziales Milieu**	„Objektiv-subjektiv"	Handlungsfigurationen und Handlungsorientierungen	Flächendeckende Daten zur Gebäude- und Flächennutzung; flächendeckende Daten zur Sozialstruktur; historische und contemporäre Dokumente als Text-, Karten-, Bild-, Ton- oder Filmmaterialien; Informationen zur Raumnutzung und sozialen Bezugsnetzen aus Leitfadeninterviews mit Bewohnern
Mikroebene *Soziale Organisation des Individuums*	**Subkultur**	„Latent-subjektiv"	Erwartungsfahrplan	Textmaterialien aus Leitfaden- und biographisch narrativen Bewohnerinterviews mit Aussagen zur Erfahrung der sozialräumlichen Lebenswelt und den Zukunftserwartungen in lokaler, regionaler und übergeordneter Perspektive
Individuelle Perspektive	**Lebensstil**	„Manifest-subjektiv"	Handlungsfiguren und Handlungsintentionen	Datenmaterial aus den Haushaltsbefragungen zur „Bewertung" der eigenen Gemeinde und dem landschaftlichen Umfeld; historische und contemporäre Dokumente als Text-, Karten-, Bild-, Ton- oder Filmmaterialien

So war es nicht nur den fehlenden differenzierten Gemeindestatistiken geschuldet, sondern ein konzeptionelles Muß, eigene flächendeckende Strukturerhebungen kombiniert mit qualitativen Erhebungen in ausgewählten Gemeinden der LENAB-Untersuchungsgebiete „Schlabendorfer Felder" und „Koyne/Plessa" durchzuführen.

Begleitet von einer Vorphase im Frühjahr 1995 und einer Nachphase 1997 wurden in zwei vierwöchigen in den Jahren 1995 und 1996 durchgeführten Intensiverhebungen die benötigten Materialien für 14 Orte in 9 Gemeinden zusammengetragen. 14 hierzu speziell ausgebildete studentische Hilfskräfte der Universität Dortmund (Studiengang Raumplanung) und der Technischen Universität Berlin (Studiengänge Stadt- und Regionalplanung sowie Soziologie) erarbeiteten durch Begehungen, teilnehmende Beobachtungen, freie Gespräche, standardisierte und teilstandardisierte Befragungen, durch Foto- und Videodokumentation eine Materialbasis, welche in dieser flächendeckenden und inhaltlich verzahnten Weise, wie wir heute wissen, wohl einmalig ist.[2]

3 Lebenswelt und Dorfentwicklung

Auf Basis dieses Materials ist es schließlich gelungen, die Spezifik der lokalen Lebenswelten als differenzierte Ortsmilieus herauszuarbeiten und zu übertragbaren Ortstypen zusammenzufassen. In Tabelle 4.2 sind die wichtigsten Charakteristika dieser Ortstypen in den Untersuchungsgebieten des Forschungsverbundes im Überblick dargestellt.

Beide Untersuchungsgebiete waren über Jahrzehnte durch die Bergbau- und Energiewirtschaft und die damit verbundenen Folgeindustrien geprägt. Zugehörig zum „Energiebezirk" Cottbus und damit einem gewichtigen Wirtschaftsstandort der DDR, war das eigene Leben mit entsprechend anerkannter gesellschaftlicher Position versehen. Mit dem überaus raschen Rück- und Abbau dieser wirtschaftlichen Kapazitäten nach 1989 haben die Bewohner nicht nur einen erheblichen Verlust an Erwerbsmöglichkeiten,[3] sondern auch an regionaler und lokaler Identität erlitten. Der dadurch entstehende Neuformulierungsbedarf ist aus den wirtschaftlichen Umstrukturierungsprozessen der alten Bundesländer bekannt, nur vollzieht sich dieser Prozeß sozialen Wandels hier in den neuen Bundesländern wesentlich schneller und auch heftiger, da er zudem mit einem gesellschaftspolitischen Paradigmenwechsel einher geht. Die relativ stabile, an Partei und Staat

---

[2] Wir hatten zunächst intendiert, die erhobenen Materialien und analytischen Ergebnisse mit vergleichbar flächendeckenden Gemeindestudien konfrontieren zu können. Bislang sind jedoch keine entsprechenden Untersuchungen bekannt.

[3] Die Dramatik dieser Entwicklung zeigt sich in der offiziellen Arbeitslosenquote der Region Lausitz-Spreewald. Lag diese Ende 1995 noch bei 15,2%, so stieg sie seitdem über 18,7% (Ende 1996) auf 23% im Dezember 1997. Im Januar 1998 erreichten die Arbeitsamtsbezirke in den Untersuchungsgebieten Quoten von über 25%.

orientierte soziale Ordnung der DDR ist fast über Nacht aufgelöst und die alte soziale Schichtung teilweise sogar ins Gegenteil verkehrt worden.

Tabelle 4.2 Charakteristische Ortstypen der Untersuchungsgebiete. Beurteilungen: - - negativ; - eher negativ; -/+ teils, teils; + eher positiv; + + positiv.

Ortstyp	**Erwerbstyp (Erwerbszweige 1986)**	**Untersuchte Ortslagen**	**Beurteilung BFL**	**Beurteilung Ortszukunft**	**Verwandte Ortslagen**
1. Landwirtschaftliche Prägung	1. Land- u. Forstwirtschaft (>50%), Dienstleistung (bis zu 30%)	Görlsdorf, Frankendorf, Garrenchen, Beesdau	- -	- -	Hindenberg, Willmersdorf-Stöbritz
2. Forstwirtschaftliche Prägung	3. Gemischt: Land- u. Forstwirtschaft, Bergbau und Energie (je ~25%); Handel, Dienstleistung, Handwerk und Baugewerbe (je ~15%)	Fürstlich Drehna, Tugam, Bergen	-	-/+	
3. Land- und bergbauwirtschaftliche Prägung	2. Land- u. Forstwirtschaft, Bergbau und Energie, Dienstleistung (je ~30%)	Groß Beuchow, Klein Beuchow	+	+ +	Zinnitz
4. Bergbaugeschädigte Prägung	2. Land- u. Forstwirtschaft, Bergbau und Energie, Dienstleistung (je ~30%)	Schlabendorf	-/+	+ +	
5. Bergbau-industriell kleinstädtische Prägung	4. Bergbau u. Energie (~45%), Industrie (~17,5%), Dienstleistung (~20%)	Grünewalde	+	-/+	Plessa
6. Bergbau-industriell-dörfliche Prägung	4. Bergbau u. Energie (~45%), Industrie (~17,5%), Dienstleistung (~20%)	Staupitz	+	-	Gorden
7. Industriell-dörfliche Prägung	5. Gemischt: Bergbau und Energie (~30%); Industrie, Handwerk und Baugewerbe (je ~20%), Land- u. Forstwirtschaft (~15%)	Döllingen	+ +	+	

Erbrachten Parteinähe und Systemtreue ehedem soziale Identität, Ansehen und gesellschaftlichen Aufstieg, gerieten sie nun zum deklassierenden Stigma. Aber auch Systemkritik und Festhalten an ehemaligen Identitäten aus der Vorkriegszeit als freier Bauer oder selbständiger Unternehmer erwiesen sich nicht als Garant, alte Gesellschaftspositionen wiederzuerlangen. Mehr und vor allem schneller als in den alten Bundesländern mußten die Bewohner dieser Gemeinden ihre desorganisierte soziale Ordnung um- und reorganisieren und auch ihre individuelle soziale Identität neu konstruieren.

Tatsächlich wird dieser Neuformulierungsbedarf von den Bewohnern in den von uns untersuchten Gemeinden ganz unterschiedlich bewältigt. Es zeigt sich, daß trotz gemeinsamer regionaler Rahmenbedingungen unterschiedliche lokale Situationen zu unterschiedlichen Strategien der Transformationsbewältigung führen und letztlich verschiedene aber gleichzeitig bedeutsame Potentiale für die zukünftige Gestaltung der Bergbaufolgelandschaften und die Entwicklung der Region beinhalten.

Betrachtet man die Spalte „Erwerbstyp“ in Tabelle 4.2 mit den Erwerbszweigen im Jahr 1986, so fällt zunächst einmal auf, daß der Bergbau als Arbeitgeber eine sehr unterschiedliche Rolle in den Orten gespielt hat und je nachdem wurde auch die Betroffenheit vom Bergbau in den Orten unterschiedlich von den Bewohnern bewertet. So ist er im Ortstyp 1 nicht nennenswert als Arbeitgeber in Erscheinung getreten; hier blieb die Landwirtschaft stets dominant. In den Ortstypen 2, 3 und 4 halten sich Land- und Forstwirtschaft einerseits und Bergbau- und Energiewirtschaft als Arbeitgeber andererseits in etwa die Waage; es fehlt aber die Bergbaufolgeindustrie. Bei den Ortstypen 5 bis 7 schließlich sind Land- und Forstwirtschaft zumeist längst als Arbeitgeber bedeutungslos geworden; Bergbau und Energie nebst Folgeindustrien aber sorgten bei weit über der Hälfte der Bewohner für Einkommen.

Es ist leicht verständlich, daß eine positivere Beurteilung der Bergbaufolgelandschaften damit korreliert, welche Vorteile man jeweils durch den Bergbau hatte. Je weniger der Bergbau als Arbeitgeber für die Bürger in den Orten konkreten Nutzen erbrachte und dann nur als Verlust von Land und Umgebung in Erscheinung trat, um so distanzierter und negativer fällt auch die Beurteilung dieser Umgebung aus. Aber eine pessimistischere oder optimistischere Sicht auf die zukünftige Ortsentwicklung korreliert mit dieser Einstellung zur Bergbaufolgelandschaft nur teilweise.

Versucht man die Milieuspezifik der Ortstypen aus diesen Zukunftsperspektiven ihrer Bewohner zu fassen, so fällt auf, daß in fast allen Orten außer denen des Typs 3 und 4 diese Perspektiven mit Rückgriffen auf jüngere oder ältere Traditionen verbunden sind. Insbesondere im „pessimistischen“ Ortstyp 1 kann man sich diese Zukunft nur als eine ungebrochene Kontinuität der stets so bestehenden landwirtschaftlichen Tradition vorstellen. Bei Ortstyp 2 schwankt diese Perspektive zwischen einem Anknüpfen an vorindustrielle Traditionen und modernistische Elemente der letzten fünfzig Jahre. Auch bei den Ortstypen 5 und 6 knüpfen die Perspektiven eher an den bestehenden Traditionen an und selbst der „optimistischere“ Ortstyp 7 läßt sich auf die Formel „Es bleibt wie es ist“ reduzieren. Ganz anders bei den deutlich „optimistischen“ Ortstypen 3 und 4. Hier setzt man auf Innovation, auf neue Technologien und neue Dienstleistungsbranchen und spricht von Neuanfang und positivem Wandel.

Eine Erklärung dieses Befundes aus geographischen, demographischen und sozialstrukturellen Merkmalen befriedigt nur teilweise. So ist in den innovativen Ortstypen das Durchschnittsalter und auch die Arbeitslosigkeit meist etwas niedriger aber eben nicht immer und auch in der Erwerbsstruktur und dem Erwerbsstatus der Bewohner zeigten sich die Unterschiede nicht sonderlich deutlich, wenn auch bei den Innovativen der Dienstleistungssektor im Jahre 1986 stärker vertreten war als bei den Anderen.

Ein auffälliges Merkmal in dieser Hinsicht war jedoch die Wohndauer. Bezogen auf die gesamte Untersuchung zeigt sich, daß nicht einmal die Hälfte der Bewohner auch in ihrer Gemeinde geboren sind. Die meisten waren erst nach dem zweiten Weltkrieg zugezogen. Über 10% der Bewohner waren in der unmittelbaren Nachkriegszeit und dem Gründungsjahrzehnt der DDR zumeist als Vertriebene bis Ende der 50er Jahre zugezogen. Ein gutes Viertel war in den Jahren des Ausbaus der Region zum Bergbau- und Energiebezirk der DDR einschließlich der 80er Jahre hinzugezogen. In den Jahren seit der Wiedervereinigung wurden immerhin weitere 15% zu Neubürgern der Gemeinden. Allerdings unterscheiden sich die Ortstypen doch erheblich vom Umfang und der Häufigkeit dieser Zuwanderungswellen. So finden sich in den beiden „optimistischen“ Ortstypen 3 und 4 nicht nur am wenigsten Ortsgebürtige (weniger als ein Drittel), sondern die Zuwanderungen waren auch in allen drei Zuwanderungswellen relativ groß. In allen anderen Ortstypen gab es hingegen nur zwei oder gar nur eine vom Umfang her größere Zuwanderungswelle.

Zudem gab es offensichtlich unterschiedliche Verfahrensweisen, die Zugewanderten in die jeweilige Ortsgemeinde aufzunehmen. Zumeist wurden die Zuwanderer in die bestehende Ortstradition und die vorhandenen ökonomischen Strukturen eingegliedert. Bei den Ortstypen 5 bis 7 waren dies zumeist der Bergbau und seine Folgeindustrien, allerdings waren hier alle drei Zuwanderungswellen unterdurchschnittlich ausgeprägt. Bei Ortstyp 1 hingegen war es ausschließlich die Landwirtschaft und dieser Ortstyp ist insofern besonders interessant, da hier nur die zweite Zuwanderungswelle in den 60er bis 80er Jahren bedeutsam und weit überdurchschnittlich ausgeprägt war. Bezieht man nun die soziohistorischen Entwicklungen der Orte mit ein, erhellen sich diese unterschiedlichen Verfahrensweisen der Zuwandererintegration und der damit bestehende Zusammenhang zu den unterschiedlichen Milieuspezifiken und der darin eingebundenen Zukunftsperspektiven ihrer Bürger.

Die Randgemeinden des nördlichen Untersuchungsgebietes „Schlabendorfer Felder“, zu denen die des Ortstyps 1 gehören, zeichnen sich zunächst durch eine gemeinsame Geschichte aus. Das gesamte Gebiet war bis zum Ende des zweiten Weltkrieges von großen land- und forstwirtschaftlichen Gütern dominiert. Lediglich die Gemeinden im Süden der Schlabendorfer Felder blicken zusätzlich auf eine handwerkliche, später dann auch industrielle Tradition der Gebrauchs- und Baukeramik zurück. Zumeist wurden die Güter unmittelbar nach Kriegsende unter sowjetischer Besatzung enteignet und mit der Bodenreform, die im Oktober 1945 eingeleitet wurde, aufgeteilt.

Für Ortstyp 1 ist nun entscheidend, daß ein großes Rittergut in einer dieser Gemeinden (Görlsdorf) zwar bei Kriegsende von der sowjetischen Militärverwaltung ebenfalls enteignet wird, dann aber zur Truppenversorgung beschlagnahmt und deswegen von der Bodenreform unbeeinflußt bleibt. 1948 wird es zunächst Volksgut im Staatsbesitz der DDR und dann zur Volkseigenen Genossenschaft (VEG), in die Schritt für Schritt, die in den umliegenden Gemeinden entstandenen Landwirtschaftlichen Produktionsgenossenschaften eingegliedert werden. Damit behält das Gut nicht nur seine dominierende Stellung der Vorkriegszeit, sondern wird zum größten landwirtschaftlichen Betrieb in der Region und einem Zentrum der landwirtschaftlichen Ausbildung ausgebaut. Das Einflußgebiet der VEG erstreckt sich schließlich über 11 politisch selbständige Gemeinden, die nord- und südwestlich der in den 60er Jahren aufgeschlossenen Tagebaue „Schlabendorfer Felder" liegen. Ende der 80er Jahre verfügt die VEG mit zwei Tierproduktionsbetrieben (sie haben zur damaligen Zeit einen Bestand von 3 000 Milchkühen und ca. 15 000 Schweinen) und einem Pflanzenproduktionsbetrieb über nahezu 1 000 Arbeitskräfte und über eine Betriebsfläche von mehr als 6 000 Hektar. Schließlich entsteht Anfang der 80er Jahre ein ansehnliches Neubauviertel für die in der VEG Beschäftigten.

Weil die Bodenreform hier nicht stattfand, war wohl auch die erste Zuwanderungswelle in der Nachkriegszeit hier nicht sonderlich ausgeprägt. Mit der Expansion der VEG jedoch entstand ein erheblicher Arbeitskräftebedarf und so erklärt sich, daß die große zweite Zuwanderungswelle ausschließlich in diesen landwirtschaftlichen Sektor assimiliert wurde. Allein in der Gemeinde Görlsdorf gaben 42% der Bewohner an, mit dieser zweiten Zuwanderungswelle zugezogen zu sein. In Beesdau und Bergen waren es jeweils 28 bzw. 29%. Es ist dieser besonderen Geschichte der VEG in Görlsdorf zuzuschreiben, daß sich in den von ihr dominierten Gemeinden trotz der weitreichenden Umbrüche im Gefolge des Aufschlusses der Tagebaue „Schlabendorfer Felder" die dörflichen und landwirtschaftlichen Traditionen weit stärker erhalten haben als in anderen Orten dieses Untersuchungsgebietes. Zwar gehen der VEG durch den Tagebau annähernd 1400 Hektar Produktionsfläche verloren aber als Arbeitgeber und insofern möglicher Faktor, der die landwirtschaftlichen Traditionen hätte verändern oder gar auflösen können, spielt der Bergbau hier keine Rolle.

Das Ende der DDR und die Auflösungen der landwirtschaftlichen Produktionsgenossenschaften brachten hier schließlich keinen vergleichbaren Umbruch wie in anderen Gemeinden. Mit den ausgegründeten Nachfolgebetrieben des Gutes bleibt hier die Landwirtschaft, wenn auch nun mit weit weniger Arbeitskräften, dominant. Die Zukunftsperspektiven der Bürger schwanken zwischen der Hoffnung, an die Tradition eines bedeutenden agrarindustriell entwickelten Landwirtschaftszentrums anknüpfen zu können und der Erfahrung, daß eine modernisierte Landwirtschaft nur wenigen Bewohnern Arbeit bieten kann. Die in der Vorkriegszeit ehemals freien Bauern würden zwar gerne an ihre eigene Tradition anknüpfen, nur sind ihre Gehöfte unter den heutigen wirtschaftlichen Bedingungen viel zu klein, und so haben nur einige wenige es gewagt ihren Betrieb wieder einzurichten. Andere würden ihre Bauernhofanlagen gerne touristisch für Konzepte wie „Ferien auf dem Bauernhof" nutzen. Sie setzen dabei auf die einschließlich der Bergbaufolgelandschaft reizvolle Umgebung, auf die noch vorhandenen intakten dörflichen Siedlungsstrukturen und das Potential, der zur Zeit allerdings endgültig leergefallenen Gutsgebäude, Herrenhäuser und Schlösser. Ohne Zweifel bieten Landschaft und Siedlungsstrukturen zusammen mit dem vorhandenen land- und forstwirtschaftlichen Know-how Potentiale für eine entsprechende Entwicklung, nur müssen dann die verschiedenen Konzepte, hier Agrarindustrie, dort dörfliche Ferienidylle, aufeinander abgestimmt und in ein gemeinsames übergreifendes und damit neues Konzept überführt werden. Dies aber fällt den Bürgern in diesen Gemeinden auf sich allein gestellt offensichtlich schwer.

Für die Ortstypen 3 und 4 mit ihren optimistischen Perspektiven ist nicht nur auffällig, daß alle drei Zuwanderungswellen von erheblichen Umfang waren bzw. die jüngste auch noch andauernd ist, sondern daß mit Beginn jeder Zuwanderungswelle auch ein deutlicher sozialer Wandel und Bruch mit bestehenden Traditionen erfolgte. Die in beiden Ortstypen bei Kriegsende existierenden Güter wurden unter sowjetischer Besatzung enteignet und mit der Bodenreform, die im Oktober 1945 eingeleitet wurde, unter den Landarbeitern und den zugewanderten Heimatvertriebenen aufgeteilt. Herrenhäuser und Wirtschaftsgebäude wurden teilweise abgerissen oder so verändert, daß der ursprüngliche Gutscharakter der Gebäude nicht mehr erkennbar sein sollte. Für die Ortsansässigen und Zugewanderten erfolgte ein deutlicher Bruch mit der alten Tradition der Gutsherrschaft, der als gemeinsamer Aufbruch in eine neue Zeit verstanden und mit der Bildung der Landwirtschaftlichen Produktionsgenossenschaften auch umgesetzt wurde.

Als Anfang der 60er Jahre der Tagebau in Schlabendorf aufgeschlossen wird, beginnt wieder eine neue Zeit, die mit der zweiten Zuwanderungswelle von im Bergbau und der Energiewirtschaft tätigen Neubürgern einhergeht und den Bruch mit der landwirtschaftlichen Tradition einläutet. Landwirtschaftliche Flächen gehen verloren und damit auch die entsprechenden Arbeitsplätze. Letztere werden aber durch Arbeitsplätze der Bergbau- und Energiewirtschaft substituiert. Insbesondere die durchgeführten und im Fall der Gemeinde Schlabendorf (Ortstyp 4) beabsichtigte Devastierung macht den Bruch mit der eigenen Ortsgeschichte und den damit verbundenen Identitäten ihrer Bewohner unausweichlich.

Schließlich kommt es mit dem Ende der DDR und der Einstellung des Tagebaus zu einem weiteren Bruch, nunmehr mit der Tradition des Bergbaus, der für die Bewohner und die nun erfolgende erneute Zuwanderung wiederum eine andere Zeit einleitet. Insbesondere in der ursprünglich zur Devastierung vorgesehenen Gemeinde Schlabendorf erbringt dieser Umbruch, nachdem die eine Hälfte der Bewohner bereits umgesiedelt ist und die andere Hälfte ihren „Kampf um Schlabendorf" mit neuem Mut fortsetzt, schließlich den Erhalt des Ortes und damit auch die Chance für einen deutlichen Neuanfang, der genutzt wird. In beiden Gemeinden setzt man nun auf Arbeitsplätze im Dienstleistungssektor, auf neue Technologien z. B. der Energiegewinnung oder des ökologischen Anlagenbaus und Konzepte des nachhaltigen Landschaftsbaus, der Landschaftspflege und extensiven Tourismus. Wenn auch noch bescheiden, so zeigen diese vielfältigen Bemühungen doch Erfolge und sind damit gleichzeitig Potential für eine zukünftige Entwicklung.

Entscheidend für diese Entwicklung erscheint die Erfahrung der immer wieder erfolgten Umbrüche und ihrer Bewältigung zusammen mit den zugewanderten Neubürgern. Diese sind hier selbst zur Tradition geworden. Sie ist Basis des innovativen Milieus und speist auch die optimistischere Zukunftsperspektive seiner Bewohner. Aber auch hier gilt, daß die Bürger der Gemeinden trotz innovativen Milieus und damit besserer Ausgangslage auf sich allein gestellt es schwer haben werden, die vorhandenen Potentiale für eine Bewältigung der andauernden Transformation zu nutzen.

4 Schlußfolgerungen

Die Crux bisheriger Dorfentwicklung liegt darin, zumeist nur singulär die Potentiale des jeweiligen Ortes und seiner unmittelbaren Umgebung im Fokus des Entwicklungsprozesses zu haben. Die eigentliche Chance besteht aber in der gemeindeübergreifenden Vernetzung dieser Potentiale. So könnten und müssen land- und forstwirtschaftliche Traditionen, erhaltene dörfliche Siedlungsstrukturen, Güter und Schlösser, technisches Know-How im Anlagen- und Landschaftsbau und sportliche Traditionen wie der Motorsport in Fürstlich Drehna in ein gemeinsames sich wechselseitig ergänzendes Entwicklungskonzept integriert werden. Damit erst wird es möglich an die jeweiligen Interessen der Bürger anzuknüpfen und schließlich in einem Umsetzungsprozeß auch die Gestaltungsaufgabe der zukünftigen Entwicklung der Bergbaufolgelandschaft einzubeziehen.

Das alles setzt freilich voraus, daß der Eingangs beschriebene Kommunikationsprozeß zwischen Bürgern, Experten und Politik mit der Zielstellung der Entwicklung eines problemorientierten Gesamtkonzeptes in Gang gesetzt wird. Durch die vom Forschungsverbund durchgeführten Ausstellungen in den Untersuchungsgebieten aber auch durch die während der Erhebungsphasen des sozialwissenschaftlichen Teilprojektes vielfältig geführten Gespräche mit den Bürgern der Gemeinden ist ein Beitrag bereits geleistet, der als Anfang für einen solchen Prozeß genutzt werden kann. Lokale Agenda 21 und die inzwischen gegründete Internationale Bauausstellung „Fürst-Pückler-Land“ bieten hier zusätzliche Chancen einen Entwicklungs- und Gestaltungsprozeß in Gang zu setzen, der dem Prinzip der Nachhaltigkeit folgt und es ermöglicht, die Ziele des LENAB-Forschungsverbundes zu integrieren und mit den Bürgern gemeinsam weiterzuverfolgen.

Danksagung

Die vorliegenden Untersuchungen wurden im Rahmen des Verbundvorhabens LENAB durchgeführt, gefördert vom BMBF (Fkz 0339648) und der LMBV mbH.

Literatur

Bundesministerium für Umwelt, Naturschutz und Reaktorsicherheit (Hrsg.) 1992. Umweltpolitik. Konferenz der Vereinten Nationen für Umwelt und Entwicklung im Juni 1992 in Rio de Janeiro - Dokumente - Agenda 21, Bonn.

Matthes, J. & Schütze, F. 1981. Zur Einführung: Alltagswissen, Interaktion und gesellschaftliche Wirklichkeit. In Arbeitsgruppe Bielefelder Soziologen (Hrsg.) Alltagswissen, Interaktion und gesellschaftliche Wirklichkeit 1 + 2. 1: Symbolischer Interaktionismus und Ethnomethodologie; 2: Ethnotheorie und Ethnographie des Sprechens. 5. Aufl., Opladen: 11-53.

Mead, G.H. 1993. Geist, Identität und Gesellschaft. 9. Aufl., Frankfurt/M.

Schütze, F. 1975. Sprache soziologisch gesehen. Bd. 1 + 2, München.

Serbser, W. 1997. Handeln und Struktur in der soziologischen Situationsanalyse. Zur Verknüpfungsproblematik mikro- und makrosoziologischer Perspektiven in der anwendungsorientierten Stadt- und Regionalsoziologie - Eine soziologische und methodologische Untersuchung. Berlin, 206 S.

Serbser, W. 1998a. Lokale Identität in ländlichen Regionen der neuen Bundesländer - Haltungen und Präferenzen der Bevölkerung im Umfeld der Bergbaufolgelandschaften der Niederlausitz, eine milieuspezifische Charakterisierung dieser Gemeinden. In Akademie für Raumforschung und Landesplanung (Hrsg.) Deutschland in der Welt von morgen. Die Chancen unserer Lebens- und Wirtschaftsräume. Wissenschaftliche Plenarsitzung 1997, Reihe Forschungs- und Sitzungsberichte der ARL, Bd. 203, Hannover: 127-135.

Serbser, W. 1998b. Zukunftsgestaltung am Rande der Bergbaufolgelandschaft. Chancen der Vielfalt in einem demokratischen Planungsprozeß. In Dachverband Bergbaufolgelandschaft e. V., Vereine und Initiativen in bergbaubetroffenen Regionen, Stiftung Bauhaus Dessau (Hrsg.) Jahrbuch Bergbaufolgelandschaft 1998. Dessau: 174-177.

Thomas, W.I. & Znaniecki, F. 1958. The Polish Peasant in Europe and America. Vol. 1, New York.

5 Ergebnisse der Öffentlichkeitsarbeit eines naturschutzfachlichen Verbundprojektes in der Niederlausitzer Bergbaufolgelandschaft

Henning Fromm[1], Henry Blumrich[2], Heiner Harder[3] & Hans-Joachim Kahle[3]

[1] Brandenburgische Technische Universität Cottbus, LS Allgemeine Ökologie, Postfach 101344, D-03013 Cottbus, aktuelle Adresse: Bonnaskenplatz 6, D-03044 Cottbus

[2] Brandenburgische Technische Universität Cottbus, LS Allgemeine Ökologie, Postfach 101344, D-03013 Cottbus, e-mail: blumrich@tu-cottbus.de

[3] Lausitzer Naturkundliche Akademie e. V. Cottbus, Am Amtsteich 17-18, D-03046 Cottbus

Zusammenfassung. Im Rahmen eines interdisziplinären Verbundprojektes wurde die Öffentlichkeitsarbeit begleitend zur diskursiven Leitbildentwicklung durchgeführt. Sie hatte neben der Information der Öffentlichkeit über Ziele und Inhalte des Forschungsvorhabens auch eine Beteiligung der lokalen Akteure und Bevölkerung an der Leitbildfindung zum Inhalt. Dabei kamen als Methoden Faltblatt, Projektbroschüre, Journalistenarbeit, Wanderausstellung, rechnergestützte Befragungstechnik und die Organisation von Statusseminaren zur Anwendung. Als effiziente Methode, einen Imagewandel hin zu einer positiven Wahrnehmung von naturnahen Bergbaufolgelandschaften und Naturschutzkonzepten zu erzielen, erwies sich die Wanderausstellung in Kombination mit Podiumsdiskussion und direkter Ansprache der örtlichen Bevölkerung. Künftige naturschutzfachlich ausgerichtete Forschungsprojekte sollten Konzepte zum „Naturschutzmanagement" mit den Methoden der Öffentlichkeitsarbeit und der Leitbildentwicklung kombinieren.

Schlüsselwörter. Imagewandel, Journalistenarbeit, Öffentlichkeitsarbeit, Statusseminar, Wanderausstellung.

1 Einleitung

Die Bergbaufolgelandschaft (BFL) der Niederlausitz zeichnet sich in der Öffentlichkeit bedingt durch die Hinterlassenschaften der Braunkohlegewinnung (Kippen, Restseen, Grundwasserabsenkungstrichter u. v. a.) durch ein starkes Negativ-Image aus. Dies belegen zahlreiche Zeitungsberichte, öffentliche Foren und wissenschaftliche Projekte zur Rekultivierung. Die Wahrnehmung dieser Gebiete reicht von „Wildnis“, über „Wüsteneien“ bis „Mondlandschaften“ (Charles 1998, Blaschke et al. 1999). Der naturschutzfachliche Wert von Teilen der BFL war jedoch schon frühzeitig bekannt (z. B. Möckel 1993, Donath 1994). Naturschutz ist konsequenterweise als „Nutzungsform“ durch die Festlegung von sogenannten Renaturierungsflächen innerhalb der Sanierungsplanung auf ca. 15% der Fläche vorgesehen (MUNR 1996). Die Umsetzung (z. B. Entwicklung von Leitbildern und Handlungskonzepten, Schutzgebietsausweisung) wurde jedoch stark vernachlässigt.

Der Prozeß eines Wahrnehmungswandels von naturnahen Bereichen (z. B. Offenlandschaften mit Magerrasen, Sukzessionsflächen u. v. m.) weg vom Stigma einer zerstörten Niederlausitz hin zur Erkenntnis, die landschaftsästhetischen Besonderheiten von Kippenflächen unter dem Blickwinkel der Chancen für Naturschutz und regionale Entwicklung zu betrachten, war und ist noch von stark polarisierenden Meinungen geprägt. Zum einen existieren Ansichten, die Hinterlassenschaften des Bergbaus unter hohem Kostenaufwand so schnell wie möglich zu beseitigen und eine „vielfältig“ (meist land- oder forstwirtschaftlich) nutzbare, aber mehr oder weniger gleichförmige Landschaft zu entwickeln (Katzur 1997). Zum anderen gibt es die immer mehr akzeptierte Argumentation die neuartigen, beiläufig entstandenen Landschaftsstrukturen stärker als bisher in neue Nutzungskonzepte zu integrieren (Tourismus, IBA Fürst-Pückler-Land u. a.). Hier sollte das LENAB-Verbundprojekt entscheidende Denkanstöße initiieren, die durch eine Leitbildentwicklung auf der Grundlage von wissenschaftlichen Erhebungen transparent und nachvollziehbar werden sollten (Blumrich et al. 1998, Schulz & Wiegleb 2000, dieser Band; Stierand 2000, dieser Band).

Ziel der Öffentlichkeitsarbeit im LENAB-Verbundprojekt (BTUC 1998) war es, an der diskursiven Leitbildentwicklung fachlich mitzuwirken. Dabei galt es, Leute vor Ort am Vorgehen und an der Bewertung von Forschung mitwirken zu lassen. Durch das Engagement von Wissenschaftlern sollte ein Imagewandel in den Medien und der Öffentlichkeit zur positiven Wahrnehmung von naturnahen Bergbaufolgelandschaften erzielt und gleichzeitig die öffentliche Akzeptanz für wissenschaftlich gestützte Maßnahmen im Bereich des Natur- und Umweltschutzes erhöht werden. Hierfür wurden verschiedene Methoden und Ansätze gewählt, deren Erfolg im Folgenden abgeschätzt werden soll.

2 Methoden der Öffentlichkeitsarbeit

Eine wichtige Funktion der Öffentlichkeitsarbeit zur Erhöhung der Akzeptanz von Forschungsergebnissen im Bereich des Naturschutzes stellt das Angebot zum Dialog dar. Handlungsempfehlungen von wissenschaftlicher Seite können ignoriert werden, wenn sich die Anwenderseite ausgeschlossen oder nicht umfassend informiert empfindet. Neben einem Informationsdefizit existieren auch Sprachbarrieren zwischen Wissenschaftlern und den potentiellen Nutzern der wissenschaftlichen Ergebnisse im weitesten Sinne (vgl. auch Wiegleb 2000, dieser Band).

Öffentlichkeitsarbeit ist nach Balfanz (1983) und Wallinger (1994) das legitime und kontinuierliche Bemühen einer Organisation um Aufbau und Pflege von Vertrauen in der Öffentlichkeit bzw. Teilöffentlichkeit auf der Grundlage einer systematisch betriebenen Einstellungsforschung. Die jeweilige Organisation muß eine „Bearbeitung" der Öffentlichkeit oder von Teilöffentlichkeiten betreiben, um ihre vorgegebenen Ziele erreichen zu können. Die Art der „Bearbeitung" wird mit Werbung, Beeinflussung und Pflege näher gekennzeichnet, so daß Wortkombinationen wie z. B. Vertrauenswerbung, Einstellungsbeeinflussung, Imagewerbung, Meinungspflege, Rufpflege oder Beziehungspflege häufig auftreten. Mit der Öffentlichkeitsarbeit versucht die betreffende Organisation Informationsleistungen zu erstellen und anzubieten, für die eine Informationsnachfrage vermutet wird oder tatsächlich vorhanden ist, mit dem Ziel, bei der Zielgruppe eine verständnisvolle Grundeinstellung gegenüber dem Betreiber zu bewirken, was im allgemeinen auch als positiver Beitrag für die Oberzielerfüllung gewertet werden kann.

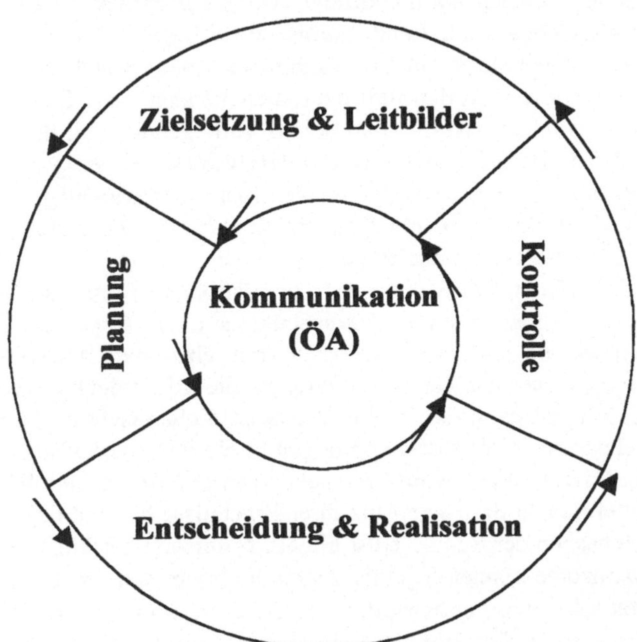

Abbildung 5.1 Der klassische Managementkreis und die Rolle der Öffentlichkeitsarbeit (ÖA) (nach Pausch 1976, verändert).

Management umfaßt die Einwirkung innerhalb eines soziotechnischen Systems auf Menschen und Systeme (Abb. 5.1), so daß eine vorgegebene Zielfunktion optimal erfüllt wird (Pausch 1976). Der Managementbegriff kann auch auf die Durchführung von Natur- und Umweltschutzprojekten angewandt werden. Gerade im Naturschutzmanagement spielen integrative Modelle der Öffentlichkeitsarbeit weltweit eine immer größere Rolle (Hockings et al. 1998). Wertekonflikte beim

Schutz großflächiger nutzungsfreier Natur erschweren die Strategiefindung (Schurig 1998) und das Management im Naturschutz (vgl. auch Wiegleb 2000, dieser Band), sind jedoch durch Kommunikation und konsequente Anwendung der Leitbildmethode lösbar (Blumrich et al. 1998).

3 Ergebnisse

3.1 Faltblatt

Das in der ersten Phase des Verbundprojektes erstellte Faltblatt (Abb. 5.2) verfolgte als Einstieg in die Öffentlichkeitsarbeit zwei Ziele: Erstens wurde als Selbstdarstellung des Projektes populärwissenschaftlich formuliertes Informationsmaterial an potentielle Interessenten direkt verschickt. Zweitens diente dieses Vorgehen dazu, eine Grundlage für eine Einstellungsforschung zu schaffen. Es galt zu prüfen, welchen Aufmerksamkeitswert das Projekt in der Öffentlichkeit und in den Bereichen Verwaltung, Politik und Wirtschaft hat, um darauf mit Änderungen im Maßnahmenkatalog reagieren zu können. Aus diesem Rücklauf wurde dann – gemeinsam mit den Informationssuchenden – ein Grobkonzept erstellt, das den Informationsbedarf mit dem bereits vorliegenden und dem sich sukzessiv entwickelnden Informationsmaterial aus dem Projekt befriedigt und eine Diskussion initiiert, u. a. im Sinne der diskursiven Leitbildentwicklung. Erfahrungen aus diesem Rücklauf flossen in die Konzeption der Wanderausstellung und in die rechnergestützte Befragungstechnik ein.

Eine gezielte Kontaktaufnahme mit der „faltblatt-informierten“ Öffentlichkeit erleichterte die Einladungen zu Veranstaltungen des Projektes (Ausstellungen, Abstimmungsbedarf anderer Teilprojekte mit einzelnen Adressaten etc.). Die Wahrnehmung dieser Effekte ist wichtig, da die Öffentlichkeitsarbeit um so effektiver ist, je mehr es in der ‘nichtwissenschaftlichen Öffentlichkeit’ zu sachgerechten Diskussionen mit Rückkopplungen in die wissenschaftliche Arbeit hinein kommt. Der Öffentlichkeit wurde versucht zu vermitteln, daß die Wissenschaft ein genuines Interesse an der Akzeptanz ihrer Ergebnisse hat und daß sie die Bedürfnisse der Menschen der Region ernst nimmt. Naturschutzfachliche Ergebnisse und Handlungskonzepte können objektiv gegen die Interessen von Bevölkerungsgruppen gerichtet sein, eine Tatsache, die sich durch Information nicht beseitigen läßt, diese aber um so stärker einfordert. Eine umfassende Information kann ein Gesprächsklima schaffen, das eine produktive Streitkultur fördert.

3.2 Erstes und zweites BMBF-Statusseminar

Ein intensiverer Kontakt mit einigen Zielgruppen der Öffentlichkeitsarbeit ergab sich durch die Planung und Durchführung des ersten Statusseminars zur BMBF-

Niederlausitzer
Bergbaufolgelandschaft:

Leitbilder für naturnahe Bereiche

Erarbeitung von
Leitbildern und Handlungskonzepten
für die verantwortliche Gestaltung
und nachhaltige Entwicklung
ihrer naturnahen Bereiche

Ein Forschungsverbundvorhaben an der
Brandenburgischen Technischen Universität
Cottbus

Abbildung 5.2 Deckseite des Faltblattes zum LENAB-Verbundprojekt.

Fördermaßnahme „Sanierung und ökologische Gestaltung der Landschaften des Braunkohlenbergbaus in den neuen Bundesländern", welches vom BMBF, vertreten durch die drei Projektträger BEO (Forschungszentrum Jülich), WT (Forschungszentrum Karlsruhe) und AWAS (Umweltbundesamt), gemeinsam mit der LMBV vom 18. bis zum 20. Juni 1996 im Messe- und Tagungszentrum Cottbus veranstaltet wurde. Insgesamt nahmen rund 400 Wissenschaftler, Vertreter der Wirtschaft, der öffentlichen Verwaltung und der Politik sowie Pressevertreter an der Tagung teil, auf der die an der o. g. Fördermaßnahme beteiligten Verbünde und Projekte in 18 Fachvorträgen, Diskussionen, einer umfangreichen Posterpräsentation und Exkursionen über ihre laufenden oder abgeschlossenen Arbeiten und ihre Planungen informierten. Die Ausrichtung dieser Veranstaltung wurde vom LENAB-Teilprojekt „Öffentlichkeitsarbeit" übernommen, weil sich durch die konzentrierte Anwesenheit von Fachpublikum eine außergewöhnliche Möglichkeit zur Information insbesondere der Anwender über die Arbeiten des Projektes ergab.

Zentrale Bedeutung hatte eine eigens konzipierte Ausstellung, die Forschungsziele, Arbeitsschwerpunkte und Ergebnisse des LENAB-Verbundes sowohl für die wissenschaftliche wie für die nichtwissenschaftliche Öffentlichkeit in anschaulicher Form erfahrbar machte. Dazu gehörte ein zentral im Ausstellungsraum der Messehalle angelegtes Landschaftsmodell der Bergbauregion Schlabendorf als Übersichtsmodell und Anknüpfungspunkt für Gespräche. Dioramen veranschaulichten Ausschnitte der Bergbaufolgelandschaft, Poster und Videopräsentationen ihren naturschutzfachlichen Wert. Im Rahmen der Ausstellung ergab sich eine Vielzahl von Informationsgesprächen mit Tagungsteilnehmern und die gezielte Verteilung der hierfür erstellten ersten Projektbroschüre. Andere Informationsmaterialien wie ein Ausstellungsführer (LANAKA 1996), das Projektfaltblatt und Infoblätter einzelner Teilprojekte kamen zur Auslage. Im Anschluß an die Tagung wurde die Ausstellung im Sommer 1996 im Museum der Natur und Umwelt, Cottbus aufgebaut. Auch hier ergaben sich Gespräche mit Ausstellungsbesuchern und es konnte weiteres Informationsmaterial gezielt zur Verfügung gestellt werden.

Die Auswertung der Erfahrungen mit dieser ersten Ausstellung unter didaktischen Aspekten führte zu dem Ergebnis, daß die starke Textorientierung der Poster für ein Publikum aus Fachkollegen und Anwendern angemessen erschien, für die nichtwissenschaftliche Öffentlichkeit jedoch ein mehr visuell orientierter Ansatz anzuraten ist. Es wurde daher für den Einsatz der Ausstellung in Orten in der Bergbaufolgelandschaft eine Neugestaltung der Poster mit von den Teilprojekten gezielt angefordertem Text- und Bildmaterial vorgenommen. Auch die Projektbroschüre wurde kontinuierlich weiterentwickelt, wodurch die Forschungsergebnisse des Projektes aktuell eingearbeitet werden konnten.

Die guten Erfahrungen aus der Großveranstaltung des ersten BMBF-Statusseminares flossen auf Wunsch des BMBF in die Vorbereitung und Durchführung des zweiten BMBF-Statusseminares vom 7. bis 8. Oktober 1998 wiederum in den Messehallen in Cottbus ein. Ein Tagungsband (LANAKA 1998) informierte über den fortgeschrittenen Forschungsstand aller vom BMBF geförderten

Maßnahmen zur „Sanierung und ökologischen Gestaltung der Landschaften des Braunkohlenbergbaus in den neuen Bundesländern".

3.3 Journalistenarbeit

Im Bereich des Wissenschaftsjournalismus wurde der Gruppe der „freien" journalistischen Mitarbeiter der Medien, hier besonders auch den sogenannten „festen Freien" besondere Aufmerksamkeit geschenkt. Beispielhaft für die Öffentlichkeitsarbeit durch Beteiligte des LENAB-Verbundprojektes seien folgende Beiträge genannt, die naturschutzfachliche und wissenschaftliche Fragestellungen sowie deren Ergebnisse vermittelten:

- ZDF – Mittagsmagazin, 8/96: „Bergbau und Natur"
- Deutschland Radio Berlin, 21.12.1997: „Problematik Sanierung Naturschutz"
- SPIEGEL, 13/98: „Luftschlösser in der Giftgrube"
- Radio Kultur Berlin, 12.12.1998: „Bergbaufolgelandschaften"
- ORB, 22.12.1998: „Verbotene Wildnis" – Fernsehaufnahmen von 1997 bis Herbst 1998
- ARD – Globus, 20.1.1999: „Verbotene Wildnis"
- ARTE, 22.3.1999: „Verbotene Wildnis"
- STERN Sonderheft „Energie", noch nicht erschienen: Arbeitstitel „Renaturierung in der Bergbaufolgelandschaft"

3.4 Wanderausstellung

3.4.1 Inhalte und Strategien

Bedeutend für die Konzeption der Ausstellung war die Informationsführung über die eingesetzten Medien Landschaftsmodell, Multimediacomputer, Ausstellungsvitrinen, Poster und gedruckte Informationen in Form der aktuellen Projektbroschüre. Das Landschaftsmodell war bei allen Ausstellungsveranstaltungen das Hauptanlaufmedium. Dort ergaben sich über die Orientierung/Wiedererkennung rasch Nachfragen zu den Projektzielen. Dies lenkte das Interesse der Besucher auf die vertiefenden Informationen des computergestützten Informationssystems, was sich gut zur Präsentation von komplexen Sachverhalten eignete. Der Besucher tritt an das Info-Terminal und ruft den Vortrag wahlweise per Tastatur oder Maus auf. Für die Zuschauer werden die Seiten mit einem Projektor auf einer Leinwand angezeigt. Gesprochene Kommentare, Musikuntermalung, Animationen und zusätzliche vergrößerte Detail-Informationen liegen zum Abruf bereit und erklären dem Zuschauer auch komplexe Sachverhalte in der einprägsamen Form der bildlichen Darstellung. Die beiden Ausstellungen wurden durch „klassische" PR-Techniken wie Presseinformation, Zeitungsbeilagen, Verteilung von Handzetteln und Aushang von Plakaten vorbereitet.

Auf die Qualität der Ausstellungsorte wurde großer Wert gelegt und durch vorbereitende Besichtigungen und Befragungen von kommunalen Entscheidungsträgern festgelegt. In Fürstlich Drehna und Plessa, die Erhebungsschwerpunkte der sozioökonomischen Untersuchungen waren, begleiteten Mitarbeiter des Teilprojektes Sozioökonomie und Studenten die LENAB-Ausstellung mit ihrem Dia-Vortrag über Visionen zur Bergbaufolgelandschaft sowie ihrer rechnergestützten Befragungstechnik (Stierand et al. 1998).

- **Fürstlich Drehna.** Ausstellung in Fürstlich Drehna vom 31. August bis 6. September 1997 im Saal des historischen Gasthofs „Zum Hirsch". Die Gesamtzahl der Besucher betrug rund 200. Beendet wurde die Ausstellung mit einer Podiumsdiskussion, an der etwa 30 Personen teilnahmen.
- **Neue Messe Leipzig.** Ausstellung auf dem BMBF-Forschungsforum 1997 in der Neuen Messe Leipzig vom 15. bis 20. September 1997. Die Gesamtzahl der Besucher betrug rund 400.
- **Plessa.** Ausstellung im Kulturzentrum Plessa vom 28. September bis 4. Oktober 1997. Sie wurde von etwa 300 Interessierten gesehen, an der anschließenden Podiumsdiskussion nahmen etwa 50 Besucher teil. Als Pressereaktion erfolgten zwei Fernsehinterviews im regionalen TV-Kanal.
- **MUNR Potsdam.** Ausstellung im Foyer des Ministerium für Umwelt, Naturschutz und Raumordnung des Landes Brandenburg (MUNR) vom 15. Dezember 1997 bis 14. Januar 1998. An der anschließenden Podiumsdiskussion nahmen rund 50 Besucher und Pressevertreter teil.

3.4.2 Reaktionen auf die Ausstellung

Da die Adressaten sehr unterschiedlich waren, stellt sich die Frage nach den Wirkungen. Das Angebot, sich einzelne Bilder aus der Sequenz ausdrucken zu lassen, wurde allgemein überraschend häufig angenommen. In Leipzig kam der Ausstellung zugute, daß sie direkt im Eingangsbereich der Messehalle aufgebaut werden konnte, was sich in einer hohen Besucherzahl niederschlug. Auch hier ergaben sich die ausführlichsten Dialoge mit Besuchern am Landschaftsmodell, während die computergestützten Informationen primär von Schülern frequentiert wurden. Die Großbildprojektion lockte die Aufmerksamkeit von passierenden Besuchern, deren Kenntnisse zu Bergbaufolgeproblemen bemerkenswert waren.

3.5 Bilder und Broschüren

Um die nicht-wissenschaftliche Öffentlichkeit an ökologischen und naturschutzfachlichen Fragestellungen zu interessieren und so einen Imagewandel bei der Betrachtung naturnaher Bereiche der BFL zu erzielen, wurden Bilder und farbige Broschüren erstellt (Abb. 5.3 und Abb. 5.4):

- Führung von Fotografen im August 1998; geplant ist eine Ausstellung von Breitformatbildern (1,5 x 4,5 m) bizarrer Bergbaufolgelandschaften
- Broschüre BMBF (BMBF 1997)
- Photos im Internet (Webseiten des LS Allgemeine Ökologie: http://www.tu-cottbus.de/BTU/Fak4/AllgOeko/)

Abbildung 5.3 Sukzessionsfläche mit den drei Biotoptypen „Ansaat“ mit Waldstaudenroggen (Vordergrund), „offene Sandflächen“ und „Vorwaldstadium“ (Hintergrund) in Schlabendorf-Süd (Photo Fromm 1997).

Abbildung 5.4 Canyonartige Landschaftsstrukturen am Restsee 14/15 Schlabendorf-Süd (Photo Fromm 1998).

4 Diskussion

Das „Ereignis Ausstellung" rief im Gegensatz zu den Einladungen zu Pressegesprächen oder dem Journalistenseminar deutliche Reaktionen hervor, die sich in Zeitungs- und Fernsehbeiträgen niederschlugen. Diese Form der Öffentlichkeitsarbeit wird im internationalen Naturschutzmanagement weltweit immer häufiger eingesetzt, wobei die Planungsmethoden – managementorientiert, öffentlichkeitsorientiert und ressourcenorientiert – die Klammer für eine erfolgreiche Kommunikation darstellen (Hockings et al. 1998). Daneben gibt es aber auch Hinweise darauf, daß sich ein „work in progress" pressemäßig schlechter positionieren läßt: „Bei Ausstellungen kann man wenigstens etwas sehen, was einem Ergebnis nahekommt", so eine Äußerung eines Pressevertreters auf einem Ausstellungstermin. Durch entsprechende Gestaltung des Umfeldes (Eröffnungsveranstaltung, Podiumsdiskussion) konnten die Zielgruppen direkt angesprochen und in einen Gesprächskontext geführt werden. Am schnellsten gelang die Gesprächsinitiierung durch die Skizzierung des Projektes mittels dreier Fragen:

1. Was steckt als Potential in der Landschaft ?

2. Was kann man daraus machen ?

3. Was sollte man daraus machen ?

Mit der dritten Frage war eine gute Brücke gegeben für die Erläuterung der diskursiven Leitbildentwicklung und die interdisziplinäre Herangehensweise. Über Gespräche erfolgte eine Einbeziehung der örtlichen Bevölkerung in die Leitbilddiskussion (Stierand et al. 1998), die für eine erfolgreiche Umsetzung von Projekten und späteren Managementmaßnahmen und Handlungskonzepten unerläßlich ist (Blumrich et al. 1998, Slocombe 1998). Die Ausstellung erwies sich als ein geeignetes, gesprächsprovozierendes Medium bzw. als ein praktisches Transportmittel zur Vermittlung schwieriger komplexer Sachverhalte.

Als das zweite effiziente Medium erwies sich die Projektbroschüre, die in aufbereiteter Form Ergebnisse, Arbeitskonzepte und weiterführende Gedanken in einem optisch ansprechenden Rahmen präsentiert. Eine Schlußfolgerung aus den Ergebnissen der Öffentlichkeitsarbeit ist, daß die textliche der gesprochenen und diese der bildlich-gegenständlichen Darstellung (Ausstellung) wissenschaftlicher Arbeitsergebnisse unterlegen ist, wenn es darum geht, eine breite Öffentlichkeit außerhalb der wissenschaftlichen Foren erreichen zu wollen. Die breite Resonanz auf den ORB-Film „Verbotene Wildnis" mit stark ästhetischem Bezug (Häsler, mündl. Mittl.) zeigt die positive Haltung vieler Menschen gegenüber den neuartigen, wildnishaften Landschaften und den Wert einer Integrierung in regionale Tourismuskonzepte (NP Niederlausitzer Landrücken, mündl. Mittl.). International wird dies konzeptionell schon beim Management von Schutzgebieten angewendet (Kliskey 1998, Schurig 1998). Künftige Projekte zur Naturschutzforschung sollten diese Konzepte unter Einbeziehung der Öffentlichkeitsarbeit und Anwendung der Leitbildfindung weiterentwickeln.

Danksagung

Die vorgestellten Ergebnisse waren Teil des Verbundvorhabens LENAB (Leitbilder für naturnahe Bereiche in der Niederlausitzer Bergbaufolgelandschaft) und wurden vom BMBF (Fkz 0339648) und der Lausitzer und Mitteldeutschen Bergbau-Verwaltungsgesellschaft (LMBV) gefördert.

Literatur

Balfanz, D. 1983. Öffentlichkeitsarbeit öffentlicher Betriebe. Walhalla und Praetoria, Regensburg.

Blaschke, W., Donath, H., Fromm, H. & Wiegleb, G. 1999. Landscape characteristics and nature conservation in former brown-coal mining areas. Die Vogelwelt, in Druck.

Blumrich, H., Bröring, U., Felinks, B., Fromm, H., Mrzljak, J., Schulz, F., Vorwald, J. & Wiegleb, G. 1998. Naturschutz in der Bergbaufolgelandschaft – Leitbildentwicklung. Studien und Tagungsberichte 17: 44 S.

BTU Cottbus 1998. Verbundvorhaben Niederlausitzer Bergbaufolgelandschaft: Erarbeitung von Leitbildern und Handlungskonzepten für die verantwortliche Gestaltung und nachhaltige Entwicklung. Abschlußbericht zum BMBF-/LMBV-Verbundprojekt (Fkz. 0339648). Polykopie, Cottbus: 1054 S.

Bundesministerium für Bildung, Wissenschaft, Forschung und Technologie (BMBF) 1997. Landschaften nach dem Tagebau. Berichte aus der ökologischen Forschung. Daniel GmbH. Balingen: 64 S.

Charles, D. 1998. Wasteworld. New Scientist 2119: 32-35.

Donath, H. 1994. Möglichkeiten des Naturschutzes und der Landschaftsentwicklung während der Bergbausánierung. Naturschutz und Landschaftspflege in Brandenburg 3(2): 16-19.

Hockings, M., Carter, B. & Leverington, F. 1998. An integrated model of public contact planning for conservation management. Environmental Management 22/5: 643-654.

Katzur, J. 1997. Bergbaufolgelandschaften in der Lausitz. Naturraumpotentiale und Naturressourcen im Braunkohlenrevier. Naturschutz und Landschaftsplanung 29/4: 114-121.

Kliskey, A.D. 1998. Linking the wilderness perception mapping concept to the recreation opportunity spectrum. Environmental Management 22/1: 79-88.

LANAKA, Lausitzer Naturkundliche Akademie e. V. Cottbus 1996. Tagungsband zum 1. Statusseminar zur BMBF-Fördermaßnahme „Sanierung und ökologische Gestaltung der Landschaften des Braunkohlenbergbaus in den neuen Bundesländern", 18. bis 20. Juni 1996, Cottbus: 96 S.

LANAKA, Lausitzer Naturkundliche Akademie e. V. Cottbus 1998. Tagungsband zum 2. Statusseminar zur BMBF-Fördermaßnahme „Sanierung und ökologische Gestaltung der Landschaften des Braunkohlenbergbaus in den neuen Bundesländern", 7. und 8. Oktober 1998, Cottbus: 118 S.

Ministerium für Umwelt, Naturschutz und Raumplanung (MUNR) 1996. Tagebausanierung. Brandenburger Umweltjournal 18: 11-13.

Möckel, R. 1993. Von der Abraumkippe zum Naturschutzgebiet – eine Modellstudie zur Renaturierung eines Braunkohlentagebaues der Lausitz. Naturschutz und Landschaftspflege in Brandenburg 2(1): 13-22.

Pausch, M. 1976. Management: kurz und bündig; Grundlagen und praxisnahe Methoden für alle Führungsebenen. Vogel, Würzburg: 158 S.

Schulz, F. & Wiegleb, G. 2000. Die Niederlausitzer Bergbaufolgelandschaft – Probleme und Chancen, dieser Band.

Schurig, V. 1998. „Schön versus ökologisch" – Wertewandel des Nationalparkbegriffes. Nationalpark 4: 34-39.

Slocombe, D.S. 1998. Defining goals and criteria for ecosytem-based management. Environmental Management 22/4: 483-493.

Stierand, R. 2000. Sozioökonomische Beiträge zur Gestaltung der Bergbaufolgelandschaften in der Niederlausitz, dieser Band.

Stierand, R., Serbser, W. & Zong, Y. 1998. Sozioökonomische Bedingungen und Ziele bei der Gestaltung naturnaher Bereiche im Lausitzer Braunkohlenrevier. In BTU Cottbus (Hrsg.) Verbundvorhaben Niederlausitzer Bergbaufolgelandschaft: Erarbeitung von Leitbildern und Handlungskonzepten für die verantwortliche Gestaltung und nachhaltige Entwicklung. Abschlußbericht zum BMBF-/LMBV-Verbundprojekt (Fkz. 0339648). Polykopie, Cottbus: 67 S.

Wallinger, A. 1994. PR-Management by matrix. K. u. K., Wien: 214 S.

Wiegleb, G. 2000. Leitbildentwicklung in der Bergbaufolgelandschaft als Beispiel für das Konzept der „guten naturschutzfachlichen Praxis", dieser Band.

Teil 2

Großräumige Landschaftsanalyse

6 Kartographische Analyse der retrospektiven Biotop- und Nutzungsstrukturen als Planungsgrundlage für Gestaltung und Entwicklung der Bergbaufolgelandschaft

Klaus Sehm[1] & Bernd Wiedemann[1]

[1] Fugro Consult GmbH, Wolfener Str. 36, Aufgang K, D-12681 Berlin

Zusammenfassung. Für zwei Teilgebiete des Niederlausitzer Reviers (Schlabendorf-Seese und Kleinleipisch-Klettwitz) wurde historisches Karten- und Luftbildmaterial recherchiert und ausgewertet. Die Biotop- und Nutzungsstrukturen in vier Zeitscheiben von 1850 bis 1950 werden dokumentiert. Als Grundlage der Ansprache und Codierung diente die Kartierungsanleitung zur Biotopkartierung Brandenburg, die teilweise angepaßt bzw. erweitert wurde. Die voneinander abgrenzbaren Teilbereiche in der Vielfalt der Biotop- und Nutzungstypen werden als Kleinlandschaften (Mikrochoren) abgegrenzt. Die Parameter „Frequenz der Biotoptypen“ und „Deckungsgrad der Biotoptypen“ werden jeweils beispielhaft für die Teilgebiete und innerhalb dieser für je drei ausgewählte Mikrochoren dargestellt. Des weiteren wird die Entwicklung des Gewässer- und Wegenetzes analysiert. Im Teilgebiet Schlabendorf-Seese war über den Betrachtungszeitraum das Gefüge der Mikrochoren stabil geblieben. Im Teilgebiet Kleinleipisch-Klettwitz wurde das ursprüngliche Gefüge der Mikrochoren infolge der großflächigen Entwicklung des Braunkohlenbergbaus, seiner Folgeindustrie und der damit verbundenen Siedlungserweiterungen im direkten Eingriffsbereich weiträumig überlagert. Die Erhebungen dienen der Beurteilung von Stabilität und Dynamik vergangener Landschaftszustände sowie als Anregung für zukünftige Gestaltungsmaßnahmen.

Schlüsselwörter. GIS, historisches Karten- und Luftbildmaterial, historische Biotoperfassung, Kleinlandschaften, Mikrochoren.

1 Einführung

Nach den großflächigen Devastierungen durch den Braunkohlenabbau sollte die Neugestaltung der Landschaft der Niederlausitz unter optimalen ökonomischen, ökologischen und landeskulturellen Bedingungen erfolgen. Bei der Einbeziehung der Bergbaufolgelandschaft in die Landschaftsplanung und -entwicklung ist der historische Entwicklungsgang des jeweiligen Landschaftsraumes zu beachten, da dieser neben seiner natürlichen Ausstattung durch die gesellschaftliche Inanspruchnahme geprägt wird.

Mit der Analyse der Landschaft vor Beginn des flächendeckenden Braunkohlenabbaues in zwei Teilgebieten sollte eine konkrete Unterstützung zur nachhaltigen Landschaftsentwicklung in der Niederlausitzer Bergbaufolgelandschaft mit stabilen Strukturen und ohne Nachsorgebedarf geleistet werden. Damit verbunden ist die aktive Beeinflussung der Integration der sich in einem neuen Flächennutzungszustand befindlichen, dem Bergbau nachfolgenden und in sich stabilen Bergbaufolgelandschaften in die umgebende historische Kulturlandschaft.

2 Gebietscharakteristik

Die Untersuchungen beziehen sich auf das Gebiet der Tagebaue Schlabendorf-Nord und -Süd sowie Seese-West und -Ost (Teilgebiet 1 = ca. 250 km²) und das Gebiet der Tagebaue Koyne, Plessa, Grünewalde, Kleinleipisch, Klettwitz bzw. Klettwitz-Nord (Teilgebiet 2 = ca. 280 km²).

Im Teilgebiet Schlabendorf-Seese (Abb. 6.1) fand über den gesamten Betrachtungszeitraum (1850 bis 1950) kein Bergbau auf Braunkohle statt. Der flächendeckende Abbau begann erst nach 1959. Die Nutzung der Landschaft erfolgte entsprechend ihrer naturräumlichen Ausstattung und Struktur, wobei sich im Betrachtungszeitraum eine Kulturlandschaft auf vortechnogenem Niveau als „naturnahe" Kulturlandschaft in Teilen erhalten hatte.

Im Teilgebiet Kleinleipisch-Klettwitz (Abb. 6.1) wurde die Kulturlandschaft hauptsächlich durch den Braunkohlenbergbau und die damit verbundene Nachfolgeindustrie und Urbanisierung geprägt, wobei es in weiten Räumen zur Überlagerung und Auslöschung der vormaligen Kulturlandschaft kam. Durch den Bergbau veränderte sich auch die naturräumliche Ausstattung jener Räume des Teilgebietes erheblich, die von ihm nicht direkt betroffen waren. Die Nutzung der Landschaft erfolgte in den bergbaugeprägten Regionen des Teilgebietes zunehmend nicht mehr eignungsspezifisch, sondern unabhängig von der naturräumlichen Ausstattung und Struktur nach der Lage und Abbauwürdigkeit der Braunkohlenflöze.

3 Methodik der historischen Biotoperfassung

Für die Kartenerarbeitung wurde historisches Karten- und Luftbildmaterial recherchiert und ausgewertet, das die Biotop- und Nutzungsstrukturen vor Beginn (Teilgebiet Schlabendorf-Seese) bzw. während des forcierten Braunkohlenabbaues (Teilgebiet Kleinleipisch-Klettwitz) dokumentiert. Die Arbeiten wurden über vier Zeitscheiben (1850, 1900, 1920 bis 1925 und nach 1950) geführt, wobei die Verwendung der gewählten Zeiträume direkt mit den Herausgabedaten interpretierbarer Karten des Untersuchungsgebietes zusammenhängt.

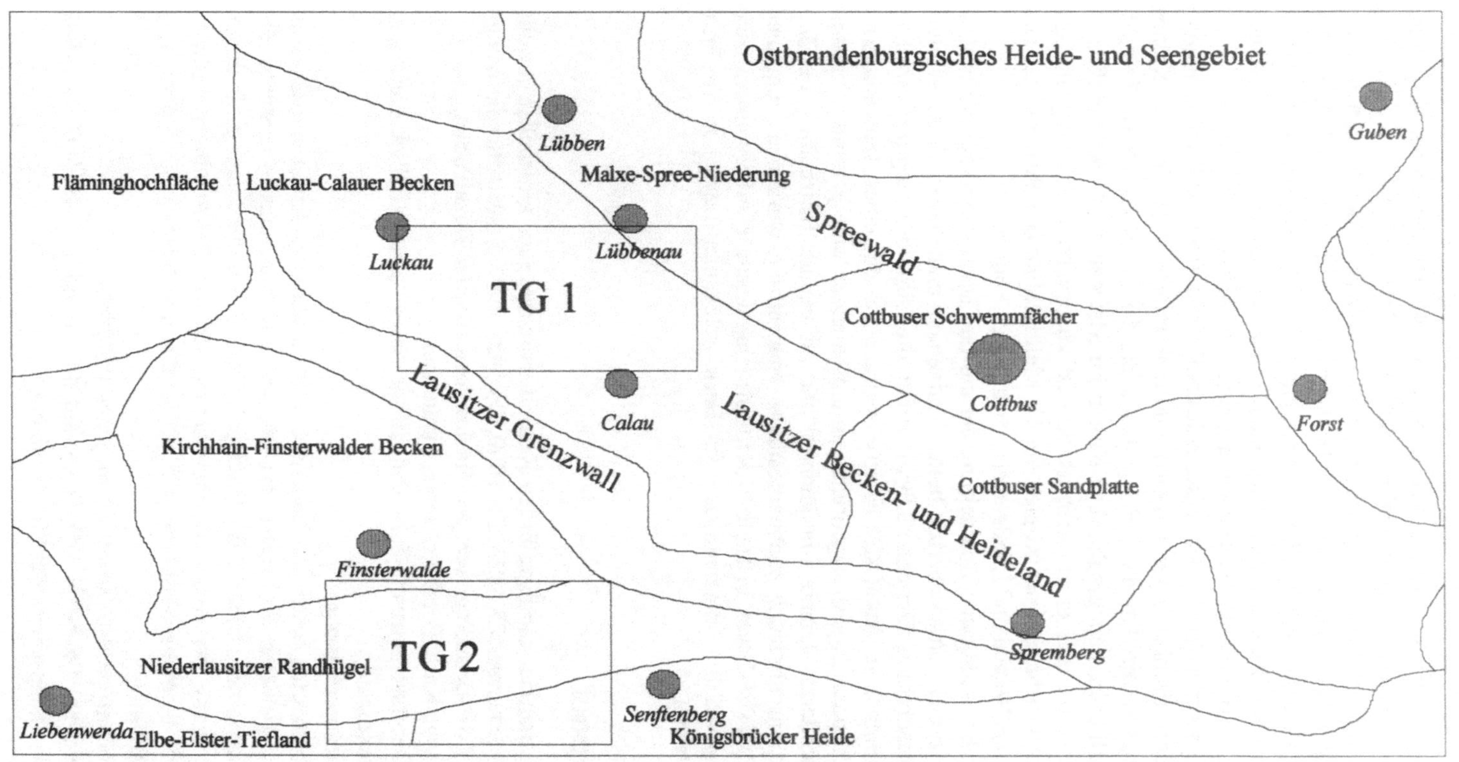

Abbildung 6.1 Naturräumliche Gliederung und Lage der Untersuchungsgebiete (nach Meynen & Schmithüsen 1962).

Die Erfassung der Biotope erfolgte flächendeckend. Als Grundlage der Ansprache und Codierung diente die Kartierungsanleitung zur Biotopkartierung Brandenburg (LUA 1995), die teilweise entsprechend der Detailliertheit der Karten und der Übersichtlichkeit der Legende angepaßt bzw. erweitert wurde. Bezüglich der Ansprache und Verschlüsselung der bergbaurelevanten Biotoptypen konnte eine Fortschreibung der Brandenburger Biotopkartierung, die innerhalb des Verbundvorhabens LENAB erarbeitet wurde, herangezogen werden (BTUC 1998).

Die für die Biotoperfassung der ersten Zeitscheibe benutzten Ur-Meßtischblätter des Königreiches Preußen lagen in annähernd maßstabsgetreuen farbigen Kopien der Originalkarten vor. Für die Zeitscheiben 2 bis 4 wurden die ab 1887 veröffentlichten amtlichen Topographischen Karten im Maßstab 1 : 25 000 (Meßtischblätter) ausgewertet. Bei einer Interpretation ist zu beachten, daß aufgrund der begrenzten Auswertbarkeit der Kopien der Ur-Meßtischblätter Fehler bei der Unterscheidung von Wegen und Fließgewässern auftreten können.

Die digitale Erfassung und Bearbeitung der auf den Manuskriptkarten (Arbeitsfolien) der einzelnen Jahresscheiben beider Teilgebiete enthaltenen Daten erfolgte in zwei Arbeitsschritten. Der erste Schritt umfaßt die Digitalisierung der verschiedenen Karteninhalte in AutoCAD. Hierbei wurden die einzelnen Bedeutungsinhalte entsprechenden Layern zugeordnet, so daß jederzeit eine getrennte Darstellung nach geforderten Angaben möglich ist. Für die weitere Bearbeitung der Daten sowie die anschließende rechnergestützte Auswertung wurden die digitalen Grundlagen als DXF-Daten in das GIS Arc/Info eingelesen. Hierbei wurden nach Selektion ausgewählter Informationen (in Form relevanter Layer) in Arc/Info Coverages gebildet.

4 Kartenpool

Als Hauptergebnis der durchgeführten Kompilierungsarbeiten entstanden jeweils vier Zeitscheibenkarten (ZS 1850, ZS 1900, ZS 1920 und ZS 1950) für die beiden Teilgebiete auf der Grundlage von jeweils drei thematischen Einzelkarten:

- Topographische Karte (Verkehrswege, Siedlungen),
- Karte des Gewässernetzes (Fließ- und Stillgewässer) einschließlich Karte der Fließgewässerdichte,
- Karte der Biotoperfassung.

Die Zeitscheibenkarten bilden die historischen Strukturen der Kulturlandschaft in den beiden Teilgebieten als Areale der Biotop- und Nutzungsformentypen ab. Neben der Auswertung einer 1953 durchgeführten Luftbildbefliegung, in deren Ergebnis eine Karte der realen Flächennutzung für die Zeitscheibe 4 vorliegt, wurden weitere thematische Karten auf der Grundlage historischer Karten und Unterlagen erarbeitet.

- Karte der Bodentypengesellschaften für jedes Teilgebiet,
- Höhenlinienkarten für beide Teilgebiete auf der Grundlage der 1887 bis 1902 erschienenen Erstausgaben der Meßtischblätter,

- Karten der Grundwasserisohypsen, die den Stand vor dem flächenhaften Braunkohlenabbau mit seinen umfassenden Grundwasserabsenkungen dokumentieren,
- Karten der Bodendenkmale, die zur Dokumentation der kulturhistorischen Entwicklung der Teilgebiete auf der Grundlage der vom Brandenburgischen Landesmuseum für Ur- und Frühgeschichte Potsdam zur Verfügung gestellten Fundplatzlisten erstellt wurden.

5 Karten der historischen Biotop- und Nutzungsstrukturen

5.1 Ausgrenzung und Darstellung von Mikrochoren innerhalb der Teilgebiete

Bei der Erstellung der Karten der historischen Biotop- und Nutzungsstrukturen erfolgte die Ansprache der Biotopklassen (01 bis 14) wie in der Kartieranleitung zur Biotopkartierung Brandenburgs durch Zuordnung zu voneinander abgrenzbaren Lebensraum- bzw. Nutzungstypen. Über alle Zeitscheiben wurden insgesamt 41 verschiedene Biotop- und Nutzungstypen auskartiert, die generell in die beiden Kategorien

- bergbauunbeeinflußt bzw.
- bergbaulich bedingt (durch Bergbau entstanden bis bergbaubeeinflußt)

eingeordnet werden können.

Die Biotop- und Nutzungstypen sind im Vergleich der beiden Teilgebiete (Abb. 6.2 und 6.3) und innerhalb dieser unterschiedlich verteilt. Im Verteilungsmuster sind Teilbereiche erkennbar, die eine spezifische Vielfalt und Anordnung von bestimmten Biotop- und Nutzungstypen aufweisen. Diese Raummusterbereiche stellen den Wirkungsraum eines jeweils spezifischen Beziehungsgefüges zwischen Natur, menschlicher Gesellschaft und Technik dar.

Die voneinander abgrenzbaren Teilbereiche in der Vielfalt der Biotop- und Nutzungstypen werden als Kleinlandschaften abgegrenzt. Unter Kleinlandschaften wird dabei die individuelle Kombination von Mikrochoren und Nutzflächenmustern verstanden. Mikrochoren sind Landschaftseinheiten, deren Ausdehnung im allgemeinen zwischen 5 und 50 km² beträgt. Die Verteilungsmuster der Merkmalskorrelationen (-kombinationen) von Relief, Substrat, Boden und Bodenfeuchteregime sind landschaftsgenetisch bedingt, d. h. Gebiete mit gleicher Landschaftsentwicklung weisen vergleichbare Mikrochorentypen auf.

In Anlehnung an Haase & Barsch (1991) wurden auf der Basis der Geologischen Karte 1 : 25 000, der Karte der Bodenformengesellschaften, der Karte der Fließgewässerdichte, einer Höhenlinienkarte und der Karte der Grundwasserflurabstände Teilbereiche mit spezifischen Kombinationen von Relief-, Substrat-, Boden- und Bodenfeuchtemerkmalen voneinander abgegrenzt und als Mikrochoren ausgegliedert (Abb. 6.4 und 6.5).

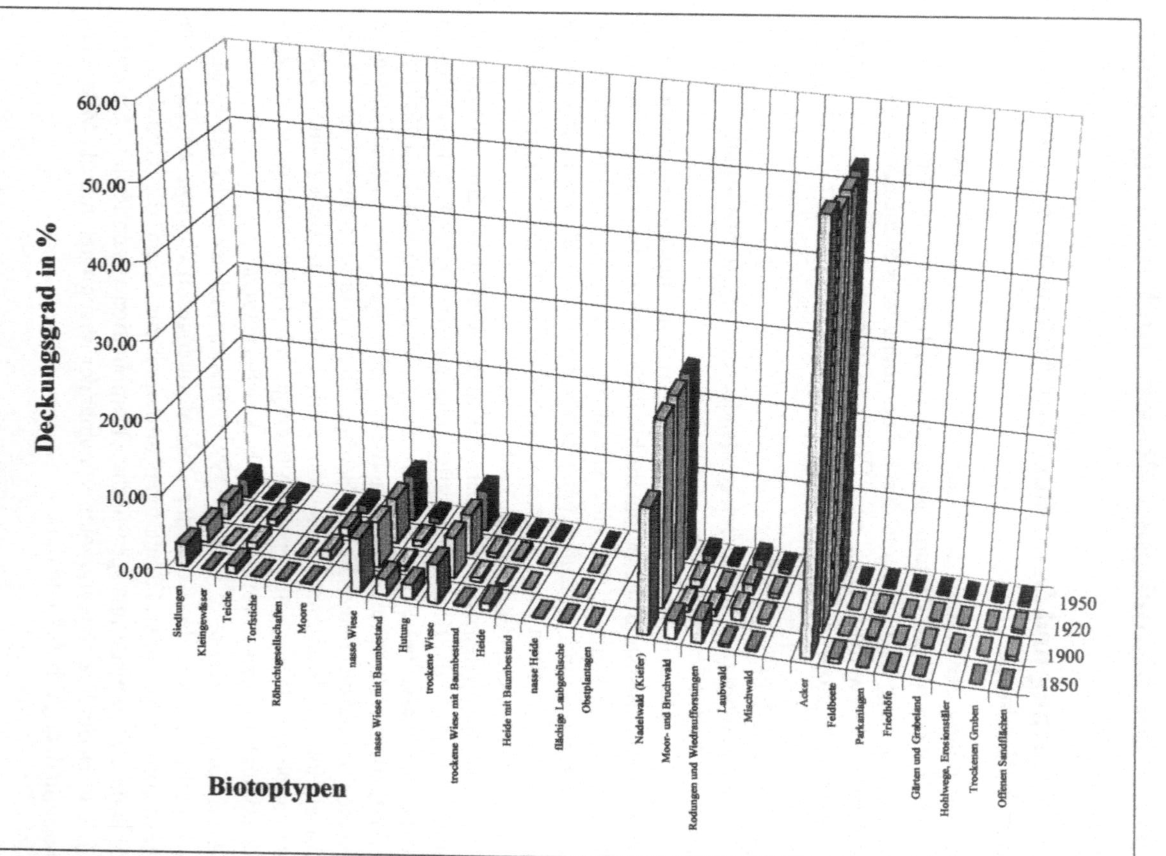

Abbildung 6.2 Biotoptypen im Teilgebiet Schlabendorf-Seese in vier Zeitscheiben von 1850 bis 1950.

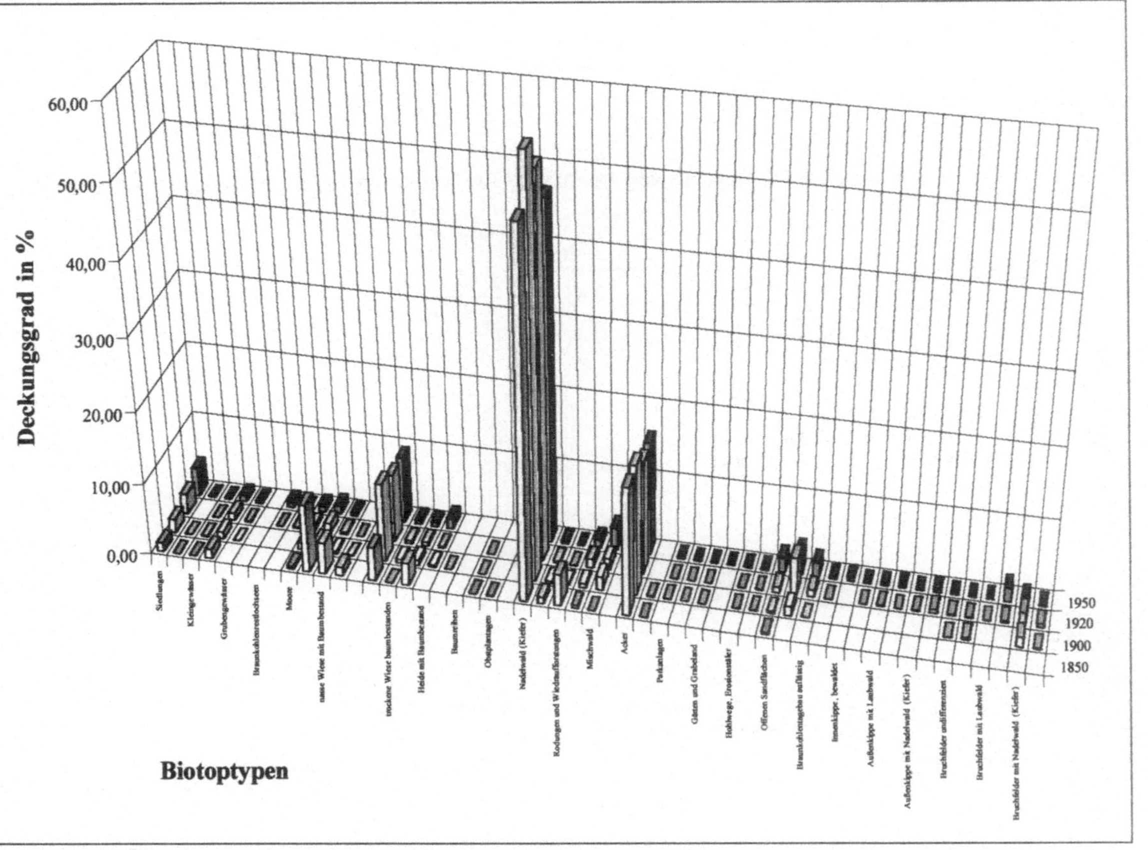

Abbildung 6.3 Biotoptypen im Teilgebiet Kleinleipisch-Klettwitz in vier Zeitscheiben von 1850 bis 1950.

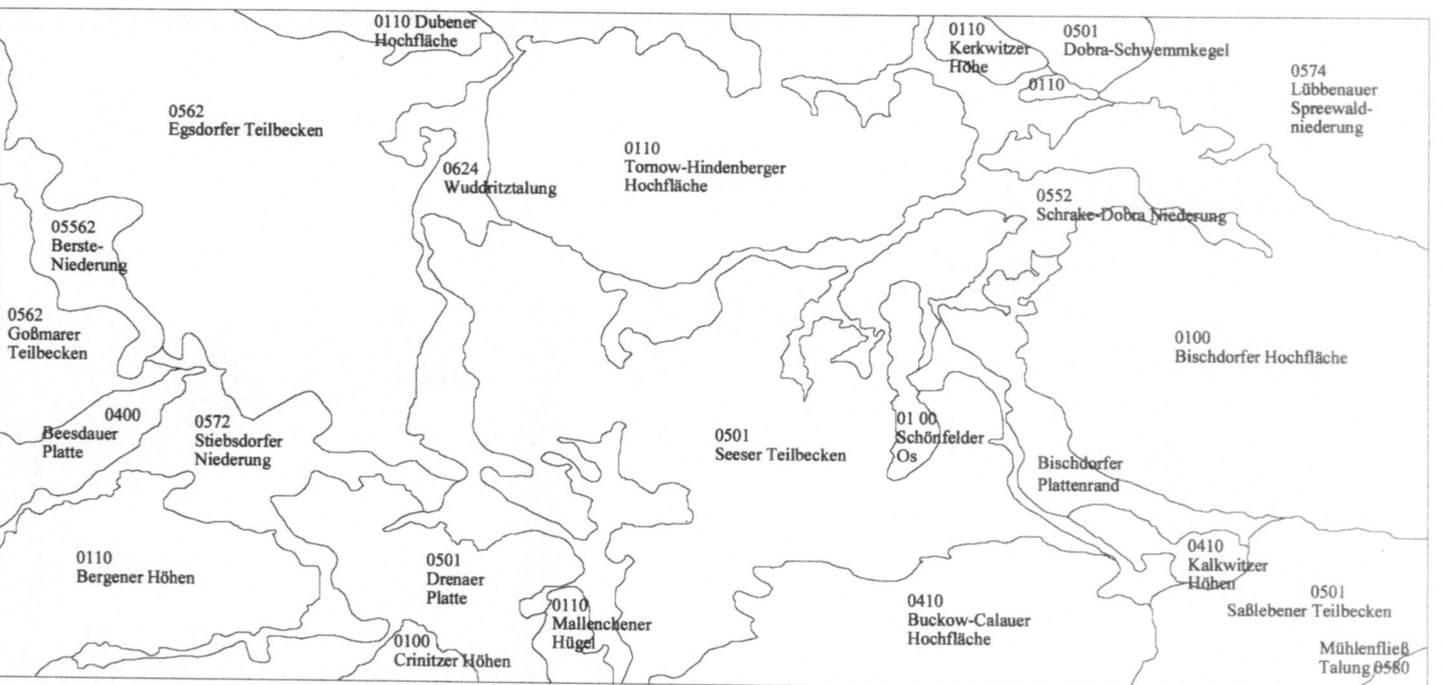

Abbildung 6.4 Kleinlandschaften (Mikrochoren) des Teilgebietes Schlabendorf-Seese.

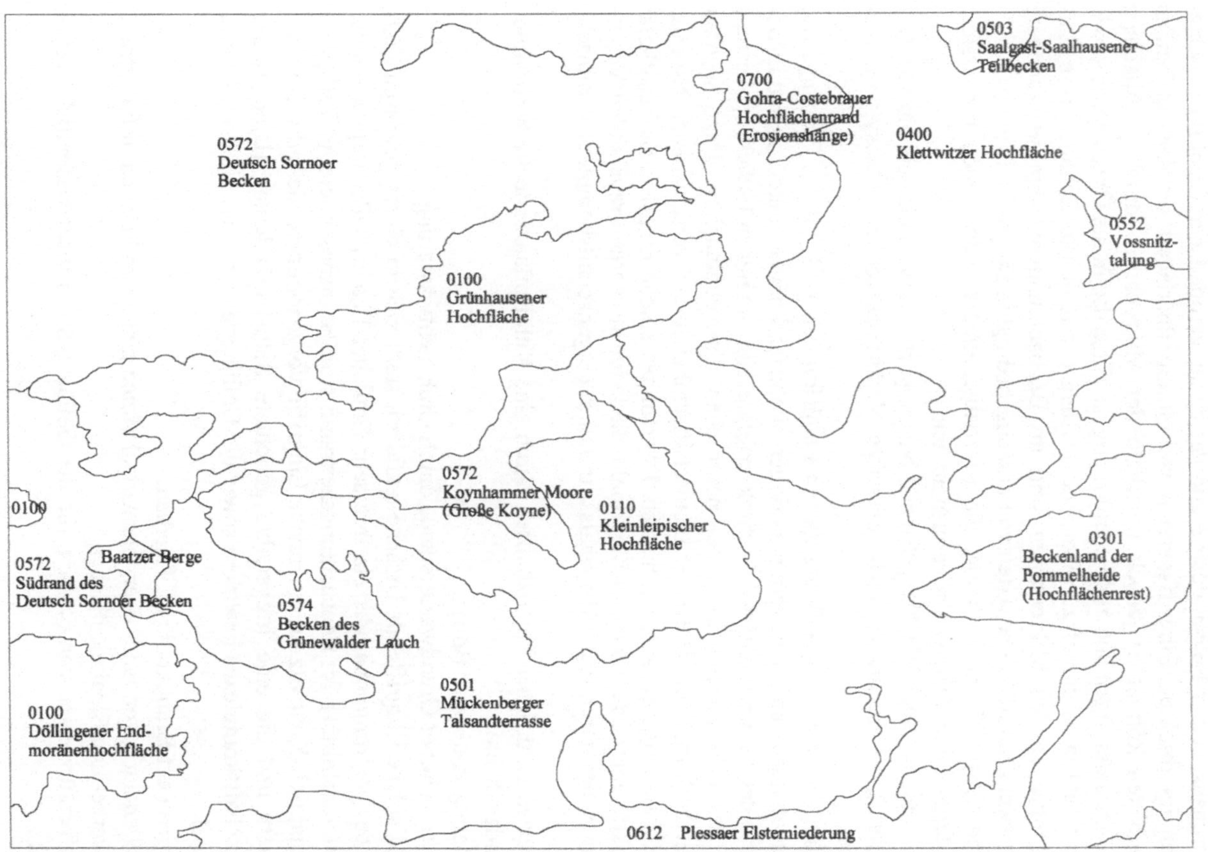

Abbildung 6.5 Kleinlandschaften (Mikrochoren) des Teilgebietes Kleinleipisch-Klettwitz.

5.2 Entwicklung der Mikrochorengefüge im Bearbeitungszeitraum

Aus den Karten (Abb. 6.4 und 6.5) ist ersichtlich, daß insbesondere im Teilgebiet Schlabendorf-Seese über den Betrachtungszeitraum das Gefüge der Mikrochoren stabil geblieben ist. Im Teilgebiet Kleinleipisch-Klettwitz ist das ursprüngliche Gefüge der Mikrochoren infolge der großflächigen Entwicklung des Braunkohlenbergbaus, seiner Folgeindustrie und der damit verbundenen Siedlungserweiterungen im direkten Eingriffsbereich weiträumig überlagert worden. In beiden Teilgebieten kommt es jedoch innerhalb der Mikrochoren durch großflächige Nutzungsänderungen und andere anthropogene Eingriffe in die Ökosysteme sowie deren Reaktionen darauf zu einer Entwicklung der Kulturlandschaft. Diese Entwicklungen in den Mikrochoren sind im Beobachtungszeitraum insbesondere durch zwei grundsätzliche Arten von nutzungsbedingten Eingriffen bedingt:

- Eignungsspezifische Nutzung, die reversible, untergeordnet auch irreversible Änderungen im Ökosystem verursacht, und
- die Eignungspotentiale überprägende Nutzung, die irreversible (bis hin zur Zerstörung), untergeordnet auch reversible Veränderungen der Ökosysteme bedingt.

Mit den wachsenden gesellschaftlichen Bedürfnissen, z. B. infolge Zunahme der Bevölkerungsdichte, breiterem materiellen Wohlstand der Bevölkerung und insbesondere der Entwicklung der Technik erfolgte eine immer gründlichere Ausnutzung des Leistungspotentials der natürlichen Umwelteinheiten. Dazu wurden künstliche Varianten natürlicher Landschaftseinheiten auf verschiedenen Niveaus im Beobachtungszeitraum geschaffen. Es erfolgten solche Eingriffe als künstliche Korrektur eines oder mehrerer Merkmale, die keine stärkeren irreversiblen Veränderungen der natürlichen Merkmalskorrelation (Eigenschaftskomplex) verursachten:

- Ersetzen natürlicher Phytozönosen durch eine Kulturpflanzendecke bestimmter Mindestdichte,
- Dränung staunasser Böden,
- Senkung hoher Grundwasserstände durch Grabenentwässerung.

Sobald solche Eingriffe als Ursache entfallen, stellt sich in einem gewissen Zeitraum der ursprüngliche oder ein ihm sehr ähnlicher Eigenschaftskomplex wieder ein (Reversibilität). Im Beobachtungszeitraum wurden insbesondere im Teilgebiet Kleinleipisch-Klettwitz umfangreiche Eingriffe vorgenommen, die teilweise noch andauern und die eine irreversible gerichtete Selbstveränderung (Umbau) des Eigenschaftskomplexes bewirken sowie die Gefügegrenzen wesentlich verändern, wie z. B.

- Bergbau auf Braunkohle im Tagebau,
- Umwandlung von land- oder forstwirtschaftlich genutzten Flächen in Industrie-, Gewerbe- und Siedlungsflächen,
- Laufverkürzungen von Flüssen, die die Gefügegrenzen nicht wesentlich verändern.

Die infolge der Eingriffe gerichtete Selbstveränderung der Eigenschaftskomplexe verwirklicht nach Herz (1994) dauerhaft potentielle, im spezifischen Möglichkeitsfeld der natürlichen Einheit liegende Merkmale und Nutzungsmöglichkeiten.

5.3 Semiquantitative Erfassung der Ausstattung und Verteilung der Biotoptypen und Nutzungsformen

Zur Kennzeichnung der Entwicklung in den beiden Teilgebieten und in den einzelnen Mikrochoren wird eine genaue formale und inhaltliche Kennzeichnung der Einheiten nach folgenden Parametern vorgenommen:

- Biotoptyp,
- Frequenz der Biotoptypen,
- Flächeninhalt und Flächenumfang der Biotoptypen,
- Deckungsgrad der Biotoptypen,
- D/F-Quotient (Deckung zur Fläche) der Biotoptypen,
- Konturindex der Biotoptypen,
- Konfinität (Kontaktzahl und gemeinsame Grenzlänge benachbarter Biotoptypen).

Zur Gewährleistung der Übersichtlichkeit werden hier von den erfaßten und im Projekt-Abschlußbericht (BTUC 1998) ausführlich diskutierten und dargestellten Parametern und Kriterien sowie den daraus gezogenen Schlußfolgerungen beispielhaft die Parameter „Frequenz der Biotoptypen" und „Deckungsgrad der Biotoptypen" jeweils für die Teilgebiete und innerhalb dieser für je drei ausgewählte Mikrochoren dargestellt.

5.3.1 Frequenz

Der Parameter für die Häufigkeit des Auftretens einzelner Biotope wird als Frequenz (Haase 1964) oder Abundanz (Pfaffen 1953) bezeichnet.

Tabelle 6.1 Verbreitung der Biotope in den Teilgebieten.

	Schlabendorf-Seese		Kleinleipisch-Klettwitz	
Zeit-scheibe	**Anzahl der Biotope**	**Verbreitungs-dichte Biotope/km²**	**Anzahl der Biotope**	**Verbreitungs-dichte Biotope/km²**
1850	1.799	7,1	1.340	4,8
1900	2.365	9,4	2.701	9,7
1920	2.354	9,3	2.801	10,0
1950	1.894	7,5	3.181	11,4

Mit diesem Kennwert kann nach Garten (1974) die unterschiedliche Individuenzahl der Biotope beschrieben werden, die für das Anordnungsmuster bestimmter

Mikrochoren typisch sein kann. In den beiden Teilgebieten und in den jeweiligen Zeitscheiben unterscheidet sich die Anzahl der Biotope zum Teil erheblich.

Im Teilgebiet Schlabendorf-Seese (Tab. 6.1) nahm die absolute Anzahl und die mittlere Verbreitungsdichte der Biotope zwischen 1850 und 1900 um ca. 30% zu, blieb bis 1920 konstant und nahm dann wieder um ca. 25% ab. Dem entspricht eine mittlere Verbreitungsdichte von ca. 7 bis 9,5 Biotopen pro Quadratkilometer. Die mäßige Heterogenität bleibt über den Beobachtungszeitraum im gesamten Teilgebiet erhalten. Allerdings ist die Verbreitungsdichte in den einzelnen Mikrochoren und zu den verschiedenen Zeitschnitten mit deutlichen Unterschieden ausgebildet. Die Mikrochore Stiebsdorfer Niederung (13) weist bereits 1850 ein heterogenes Gefüge auf mit 152 Biotopen. Sie besitzt eine mittlere Verbreitungsdichte von 17,1 Biotopen/km^2. Im Zeitraum bis 1900 steigt die Anzahl der Biotope auf 210 und die mittlere Verbreitungsdichte auf 23,6 Biotope/km^2. Diese Werte bleiben bis zur Zeitscheibe 1950 ungefähr gleich. Die Mikrochore Bergener Höhe (18) weist 1850 mit 99 Biotopen eine mittlere Verbreitungsdichte von 8,8 Biotopen/km^2 auf. Im Zeitraum bis 1900 steigt die Anzahl der Biotope auf 117, was einer mittleren Verbreitungsdichte von 10,4 Biotopen/km^2 entspricht. Diese Werte steigen bis 1950 nur geringfügig und entsprechen mit je 123 Biotopen und 10,9 Biotopen/km^2 immer noch einem mäßig heterogenen Gefüge. Die Mikrochore Egsdorfer Teilbecken (1) weist 1850 bei 135 Biotopen nur eine mittlere Verbreitungsdichte von 4,0 Biotopen/km^2 auf. Diese schwache Heterogenität nimmt bis 1900 mit 254 Biotopen und einer mittleren Verbreitungsdichte von 7,1 Biotopen/km^2 nur unwesentlich zu. Bis 1950 bleiben diese Werte mit 236 Biotopen und einer mittleren Verbreitungsdichte von 6,6 Biotopen/km^2 fast gleich.

Im Teilgebiet Kleinleipisch-Klettwitz (Tab. 6.1) verdoppelt sich die absolute Anzahl der Biotope zwischen 1850 und 1900 sogar und nimmt dann bis 1950 stetig bis auf ca. 240% gegenüber 1850 zu. Die mittlere Verbreitungsdichte der Biotope pro Quadratkilometer steigt von 4,8 um 1850 auf 11,4 um 1950. Über den Beobachtungszeitraum findet im Teilgebiet ein zunächst sprunghafter und in der Folgezeit stetiger Anstieg von einer zunächst schwachen zu einer stärkeren Heterogenität statt. Auch hier ist die Verbreitungsdichte in den einzelnen Mikrochoren und zu den verschiedenen Zeitschnitten mit deutlichen Unterschieden ausgebildet. Eine Zunahme der Verbreitungsdichte betrifft insbesondere die Mikrochoren, die direkt oder indirekt vom Braunkohlenbergbau verändert wurden. Die Mikrochore Becken des Grünewalder Lauch (11) weist 1850 ein schwach heterogenes Gefüge mit nur 38 Biotopen und eine mittlere Verbreitungsdichte von 5,1 Biotopen/km^2 auf. Bis 1900 steigt die Zahl der Biotope auf 104, was bei einer mittleren Verbreitungsdichte von 13,9 Biotopen/km^2 einer mäßigen Heterogenität entspricht. In der Zeitscheibe 1920 bleiben diese Werte annähernd gleich und steigen dann bis 1950 auf 126 Biotope und auf eine mittlere Verbreitungsdichte von 16,8 Biotope/km^2 an. Die Heterogenität steigt über 100 Jahre um ca. das Dreifache. Die Mikrochore Mückenberger Talsandterrasse (10) weist 1850 ein schwach heterogenes Gefüge mit 362 Biotopen und eine mittlere Verbreitungsdichte von 5,5 Biotopen/km^2 auf. Bis 1900 nimmt die Heterogenität zu und es werden Werte von 815 Biotopen erreicht, was einer mittleren Verbreitungsdichte von 12,5 Biotopen/km² entspricht. Diese mäßige Heterogenität nimmt zur Zeitscheibe 1920 hin unwesentlich ab, um bis 1950 wieder auf die Werte von 1900 zu steigen. Die Mikrochore Klettwitzer Hochfläche (4) besitzt 1850 ein mehr oder weniger homogenes Gefüge mit 126 Biotopen und einer mittleren Verbreitungsdichte von 3,3 Biotopen/km². Bis 1900 setzt eine Zunahme der Heterogenität ein. 1900 werden Werte von 237 Biotopen und eine mittlere Verbreitungsdichte von 6,1 Biotopen/km² erreicht. 1920 steigen diese Werte auf 280 Biotope bzw. eine mittlere Verbreitungsdichte von 7,2 Biotopen/km² und erreichen schließlich 1950 Werte von 362 Biotopen und einer mittleren Verbreitungsdichte von 9,2 Biotopen/km². Die Klettwitzer Hochfläche weist um 1950 schließlich eine mäßige Heterogenität auf.

5.3.2 Deckungsgrad

Die Summe der Flächeninhalte aller Biotope eines Typs wird nach Pfaffen (1953) als Deckungsgrad bezeichnet. Er gibt an, ob ein Biotoptyp flächenbestimmend ist oder räumlich stark zurücktritt. Dabei wird unterschieden in:

- Absoluter Deckungsgrad des Biotoptyps in ha/Mikrochorengefüge (gesamtes Teilgebiet)
- Absoluter Deckungsgrad des Biotoptyps in ha/Mikrochore
- Prozentualer Anteil des Biotoptyps an der Gesamtfläche des Mikrochorengefüges (am gesamten Teilgebiet)
- Prozentualer Anteil des Biotoptyps an der Fläche der Mikrochore

Die Änderungen im Deckungsgrad der einzelnen Biotoptypen spiegeln sehr deutlich die unterschiedliche Entwicklung der Teilgebiete Schlabendorf-Seese und Kleinleipisch-Klettwitz über den gesamten Bearbeitungszeitraum wider.

Tabelle 6.2 Anzahl der Biotoptypen in den Teilgebieten.

	Schlabendorf-Seese	**Kleinleipisch-Klettwitz**
Zeitscheibe	**Anzahl der Biotoptypen**	**Anzahl der Biotoptypen**
1850	31	20
1900	31	34
1920	30	41
1950	30	41

Diese Veränderungen zeigen sich sowohl in der Ausstattung (Biotoptypen) in den einzelnen Zeitscheiben als auch in der Anordnung der Biotope und der Straffheit der zwischen ihnen bestehenden Nachbarschaftsbeziehungen.

Das Teilgebiet Kleinleipisch-Klettwitz weist mit 20 Biotoptypen im Unterschied zum ca. 10% kleineren Teilgebiet Schlabendorf-Seese mit 31 Biotoptypen in der Zeitscheibe 1850 eine um ca. ein Drittel geringere Vielfalt auf (Tab. 6.2). Über den Bearbeitungszeitraum von 100 Jahren verkehrt sich jedoch diese Relation in ihr Gegenteil. In der Zeitscheibe 1950 besitzt das Teilgebiet Kleinleipisch-Klettwitz eine ca. anderthalbfach so hohe Vielfalt (41 Biotoptypen) in der Biotoptypenausstattung wie das Teilgebiet Schlabendorf-Seese, d. h. der Braunkohlentief- und -tagebau bewirkte eine Erhöhung der Vielfalt in der Biotoptypenausstattung.

Über den gesamten Bearbeitungszeitraum treten im Teilgebiet Schlabendorf-Seese 31 Biotoptypen auf. Einen annähernd gleichbleibenden Deckungsgrad besitzen dabei die Biotoptypen Acker und Siedlungen. Eine deutliche Zunahme weisen die Biotoptypen Nadelwald, Laub- und Mischwald, Moore und offene Sandflächen auf. Demgegenüber sind deutliche Abnahmen bei den Biotoptypen Moor- und Bruchwald, Rodungen und Wiederaufforstungen, Heide, Röhrrichtgesellschaften sowie nasse und trockene Wiesen zu verzeichnen. Die Biotoptypen Hutung und Feldbeete verschwinden zwischen 1850 und 1900 gänzlich. Die Ursachen dafür liegen in den nachfolgenden, mit den Veränderungen der gesellschaftlichen Bedingungen verbundenen Maßnahmen:

- Separation mit Flurumverteilung durch Aufteilung der Allmende: Aufforstungen, Ablösung der Hutungs- und anderer Nutzungsrechte, Hydromelioration mit veränderter Fließgewässerdichte;
- zunehmend marktorientierte Agrarproduktion mit Aufgabe von Grenzertragsböden, Hydromelioration zur Produktionssteigerung mit veränderter Fließgewässerdichte;
- verstärkte infrastrukturelle Erschließung mit Eisenbahn-, Straßen- und Autobahnbau, Veränderung der Wegenetzdichte;

In den einzelnen Mikrochoren verlaufen diese Veränderungen, je nach ihrer naturräumlichen Ausstattung und Struktur, unterschiedlich.

Im Teilgebiet Kleinleipisch-Klettwitz treten über den gesamten Bearbeitungszeitraum 41 Biotoptypen auf. Einen annähernd gleichbleibenden Deckungsgrad über den gesamten Bearbeitungszeitraum besitzen die Biotoptypen Acker und Nadelwald. Eine deutliche Zunahme weisen die Biotoptypen Siedlungen, trockene Wiesen und offene Sandflächen, eine deutliche Abnahme die Biotoptypen Rodungen und Wiederaufforstungen, Moor- und Bruchwald, Heide und nasse Wiesen auf. Der Deckungsgrad der Moore schwankt zwischen 115 ha (1850), 270 ha (1900) und 210 ha (1950). Bis 1900 verschwindet der Biotoptyp Hutung (350 ha) vollständig.

Neu treten alle mit dem aktiven Braunkohlenbergbau verbundenen Temporär- und Sekundärbiotope seit der Zeitscheibe (ZS) 1900 hinzu, u. a.

- Braunkohlenrestseen (27): von 3,5 ha in ZS 1900 auf 190 ha in ZS 1950
- Braunkohlentagebaue (121, 131): von 370 ha in ZS 1900 über 1 750 ha in ZS 1920 auf 1 500 ha in ZS 1950
- Kippen (132-138): von 270 ha in ZS 1920 auf 430 ha in ZS 1950
- Bruchfelder (139-144): von 540 ha in ZS 1900 über 830 ha in ZS 1920 auf 890 ha in ZS 1950.

Seit der Zeitscheibe 1900 entstehen auch die Sekundärbiotope der Bergbaufolgelandschaft und nehmen in der Fläche bis 1950 zu.

- Bergbaufolgelandschaft (131- 144): von 540 ha in ZS 1900 über 1 135 ha in ZS 1920 auf 1 575 ha in ZS 1950

Insgesamt werden vom Bergbau von 910 ha in ZS 1900 über 2 885 ha in ZS 1920 bis 3 075 ha in ZS 1950 in Anspruch genommen.

Wie im Fall Schlabendorf-Seese liegen die Ursachen dafür in mit den Veränderungen der gesellschaftlichen Bedingungen verbundenen Maßnahmen wie Separation, Hydromelioration, marktorientierte Agrarproduktion und

- verstärkte infrastrukturelle Erschließung sowie zusätzlich
- Bergbau mit Tief- und Tagebauen, Tagesanlagen, Anlage von Gruben- und Kohlenbahnen, Grundwasserabsenkungen;
- Industrialisierung mit Braunkohlenveredlungsindustrie, Begleit- und Nachfolgeindustrien (z. B. Chemieindustrie);
- Urbanisierung mit Veränderung der Siedlungsstruktur, Entwicklung der Einzelsiedlungen, Gewerbeansiedlung.

In den einzelnen Mikrochoren verlaufen diese Veränderungen, je nach ihrer naturräumlichen Ausstattung und Struktur sowie ihrer Betroffenheit durch den Bergbau und die Industrialisierung, unterschiedlich.

6 Entwicklung der Fließgewässerdichte und des Wegenetzes von 1850 bis 1950

6.1 Entwicklung der Fließgewässerdichte

Die Entwicklung der Fließgewässerdichte (Tab. 6.3 und 6.4) spiegelt die Veränderungen des jeweiligen potentiellen Abflusses in einem bestimmten Raum wider. Die Fließgewässerdichte wird als Lauflänge pro Quadratkilometer erfaßt.

Im Teilgebiet Schlabendorf-Seese weisen um 1850 ca. 40% der Flächeneinheiten keine Fließgewässer auf. 1900 sind dann nur noch ca. 30% der Einheiten ohne Fließgewässer, was bis 1950 ungefähr gleichbleibt.

Tabelle 6.3 Entwicklung der Fließgewässerdichte im Teilgebiet Schlabendorf-Seese für vier Zeitscheiben. Es wurden 1 008 Flächeneinheiten ausgewertet.

Lauflänge (m/km^2)	1850	1900	1920	1950
0	408	281	284	275
>0-500	223	278	278	275
>500-1 000	254	272	270	278
>1 000-2 000	116	167	166	166
>2 000	7	10	10	14

Im Teilgebiet nimmt die Fließgewässerdichte in 100 Jahren insgesamt wesentlich zu. Der damit verbundene erhöhte oberirdische Abfluß führt zur partiellen Tieferlegung des Grundwasserspiegels in den Niederungsbereichen, einer teilweisen „Trockenlegung" und dem Rückgang von Fläche und Grad von Feuchtbereichen (hydromorphen Biotopen) im Gebiet.

Die Veränderungen der Fließgewässerdichte finden in den einzelnen Bereichen des Teilgebietes unterschiedlich statt. Die Fließgewässerdichte nimmt insbesondere zwischen 1850 und 1900 in den Bereichen von Berste-Niederung, Wuddritztalung, Lübbenauer Spreewaldniederung und Südteil des Egsdorfer Teilbeckens zu. Diese Zunahme in den Niederungsbereichen ist hauptsächlich auf die Trockenlegung von Feuchtgebieten mittels Grabendrainage zurückzuführen.

Im Teilgebiet Kleinleipisch-Klettwitz weisen um 1850 ca. 50% der Flächeneinheiten keine Fließgewässer auf. 1900 sind dann nur noch ca. 30% der Einheiten ohne Fließgewässer, bis 1950 steigt dieser Wert dann wieder um ca. 5%. Im Teilgebiet nimmt die Fließgewässerdichte in 100 Jahren zu. Dieser starke oberirdische Abfluß bewirkt die partielle Absenkung des Grundwasserspiegels in den Niederungsbereichen und über eine teilweise „Trockenlegung" die Reduzierung von Feuchtbereichen (hydromorphen Biotopen) im Gebiet. Die Anzahl der Bereiche mit hoher und sehr hoher Fließgewässerdichte über den Bearbeitungszeitraum nehmen deutlich zu. Das deutet auf die Anlage von dichten Grabensystemen zur Entwässerung hin. Die Veränderungen der Fließgewässerdichte im Bearbeitungszeitraum finden in den einzelnen Bereichen des Teilgebietes unterschiedlich statt. Zwischen 1850 und 1900 erhöht sich die Fließgewässerdichte, insbesondere in Bereichen des Grünewalder Lauchs, des West- und Zentralteiles der Mückenberger Talsandterrasse, des Deutsch-Sornoer Beckens, der Vossnitztalung und der Koyne.

Tabelle 6.4 Entwicklung der Fließgewässerdichte im Teilgebiet Kleinleipisch-Klettwitz in vier Zeitscheiben. Es wurden 1 120 Flächeneinheiten ausgewertet.

Lauflänge (m/km^2)	1850	1900	1920	1950
0	544	320	366	374
>0-500	275	300	281	313
>500-1 000	216	315	303	274
>1 000-2 000	63	164	145	133
>2 000-4 000	17	18	24	25
>4 000	5	3	1	1

Im gleichen Zeitraum nimmt die Fließgewässerdichte in der Plessaer Elsterniederung stark ab. Das hier vorhandene dichte Netz schmaler, flacher Gräben wird durch ein System tieferer und breiterer Gräben zur Trockenlegung der nassen Wiesen zwecks Gewinnung von Acker- und Weideland ersetzt. Bis 1920 nimmt die Fließgewässerdichte im Südteil des Grünewalder Lauchs weiter ab, da hier Teiche angelegt werden. Die 1920 einsetzende Reduzierung der Fließgewässerdichte im Ostteil der Klettwitzer Hochfläche sowie im zentralen Teil der Mückenberger Talsandterrasse ist auf den einsetzenden Braunkohlebergbau zurückzuführen.

6.2 Entwicklung des Wegenetzes

Die Veränderungen des Wegenetzes (Tab. 6.5 und 6.6) werden als Wegedichte (Weglänge pro Quadratkilometer) und als Wegekategorie (Unterhaltener Fahrweg IIb [Ortsverbindungsweg] bis Autobahn und Eisenbahn) diskutiert. Auf eine Erfassung von Feld- und Waldwegen sowie Fußwegen wurde aus Gründen der Übersichtlichkeit verzichtet.
Die Entwicklung des Wegenetzes widerspiegelt in beiden Parametern

- die mit der Separation nach 1850 einsetzende teilweise Flurneuaufteilung,
- die Veränderungen der Intensität und Art der regionalen und überregionalen Ortsverbindungen (Fernstraßen, Autobahnen),
- die veränderten Bewirtschaftungsweisen des Freiraumes (Kleinflächen- bzw. Großflächenwirtschaft, geregelte Forstwirtschaft),
- die mit dem übertägigen Braunkohlenbergbau verbundene Verlegung, Ausdünnung, Kappung, aber auch Neuanlage von (Orts)-verbindungen, sowie
- die durch den Bergbau initiierte und mit ihm verbundene Siedlungsentwicklung.

Im Teilgebiet Schlabendorf-Seese weisen um 1850 ca. 13% der Flächeneinheiten keine überörtlichen Verbindungswege auf. 1900 sind sogar ca. 25% der Einheiten ohne überörtliche Wegeverbindungen, was bis 1950 in etwa gleichbleibt. Innerhalb des Teilgebietes erfolgt die Entwicklung des Wegenetzes differenziert.

Tabelle 6.5 Entwicklung des Wegenetzes im Teilgebiet Schlabendorf-Seese in vier Zeitscheiben. Es wurden 1 008 Flächeneinheiten ausgewertet.

Lauflänge (m/km²)	1850	1900	1920	1950
0	134	240	236	234
>0-500	215	245	246	248
>500-1 000	409	395	395	395
>1 000	250	128	131	131

Zwischen 1850 und 1900 nimmt die Dichte des Wegenetzes u. a. in den Bereichen des Südteils des Egsdorfer Teilbeckens, der Berste-Niederung, des Seeser Teilbeckens, der Dubener Hochfläche, der Drehnaer Platte, der Crinitzer Höhen und der Buckow-Calauer Hochfläche ab und bleibt dann bis 1950 annähernd gleich.

Im Teilgebiet Kleinleipisch-Klettwitz weisen um 1850 ca. 17% der Flächeneinheiten keine überörtlichen Wegeverbindungen auf. Bis 1900 nimmt der Anteil dieser Einheiten auf 35% zu und beträgt dann 1920 und 1950 nur noch ca. 25%. Im Teilgebiet nimmt die Dichte des Wegenetzes vor allem in den ersten 50 Jahren des Bearbeitungszeitraumes stark ab, insbesondere zuungunsten von Flächen mit Wegedichten >1 000 m/km² und untergeordnet denen mit Dichten >500-1 000 m/km². Danach steigt die Wegedichte insgesamt wieder an, erreicht aber die insgesamt hohen Werte von 1850 nicht mehr.

Tabelle 6.6 Entwicklung des Wegenetzes im Teilgebiet Kleinleipisch-Klettwitz in vier Zeitscheiben. Es wurden 1 120 Flächeneinheiten ausgewertet.

Lauflänge (m/km²)	1850	1900	1920	1950
0	188	386	249	266
>0-500	240	281	276	273
>500-1 000	433	369	435	427
>1 000	259	84	160	154

Innerhalb des Teilgebietes erfolgt die Entwicklung des Wegenetzes differenziert. Zwischen 1850 und 1900 verlieren viele Flächen ihre Anbindung an überörtliche Verbindungen. Das betrifft insbesondere Bereiche des Deutsch-Sornoer Beckens, der Grünhausener Hochfläche, der Döllinger Endmoränenhochfläche und der Mückenberger Talsandterrasse. Von 1900 zu 1920 nimmt in einzelnen Bereichen des Teilgebietes die Dichte des Wegenetzes wieder zu. Das betrifft besonders die Döllinger Endmoränenhochfläche, den Westteil der Mückenberger Talsandterrasse, die Grünhausener Hochfläche, den Ostteil des Deutsch-Sornoer Beckens, das Hochflächenrest-Beckenland der Pommelheide und die Plessaer Elsterniederung. Bis 1950 nimmt dann im Ostteil der Klettwitzer Hochfläche die Wegedichte ab und im Westteil zu.

7 Zusammenfassung der dargestellten Ergebnisse

7.1 Schlußfolgerungen hinsichtlich der Stabilität und Dynamik der vorbergbaulichen Kulturlandschaft im Teilgebiet Schlabendorf-Seese

Im Betrachtungszeitraum von 1850 bis 1950 wurde im Teilgebiet Schlabendorf-Seese noch kein Braunkohlenbergbau betrieben. Nutzungsänderungen fanden vor allem im Zuge der mit der Separation erfolgenden partiellen Flurneuaufteilung, der zunehmend marktorientierten Agrarproduktion sowie der infrastrukturellen Erschließung statt. Damit verbunden war eine gewisse Dynamik der Ausstattung und Anordnung der einzelnen Elemente (Biotope) innerhalb der Kleinlandschaften. Das Gefüge dieser Kleinlandschaften als individuelle Kombination von Mikrochoren- und Flächennutzungsmustern ist über den Betrachtungszeitraum stabil geblieben.

Das lausitztypische Mosaik von Wald und Heide-Wiese sowie Feld-Moor und Fluß hat sich im Teilgebiet über den Betrachtungszeitraum hinweg erhalten. Annähernd gleich geblieben sind Vielfalt und Form der Biotope. Über den Gesamtzeitraum betrachtet sind, nach einem zeitweiligen Rückgang auf ungefähr zwei

Drittel, auch die mittleren Flächengrößen ungefähr gleich geblieben. Stabilisierend wirkte vor allem die eignungsspezifische Flächennutzung, die an dem Nutzungspotential der unterschiedlich ausgestatteten Mikrochoren orientiert war. Durch die damit verbundenen Eingriffe in Natur und Landschaft wurden überwiegend nur reversible und nur untergeordnet irreversible Änderungen im Ökosystem verursacht. Insbesondere wird nur unerheblich in den abiotischen Regelfaktor Oberflächenrelief, der neben dem Wasserhaushalt entscheidend für die Stabilität des Landschaftshaushaltes ist, eingegriffen.

Das gering gegensätzliche und weiträumig homogene Oberflächenrelief der Becken/Niederungen und Hochflächen sowie das oberflächennahe Grundwasser und die dadurch bedingte Verteilung der Hydromorphiegrade im Teilgebiet Schlabendorf-Seese bleiben über den gesamten Betrachtungszeitraum großräumig erhalten und wirken damit stabilisierend. Dort wo Eingriffe in den Wasserhaushalt irreversible Änderungen, wie z. B. Moordegradierungen bedingen, sind diese räumlich beschränkt.

Innerhalb der Kleinlandschaften kam es insbesondere durch Nutzungsänderungen zeitweise zu einer Dynamisierung der Entwicklung der Kulturlandschaft. Dies führte insbesondere zur Änderung des Deckungsgrades einzelner Biotoptypen. Im äußersten Fall kam es zu deren Verschwinden oder absoluter Dominanz. Vor allem Eingriffe, die zur Erhöhung des Nutzungspotentials von Teilbereichen vorgenommen wurden, wie z. B. die Moorentwässerung, führten großräumig zu einer Zunahme der Dichte der Fließgewässer, einem erhöhten oberirdischen Abfluß und damit einer partiellen Tieferlegung des Grundwasserspiegels und dem Rückgang des Deckungsgrades der Feuchtbiotope. Die Folgen dieser Eingriffe sind jedoch zumindest teilweise reversibel und reichen nur geringfügig über die Grenzen der jeweiligen Kleinlandschaften hinaus.

7.2 Schlußfolgerungen hinsichtlich Stabilität und Dynamik in der Entwicklung der Kulturlandschaft im Teilgebiet Kleinleipisch-Klettwitz

Im Betrachtungszeitraum 1850 bis 1950 setzte im Teilgebiet Kleinleipisch-Klettwitz der Braunkohlenbergbau bereits Mitte des vergangenen Jahrhunderts als kleinflächiger Tiefbau ein und entwickelte sich seit Mitte der 20er Jahre über zunächst kleinflächige Tagebaue hin zu großen Komplextagebauen.

Mit Einsetzen des Tagebaubetriebes wurden die Kleinlandschaften, innerhalb derer bis Mitte der 20er Jahre eine der im Teilgebiet Schlabendorf-Seese vergleichbare Entwicklung verlief, zunehmend vom Braunkohlenbergbau überprägt. Durch die zunehmend nicht mehr eignungsspezifische Nutzung, d. h. unabhängig von der naturräumlichen Ausstattung und Struktur sondern nach Lage und Bauwürdigkeit des Braunkohlenflözes, wurden bestehende Grenzen und Kleinlandschaften gelöscht und es entstand eine neue Struktur von Kleinlandschaften, in denen neben Elementen der vorbergbaulichen Kulturlandschaft, neue Sekundärbiotope der unverritzten und verritzten Bergbaufolgelandschaft vorkamen. Die erheblichen Eingriffe in den abiotischen Regelfaktor Oberflächenrelief, in den lokalen und zunehmend in den regionalen Wasserhaushalt führten auch in den nicht direkt vom Bergbau betroffenen Kleinlandschaften zu einer Dynamisierung der Entwicklung in der Kulturlandschaft.

Die durch den Bergbau großräumig neu entstandenen und deutlich verschärften Gegensätze in den Oberflächenverhältnissen (Massenverteilung), im Wasserhaushalt (Wasserstände und -güte) und in der Flora und Fauna (Entstehung vegetationsfreier Räume) wirken dynamisierend und bedingen in den unmittelbar vom Bergbau betroffenen Kleinlandschaften eine starke Zunahme der Heterogenität der Raummuster. Das äußert sich in einer bis zu dreifachen Erhöhung der Vielfalt, bei gleichzeitiger Abnahme der mittleren Flächengröße der Biotope bis auf ein Drittel, einer Vereinfachung der Flächenformen und einer stärkeren Vernetzung der Biotope untereinander.

Bis die großen Gegensätze im Oberflächenrelief und im Wasserhaushalt reduziert sind, beinhalten die Kleinlandschaften der Bergbaufolgelandschaft ein hohes dynamisches Potential. Daraus resultieren bis in die Gegenwart Stoffumverteilungsprozesse in weitaus stärkeren Maße als in den umgebenden Landschaften, die allerdings die Grenzen der neu entstandenen Kleinlandschaften nur noch unwesentlich verändern werden.

8 Resümee

Der historische Ansatz der Gesamtbehandlung der Bergbaufolgelandschaft kommt zu der Schlußfolgerung, daß die Lausitz eine technogene Kulturlandschaft mit „urlandschaftsäquivalenten Elementen“ ist. Durch die bergbaulichen Eingriffe ist beiläufig eine „Renaturierung“ vorgenommen worden (vgl. Wiegleb 2000, dieser Band). Durch die Analyse der Nachbarschaftswirkungen auf die einzelnen Landschaftsteile und Struktureinheiten und die Untersuchung der raumzeitlichen Entwicklung wurden

- die Bedingungen der langzeitlichen Gefügekontinuität,
- die übergeordneten Rahmenbedingungen der Gefügestabilität sowie
- die stabilisierenden und dynamisierenden Landschaftselemente und Bedingungen

ermittelt.

Die in mehreren Untersuchungsschritten erzielten Ergebnisse bilden neben der durchgeführten Analyse der Kleinstrukturen eine unabdingbare Grundlage für die angestrebten Strukturierung ländlicher Räume in der Bergbaufolgelandschaft.

Gleichzeitig bilden sie eine Basis für die erfolgende Auswahl, Gestaltung und Einordnung von Landschaftselementen (Nutzflächen und Kleinstrukturen), insbesondere hinsichtlich der Bewertung ihrer Wirkungen auf die Nachhaltigkeit und Stabilität der Bergbaufolgelandschaft. Sie unterstützen des weiteren die Aussagen über Umfang und Anforderungsprofile unternehmenstragender, standortgerechter land- und forstwirtschaftlicher Nutzungstypen und -formen.

Eine Wiederherstellung der vor dem flächenhaften Braunkohlenbergbau vorhandenen historischen „lausitztypischen" Kulturlandschaft ist aus finanziellen und wirtschaftlichen Gründen nicht realisierbar. Es sollten aber einige Schwerpunkte gesetzt werden:

- Rekonstruktion historischer Biotoptypen, sofern ohne großen Aufwand möglich,
- Wiederherstellung des Landschaftsbildes,
- Rekonstruktion der historischen Nutzung in Teilbereichen unter Einbeziehung der unbelasteten Randbereiche,
- Wahrung vorhandener geomorphologischer Prozesse (u. a. Reliefveränderungen, Boden- und Sedimentbildung).

Danksagung

Die vorliegenden Untersuchungen wurden im Rahmen des Verbundvorhabens LENAB durchgeführt, gefördert vom BMBF (Fkz 0339648) und der LMBV mbH.

Literatur

BTU Cottbus 1998. Verbundvorhaben Niederlausitzer Bergbaufolgelandschaft: Erarbeitung von Leitbildern und Handlungskonzepten für die verantwortliche Gestaltung und nachhaltige Entwicklung. Abschlußbericht zum BMBF-/LMBV-Verbundprojekt (Fkz. 0339648). Polykopie, Cottbus: 1054 S.

Garten, G. 1974. Die Anwendung quantitativer Untersuchungsmethoden zur Abbildung und Kennzeichnung von Gefügestrukturen - dargestellt am Beispiel einer landschaftsanalytischen Untersuchung im Südteil der Lausitzer Platte. Dissertation, Dresden.

Haase, G. & Barsch, H. 1991. Naturraumerkundung und Landnutzung. Geochorologische Verfahren zur Analyse, Kartierung und Bewertung von Naturräumen. Beiträge zur Geographie, Bd. 34. Akademie, Berlin: 373 S.

Haase, G. 1964. Landschaftsökologische Detailuntersuchung und naturräumliche Gliederung. Peterm. Geogr. Mitt. 108-112.

Herz, K. 1994. Ein geographischer Landschaftsbegriff. Wiss. Ztschr. D. Univ. Dresden 43: 82-89.

LUA Brandenburg 1995. Biotopkartierung Brandenburg. Kartieranleitung. Potsdam.

Meynen, E. & Schmithüsen, J. 1962. Handbuch der naturräumlichen Gliederung Deutschlands. Bad Godesberg.

Pfaffen, K. 1953. Die natürliche Landschaft und ihre räumliche Gliederung. Forsch. Z. Dt. Landeskunde 68. Remagen.

Wiegleb, G. 2000. Leitbildentwicklung in der Bergabufolgelandschaft als Beispiel für das Konzept der „guten naturschutzfachlichen Praxis", dieser Band.

7 Beiträge der Fernerkundung zur naturschutzfachlich ausgerichteten Landschaftsanalyse

Monika Pilarski[1] & Karsten Schmidt[1]

[1] Fernerkundungszentrum Potsdam GmbH, Berliner Str. 50, D-14467 Potsdam, e-mail: M.Pilarski@FEZ-Potsdam.de

Zusammenfassung. Es werden Anwendungen der satelliten- und modernen luftgestützten Fernerkundung zur Erfassung von Landschaftsmerkmalen vorgestellt. Dazu gehören Klassifizierungen von Landbedeckungstypen in den Untersuchungsgebieten und die Ableitung des Vegetationsmerkmals NDVI. Vergleiche mit Flächeneinheiten der Landschaftsplanung und Biotoptypenkartierungen zeigen Vorteile und Grenzen der Fernerkundung auf.

Schlüsselwörter. Biotoptypen, CASI-Befliegung, Fernerkundung, Flächenplanung, Klassifizierung, Landbedeckungstypen, Vegetationsmerkmal NDVI, Vitalitätsstufen.

1 Einführung in die Fernerkundung

Der Begriff „Fernerkundung" wurde vor etwa 30 Jahren geprägt (übertragen aus dem Terminus "remote sensing") und bedeutet im allgemeinen Sinne die berührungslose Aufnahme oder Messung von Objekten und die Auswertung der in diesem Prozeß gewonnenen Informationen mit der Zielstellung, qualitative und quantitative Aussagen über Zustand oder Zustandsänderung dieser Objekte abzuleiten. Bezogen auf die Geowissenschaften heißt das: Erkennung von Arten und Zuständen natürlicher und anthropogener Objekte der Erdoberfläche mit Hilfe spektraler Signaturmerkmale. Das dies prinzipiell möglich ist, hängt damit zusammen, daß die Objekte generell sehr spezifische Spektraleigenschaften besitzen.

Für die Messung dieser Merkmale steht ein breiter Bereich des elektromagnetischen Spektrums zur Verfügung, der sich von dem des sichtbaren Lichtes bis zum Mikrowellenbereich erstreckt. Damit verbunden sind unterschiedliche physikalische Wirkprinzipien, die bei der Entwicklung von Aufnahmesystemen (Sensoren) berücksichtigt werden.

Zur Bestimmung der Objektsignaturen im Bereich des sichtbaren Lichtes sowie des nahen und mittleren Infrarots wird die reflektierte Sonnenstrahlung genutzt, die entweder panchromatisch über einen größeren Wellenlängenbereich (z. B. den des sichtbaren Lichtes) oder multispektral in einzelnen, schmalen Wellenlängenbereichen die remittierte Strahlung mißt, wobei dieser Vorgang analog über photographische Verfahren oder digital über Abtastsysteme (Scanner) erfolgen kann.

Nur die zuletzt genannte Gruppe von Sensoren ist in der Lage auch im thermalen Infrarot die von den Objekten emittierte Wärmestrahlung zu erfassen. Das gleiche trifft auch für den Mikrowellenbereich zu, wo allerdings die geringe Reststrahlung der Objekte sehr empfindliche Sensoren für die Messung von Objektzuständen erfordert (z. B. Bodenfeuchte). Dies wird durch den Einsatz von Radarsensoren wesentlich erleichtert, da diese mit autonomen Strahlungsquellen ausgerüstet sind, die die Erdoberfläche unabhängig von Tageszeit und meteorologischen Bedingungen direkt abtasten können. Die zurückgestreuten Signaturen stellen ein Maß für die Materialeigenschaften und die Rauhigkeit der Objekte dar.

Bei der Auswahl der Fernerkundungssensoren für Anwendungen spielen Maßstab, Wiederholrate, Verfügbarkeit und Thematik eine entscheidende Rolle. Je nach Aufgabenstellung erfolgt die Gewinnung von Fernerkundungsdaten mit luft- oder weltraumgestützten Plattformen. In den meisten Fällen wird das überflogene Gebiet flächenhaft erfaßt, d. h. in Form von Bildszenen. Daneben sind auch Datenaufzeichnungen entlang einer Trasse möglich. Zur Kalibrierung und Verifikation der aufgezeichneten Daten sind ferner bodengebundene Messungen notwendig, die punktweise durchgeführt werden.

Die Analyse und Auswertung der Fernerkundungsdaten kann unmittelbar mit den Methoden der digitalen Bildverarbeitung durchgeführt werden, sofern die Datenaufzeichnung digital erfolgt. Analoge Daten wie z. B. Luftbilder oder Weltraumphotos müssen zuvor digitalisiert werden.

Einen guten Überblick zu den verschiedenen Aufnahmesystemen der Luft- und Satellitenbildauswertung, den physikalischen Wirkprinzipien der Sensoren, Auswerteverfahren der visuellen Interpretation und digitalen Bildbearbeitung mit verschiedenen Anwendungsbeispielen der Vegetationserkundung liefern die Monographien von Albertz (1991) und Hildebrand (1996).

2 Zielstellung der Untersuchungen

Ausgerüstet mit dem methodischen und technischen Know-How der modernen Fernerkundung wurde das Teilprojekt 6 im Rahmen des LENAB-Verbundvorhabens durchgeführt. Dazu gehören die Arbeit mit digitalen Daten, deren Verarbeitung mit einem modernen Bildverarbeitungssystem sowie die Nutzung anderer relevanter Informationen durch eine GIS-integrierende Arbeitsweise. Die Untersuchungen haben das Ziel, aus den vorhandenen Satelliten- und Luftbilddaten verschiedener Jahrgänge sowie unterschiedlicher räumlicher und spektraler Auflösung flächendeckende Informationen über die aktuelle Landbedeckungsverteilung der ausgewählten Untersuchungsgebiete in der Niederlausitzer Bergbaufolgelandschaft (BFL) abzuleiten und in digitaler und analoger Form bereitzustellen. Diese Informationen tragen zur Ist-Stand-Analyse im Rahmen der Gebietsleitbildentwicklung bei. Sie dienen ebenfalls räumlichen Generalisierungsansätzen (vgl. Felinks et al. 2000, dieser Band). Neben den Landbedeckungstypen sollten weitere allgemeine Vegetationsmerkmale aus den spektralen Informationen ermittelt werden, um zu untersuchen, inwiefern diese Merkmale für eine Charakterisierung der kartierten Biotoptypen und Biotopkomplexe, insbesondere in den naturnahen Bereichen, geeignet sind.

Die Untersuchungen wurden in der Niederlausitzer BFL in den Gebieten Schlabendorfer Felder und Koyne-Plessa durchgeführt. Die Abbildungen 7.1 und 7.2 zeigen den jeweiligen Kernbereich dieser unterschiedlich alten BFL in Form von naturnahen Farbsynthesen aus Bilddaten vom SPOT-Satelliten aus dem Sommer 1995 (dargestellt in schwarz-weiß).

3 Ergebnisse

3.1 Aktuelle Landbedeckungstypen aus Satellitenbilddaten

Für Untersuchungen mit Fernerkundungsdaten ist die erfolgreiche Akquisition aktueller Satelliten- und Luftbilddaten eine notwendige Voraussetzung. Eine Satellitenbildauswertung ist mit den zur Zeit kontinuierlich verfügbaren Daten der Sensorsysteme LANDSAT-TM, SPOT und IRS für mittelmaßstäbige Untersuchungen optimal, d. h. im Maßstabsbereich 1 : 100 000 bis maximal 1 : 25 000. In Tabelle 7.1 sind die im Rahmen des LENAB-Projektes verwendeten Satellitenbilddaten zusammengestellt. Diese Daten sind mit der von ihnen erfaßbaren Grössenordnung der Objekte für eine zusammenhängende Betrachtung größerer Landschaftsausschnitte, wie sie die Untersuchungsgebiete darstellen, geeignet. Gegenüber einer Biotopkartierung, die Objekte mit ganz unterschiedlicher räumlicher Ausdehnung abgrenzen kann, ist die Fernerkundungsmethodik durch eine einheitliche Generalisierung (Aggregierung) auf der Datenerfassungsebene, die vorrangig durch die Größe des Bildpunktes des Aufnahmesystems bestimmt wird (z. B. $30x30m^2$ bei LANDSAT-TM), gekennzeichnet. D. h. bezogen auf die Untersuchungsgebiete, daß Objekte mit einen Ausmaß unter 30 m kaum identifiziert werden. Damit können Einheiten ab einer Größe von ca. 1 ha durch Satellitenbildanalysen sinnvoll differenziert werden. Die Sicht von oben mit ihrer synoptischen Erfassung der spektralen Merkmale der Landschaft gestattet eine nach diesem objektiven Kriterium sichtbare räumliche Differenzierung, die am Boden verloren geht. Beispielsweise lassen sich so bestimmte Biotoptypen wie Aufforstungsflächen oder Kiefernforste wesentlich differenzierter gliedern.

Einen großen Einfluß auf die Güte der Klassifizierung i. S. einer realitätsnahen Widerspiegelung haben Qualität und Termin der zur Verfügung stehenden Daten. Alle in der Tabelle 7.1 aufgeführten Daten wurden am Fernerkundungszentrum vorverarbeitet, d. h. atmosphärenkorrigiert und geocodiert. Die Geocodierung erfolgte in der Weise, daß mit Hilfe der georeferenzierten TK10-Rasterdaten der Gebiete, die panchromatischen SPOT-Daten der jeweiligen Gebiete als Basisbilder für alle weiteren Geocodierungen entzerrt wurden. Die Durchführung der

Georeferenzierung der Bilddaten vor der thematischen Auswertung hat den Zweck, die im Rahmen des Verbundprojektes verfügbaren konkreten Objektinformationen zur Vegetationsaufnahme und zur Biotoptypenkartierung direkt einbeziehen zu können.

Tabelle 7.1 Verwendete Satellitenbilddaten.

Untersuchungsgebiet	Aufnahmesystem/Datensatz	Aufnahmedatum
Schlabendorfer Felder	LANDSAT-TM/Szene 192/024	01.07.1995
und Koyne/Plessa	LANDSAT-TM/Szene 192/024	18.08.1995
	SPOT-multispektral KJ 061-245	07.07.1995
	SPOT-panchromatisch KJ 061-245	09.07.1995
	SPOT-panchromatisch KJ 061-246	09.07.1995

Zur Einschätzung der mit den Satellitenbilddaten erzielbaren Darstellungen und Typisierungen sind in Tabelle 7.2 wichtige Parameter der Systeme LANDSAT und SPOT zusammengefaßt.

Tabelle 7.2 Charakteristik der verwendeten Satellitenbilddaten.

Sensor-System	Wellenlängenbereich	Geometrische Auflösung
LANDSAT-TM	1 0,45-0,52 µm	30 x 30 m²
	2 0,52-0,60 µm	
	3 0,63-0,69 µm	
	4 0,76-0,90 µm	
	5 1,55-1,73 µm	
	6 10,4-12,5 µm*	*120 x 120 m²
	7 2,08-2,35 µm	
SPOT 2	1 0,50-0,59 µm	20 x 20 m²
(XS-Mode)	2 0,61-0,69 µm	
	3 0,79-0,89 µm	

Bei der Ermittlung der Landbedeckungstypen der Untersuchungsgebiete kamen digitale Auswerteverfahren der unüberwachten und überwachten Klassifizierung zur Anwendung. Sie wurden mit der Bildverarbeitungssoftware ERDAS-IMAGINE durchgeführt.

Die angewandten Methoden beruhen auf Verfahren der multivariaten Statistik und sind in der genutzten Bildverarbeitungssoftware implementiert. Im wesentlichen wurde bei den im Projekt durchgeführten Klassifizierungen in folgenden Schritten vorgegangen:

1. Atmosphärenkorrektur und Geocodierung der Satellitenszenen eines Jahrgangs als Vorverarbeitung und Grundlage der Klassifizierung;
2. Herstellung eines mehrkanaligen Datensatzes durch Kombination der Daten eines Jahrgangs, wobei die Thermalkanäle nicht berücksichtigt werden;
3. Unüberwachte Vorklassifizierung zur Gewinnung der Spektralsignaturen der Hauptklassen und gleichzeitig zur Auswahl größerer spektral homogener Flächen;
4. Festlegung der Trainingsgebiete für die überwachte Klassifizierung im Bild, dabei Erstellung eines Datensatzes mit den Spektralsignaturen der Trainingsklassen;
5. Trennbarkeits- und Kontingenzüberprüfung der Spektralsignaturen, auf der Grundlage dieser statistischen Tests gegebenenfalls Veränderung, Zusammenfassung oder Neuerstellung von Klassen;
6. Testklassifizierung nach dem Parallelepiped-Verfahren mit dem vorher erarbeiteten Trainingsklassensatz, erneute Anpassung der Trainingsklassen im Ergebnis dieser Testklassifizierung durch Zusammenlegung oder Neuerstellung, so daß die Überlappungsbereiche minimiert und nichtklassifizierte Bereiche neu aufgenommen werden;
7. Finalklassifizierung nach dem Maximum-Likelihood-Verfahren auf der Grundlage des unter Umständen mehrfach überarbeiteten Trainingsklassensatzes, dabei Erzeugung einer Punktabstandsmatrix, auf Grund derer eine Ergebniskontrolle durchgeführt wird;
8. Überprüfung und Verifizierung des Ergebnisses im Gelände, wo gleichzeitig eine Zuordnung der ermittelten Spektralklassen zu den natürlichen Objektklassen erfolgt.

Bei der konkreten Realisierung der Klassifizierungen wurde in den beiden Untersuchungsgebieten, die deutlich unterschiedliche Landbedeckungsstrukturen aufweisen, verschieden vorgegangen. Bei den Schlabendorfer Feldern, die große Bereiche mit landwirtschaftlicher Nutzung, aber auch große Bereiche mit schwacher Vegetationsbedeckung aufweisen, wurde versucht, eine maximale Differenzierung dieser vitalen (chlorophyllhaltigen) und devitalen (verdorrten) Vegetationsbedeckung zu erreichen. Deshalb wurde die Klassifizierung mit zwei LANDSAT-TM-Datensätzen aus der Vegetationsperiode 1995 (01.07. und 18.08.) durchgeführt. Die Verwendung von zwei unterschiedlichen Zeitschnitten bei der Klassifizierung hat den Vorteil, daß sich die Bereiche mit starken Veränderungen (z. B. bewirtschaftete Ackerflächen) deutlich von denen mit annähernd gleicher Spektralsignatur im betrachteten Zeitraum (z. B. Sukzessionsflächen oder Stillegungsflächen) unterscheiden lassen. Sie hat aber den Nachteil, daß bei der Bearbeitung des gesamten Gebietes sehr viele Klassen entstehen, die eine Aggregierung in eine Anzahl handhabbarer Landbedeckungstypen erschweren. In diesem Fall ergab die Klassifizierung 51 spektrale Klassen. Eine Interpretation der spektralen Signaturen brachte eine mögliche Zusammenfassung in 24 Typen (Tab. 7.3). Davon repräsentieren 8 Typen eine vorwiegend landwirtschaftliche Nutzung,

10 Typen gehören im wesentlichen zur forstwirtschaftlichen Nutzung und 7-8 Typen lassen sich den Renaturierungsflächen zuordnen.

Tabelle 7.3 Landbedeckungstypen 1995 - Schlabendorfer Felder. Forstwirtschaftliche Nutzung (Forstw. N.), Landwirtschaftliche Nutzung (Landw. N.).

Nr.	Landbedeckungstypen nach LANDSAT-TM	Landnutzungstypen - Planung
1	Laubholz, Spreewald	-
2	Laubholz, sehr vital	-
3	Laubholz	Forstw. N.
4	Kiefer, alt	Forstw. N.
5	Kiefer, alt, Kippe	Forstw. N.
6	Aufforstung Kippe, volle Kiefernbedeckung	Forstw. N.
7	Aufforstung Kippe, mittlere Vegetationsbedeckung	Forstw. N.
8	Aufforstung Kippe, geringe Vegetationsbedeckung	Forstw. N.
9	Aufforstung Kippe, sehr geringe Vegetationsbedeckung	Renaturierung, Forstw. N.
10	dichte verdorrte Vegetation (vorwiegend Kippe)	Renaturierung, Forstw. N.
11	Kippe, vegetationslos bis geringe Primärvegetation	Renaturierung, Forstw. N.
12	Kippe, vegetationslos, helle Sande	Renaturierung
13	Kippe, vegetationslos, sehr helle Sande	Renaturierung
14	Kippe, feucht (Verkrautung)	Renaturierung
15	Landwirtschaftliche Nutzung 1 (vital zu vital)	Landw. N.
16	Landwirtschaftliche Nutzung 2 (schwach vital zu vital)	Landw. N.
17	Landwirtschaftliche Nutzung 3 (vital zu schwach vital)	Landw. N.
18	Landwirtschaftliche Nutzung 4 (sehr vital zu devital)	Landw. N.
19	Landwirtschaftliche Nutzung 5 (vital zu devital)	Landw. N.
20	Landwirtschaftliche Nutzung 6 (schwach vital zu devital)	Landw. N.
21	Landwirtschaftliche Nutzung 7 (devital zu vital)	Landw. N.
22	Landwirtschaftliche Nutzung 8 (devital zu devital)	Landw. N., (Renaturierung)
23	Feuchtbereich, überflutet	Gewässer
24	Wasser	Gewässer
25	Siedlung/Industrieanlage	Bebauung

Die Klasse 25 - Siedlung/Industrieanlage - ist mit den Auflösungsgrenzen des LANDSAT-TM-Sensors (30x30 m^2) nicht ausreichend abgrenzbar. So wurde diese Klasse aus den gerasterten Vektorfiles (digitalisierte Siedlungs- und Industrieflächen der TK10) der Verbund-Datenbank übernommen und in das Ergebnis-Rasterfile eingebunden. Die Interpretation der landwirtschaftlichen und Renaturierungsbereiche erfolgte durch die Einbeziehung der Veränderungen der Spektralsignatur zwischen den beiden Aufnahmeterminen. Das wird durch die Einführung des Vitalitätsbegriffs möglich. Mit „vital" werden als Verallgemeinerung der

Spektralsignatur Bildpunkte bezeichnet, die die Widerspiegelung chlorophyllreicher grüner Vegetation darstellen. Im Gegensatz dazu steht der Begriff „devital" für Flächen, die kaum grüne Vegetation aufweisen (z. B. reifes Getreide, frisch gemähte Wiese, verdorrte Vegetation). Eine weitere Zusammenfassung der acht vorwiegend zur landwirtschaftlichen Nutzung gehörenden Klassen könnte vorgenommen werden, allerdings geht damit die Visualisierung der Flächenstruktur des Gebietes verloren und bestimmte Sukzessionsflächen sind nicht mehr separierbar.

Tabelle 7.4 Geplante und gegenwärtige Landnutzung im Teilgebiet Schlabendorf-Süd. Forstwirtschaftliche Nutzung (Forstw. N.), Aufforstung (Auffor.), Landwirtschaftliche Nutzung (Landw. N.).

Planungstyp	**Fläche (ha)**	**Anteil (%)**	**Landbedeckungstyp (Klassennummern)**	**Fläche (ha)**	**Anteil des Planungstyps (%)**
Forstw. N.	1 474	40,4	Kiefer, alt (1, 2)	118,7	8,0
			Laubholz (4)	3,5	0,2
			Auffor. alt (6)	70,9	4,8
			Auffor. jung (7-11)	750,8	50,9
			Sande (12, 13)	388,8	26,4
			Landw. N. (14, 19, 20)	70,5	4,8
			Renaturierung (21)	50,3	3,4
Landw. N.	233	6,4	Landw. N. (14-20)	174,1	74,6
			Renaturierung (21)	48,6	20,8
Renaturierung	930	25,4	Auffor., jung (7-11)	541,8	58,3
			Sande (12, 13)	206,1	22,2
			Landw. N. (14-20)	87,2	9,4
			Renaturierung (21)	78,6	8,5
Gewässer	1 016	27,8	Auffor. jung (7-11)	714,1	70,3
			Sande (12, 13)	163,2	16,1
			Feuchtbereich (22)	36,8	3,6
			Wasser (24)	49,4	4,9

Andererseits werden durch eine Aggregierung sämtlicher Klassen landwirtschaftlicher Nutzung wesentliche Merkmale der Oberflächenbedeckung eines Gebietes verdeutlicht, wie in Abbildung 7.1 rechts in schwarz-weiß dargestellt. Diese Informationen stehen für regionale Planungen zur Verfügung.
Bei einer vorhandenen Sanierungsplanung gibt eine flächenstatistische Gegenüberstellung der klassifizierten Landbedeckungstypen mit der geplanten Nutzung Auskunft über den Stand der Realisierung der Planung. Die Abbildung 7.1 rechts zeigt eine entsprechende Darstellung für diese Analyse, deren Ergebnis in Tabelle 7.4 aufgeführt ist.

Bei der Klassifizierung des südlichen Untersuchungsgebietes Koyne-Plessa wurde aufgrund des hohen Anteils forstlicher Nutzung (Abb. 7.2 rechts) so vorgegangen, daß eine möglichst große Differenzierung dieser Flächen nach Hauptbaumartenzusammensetzung erreicht wurde. Mit dem LANDSAT-TM-Datensatz vom 18.08.1995 wurde eine Hauptkomponententransformation der 6 hochauflösenden Kanäle und mit dem Ergebnis eine Clusterung durchgeführt. Diese bildete die Basis für die Erstellung einer Wald-Wasser-Bildmaske, d. h. der Bildpunkte, die sehr wahrscheinlich den beiden Klassen Wald und Wasser zuzuordnen sind. Mit diesem Bildteil wurde eine überwachte Klassifizierung durchgeführt. Das Ergebnis sind sechs Klassen der Waldstandorte (Tab. 7.5, Klassen 1-6): das mit hoher Sicherheit klassifizierte Nadelholz (vorwiegend Kiefer) und 5 Kategorien von Laubholzarten bzw. Laubholzmischsignaturen (Abb. 7.2 rechts). Alle 6 Klassen verdeutlichen sehr gut die boden- und grundwasserbedingten Standortbedingungen in diesem Altbergbaugebiet. Das läßt sich sehr gut zeigen, wenn man die Kippenflächen der ehemaligen Tagebaue dieses Gebietes graphisch überlagert.

Tabelle 7.5 Landbedeckungstypen 1995 - Koyne-Plessa.

Nr.	Landbedeckungstypen nach LANDSAT-TM
1	Nadelholz (Kiefer)
2	Laubholz (Birke)
3	Laub-Mischbestand
4	Laubholz trockener Standorte
5	Laub-Nadel-Mischbestand
6	Roteiche
7	Mischsignatur: Laub und verdorrte Gräser/Röhricht
8	Junge Aufforstung, Kippe

Im Hinblick auf die Nutzung der Ergebnisse der Landbedeckungsanalysen für die Leitbildentwicklung beider Sanierungsgebiete wurde ein Vergleich zwischen den Landbedeckungstypen aus Fernerkundungsdaten und denen mit Planungsrelevanz vorgenommen sowie Flächenbilanzen aufgestellt (vgl. Tab. 7.4). Die Gegenüberstellung von Flächenanteilen der ermittelten spektralen Landbedeckungstypen mit den in den Sanierungsplänen ausgewiesenen Flächen der Hauptnutzung stellt eine Form der Soll-Ist-Analyse für die Landnutzungsplanung großer Gebiete dar.

3.2 Landbedeckungs- und Biotoptypen

Bei einer vergleichenden Auswertung der aus spektralen Merkmalen ermittelten forstlichen Landbedeckungsklassen (LB-Klassen) und den im Teilprojekt 9 kartierten Biotoptypen des Gebietes Koyne-Plessa (Abb. 7.2 rechts) wird folgendes deutlich: Es besteht eine hohe Übereinstimmung der Flächenabgrenzung bei sehr

Abbildung 7.1
Links: Satellitenbilddarstellung – Gebiet Schlabendorfer Felder 1995.
Rechts: Landbedeckungstypen im Gebiet Schlabendorfer Felder 1995 - aggregiertes Klassifizierungsergebnis von LANDSAT-TM-Daten (1.07. und 18.08.1995) mit graphischer Darstellung der geplanten Flächennutzung.

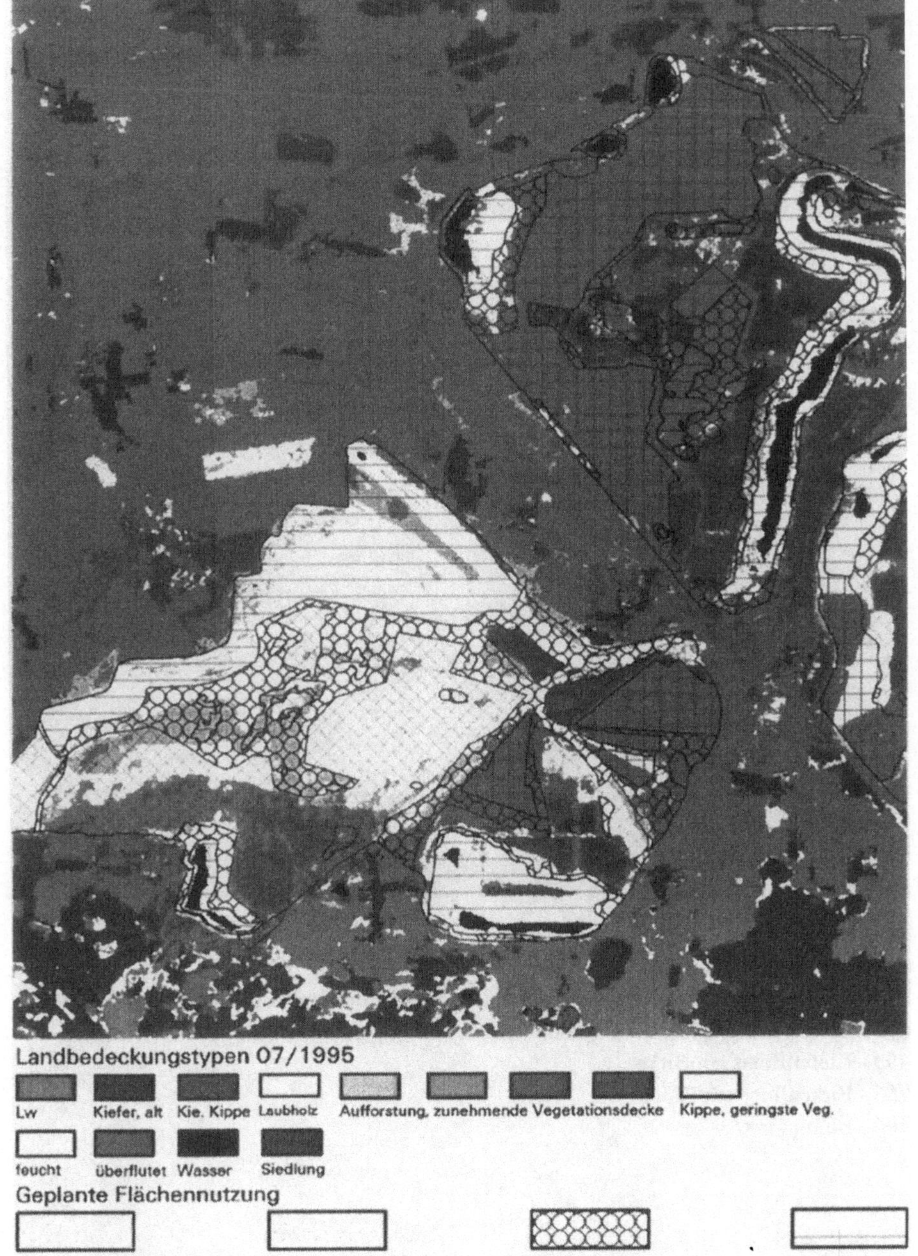
Landbedeckungstypen 07/1995
Lw
Kiefer, alt
Kie. Kippe
Laubholz
Aufforstung, zunehmende Vegetationsdecke
Kippe, geringste Veg.
feucht
überflutet
Wasser
Siedlung
Geplante Flächennutzung
Forstwirtschaftlich
Landwirtschaftlich
Renaturierung
Gewässer

Abbildung 7.2

Links: Satellitenbilddarstellung – Gebiet Koyne-Plessa 1995.

Rechts: Hauptbaumarten des Gebietes nach Klassifizierung von LANDSAT-TM-Daten (18.08.1995) mit graphischer Überlagerung von Biotoptypengrenzen.

493 - Kiefernforst mit Birke

755 - Birkenforst mit Pappel

806 - Birkenforst

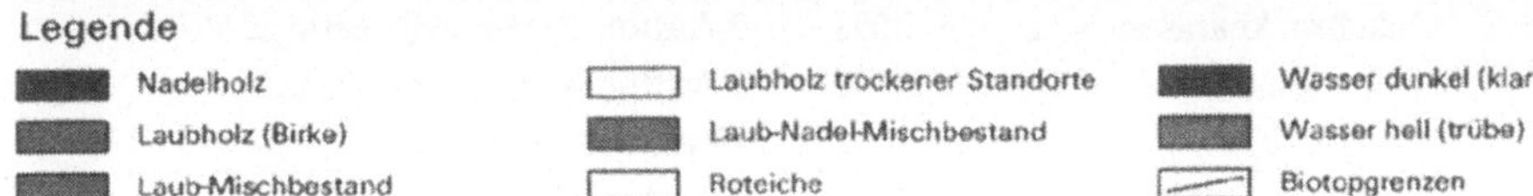

493
755
806
Legende
Nadelholz
Laubholz (Birke)
Laub-Mischbestand
Laubholz trockener Standorte
Laub-Nadel-Mischbestand
Roteiche
Wasser dunkel (klar)
Wasser hell (trübe)
Biotopgrenzen

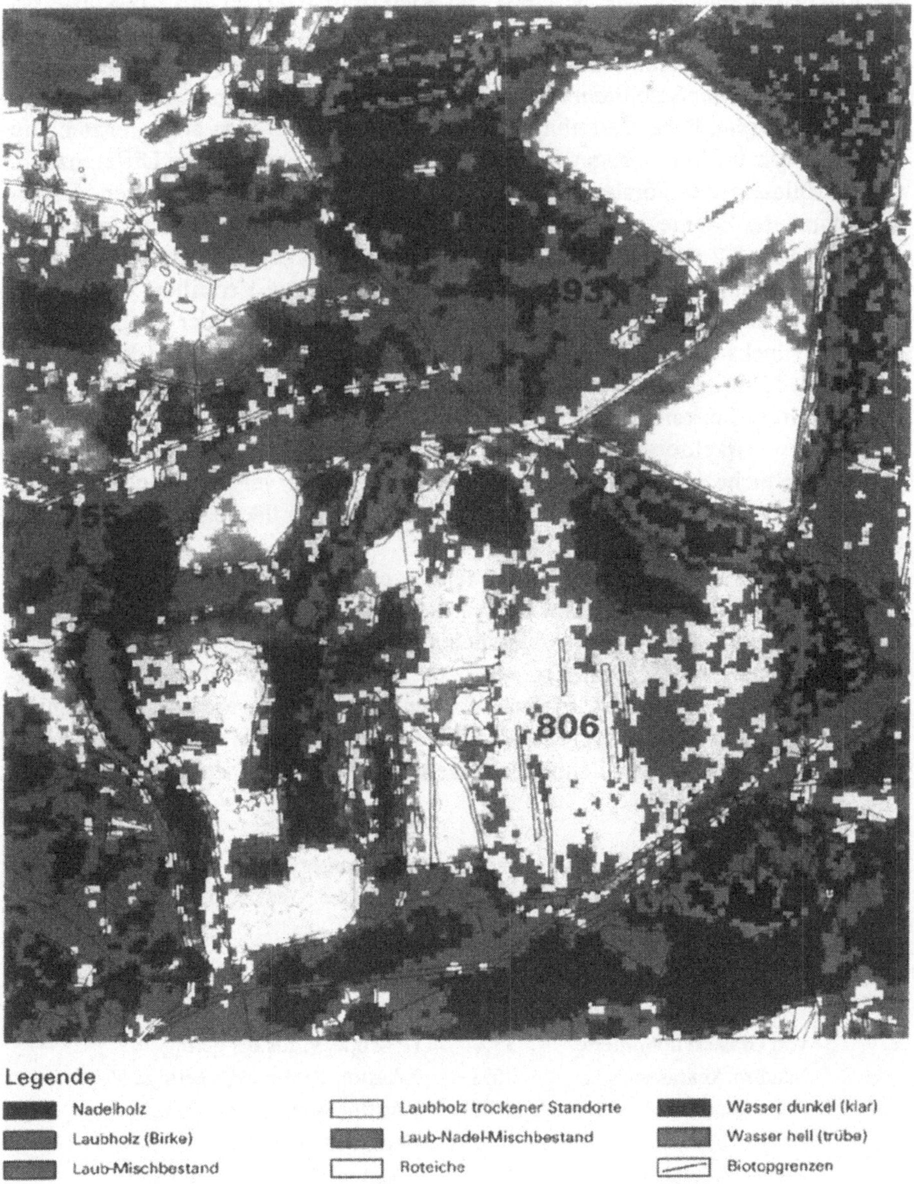

homogenen Bereichen, wie sie meist von Kiefernforsten (hier mit LB-Klasse Nadelholz bezeichnet) gebildet werden. Bei Biotoptypen, die sich aus mehreren Hauptbaumarten zusammensetzen wie Kiefernforst mit Birke (Nr. 493) beinhalten die LB-Klassen der Satellitenbildanalysen eine zusätzliche Information: Sie zeigen die konkrete räumliche Verteilung der Hauptbaumarten in den abgegrenzten Biotoptypen. Ein Informationsgewinn tritt auch dann auf, wenn starke Differenzen in der Ausbildung der Forsten gegeben sind (z. B. ein unterschiedlicher Kronenschlußgrad der Bäume). Einen solchen Fall zeigt der Biotoptyp Birkenforst mit der Nr. 806 (Abb. 7.2 rechts). Auf ihm wurden überwiegend die LB-Klassen Laubholz (Birke) und Laubholz trockener Standorte festgestellt. Die Verteilung dieser Klassen zeigt wechselnde Standortbedingungen in diesem Bereich der Kippe des ehemaligen Tagebaues Agnes. Nicht in jedem Fall lassen sich die vorkommenden Unterschiede in der Kartierung der Biotoptypen und der Satellitenbildklassifizierung erklären. So konnte nicht nachvollzogen werden, warum beispielsweise in die als Typ Birkenforst mit Pappel kartierte Einheit Nr. 755 (Abb. 7.2 rechts) größere Bereiche mit Kiefern einbezogen wurden. Die vergleichenden Untersuchungen zwischen Biotoptypen und LB-Klassen wurden flächendeckend für beide Gebiete vorgenommen.

Nach der Durchführung von Verschneidungen von zuvor aggregierten Biotoptypen A bis R mit den spektralen Landbedeckungsklassen der Satellitenbildklassifizierungen 1995 von beiden Untersuchungsgebieten zeigte sich, wie einzelne Biotoptypen intern differenziert sind, d. h. wie sie mehreren Landbedeckungstypen zuordenbar sind. In den Tabellen 7.6 und 7.7 werden die Ergebnisse dieser Zuordnung für die aggregierten Biotoptypen dargestellt, für die die Landbedeckungstypen aus Satellitenbildern einen Informationsgewinn darstellen.

Tabelle 7.6 Aggregierte Biotoptypen und Landbedeckungstypen - Gebiet Schlabendorf. Vegetation (V.), Aufforstung (Auffor.), Landwirtschaftliche Nutzung (Landw. N.).

Biotoptyp	**Name aggregierter Biotoptyp**	**Anteil LB-Klasse**	**Name LB-Klasse**
F	von Gräsern dominierte Sandtrockenrasen (v. a. Silbergrasfluren); Dekkung >10%	35%	11 Kippe, v.-los bis geringe V.
		26%	9 Auffor. Kippe, sehr geringe V.
		17%	8 Auffor. Kippe, geringe V.
		10%	10 dichte, verdorrte V.
G	Hochgrasbestände (v. a. Calamagrostis-Fluren)	25%	9 Auffor. Kippe, sehr geringe V.
		15%	11 Kippe, v.-los bis geringe V.
		12%	21 Landw. N., devitale Flächen
		10%	10 dichte, verdorrte V.
L	Nadelgehölze	38%	2 Kiefer, alt
		43%	6, 7, 8 Aufforstungstypen
M	Rodungen, frische Aufforstungen	90%	9, 11, 12 v.-lose bis sehr gering vegetationsbedeckte Bereiche

Tabelle 7.7 Aggregierte Biotoptypen und Landbedeckungstypen - Gebiet Koyne-Plessa.

Biotop-typ	Name aggregierter Biotoptyp	Anteil LB-Klasse	Name LB-Klasse
F	von Gräsern dominierte Sandtrockenrasen	40%	8 junge Aufforstung, Kippe
		14%	17 LN9, devital
G	Hochgrasbestände (v. a. Calamagrostis-Fluren)	19%	1 Nadelholz (Kiefer)
		11%	2 Laubholz (Birke)
		27%	4 Laubholz trockener Standorte
		15%	8 junge Aufforstung, Kippe
I	Zwergstrauchheiden	71%	1 Nadelholz (Kiefer)
		24%	8 junge Aufforstung, Kippe
K	Laubgehölze	36%	2 Laubholz (Birke)
		14%	4 Laubholz trockener Standorte
		12%	1 Nadelholz (Kiefer)
		12%	7 Laub und verdorrte Gräser
L	Nadelgehölze	68%	1 Nadelholz (Kiefer)
		14%	2 Laubholz (Birke)
M	Rodungen, frische Aufforstungen	22%	2 Laubholz (Birke)
		18%	1 Nadelholz (Kiefer)
		13%	8 junge Aufforstung, Kippe
		12%	4 Laubholz trockener Standorte
		9%	7 Laub und verdorrte Gräser

Wie die Tabellen zeigen, ist zwischen den Biotoptypen und den Landbedekkungstypen der Satellitenfernerkundung keine eineindeutige Beziehung herstellbar. Ursache dafür sind die generell unterschiedlichen Kartier- bzw. Klassifizierungsmethoden und unterschiedliche Ausgangsdaten. Es konnte jedoch gezeigt werden, daß sich beide Methoden ergänzen und als flächendeckend arbeitende Verfahren für eine Langzeitüberwachung der BFL geeignet sind. Eine weiterer Vergleich beider Methoden wird in Felinks et al. (2000, dieser Band) im Zusammenhang mit einem Generalisierungsansatz diskutiert.

Nicht in die Tabellen aufgenommen wurden die Biotoptypen Standgewässer (C) und vegetationsfreie Sandflächen, Rohkippen (R), die mit ca. 90% Übereinstimmung von beiden Methoden erfaßt wurden. Die Uferbereiche der Gewässer fallen überwiegend nicht in die Größenordnung, die mit zur Zeit verfügbaren Satellitenbilddaten erreicht wird. Hier sind spezielle Befliegungsdaten und terrestrische Kartierungen unersetzbar. Die Satellitenbildauswertung kann wichtige Ergänzungen zur Kategorisierung der Standgewässer liefern; dabei spielt die Trübung eine große Rolle. Eine Gewässerklassifizierung war allerdings nicht Bestandteil dieses Projektes.

3.3 Vegetationsindizes zur Charakterisierung der BFL

Einen weiteren Ansatz zur großräumigen Charakterisierung der Bergbaufolgelandschaft bietet die Auswertung multispektraler Satellitenbilddaten durch die Möglichkeit, mit definierten Kombinationen von Spektralbereichen bestimmte Merkmale der Oberflächenobjekte zu verstärken und sie dadurch stark zu differenzieren. Der Vegetationsindex NDVI (Normierter Differentieller Vegetationsindex) ist ein solcher Merkmalswert, der für eine Vegetationscharakterisierung sehr gut geeignet ist.

Tabelle 7.8 Flächenanteile der Vitalitätsstufen (in %) bezüglich ausgewählter Biotoptypen.

NDVI-Bereich/Stufe		Kiefer	Kiefer/ Laubholz	Kiefer/ Birke	Birke	Birke/ Kiefer	Birke/ Pappel
< 0,6	VI 1	1,47	3,08	1,48	3,02	2,48	2,55
0,6-065	VI 2	1,29	2,06	1,08	1,59	2,11	1,40
0,65-0,7	VI 3	2,66	3,08	1,60	2,44	3,84	2,10
0,7-0,75	VI 4	6,22	7,69	6,57	4,70	7,09	4,95
0,75-0,8	VI 5	45,92	42,52	44,50	27,83	26,34	15,47
0,8-0,85	VI 6	35,25	32,22	36,34	45,90	46,85	56,02
0,85-0,9	VI 7	7,09	9,20	8,39	14,22	11,07	17,44
0,9-0,95	VI 8	0,10	0,15	0,05	0,31	0,20	0,06
0,95-1,0	VI 9	0,00	0,00	0,00	0,00	0,00	0,00

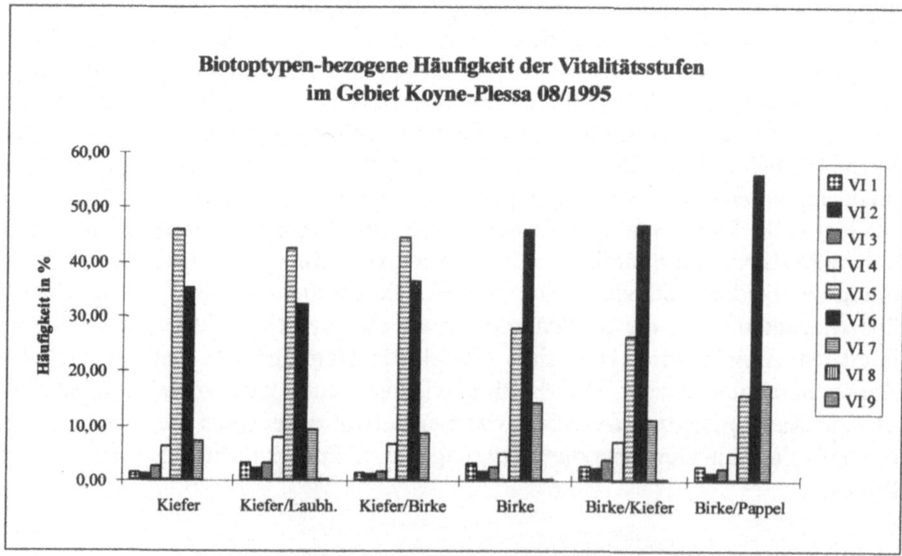

Abbildung 7.3 Vitalität forstlicher Biotoptypen im Gebiet Koyne-Plessa.

Er wird wie folgt berechnet: (nIR - r)/(nIR + r), nIR: nahes Infrarot, r: rot und besitzt einen Wertebereich von -1 bis +1. Je größer der Wert ist, desto größer ist die Differenz der reflektierten Strahlung im jeweils roten und nahen Infrarot und desto besser ist der Zustand der chlorophyllhaltigen Vegetation. Die Zahlenwerte sind reelle Zahlen, die zwecks Darstellung im 8bit-Format skaliert werden. In diesen Untersuchungen, wo die Vegetationsdecke der Untersuchungsgegenstand ist, wurde der NDVI in 21 Stufen unterteilt. Der Wertebereich von -1 bis 0, der vegetationslose Bereiche repräsentiert, wurde in einer Klasse zusammengefaßt, und der übrige Wertebereich in 0,05er Stufen unterteilt. Für beide Untersuchungsgebiete wurden die NDVI-Stufen aus dem LANDSAT-TM-Datensatz vom 18.08.1995 abgeleitet.

Die Auswertungen dieser Vitalitätsstufen bezüglich der kartierten Biotoptypen im Untersuchungsgebiet Koyne-Plessa ergab eine Übereinstimmung zwischen den großen Biotopflächen und der Ausprägung bestimmter Stufengruppen, die hauptsächlich Unterschiede zwischen vegetationsfreien landwirtschaftlich genutzten Flächen, Wasserflächen und bewaldeten Bereichen widerspiegeln. Zusätzlich wird allerdings eine starke innere Differenzierung der forstlichen Biotoptypen deutlich, wie es schon die Klassifizierung der Hauptbaumarten gezeigt hat. Die berechneten Flächenanteile der Vitalitätsstufen, bezogen auf ausgewählte Biotoptypen, lassen signifikante Unterschiede zwischen den vorwiegend mit Nadelholz und den vorwiegend mit Laubholz bestandenen Biotopen erkennen. Die Tabelle 7.8 stellt die Einzelwerte dazu gegenüber. Sie weisen bei den Kieferntypen mit jeweils über 40% ein Maximum der Werte der Stufe 5 auf. Die Birken dominierten Typen zeigen ein deutliches Maximum (mit 45-55%) bei der nächst höheren Stufe, die eine größere Vitalität bedeutet.

Als mögliche Ursache für keine weitere übereinstimmende Typisierung zwischen den kartierten Biotoptypen und einer charakteristischen spektralen Vitalitätsbeschreibung werden sehr unterschiedliche Standortbedingungen aufgrund des räumlichen Wechsels zwischen ehemaligen Kippen- und unverritzten Bereichen sowie Inhomogenitäten bei der Artenzusammensetzung in den Biotopen selbst gesehen.

Im Gebiet Schlabendorfer Felder wurde eine Analyse der Vitalitätsstufen, bezogen auf die kartierten Biotoptypen der terrestrischen Trockenstandorte, durchgeführt. Alle Typen lassen sich hinsichtlich unterschiedlicher Anteile der Vitalitätsstufen unterscheiden. Ähnlichkeiten treten zwischen Pionierfluren und Hochgrasbeständen auf. In der Tabelle 7.9 sind die Flächenanteile der jeweiligen Vitalitätsstufen zusammengestellt. Zum Vergleich sind die Typen Kiefernforst und Erstaufforstung hinzugefügt. Die Kiefernforste besitzen eine wesentlich andere Vitalitätscharakteristik im Vergleich zu allen anderen Typen, bedingt durch eine flächendeckende hauptsächlich grüne Vegetationsdecke. Der Typ Erstaufforstung ähnelt sehr stark den Pionierfluren und den Hochgrasbeständen.

Tabelle 7.9 Häufigkeit von Vitalitätsstufen 08/95 - Schlabendorfer Felder. Gemischte (Gem.), Ausbildung (Ausb.).

NDVI-Bereich	NDVI-Stufe	Kiefern-forst	Erstauf-forstung	Vorwald	Pionier-fluren	Hoch-gras	Gem. Ausb.	Gem. Ansaat	Schütt-rippen
-1,0-0,2	VI 1	0	0	0	0	0	1	0	10
0,2-0,25	VI 2	0	2	0	1	0	9	2	19
0,25-0,3	VI 3	1	18	4	25	11	28	17	44
0,3-0,35	VI 4	3	34	8	43	30	51	27	18
0,35-0,4	VI 5	3	15	9	15	22	8	27	4
0,4-0,45	VI 6	3	12	20	5	16	0	13	1
0,45-0,5	VI 7	5	8	24	2	8	0	4	0
0,5-0,55	VI 8	8	3	13	2	6	0	3	0
0,55-0,6	VI 9	8	0	7	1	1	0	1	0
0,6-1,0	VI 10	64	2	8	0	0	0	0	0

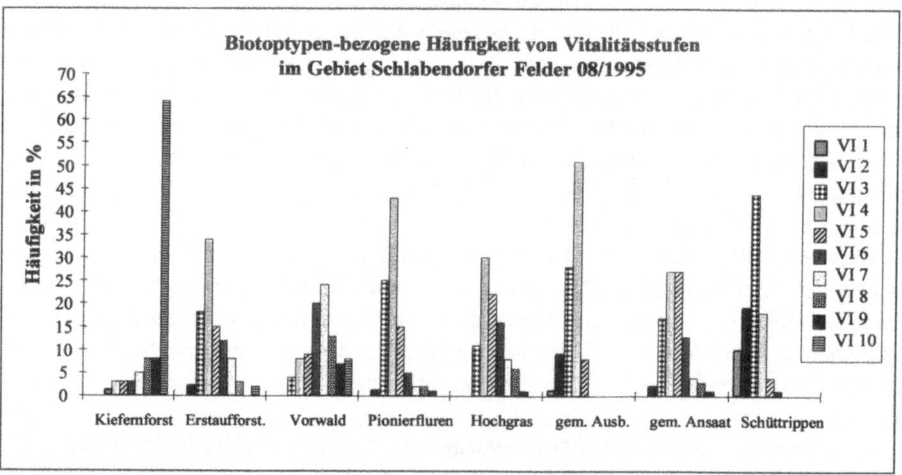

Abbildung 7.4 Vitalität terrestrischer Biotoptypen im Gebiet Schlabendorfer Felder.

Die Vitalitätsbestimmung von naturnahen Biotopen terrestrischer Trockenstandorte ist als eine geeignete Methode für eine Langzeitüberwachung ihrer Veränderungen einzuschätzen.

3.4 Charakterisierung von naturnahen Bereichen mit CASI-Befliegungsdaten

Für kleinräumige Bestandsaufnahmen, wie sie in naturnahen Bereichen wegen der großen Heterogenität der Vegetation erforderlich sind, bringen von Seiten der

Fernerkundung spezielle Befliegungsdaten den größten Nutzen. Dazu wurden spektral und räumlich hochauflösende Daten akquiriert, die durch eine Befliegung mit dem spektral hochauflösenden Bildspektrometer CASI am 05.12.1996 in Höhe von 2400 m entstanden. Der CASI-Sensor ist ein kanadisches Bildspektrometer - Compact Airborne Spectrographic Imager - das mit 16 frei wählbaren Kanälen vom blauen bis zum nahen Infrarot arbeitet. Die Lage der Kanäle bei dieser Befliegung ist in Tabelle 7.10 zusammengestellt. Die geometrische Auflösung des Systems hängt von der Flughöhe ab. In diesem Fall wurde eine Bodenauflösung von 2 m erreicht.

Tabelle 7.10 Kanalsetzung der CASI-Befliegung vom 5.12.1996.

Kanalnummer	**Wellenlängenbereich in nm**
1	429,3-449,4 (blau)
2	542,3-559,2 (grün)
3	600,6-619,6 (orange)
4	691,8-699,5 (rot)
5	701,4-705,2 (NIR)
6	707,1-710,9
7	712,8-716,6
8	718,5-722,4
9	724,3-728,1
10	731,9-739,6
11	741,5-749,1
12	772,1-789,3
13	821,9-848,6
14	850,5-869,7
15	871,6-900,2

Exemplarisch wurden für die Untersuchung der Erkennbarkeit von Vegetationseinheiten in Sukzessionsbereichen die CASI-Daten von der Innenkippe am Restsee F im Gebiet der Schlabendorfer Felder ausgewählt. Die systematische Auswertung der spektralen Signaturen und deren vegetationsspezifische Interpretation in Zusammenarbeit mit Bearbeiterinnen im Teilprojekt Terrestrische Ökologie führte zu dem in Abbildung 7.5 in schwarz-weiß dargestellten Klassifizierungsergebnis. In Originalgröße besitzt die Darstellung den Maßstab 1:10 000.

Die Abbildung zeigt die räumliche Verteilung von sieben Klassen, die eine unterschiedliche Artenzusammensetzung und Bodenbedeckung der Sukzessionsvegetation repräsentieren. Es kann festgestellt werden, daß die im Sukzessionsbereich am Restsee F vorkommenden Bestände an Silbergras, Moos, Calamagrostis (trocken), Kiefernanflug und offene Sandbereiche spektral sehr gut trennbar sind. Die Verteilung der einzelnen Klassen spiegelt die sehr große Heterogenität des Standortes wider.

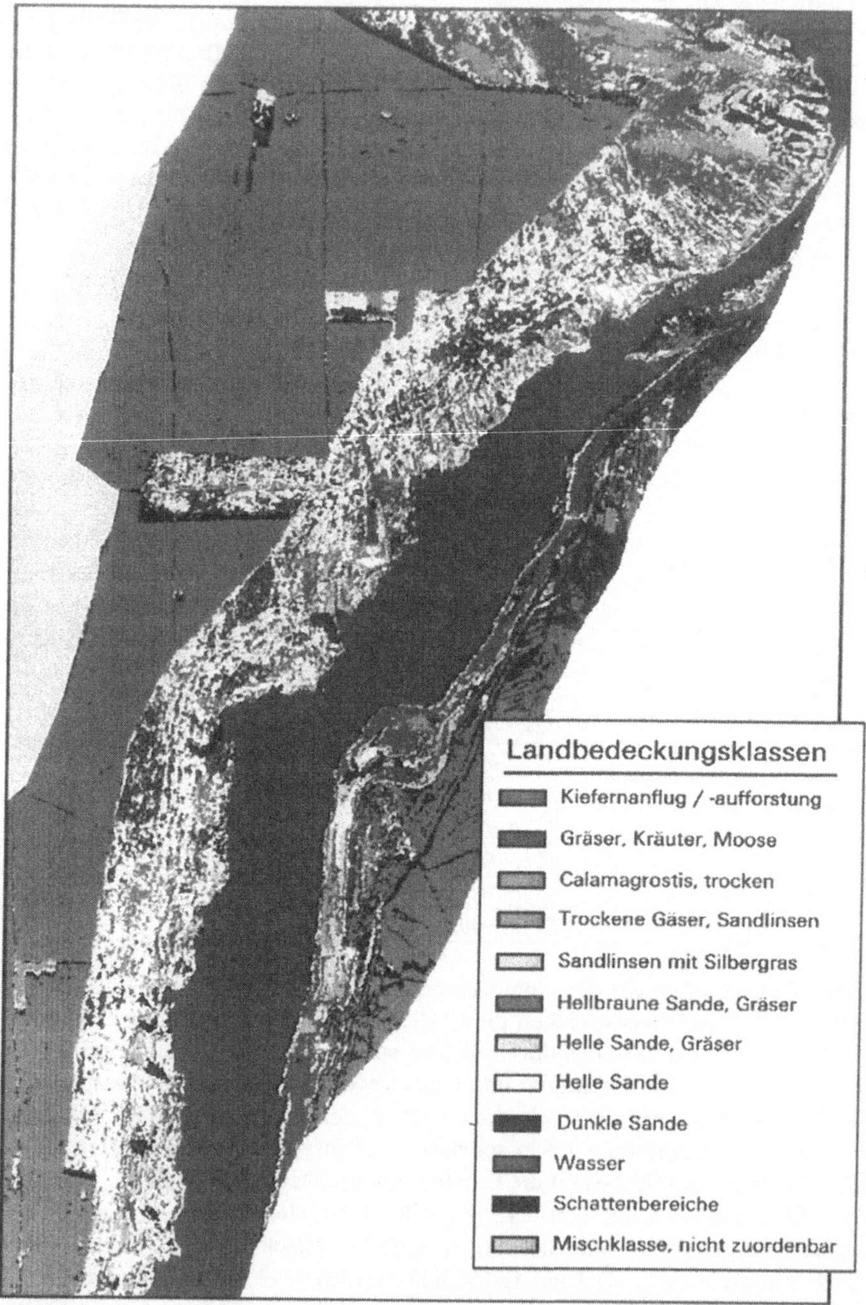

Abbildung 7.5 Naturnahe Bereiche am Restloch F. Landbedeckungsklassen nach CASI-Daten 1996.

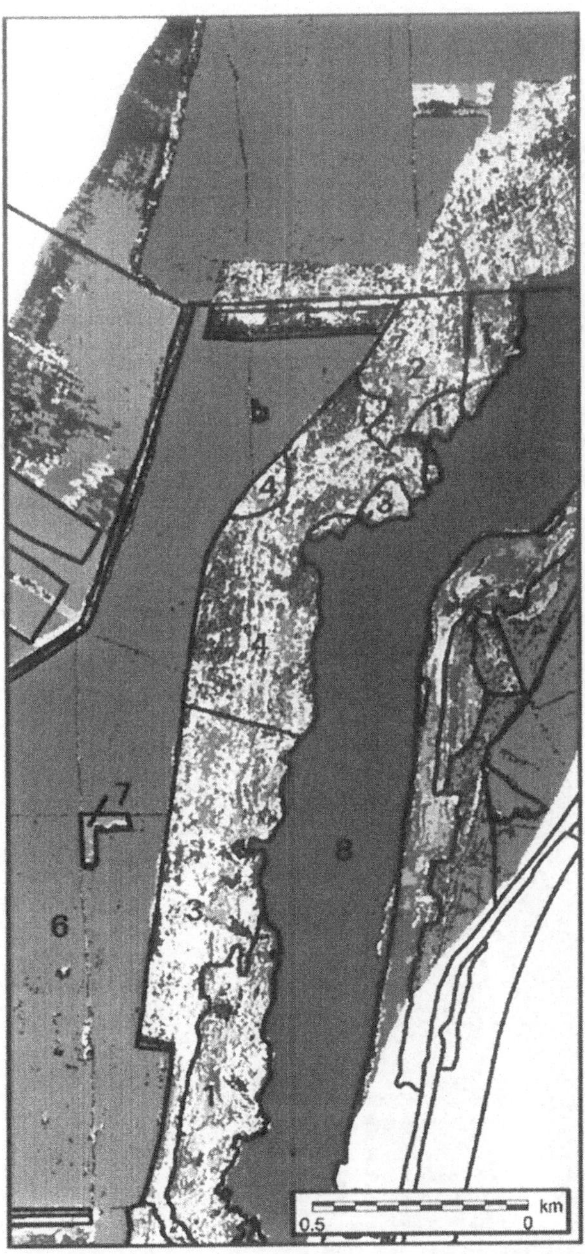

Abbildung 7.6 Ausschnitt CASI-LB und Biotoptypen: 1 offene Sandflächen, 2 Sandtrockenrasen oder Gras- und Staudenfluren, 3 Hochgrasbestände, 4 Kiefernvorwälder trockener Standorte, 5 Robinienforste, 6 Kiefernforste, 7 Waldschneise, 8 Tagebaurestsee.

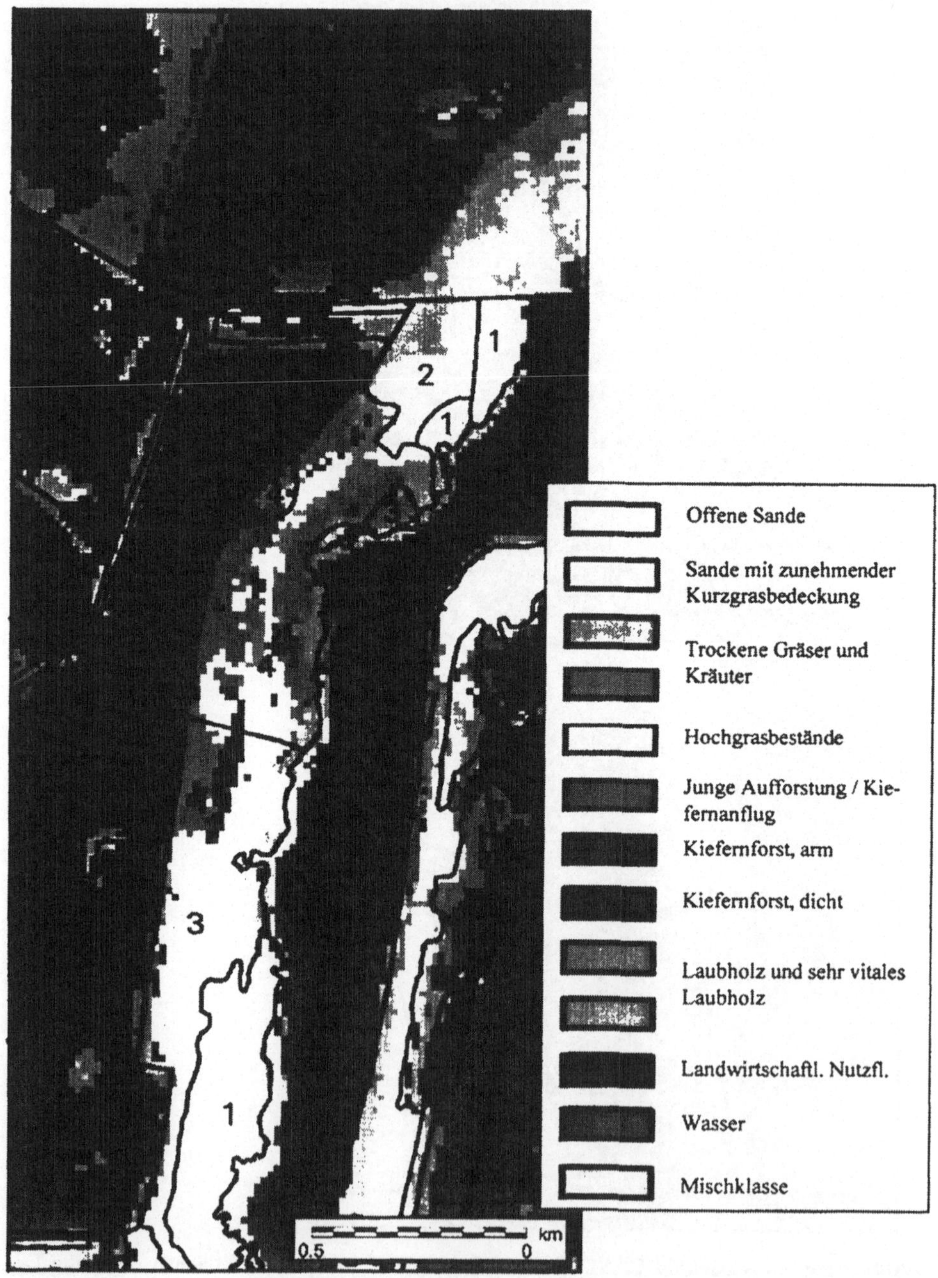

Abbildung 7.7 Landbedeckungsklassen 1995 nach LANDSAT-TM-Daten und Biotoptypen. Numerierung siehe Abbildung 7.4.

Eine gemeinsam mit Vegetationsbearbeitern im LENAB-Projekt durchgeführte Interpretation dieser Klassifizierungsergebnisse zeigte, daß eine Generalisierung vom Punkt in die Fläche nur bedingt möglich ist - nämlich für eine bestimmte Merkmalskombination der Vegetation, die nicht auf der Artenebene liegt (vgl. Felinks et al. 2000, dieser Band). Vielmehr spielen allgemeine Merkmale der Vegetation wie Anteil toter Substanz und Bodenbedeckungsgrad eine Rolle. Daß die Struktur der Vegetation mit der CASI-Klassifizierung gut herausgearbeitet wird, ist durch eine graphische Überlagerung mit den Ergebnissen der Biotoptypenkartierung darstellbar. Wie Abbildung 7.6 zeigt, stimmt die Biotoptypenzuordnung der Kartierung sehr bedingt mit den spektralen Bedeckungstypen überein. Das wird sehr deutlich bei den Typen Gras- und Staudenfluren, Hochgrasbestände/Reitgrasfluren (3) und Kiefernvorwälder trockener Standorte (4), die eine starke innere Differenzierung aufweisen. Fast zwangsläufig muß eine Abgrenzung dieser Einheiten bei einer terrestrischen Kartierung sehr subjektiv sein.

Vergleicht man die Klassifizierungsergebnisse aus den geometrisch und spektral hochauflösenden CASI-Daten mit denen aus den LANDSAT-Satellitenbilddaten erzielten LB-Klassen eröffnet sich eine Möglichkeit der räumlichen Generalisierung (Abb. 7.7). Der Einsatz von LANDSAT-TM-Daten erscheint im Rahmen einer räumlichen Generalisierung dann sinnvoll, wenn das Untersuchungsgebiet größere zusammenhängende und im Hinblick auf die Vegetationsstruktur homogene Bereiche aufweist. Kleinräumig wechselnde Strukturen, wie sie z. B. für Sukzessionsflächen aber auch für Flächen im Tagebaurandbereich charakteristisch sind, werden nur unzureichend abgebildet. Ausführlicher wird in Felinks et al. (2000, dieser Band) auf diesen Ansatz eingegangen.

4 Schlußfolgerungen für den Einsatz von Fernerkundungsdaten

Durch die Fernerkundungsbeiträge wird aufgezeigt, wie aktuelle Informationen über die zum Aufnahmetermin des Datensatzes herrschende räumliche Verteilung von Landbedeckungstypen in den beiden Untersuchungsgebieten der BFL, Schlabendorfer Felder und Koyne-Plessa, gewinnbar sind. Sie stellen einen Beitrag zur Charakterisierung des Ist-Zustandes der Gebiete dar und stehen als solche für die großräumige Leitbildentwicklung zur Verfügung.

Generell ist eine Satellitenbildauswertung mit den zur Zeit kontinuierlich verfügbaren Daten (LANDSAT-TM, SPOT und IRS) für mittelmaßstäbige Untersuchungen optimal. Sie sind damit für eine zusammenhängende Betrachtung größerer Landschaftsausschnitte, wie sie die Untersuchungsgebiete darstellen, geeignet. Gegenüber einer Biotopkartierung, die Objekte mit ganz unterschiedlicher räumlicher Ausdehnung abgrenzen kann, ist die Fernerkundungsmethodik durch eine einheitliche Aggregierung, die vorrangig durch die Größe des Bildpunktes des Aufnahmesystems bestimmt wird, festgelegt. Dies bedeutet bezogen auf die Untersuchungsgebiete, Objekte mit einem Ausmaß von kleiner 30 m werden kaum identifiziert. Damit ist zu erwarten, daß räumliche Einheiten größer als 1 ha mittels Satellitenbildanalysen differenziert werden können. Eine Gebietscharakterisierung mit Unterstützung von Satellitenbilddaten ist dann sehr effektiv, wenn sie zur Langzeitüberwachung von Gebieten eingesetzt wird.

Als eine Ergänzung zur Charakterisierung von internen Biotopstrukturen und räumlichen Vergleichen haben sich die Untersuchungen mit dem spektral abgeleiteten Vegetationsindex NDVI erwiesen. Dieser Index fungiert als Vitalitätsmerkmal der Vegetationsdecke. Er ist mit wenig Aufwand aus entsprechend vorverarbeiteten Satellitenbilddaten ableitbar. Als den Vegetationszustand beschreibendes Merkmal ist der NDVI für eine Langzeitüberwachung von Vegetationsentwicklungsprozessen in der BFL gut geeignet.

Für kleinräumige Bestandsaufnahmen, wie sie in naturnahen Bereichen erforderlich sind, bringen von Seiten der Fernerkundung spezielle Befliegungsdaten den größten Nutzen. Dazu wurde eine überwachte Klassifizierung mit spektral und räumlich hochauflösenden Daten der CASI-Befliegung vom 5.12.1996 durchgeführt. Sie ergab für den naturnahen Bereich auf der Innenkippe am Restsee F sieben Klassen, die eine unterschiedliche Artenzusammensetzung und Bodenbedekkung der Sukzessionsvegetation repräsentieren. Dabei war die sich widerspiegelnde Heterogenität des Standortes größer als erwartet. Die Analyse von räumlich und spektral hochauflösenden Scanner-Befliegungsdaten, wie sie die CASI-Daten des naturnahen Bereiches am Restsee F darstellen, sind ein wertvoller Ansatz, Vegetationsaufnahmen von einzelnen Bereichen in die Fläche zu generalisieren. Die beispielhaft durchgeführten Untersuchungen dazu zeigen, daß eine Generalisierung vom Punkt zur Fläche bezüglich der Vegetationsarten nicht möglich ist, vielmehr allgemeine Merkmale der Vegetation wie Anteil toter Substanz und Bodenbedeckungsgrad eine Rolle spielen. Diese Spezialbefliegungsdaten liefern damit wertvolle Informationen für Überwachungen (auch weiterer Forschungen) zur räumlich-zeitlichen Entwicklung terrestrischer Sukzessionsstandorte.

Danksagung

Die vorliegenden Untersuchungen wurden im Rahmen des Verbundvorhabens LENAB durchgeführt, gefördert vom BMBF (Fkz 0339648) und der LMBV mbH.

Literatur

Albertz, J. 1991. Grundlagen der Interpretation von Luft- und Satellitenbildern: Eine Einführung in die Fernerkundung. Wiss. Buchges., Darmstadt.

Felinks, B., Mrzljak, J. & Pilarski, M. 2000. Generalisierung vegetationskundlicher und zoologischer Daten „vom Punkt in die Fläche“ – empirische Aspekte, dieser Band.

Hildebrandt, G. 1996. Fernerkundung und Luftbildmessung für Forstwirtschaft, Vegetationskartierung und Landschaftsökologie. Wichmann: 667 S.

Felinks, B. 2000. Dynamik der Vegetationsentwicklung in den terrestrischen Offenlandbereichen der Bergbaufolgelandschaft, dieser Band.

Teil 3

Terrestrische Ökologie

8 Biotische und abiotische Eigenschaften von Böden naturnaher Offenlandbereiche der Niederlausitzer Bergbaufolgelandschaft

Birgit Hahn[1] & Henning Fromm[2]

1 Brandenburgische Technische Universität Cottbus, LS Allgemeine Ökologie, Postfach 101344, D-03013 Cottbus, aktuelle Adresse: St. Helenastr. 22, D-54294 Trier

2 Brandenburgische Technische Universität Cottbus, LS Allgemeine Ökologie, Postfach 101344, D-03013 Cottbus, aktuelle Adresse: Bonnaskenplatz 6, D-03044 Cottbus

Zusammenfassung. Auf 11 Offenlandstandorten von vier ehemaligen Braunkohletagebauen wurden die Aktivität und die Biomasse von Mikroorganismen, die Verteilung von Lumbriciden und Collembolen, sowie bodenchemische und –physikalische Kennwerte als biotische und abiotische Eigenschaften der Böden untersucht. Diese weisen eine nur schwache initiale Bodenentwicklung auf. Aus den sandigen quartären und tertiären Kippsubstraten entstehen zunächst Lockersyroseme, mit zunehmender Bodenbildung Regosole, wobei die Horizontierung noch undeutlich ausgebildet ist. Die höchsten mikrobiellen Umsatzleistungen werden unter Hochgrasbeständen und krautreichen Sandmagerrasen festgestellt. Auf Flächen mit sehr geringer und fehlender Vegetationsbedeckung erfolgt eine Wiederbesiedlung durch Mikroorganismen infolge der schnellen Austrocknung und der Nährstoffarmut der Sande nur langsam. Die häufigsten Collembolenarten (> 50 000 Individuen/m²) sind Mesaphorura macrochaeta und Proisotoma minuta auf zwischenbegrünten Standorten. Lumbriciden treten in Offenlandschaften der Kippenböden z. T. erst nach 50 Jahren mit den Arten Aporrectodea caliginosa und Dendrobaena octaedra auf. Hochgrasbestände mit Calamagrostis epigejos beschleunigen die Bodenentwicklung und Humusakkumulation aufgrund der intensiven Durchwurzelung.

Schlüsselwörter. Bodenbildung, chemische Bodenparameter, Collembolen, Lumbriciden, Mikroorganismen, physikalische Bodenparameter.

1 Einleitung

Während der letzten ca. 70 Jahre verursachte der Braunkohletagebau in der Niederlausitz eine großflächige Veränderung des gewachsenen Bodens. Die Sanierungspläne des Landes Brandenburg umfassen ein Gebiet von ca. 34 000 Hektar

Bergbaufolgelandschaft (BFL). Etwa 5 000 ha der Kippenflächen sind dabei als Vorrangflächen für den Naturschutz vorgesehen (MUNR 1996). Diese großen und unzerschnittenen, naturnahen Offenlandbereiche sind durch eine hohe Variabilität an Substraten und Vegetationstypen mit unterschiedlichen Sukzessionsstadien gekennzeichnet und stellen ein landschaftsprägendes Element in der Niederlausitz dar (Felinks et al. 1998). Eine verantwortungsvolle Gestaltung und nachhaltige Entwicklung dieser naturnahen Bereiche erfordert die Erarbeitung von adäquaten Leitbildern und Handlungskonzepten (Bröring et al. 1995).

Unter diesen Aspekten steht die Erfassung und Beurteilung der Aktivität und der Biomasse von Mikroorganismen und der Verteilung von Lumbriciden (Regenwürmern) sowie Collembolen (Springschwänze) als Vertretern der Mesofauna in naturnahen Offenlandbereichen der Niederlausitz im Vordergrund der folgenden Untersuchungen. Während die chemischen, physikalischen, mikrobiologischen und zoologischen Parameter für meliorierte Böden in den Bergbaufolgelandschaften umfassend analysiert wurden und entsprechende Ergebnisse vorliegen (vgl. Zehrling 1990, Kerth & Wiggering 1991, Weyers & Schröder 1991, Gil-Sotres et al. 1992, Gildon & Rimmer 1993, Schröder 1993, Haubold-Rosar et al. 1993, Schröder et al. 1994, Katzur 1995, 1997, Schumacher 1995, Dunger 1998a, Emmerling & Wermbter 1998, Haubold-Rosar 1998, Mayer et al. 1998, Dageförde et al. 1999), existieren bodenkundliche Untersuchungen aus naturnahen Offenlandbereichen der Bergbaufolgelandschaft bislang nur in geringem Umfang (Fromm et al. 1997). Die Kenntnisse über Bodenbildungsprozesse, die ohne anthropogenen Einfluß ablaufen, sind dementsprechend gering. Im Rahmen des Beitrages werden die biotischen und abiotischen Eigenschaften von Böden in naturnahen Offenlandbereichen der Niederlausitzer Bergbaufolgelandschaft beschrieben und diskutiert.

2 Material und Methoden

2.1 Untersuchungsgebiet

Das Untersuchungsgebiet erstreckt sich über vier zu unterschiedlichen Zeitpunkten stillgelegte Tagebaue und umfaßt die ehemaligen Abbaufelder Schlabendorf-Nord, Schlabendorf-Süd, Koyne und Plessa. Die Schlabendorfer Felder nordwestlich von Cottbus liegen in dem Naturpark „Niederlausitzer Landrücken“. Es handelt sich hierbei um große, einheitliche Flächen, die typisch für den mit Förderbrücken durchgeführten modernen Großtagebau sind. Die demgegenüber kleinflächiger strukturierten Altbergbaugebiete Koyne und Plessa südwestlich von Cottbus gehören dem Naturpark „Niederlausitzer Heidelandschaft“ an (Felinks et al. 1998).

Im folgenden werden 11 Probeflächen des Untersuchungsgebietes analysiert, die sowohl gewachsene Böden als auch Kippenflächen unterschiedlichen Alters und unterschiedlicher Vegetationsbedeckung und -dichte beinhalten. Wesentliche

Kenndaten in Bezug auf Bodentyp, Durchwurzelungsintensität und -tiefe sowie Regenwurmbesiedlung sind in Tabelle 8.1 dargestellt.

Tabelle 8.1 Nummer, Lage, Alter, Bodentyp und Vegetationsbedeckung der Probeflächen. *Kartierung nach der Bodenkundlichen Kartieranleitung 1994, **Beurteilung der Durchwurzelungsintensität nach der Bodenkundlichen Kartieranleitung 1994.

Probe-fläche	**Lage**	**Alter**	**Boden***	**Vegetation**
111	Schlaben-dorf-Nord	Gewach-sen	• Humusbraunerde (Ah 22 cm) • Sehr starke Durchwurzelungsintensität** • Durchwurzelungstiefe: 65 cm • Keine Lumbriciden	Calamagrostis epigejos-Bestand
132	Schlaben-dorf-Nord	ca. 20 Jahre	• Kipp-Kohleanlehmsand-Lockersyrosem-Regosol mit einem 3 cm mächtigen Aih-Horizont, starke Durchwurzelungsintensität bis 20 cm Tiefe** • Durchwurzelungstiefe: 45 cm • Keine Lumbriciden	Sandmager-rasen
133	Schlaben-dorf-Nord	ca. 20 Jahre	• Kipp-Anlehmsand-Regosol mit einem Ah-Horizont von 8 cm • Sehr starke Durchwurzelungsintensität** • Wurzeltiefe: 50 cm • Keine Lumbriciden	Calamagrostis epigejos-Bestand
211	Schlaben-dorf-Süd	Gewach-sen	• Parabraunerde-Braunerde • Extrem starke Durchwurzelungsintensität im Ah-Horizont (14 cm)** • Durchwurzelungstiefe: 85 cm	Calamagrostis epigejos-Bestand
224	Schlaben-dorf-Süd	5 Jahre	• Kipp-Kohleanlehmsand-Lockersyrosem mit Ai-Horizont von 3 cm • Schwache Durchwurzelungsintensität bis zu einer Tiefe von 20 cm** • Keine Lumbriciden	Gras-Klee-Ansaat
231	Schlaben-dorf-Süd	ca. 10 Jahre	• Kipp-Kohleanlehmsand-Lockersyrosem • Starke Durchwurzelungsintensität (bis 20 cm)** • Durchwurzelungstiefe: 45 cm	Dichte Silber-grasflur
312	Grüne-walde	45 Jahre	• Kipp-Anlehmsand-Regosol mit Ah-Horizont von 10 cm • Starke Durchwurzelungsintensität** • Durchwurzelungstiefe 90 cm • 10 Lumbriciden/m²	Calamagrostis epigejos-Bestand

Fortsetzung Tabelle 8.1

411	Plessa	50 Jahre	• Kipp-Anlehmsand-Lockersyrosem • Schwache Durchwurzelungsintensität bis zu einer Tiefe von 15 cm** • Keine Lumbriciden	Nahezu vegetationsfrei, stellenweise offener Kurzgrasrasen
412	Plessa	50 Jahre	• Kipp-Anlehmsand-Lockersyrosem-Regosol mit einem 3 cm mächtigen Aih-Horizont • Starke Durchwurzelungsintensität** • Durchwurzelungstiefe: 45 cm • 5 Lumbriciden/m²	Krautreicher Sandmagerrasen
413	Plessa	50 Jahre	• Kipp-Anlehmsand-Braunerde-Regosol mit 12 cm mächtigem Ah-Horizont • Extrem starke Durchwurzelungsintensität** • Durchwurzelungstiefe 65 cm • 15 Lumbriciden/m²	Calamagrostis epigejos-Bestand
426	Plessa	70 Jahre	• Kipp-Kohlesand-Lockersyrosem • Keine Lumbriciden	Keine Vegetation

2.2 Methoden

Die Probenahme erfolgte an fünf Terminen (Herbst 1995, Frühjahr 1996, Sommer 1996, Herbst 1996, Frühjahr 1997). Zur Erfassung von Parametern der Bodenmikrobiologie, -chemie und -physik wurden die Tiefen 0-10, 10-20 und 20-30 cm beprobt. Mischproben aus jeder Tiefe wurden jeweils im Labor feldfrisch auf 2 mm gesiebt und homogenisiert. Für die mikrobiologischen Analysen wurde der Wassergehalt des Bodens auf 50% der maximalen Wasserkapazität eingestellt (vgl. Alef 1995). Die Lagerung der Proben erfolgte bei –20°C. Vor der Analyse wurde der Boden bei 4°C aufgetaut und für einen Zeitraum von 24 h an die Raumtemperatur angeglichen (vgl. Forster 1995).

Zur Charakterisierung der Probeflächen wurden Bodenprofile angelegt und angesprochen (Bodenkundliche Kartieranleitung 1994; vgl. Tab. 8.1). Darüber hinaus erfolgte die Bestimmung der physikalischen Kennwerte Wassergehalt, maximale Wasserkapazität (WK_{max}) und Korngrößenzusammensetzung. Die Ton-, Fein-, Mittel- und Grobschlufffraktionen wurden nach der Pipettmethode an der Köhnapparatur ermittelt, die Fein-, Mittel- und Grobsandfraktionen durch die Siebmethode (nach ISO/CD 11277). Folgende bodenchemische Parameter wurden erhoben: Die Bestimmung des pH ($CaCl_2$)-Wertes erfolgte potentiometrisch mittels einer Glaselektrode. Die Messung wurde in einer 0,01 M $CaCl_2$-Lösung durchgeführt. Das Verhältnis Boden/Lösung betrug 1:2,5 (vgl. Schlichting et al. 1995). Die organischen Kohlenstoff (C_{org})- und Gesamtstickstoff (N_t)-Gehalte wurden am CHN 1000 Analysator (Leco), die Schwefel (S_t)-Gehalte am SC 432 Analysator (Leco) ermittelt; die Untersuchung erfolgte an luftgetrocknetem, gemahlenem Bodenmaterial. Ammonium (NH_4-N)- und Nitrat (NO_3-N)-Stickstoff wurden photometrisch nach Extraktion des NH_4-N (nach DIN 38406-5) und NO_3^--N (nach DIN 38405-9) aus feldfrischen Bodenproben mittels einer 1 M $CaCl_2$-Lösung (Verhältnis Boden/Lösung 1:5) bestimmt.

Die Wärme, die während des mikrobiellen Abbaus organischer Substanz freigesetzt wird, wurde mit Hilfe eines Mikrokalorimeters (LKB Thermal Activity Monitor) erfaßt. Ein thermisches Gleichgewicht wurde etwa 2 h nach dem Einsenken der Ampulle in das Meßgerät erreicht (vgl. Alef 1991). Basalatmung und substratinduzierte Respiration (SIR) wurden an einem Infrarotgasanalysator (Heinemeyer et al. 1989) ermittelt. Die Methode von Anderson & Domsch (1978) wurde modifiziert, indem neben Glucose ein Hefeextrakt als Stickstoff- und Vitaminquelle unter die Bodenproben gemischt wurde. Vorversuche zeigten, daß die maximale initiale Respiration bei den verschiedenen Böden durch unterschiedliche Glucose-Hefe Verhältnisse erzielt wurde; in Abhängigkeit des jeweiligen Bodens wurde die maximale initiale Respiration durch eine Kombination von Glucose und Hefe in einem Verhältnis von 5:1, 2:1 und 1:1 erreicht. Der Kohlenstoffgehalt der mikrobiellen Biomasse (C_{mik}) wurde mit Hilfe der Epifluoreszenzmikroskopie bestimmt. Die Bakterien wurden mit DTAF (Dichlorotriazin-Aminofluoreszin), die Pilzhyphen mit Fluoreszent-Brightener angefärbt (Bloem et al. 1995). Die Untersuchung des C_{mik} erfolgte für zwei Probenahmetermine (Herbst 1995, Frühjahr 1996). Die Analysen der chemischen und physikalischen Parameter wurden mit zwei Parallelen, die der mikrobiologischen Parameter mit drei Parallelen durchgeführt.

Zur Untersuchung der Mesofauna wurden zeitgleich zur o. g. Probenahme an jeder Probefläche mit einem Bodenbohrer (7,6 cm Durchmesser, 30 cm Höhe) pro Probenahmetermin sechs Parallelen (mit den Tiefen 1995: 0-5 cm, 5-10 cm, 10-15 cm und 15-20 cm; 1996 und 1997: 0-5 cm und 5-10 cm) entnommen. Mittels einer Kelle wurde die Bodensäule in 5 cm lange Abschnitte unterteilt, in entsprechende Plastikhülsen mit Deckel und Untersatz gefüllt und bis zur Extraktion in einer Kühlbox bzw. im Kühlschrank bei 4°C gelagert. Die Extraktion der Mesofauna aus den Bodenproben erfolgte in einem Austreibeapparat (Fa. Ecotech) mit einem kontinuierlichen Temperaturregime von 20°C auf 45°C über fünf Tage. Die Collembolen wurden bis zur Art bestimmt (Gisin 1960, Zimdars & Dunger 1994). Die Untersuchung der Makrofauna (Lumbriciden) fand im Oktober 1996 ebenfalls an den 25 Probeflächen statt. Mittels Handauslese wurden in vier Parallelen einer 50x50 cm Fläche bis 30 cm Tiefe die Regenwürmer für die Untersuchung des gesamten Untersuchungsgebietes gewonnen, in Alkohol konserviert und bis zur Art bestimmt (bei juvenilen Tieren nicht möglich).

3 Ergebnisse

Die gewachsenen Böden wurden als Humusbraunerde (Probefläche 111) und als Parabraunerde-Braunerde (Probefläche 211) angesprochen. Auf den Kippenflächen entwickelten sich Kipp-Lockersyroseme und Kipp-Regosole bzw. deren Übergangsformen (Tab. 8.1). Die untersuchten Böden besitzen eine sandige Textur mit sehr hohen Anteilen der Sandfraktion (bei den meisten Böden >85%) und i. d. R. niedrigen Tongehalten (Tab. 8.2). Die maximalen Wasserkapazitäten sind daher – mit Ausnahme der Probefläche 312 – gering; die Werte bewegen sich in Abhängigkeit der organischen Substanz zwischen 23,6% (Fläche 426) und 40,8% (Fläche 111).

Die pH-Werte sind überwiegend niedrig; sie schwanken in den oberen 10 cm zwischen pH 3,4 an Probefläche 426 und pH 6 auf der Fläche 132 (Tab. 8.3) und liegen damit in einem sehr stark sauren bis mittel sauren Bereich (vgl. Bodenkundliche Kartieranleitung 1994). Die Kippenböden unter Calamagrostis (133, 312), die fünf Jahre alte Kippenfläche mit Gras-Klee-Ansaat (224) sowie die vegetationsfreie tertiäre Probefläche (426) weisen niedrige C/N-Verhältnisse auf, während die der übrigen Untersuchungsflächen als hoch bzw. sehr hoch (C/N < 10) einzustufen sind (vgl. Bodenkundliche Kartieranleitung 1994). Die Böden unter Hochgrasbeständen scheinen sowohl die höchsten Gehalte an C_{org} als auch die beste Versorgung mit N_t, NH_4^+-N und NO_3^--N aufzuweisen, während in sehr jungen Böden und in solchen mit geringer Vegetationsbedeckung nur geringe Werte an organischem Kohlenstoff und Nährstoffen gemessen wurden. Untersuchungen der Kohle zeigen allerdings, daß diese neben hohen Gehalten an C_{org}, hohe Gehalte an N_t und NH_4^+-N besitzt, so daß die großen Unterschiede im C- und N-Gehalt nicht nur durch Alter und Vegetation, sondern auch durch den unterschiedlichen Anteil an Kohlerückständen bedingt sind.

Um Hinweise auf eine Akkumulation von rezenter organischer Substanz und Nährstoffen zu erhalten, wurden daher bei den Kippenböden die gemessenen Werte der dritten Tiefe von denen der ersten Tiefe subtrahiert (Abb. 8.1-8.3). Diese Ergebnisse deuten darauf hin, daß sich mit Ausnahme der Probefläche 231 an allen Flächen rezente organische Substanz und Stickstoff angereichert haben; die Werte steigen auf Flächen gleichen Alters von offenem Kurzgrasrasen (411) zu Sandmagerrasen (412) und Hochgrasbeständen (413) an. Analog verhält es sich bei den Probeflächen 132 und 133. Relativ hohe C_{org}- und N_t-Gehalte kommen auf der 45 Jahre alten Kippenfläche 312 unter Calamagrostis (Land-Reitgras) vor (Abb. 8.1-8.2). Die gewachsenen Flächen sowie die 45 bzw. 50 Jahre alten Kippenflächen unter Hochgrasbeständen weisen darüber hinaus die beste Versorgung mit NH_4^+-N auf (Abb. 8.3).

Tabelle 8.2 Bodenphysikalische Parameter von 11 Probeflächen der BFL (Mittelwert aus fünf Probenahmeterminen). St2 schwach toniger Sand; Su2 schwach schluffiger Sand; Su3 mittel schluffiger Sand; Sl2 schwach lehmiger Sand; Sl3 mittel lehmiger Sand; Ss reiner Sand. Zum Vergleich ist eine Analyse reiner Kohle ebenfalls dargestellt.

Probe-fläche	**Tiefe (cm)**	**WK_{max} (%)**	**Bodenart**	**Sand (%)**	**Schluff (%)**	**Ton (%)**
111	0-10	40,77	St2	87,77	5,18	7,05
	10-20	20,97	Sl2	77,86	16,34	5,80
	20-30	20,15	St2	85,04	9,41	5,55
132	0-10	30,57	St2	88,43	4,12	7,45
	10-20	25,07	St2	92,13	2,13	6,92
	20-30	25,04	St2	87,53	6,68	5,80
133	0-10	29,69	St2	88,91	3,17	7,92
	10-20	26,09	St2	88,31	4,77	6,92
	20-30	21,89	St2	85,03	9,19	5,78
211	0-10	30,53	Su3	59,98	34,72	5,30
	10-20	32,43	Sl3	57,35	33,10	9,55
	20-30	31,77	Sl3	56,10	33,60	10,30
224	0-10	25,28	St2	93,26	1,46	5,49
	10-20	26,12	St2	89,22	4,00	6,79
	20-30	25,72	Ss	90,12	5,58	4,30
231	0-10	24,60	St2	88,78	4,80	6,42
	10-20	23,24	St2	93,28	0,79	5,92
	20-30	26,58	St2	87,13	5,67	7,20
312	0-10	77,00	St2	89,99	1,84	8,18
	10-20	44,01	St2	80,55	7,75	11,70
	20-30	27,66	St2	84,01	6,99	8,92
411	0-10	25,97	St2	94,11	0,75	6,05
	10-20	24,44	Ss	94,07	1,63	4,30
	20-30	24,52	St2	88,90	5,30	5,05
412	0-10	35,27	St2	88,89	3,31	7,80
	10-20	25,70	St2	84,22	9,73	6,05
	20-30	25,16	Ss	86,58	8,62	4,80
413	0-10	35,24	St2	91,90	2,19	6,05
	10-20	26,57	Sl2	84,80	10,15	5,05
	20-30	26,64	St2	87,92	7,07	5,01
426	0-10	23,62	St2	86,35	6,46	7,20
	10-20	25,41	St2	84,67	9,15	6,17
	20-30	32,92	Ss	90,24	5,46	4,30
Kohle		231,69				

Tabelle 8.3 Bodenchemische Parameter von 11 Probeflächen der BFL (Mittelwert aus fünf Probenahmeterminen). Zum Vergleich ist eine Analyse reiner Kohle ebenfalls dargestellt.

Probe-fläche	Tiefe (cm)	pH ($CaCl_2$)	C_{org} (%)	C/N	N_t (%)	NH_4^+-N (mg * 100g TS^{-1})	NO_3^--N (mg * 100g TS^{-1})	S_t (%)
111	0-10	4,04	5,69	14,12	0,40	0,50	0,46	0,05
	10-20	3,89	3,23	14,86	0,22	0,37	0,31	0,04
	20-30	3,97	2,16	14,71	0,15	0,19	0,17	0,17
132	0-10	5,97	0,56	10,92	0,05	0,21	0,09	0,02
	10-20	5,63	0,31	9,86	0,03	0,08	0,01	0,02
	20-30	5,63	0,30	13,87	0,02	0,06	0,01	0,02
133	0-10	4,95	1,05	19,33	0,05	0,15	0,01	0,04
	10-20	4,89	0,66	16,61	0,04	0,05	0,01	0,04
	20-30	4,87	0,56	17,69	0,03	0,06	0,02	0,03
211	0-10	5,65	0,79	8,94	0,09	0,36	0,24	0,01
	10-20	5,74	0,53	8,04	0,07	0,17	0,06	0,01
	20-30	5,81	0,53	8,83	0,06	0,15	0,10	0,01
224	0-10	5,78	0,80	32,88	0,02	0,09	0,08	0,04
	10-20	5,03	0,49	20,00	0,02	0,22	0,04	0,02
	20-30	4,23	0,42	22,85	0,02	0,15	0,02	0,03
231	0-10	4,81	0,32	15,93	0,02	0,12	0,04	0,02
	10-20	5,22	0,35	14,35	0,02	0,05	0,04	0,02
	20-30	4,59	0,36	22,64	0,02	0,05	0,01	0,02
312	0-10	3,98	5,65	20,70	0,27	0,62	0,20	0,11
	10-20	4,15	3,72	30,98	0,12	0,10	0,08	0,11
	20-30	4,18	2,27	26,47	0,09	0,09	0,09	0,07
411	0-10	4,56	0,28	12,25	0,02	0,06	0,03	0,01
	10-20	4,71	0,07	4,64	0,02	0,05	0,04	0,01
	20-30	4,84	0,05	3,30	0,01	0,05	0,01	0,01
412	0-10	5,05	0,59	12,18	0,05	0,20	0,07	0,01
	10-20	5,80	0,09	4,50	0,02	0,09	0,04	0,01
	20-30	5,96	0,03	1,44	0,02	0,06	0,01	0,01
413	0-10	5,60	1,07	11,22	0,10	0,45	0,12	0,02
	10-20	6,50	0,18	7,17	0,03	0,13	0,08	0,01
	20-30	6,52	0,09	5,17	0,02	0,06	0,05	0,01
426	0-10	3,35	1,02	28,56	0,04	0,49	0,06	0,05
	10-20	3,40	0,91	29,05	0,03	0,45	0,03	0,04
	20-30	3,26	0,92	33,79	0,03	0,44	0,02	0,05
Kohle		2,30	52,06	110,77	0,47	0,48	0,18	2,89

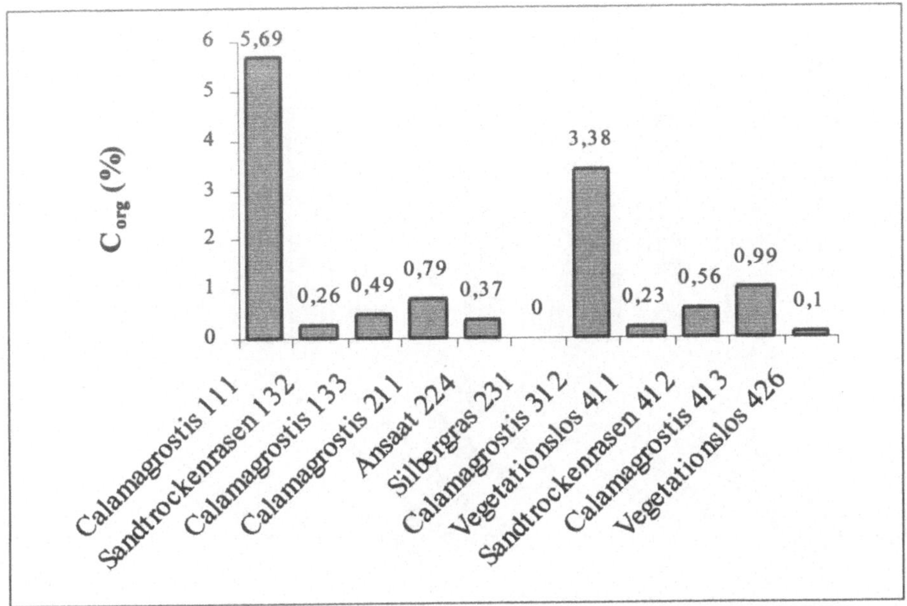

Abbildung 8.1 C_{org}-Gehalte in Böden der BFL der Tiefe 0-10 cm nach Subtraktion der Tiefe 20-30 cm.

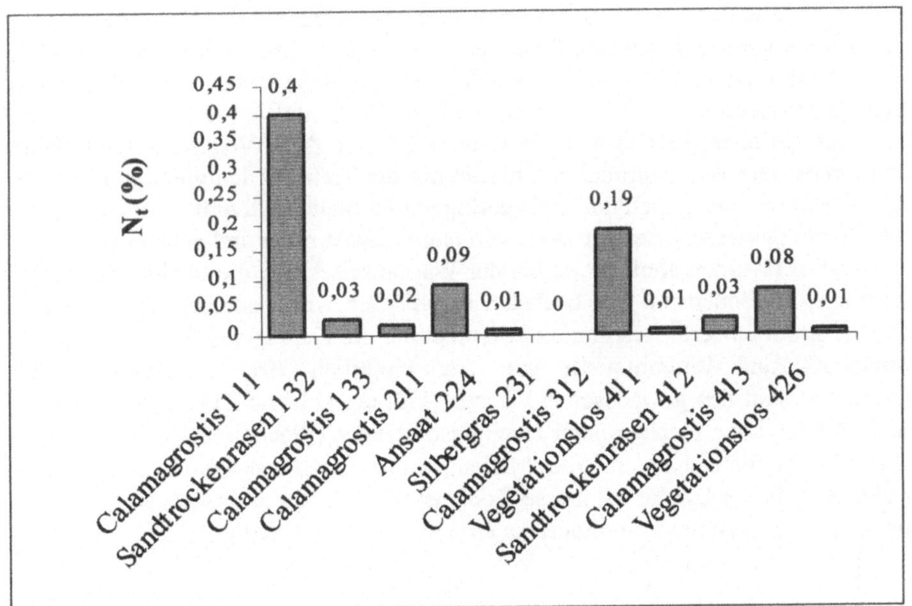

Abbildung 8.2 N_t-Gehalte in Böden der BFL der Tiefe 0-10 cm nach Subtraktion der Tiefe 20-30 cm.

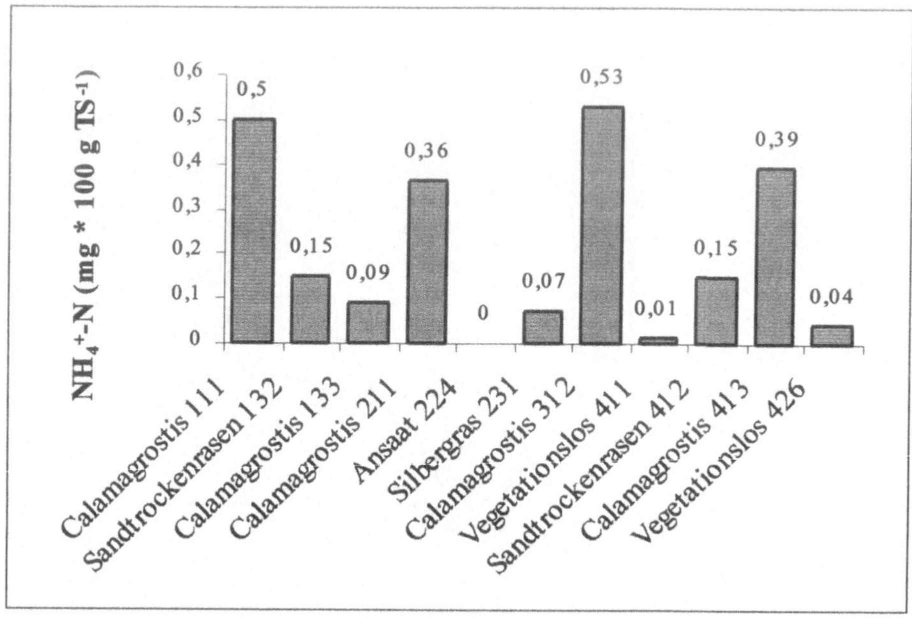

Abbildung 8.3 NH_4^+-N-Gehalte in Böden der BFL der Tiefe 0-10 cm nach Subtraktion der Tiefe 20-30 cm.

Die Ergebnisse der Mikrokalorimeterversuche belegen, daß die Umsatzleistungen der Mikroorganismen auf den 20 Jahre alten (Fläche 132) und insbesondere 45 und 50 Jahre alten Probeflächen (Fläche 312 und 413) denen der gewachsenen Flächen entsprechen (Abb. 8.4). Eine meßbare Aktivität wurde bereits in Böden mit sehr geringer (Fläche 411) bzw. ohne (Fläche 426) Vegetationsbedeckung beobachtet. Die Wärmeproduktion nimmt mit der Tiefe ab; lediglich an Probefläche 426 wurde eine gleichbleibende geringe mikrobielle Aktivität bis in eine Tiefe von 30 cm gemessen. Bei der Bodenatmung (Basalatmung und substratinduzierte Respiration) wurden ähnlich wie bei der Wärmefreisetzung die höchsten Umsatzleistungen in Böden mit den höchsten organischen Kohlenstoffgehalten erreicht. Die substratinduzierte Respiration konnte durch die Zufuhr des Hefeextraktes als Stickstoff- und Vitaminquelle um durchschnittlich 30% gesteigert werden (Abb. 8.5). Auf den gewachsenen Flächen (Flächen 111 und 211) und auf den 45 und 50 Jahre alten Flächen unter Hochgrasbeständen (Flächen 312 und 413) wurden die höchsten Gehalte an mikrobiellem Biomasse-Kohlenstoff (C_{mik}) gemessen (Abb. 8.6). Der pilzliche Biomasse-Kohlenstoff ist in diesen sandigen und überwiegend sauren Böden zu mindestens 80% an dem C_{mik} beteiligt.

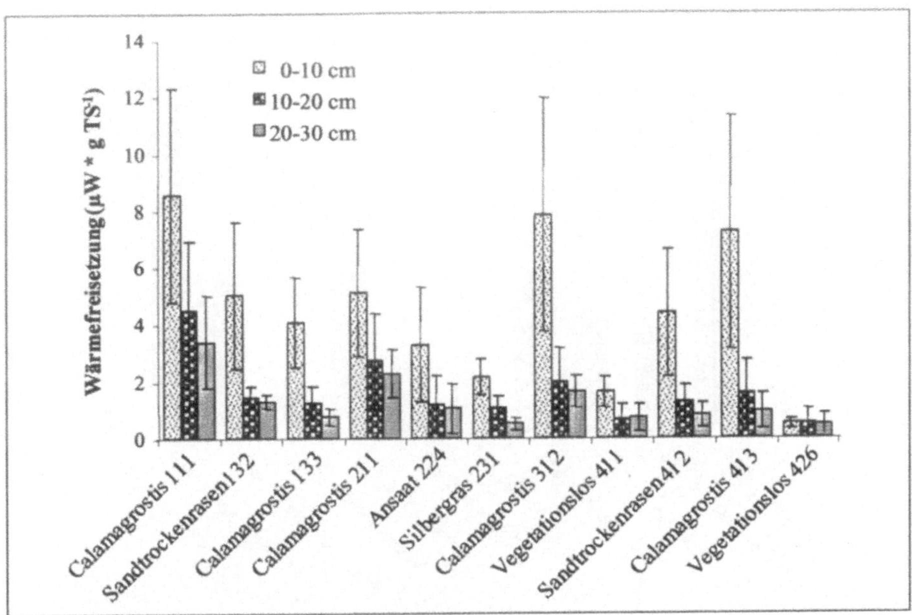

Abbildung 8.4 Wärmefreisetzung durch Mikroorganismen in Böden der BFL (Mittelwert und Standardabweichung aus fünf Probenahmeterminen).

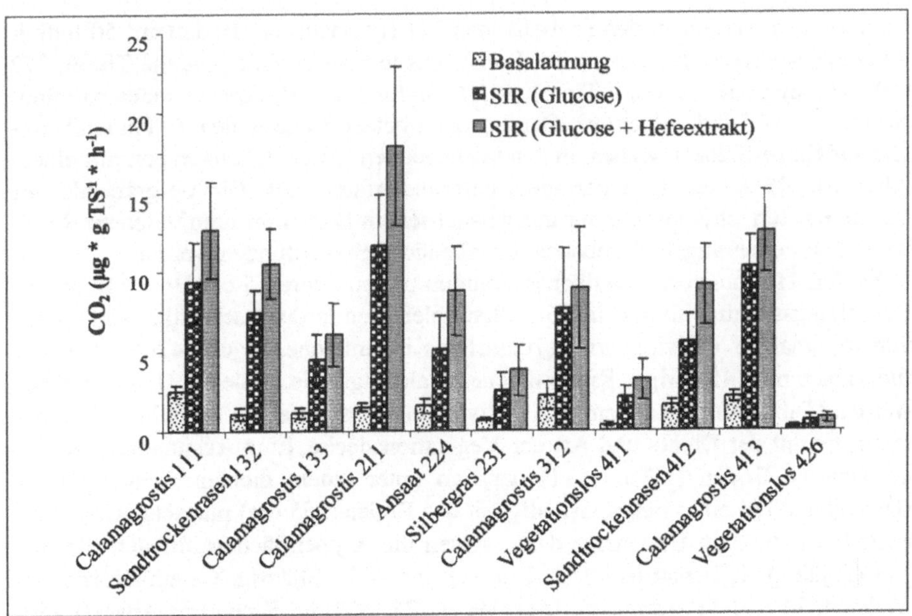

Abbildung 8.5 Basalatmung und substratinduzierte Respiration mit Glucose und Glucose + Hefeextrakt in Böden der BFL (Mittelwert und Standardabweichung aus fünf Probenahmeterminen; Tiefe: 0-10 cm).

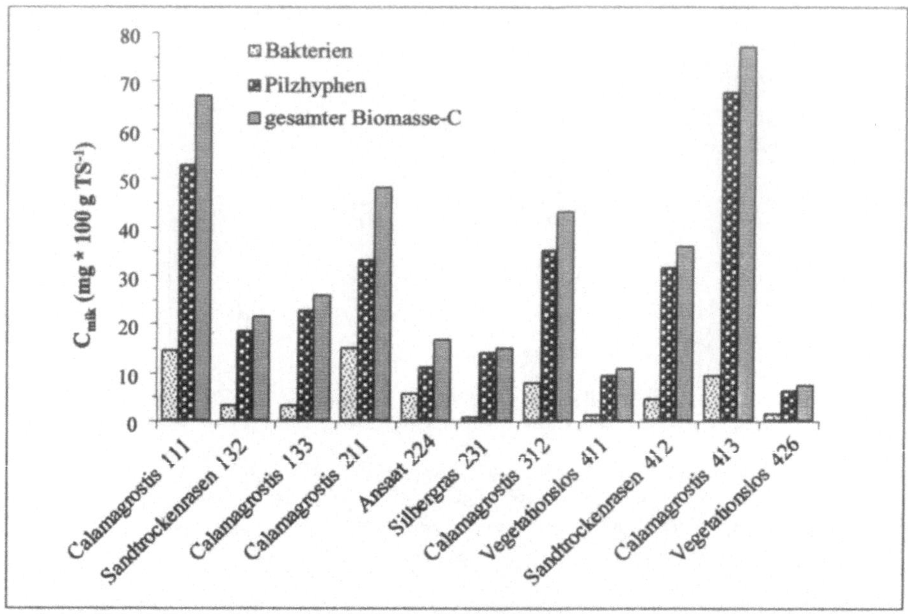

Abbildung 8.6 Bakterieller, pilzlicher und gesamter Biomasse-C in Böden der BFL (Mittelwert aus zwei Probenahmeterminen; Tiefe 0-10 cm).

Lumbriciden wurden an den Probeflächen 211 (gewachsener Boden mit 50 Individuen/m²; Aporrectodea caliginosa, Lumbricus terrestris, viele juvenile Tiere), 312 (10 Individuen/m², juvenile Tiere), 412 (5 Individuen/m², Aporrectodea caliginosa) und 413 (15 Individuen/m², Dendrobaena octaedra) gefunden. Offenlandbereiche auf Kippenflächen weisen in den vorliegenden Untersuchungen erst mit einem Alter von 45 Jahren eine geringe Lumbricidenfauna auf. Die tiefgrabende Art Lumbricus terrestris konnte nur auf gewachsenem Boden im unmittelbaren Randbereich des ehemaligen Tagebaues Schlabendord-Süd gefunden werden.

An den 11 Untersuchungsflächen konnten in den oberen 5 cm Boden über vier Beprobungstermine insgesamt 26 Collembolenarten in durchschnittlichen Dichten von minimal 15 Individuen/m² (70jährige Kippenfläche, Fläche 426) bis 9 761 Individuen/m² (45jährige Kippenfläche, Calamagrostis, Fläche 312) gefunden werden (Tab. 8.4). Die Arten- und Individuenzahl zeigt einen auffälligen Zusammenhang mit der Dichte und Art der Vegetationsdecke. Eine Ausnahme stellt der gewachsene Boden (Fläche 111) dar, wo unter einem dichten Calamagrostis-Bestand und bei einer tiefen Gründigkeit des Bodens (55 cm) nur acht Arten festgestellt wurden. Im Gegensatz dazu weisen die Kippenflächen mit den Flächen 133 (20jährig, Calamagrostis), 312 (s. o.) und 413 (50jährig, Calamagrostis) jeweils 14, 16 und 15 Arten auf. Die Fläche 224 (5jährig, Klee-Gras-Ansaat) wies dagegen nur zwei Arten, Fläche 411 (50jährig, vegetationslos) drei Arten und Fläche 426 (70jährig, vegetationslos) nur eine Art (Mesaphorura macrochaeta mit 15 Individuen/m²) auf. Der Individuen- und Artenreichtum an Collembolen ist eindeutig mit dem Vorkommen einer dichten Pflanzenbedeckung, hauptsächlich Calamagrostis, verbunden.

Tabelle 8.4 Collembolenarten an 11 Probeflächen der BFL, durchschnittliche Individuenzahlen/m² (Beprobungen Mai 1995, August 1995, Oktober 1995, April 1996, 0-5 cm Tiefe und 6 Parallelen).

Art \ Probefläche	**111**	**132**	**133**	**211**	**224**	**231**	**312**	**411**	**412**	**413**	**426**
Neanura muscorum	0	0	0	0	0	0	15	0	0	0	0
Hypogastrura unungulata	7018	44	0	15	0	0	74	0	0	15	0
Hypogastrura sahlbergi	0	0	0	44	0	0	0	15	0	29	0
Hypogastrura inermis	0	74	15	29	0	0	29	44	501	44	0
Onychiurus armatus	442	0	2300	0	0	0	0	0	0	0	0
Mesaphorura machrochaeta	487	339	678	251	59	1401	3922	59	324	2742	15
Metaphorura affinis	0	0	826	0	0	0	0	0	0	0	0
Proisotoma minuta	0	3111	44	796	1592	501	737	0	29	162	0
Isotomodes productus	0	0	0	15	0	0	0	0	44	0	0
Isotoma notabilis	295	15	1356	590	0	0	4232	0	0	3981	0
Isotoma viridis	0	722	354	590	0	0	29	0	15	649	0
Isotomurus palustris	0	0	0	0	0	0	118	0	0	0	0
Tomocerus flavescens	0	0	0	0	0	0	29	0	0	0	0
Folsomia candida	0	0	0	0	0	0	74	0	0	74	0
Folsomia litsteri	29	0	0	0	0	0	0	0	0	29	0
Entomobrya multifasciata	678	442	560	0	0	0	192	0	221	221	0
Entomobrya marginata	0	0	0	15	0	0	0	0	0	0	0
Lepidocyrtus cyaneus	0	29	15	0	0	0	0	0	0	44	0
Lepidocyrtus lanuginosus	0	0	44	0	0	0	44	0	74	472	0
Lepidocyrtus curvicollis	0	74	15	0	0	0	88	0	0	0	0
Lepdocyrtus paradoxus	0	0	15	0	0	0	0	0	0	44	0
Sphaeridia pumilis	59	265	177	15	0	0	147	0	339	133	0
Sminthurinus aureus	103	0	0	29	0	0	15	0	0	0	0
Sminthurus nigromaculatus	0	0	0	0	0	0	0	0	44	118	0
Folsomides parvulus	0	0	0	221	0	0	15	0	0	0	0
Anurida pygmaea	0	0	221	0	0	0	0	0	0	0	0
Entomobrya nivalis	0	0	0	0	0	0	0	0	221	0	0
Individuendichte/m²	9112	5116	6620	2610	1651	1902	9761	118	1814	8758	15
Artenzahl	8	10	14	11	2	2	16	3	10	15	1

4 Diskussion und Schlußfolgerung

Die untersuchten Böden der Offenlandbereiche weisen nur eine schwache initiale Bodenentwicklung auf. Aus den sandigen quartären und tertiären Kippsubstraten entstehen zunächst Lockersyroseme, mit zunehmender Bodenbildung Regosole, wobei die Horizontierung noch undeutlich ausgebildet ist.

Der Nachweis einer Anreicherung organischer Substanz in den untersuchten Kippenböden wird aufgrund der z. T. hohen Anteile an Kohlerückständen erschwert. Erste Hinweise auf eine Akkumulation rezenten organischen Kohlenstoffs ergeben sich aus Vergleichen der Tiefe 0–10 cm mit der Tiefe 20–30 cm. Insbesondere Hochgrasbestände wie Calamagrostis epigejos wirken sich aufgrund ihrer intensiven Durchwurzelung (vgl. Tab. 8.1) günstig auf eine Bodenentwicklung aus; bereits nach 45 Jahren kann unter dieser Vegetation ein C_{org}-Gehalt erreicht werden, der demjenigen der gewachsenen Fläche entspricht (vgl. Abb. 8.1).

Die höchsten mikrobiellen Umsatzleistungen werden unter Hochgrasbeständen und krautreichen Sandmagerrasen festgestellt. Auf Flächen mit sehr geringer (Probefläche 411) und fehlender (Probefläche 426) Vegetationsbedeckung erfolgt eine Wiederbesiedlung durch Mikroorganismen infolge der schnellen Austrocknung und der Nährstoffarmut der Sande nur langsam. Die bereits meßbare Aktivität der Mikroflora auf diesen extremen Standorten deutet jedoch auf die Anwesenheit einer hochadaptierten Organismengemeinschaft hin (Dunger 1995). Begrenzende Faktoren für das Wachstum und die Umsatzleistungen der Mikroorganismen sind in den untersuchten Kippenböden neben dem C-Angebot die geringen Nährstoffgehalte. Ursache für die Erhöhung der substratinduzierten Respiration durch die Zufuhr von Stickstoff könnte die Abhängigkeit der mikrobiellen Verfügbarkeit organischer Substanz von dem Nährstoffgehalt des Bodens sein (Anderson & Gray 1991, Scinner & Sonnleitner 1996).

Die Wiederbesiedlung der Kippenflächen durch Regenwürmer steht weniger mit dem Zeitfaktor in Zusammenhang, als hauptsächlich mit der Mächtigkeit der akkumulierten Streuschicht. Diese Schicht vermindert den Wasserverlust durch Verdunstung in Böden mit einer geringen Wasserkapazität. Edwards & Bohlen (1996) fassen die Erkenntnisse über die Wiederbesiedlung mit Regenwürmern in ehemaligen Tagebauflächen zusammen und weisen auf die positiven Wirkungen einer Bodenverbesserung hin. Obwohl die Populationsdichten von Aporrectodea caliginosa und Dendrobaena octaedra auch in deren Untersuchungen gering sind, werden die Auswirkungen auf die Bodenbildung durch die Entwicklung einer Mull-Humusschicht sichtbar. A. caliginosa als der bedeutendste Primär-Besiedler unter den Regenwürmern besitzt die höchste Toleranz gegenüber Austrocknung und Säure, im Gegensatz zu D. octaedra, der eine Streuschicht zur Besiedlung braucht (Dunger 1989).

Die Bodenbildung wird begleitet von einer Bodentier-Besiedlung, die Dunger (1998b) in die fünf Stadien Initial-, Pionier-, Gras-, Vorwald- und Waldstadium einteilt, deren wahrscheinliche Einpassung in das Schema der r-, K- und A-

Lebensstrategen erste Ansätze für eine kausale Interpretation ermöglicht. Die Entwicklung von Populationen der Mikroarthropoden kann nur in bestimmten Sukzessionsphasen aus der Veränderung der Habitateigenschaften erklärt werden, z. B. aus der Abbaudynamik des Bestandsabfalles. Nach den vorliegenden Untersuchungen jedoch lassen sich die von Dunger (1998b) genannten Initial- und Pionierarten Mesaphorura macrochaeta und Proisotoma minuta (mit Individuenzahlen von zeitweise je > 50 000 Individuen/m²) auf den artenreichen eingesäten Zierrasen eher als Gleichgewichtsarten denn als Initialarten einordnen. Eine Erklärung kann in der euedaphischen (tiefere Bodenschichten bewohnend) Lebensweise liegen, wo eine asynchrone, wesentlich verzögerte Sukzession stattfindet.

Die durchgeführten Untersuchungen zeigen, daß Kippböden - wenn auch über lange Zeiträume - zu einer Eigenentwicklung in der Lage sind. An Standorten, an denen eine Humusbildung und eine Ansiedlung von Bodenflora und -fauna aufgrund extremer Bodenverhältnisse nur erschwert stattfinden, könnte eine Grundmelioration ein günstigeres Pflanzenwachstum und damit eine erhöhte Humusakkumulation und schnellere Entwicklung der Bodenlebewelt erleichtern. Darüber hinaus kann auch in Gebieten mit günstigeren Ausgangsbedingungen eine beeinflußte Sukzession ablaufen, indem durch die künstliche Besiedlung mit Regenwürmern als Primärbesiedler deren positive Wirkungen auf den Boden genutzt werden.

Danksagung

Die vorgestellten Ergebnisse sind Teil des Verbundvorhabens LENAB (Leitbilder für naturnahe Bereiche in der Niederlausitzer Bergbaufolgelandschaft) und wurden vom BMBF (Fkz 0339648) und der Lausitzer und Mitteldeutschen Bergbau-Verwaltungsgesellschaft (LMBV) gefördert. Für die technische Mitarbeit danken wir Anneliese Kraus, Karen Tönnies und Mario Friebe.

Literatur

Alef, K. 1991. Methodenhandbuch Bodenmikrobiologie. Aktivitäten, Biomasse, Differenzierung. Ecomed, Landsberg: 284 S.

Alef, K. 1995. Soil respiration. In K. Alef & P. Nannipieri (Hrsg.) Methods in Applied Soil Microbiology and Biochemistry. Academic Press, London: 214-219.

Anderson, J.P.E. & Domsch, K.H. 1978. A physiological method for the quantitative measurement of microbial biomass in soil. Soil Biol. Biochem. 10: 215-221.

Anderson, T.-H. & Gray, T.R.G. 1991. The influence of soil organic carbon on microbial growth and survival. In W.S. Wilson (Hrsg.) Advances in Soil Organic Matter Research: The Impact on Agriculture and the Environment. Redwood Press, Mekhom Wiltshire: 253-266.

Arbeitsgruppe Boden der Geologischen Landesämter der Bundesanstalt für Geowissenschaften und Rohstoffe der BRD 1994. Bodenkundliche Kartieranleitung. 4. Aufl.: 392 S.

Bloem, J., Bolhuis, R., Veninga, M.R. & Wieringa, J. 1995. Microscopic methods for counting bacteria and fungi in soil. In K. Alef & P. Nannipieri (Hrsg.) Methods in Applied Soil Microbiology and Biochemistry. Academic Press, London: 162-173.

Bröring, U., Schulz, F. & Wiegleb, G. 1995. Niederlausitzer Bergbaufolgelandschaft: Erarbeitung von Leitbildern und Handlungskonzepten für die verantwortliche Gestaltung und nachhaltige Entwicklung ihrer naturnahen Bereiche. Z. Ökologie u. Naturschutz 4: 176-178.

Dageförde, A., Düker, C., Keplin, B., Kielhorn, K.-H., Wagner, A. & Wulf, M. 1999. Eintrag und Abbau organischer Substanz auf forstlich rekultivierten Kippsubstraten und Reaktion der Bodenfauna (Carabidae und Enchytraeidae). In G. Broll, W. Dunger, B. Keplin & W. Topp (Hrsg.) Rekultivierung in Bergbaufolgelandschaften. Bodenorganismen, bodenökologische Aspekte und Standortentwicklung. Geowissenschaften+Umwelt. Springer, Berlin, in Druck.

Dunger, W. 1989. The return of soil fauna to coal mined areas in the German Democratic Republik. In J. Majer (Hrsg.) Animals in Primary Succession - the Role of Fauna in Reclaimed Lands. Cambridge Univ. Press, Cambridge: 307-337.

Dunger, W. 1995. Schutz und Förderung der Bodentiergemeinschaften in der Bergbaufolgelandschaft. Aktuelle Reihe BTU Cottbus 11: 90-98.

Dunger, W. 1998a. Ergebnisse langjähriger Untersuchungen zur faunistischen Besiedlung von Kippböden. In W. Pflug (Hrsg.) Braunkohletagebau und Rekultivierung. Landschaftsökologie, Folgenutzung, Naturschutz. Springer, Berlin: 625-634.

Dunger, W. 1998b. Immigration, Ansiedlung und Primärsukzession der Bodenfauna auf jungen Kippböden. In W. Pflug (Hrsg.) Braunkohletagebau und Rekultivierung. Landschaftsökologie, Folgenutzung, Naturschutz. Springer, Berlin: 635-644.

Edwards, C.A. & Bohlen, P.J. 1996. Biology and Ecology of Earthworms. Chapman & Hall, London: 426 S.

Emmerling, C. & Wermbter, N. 1998. Charakterisierung bodenbiologischer Eigenschaften von Kippenböden im Hinblick auf eine standortgerechte Folgenutzung. Workshop „Möglichkeiten der landwirtschaftlichen Nutzung von Bergbaufolgelandschaften in Mittel- und Ostdeutschland", Königswartha: 52-66.

Felinks, B., Hahn, B. & Wiegleb, G. 1998. Vegetationstypen der terrestrischen Offenlandbereiche in der Niederlausitzer Bergbaufolgelandschaft. Arch. für Naturschutz u. Landschaftspflege 38: 43-84.

Forster, J.C. 1995. Soil sampling. In K. Alef & P. Nannipieri (Hrsg.) Methods in Applied Soil Microbiology and Biochemistry. Academic Press, London: 49-51.

Fromm, H., Hahn, B. & Wiegleb, G. 1997. Bodenfauna und Mikroorganismen in „Substraten" der Niederlausitzer Bergbaufolgelandschaft - Initiale für eine Bodenentwicklung? Mitt. Dtsch. Bodenk. Ges. 83: 153-157.

Gildon, A. & Rimmer, D.L. 1993. Soil respiration on reclaimed coal-mine spoil. Biol. Fertil. Soils 16: 41-44.

Gil-Sotres, F., Trasar-Cepeda, M.C., Ciardi, C., Ceccanti, B. & Leirós, M.C. 1992. Biochemical characterization of biological activity in very young mine soils. Biol. Fertil. Soils 13: 25-30.

Gisin, H. 1960. Collembolenfauna Europas. Museum d'histoire naturelle. Genf: 312 S.

Haubold-Rosar, M. 1998. Bodenentwicklung. In W. Pflug (Hrsg.) Braunkohletagebau und Rekultivierung. Landschaftsökologie, Folgenutzung, Naturschutz. Springer, Berlin: 573-589.

Haubold-Rosar, M., Katzur, J., Schröder, D. & Schneider, R. 1993. Bodenentwicklung in grundmeliorierten tertiären Kippsubstraten in der Niederlausitz. Mitt. Deutsch. Bodenkundl. Ges. 72: 1197-1202.

Heinemeyer, O., Insam, H., Kaiser, E.A. & Walenzik, G. 1989. Soil microbial biomass and respiration measurements: an automated technique based on infra-red gas analysis. Plant and Soil 116: 191-195.

Katzur, J. 1995. Flächenrecycling im Lausitzer Braunkohlenrevier. Wiedernutzbarmachung extrem saurer schwefel- und kohlehaltiger Kippböden. In D.D. Genske & H.-P. Noll (Hrsg.) Brachflächen und Flächenrecycling. Berlin: 237-244.

Katzur, J. 1997. Bergbaufolgelandschaften in der Lausitz. Naturraumpotentiale und Naturressourcen im Braunkohlenrevier. Naturschutz und Landschaftsplanung 29: 114-121.

Kerth, M. & Wiggering, H. 1991. Verwitterung und Bodenbildung auf Steinkohlenbergehalden. In H. Wiggering & M. Kerth (Hrsg.) Bergehalden des Steinkohlenbergbaus. Beanspruchung und Veränderung eines industriellen Ballungsraumes. Braunschweig: 85-101.

Mayer, S., Waschkies, C. & Hüttl, R.F. 1998. Impact of compost and sewage sludge on soil microbial biomass and microbial activities in C and N cycling in typical opencast lignite mine spoils of the Lusatian mining district. Plant and Soil, in Druck.

Ministerium für Umwelt, Naturschutz und Raumplanung (MUNR) 1996. Tagebausanierung. Brandenburger Umweltjournal 18: 11-13.

Schlichting, E., Blume, H.-P. & Stahr, K. 1995. Bodenkundliches Praktikum. Eine Einführung in pedologisches Arbeiten für Ökologen, insbesondere Land- und Forstwirte und für Geowissenschaftler. 2. Aufl.

Schröder, D. 1993. Braunkohlentagebau, Rekultivierung und Eigenschaften rekultivierter Böden in der Kölner Bucht. In H.-J. Fiedler, G. Lehmann, A. Melezinek & M. Mittag (Hrsg.) Umweltbildung für Ingenieure. Stoba-Druck, Kalkreuth: 56-59.

Schröder, D., Schneider, R. & Haubold-Rosar, M. 1994. Rekultivierung und rekultivierte Böden. In H. Große, G. Lehmann & M. Mittag (Hrsg.) Planung, Gestaltung und Schutz der Umwelt, Bd. 5, 1. Ausgabe. IRB, Stuttgart: 228-265.

Schumacher, B. 1995. Huminstoffsysteme und mikrobielle Eigenschaften rekultivierter Böden des Rheinischen Braunkohlenreviers unter verschiedener Erstnutzung und Interaktion mit einem polyzyklischen aromatischen Kohlenwasserstoff. Berichte aus den Geowissenschaften. Shaker, Aachen.

Scinner, F. & Sonnleitner, R. 1996. Bodenökologie: Mikrobiologie und Bodenenzymatik. II Bodenbewirtschaftung, Düngung und Rekultivierung. Springer, Berlin: 539 S.

Weyers, M. & Schröder, D. 1991. Bodeneigenschaften verschieden meliorierter Neulandböden aus Löß unter konventioneller und bodenschonender Bewirtschaftung. Mitt. Deutsch. Bodenkundl. Ges. 66/II: 1039-1042.

Zehrling, L. 1990. Zur Sukzession von Kleinarthropoden, insbesondere Collembolen im Bodenbildungsprozess auf einer landwirtschaftlich genutzten Braunkohlenkippe bei Leipzig. Pedobiologia 34: 315-335.

Zimdars, B. & Dunger, W. 1994. Synopses on Palearctic Collembola. Vol. I, Abh. Ber. Naturkundemus. Görlitz: 70 S.

9 Dynamik der Vegetationsentwicklung in den terrestrischen Offenlandbereichen der Bergbaufolgelandschaft

Birgit Felinks[1]

[1] Brandenburgische Technische Universität Cottbus, LS Allgemeine Ökologie, Postfach 101344, D-03013 Cottbus, aktuelle Adresse: UFZ Leipzig-Halle GmbH, PB Naturnahe Landschaften und Ländliche Räume, Permoserstr. 15, D-04318 Leipzig, e-mail: felinks@pro.ufz.de

Zusammenfassung. Silbergrasfluren, Sandtrockenrasen, bergbauspezifische Ansaaten und krautreiche Pionierfluren, Calamagrostis epigejos-Bestände sowie vegetationsarme Sandflächen und Rohkippen sind die dominierenden Vegetationseinheiten in den terrestrischen Offenlandbereichen. Diese Vegetationstypen sind keine Einheiten im pflanzensoziologischen Sinn und weisen sowohl räumlich als auch zeitlich breite floristische Übergangsbereiche auf. Der Sukzessionsverlauf auf diesen Flächen ist durch verschiedene Mechanismen gekennzeichnet, die zu unterschiedlichen Zeitpunkten zur Ausprägung gelangen. Zu Beginn der Besiedlung ist in erster Linie die Verfügbarkeit von Diasporen ausschlaggebend. In den sich etablierenden Initialbeständen dominieren Mechanismen wie Facilitation, Inhibition und Tolerance. In einer dritten Phase sind darüber hinaus Störungen als ein weiterer Faktor für den Sukzessionsverlauf ausschlaggebend. Diese große Bandbreite verschiedener Mechanismen erfordert es, sich einerseits von der Vorstellung eines linearen Sukzessionsverlaufs zugunsten sogenannter Sukzessionsnetze zu lösen. Andererseits ist ein naturschutzfachliches Konzept notwendig, welches den tatsächlich ablaufenden Prozessen Rechnung trägt. Am ehesten ist dazu das Patch-Dynamik-Konzept geeignet, welches es ermöglicht, die in vielen Richtungen offene Entwicklung einer kleinräumigen Heterogenität sowie die zeitliche Dynamik in den Mittelpunkt der Betrachtung zu stellen.

Schlüsselwörter. Bergbaufolgelandschaft, Naturschutz, Sandtrockenrasen, Sukzession, Vegetationstypen.

1 Einleitung

Die in den Sanierungsplänen ausgewiesenen Vorrangflächen für Naturschutz bieten auf Grund ihrer geringen aktuellen anthropogenen Beeinflussung die Möglichkeit, abseits einer wohlgeordneten und technogenen Kulturlandschaft die natürliche Vegetationsentwicklung ausgehend von diasporenfreiem Rohbodensubstrat zu untersuchen. Gleichzeitig sind diese Flächen infolge ihrer Größe, Unzerschnittenheit und relativen Nährstoffarmut von hohem naturschutzfachlichen Wert. Die Analyse und Interpretation der Vegetationsentwicklung ist daher ein wichtiger Bestandteil für die Leitbildentwicklung im Rahmen der „guten naturschutzfachlichen Praxis" (Blumrich et al. 1998) in diesen Gebieten. Eine wesentliche Voraussetzung zur Einordnung des Sukzessionsgeschehens in die aktuelle Diskussion ist in diesem Zusammenhang der Begriff „Sukzession" selbst. Sucht man in der Literatur nach Definitionen wird deutlich, daß die jeweiligen Autoren den Begriff unterschiedlich weit fassen und verschiedene Schwerpunkte setzen. In einer umfassenden Definition wird z. B. von Bick (1989) und Huston & Smith (1987) Sukzession als eine Aufeinanderfolge verschiedener Phytocoenosen bzw. dominanter Arten innerhalb einer Gemeinschaft an gleicher Stelle bezeichnet. Von Lawton (1987) und Mac Mahon (1982) wird als weiteres Merkmal die Veränderung der Vegetationsstruktur mit einbezogen. Finegan (1984) spezifiziert dahingehend, daß es sich bei Sukzession um eine gerichtete Veränderung in der Artenzusammensetzung handelt, ohne daß diese Veränderung jedoch auf die Richtung von Pioniervegetation zum Klimaxstadium beschränkt wäre.

Begon et al. (1996) definieren Sukzession sehr detailliert als eine nicht jahreszeitlich abhängige, gerichtete und kontinuierliche Abfolge von Besiedlungs- bzw. Extinktionsmustern. Sie umfaßt eine große Bandbreite zeitlicher Skalen und kann als das Ergebnis verschiedener zu Grunde liegender Mechanismen gewertet werden. Der Begriff Muster beinhaltet sowohl Vegetationsstruktur als auch Artenzusammensetzung. Die Einschätzung, ob eine gerichtete oder ungerichtete Entwicklung vorliegt, ist im wesentlichen von der gewählten Skala abhängig. Vertreter des klassischen Konzeptes (stellvertretend Clements 1916, 1936) fassen Sukzession als einen geordneten und gerichteten Prozeß auf, der somit deterministisch und vorhersagbar ist und in einem stabilen Klimaxstadium mündet. In diesem Zusammenhang ist auch die Einschätzung von Odum (1969) zu sehen, daß eine Veränderung bzw. Beeinflussung der jeweiligen Standortbedingungen durch die Artengemeinschaft selbst hervorgerufen wird und Sukzession somit durch die Gemeinschaft bestimmt wird. Hingegen wird von Anhängern des individualistischen Ansatzes (stellvertretend Gleason 1926) der Standpunkt vertreten, daß die Entwicklung von Phytocoenosen in den Eigenschaften der einzelnen Arten begründet liegt und Störungen ein integraler Bestandteil des betrachteten Systems sind.

Im Rahmen der vorliegenden Arbeit sollen die im Verlauf von drei Vegetationsperioden erhobenen Daten im Hinblick auf die Vegetationsentwicklung in den terrestrischen Offenlandbereichen analysiert und diskutiert werden. Ziel ist es, darzulegen, inwieweit sich die vorgefundenen Ergebnisse den vorgestellten Konzepten zuordnen lassen. Zu diesem Zweck werden zunächst die im Gelände vorgefundenen Vegetationstypen kurz vorgestellt. Im Anschluß daran werden grundlegende Sukzessionsmechanismen herausgearbeitet und auf die Verhältnisse in der BFL übertragen. Die Ergebnisse werden in einem Sukzessionsschema zusammengefaßt und dienen als Grundlage zur Ableitung von Handlungsanforderungen für eine an der „guten naturschutzfachlichen Praxis" orientierten Sanierungskonzeption auf Vorrangflächen für Naturschutz aus vegetationskundlicher Sicht.

2 Vegetationstypen terrestrischer Offenlandbereiche

In den Vegetationsperioden 1995-1997 wurden 352 Dauerflächen auf 48 Probepunkten in den Untersuchungsgebieten Schlabendorfer Felder sowie Koyne/Grünewalde/Plessa vegetationskundlich erfaßt. Die jeweils 4 m² großen Dauerflächen wurden entlang linienförmiger, offener Transekte angelegt, die Schätzung der Vegetationsbedeckung erfolgte mittels einer leicht modifizierten Londo-Skala (Londo 1976). Zur anschließenden explorativen Datenanalyse wurden hierarchische Clustermethoden aus den Programmen SYN-TAX und TWINSPAN (Hill 1979) sowie Ordinationsmethoden aus dem CANOCO-Programmpaket (ter Braak 1988, 1990) eingesetzt. Die Darstellung der Ergebnisse in einem Ordinationsdiagramm erfolgte mittels CANODRAW (Šmilauer 1992). Zu Parametern zur standörtlichen Charakterisierung siehe Hahn & Fromm (2000, dieser Band).

Die Auswertung der vegetationskundlichen Bestandserfassung zeigt, daß die terrestrischen Offenlandbereiche durch ein kleinflächiges Mosaik verschiedener Vegetationsbestände charakterisiert sind, die durch ein hohes Ausmaß an gegenseitiger Durchdringung und durch die Ausbildung von breiten Übergangsbereichen ausgewiesen sind. Eine Zuordnung der vorgefundenen Bestände zu pflanzensoziologischen Einheiten ist nicht sinnvoll (vgl. auch Klemm 1966). Es können jedoch ausgehend von Vegetationsstruktur und Dominanzverhältnissen verschiedene Vegetationstypen ausgeschieden und benannt werden. Die nachfolgend aufgeführten Typen bilden sowohl die Grundlage für die Interpretation der Vegetationsdynamik in den Offenlandbereichen als auch für die Zusammenarbeit im Projektverbund. Zur genaueren Charakterisierung der Vegetationsverhältnisse vgl. Felinks et al. (1999).

1. Silbergrasfluren: Lückige Silbergrasfluren auf bewegtem Substrat, Silbergras-Dominanzbestände, Silbergrasfluren mit Kräutern und Moosen
2. Sandtrockenrasen: Artenreiche Sandtrockenrasen, kryptogamenreiche Sandtrokkenrasen, „ältere" Sandtrockenrasen
3. Bergbauspezifische Ansaaten und krautreiche Pionierfluren: jüngere Ansaaten, ältere Ansaaten und Ruderalfluren trockenwarmer Standorte, krautreiche Initialbestände von Sandtrockenrasen, krautreiche Pionierfluren auf quartärem Substrat
4. Calamagrostis epigejos-Bestände: Calamagrostis-Dominanzbestände, artenarme und lückige Calamagrostis-Bestände
5. Vegetationsarme Sandflächen und Rohkippen mit einem Deckungswert kleiner 10%

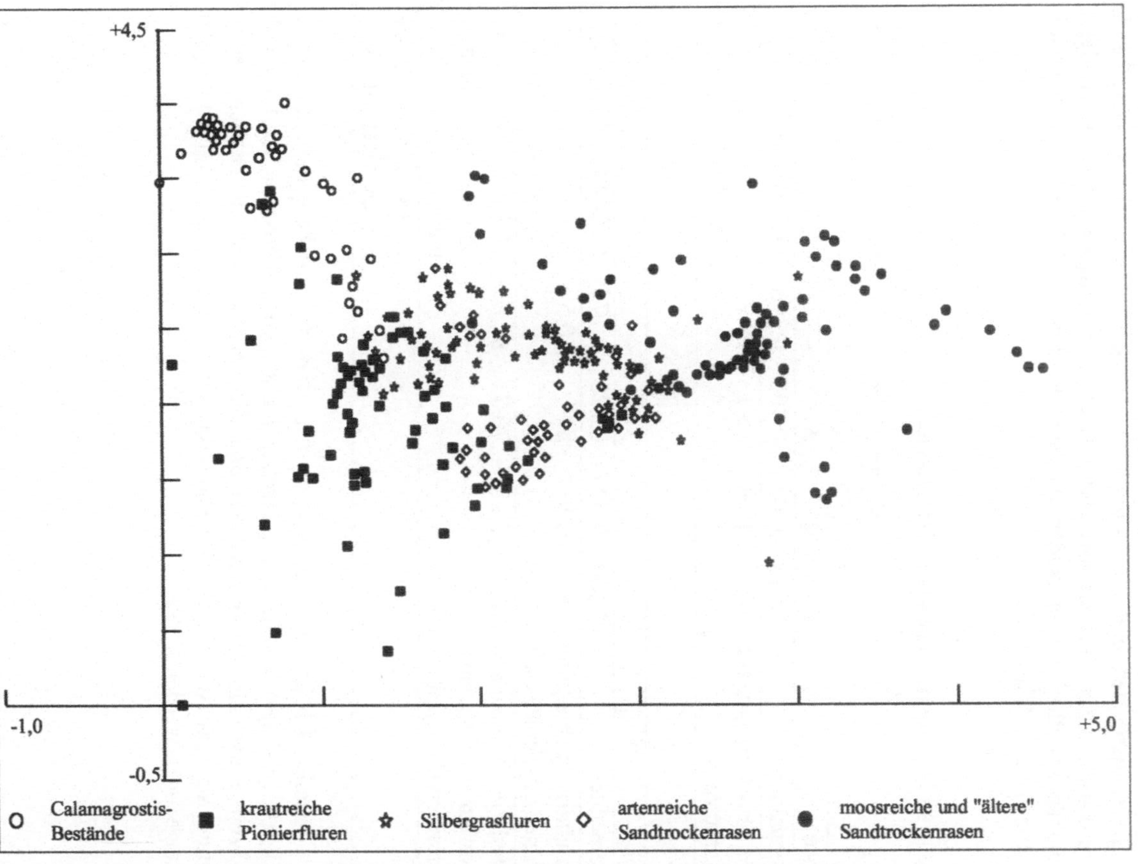

Abbildung 9.1 DCA Ordination, 189 Arten und 352 Probeflächen. Downweighting of rare species.

Das Ordinationsdiagramm in Abbildung 9.1 verdeutlicht, daß es sich bei den ausgewiesenen Vegetationstypen nicht um Einheiten mit fest definierten floristischen Grenzen handelt. So ist zu erkennen, daß die krautreichen Pionierfluren Übergänge zu Silbergrasfluren, artenreichen Sandtrockenrasen und Calamagrostis-Beständen aufweisen. Ebenso ist eine Abgrenzung der Silbergrasfluren von den artenreichen Sandtrockenrasen nicht eindeutig möglich, da in den von Corynephorus canescens dominierten Beständen auch viele Arten der Sandtrockenrasen, wenn auch nur mit geringem Deckungswert und niedriger Artenzahl anzutreffen sind. Überschneidungen mit den beiden zuletzt genannten Vegetationstypen zeigen die moosreichen und die „älteren" Sandtrockenrasen. Eine weitergehende Interpretation dieses Ordinationsdiagramms soll in diesem Rahmen nicht erfolgen, da die dargestellten ersten beiden Achsen lediglich 10,8% der vorgefundenen Varianz erklären (Tab. 9.1).

Tabelle 9.1 Eigenwerte und erklärter Varianzanteil.

DCA					
Achse	1	2	3	4	
Eigenvalues	0.718	0.476	0.466	0.396	11.020 (total inertia)
Cumulative percentage of variance	6.5	10.8	15.1	18.7	
CCA					
Achse	1	2	3	4	
Eigenvalues	0.440	0.347	0.228	0.174	11.349 (total inertia)
Cumulative percentage variance of species data	3.9	6.9	8.9	10.5	
Cumulative percentage of variance of species-environment relation	30.7	54.8	70.7	82.8	11.349 (sum of all constrained eigenvalues)
					1.436 (sum of all canonical eigenvalues)

Aus Tabelle 9.1 ist auch zu entnehmen, daß die Umweltparameter Nitrat-Stickstoff, Gesamtstickstoff, organischer Kohlenstoff, Phosphat, Leitfähigkeit, pH-Wert, maximale Wasserkapazität und Flächenalter nicht in nennenswertem Umfang als Erklärung für die Herausbildung der verschiedenen Vegetationstypen herangezogen werden können.

3 Sukzessionsmechanismen

Die Analyse der Vegetationsentwicklung in der BFL und die sich daran anschließende Ableitung von Erklärungsmustern orientiert sich weitestgehend an dem von Pickett et al. (1987) aufgestellten Schema (vgl. auch Jax 1990). Eine Unterscheidung in für den Sukzessionsprozeß relevante Ursachen und Mechanismen wie sie von Pickett et al. (1987) vorgenommen wurde, wird im folgenden nicht aufrechterhalten. In diesem Zusammenhang ist als Ursache ein Auslöser, Umstand oder eine Aktivität zu bezeichnen, mit Mechanismus hingegen wird nur eine Form von Ursachen, nämlich Interaktionen beschrieben. Statt dessen werden in der vorliegenden Arbeit die für eine Vegetationsentwicklung ausschlaggebenden Faktoren unter dem Begriff „Mechanismen" zusammengefaßt (vgl. auch Begon et al. 1996).

3.1 Ein Lebensraum wird der Besiedlung zugänglich

In existierenden Lebensräumen bzw. Lebensraumstrukturen entstehen auf verschiedenen räumlichen Skalen infolge unterschiedlich starker Störungen neue Flächen. Für das Untersuchungsgebiet bedeutet dies, daß auf einer regionalen Maßstabsebene infolge des aktiven Tagebaus aber auch des Sanierungsbergbaus große vegetationsfreie Flächen entstehen. Auf der lokalen Maßstabsebene verursachen in erster Linie Geotopdynamik (Wind- und Wassererosion) aber auch Substratumlagerungen infolge anthropogener Einwirkungen oder Tieraktivitäten die Entstehung entsprechender Flächen. Für den weiteren Sukzessionsverlauf ist es dann entscheidend, ob das Ausgangssubstrat diasporenfrei ist, oder ob bereits eine Diasporenbank vorhanden ist.

3.2 Arten stehen in unterschiedlichem Umfang für eine Besiedlung zur Verfügung

Die Vegetationsbestände in der BFL bilden ein Mosaik verschiedenster Patches, die durch den Austausch von Individuen miteinander in Verbindung stehen (vgl. z. B. Begon et al. 1997, Hanski 1987, Wiens 1985). Infolge dieses offenen Charakters kann die Reihenfolge des Einwanderns von Individuen von ausschlaggebender Bedeutung für die Eigenschaft einer Phytocoenose bzw. für die innerhalb eines Patches stattfindenden Interaktionen sein. Tränkle & Poschlod (1995), Primack & Miao (1992) sowie Drury & Nisbet (1972) führen in diesem Zusammenhang aus, daß die Sukzession in neu geschaffenen Habitaten im wesentlichen von der Entfernung von potentiellen Diasporenquellen, d. h. dem floristischen Potential der Umgebung abhängig ist. Somit stellt die Ausbreitungsfähigkeit der Arten einen begrenzenden Faktor dar. Poschlod et al. (1996) verweisen darauf, daß im Verlauf der Primärsukzession die Ausbreitung sogar zu einem bottle-neck werden kann, der sich auf die gesamte weitere Vegetationsentwicklung auswirken kann. Ausgehend von theoretischen Modellen stellen sie die Vermutung auf, daß bei der Besiedlung neu entstandener Flächen einer Diasporenverbreitung über weite

Strecken wahrscheinlich nicht die Bedeutung zukommt, die ihr allgemein zuerkannt wird. Dafür spricht, daß von Bauriegel et al. (2000, dieser Band) in Samenfallen überwiegend Diasporen aus der unmittelbaren Umgebung gefunden wurden. Demzufolge können sich auch Arten der „späteren Sukzessionsstadien" bereits innerhalb weniger Jahre etablieren, wenn sie in der Nähe neu zu besiedelnder Flächen vorkommen. Dies schließt jedoch nicht aus, daß auch Diasporen aus weiterer Entfernung Einfluß auf die weitere Vegetationsentwicklung haben können. Infolge der hohen Geoptopdynamik auf den Untersuchungsflächen ist außerdem eine sekundäre Verbreitung infolge von Erosionserscheinungen bzw. Substratverlagerungen in Betracht zu ziehen. Die im Vergleich zur Anemochorie über größere Distanzen zielgerichtete Zoochorie (v. a. durch Vögel oder Tierherden) spielt in der BFL zu Beginn der Sukzession keine Rolle. Für die letztendliche Etablierung sind Überlebensfähigkeit der Diasporen, Keim- und Etablierungsraten, die Wuchsleistungen, ebenso wie Verfügbarkeit von Wasser und Nährstoffen von Bedeutung. Des weiteren müssen auch die von Jahr zu Jahr stark schwankenden klimatischen Bedingungen berücksichtigt werden (vgl. van der Valk 1992, Roughgarden & Diamond 1986), die insbesondere in den Offenlandbereichen unmittelbare Auswirkungen zeigen.

3.3 Arten zeigen unterschiedliche Verhaltensmuster („species performance") in dem zu besiedelnden Lebensraum

Die bereits auf den Flächen vorhandenen Arten besitzen in der Regel gegenüber einwandernden Arten einen Konkurrenzvorteil, der häufig erst nach dem Auftreten von Störungen wieder relativiert wird. Treten keine weiteren Störungen auf, kann dies zur Folge haben, daß die ersten Arten eine weitere Sukzession verzögern und nicht beschleunigen. Entsprechend Connell & Slatyer (1977) kann dieser Mechanismus als Inhibition oder in abgeschwächter Form auch als Tolerance bezeichnet werden. Ebenso besteht die Möglichkeit, daß initiale Vegetationstrukturen sowohl einen Kristallisationspunkt für die weitere Vegetationsentwicklung darstellen als auch die Umweltbedingungen für nachfolgende Arten positiv beeinflussen. Es handelt sich somit um Facilitation im Sinne von Connell & Slatyer (1977).

Ausgehend von den oben dargelegten Ausführungen soll die These aufgestellt werden, daß die Initialbesiedlung für den weiteren Sukzessionsablauf von ausschlaggebender Bedeutung ist. Eine Übernahme des von Egler (1954) vorgestellten Konzeptes der „initial floristic composition" ist allerdings nicht ohne Einschränkungen möglich. Denn ähnlich wie bei dem von Clements (1916) vorgestellten Sukzessionsverlauf, stellt auch dieses Konzept nicht die zeitliche Abfolge der Vegetationsentwicklung in Frage: die Sukzession verläuft jeweils in aufeinanderfolgenden Schüben mit einem charakteristischen Arteninventar. Entsprechend den kritischen Anmerkungen von Wilson et al. (1992) sollte daher zwischen einer „complete initial floristics" und einer „preemptive initial floristics" unterschieden werden. Im ersten Fall wird angenommen, daß alle Arten des Sukzessionsablaufs von Beginn an vorhanden sind, einige jedoch früher, andere später dominieren.

Demzufolge kann auch von einem „dominanz-kontrollierten" Sukzessionsablauf gesprochen werden. Ausgehend von einem Pionier- über ein Folgestadium bis hin zum Klimax ließe sich die Sukzession, unter Berücksichtigung von Flächengröße und -form, in gewissem Ausmaß vorhersagen. Im zweiten Fall sind die zu Beginn auf einer Fläche vorhandenen Arten für den weiteren Sukzessionsablauf entscheidend („first-comer effect", Tischew et al. 1995). Dies ist vergleichbar mit einer „gründer-kontrollierten" Sukzession. Eine hohe Anzahl von Arten ist mehr oder weniger dafür geeignet, neu entstandene Flächen zu besiedeln, da sie eine ähnliche Toleranz im Hinblick auf die vorhandenen abiotischen Bedingungen aufweisen. Diese ersten Besiedler vermögen sich dann, vorausgesetzt es treten keine weiteren Störungen auf, über einen sehr langen Zeitraum zu behaupten. Im folgenden Absatz wird ausgeführt, warum davon auszugehen ist, daß in den Offenlandbereichen der BFL nur der zuletzt genannte Fall von Bedeutung ist.

4 Ableitung eines Sukzessionsschemas für die Offenlandbereiche in der BFL

Zur Darstellung der Vegetationsentwicklung und entsprechender Übergangswahrscheinlichkeiten werden in der Regel schematische Sukzessionsreihen aufgestellt, aus denen sich die zeitliche Aufeinanderfolge verschiedener Sukzessionsstadien entnehmen läßt. Da sich jedoch weder aus den gemessenen Umweltparametern ein kausales Faktorengefüge herausarbeiten läßt, noch die ausgeschiedenen Vegetationstypen eindeutige floristische Grenzen aufweisen, spiegeln lineare Sukzessionsreihen, wie sie z. B. von Pietsch (1998) für die BFL und von z. B. Symonides (1985) oder Heinken (1990) für psammophytische Vegetationsbestände aufgestellt werden, die Vegetationsverhältnisse in den terrestrischen Offenlandbereichen der Niederlausitzer BFL nur unzureichend wieder. Sogenannte Sukzessions"netze" hingegen, wie sie auch von Durka et al. (1997), Klemm (1966) und Beer (1955) für die Bergbaufolgelandschaften im Mitteldeutschen Raum favorisiert werden und in denen mannigfaltige Übergänge zwischen Initialbeständen und Folgegesellschaften aber auch zwischen Folgegesellschaften untereinander möglich sind, zeichnen die Vegetationsentwicklung wesentlich besser nach. Darüber hinaus halten sie die Option offen, daß einige Folgegesellschaften nur in Ansätzen ausgebildet sind, bzw. auch ganz übersprungen werden können. Der Begriff „Sukzession" wird im folgenden entsprechend Begon et al. (1996) verwendet. In Abbildung 9.2 ist ein möglicher Sukzessionsverlauf dargestellt, wie er sich aus dreijährigen Geländebeobachtungen, Literaturstudium und der Auswertung falscher Zeitreihen darstellt. Allerdings sind auf Grund der hohen Geotopdynamik und -vielfalt sowie der kleinräumig wechselnden mikroklimatischen Bedingungen in der BFL der Anwendung falscher Zeitreihen sehr enge Grenzen gesetzt und soll daher im Rahmen der vorliegenden Untersuchungen nicht überschätzt werden.

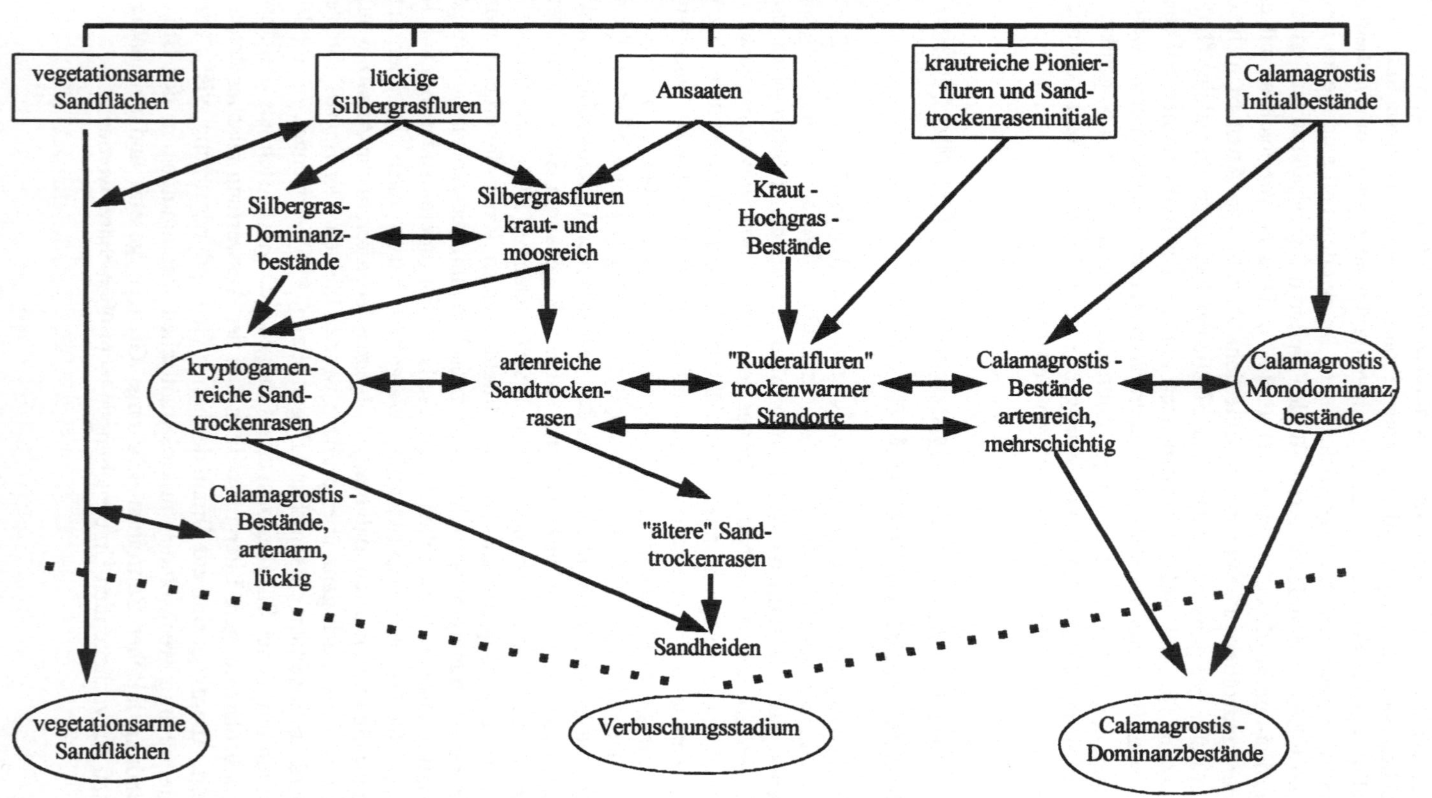

Abbildung 9.2 Sukzessionsschema in den Offenlandbereichen der Niederlausitzer Bergbaufolgelandschaft.

Aus Abbildung 9.2 ist zu entnehmen, daß die Vegetationsentwicklung ihren Ausgang von diasporenfreiem sandigem Kippsubstrat nimmt und somit als Primärsukzession eingestuft werden kann. Ausgehend von diesen vegetationsfreien Rohbodenstandorten entwickeln sich zunächst, sowohl im Hinblick auf Artenzusammensetzung als auch Vegetationsstruktur, verschiedene Initialstadien, die im Verlauf unterschiedlich langer Zeiträume in Folgegesellschaften übergehen. Zwischen diesen Folgegesellschaften sind einerseits vielfältige Übergänge möglich, andererseits können sich auch Bestände etablieren, die über sehr lange Zeiträume nur geringfügige Veränderungen aufweisen und daher als vorläufiges Endstadium eingestuft werden können (für eine detaillierte Darstellung der Vegetationsentwicklung vgl. Felinks et al. 1999). Generell gilt, daß aus allen oberhalb der gestrichelten Linie angeordneten Vegetationsbeständen, mit Ausnahme der Initialbestände, verschiedenartige Verbuschungsstadien hervorgehen können. Da sich die Untersuchungen auf die Offenlandbereiche beschränkten, endet das Schema mit der Pionierwaldentwicklung.

Zusammenfassend können die während des Sukzessionsverlaufs wirkenden Mechanismen in verschiedene Phasen eingeteilt werden. In einer ersten Phase sind für die Ausbildung der verschiedenen Initialbestände wahrscheinlich im wesentlichen die Entfernung der jeweiligen Flächen zu verfügbaren Diasporenquellen sowie die aktuellen Keimungs- und Etablierungsmöglichkeiten ausschlaggebend. In einer zweiten Phasen wirken sich innerhalb dieser Initialbestände die Mechanismen Facilitation, Inhibition und Tolerance (Connell & Slatyer 1977) in unterschiedlichem Ausmaß auf die weitere Vegetationsentwicklung aus. So vermögen z. B. Corynephorus-Horste Diasporen „auszukämmen“ (z. B. Symonides 1985) und erleichtern auf diesem Weg die Ansiedlung weiterer Arten der Sandtrockenrasen wie z. B. Helichrysum arenarium oder Jasione montana. Zurückzuführen ist dies weniger auf eine Veränderung der substratgebundenen Standortbedingungen als vielmehr auf die Schaffung von safe-sites. Die Arten finden im Schutz der Grashorste günstigere Etablierungsmöglichkeiten als auf offenen Sandflächen und leiten auf diese Weise einen Übergang zu späteren Sukzessionsstadien ein. Hingegen können sich ausgehend von Calamagrostis-Initialbeständen Dominanzbestände entwickeln und auf diese Weise das Eindringen weiterer Arten verhindern (Inhibition). Gleichzeitig leisten die Calamagrostis-Bestände allerdings infolge ihrer hohen Produktion von organischer Substanz einen wesentlichen Beitrag zur Initialisierung von Bodenbildungsprozessen und können somit ebenfalls günstigere Bedingungen für die Entwicklung von Folgegesellschaften schaffen. In einer dritten Phase sind die aus den Initialbeständen hervorgegangenen Folgegesellschaften durch Störungen unterschiedlicher Art, Intensität und Ausdehnung ineinander überführbar. Störungen können z. B. durch Wildtätigkeiten, Erosionserscheinungen und Substratverlagerungen verursacht werden. Da zu diesem Zeitpunkt bereits eine Diasporenbank verfügbar ist, werden die Vegetationsbestände nicht einfach „auf Null“ zurückgesetzt, sondern es kommt zu Mechanismen, die wohl am ehesten mit „gap dynamics“ (z. B. Böhmer 1997, van der Maarel 1996, 1988) bezeichnet werden können. Für die letztendliche Ausgestaltung der jeweiligen Stadien müssen alle auf diesen Standort einwirkenden Umweltvariablen mit in Betracht gezogen werden.

Vergleicht man dies mit Sukzessionsbeobachtungen z. B. aus dem Mitteldeutschen Raum, wird deutlich, daß auch von anderen Autoren der Verfügbarkeit von Arten zu Beginn der Besiedlung eine hohe Bedeutung für den weiteren Sukzessionsverlauf beigemessen wird. So führt Tischew (1998) aus, daß die Vegetationsentwicklung erheblich durch die Entfernung zu entsprechenden Diasporenquellen, sowohl im unverritzten Randbereich als auch auf den Kippenflächen selbst beeinflußt wird. Lediglich für die letztendliche Ausgestaltung (z. B. Dominanzverhältnisse) können Substratqualitäten ausschlaggebend sein. Bereits Hanf (1937, 1939) zeigt auf, daß die Vegetation auf den Kippen das Artenvorkommen in der Umgebung, insbesondere der Ackerbegleitflora, widerspiegeln, ohne jedoch das exakte Verhältnis der Arten zueinander abzubilden. Hanf beobachtete auch, daß von der Kippenvegetation wiederum Beeinflussungen der Vegetation auf gewachsenem Boden zu verzeichnen sind. Auch Beer (1955) und Klemm (1966) legen dar, daß, ausgehend von verschiedenen Rohbodenbesiedlungsstadien, die Richtung der Besiedlung sowohl von Umweltfaktoren als auch von der Ausbreitungsfähigkeit der Pflanzen beeinflußt wird.

Aus diesen Ausführungen läßt sich die Schlußfolgerung ableiten, daß „preemptive initial floristics“ (Wilson et al. 1992) als Bestandteil der „initial floristic composition“ (Egler 1954) eine große Bedeutung im Sukzessionsablauf beizumessen ist, ohne daß sich jedoch aus den Initialbeständen oder -mustern die weitere Sukzessionsrichtung zweifelsfrei prognostizieren läßt. Auch ist die Vorhersage von Übergangswahrscheinlichkeiten und einer zeitlichen Stabilität der jeweiligen Sukzessionsstadien schwierig, da sich diese Stadien nicht eindeutig voneinander abgrenzen lassen. Es ist jedoch wahrscheinlich, daß sich ausgehend von den Initialbeständen in einem Zeitraum von 2-10 Jahren die ersten Folgegesellschaften entwickeln. Es wird deutlich, daß auf jeder Ebene zu jedem Zeitpunkt eine bestimmte Bandbreite an Mechanismen möglich ist, ohne jedoch zweifelsfrei vorhersagen zu können, welche Richtung genau eingeschlagen wird, bzw. welches Stadium sich als nächstes in einem fest vorgegebenen zeitlichen Rahmen entwickelt. Eine Zuordnung der Vegetationsentwicklung zu einem Konzept welches durch Determinismus und Vorhersagbarkeit gekennzeichnet ist und auf einen stabilen Endzustand hinausläuft (z. B. Clements 1916) ist daher nicht möglich. Vielmehr ist das vorgefundene Vegetationskontinuum als ein Bestandteil des von Gleason (1926) vorgestellten individualistischen Konzeptes einzuschätzen.

5 Naturschutzfachliche Einschätzung

Die Vegetationsentwicklung in den terrestrischen Offenlandbereichen der BFL ist sowohl auf lokaler (Population, Phytocoenose, Patch) als auch regionaler Maßstabsebene (einzelner Tagebau, Niederlausitzer BFL) durch eine hohe räumliche und zeitliche Heterogenität ausgewiesen. Störungen sind ein integraler Bestandteil in jedem Stadium und sie zeigen unmittelbare Auswirkungen auf den weiteren Sukzessionsverlauf. Aus naturschutzfachlicher Sicht ist daher ein Festhalten an dem „klassischen (statischen) Paradigma“, welches von einem sich im Gleichgewicht befindlichen, geschlossenen System mit gut abgrenzbaren homogenen Einheiten ausgeht und ab Erlangen eines gewissen Reifegrades von externen Faktoren nicht in stärkerem Ausmaß beeinflußt wird, nicht länger möglich (Altmoos & Durka 1998, Felinks & Wiegleb 1998, McIntosh 1991). Vielmehr handelt es sich um ein offenes und ständig in Bewegung befindliches System, welches auch bei Betrachtung eines längerfristigen Zeitrahmens nicht als stabil zu bezeichnen ist. Dies ist auch auf den Einfluß zahlreicher stochastischer Faktoren zurückzuführen, die außerhalb des eigentlich betrachteten Systems ihren Ursprung haben. Zur Ableitung naturschutzfachlicher Handlungsanforderungen kommt daher dem „neuen (dynamischen) Paradigma“ in der Ökologie (Fiedler et al. 1997, Pickett et al. 1997, Pickett et al. 1992) eine wesentliche Bedeutung zu. Dieses Konzept ermöglicht es, Nichtgleichgewichtsbetrachtungen, Störungen, Grenzeffekte, räumliche Heterogenität, zeitliche Variabilität, Historie und verschiedene Skalen als wesentliche Merkmale des Untersuchungsgebietes miteinzubeziehen. Allerdings ist zu berücksichtigen, daß jeweils in Abhängigkeit von der verwendeten Skala Gleichgewichtszustände unter Nichtgleichgewichtsbedingungen vorhanden sein können und umgekehrt (Fiedler et al. 1997). Grundsätzlich ist bei Anwendung des aktuellen Paradigmas in der naturschutzfachlichen Praxis zu berücksichtigen, daß es eher durch Unsicherheit denn durch Vorhersagbarkeit gekennzeichnet ist und somit nur schwierig mitzuteilen ist - im Gegensatz zu dem deterministischen, klassischen Paradigma.

Ebenfalls hat eine Berücksichtigung der kleinräumigen Komplexität zur Folge, daß Ergebnisse von einem räumlich begrenzten Gebiet nicht ohne weiteres auf eine benachbarte Fläche generalisierbar sind. Die daraus resultierenden Schwierigkeiten für Prognosen einer zukünftigen Vegetationsentwicklung lassen sich aus Abbildung 9.2 ablesen. So kann z. B. die gleiche Folgegesellschaft über verschiedene Wege innerhalb des gleichen Systems erreicht werden. Diese räumliche Heterogenität läßt sich auf der lokalen Maßstabsebene am ehesten mit Hilfe des Patch-Dynamik Konzeptes analysieren. Definiert ist ein Patch als Variation der Populationsdichten zwischen Habitatparzellen mit aggregierter Individuenverteilung (Begon et al. 1997). Als Patches können in Abhängigkeit von der Beobachtungsebene, diskrete, physikalische Einheiten in einer einheitlichen Umgebung bezeichnet werden. Die zu einer Charakterisierung erforderlichen Parameter (Sousa 1985) entscheiden sowohl über die Initialbesiedlung als auch über die anschließende Vegetationsentwicklung. In einem offenen System stehen diese Patches über aufeinanderfolgende Episoden von Aussterben und Wiederbesiedlung miteinander in Verbindung. Mit Patch-Dynamik werden dabei alle Veränderungen im Hinblick auf Artenzusammensetzung und Dominanzverhältnisse innerhalb eines bzw. zwischen mehreren Patches bezeichnet. Die Einheit Patch ermöglicht es einerseits, räumliche Muster, die ansonsten nur auf einer regionalen Maßstabsebene erfaßbar sind, auch auf einer kleineren Maßstabsebene zu beschreiben und andererseits die in vielen Richtungen offene Entwicklung einer kleinräumigen Heterogenität sowie die zeitliche Dynamik ökologischer Systeme in den Mittelpunkt zu stellen (Begon et al. 1996, Jax 1994). Zur weiteren Analyse der resultierenden räumlichen Muster sind Techniken zu entwickeln, die eine Abschätzung ermöglichen, inwiefern die beobachtete Patchiness durch eine Patchiness des Raumes (Wiens 1986), durch biotische bzw. abiotische Interaktionen oder durch die Phytocoenosen selbst (Armesto et al. 1991) verursacht wird sowie welchen Anteil die jeweiligen Prozesse an der vorgefundenen Heterogenität haben.

6 Handlungskonzepte

In der gegenwärtigen Sanierungspraxis werden Vorrangflächen für Naturschutz im terrestrischen Offenlandbereich zumeist als ein einheitlicher Biotoptyp gefaßt, der forst- bzw. landwirtschaftlich genutzten Flächen gegenüber gestellt wird. Eine weitergehende Differenzierung findet nicht statt. Demzufolge unterliegen diese Flächen, abgesehen von den reinen Sukzessionsflächen, in der Sanierungsplanung häufig von Beginn an einem einheitlichen Maßnahmenkatalog. Dieser beruht auf scheinbar allgemeingültigen Werturteilen, wie z. B. Calamagrostis-Flächen sind schlecht – artenreiche Sandtrockenrasen mit Einzelgehölzen sind gut. Um einer derart pauschalen Herangehensweise im Rahmen der Sanierungstätigkeiten vorzubeugen, sind daher Leitbilder auf der Basis verschiedener Grundmotive (z. B. Biodiversität oder Naturnähe) sowohl für die lokale als auch für die regionale Maßstabsebene zu entwickeln (Blumrich et al. 1998). Daraus lassen sich dann unter Berücksichtigung der u. a. in Wiegleb (2000, dieser Band) dargelegten Entscheidungsbäume entsprechende Handlungsanforderungen ableiten, die anschließend auf konkreten Flächen umgesetzt werden. Aus den Ausführungen zur Vegetationsentwicklung geht hervor, daß nicht genau vorherzusagen ist, wann welcher Zustand erreicht wird. Demzufolge ist ein flexibles Entscheiden vor Ort nötig, ohne jedoch die aufgestellten Ziele aus den Augen zu verlieren. Ebenso können die skizzierten Mechanismen und Entwicklungen nicht ohne Einschränkungen auf beliebige räumliche Maßstäbe übertragen werden. Die auf einer sehr kleinen Maßstabsebene beobachteten Patches und Pattern können sich auf einem großräumigeren Maßstab zu gleichmäßigeren und weniger veränderlichen Strukturen aufsummieren (Jax 1990).

Bei der Aufstellung von Leitbildern auf der Basis unterschiedlicher Grundmotive sind generell die spezifischen Charakteristika der verschiedenen Phytocoenosen im Hinblick auf eine zukünftige Vegetationsentwicklung zu berücksichtigen. So ist davon auszugehen, daß der Charakter einer Offenlandschaft um so länger erhalten bleibt, je weniger Maßnahmen auf den Rohbodenstandorten stattfinden. Dies ist überwiegend auf die hohe Substratdynamik und den hohen Anteil an tertiärem Substrat im Oberboden zurückzuführen. Die daraus resultierenden kleinräumig wechselnden Substrat- und Standortparameter sind ideale Voraussetzungen für die Herausbildung einer hohen Habitatvielfalt zu einem späteren Zeitpunkt der Vegetationsentwicklung. Des weiteren befördern viele Phytocoenosen auch über einen längeren Zeitraum hinweg, den angestrebten Offenlandcharakter. So können kompakte Moospolster beispielsweise das Aufkommen weiterer Arten verhindern und in dichten Calamagrostis-Bestände ist Gehölzaufwuchs kaum zu beobachten. Allerdings fördern Wildaktivitäten in diesen Beständen (welches auch durch Umgraben bzw. Jäten simuliert werden kann, vgl. Dormann 1997) das Auftreten kurzlebiger und schnellwüchsiger Ackerwildkräuter und co-dominanter Arten, Mahd hingegen führt zu einem Rückgang der Deckungswerte, ohne jedoch eine Änderung in der prozentualen Artenzusammensetzung herbeizuführen. Schließlich ist zu berücksichtigen, daß bereits vorhandene Strukturen als Kristallisationspunkt für eine weitere Vegetationsentwicklung dienen.

Aus den dargelegten Ausführungen lassen sich in Bezug auf die Vegetationsentwicklung folgende Rückschlüsse für naturschutzfachliche Handlungskonzepte ziehen: Es besteht zur Zeit eine offenkundige Lücke, die im Rahmen wissenschaftlicher Untersuchungen gewonnenen Ergebnisse bzw. das „neue dynamische Paradigma" in der aktuellen Sanierungspraxis zu berücksichtigen und anzuwenden. So fehlt insbesondere eine Berücksichtigung der räumlichen Heterogenität und zeitlichen Dynamik, bzw. der entsprechenden Skalen auf denen Störungen ein System beeinflussen können. Dies führt dazu, daß die herkömmlichen Sanierungsmaßnahmen zumeist unflexibel und statisch an einem einzigen Ziel ausgerichtet sind und Patch-Dynamik weitgehend ignoriert wird. Zur Akzeptanzerhöhung ist es daher dringend erforderlich eine verbesserte Kommunikationsstruktur zwischen den vor Ort tätigen Interessensgruppen, d. h. zwischen Wissenschaftlern, Einwohnern, Sanierern und Naturschützern anzustreben, da ansonsten schnell Konzeptlosigkeit und „Nichstunwollen" zum Vorwurf gemacht wird.

Danksagung

Für die kritische Durchsicht des Manuskriptes und konstruktive e-mail Diskussionen danke ich K. Jax (Tübingen), für das zur Verfügung stellen der bodenkundlichen Standortparameter danke ich B. Hahn (Cottbus). Das Verbundprojekt „Niederlausitzer Bergbaufolgelandschaft: Erarbeitung von Leitbildern und Handlungskonzepten für die verantwortliche Gestaltung und nachhaltige Entwicklung ihrer naturnahen Bereiche" wurde gefördert von der Lausitzer und Mitteldeutschen Bergbauverwaltungsgesellschaft und dem BMBF (Fkz 0339648).

Literatur

Altmoos, M. & Durka, W. 1998. Prozeßschutz in Bergbaufolgelandschaften - eine Naturschutzstrategie am Beispiel des Südraumes Leipzig. Naturschutz und Landschaftsplanung 30 (8/9): 291-297.

Armesto, J.J., Pickett, S.T.A. & McDonnell, M.J. 1991. Spatial heterogeneity during succession: A cyclic model of invasion and exclusion. In J. Kolasa & S.T.A. Pickett (Hrsg.) Ecological Heterogeneity. Springer, New York: 251-269.

Bauriegel, E., Krause, M. & Wiegleb, G. 2000. Experimentelle Untersuchungen zur Initialsetzung von Trockenrasen in der Niederlausitzer Bergbaufolgelandschaft, dieser Band.

Beer, W.D. 1955. Beiträge zur Kenntnis der pflanzlichen Wiederbesiedlung von Halden des Braunkohletagebaues im nordwestsächsischen Raum. Wiss. Z. Karl-Marx Uni. Leipzig 5: 207-211.

Begon, M., Harper, J.L. & Townsend, C.R. 1996. Ecology. 3. Aufl., Blackwell Science, Oxford.

Begon, M., Mortimer, M. & Thompson, D.J. 1997. Populationsökologie. Spektrum, Akad. Verl., Heidelberg.

Bick, H. 1989. Ökologie. Fischer, Stuttgart.

Blumrich, H., Bröring, U., Felinks, B., Fromm, H., Mrzljak, J., Schulz, F., Vorwald, J. & Wiegleb, G. 1998. Naturschutz in der Bergbaufolgelandschaft – Leitbildentwicklung. Studien und Tagungsberichte 17: 44 S.

Böhmer, H.J. 1997. Zur Problematik des Mosaik-Zyklus-Begriffes. Natur u. Landschaft 72 (7/8): 333-338.

Clements, F.E. 1916. Plant succession. An analysis of the development of vegetation. Carnegie Inst. of Wash. Publication No. 242, Washington.

Clements, F.E. 1936. Nature and structure of climax. J. Ecol. 24: 252-284.

Connell, J.H. & Slatyer, R.O. 1977. Mechanisms of succession in natural communities and their role in community stability and organization. Am. Nat. 111: 1119-1144.

Dormann, C.F. 1997. Sandrohr (Calamagrostis epigejos (L.) Roth) in Trockenrasen des Biosphärenreservats Schorfheide-Chorin: Bestandsstruktur, ökologische Auswirkungen und Pflegemaßnahmen. Z. Ökologie und Naturschutz 6: 207-217.

Drury, W.H. & Nisbet, I.C.T. 1972. Succession. Journal of the Arnold Arboretum 54: 331-368.

Durka, W., Altmoos, M. & Henle, K. 1997. Naturschutz in Bergbaufolgelandschaften des Südraumes Leipzig unter besonderer Berücksichtigung spontaner Sukzession. UFZ-Bericht 22: 209 S.

Egler, F.E. 1954. Vegetation science concepts. I. Initial floristic composition, a factor in old-field vegetation development. Vegetatio 4: 412-417.

Felinks, B. & Wiegleb, G. 1998. Welche Dynamik schützt der Prozeßschutz? Aspekte unterschiedlicher Maßstabsebenen - dargestellt am Beispiel der Niederlausitzer Bergbaufolgelandschaft. Naturschutz u. Landschaftsplanung 30 (8/9): 298-303.

Felinks, B., Hahn, B. & Wiegleb, G. 1999. Vegetationstypen in den terrestrischen Offenlandbereichen der Niederlausitzer Bergbaufolgelandschaft. Arch. Natursch. u. Landschaftsforschung 38: 43-84.

Fiedler, P.L., White, P.S. & Leidy, R.A. 1997. The paradigm shift in ecology and its implications for conservation. In S.T.A. Pickett, R.A. Ostfeld, M. Shachak & G.E. Likens (Hrsg.) The Ecological Basis of Conservation. Heterogeneity, Ecosystems and Biodiversity. Chapman & Hall, New York: 83-92.

Finegan, B. 1984. Forest succession. Nature 312: 109-114.

Gleason, H.A. 1926. The individualistic concept of plant association. Bull. Torrey Bot. Club 53: 7-26.

Hahn, B. & Fromm, H. 2000. Biotische und abiotische Eigenschaften von Böden naturnaher Offenlandbereiche der Niederlausitzer Bergbaufolgelandschaft, dieser Band.

Hanf, M. 1937. Die natürliche pflanzliche Erstbesiedlung von Abraumhalden. Z. Naturwissenschaften, Organ d. Naturwiss. Ver. f. Sachsen und Thüringen zu Halle 91(2): 35-56.
Hanf, M. 1939. Bodenzusammensetzung von Abraumhalden und natürliche pflanzliche Besiedlung. Angew. Bot. 21: 149-176.
Hanski, I. 1987. Colonization of Ephemeral Habitats. In A.J. Gray, M.J. Crawley & P.J. Edwards (Hrsg.) Colonization, Succession and Stability. Helsinki: 155-185.
Heinken, T. 1990. Pflanzensoziologische und ökologische Untersuchungen offener Sandstandorte im östlichen Aller Flachland (Ost-Niedersachsen). Tüxenia 10: 223-257.
Hill, M.O. 1979. TWINSPAN. A FORTRAN Program for arranging multivariate data in an ordered two-way table by classification of the individuals and attributes. Ecology and Systematics Cornell University Ithaca, New York.
Huston, M. & Smith, T. 1987. Plant succession: Life history and competition. Am. Nat. 130 (2): 168-189.
Jax, K. 1990. Untersuchungen zur Populations- und Besiedlungsdynamik von Rhizopodengemeinschaften des Aufwuchses. Dissertation, Universität Bonn, 139 S.
Jax, K. 1994. Mosaik-Zyklus und Patch-dynamics: Synonyme oder verschiedene Konzepte? Eine Einladung zur Diskussion. Z. Ökologie u. Naturschutz 3: 107-112.
Klemm, G. 1966. Zur pflanzlichen Besiedlung von Abraumkippen und -halden des Braunkohlebergbaus. Hercynia 3: 31-51.
Lawton, J.H. 1987. Are there assembly rules for successional communities? In A.J. Gray, M.J. Crawley & P.J. Edwards (Hrsg.) Colonization, Succession and Stability. Helsinki: 225-245.
Londo, G. 1976. The decimal scale for releves of permanent quadrats. Vegetatio 33: 61-64.
Mac Mahon, J.A. 1982. Ecosystems over time: Succession and other types of change. In R.H. Waring (Hrsg.) Forests: Fresh Perspectives from Ecosystem Analysis. Proceedings of the 40th annual Biology Colloquium. Oregon State, Corvallis: 27-58.
McIntosh, R.P. 1991. Succession and ecological theory. In D.C. West, H.H. Shugart & D.B. Botkin (Hrsg.) Forest Succession. Concepts and Application. Springer, New York: 10-23.
Odum, E.P. 1969. The strategy of ecosystem development. Science 164: 262-270.
Pickett, S.T.A, Collins, S.L. & Armesto, J.J. 1987. A hierarchical consideration of causes and mechanisms of succession. Vegetatio 69: 109-114.
Pickett, S.T.A., Parker, V.T. & Fiedler, P.L. 1992. The new paradigm in ecology: implication for conservation biology above the species level. In P.L. Fiedler & S.K. Jain (Hrsg.) Conservation Biology: 65-88.
Pickett, S.T.A., Shachack, M., Ostfeld, R.S. & Likens, G.E. 1997. Toward a comprehensive conservation theory. In S.T.A. Pickett, R.S. Ostfeld, M. Shachak & G.E. Likens (Hrsg.) The Ecological Basis of Conservation. Heterogeneity, Ecosystems and Biodiversity. Chapman & Hall, New York: 384-399.
Pietsch, W. 1998. Naturschutzgebiete zum Studium der Sukzession der Vegetation in der BFL. In W. Pflug (Hrsg.) Braunkohlentagebau und Rekultivierung. Springer, Berlin: 677-686.
Poschlod, P., Bakker, J., Bonn, S. & Fischer, S. 1996. Dispersal of plants in fragmented landscapes - Changes of dispersal processes in the actual and historical man-made landscape. In J. Settele, C. Margules, P. Poschlod & K. Henle (Hrsg.) Species Survival in Fragmented Landscapes. Kluwer, Dordrecht: 123-127.
Primack, R.B & Miao, S.L. 1992. Dispersal can limit local plant distribution. Conservation Biology 6 (4): 513-519.

Roughgarden, J. & Diamond, J. 1986. Overview: The role of species interactions in community ecology. In J. Diamond & T.J. Case (Hrsg.) Community Ecology: 333-343.

Šmilauer, P. 1992. CANODRAW. User's Guide V. 3.0 Microcomputer Power. Itjaka, New York.

Sousa, W.P. 1985. Disturbance and patch dynamics on rocky intertidal shores. In S.T.A. Pickett & P.S. White (Hrsg.) The Ecology of Natural Disturbance and Patch Dynamics. Academic Press: 101-124.

Symonides, E. 1985. Population structure of psammophyte vegetation. Tüxenia 5: 259-271.

Ter Braak, C.J.F. 1988. CANOCO- a FORTRAN program for canonical community ordination by [partial] [detrended] [canonical] correspondence analysis and redundancy analysis (version 2.1). GLW, Wageningen.

Ter Braak, C.J.F. 1990. Update notes: CANOCO Version 3.10. Agricultural Mathematics Group. Wageningen.

Tischew, S. 1998. Sukzession als mögliche Folgenutzung in sanierten Braunkohletagebauen. Berichte des Landesamtes für Umweltschutz Sachsen-Anhalt 1: 42-54.

Tischew, S., Mahn, E.-G. & Schmiedeknecht, A. 1995. Von der Natur lernen – Rekultivierung von Bergbaufolgelandschaften. Landschaftsarchitektur 4/95: 160-164.

Tränkle, U. & Poschlod, P. 1995. Vergleichende Untersuchungen zur Sukzession von Steinbrüchen unter besonderer Berücksichtigung des Naturschutzes. Ergebnisse und Schlußfolgerungen. Veröffentlichungen Projekt Angewandte Ökologie 12: 167-178.

Van der Maarel, E. 1988. Vegetation dynamics: patterns in time and space. Vegetatio 77: 7-19.

Van der Maarel, E. 1996. Pattern and process in the plant community: Fifty years after A.S. Watt. J. Veg. Science 7: 19-28.

Van der Valk, A.G. 1992. Establishment, colonization and persistance. In D.C. Glenn-Lewin, R.K. Peet & T.T Veblen (Hrsg.) Plant Succession. Theory and Prediction. Chapman & Hall, London: 60-102.

Wiegleb, G. 2000. Leitbildentwicklung in der Bergbaufolgelandschaft als Beispiel für das Konzept der „guten naturschutzfachlichen Praxis", dieser Band.

Wiens, J.A. 1985. Vertebrate responses to environmental patchiness in arid and semiarid ecosystems. In S.T.A. Pickett & P.S. White (Hrsg.) The Ecology of Natural Disturbance and Patch Dynamics. Academic Press: 169-193.

Wiens, J.A. 1986. Spatial scale and temporal variation in studies of shrubsteppe birds. In J. Diamond & T.J. Case (Hrsg.) Community Ecology: 154-172.

Wilson, J.B., Gitay, H., Roxburgh, S.H., King, W. & Tangney, R.S. 1992. Egler's concept of 'Initial floristic composition' in succession - ecologists citing it don't agree what it means. Oikos 64 (3): 591-593.

10 Experimentelle Untersuchungen zur Initialsetzung von Trockenrasen in der Niederlausitzer Bergbaufolgelandschaft

Elke Bauriegel[1], Michael Krause[2] & Gerhard Wiegleb[3]

[1] Brandenburgische Technische Universität Cottbus, LS Allgemeine Ökologie, Postfach 101344, D-03013 Cottbus, aktuelle Adresse: Kirchplatz 6, D-14532 Güterfelde

[2] Brandenburgische Technische Universität Cottbus, LS Allgemeine Ökologie, Postfach 101344, D-03013 Cottbus, aktuelle Adresse: Breisgaustraße 15, D-04209 Leipzig

[3] Brandenburgische Technische Universität Cottbus, LS Allgemeine Ökologie, Postfach 101344, D-03013 Cottbus, e-mail: wiegleb@tu-cottbus.de

Zusammenfassung. Die experimentellen Untersuchungen zur Initialsetzung von Trockenrasen in der Niederlausitzer Bergbaufolgelandschaft werden beschrieben. Der Diasporeneintrag setzt sich im wesentlichen aus Arten zusammen, die bereits in der Fläche oder unmittelbar benachbart vorkommen. Der Diasporenvorrat der geschobenen und gekippten Flächen ist im Regelfall sehr gering. Die Keimungsraten sind von Art zu Art sehr unterschiedlich. Manche Arten keimen nicht oder nur selten, obwohl häufig vitale Samen gefunden werden. Eine erfolgreiche Initialsetzung konnte sowohl mit Hilfe von Rasensodenverpflanzung als auch mit verschiedenen Aussaaten erzielt werden. Die kleinräumige Vegetationsentwicklung in Versuchsflächen unterschiedlicher Behandlung konnte über mehrere Jahre dokumentiert werden. Hierbei erwiesen sich die Sodenverpflanzungen und die Aussaat von Trockenrasenmischungen als besonders erfolgversprechend.

Schlüsselwörter. Diasporeneintrag, experimentelle Ökologie, Initialsetzung, kleinräumige Vegetationsentwicklung, naturnahe Einsaaten, Sodenverpflanzung, Sukzession, Trockenrasen.

1 Einleitung

Im Rahmen des LENAB-Verbundvorhabens wurden neben vegetationskundlichen Untersuchungen zur Inventarisierung der Pflanzengesellschaften des Offenlandes (vgl. Bröring et al. 1998, Felinks & Wiegleb 1998, Felinks et al. 1998, 1999, Felinks 2000, dieser Band) auch experimentelle Untersuchungen zur Etablierung früher und später Sukzessionsstadien (insbesondere Trockenrasen und Zwergstrauchheiden, vgl. auch Blumrich & Wiegleb 1998, Blumrich 2000, dieser Band) von Offenlandschaften der Niederlausitzer Bergbaufolgelandschaft durchgeführt. Die hier dargestellten Untersuchungen zu Trockenrasen schließen an vergleichbare Ansätze von Mahn & Tischew (1995), Tischew et al. (1995), Mahn (1996) sowie Tischew (1998) aus dem Mitteldeutschen Revier an. Dort konnte mit Hilfe gezielter Maßnahmen eine erwünschte Beschleunigung des Sukzessionsgeschehens erzielt werden, die nunmehr auf ingenieurbiologischer Basis im Rahmen der Rekultivierung oder Renaturierung eingesetzt werden kann. Aufgrund der andersartigen floristischen Ausstattung, klimatischen Verhältnisse sowie auch der Ausgangssubstrate lassen sich die Ergebnisse des Mitteldeutschen Reviers jedoch nicht ohne weiteres auf die Lausitz übertragen.

Im folgenden Beitrag werden die Ergebnisse der Beeinflussung der Etablierung von Trockenrasenarten zusammengefaßt. Besonders eingegangen wird neben der Darstellung der Resultate der Vegetationsperioden 1996 und 1997 (BTUC 1998) auf die weiterführender Untersuchungen im Jahr 1998 (Krause 1998). Diese Ergebnisse zielen insbesondere auf die kleinräumige Darstellung des Etablierungserfolges bestimmter Pflanzenarten unter verschiedenen Experimentalbedingungen. Die von Dipl.-Biol. Elke Bauriegel begonnenen und geplanten Untersuchungen zur experimentellen Vegetationsforschung an Trockenrasen wurden seit dem 1.6.1996 durch Dipl.-Ing. Michael Krause weitergeführt.

2 Material und Methoden

2.1 Das Untersuchungsgebiet und die Versuchsflächen

Die Untersuchungen wurden in den Tagebaugebieten Schlabendorf-Nord und Seese-West durchgeführt. Insgesamt wurden vier Versuchsflächen eingerichtet.

Versuchsfläche 134. Die Versuchsfläche 134 befindet sich im Tagebau Schlabendorf-Nord, Innenkippe Restsee F. Sie liegt auf einer Grenze zwischen einem lokkeren Corynephorus canescens- und einem Calamagrostis epigejos-Bestand. Neben Experimenten mit Rasensoden wurden hier hauptsächlich Diasporenfallenuntersuchungen durchgeführt. Das experimentelle Design ist in Abbildung 10.1 dargestellt und in der Legende näher erläutert.

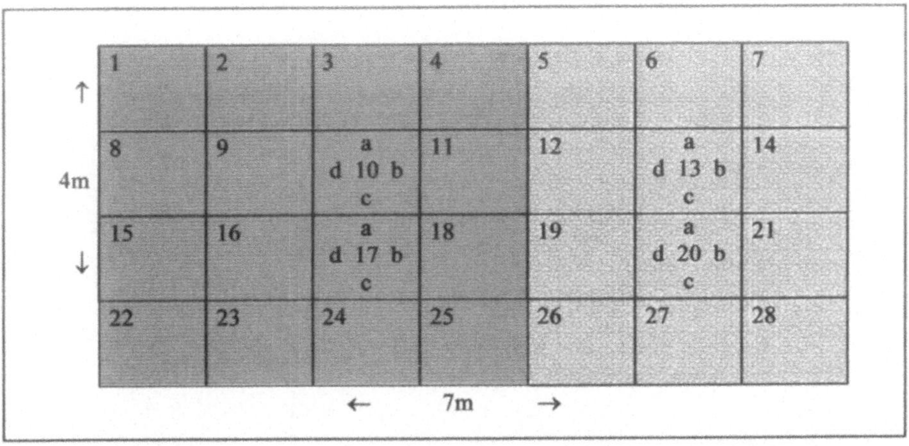

↑ 4m ↓

1	2	3	4	5	6	7
8	9	a d 10 b c	11	12	a d 13 b c	14
15	16	a d 17 b c	18	19	a d 20 b c	21
22	23	24	25	26	27	28

← 7m →

Abbildung 10.1 Experimentelles Design in der Versuchsfläche 134, Tagebau Schlabendorf-Nord. 1-7 Zeile ohne Rasensode, 8-14 Zeile mit je 4 Rasensoden, 15-21 Zeile ohne Rasensode, 22-28 Zeile mit je 4 Rasensoden. In den Quadraten 10, 13, 17 und 20 befinden sich je 4 Diasporenfallen (a, b, c, d). Die dunklen Quadrate markieren Corynephorus canescens-Bestand, die hellen lockeren Calamagrostis epigejos-Bestand.

Versuchsfläche 135. Die Versuchsfläche 135 liegt ebenfalls auf der Innenkippe im Tagebau Schlabendorf-Nord. Neben einem Corynephorus- und einem Calamagrostis-Streifen umfaßt sie am Rand eine fast vegetationsfreie Fläche. Das experimentelle Design ist in Abbildung 10.2 dargestellt. Es entspricht dem in Versuchsfläche 134.

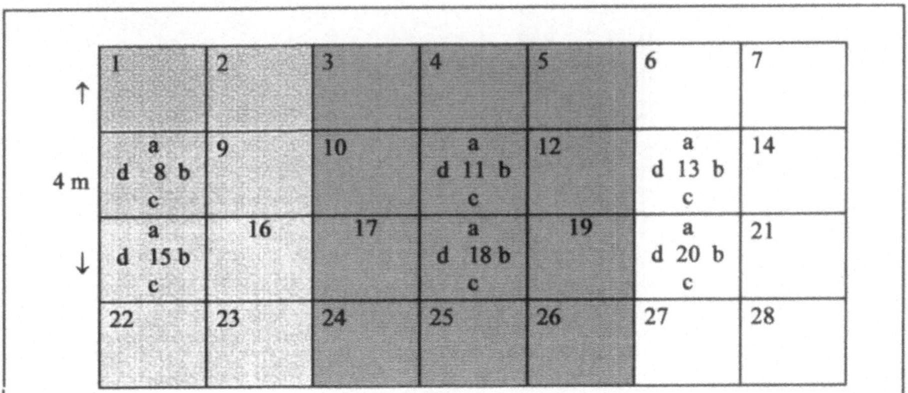

↑ 4 m ↓

1	2	3	4	5	6	7
a d 8 b c	9	10	a d 11 b c	12	a d 13 b c	14
a d 15 b c	16	17	a d 18 b c	19	a d 20 b c	21
22	23	24	25	26	27	28

← 7 m →

Abbildung 10.2 Experimentelles Design der Versuchsfläche 135, Tagebau Schlabendorf-Nord. Die weißen Felder markieren vegetationsfreie Flächen. Beschriftung siehe Abbildung 10.1.

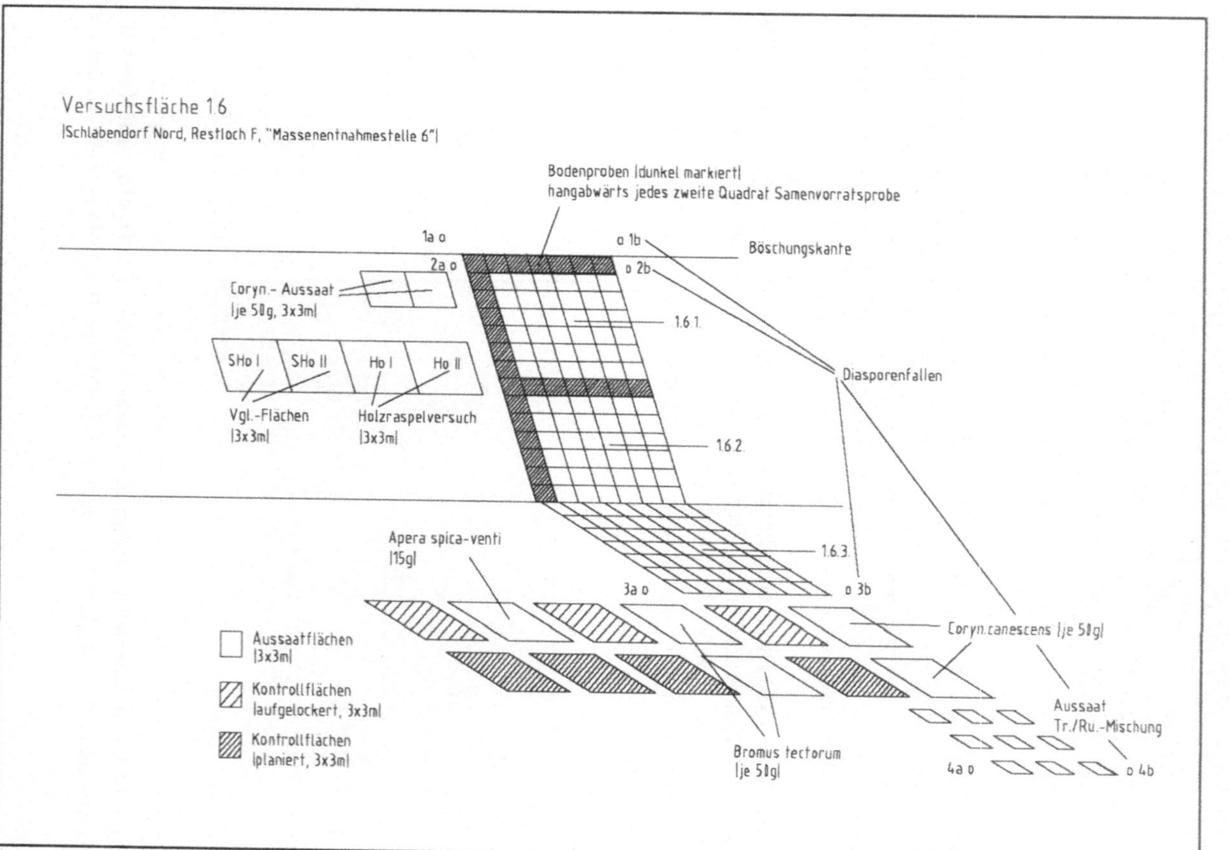

Abbildung 10.3 Experimentelles Design der Versuchsfläche 16, Tagebau Schlabendorf-Nord.

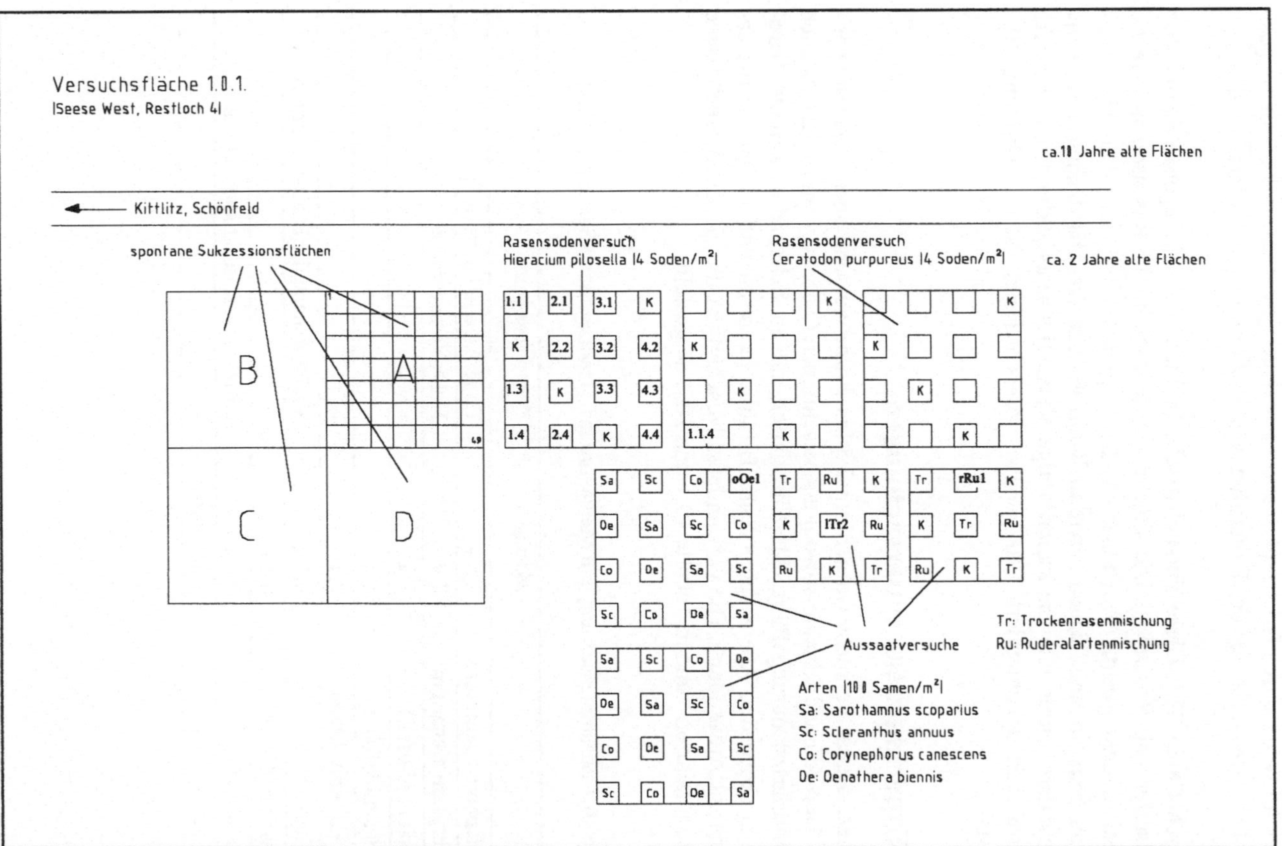

Abbildung 10.4 Experimentelles Design der Versuchsfläche 101, Tagebau Seese-West.

Versuchsfläche 16. Die Versuchsfläche 16 befindet sich im Tagebau Schlabendorf-Nord an der Ostseite von Restsee F am gewachsenen, durch Sanierungsmaßnahmen abgeschrägten Ufer. Die Fläche wurde insbesondere für Aussaatuntersuchungen genutzt. Daneben wurden Diasporenfallen aufgestellt. Die Hangflächen wurden teilweise durch Holzraspeln und Fangzäune gegen zu starke Erosion gesichert. Die genaue Anlage des Experiments ist in Abbildung 10.3 dargestellt.

Versuchsfläche 101. Diese Versuchsfläche befindet sich im Tagebau Seese-West am Ostufer von Restsee 4. Die Fläche wurde sowohl für Rasensoden- wie für Aussaatversuche genutzt. Auch hier wurden Vegetation und Diasporenbank innerhalb der Experimentalflächen sowie in Kontroll- und Nachbarflächen untersucht. Insbesondere wurde hier die kleinräumige Vegetationsentwicklung mit Hilfe der Rasterrahmen dokumentiert. Das genaue Versuchsdesign ist in Abbildung 10.4 dargestellt.

2.2 Experimentelle Untersuchungen

Aussaat. Aussaatversuche wurden mit 2,5 bis 7 g/m² autochthonem Samenmaterial aus Tagebaurandgebieten sowohl als Mischungen (Tab. 10.1 und 10.2) als auch als Einzelarten durchgeführt. Als Einzelarten kamen Scleranthus annuus, Sarothamnus scoparius, Apera spica-venti, Bromus tectorum und Corynephorus canescens zur Anwendung. Die verwendeten Mischungen für „Trockenrasen“ sowie für „Ruderalarten“ sind in Tabelle 10.1 und 10.2 dargestellt.

Tabelle 10.1 Zusammensetzung und Menge pro m² „Trockenrasen“-Samenmischung.

Art	Menge	Bemerkungen
Corynephorus canescens	2,5 g	Freie Aussaatfläche nötig
Helichrysum arenarium	2 g	Hohe Versagerquote
Hieracium pilosella	1 g	-
Achillea millefolium	1 g	-
Arenaria serpyllifolia	0,5 g	-
Trifolium arvense	0,1 g	Viel Spreuanteil, niedrige Keimrate
Teesdalia nudicaulis	0,1 g	-
Filago minima	0,1 g	2 000 Samen, deckt kaum etwas
Rumex acetosella	300 Samen	-

Tabelle 10.2 Zusammensetzung und Menge pro m² „Ruderalarten"-Samenmischung.

Art	Menge	Bemerkungen
Centaurea stoebe	1 g	-
Trifolium arvense	1 g	-
Corispermum leptopterum	0,5 g	-
Oenothera biennis	0,4 g	-
Daucus carota	0,2 g	Nur wenig Samenmaterial vorhanden

Rasensodenversetzung. Für das Setzen von einartigen Rasensoden sowohl in ältere, bewachsene als auch in völlig vegetationsfreie, frisch geschobene Flächen wurden die Arten Hieracium pilosella und Ceratodon purpureus verwendet. Die Soden hatten eine Größe von 10x10x10 cm.

2.3 Vegetationsaufnahmen

Durch Vegetationsaufnahmen wurde die floristische Entwicklung der Aussaaten und der eingebrachten Rasensoden erfaßt. Die Schätzung der Vegetationsdeckung auf den Versuchsflächen erfolgte mit Hilfe der Londo-Skala (Londo 1975, Felinks et al. 1999). Die Nomenklatur der Arten richtet sich nach Schubert & Werner (1988). Bestimmte Arten der Dauerquadrate wie Calamagrostis epigejos und Corynephorus canescens wurden eingehender untersucht in Bezug auf Anzahl der Triebe bzw. Horste, Anzahl der Fruchtstände sowie Vitalität. Auf den Kontrollflächen, die zur Beobachtung der natürlichen Wiederbesiedlung angelegt wurden (Versuchsflächen 16 und 101) wurden mehrfach Vegetationsaufnahmen durchgeführt.

Zur genaueren Beurteilung der Entwicklung auf den Aussaatflächen der Trokkenrasen- und Ruderalartenmischungen wurden die einzelnen Pflanzen mittels eines Rasterrahmens genau lokalisiert und maßstabsgerecht auf eine Millimeterpapierskizze übertragen. Die Daten wurden digitalisiert und mit AUTOCAD weiterbearbeitet.

2.4 Zusätzliche Untersuchungen

Untersuchungen zum Diasporeneintrag. Zur Erfassung des natürlichen Sameneintrages in bewachsenen und auf frisch geschobenen Flächen wurden die Einträge in die ausgebrachten Diasporenfallen monatlich ausgelesen, die Arten bestimmt (Brouwer & Stählin 1955, IVS 1993) und auf ihre Lebensfähigkeit hin untersucht (TTC-Test).

Untersuchungen zur Diasporenbank. Die Bestimmung des Gehaltes an keimfähigen Samen der oberen Boden- bzw. Substratschichten in gewachsenen und frisch geschobenen Bereichen wurde mittels einer Diasporenbankanalyse (Bestimmung der Arten nach Hanf 1985) durchgeführt.

Keimversuche. Untersuchungen zum Keimverhalten einzelner Arten unter (unklimatisierten) Gewächshaus- und Freilandbedingungen wurden im Schulgarten Cottbus, Dahlitzer Str., durchgeführt. Sie dienten insbesondere dem Test der Lebensfähigkeit sowie auch der Identifikation.

3 Ergebnisse

3.1 Diasporeneintrag

In Abbildung 10.5 ist der Gesamtdiasporeneintrag in der Versuchsflächen 134 und 135 für die Jahre 1996 und 1997 dargestellt. Die Ergebnisse zeigen, daß 90% der als Diasporen eingetragenen Arten auf der Untersuchungsfläche vorhanden sind, und auch die restlichen Samen von Arten der unmittelbaren Umgebung stammen. Vergleichbare Ergebnisse ergaben sich in der Versuchsfläche 16.

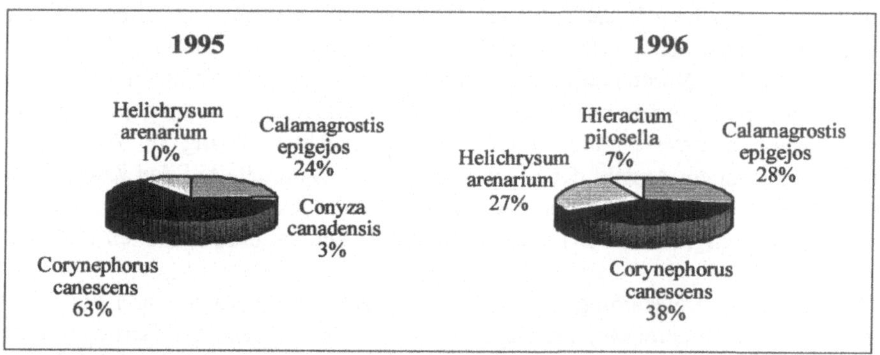

Abbildung 10.5 Vergleich des Gesamtdiasporeneintrages in den Versuchsflächen 134 und 135.

3.2 Keimraten

Abbildung 10.6 zeigt eine Auswertung der Keimraten auf der Basis der Keimversuche. Gewächshaus- und Freilandkeimung zeigen deutliche Unterschiede. Insgesamt sind die Freilandkeimraten niedriger als im Gewächshaus (mit Ausnahme von Oenothera biennis). Insbesondere Calamagrostis epigejos keimt im Freiland sehr schlecht. Ähnlich schlechte Relationen ergeben sich bei Corynephorus canescens, Helichrysum arenarium und Filago minima. Diese Unterschiede im Keimungsverhalten lassen sich nicht einfach auf ungünstige Bodenparameter im Freiland zurückführen (Krause 1998).

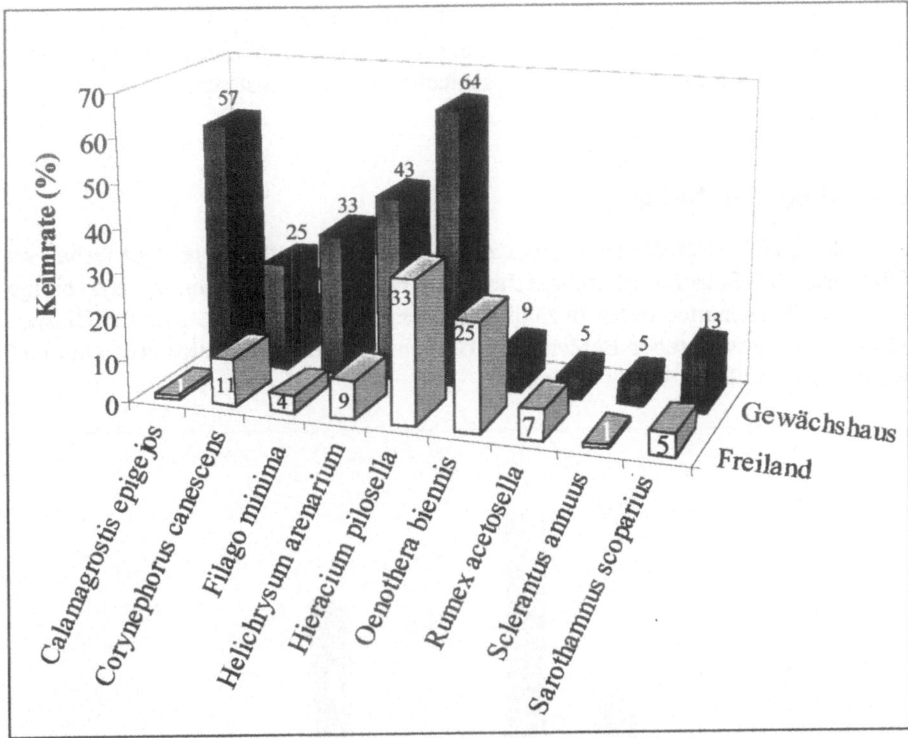

Abbildung 10.6 Vergleich des Keimverhaltens ausgewählter Arten unter Gewächshaus- und Freilandbedingungen.

Nimmt man die potentiell keimfähigen Samen hinzu, ergibt sich ein etwas anderes Bild (Tab. 10.3).

Tabelle 10.3 Einteilung der untersuchten Arten nach ihrer Keimfähigkeit.

Gute Keimer	**Potentiell gute Keimer (dormante Samen - Angabe incl. potentiell keimfähiger Samen)**	**Schlechte Keimer**
Calamagrostis epigejos ca. 57%	Oenothera biennis ca. 95%	Filago minima ca. 33%
Hieracium pilosella ca. 70%	Sarothamnus scoparius ca 95%	Corynephorus canescens ca. 25%
Helichrysum arenarium ca. 45%	Rumex acetosella ca. 85%	Scleranthus annuus ca. 7%

Es lassen sich drei Gruppen bilden: Gute Keimer (immer mindestens 40% instant keimend), potentiell gute Keimer (oft über 80% keimfähige Samen, aber instantane Keimungsrate unter 15%) sowie schlechte Keimer (instantane Keimungsrate immer unter 33%).

3.3 Diasporenbank

Abbildung 10.7 zeigt die Diasporenbank in der Versuchsfläche 16. Der Gehalt an Diasporen im Substrat ist im geschobenen Bereich äußerst gering. Nur einige Gras- und Binsenarten treten in zählbaren Mengen auf. Häufige Arten der Diasporenbank des gewachsenen Bereichs der Umgebung wie Echinochloa crus-galli und Rumex acetosella sind nicht vertreten.

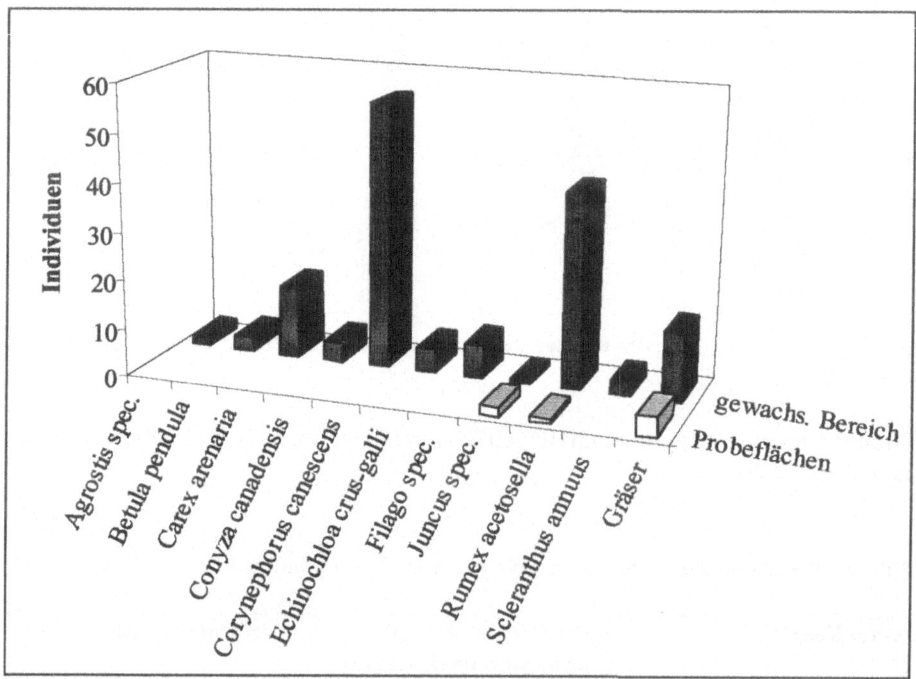

Abbildung 10.7 Artenübersicht der Diasporenbank in der Versuchsfläche 16.

Dieses Bild ist typisch für alle untersuchten Flächen. Etwas artenreicher ist nur die Diasporenbank in der Versuchsfläche 101. Hier liegen die Verhältnisse insofern günstiger, als einige Arten wie z.B. Apera spica-venti, Betula pendula und Cerastium semidecandrum mit größeren Anteilen vertreten sind. Apera spica-venti ist sogar häufiger als im gewachsenen Nachbarbereich.

3.4 Besiedlung der Rasensodenflächen

Abbildung 10.8 zeigt die mittleren Deckungswerte von Hieracium pilosella in den Sodenverpflanzungsquadraten.

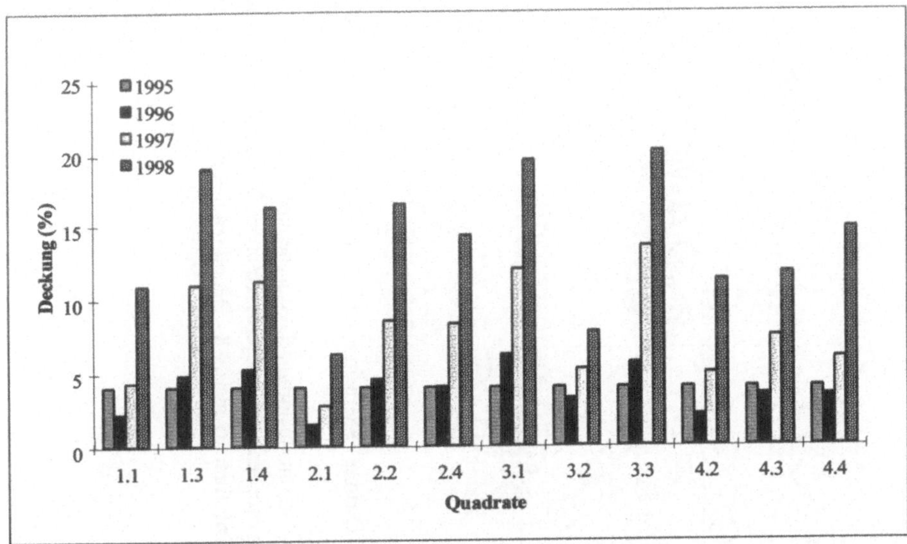

Abbildung 10.8 Entwicklung der mittleren Deckungswerte von Hieracium pilosella (Mittelwerte von 4 Soden je 1m²-Quadrat) am Versuchsstandort 101. Lage der Quadrate siehe Abbildung 10.4.

Gut zu erkennen ist, daß nach der Umsetzung der Soden in der Vegetationsperiode 1996 eine Etablierungsphase stattfand, in welcher sich die Deckungsgrade der Art nur wenig veränderten. Ab der Vegetationsperiode 1997 begann eine Ausbreitungsphase, vor allem durch die starke vegetative Vermehrung mit Ausläufern, welche sich dann 1998 fortsetzte. Insgesamt erreichen die Quadrate mit Hieracium pilosella-Soden einen mittleren Deckungsgrad von 20,3% nach drei Jahren, das sind neben den Aussaatflächen der Trockenrasenmischungen die höchsten Gesamtdeckungswerte am Versuchsstandort 101.

Abbildung 10.9 zeigt die überdurchschnittliche Entwicklung von Hieracium pilosella auf Quadrat 3.1 im Detail. Das Quadrat weist mit ca. 27% die höchsten Gesamtdeckungswerte nach drei Jahren Entwicklungszeit auf.

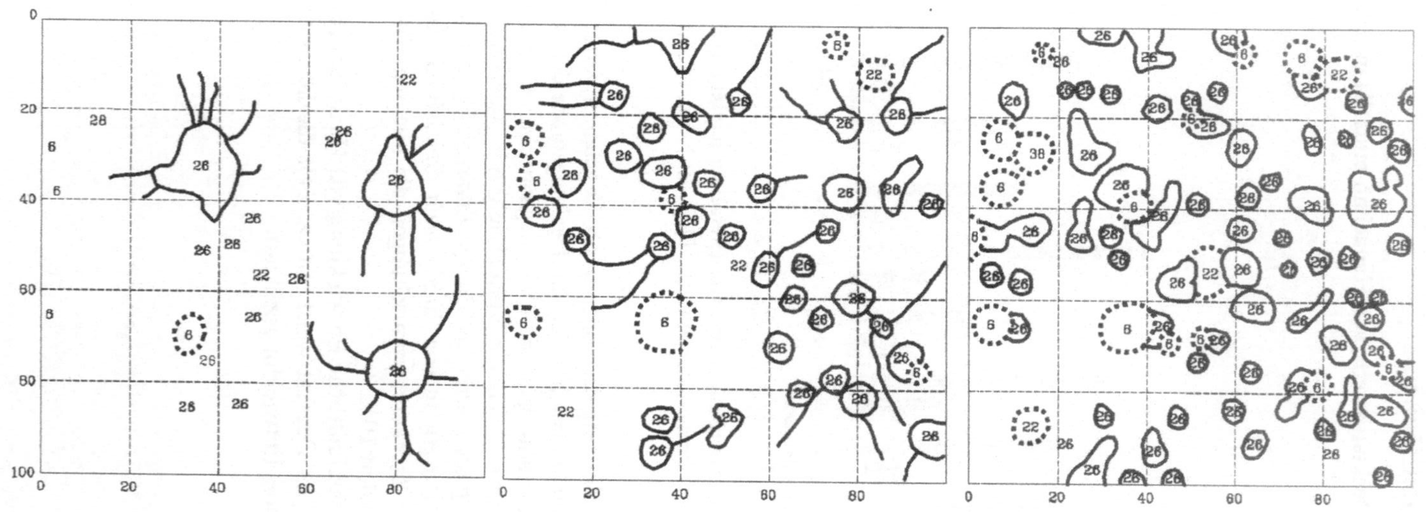

Abbildung 10.9 Kleinräumige Vegetationsentwicklung von 1996 bis 1998 im Quadrat „Hieracium 3.1“ (Abb. 10.4), Versuchsfläche 101, Seese-West. 3 von 4 Rasensoden sind erfolgreich angegangen.

Legende für Abbildung 10.9 sowie 10.11 bis 10.15: 1 – Apera spica-venti, 4 – Bromus tectorum, 6 – Corynephorus canescens, 11 – Echinochloa crus-galli, 21 – Arenaria serpyllifolia, 22 – Artemisia campestris, 24 - Conyza canadensis, 25 - Crepis tectorum, 26 – Hieracium pilosella, 28 – Rumex acetosella, 30 – Scleranthus annuus, 33 - Taraxacum officinale, 34 - Trifolium arvensis, 38 - Oenothera biennis, 41 – Corispermum leptopterum, 50 – Pinus sylvestris.

Im Gegensatz dazu war auf den älteren Versuchsflächen in Schlabendorf (134, 135) 1998 erstmalig eine Zunahme der Deckungsgrade von Hieracium pilosella zu beobachten. Die Entwicklung vollzieht sich hier im Gegensatz zu den jungen Flächen nicht so raumgreifend. Vielmehr ist eine kompakte Entwicklung um die durch die Muttersoden vorgegebenen Flächen zu beobachten, so daß Vegetationsflecken von bis zu 30 cm Durchmesser entstanden sind. Drei Jahre nach den Umsetzungsmaßnahmen kann diese Entwicklung auch hier zumindest als teilweiser Erfolg gewertet werden.

Das Erscheinungsbild der mit Ceratodon purpureus-Soden bepflanzten Quadrate war ganz anders. Einige Soden, die die Umsetzung überlebt hatten, ragten nach dem Wegblasen des sie umgebenden Substrates aus den Versuchsflächen heraus, während andere völlig übersandet wurden. Mit Gesamtdeckungswerten von ca. 13% blieben diese Quadrate deutlich hinter denen mit Hieracium pilosella zurück. Allerdings waren auch bei diesen Versuchen 1998 erste Anzeichen für eine einsetzende Entwicklung der initiierten Art zu erkennen. So waren trotz des weiteren Rückganges in der Bedeckung in einigen Quadraten um die Muttersoden deutlich erste Jungpflanzen zu erkennen. Grundsätzlich überwiegend jedoch weiterhin Arten der Spontanvegetation. Abbildung 10.10 zeigt dies recht deutlich. Nur 20 bis 30% der Vegetationsbedeckung in den Ceratodon-Quadraten resultieren aus der initialen Art. Im Falle von Hieracium liegen diese Anteile bei 60 bis 70%.

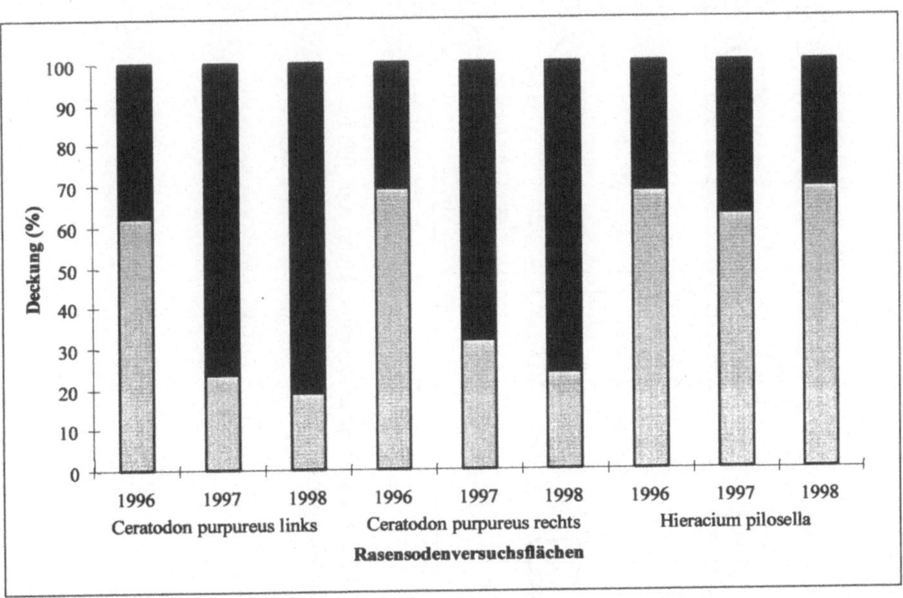

Abbildung 10.10 Anteil der Initialarten (helle Balken) bzw. Spontanarten (dunkle Balken) an der Gesamtdeckung der Rasensodenversuchsflächen im Tagebau Seese-West. Versuchsdesign, vgl. Abbildung 10.4.

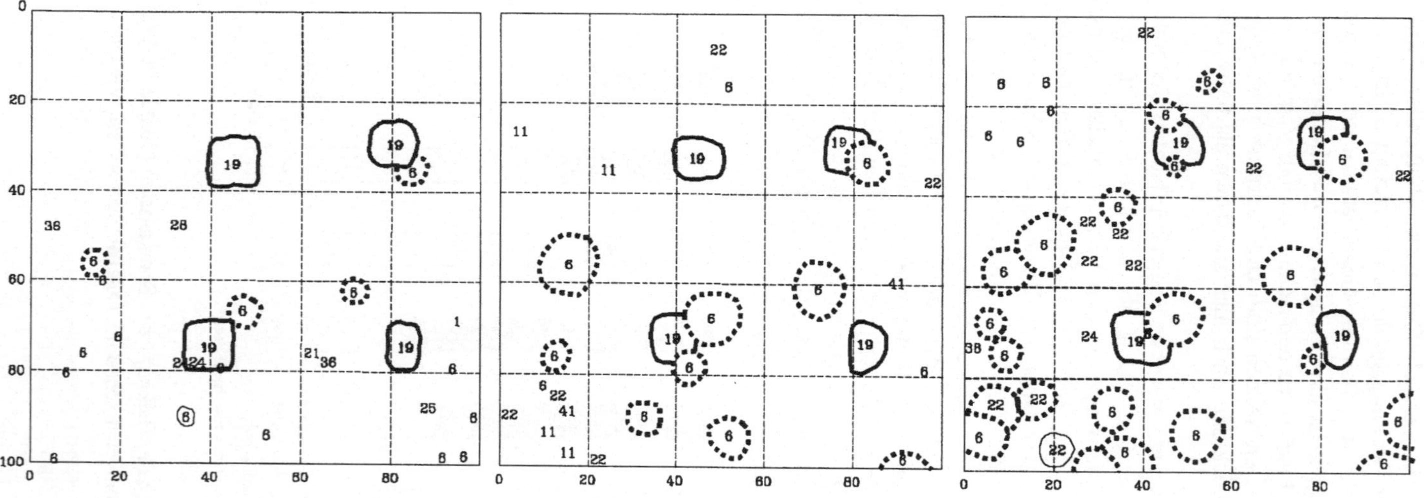

Abbildung 10.11 Kleinräumige Vegetationsentwicklung von 1996 bis 1998 im Quadrat „Ceratodon 1.1.4“ (Abb. 10.4), Versuchsfläche 101, Seese-West. 4 Soden Ceratodon purpureus.

Abbildung 10.11 zeigt eine detaillierte Analyse der Vegetationsentwicklung in Quadrat „Ceratodon 1.1.4" (Seese-West). 1998 war hier erstmalig eine deutliche Ausbreitungstendenz generativer Art festzustellen. Die Quadrate mit den umgesetzten Ceratodon purpureus-Soden zeigen alle ein ähnliches Bild.

3.5 Besiedlung der Ansaatflächen

3.5.1 Aussaatversuche Einzelarten

Auf den Aussaatflächen der einjährigen Grasarten Apera spica-venti und Bromus tectorum in Schlabendorf-Nord (Versuchsfläche 16) kam es zu größeren Veränderungen. Beide initiierten Arten konnten, nachdem sie die ersten Jahre subdominant die Flächen beherrschten (mit 5% Deckung sowie blühenden und fruchtenden Exemplaren), diese Entwicklung nicht weiter fortsetzen. Dies geschah, obwohl die Deckungswerte der Spontanarten nur sehr langsam anstiegen und nur ein äußerst niedriges Niveau erreichten. Der Konkurrenzdruck ist somit relativ gering. Apera spica-venti und Bromus tectorum sind auf ihren Aussaatflächen nur noch mit Deckungsgraden von unter 1% vertreten. Es sind gerade diese Flächen, welche in ihrer Vegetationsentwicklung hinsichtlich der Gesamtdeckungsgrade stagnieren bzw. im Fall der Bromus tectorum-Flächen sich sogar rückläufig entwickeln (vgl. auch Abb. 10.16).

Auch die Corynephorus canescens–Flächen werden durch die ungünstigeren Etablierungsbedingungen an diesem Standort beeinflußt. Durch die anfangs verzögerte Entwicklung gegenüber den oben genannten Aussaatquadraten waren die Gesamtdeckungsgrade 1998 mit 8% noch niedrig, über die drei Beobachtungsjahre hinweg zeigen sie jedoch eine kontinuierliche Zunahme. Auf den Aussaatflächen mit Corynephorus canescens am Hang ist eine stagnierende Entwicklung zu verzeichnen. Der ungehemmte Einfluß von Niederschlägen auf diesen stark geneigten Hang und die damit verbundene starke Erosion beeinflussen die Entwicklung in diesem Bereich der Versuchsanlage äußerst negativ. Anders sind dagegen die Ergebnisse auf den Hangflächen, in denen Holzschnitzel eingearbeitet wurden, und zu deren Schutz oberhalb und unterhalb der Flächen niedrige Flechtzäune aufgestellt waren. Deren erosionshemmende Wirkung ist offensichtlich, da deutlich geringere Anzeichen für einen Substratabtrag zu erkennen sind. Mit 12,5% erreichen sie die höchsten Gesamtdeckungswerte am gesamten Versuchsstandort und übertreffen selbst noch die Aussaatflächen mit unterschiedlichen Mischungen auf den fast ebenen Flächen.

Auf den jungen Flächen in Seese-West (101) sind die Ergebnisse ebenfalls stark unterschiedlich. Nur die Corynephorus canescens-Flächen können 3 Jahre nach der Aussaat mit einer positiven Entwicklung aufwarten. Mit ca. 18% in der Gesamtdeckung und 13% Corynephorus canescens-Anteil liegen sie über dem Durchschnitt der Aussaatversuchsflächen der anderen Einzelarten.

Abbildung 10.12 zeigt die kleinräumige Vegetationsentwicklung im Quadrat „oOe1" (Seese-West), basierend auf einer Einsaat von 100 Samen.

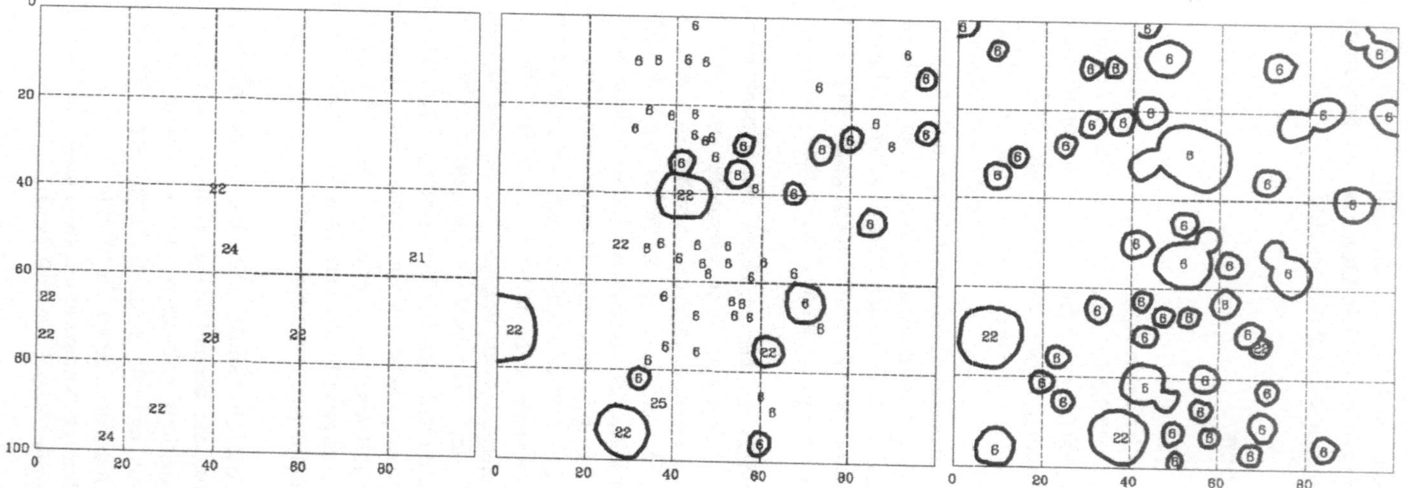

Abbildung 10.12 Kleinräumige Vegetationsentwicklung von 1996 bis 1998 im Quadrat „oOe1“, Versuchsfläche 101, Seese-West. Aussaat von 100 Samen Oenothera biennis.

Während die initiierte Art ein Totalausfall ist, läßt der hohe Anteil an Corynephorus canescens auf dieser Fläche ein Verwehen der Samen aus der benachbarten Corynephorus canescens-Ansaatfläche vermuten. In anderen Quadraten konnte sich Oenothera biennis zumindest in einigen Exemplaren etablieren. Dagegen wurden die beiden gesäten Arten Scleranthus annuus und Sarothamnus scoparius in der Vegetationsperiode 1998 nicht nachgewiesen. Auch auf den Aussaatflächen dieser Arten ist Corynephorus canescens die dominierende Art, sei es durch Verwehung von Diasporen der Aussaatflächen oder durch Spontaneinwanderungen von umgebenden Flächen.

3.5.2 Aussaatversuch Mischungen

Die ausgebrachten Trockenrasen- bzw. Ruderalartenmischungen zeigen an beiden Standorten mit die besten Entwicklungsergebnisse. Am Standort Seese (101) ist mit durchschnittlich ca. 21% Gesamtdeckung bei den Trockenrasenaussaatflächen die schnellste Entwicklung beobachtet worden. Vor allem für Corynephorus canescens als dominierende Art dieser Quadrate, aber auch für Hieracium pilosella, das erst nach Etablierung einzelner Mutterrosetten und mit beginnender vegetativer Vermehrung seit 1998 größere Flächen bedeckt, scheint die Methode erfolgversprechend. Für alle anderen in der Mischung enthaltenen Arten muß auch nach der Vegetationsaufnahme im Jahr 1998 eine eher negative Entwicklung vermutet werden. Helichrysum arenarium, Achillea millefolium und Trifolium arvense konnten sich in einzelnen Exemplaren etablieren, aber nicht in dem Maße, wie es ihr Anteil in der Mischungszusammensetzung erwarten ließ. Interessant ist die Entwicklung von Centaurea stoebe in der Ruderalartenmischung. Erst in den 1998er Vegetationsaufnahmen konnten erste Individuen nachgewiesen werden.

Die Aussaatmenge von 2,5 g Corynephorus canescens in der Trockenrasenmischung entspricht nach den Auswaageergebnissen und dem daraus errechneten 1 000-Korngewicht in etwa 30 100 Samen. Diese auf den ersten Blick große Menge relativiert sich nach den Ergebnissen der Keimversuche. Danach ist bei Corynephorus canescens mit einer Keimrate von 10% im Freiland zu rechnen, ohne daß die teilweise extremen Keimbedingungen am Originalstandort mit berücksichtigt werden. Die mögliche Samenproduktion eines Silbergrashorstes innerhalb einer Vegetationsperiode ist ein weiterer Punkt bei der Betrachtung der Aussaatmenge, auch wenn die Angaben in der verfügbaren Literatur stark schwanken. Sie liegen zwischen 2 000 Karyopsen pro Pflanze (ohne Größenangabe) bis zu 36 000 Karyopsen (Symonides 1985) pro Pflanze. Es ergibt sich ein Mittelwert von ca. 19 000 Karyopsen, eine Anzahl, welche die Untersuchungen von Janasek (1995), hier wurde eine Anzahl von ca. 15 300 Karyopsen pro Horst festgestellt, bestätigen. Die durch die Mischung ausgebrachte Menge entspricht also in etwa der Samenproduktion von 2-3 Horsten innerhalb einer Vegetationsperiode. Damit wird offensichtlich, welches generative Potential in einer Fläche vorhanden ist, sobald einige Exemplare der Art sich etablieren konnten und Reproduktionsgröße erreichen.

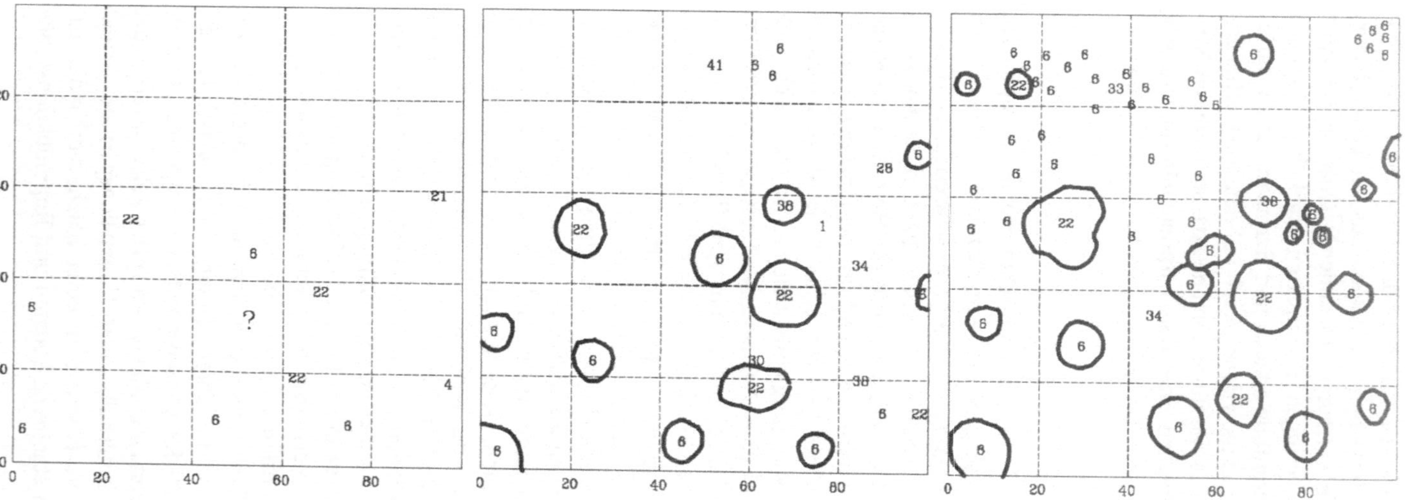

Abbildung 10.13 Kleinräumige Vegetationsentwicklung von 1996 bis 1998 im Quadrat „rRu1“ (Abb 10.4), Versuchsfläche 101, Seese-West. Aussaat der Ruderalartenmischung gemäß Tabelle 10.2.

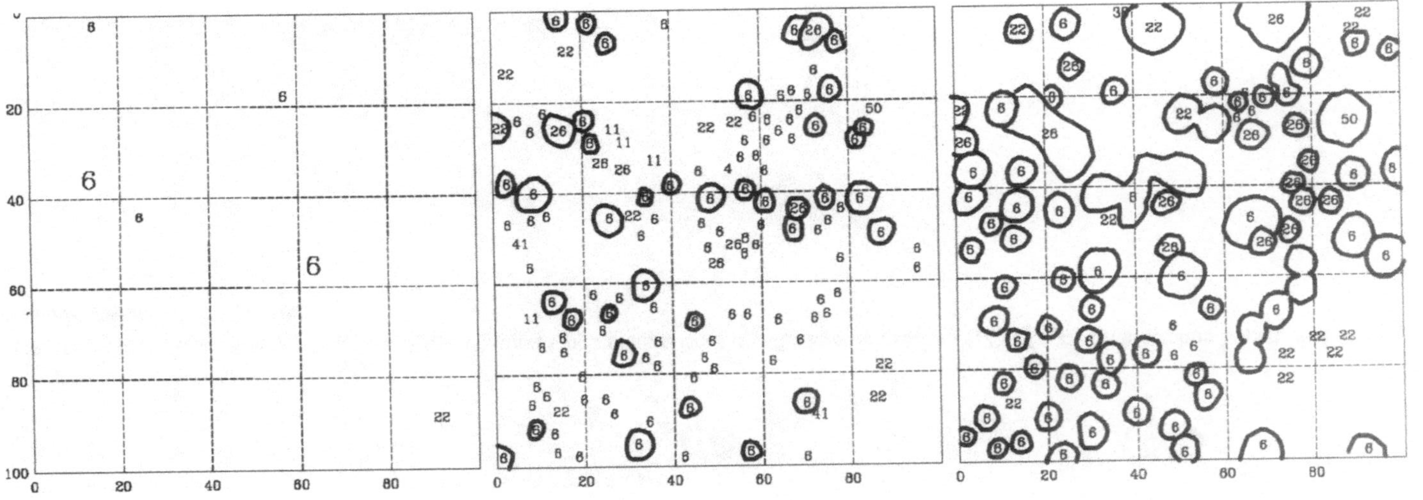

Abbildung 10.14 Kleinräumige Vegetationsentwicklung von 1996 bis 1998 im Quadrat „lTr2“, Versuchsfläche 101, Seese-West. Aussaat der Trockenrasenmischung gemäß Tabelle 10.1.

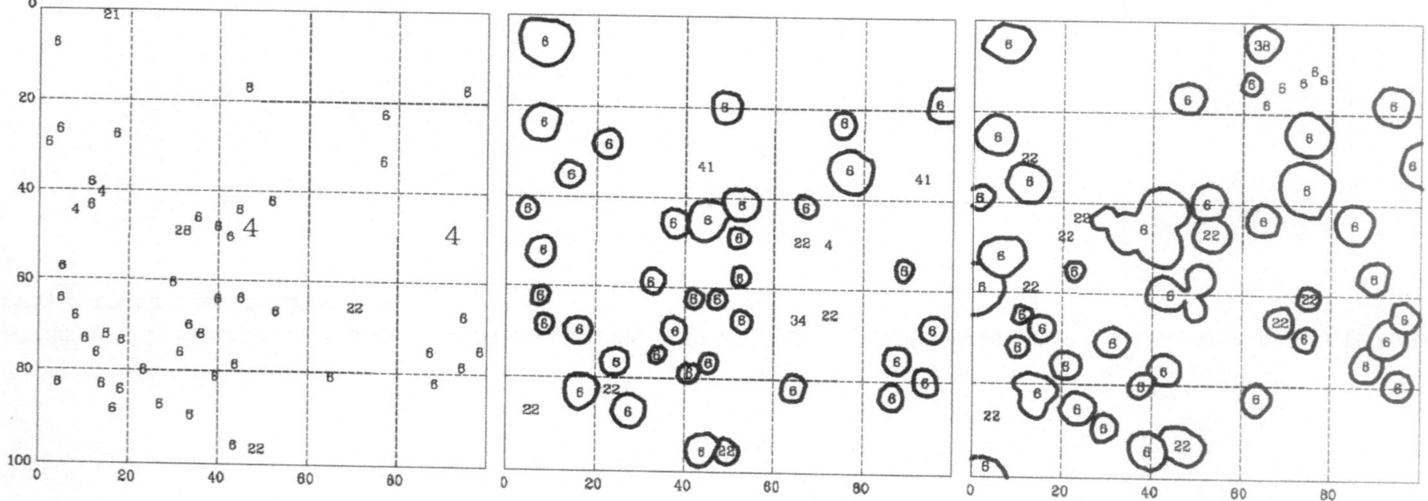

Abbildung 10.15 Kleinräumige Vegetationsentwicklung von 1996 bis 1998 im Quadrat „Hieracium 1.2“ (Kontrollfläche ohne Soden, Abb. 10.4), Versuchsfläche 101, Seese-West.

Die schon beschriebene Funktion dieser Individuen als Mutterhorste (vgl. Janasek 1995) zum Schutz neuer Keimlinge durch Bildung eines entwicklungsförderlichen Kleinklimas, durch Minderung negativer Witterungseinflüsse sowie deren Folgeerscheinungen wie Erosion, spielt dabei ebenfalls eine nicht unwesentliche Rolle.

Abbildung 10.13 zeigt beispielhaft die kleinräumige Vegetationsentwicklung der Aussaat im Quadrat „rRu1“. Die sich entwickelnden Pflanzen sind überwiegend als Arten der Spontanvegetation anzusehen, während der Anteil der initiierten Arten gering blieb. Oenathera biennis und Trifolium arvense sind dabei die Arten der Ruderalaussaat, welche noch am erfolgreichsten etabliert werden konnten.

3.6 Besiedlung von natürlichen Wiederbesiedlungsflächen ohne Experimente sowie Vergleich der Flächen

Die Untersuchungen zeigen insgesamt, daß die Entwicklung der Vegetation neben dem Vorhandensein geeigneter und ausreichender Diasporenquellen in der unmittelbaren Umgebung der neuen Flächen vor allem stark substratabhängig ist. Die Vergleichsflächen in Seese-West (Versuchsfläche 101) zeichnen sich teilweise durch einen kleinflächigen Wechsel von Substraten mit unterschiedlichen Eigenschaften aus. Diese Unterschiede sind in der Vegetationsentwicklung deutlich zu erkennen. Während sich auf den Vergleichsflächen A bis C ein relativ einheitlich wirkender Corynephorus canescens-Rasen mit ca. 10–20 cm Wuchshöhe entwikkelt hat, dominieren auf der Vergleichsfläche D höherwüchsige Arten der Trokkenrasen wie Artemisia campestre und Arten der Hochgrasbestände wie Calamagrostis epigejos mit ca. 30 cm und mehr Wuchshöhe und stellenweiser Vegetationsbedeckung von fast 100% neben immer noch fast vegetationsfreien Stellen mit oberflächlich zu erkennenden Kohlestücken. Ein Blick auf die Bodenkennwerte dieser Fläche lassen den Grund erkennen. Mit pH-Werten von pH 6,8 über alle drei beprobten Tiefen liegt diese Fläche deutlich höher als die übrigen. Auf den Flächen A bis C sind die pH-Werte mit pH 4,9 bis pH 5,1 deutlich geringer.

Abbildung 10.15 zeigt beispielhaft die Vegetationsentwicklung im Quadrat „Hieracium 1.2-Kontrollfläche“ (Seese-West). Diese Kontrollfläche wurde ausgewählt, um die deutlich höhere Einwanderung von Spontanarten, vor allem Corynephorus canescens auf den unbeeinflußten Quadraten zu zeigen. Mit einem Deckungsgrad von ca. 22% liegt das Quadrat im Bereich der Gesamtdeckungen der beeinflußten Flächen.

Die natürliche Wiederbesiedlung der Versuchsfläche 16 (Schlabendorf-Nord) vollzieht sich langsam und liegt bei den meisten Quadraten nicht über 2-3%, bei wenigen Quadraten bei 5%. Einer schnelleren Ausbreitung der Vegetation wirkt sicher die bei solchen Hangneigungen starke Erosion entgegen.

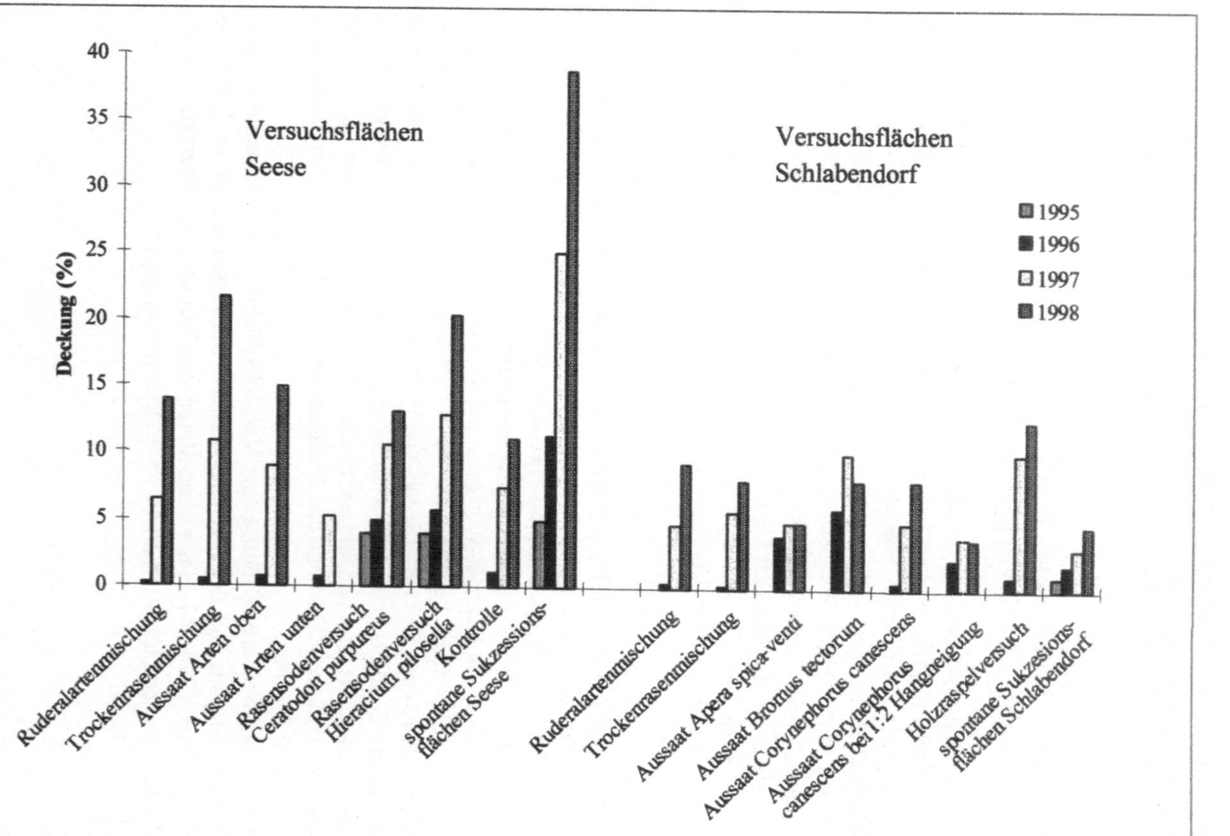

Abbildung 10.16 Überblick der Entwicklung der mittleren Gesamtdeckungswerte junger Standorte nach unterschiedlicher Vegetationsinitiierung.

Vor allem im unteren Hangbereich sind größere Erosionsrillen auffallend, wogegen die entstehende Vegetation der unteren Flächen durch das ausgeschwemmte feinkörnige Bodenmaterial ständig neu überlagert wird. Trotzdem scheinen einige Pionierarten, wie Conyza canadensis mit diesen Bedingungen zurecht zu kommen.

Abbildung 10.16 gibt einen zusammenfassenden Überblick aller Aussaat- und Rasensodenversuche sowie auch der Kontroll- und Sukzessionsflächen. Es zeigt sich, daß in den Versuchsflächen Seese (101) die Bedingungen für pflanzliche Besiedlung grundsätzlich besser sind als in Schlabendorf. Hier kommt es ohne jede Einflußnahme zu hochdeckender spontaner Besiedlung. Dies ist anders in den Schlabendorfer Flächen. Hier bleiben die Kontrollflächen in der Vegetationsentwicklung deutlich zurück. Es zeigt sich in allen Fällen die deutliche Zeitverzögerung der Besiedlung, so daß eine weitergehende Beobachtung angebracht wäre. Allerdings sind einige der Flächen inzwischen durch Sanierungsmaßnahmen soweit beeinträchtigt, daß eine wissenschaftliche Begleitung nicht mehr sinnvoll ist.

4 Diskussion

Ziel der Untersuchungen war es herauszufinden, welche Größen einen Einfluß auf die Vegetationsdynamik von Bergbaufolgeflächen haben und ob eine Beeinflussung dieser Entwicklung möglich ist. Die Auswertungen zur Diasporenbank zeigen, daß frisch geschobene Flächen im Gegensatz zu gewachsenen Bereichen äußerst diasporenarm sind und das Potential dieser Flächen zur natürlichen Wiederbesiedlung auf diesem Weg somit sehr gering ist. 90% der in die älteren Untersuchungsflächen eingetragenen Diasporen gehören zu Arten derselben Flächen und auch auf jüngeren Flächen werden nur Diasporen der direkten Umgebung eingetragen. Somit werden die Ergebnisse anderer Untersuchungen (insbesondere Tischew 1998) bestätigt, wonach viele Arten einen relativ geringen generativen Ausbreitungsradius besitzen. Die natürliche Wiederbesiedlung von Tagebauflächen durch Samen und Früchte von geeigneten Arten kann beim Fehlen geeigneter Bestände in der unmittelbaren Umgebung lange Zeiträume benötigen. Ein Diasporenmangel kann somit sicher als eine der primären Ursachen für eine schleppende Vegetationsentwicklung angesehen werden.

Eine Initiierung von Pioniergesellschaften ist eine Möglichkeit, die Entwicklungszeiträume solcher Flächen zu verkürzen. Die Möglichkeit durch Aussaat geeigneten Samenmaterials eine naturnahe Entwicklung von Pflanzengesellschaften zu erreichen, wird in der Literatur oft beschrieben (u. a. in Jochimsen 1984, 1991, Krebs 1992). Sowohl unter naturschützerischen als auch ökonomischen Gesichtspunkten ist die Verwendung von autochthonem Material dabei vorteilhaft. Bei den herkömmlichen Rekultivierungsversuchen wird dieses meist nicht genutzt. Die Notwendigkeit, autochthones Samenmaterial zu verwenden, begründete sich mit dem Ziel, möglichst naturnahe Bestände zu entwickeln. Nicht standortgerechtes Samenmaterial führt oft zu Ausfällen bis zu fehlgeschlagenen Rekultivierungsversuchen (Klemm 1966, Urbanska 1989).

Aussagen über die Vor- und Nachteile der beiden untersuchten Methoden zur Etablierung von Arten (Aussaat, Rasensodenversetzung) liegen detailliert noch nicht vor, da vor allem eine Beurteilung des Erfolges der Aussaatversuche noch nicht möglich ist. Die bisherigen Ergebnisse der Rasensodenversetzung zeigen aber, daß prinzipiell eine Etablierung von Arten in vor allem jüngere Sukzessionsstadien möglich ist. Hieracium pilosella-Rasensoden, welche die Umsetzung überlebten, blühten und fruchteten, was auch in der Diasporenfallenerfassung zum Ausdruck kam. Eine vegetative Ausbreitung der Art konnte jedoch nicht festgestellt werden. Offensichtlich ist der Konkurrenzdruck der etablierten Arten zu groß. Die Besiedlung der trockenen, kohligen Standorte ist äußerst gering. Wildtätigkeiten auf den beiden Untersuchungsflächen wirken sich sowohl auf die Erfassung zum Diasporeneintrag als auch auf die Entwicklung der umgesetzten Rasensoden wie auch auf die übrige Vegetationsentwicklung negativ aus.

Danksagung

Die Untersuchungen wurde durchgeführt im Rahmen des Verbundvorhabens „Niederlausitzer Bergbaufolgelandschaft: Erarbeitung von Leitbildern und Handlungskonzepten für die verantwortliche Gestaltung und nachhaltige Entwicklung ihrer naturnahen Bereiche“ (Kurztitel: Leitbilder für naturnahe Bereiche – LENAB), finanziert durch das BMBF (Fkz 0339648) und die LMBV mbH. Abschließende Untersuchungen fanden statt im Rahmen „Experimenteller Untersuchungen zur Etablierung und Renaturierung erwünschter naturschutzrelevanter Biotoptypen, speziell Trockenrasen“ (vgl. Leistungsbeschreibung, LMBV–Vertrag, Bestellnr. B35/45057627).

Literatur

Blumrich, H. & Wiegleb, G. 1998. Etablierung und Renaturierung von Zwergstrauchheiden in der Niederlausitzer Bergbaufolgelandschaft. Verh. Ges. Ökol. 28: 291-300.

Blumrich, H. 2000. Potentiale der Renaturierung und Initialsetzung von Zwergstrauchheiden in der Niederlausitzer Bergbaufolgelandschaft, dieser Band.

Bröring, U., Felinks, B., Mrzljak, J., Schulz, F. & Wiegleb, G. 1998. Konzepte für die verantwortungsvolle Gestaltung und nachhaltige Entwicklung naturnaher Offenlandbereiche der Bergbaufolgelandschaft. Forum der Forschung 7: 85-90.

Brouwer, W. & Stählin, A. 1955. Handbuch der Samenkunde für Landwirtschaft. Gartenbau und Forstwirtschaft. DLG, Frankfurt: 656 S.

BTU Cottbus 1998. Verbundvorhaben Niederlausitzer Bergbaufolgelandschaft: Erarbeitung von Leitbildern und Handlungskonzepten für die verantwortliche Gestaltung und nachhaltige Entwicklung. Abschlußbericht zum BMBF-/LMBV-Verbundprojekt (Fkz. 0339648). Polykopie, Cottbus: 1054 S.

Felinks, B. & Wiegleb, G. 1998. Welche Dynamik schützt der Prozeßschutz? Aspekte unterschiedlicher Maßstabsebenen - dargestellt am Beispiel der Niederlausitzer Bergbaufolgelandschaft. Naturschutz u. Landschaftsplanung 30: 298-303.

Felinks, B. 2000. Dynamik der Vegetationsentwicklung in den terrestrischen Offenlandbereichen der Bergbaufolgelandschaft, dieser Band.

Felinks, B., Hahn, B. & Wiegleb, G. 1999. Vegetationstypen der terrestrischen Bereiche in der Niederlausitzer Bergbaufolgelandschaft. Arch. f. Natursch. u. Landschaftsforschung 38: 43-84.

Felinks, B., Pilarski, M. & Wiegleb, G. 1998. Vegetation survey in the former brown coal mining area of eastern Germany by integrating remote sensing and groundbased methods. Appl. Veget. Sci. 1: 233-240.

Hanf, M. 1985. Ackerunkräuter Europas mit ihren Keimlingen und Samen. BLV, München: 496 S.

Internationale Vereinigung für Saatgutprüfung (Hrsg.) 1993. Internationale Vorschriften für die Prüfung von Saatgut. Ergänzungen 1993. Seed Sci. & Technol. 21, Supplement 2: 1-321.

Janasek, E. 1995. Untersuchungen zur gezielten Beeinflussung der Sukzession durch Aussaat und Auspflanzversuche auf Böschungsstandorten im Braunkohlentagebau „Goitsche“ bei Delitzsch. unveröff. Diplomarbeit Univ. Halle: 145 S.

Jochimsen, M. 1984. Begrünungsversuche auf Bergematerial. Verh. Ges. Ökol 14: 223-228.

Jochimsen, M. 1991. Begrünung von Bergehalden auf der Grundlage der natürlichen Sukzession. In H. Wiggering & M. Kerth (Hrsg.) Bergehalden des Steinkohlenbergbaus. Beanspruchung und Veränderung eines industriellen Ballungsraumes. Geologie und Ökologie im Kontext. Wiesbaden: 189-194.

Klemm, G. 1966. Zur pflanzlichen Besiedlung von Abraumkippen und -halden des Braunkohlenbergbaus. Hercynia N. F. 3: 31-51.

Krause, M. 1998. Auswertung der Ergebnisse der Renaturierung naturschutzrelevanter Biotoptypen in der Niederlausitzer Bergbaufolgelandschaft. Polykopie, Cottbus.

Krebs, S. 1992. Ansaat autochthoner Wildkräuter zur Biotopentwicklung in intensiv genutzten Agrarlandschaften. Dissertation, Hohenheim: 396 S.

Londo, G. 1975. De decimale schaal foor vegetatiekundlige opnamen van permanente Kwadraten. Gorteria 7: 101-106.

Mahn, E.G. & Tischew, S. 1995. Spontane und gelenkte Sukzession in Braunkohletagebauen – eine Alternative zu traditionellen Rekultivierungsmaßnahmen? Verh. Ges. Ökol. 24: 585-592.

Mahn, E.G. 1996. Einfluß spontaner und gelenkter Sukzessionsprozesse in Braunkohletagebaulandschaften auf die Entwicklung einer ressourcenangepaßten Vegetationsstruktur. Hercynia N.F. 30: 5-12.

Schubert, R. & Werner, K. 1988. Rothmaler, Exkursionsflora für die Gebiete der DDR und der BRD. Band II: Gefäßpflanzen. Volk u. Wissen, Berlin: 639 S.

Symonides, E. 1985. Populationsstructure of psammophyte vegetation. Tüxenia 5: 259-271.

Tischew, S. 1998. Sukzession als mögliche Folgenutzung in sanierten Braunkohletagebauen. Berichte des Landesamtes für Umweltschutz Sachsen-Anhalt 1: 42-54.

Tischew, S., Mahn, E.G. & Schmiedeknecht, A. 1995. Von der Natur lernen – Rekultivierung von Bergbaufolgelandschaften. Landschaftsarchitektur 4/95: 121-125.

Urbanska, K.M. 1989. Probleme des Erosionsschutzes oberhalb der Waldgrenze. Z. f. Vegetationstechnik 12: 25-30.

11 Potentiale der Renaturierung und Initialsetzung von Zwergstrauchheiden in der Niederlausitzer Bergbaufolgelandschaft

Henry Blumrich[1]

[1] Brandenburgische Technische Universität Cottbus, LS Allgemeine Ökologie, Postfach 101344, D-03013 Cottbus, e-mail: blumrich@tu-cottbus.de

Zusammenfassung. Es wurden Möglichkeiten untersucht, Zwergstrauchheiden in der Niederlausitzer Bergbaufolgelandschaft mittels verschiedener Methoden wie Initialsetzung durch Pflanzung, Mähguteinbringung und Oberbodeneinbringung, zu renaturieren bzw. zu etablieren. Die effektivste Methode scheint die Verbringung von Zwergstrauchheideoberboden zu sein. Mit ihr läßt sich in kurzer Zeit ein breites Spektrum an Elementen von Zwergstrauchheiden etablieren.

Schlüsselwörter. Calluna vulgaris, Initialsetzung, Mähguteinbringung, Oberbodeneinbringung, Pflanzung, Renaturierung, Zwergstrauchheiden.

1 Einleitung

Zwergstrauchheiden sind ein Teil der Naturlandschaft und Bestandteil der Niederlausitzer Bergbaufolgelandschaft (BFL). In der BFL sind sie in den Bereichen des Sanierungsbergbaus deutlich unterrepräsentiert bzw. in den großflächigen Gebieten des Aktivbergbaus kaum vorhanden.

Anliegen der Untersuchungen war es verschiedene Methoden der Zwergstrauchheiderenaturierung bzw. –etablierung mit Hilfe der Setzung von Initialen (Oberboden-, Mähguteinbringung und Pflanzung) auf ihre Anwendbarkeit unter den Bedingungen der Niederlausitzer BFL zu untersuchen. Um eine Entwicklung (Renaturierung) in Richtung einer „heidetypischen Offenlandschaft" auszulösen, ist auf stark gestörten Flächen wie auf Teilgebieten von Truppenübungsplätzen nach Lütkepohl (1993) eine Initialsetzung notwendig.

2 Stand der Forschung

Europaweit gibt es eine Reihe von Untersuchungen zur Renaturierung von Zwergstrauchheiden. In Großbritannien (Pywell et al. 1995) und den Niederlanden

(Aerts et al. 1995, De Graf et al. 1998) gibt es Untersuchungen zur Renaturierung nicht mehr benötigter Agrarflächen mittels Mähgut-, Plaggut- bzw. Oberbodeneinbringung. In Deutschland laufen Untersuchungen zur Initialisierung von Zwergstrauchheiden auf ehemaligen Truppenübungsplätzen im Bereich der Lüneburger Heide mittels Ausbringung von Mäh- bzw. Plaggut (Hanstein et al. 1994, Lütkepohl et al. 1996) und in der Diepholzer Moorniederung zur Renaturierung ehemaliger Agrarflächen mittels Aussaat von Calluna vulgaris, Mäh- bzw. Plagguteinbringung (mündliche Mitteilungen: Niemeier 1995, Köstermenke 1998). In der Niederlausitz liefen und laufen verschiedene Untersuchungen zur Calluna vulgaris-Etablierung in Heidegärten bzw. Forstamtsbereichen durch Aussaat, Pflanzung bzw. Mähguteinbringung (mündliche Mitteilungen 1995-1998).

3 Untersuchungsgebiet, Material und Methoden

3.1 Versuchsflächen

In drei Gebieten wurden Experimentalflächen zur Untersuchung von verschiedenen Methoden der Heideetablierung (Tab. 11.1) eingerichtet. Dies sind je eine Experimentalfläche im ehemaligen Tagebau Schlabendorf-Süd bei Luckau, im rückwärtigen Bereich des Tagebaus Meuro bei Senftenberg und im rückwärtigen Bereich des Tagebaus Cottbus-Nord. Die Versuche in Meuro wurden teilweise vor dem eigentlichen Beginn des LENAB-Verbundvorhabens im Jahr 1995 im Rahmen von Sanierungsarbeiten bereits 1994 begonnen, so daß die Ausgangsbedingungen der Versuchsflächen nicht in jedem Fall dokumentiert werden konnten.

Tabelle 11.1 Art der Untersuchungen zur Heideetablierung in den Versuchsgebieten Schlabendorf-Süd, Meuro und Cottbus-Nord. + Methode wurde untersucht, (+) Methode wurde untersucht, die Ergebnisse werden aber nicht dargestellt.

Gebiet	Versuchsbeginn	Pflanzung	Mähguteinbringung	Oberbodeneinbringung
Schlabendorf-Süd	1995/96	(+)	+	+
Meuro	1994-97	+	+	+
Cottbus-Nord	1996/97	(+)	(+)	+

Tabelle 11.2 gibt einige Bodenkennwerte der einzelnen Versuchsflächen vor Versuchsbeginn bzw. außerhalb der Versuchsfläche (unbehandelt) wieder. Die Versuchsfläche in Schlabendorf-Süd wurde ca. 1990 in der oberen 20 cm-Bodenschicht melioriert (Kalkung, Festuca rubra-Ansaat als Zwischenbegrünung). Charakteristisch für diese Fläche sind schwankende Werte auf relativ kleinem Raum.

Tabelle 11.2 Bodenparameter der Versuchsflächen Schlabendorf-Süd (VF Schl.-S.), Meuro (VF M.) und Cottbus-Nord (VF Cb.-N.) sowie des eingebrachten Bodenmaterials (0-10 cm Bodentiefe).

Bodensubstrat	**pH-Wert ($CaCl_2$)**	**Gesamt-C (%)**	**Gesamt-N (%)**	**Gesamt-S (%)**	**Leitfähigkeit (µS/cm)**
VF Schl.S.	6,9-7,6	0,10-0,38	0,01-0,02	< 0,01	40,0-78,0
VF M.	4,5-6,3	3,7-5,9	0,1	0,04	46,2-171,4
VF M.: nährstoffarmer Mineralbodenauftrag	4,2-4,3	0,13-0,22	0,01-0,02	< 0,01-0,1	23,8-89,7
VF M.: humusreicher Bodenauftrag	5,0	0,85	0,31	0,01	27,5
VF Cb.-N.	3,6-6,7	1,26-2,91	0,05-0,09	0,07-0,31	65-1742
VF Cb.-N.: Mineralbodenauftrag	3,8-4,8	0,3-1,3	0,02-0,06	0,02-0,1	123-842
VF Cb.-N.: Heidebodenauftrag	4,1-4,2	1,2-1,3	0,07-0,08	< 0,01-0,1	25,5-32

Die Versuchsfläche in Meuro umfaßt insgesamt ca. 7 Hektar und wurde nicht melioriert. Sie weist Kohlerückstände auf, woraus sich die hohen Kohlenstoffwerte erklären. Die Versuchsfläche im Tagebau Cottbus-Nord wurde 1992 aschemelioriert, was durch die hohen Schwefel- und Leitfähigkeitswerte verdeutlicht wird. Anschließend kam es zur Einsaat einer Zwischenbegrünung (u. a. Festuca rubra, Festuca ovina, Secale cereale var., Poa pratense, Dactylis glomerata und Melilotus officinalis). Zwischenbegrünungen sind Ansaaten mit Artenmischungen mit hohem Fabaceaen-Anteil, welche nach einer Bodenmelioration zum Erosionsschutz bzw. zur Bodenaufwertung für die Begründung landwirtschaftlicher Flächen in der BFL ausgebracht werden.

Vor Beginn des Versuches setzte sich die Vegetation folgendermaßen zusammen: der Versuchsflächenstandort in Schlabendorf-Süd ist charakterisiert durch die eingesäte Art Festuca rubra und die Trockenrasenarten Corynephorus canescens, Conyza canadensis, Rumex acetosella und Helichrysum arenarium. Auch der Standort Meuro ist durch Trockenrasenarten wie Corynephorus canescens, Hieracium pilosella, Echium vulgare und Poa compressa gekennzeichnet. Der Standort in Cottbus-Nord wird durch die Arten der Zwischenbegrünung (siehe vorhergehender Absatz) charakterisiert.

Die Flächen sind seitens ihrer Standortdaten (unterschiedliche Vorbehandlung: Bodenmelioration, Zwischenbegrünung) und Flächengrößen nur bedingt vergleichbar. Die Flächenwahl war aber an die Bereitstellung dieser durch den Sanierungsbetrieb (Lausitzer und Mitteldeutsche Bergbau-Verwaltungsgesellschaft mbH) bzw. den Bergbautreibenden (Lausitzer Braunkohle AG) und die Durchführbarkeit der teilweise aufwendigen technischen Arbeiten an diesen gebunden.

Abbildung 11.1 Heidelandschaft in der Niederlausitzer Bergbaufolgelandschaft.

3.2 Pflanzungen

In Meuro wurden 1994 und 1995 auf Flächen von ca. je 900 m^2 Pflanzungen mit Calluna vulgaris (Einzelpflanzen mit 20x20x20 bis 30x30x20 cm-Wurzelballen) in Stückzahlen von ca. 400-1 300 Soden/Fläche vorgenommen. Auf die Flächen wurde vor Pflanzung ca. 20 cm nährstoffarmer Mineralboden bzw. humusreicher Boden aufgetragen (Bodenwerte Tab. 11.2). Verglichen werden eine Fläche mit nährstoffarmen Mineralbodenauftrag und Versuchsbeginn 1994 (CPMB94), eine Fläche mit nährstoffarmen Mineralbodenauftrag und Versuchsbeginn 1995 (CPMB95), eine Fläche mit humusreichen Boden und Versuchsbeginn 1994 (CPHB94) mit einer Fläche mit Heidebodenschüttung (keine Pflanzung!) und Versuchsbeginn 1994 (CSS94). In den Flächen mit Bodenauftrag wurden in einer Teilfläche von jeweils 3x6 m 18 Dauerquadrate, in der Fläche CSS94 vier Dauerquadrate von je 1 m^2 angelegt. Kartiert wurden auf den 900 m^2-Flächen die Überlebensraten der Einzelpflanzen im Winter 1995/96. In den Jahren 1996 und 1997 wurden in den 18 bzw. 4 Dauerquadraten die Vegetation (Londo-Skala, Ergebnisse nicht dargestellt), die Zuwachsraten während der Vegetationsperiode (3 größte Längenzuwächse/Pflanze), die Blütenproduktion der Einzelpflanzen pro Dauerquadrat, die Pflanzenhöhe und die Vitalität der Einzelpflanzen nach einer vierstufigen Skala (dichter Wuchs, mittlerer Wuchs, lichter Wuchs, Pflanze abgestorben) erfaßt.

Abbildung 11.2 Pflanzung mit Calluna vulgaris auf der Heideversuchsfläche Meuro.

3.3 Mähguteinbringung

Auf der Versuchsfläche in Schlabendorf-Süd wurden am 14.11.1995 und am 13.12.1995 je vier 3x3 m-Flächen mit Heidemähgut im Verhältnis von 1:1 bzw. 1:4 (Entnahmefläche:Ausbringfläche) ausgelegt. Das Mähgut stammt von einer Heidefläche aus ca. 500 m Entfernung. Teilweise wurde bei den Teilflächen vor der Heidemähguteinbringung die obere 2 cm-Bodenschicht mit einem Gartenwiesel gelockert (siehe Tab. 11.2). Das Heidemähgut enthielt zum Zeitpunkt der Einbringung im Verhältnis 1:1 ca. 48 000 Samen/m^2 und im Verhältnis 1:4 ca. 12 000 Samen/m^2. Die eingebrachte Samenzahl/m^2 wurde dabei durch die Auszählung der Blüten pro m^2 am Mähgutentnahmeort und Multiplikation mit der durchschnittlichen Samenzahl/Blüte bestimmt. Je Einzelfläche wurde die Vegetation (Londo-Skala, Ergebnisse nicht dargestellt) erfaßt, und je eine 1 m^2 Dauerfläche eingerichtet, in der 1996 und 1997 Calluna-Keimlinge ausgezählt wurden.

3.4 Oberbodeneinbringung

Auf der Versuchsfläche im Schlabendorf-Süd wurde im Mai 1996 auf einer 3x3 m-Fläche 10 cm des Oberbodens abgetragen und anstelle dessen die 10 cm Oberschicht einer ca. 500 m entfernten Heidefläche eingebracht. Erfaßt wurde in den neun 1 m^2-Teilquadraten die Vegetation (Londo-Skala, Ergebnisse nicht dargestellt), die Blütenproduktion und die Vegetationsstruktur von Calluna vulgaris.

Abbildung 11.3 Fläche mit Mähguteinbringung auf der Heideversuchsfläche Meuro.

Abbildung 11.4 Fläche mit Heideoberbodeneinbringung (Heideversuchsfläche Schlabendorf-Süd).

Auf der Heideversuchsfläche in Tagebau Cottbus-Nord wurde im Herbst 1996 die obere 15 cm-Bodenschicht abgetragen und anstelle dessen 15 cm nährstoffarmer

Mineralboden eingebracht (Bodenwerte Tab. 11.2). Auf diesem wurde danach 5 cm Oberboden verschiedener Entnahmetiefen (0-10, 0-50 und 0-100 cm) einer Heidefläche im unverritzten Randbereich des Tagebaus Jänschwalde aufgeschüttet (Bodenwerte Tab. 11.2). Verglichen werden die Arten der auf der Entnahmestelle im Herbst 1996 vorhandenen Vegetation mit den Arten, die auf der Einbringfläche bis Herbst 1997 aufgelaufen waren.

4 Ergebnisse

4.1 Pflanzungen

Die Überlebensraten der Calluna-Pflanzen betrugen im Winter 1995/1996 auf der Fläche CPMB94 99,8% (n = 1 276) und der Fläche CPMB95 99,4% (n = 778). In den Tabellen 11.3 und 11.4 werden die Durchschnittswerte für die Blütenproduktion, Zuwachsraten und Pflanzenhöhen von Calluna vulgaris der Dauerquadrate dargestellt. Statistisch kann man beim Vergleich der Einzelflächen nur von Tendenzen sprechen, da die Standardabweichungen sehr hoch sind.

Tabelle 11.3 Durchschnittliche Blütenproduktion und Zuwachsraten (drei längste Triebe/Pflanze) von Calluna vulgaris in den Jahren 1996 und 1997 der Dauerquadrate im Versuchgebiet Meuro. [1]Zusätzlich zu den Pflanzen der Dauerquadrate wurden 10 Pflanzen vermessen, [2]zusätzlich zu den Pflanzen der Dauerquadrate wurden 4 Pflanzen vermessen, [3]Mittelwert ± Standardabweichung.

CPMB94 nährstoffarmer Mineralbodenauftrag vor der Pflanzung, Versuchsbeginn 1994,
CPMB95 nährstoffarmer Mineralbodenauftrag vor der Pflanzung, Versuchsbeginn 1995,
CPHB95 humusreicher Bodenauftrag vor der Pflanzung, Versuchsbeginn 1995,
CSS94 Heidebodenschüttung und Versuchsbeginn 1994.

	CPMB94[1]		**CPMB95[1]**		**CPHB95[2]**		**CSS94**	
	1996	**1997**	**1996**	**1997**	**1996**	**1997**	**1996**	**1997**
Blütenproduktion/m² (Stück)[3]	30 ± 27	548 ± 493	138 ± 133	863 ± 432	427 ± 608	1782 ±1449	2280 ±1117	6115 ±2273
Blütenproduktion (%), CSS94 = 100%	1,3	9,2	6,0	14,5	18,7	19,9	100	100
Zuwachsraten (cm)[3]	2,6 ± 1,2	6,4 ± 2,5	4,2 ± 2,3	9,2 ± 2,2	9,6 ± 3,6	14 ± 3,7	9,1 ± 2,8	8,9 ± 3,6
Zuwachsraten (%), CSS94 = 100%	28,7	71,9	46,3	103,4	104,8	156,2	100	100

Abbildung 11.5 gibt die Vitalität der Einzelpflanzen der Dauerquadrate in den zu vergleichenden Flächen wieder.

Tabelle 11.4 Durchschnittliche Pflanzenhöhen von Calluna vulgaris in den Jahren 1995-1997 der Dauerquadrate im Versuchgebiet Meuro. Flächenbeschreibung siehe Tabelle 11.3.

Fläche	Pflanzenzahl n 1995/96/97	Jahr 1995	1996	1997
CPMB94[1]	37 / 37 / 37	14,8	11,6	14,3
CPMB95[1]	30 / 30 / 30	22,2	15,7	18,5
CPHB95[2]	14 / 13 / 13	16,6	18,1	25,8

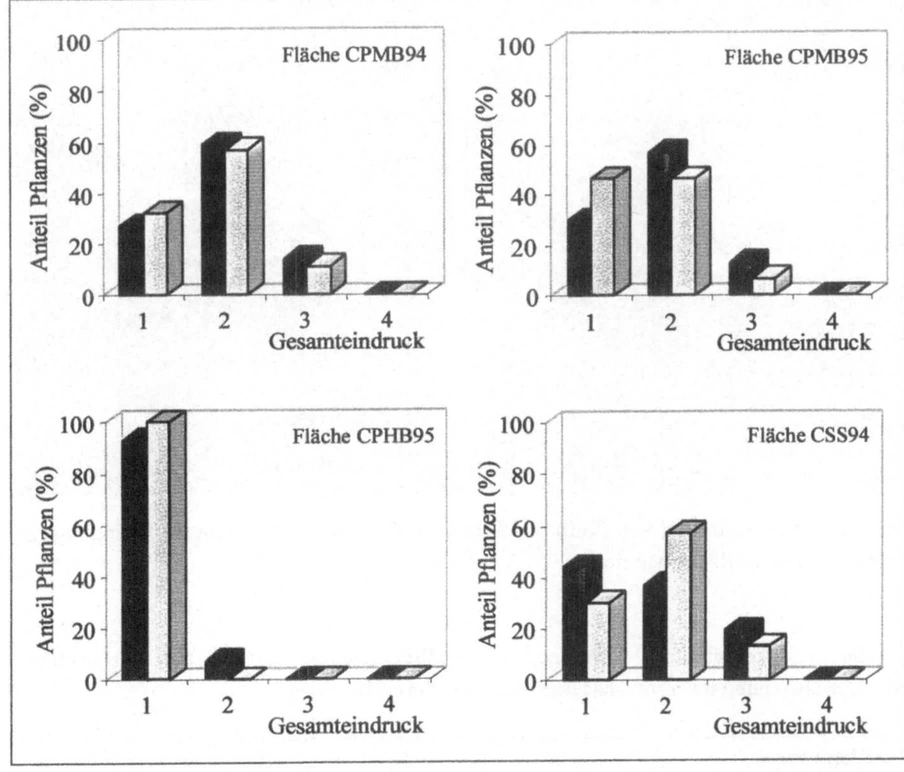

Abbildung 11.5 Vitalität der gepflanzten Calluna vulgaris-Einzelpflanzen im Versuchsgebiet Meuro, gemessen in einer vierstufigen Skala in den Jahren 1996 (dunkle Balken) und 1997 (helle Balken). 1 dichter Wuchs, 2 mittlerer Wuchs, 3 lichter Wuchs, 4 abgestorbene Pflanzen.

CPMB94 nährstoffarmer Mineralbodenauftrag vor der Pflanzung, Versuchsbeginn 1994,
CPMB95 nährstoffarmer Mineralbodenauftrag vor der Pflanzung, Versuchsbeginn 1995,
CPHB95 humusreicher Bodenauftrag vor der Pflanzung, Versuchsbeginn 1995,
CSS94 Heidebodenschüttung, Versuchsbeginn 1994.

4.2 Mähguteinbringung

Die Ergebnisse der Erfassungen zum Keimlingsauflauf von Calluna vulgaris in den Jahren 1996 und 1997 sind in Tabelle 11.5 zusammengestellt. Es zeigt sich, daß Calluna vulgaris in Schlabendorf-Süd erstmals nach ca. zwei Jahren aufläuft. Bei weiteren Untersuchungen (Ergebnisse nicht dargestellt) wurden in Meuro nach einem Jahr erste Keimlinge beobachtet. Eine Pflanze gelangte bereits im zweiten Vegetationsjahr, 1998, zur Blüte.

Abbildung 11.6 Keimling von Calluna vulgaris auf der Fläche mit Mähguteinbringung auf der Heideversuchsfläche Meuro.

Tabelle 11.5 Aufgelaufene Keimlinge von Calluna vulgaris auf Flächen mit Calluna-Mähguteinbringung im Versuchsgebiet Schlabendorf-Süd pro m².

Parallelproben	**1**	**2**	**3**	**4**	**5**	**6**	**7**	**8**
Versuchsbeginn 1995	14.11	14.11	14.11	14.11	13.12	13.12	13.12	13.12
Bodenlockerung vor Beginn	-	+	-	+	-	-	-	-
Ausbringverhältnis	1:1	1:1	1:4	1:4	1:1	1:4	1:1	1:4
Keimlinge 22.06.96	0	0	0	0	0	0	0	0
Keimlinge 12.12.96	0	0	0	0	0	0	0	0
Keimlinge 15.07.97	0	0	0	0	0	0	51	0
Keimlinge 16.09.97 gesamt	0	0	0	0	0	0	58	2
davon neu gekeimt	-	-	-	-	-	-	25	2

4.3 Oberbodeneinbringung

Auf der Fläche mit Heidebodeneinbringung in Schlabendorf-Süd konnten bereits ca. zwei Monate nach Versuchsbeginn erste Calluna vulgaris-Pflanzen zum Teil aus überlebenden Teilen eingebrachter älterer Pflanzen und zum Teil aus Keimlingen kartiert werden. Die Pflanzendeckungsgrade an der Bodenentnahmestelle betrugen zum Entnahmezeitpunkt am 20.05.1996 für Calluna vulgaris 8, Genista pilosa 0,4 und Pinus sylvestris r während die Werte auf der Einbringfläche am 7.08.1997 für Calluna vulgaris 1+ und Genista pilosa 0,1 betrugen (Deckungsgrade nach Londo-Skala). Pinus sylvestris war nicht vorhanden. Die durchschnittliche Blütenproduktion von Calluna vulgaris betrug in den Jahren 1996 38 und 1997 1 304 Blüten/m^2.

Abbildung 11.7 Dauerquadrat auf der Fläche mit Heideoberbodeneinbringung (Heideversuchsfläche Schlabendorf-Süd). Pflanzen von Calluna vulgaris sind deutlich erkennbar.

Tabelle 11.6 stellt die Vegetation der Heidebodenentnahmestelle (HEF) am Südrandschlauch des Tagebaus Jänschwalde mit dem Auftreten derselben Arten auf der Einbringfläche in Cottbus-Nord (HAF) gegenüber. Weitere Arten der Einbringfläche, zumeist Arten der Zwischenbegrünung, sind nicht aufgelistet.

Tabelle 11.6 Vegetationszusammensetzung der Heidebodenentnahmefläche (HEF) am Tagebau Jänschwalde (20.08.1996) und der Flächen mit Heideoberbodenauftrag (HAF) bei drei verschiedenen Heidebodenentnahmetiefen an der Heidebodenentnahmefläche im Versuchsgebiet Cottbus-Nord (16.06. und 21.08.1997). + Art vorhanden, - Art nicht vorhanden.

	Arten der HAF bei unterschiedlichen Heideboden-entnahmetiefen an der HEF			
Arten der HEF	**0-10 cm**	**0-50 cm**	**0-100 cm**	**unbehandelte Kontrolle**
Calluna vulgaris	+	-	+	-
Agrostis capillaris	+	+	+	-
Agrostis vinealis	+	+	-	-
Betula pendula	+	-	-	-
Calamagrostis epigejos	+	+	+	-
Carex pilulifera	+	+	+	-
Corynephorus canescens	+	+	+	-
Danthonia decumbens	-	-	-	-
Festuca filiformis	+	-	-	-
Hieracium pilosella	+	+	+	-
Holcus mollis	+	+	+	+
Hypericum perforatum	-	-	-	-
Hypochoeris radicata	+	-	-	-
Jasione montana	+	-	-	-
Luzula campestris	-	-	-	-
Pinus sylvestris	+	-	-	-
Populus tremula	+	+	+	-
Quercus robur	-	-	-	-
Rumex acetosella	+	+	+	+
Teesdalia nudicaulis	-	+	-	-
Summe der Arten der HEF	15	10	9	2
% der Arten der HES	75%	50%	45%	10%

Weitere Arten der HAF, die in der Umgebung HEF erfaßt wurden: Agrostis stolonifera, Scleranthus annuus, Spergula morisonii. Weitere Arten der HAF, die vermutlich von der HEF stammen, dort aber nicht erfaßt wurden: Arnoseris minima, Artemisia campestris, Hieracium lachenalii, Padus avium, Senecio viscosus, Senecio sylvaticus.

5 Diskussion

5.1 Pflanzungen

Die Überlebensraten der Einzelpflanzen der zwei untersuchten Teilflächen liegen mit fast 100% sehr hoch und zeigen, daß sich die Pflanzen trotz des strengen Winters 1995/96 etablieren konnten.

Die Blütenproduktion von Calluna vulgaris auf den gepflanzten Flächen läßt sich nicht ohne weiteres mit derjenigen der Fläche mit Heidebodeneintrag vergleichen, da die Vegetationsstruktur verschieden ist. Dennoch wird sichtbar, daß die Blütenproduktion auf den gepflanzten Teilflächen 1997 um den Faktor 4 bis 18 höher liegt als 1996. Im Vergleich dazu stieg die Blütenproduktion von Calluna vulgaris auf der Fläche mit Oberbodeneinbringung nur um den Faktor 2,7.

Auch die Zuwachsraten lagen 1997 bei den gepflanzten Flächen deutlich über den Werten von 1996 und bei der Pflanzung auf nährstoffreichen Boden auch deutlich über denen der Heidebodenschüttung.

Die Pflanzen auf dem nährstoffarmen Mineralboden zeigten demnach 1997 deutlich höhere Leistungen als 1996, während die Pflanzenhöhen 1996 gegenüber 1995 zurückgingen. Dies ist damit zu erklären, daß im strengen Winter 1995/96 Teile der Pflanzen abstarben und diese oberhalb des Erdbodens neu austrieben. Prinzipiell kann gesagt werden, daß die Pflanzen auf nährstoffreichem Boden die höchsten Werte bei Blütenproduktion, Zuwachsraten und Vitalität brachten, wobei aber auf dieser Fläche der größte Konkurrenzdruck durch andere Arten (Artenzahl und Deckung) besteht.

Untersuchungen zur Pflanzung von Calluna vulgaris in der Niederlausitz erbrachten sowohl positive (Illig 1998, mündliche Mitteilung) als auch negative Ergebnisse (Keilholz 1995, mündliche Mitteilung). Wichtig für eine erfolgreiche Heideetablierung mittels Pflanzung sind neben den Standortbedingungen die Witterungsbedingungen zum Pflanztermin und danach (speziell feuchte Witterung). Autochthones Pflanzenmaterial, an den jeweiligen Standort angepaßt, ist unabdingbar.

5.2 Mähguteinbringung

Ein Auflaufen von Calluna vulgaris erst im zweiten Jahr nach der Mähgutausbringung wird durch Ergebnisse von Untersuchungen anderer Autoren bestätigt. Bei Untersuchungen von Pywell et al. (1995) waren nach vier Jahren Calluna-Keimlige aufgelaufen. Auch mündliche Mitteilungen von Lütkepohl (1996) wonach es bis zu fünf Jahre bis zur Keimung dauern kann und Marusch (1997), bei dessen Untersuchungen nach zwei Jahren erste Heidekrautkeimlinge beobachtet wurden, bekräftigen dies.

Die Ursachen für dieses verzögerte Auflaufen sind sicher vielschichtig. Wichtig ist die Samendormanz, welche durch eine Reihe von Faktoren (z. B. Keimungshemmstoffe u. a. im Embryo, Endosperm oder Samenschale; undurchlässige Samenschalen; unvollständig entwickelte Embryonen) beeinflußt wird (Literaturzusammenstellung in Blumrich 1990). Calluna vulgaris ist eine Art, die besonders gut nach Bränden (Waldbrände, Feuermanagement) mit kurzzeitig erhöhten Bodentemperaturen nahe 200°C keimt (Whittaker & Gimingham 1962, Gimingham 1972). Eventuell ist für die Keimung, vor allem aber für die weitere Entwicklung der Heidekrautpflanzen, das Vorhandensein von Mycorrhiza im Boden (Gimingham 1960, Werner 1987, Leake et al. 1989) wichtig. Diese ist vermutlich in der BFL nicht in jedem Fall von Beginn an vorhanden, wird aber zumindest bei der Pflanzung bzw. Oberbodenverbringung über das Bodenmaterial mit eingebracht. Hierzu wurden aber keine näheren Untersuchungen durchgeführt. Große Einflüsse auf Auslösung und Aufhebung sekundärer Dormanz hat die Witterung. So gibt Gimingham (1972) an, daß Calluna gut keimt, wenn die Samen bei 100% Luftfeuchte gelagert wurden und anschließend die anderen Keimbedingungen günstig sind.

Eine weitere Ursache für verzögerte Keimung kann darin liegen, daß die Samen einige Zeit benötigen, um in für die Keimung geeignete Bodenbereiche zu kommen.

5.3 Oberbodeneinbringung

Die Ergebnisse der Bodenverbringung verdeutlichen, daß bereits nach ca. einem Jahr ein Großteil der Pflanzenarten der Bodenentnahmestelle, wenn auch mit wesentlich geringeren Deckungsgraden, vorhanden ist. So sind in Cottbus-Nord bei einer Entnahmetiefe von 0-10 cm 75% und bei 0-100 cm immerhin noch 45% der Arten, inklusive Calluna vulgaris, bereits in der ersten Vegetationsperiode nachweisbar. Obwohl die Versuche mit Heidebodeneinbringung noch nicht lange genug laufen, um endgültige Aussagen treffen zu können, scheint mit dieser Methode nach relativ kurzer Zeit ein breites Spektrum von Arten der Heidevegetation etablierbar zu sein.

Auch Pywell et al. (1995) geben diese Methode bei der Renaturierung von nicht mehr landwirtschaftlich genutzten Agrarflächen in Großbritannien als am effektivsten an, da hiermit das ganze Spektrum des Bodensamenvorrats übertragen wird. Aerts et al. (1995) erhielten bei Untersuchungen auf stillgelegten Agrarflächen auf Standorten ehemaliger Zwergstrauchheiden in den Niederlanden als Ergebnis, daß der Samenvorrat dieser Zwergstrauchheiden nicht mehr vorhanden ist. Für eine Renaturierung mit dem Ziel der Etablierung einer Heidelandschaft müßte dieser also eingebracht werden. In der Lüneburger Heide wird Heideboden (Plaggmaterial) zur Renaturierung von vollständig devastiertem Militärgelände verwendet (Hanstein et al. 1994, Lütkepohl et al. 1996). Bei der Renaturierung von Agrarflächen in der Diepholzer Moorniederung konnte diese Methode ebenfalls erfolgreich eingesetzt werden. Auch zur Renaturierung anderer Biotoptypen wird diese Methode angewandt (Bradshaw & Chadwick 1980).

5.4 Methodenvergleich

Die Bodenbedingungen der einzelnen Untersuchungsstandorte sind nicht in jedem Fall für den Vegetationstyp Zwergstrauchheide optimal. So weist z. B. der Boden in Schlabendorf-Süd (Mähguteinbringung) neutrale pH-Werte auf, die für Heidekraut nicht optimal sind. Zwergstrauchheiden sind mehr oder weniger an saure oligotrophe Böden gebunden (u. a. Gimingham 1960, 1972, Lindemann 1989). Wie bereits unter 3.1 ausgeführt, waren der Auswahl der Flächen Vorgaben gesetzt.

Endgültige verallgemeinerbare Aussagen zur Anwendbarkeit der einzelnen Methoden in der Praxis sind erst nach Beobachtung der Flächen über weitere Vegetationsperioden zu treffen. Wie die Ergebnisse aber dennoch verdeutlichen, sind unter den Bedingungen der Niederlausitzer BFL alle drei untersuchten Methoden geeignet Bestandteile von Heiden mit dem Hauptvertreter Calluna vulgaris in ihr zu etablieren. Am günstigsten erscheint die Methode der Heidebodeneinbringung auf die jeweilige Fläche zu sein, da es mit ihr am effektivsten gelingt, eine Vielzahl der Elemente einer Heidelandschaft, einschließlich von Elementen der Trockenrasen, einzubringen. Bei Pflanzung und Mähguteinbringung gelingt es nur die gepflanzten Arten bzw. die im Heidemähgut enthaltenen Vertreter (aufgrund des notwendigen späten Mähtermins nur Calluna vulgaris) zu etablieren.

Angemerkt werden muß auch, daß die Pflanzung teuer ist und in der Praxis nur in Ergänzung anderer Maßnahmen eingesetzt werden kann. Die Mähguteinbringung ist nur großflächig einsetzbar, wenn geeignetes Material aus der Heidepflege in der näheren Umgebung in entsprechendem Umfang zur Verfügung steht. Auch die Oberbodenverbringung (Bodenabtrag, Transport, Bodenschüttung) ist prinzipiell eine teure Methode, andererseits aber die effektivste. Preisgünstig einsetzbar wäre sie aber im Aktivbergbau. Hier könnten Heidestrukturen mittels geeigneter Transporttechnik aus dem Tagebauvorfeld in rückwärtige Bereiche übertragen werden. Eine mosaikartige Struktur mit vielen Elementen der Heidelandschaft würde sich durch das Kippen von allein ausbilden.

Danksagung

Die vorliegenden Untersuchungen wurden im Rahmen des Verbundvorhabens LENAB durchgeführt, gefördert vom BMBF (Fkz 0339648) und der LMBV mbH.

Literatur

Aerts, R., Huiszoon, A., Van Ostrum, J.H.A., Van De Vijver, C.A.D.M. & Willems, J.H. 1995. The potential for heathland restoration on formerly arable land at the site in Drenthe, The Netherlands. Journal of Applied Ecology 32: 827-835.

Blumrich, H. 1990. Zur Biologie und Ökologie der Keimung einiger Unkrautarten unter spezieller Berücksichtigung einer Keimförderung unter Laborbedingungen. Akademie der Landwirtschaftswissenschaften der DDR, Dissertation, Berlin: 123 S.

Bradshaw, A.D. & Chadwick, M.J. 1980. The restoration of land - The ecology and reclamation of derelict and degraded land. Blackwell Scientific Publications: 317 S.

De Graaf, M.C.C., Verbeek, P.J.M., Bobbink, R. & Roelofs, J.G.M. 1998. Restoration of species-rich dry heaths: the importance of appropriate soil conditions. Acta Bot. Neerl. 47(1): 89-111.

Gimingham, C.H. 1960. Biological flora of the British Isles - Calluna Salisb. Journal of Ecology 48: 455-483.

Gimingham, C.H. 1972. Ecology of Heathlands. Chapmann and Hall, London: 266 S.

Hanstein, U., Lütkepohl, M., Pflug, W., Preising, E., Prüter, J. & Tönießen, J. 1994. Rekultivierung und Renaturierung auf den im Eigentum des Vereins Naturschutzpark e. V. befindlichen Roten Flächen in Naturschutzgebiet Lüneburger Heide. Verein Naturschutzpark e. V., Niederhaverbeck: 19 S.

Leake, J.R., Shaw, G. & Read, D.J. 1989. The role of ericoid mycorrhizas in the ecology of ericacous plants. Agriculture, Ecosystems and Environment 29: 237-250.

Lindemann, K.-O. 1989. Ursachen der Veränderung von Heidegesellschaften - Folgerungen für Pflegemaßnahmen. NNA-Berichte 2-3/89: 162-165.

Lütkepohl, M. 1993. Schutz und Erhaltung der Heide - Leitbilder und Methoden der Heidepflege im Wandel des 20. Jahrhunderts am Beispiel des Naturschutzgebietes Lüneburger Heide. NNA-Berichte 3/93: 10-18.

Lütkepohl, M., Prüter, J., Pflug, W., Tönnießen, J. & Hanstein, U. 1996. Entwicklungskonzept für die im Eigentum des Vereins Naturschutzpark befindlichen militärischen Übungsflächen im Naturschutzgebiet „Lüneburger Heide". NNA-Berichte 1/96: 105-121.

Pywell, R.F., Webb, N.R. & Putwain, P.D. 1995. A comparison of techniques for restoring heathland on abondoned farmland. Journal of Applied Ecology 32: 400-411.

Werner, D. 1987. Ektomycorrhiza, Ericales-Mycorrhiza und Orchideen-Mycorrhiza. In D. Werner (Hrsg.) Pflanzliche und mikrobielle Symbiosen. Georg Thieme, Stuttgart: 207-230.

Whittaker, E. & Gimingham, C.H. 1962. The effects of fire on regeneration of Calluna vulgaris (L.) Hull from seed. Journal of Ecology 50: 815-822.

12 Die Bedeutung der Biotopstruktur für die Besiedlung der Bergbaufolgelandschaft durch Säugetiere

Detlef Rathke[1], Anders Niedenführ[2] & Sigrid Robel[3]

[1] Museum der Natur und Umwelt, Am Amtsteich 17-18, D-03046 Cottbus, aktuelle Adresse: Unter den Eichen 1, D-26789 Leer

[2] Museum der Natur und Umwelt, Am Amtsteich 17-18, D-03046 Cottbus, aktuelle Adresse: Oststr. 43, 27211 Bassum

[3] Museum der Natur und Umwelt, Am Amtsteich 17-18, D-03046 Cottbus

Zusammenfassung. Das Vorkommen verschiedener Kleinsäuger sowie des Feldhasen in der Bergbaufolgelandschaft wurde auf Flächen unterschiedlicher Biotopstruktur und unterschiedlichen Alters untersucht. Durch Lebenderfassung und Bestimmung von Bodenfallenbeifängen konnten insgesamt 11 Kleinsäugerarten nachgewiesen werden. Für einige Arten stellen die Offenlandbiotope in der Niederlausitzer Bergbaufolgelandschaft einen geeigneten Lebensraum dar. Die Bedeutung verschiedener Biotopstrukturen wird am Beispiel ausgewählter Säugetierarten erläutert und mögliche Zusammenhänge zwischen Biotopstrukturen und Verhaltensmustern speziell des Migrationsverhaltens der untersuchten Tiere aufgezeigt. Calamagrostis-Bestände dienen Kleinsäugern vermutlich als natürliche Verbundstrukturen von gewachsenem Land in die Kippenflächen und in weiträumige, neuentstandene noch zu besiedelnde Bereiche hinein. Für den Feldhasen sind die weiträumigen, trockenen Offenlandbiotope bedeutende Ersatzlebensräume, da die ursprünglichen Habitate durch die Veränderungen in der Landnutzung weitgehend verloren gegangen sind.

Schlüsselwörter. Biotopnutzung, Ersatzlebensraum, Fang-Wiederfang-Experimente, Feldhase Lepus europaeus, Kleinsäuger, Migrationsverhalten, Scheinwerfer-Taxation.

1 Einleitung

Bislang wurden die Säugetiere nur selten für Planungen und damit zusammenhängende Kartierungen als relevante Tiergruppe betrachtet (Meinig 1992). Dies ist in erster Linie in der versteckten, hauptsächlich nächtlichen Lebensweise der meisten Arten begründet, was eine aufwendige Bearbeitung bedeutet. In der ökologischen

Forschung beschäftigten sich verschiedene Untersuchungen mit Kleinsäugerpopulationen in Wäldern (Stubbe & Stubbe 1991) oder in isolierten Feldgehölzen (Ylönen et al. 1991). Bei Erhebungen im Offenland standen meist landwirtschaftlich genutzte Flächen im Mittelpunkt des Interesses (Rinke 1990, Heise & Wieland 1991). Wenig untersucht wurden bislang naturnahe Bereiche des Offenlandes. Schlund & Scharfe (1995) untersuchten Kleinsäuger auf Trockenrasen unterschiedlicher Sukzessionsstadien. Saumbiotope als naturnahe Übergänge zwischen Offenland- und Waldbereichen existieren häufig nur als Feldhecken mit Hochstaudenfluren an Weg- und Ackerrändern. Boye (1996) wies bereits auf die große Bedeutung dieser Saumbiotope für Kleinsäuger hin.

Halle (1988, 1990, 1991) untersuchte die Säugerfauna in jungen Rekultivierungsgebieten des Rheinischen Braunkohlereviers. Seine Ergebnisse beziehen sich zum einen auf das Artenspektrum junger Forstkulturen, zum anderen auf das Auftreten von Nageschäden durch Kleinsäuger. Jessat et al. (1991) bearbeiteten die Kleinsäugerfauna in Forstkulturen zweier unterschiedlich feuchter Hänge der Kippen stillgelegter Braunkohletagebaue im ehemaligen Bezirk Leipzig. Die dort untersuchten Bereiche wiesen aufgrund des höheren Alters der Flächen und einer dadurch bedingten höheren Vegetation eine andere Artenzusammensetzung an Kleinsäugern auf als die vorliegende Erhebung im Offenland. Bislang fehlen entsprechende Untersuchungen für die Brandenburgische Bergbaufolgelandschaft (BFL) und deren Offenlandbereiche.

Die Bestandsdichte des Feldhasen Lepus europaeus ist in den 80er Jahren stark zurückgegangen (Boye 1996). Die Art wird in der bundesdeutschen Roten Liste als „gefährdet" geführt. Ihrer Bestandsentwicklung wird deshalb in jüngster Zeit verstärkte Aufmerksamkeit zuteil. Untersuchungen zu Feldhasenpopulationen auf Kippenflächen ehemaliger Tagebaue fehlen weitgehend. Lediglich Halle (1988) macht Aussagen zur Wiederbesiedlung junger aufgeforsteter Kippenflächen durch den Feldhasen.

2 Material und Methoden

Für detaillierte Aussagen über die Verteilung von Kleinsäugern im Zuge der Neubesiedlung, wurden in ausgewählten Bereichen der Tagebaue Schlabendorf-Nord, Schlabendorf-Süd, Koyne und Plessa Lebendfänge durchgeführt und die Beifänge aus Bodenfallen ausgewertet.

Die Tiere wurden nach Art und Geschlecht getrennt individuell mit einer Tätowierzange markiert und freigelassen. Auf der Basis von Fang-Wiederfang-Daten konnten im folgenden Dichteberechnungen durchgeführt und Aktionsräume ermittelt werden. Die Fallen wurden über einen Zeitraum von ca. 72 Stunden im Gelände aufgestellt und in 3 bis 6stündigem Rhythmus kontrolliert. Mit einem festem Abstand von 7,5 m standen in der Regel pro Einzelareal 16 Fallen im Quadrat, so daß sich eine Fläche vom 900 m² ergab, bzw. 21 Fallen in 3 Reihen mit einer Fläche von ca. 1 180 m². Auf einzelnen Probeflächen zusätzlich installierte Fallenreihen hatten ebenfalls einen Fallenabstand von 7,5 m. Bei jeder Kontrolle erfolgte die Determination der gefangenen Tiere und die Aufnahme verschiedener Körpermaße. So wurde bei allen Tieren das Gewicht sowie die Schwanz- und die Hinterfußlänge gemessen, bei den Arvicoliden zusätzlich auch die Ohrlänge.

Hasenzählungen wurden im Frühjahr, Sommer und Herbst 1997 in beiden Untersuchungskomplexen Schlabendorf-Nord/-Süd und Koyne/Plessa bei annähernd gleichen Wetterbedingungen durchgeführt. Die Zählung erfolgte durch Sichtbeobachtung und die Methode der Scheinwerfertaxation (Ahrens et al. 1995). Dabei bestimmen die zurückgelegte Wegstrecke und die Reichweite der Scheinwerfer eine Beobachtungsfläche, die zur Abschätzung der Individuenzahl benutzt wird. Die Scheinwerfermethode sollte in erster Linie im Frühjahr oder Herbst durchgeführt werden, da in diesen Zeiten die Vegetation aufgrund von Aussaat oder Mahd eine geringe Wuchshöhe hat. In der BFL steht die Vegetation ganzjährig hoch und die Möglichkeit, daß Tiere übersehen werden, ist relativ groß.

3 Ergebnisse

3.1 Kleinsäuger

Die Ergebnisse der Untersuchungen durch Boden- und Lebendfallen sind in Tabelle 12.1 nach Biotopklassen (vgl. Tab. 15.1, BTUC 1998, Felinks et al. 2000, dieser Band) zusammengefaßt.

Tabelle 12.1 Gesamtnachweise von Kleinsäugern in Biotopklassen der Bergbaufolgelandschaft. F von Gräsern dominierte Sandtrockenrasen; G Hochgrasbestände; I Zwergstrauchheiden; K Laubgehölze; L Nadelgehölze; M Rodungen, frische Aufforstungen; N Ackerflächen; P Stauden- und gemischte Ansaaten; Q stark anthropogen geprägte Biotope; R vegetationsfreie Sandflächen, Rohkippen.

Art	F	G	I	K	L	M	N	P	Q	R
Waldmaus Apodemus sylvaticus	42	110	5	29	73	3	1	5	28	3
Feldmaus Microtus arvalis	24	239	4	3	0	1	0	59	5	2
Gelbhalsmaus Apodemus flavicollis	13	42	0	8	8	0	0	0	1	3
Rötelmaus Clethrionomys glareolus	0	1	1	5	0	0	0	0	10	0
Zwergspitzmaus Sorex minutus	4	20	3	3	2	0	0	5	19	0
Erdmaus Microtus agrestis	0	4	0	1	0	0	0	0	7	0
Feldspitzmaus Crocidura leucodon	2	7	1	1	0	0	0	0	0	0
Waldspitzmaus Sorex araneus	3	26	8	1	1	0	0	4	7	2
Brandmaus Apodemus agrarius	1	1	0	0	0	0	2	0	0	0
Zwergmaus Micromys minutus	0	9	1	0	0	0	0	0	0	0
Schermaus Arvicola terrestris	0	1	0	0	0	0	0	0	0	0
Individuen	89	460	23	51	84	4	3	73	77	10
Arten	7	11	7	8	4	2	2	4	7	4

Am häufigsten nachgewiesene Arten waren Feldmaus (337 Nachweise; 38,6%), Waldmaus (299 Nachweise; 34,2%) und Gelbhalsmaus (75 Nachweise; 8,6%). Die drei Species stellen mehr als 80% aller Kleinsäugernachweise und finden aus diesem Grund in der weiteren Betrachtung besondere Berücksichtigung.

Beim Vergleich der Besiedlung einzelner Biotopklassen fällt auf, daß die Biotopklasse G (Hochgrasbestände) eine besondere Bedeutung für Kleinsäuger hat. In den von Land-Reitgras (Calamagrostis epigejos) dominierten Beständen wurden 52,6% der Gesamtindividuen gefangen. Einzig in dieser Biotopklasse wurden alle 11 Kleinsäugerarten nachgewiesen, wenn auch teilweise nur mit einem Exemplar.

Die drei häufigsten Kleinsäugerarten wurden in den Hochgrasbeständen in jeweils höchster Individuenanzahl gefangen. Auch für die drei nachgewiesenen Insectivorenarten haben diese Biotope eine besondere Bedeutung. Mehr als die Hälfte aller Feldspitzmaus- und die Hälfte aller Waldspitzmausnachweise gelangen in Hochgrasbeständen. Lediglich bei der Zwergspitzmaus wurden annähernd gleich viele Fänge in den Stubbenhaufen (Biotoptyp Q) festgestellt, wobei auch hier die unmittelbar umgebenden Calamagrostisbestände einen entscheidenden Einfluß haben dürften.

Betrachtet man ausschließlich die Lebendfallenfänge (Tab. 12.2), so zeigen sich geringere Insectivorenanzahlen. Insgesamt konnten mit Lebendfallen 10 Arten nachgewiesen werden, 530 Individuen der Ordnung Rodentia und 28 Individuen der Ordnung Insectivora.

Tabelle 12.2 Lebendfänge von Kleinsäugern.

Art	**Fänge**	
	Individuen	**Prozent**
Waldmaus Apodemus sylvaticus	283	50,7
Feldmaus Microtus arvalis	139	24,9
Gelbhalsmaus Apodemus flavicollis	71	12,7
Rötelmaus Clethrionomys glareolus	17	3,0
Zwergspitzmaus Sorex minutus	16	2,9
Erdmaus Microtus agrestis	13	2,3
Feldspitzmaus Crocidura leucodon	7	1,3
Waldspitzmaus Sorex araneus	5	0,9
Brandmaus Apodemus agrarius	4	0,7
Zwergmaus Micromys minutus	3	0,5
Summe	558	100

Die Waldmaus Apodemus sylvaticus stellt mit 50,7% der Individuen etwa die Hälfte aller Fänge. Deutlich geringer waren die Anteile bei der Feldmaus Microtus arvalis mit 24,9% und der Gelbhalsmaus Apodemus flavicollis mit 12,7%. Alle anderen Arten zusammen stellen somit nur 11,7% der Fänge.

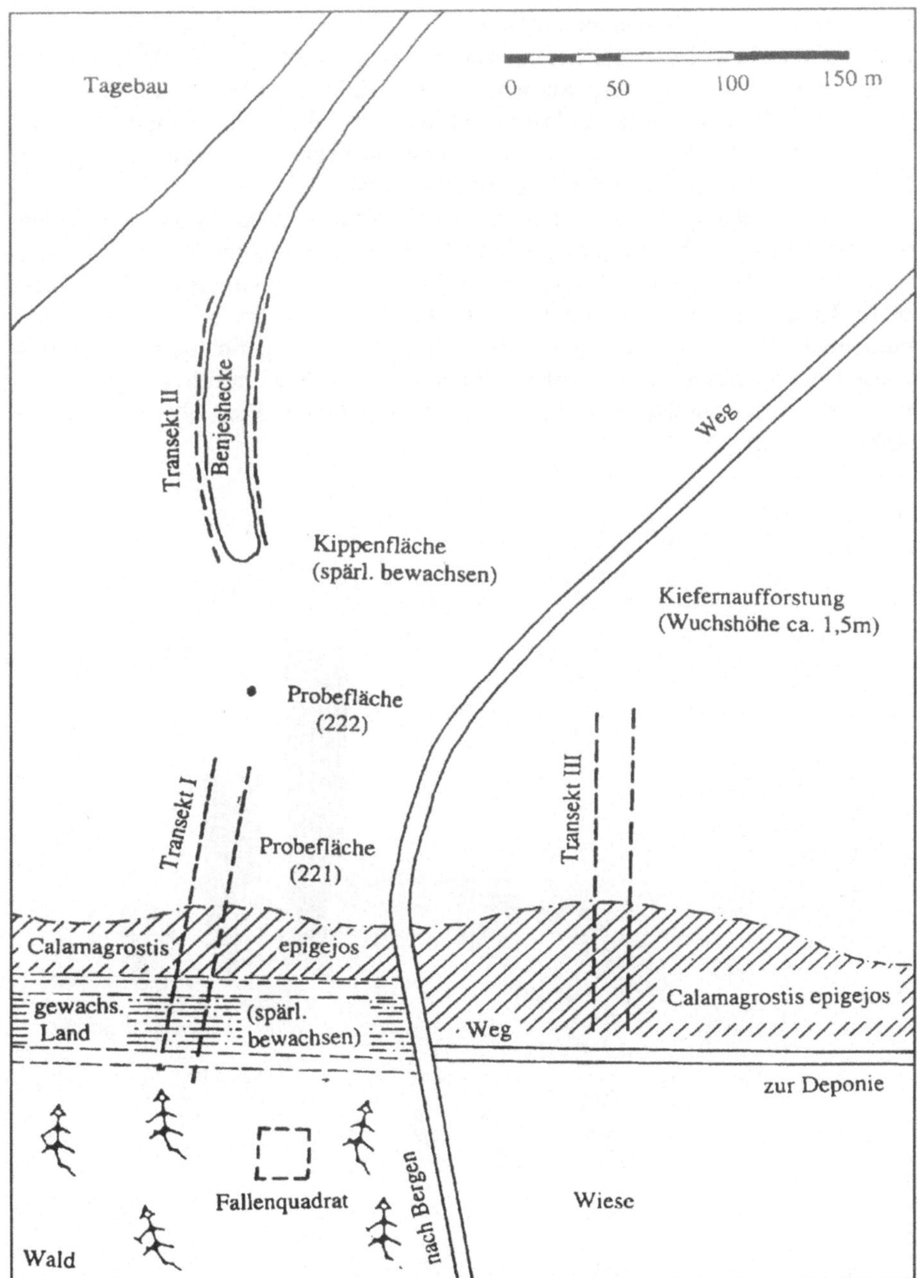

Abbildung 12.1 Lage der Transekte zum Kleinsäugerfang im Randbereich des Tagebaues Schlabendorf-Süd. Die Bezeichnung „Probefläche" bezieht sich auf gemeinsame Probepunkte aller Verbund-Projektgruppen.

Für Aussagen über die dauerhafte Besiedlung der BFL sollen auch hier lediglich die häufig gefangenen Arten herangezogen werden. Aufgrund der Mobilität von Gelbhalsmaus und Waldmaus wurden dieselben Individuen häufig in unterschiedlichen Bereichen gefangen und lassen sich mit Lebendfallen nicht eindeutig einer bestimmten Biotopklasse zuordnen. Lediglich die Feldmaus konnte eindeutig der Biotopklasse Hochgrasbestände zugeordnet werden.

Zur Untersuchung der Besiedlungsstrategie einzelner Kleinsäugerarten wurden im Übergangsbereich vom gewachsenen Land zur aufgefüllten Kippe des Tagebaues Schlabendorf-Süd Lebendfallen in drei Transekten aufgestellt. Zwei Transekte führten vom gewachsenen Land auf die Kippe. Ein Transekt wurde entlang einer linienförmigen Struktur mit Stubben und Totholz eingerichtet, die als Initialphase einer Benjeshecke bezeichnet werden kann. Im Kiefernwald auf gewachsenem Land wurde zusätzlich ein Fallenquadrat eingerichtet. Eine Übersicht gibt die Abbildung 12.1.

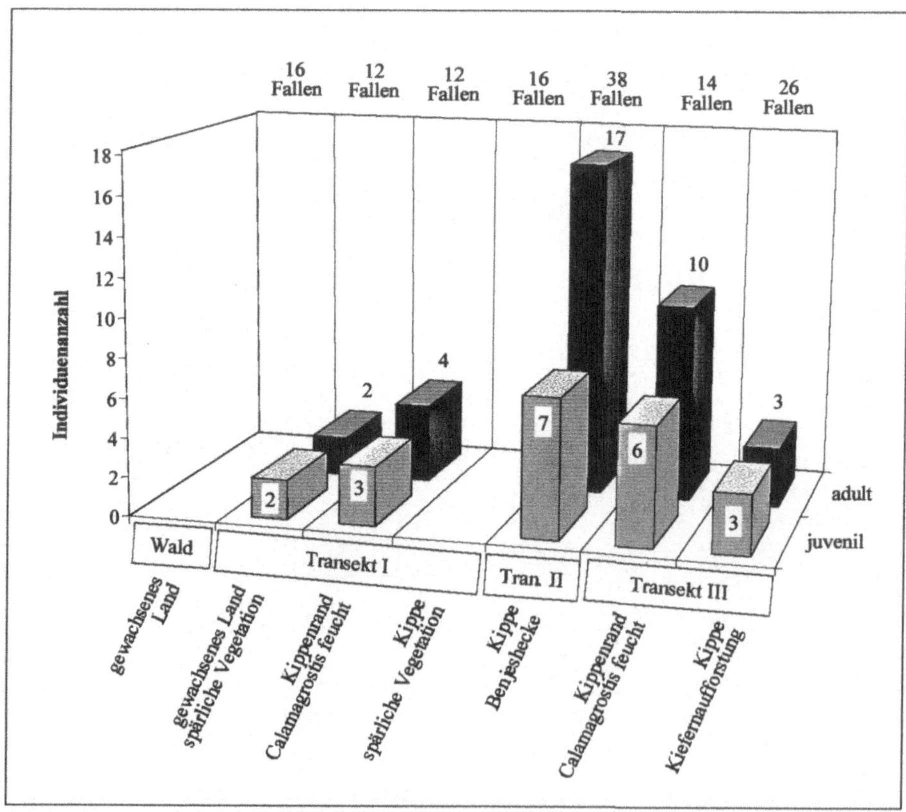

Abbildung 12.2 Fangverteilung der Waldmaus im Übergangsbereich von gewachsenem Land zum Tagebau Schlabendorf-Süd.

Als einzige Kleinsäugerart konnte die Waldmaus gefangen werden. Das Fangergebnis in Abbildung 12.2 zeigt, daß der Kiefernwald und die junge Kiefernaufforstung von der Waldmaus nicht bzw. nur in geringem Maße genutzt wurden. Auch Kippenbereiche mit spärlicher Vegetation stellen offensichtlich kein Waldmaushabitat dar. Dagegen weist die Benjesheckenstruktur hohe Aktivitätsdichten auf. Weiterhin zeigt sich wiederum die große Bedeutung der Hochgrasbestände als Lebensraum der Waldmaus. Im Übergangsbereich zum Altwald, der mit einem niedrigen, buschartigen Bewuchs ein durchaus typisches Waldmaushabitat darstellt, konnten ebenfalls häufiger Tiere gefangen werden.

Bemerkenswert ist die Altersstruktur der gefangenen Waldmäuse. Der Anteil juveniler Tiere liegt im Transekt I mit 50% bzw. 43% und im Transekt III mit 50% bzw. 38% höher als in der Benjesheckenstruktur. Der hohe Anteil adulter Tiere in der Benjeshecke läßt vermuten, daß die Alttiere hier feste Territorien besetzt haben und die weitere Ansiedlung jüngerer Tiere verhindern. Im Gegensatz hierzu werden die Land-Reitgrasbestände möglicherweise von den jüngeren Tieren als Sekundärlebensräume und für Wanderungen bevorzugt.

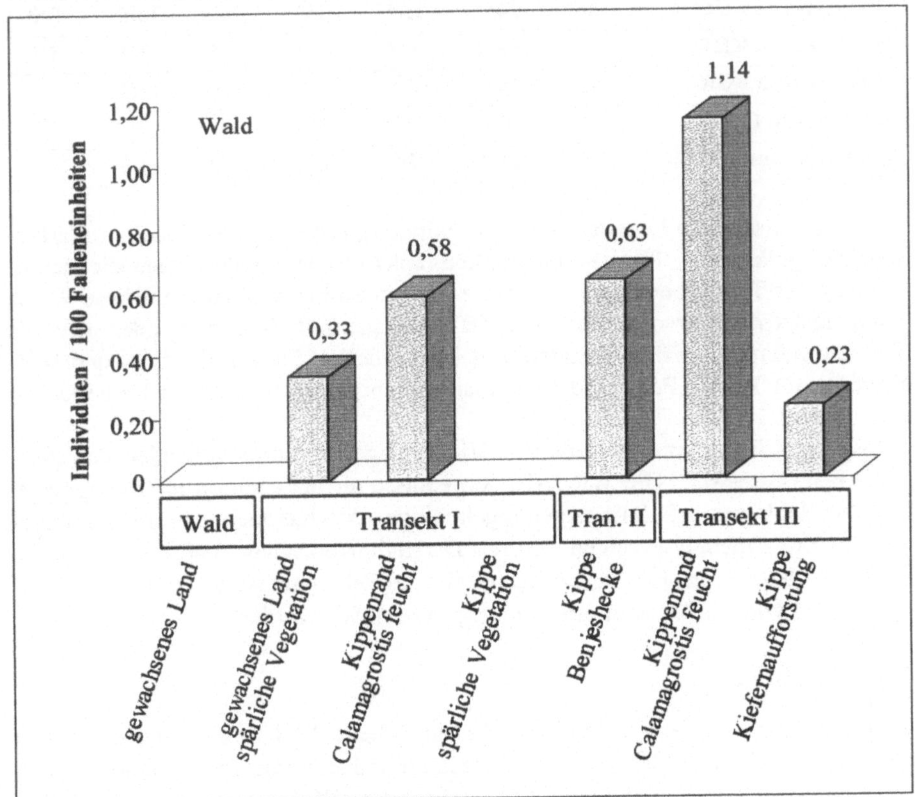

Abbildung 12.3 Fangverteilung nach Individuen pro 100 Falleneinheiten von Apodemus sylvaticus im Randbereich des Tagebaus Schlabendorf-Süd.

Wenn man zur besseren Vergleichbarkeit die Fangzahlen zu den verwendeten Falleneinheiten in Beziehung setzt, wird die Wichtigkeit der Benjeshecke und der Hochgrasbestände noch deutlicher hervorgehoben (siehe Abb. 12.3). Es zeigt sich, daß die Hochgrasbestände z. T. in stärkerem Maße genutzt werden als die Benjesheckenbereiche.

Bei den Feldmäusen konnten nicht so deutliche Aussagen über die Besiedlungsstrategien wie bei den Waldmäusen erlangt werden, da die Population 1996 zusammenbrach.

Tabelle 12.3 Erstfänge (erste Ziffer) und Wiederfänge (zweite Ziffer) markierter Individuen auf ausgesuchten Probeflächen. Fr = Frühjahr, FS = Frühsommer, S = Sommer, SS = Spätsommer, H = Herbst. Biotopklassen: von Gräsern dominierte Sandtrockenrasen F, Hochgrasbestände G, Nadelgehölze L, Laubgehölze K, vegetationsfreie Sandflächen R.

	FS 95	**SS 95**	**H 95**	**Fr 96**	**S 96**	**H 96**	**Fr 97**
Waldmaus in FGL	3/0	24/0	23/11	5/0	15/0	30/6	0/0
Waldmaus in KLR	0/0	19/0	6/3	7/3	4/1	3/1	4/1
Waldmaus in FGK	1/0	14/0	10/6	0/0	4/0	11/0	
Feldmaus in G	45/0	46/0	6/24	3/0	1/1	3/2	5/2
Gelbhalsmaus in FGK	1/0	21/1	7/5	0/0	11/0	14/5	

Mit dem Einsatz von Lebendfallen in Verbindung mit einer individuellen Markierung der gefangenen Tiere ist es möglich, anhand von Wiederfängen die Raumnutzung der Tiere über einen längeren Zeitraum zu beobachten. Auf diese Weise kann festgestellt werden, ob ein Gebiet dauerhaft besiedelt oder nur als Druchwanderungskorridor genutzt wird. Die Tabelle 12.3 gibt die Erst- und Wiederfänge für Wald-, Feld- und Gelbhalsmaus auf unterschiedlichen Probeflächen an.

Insgesamt ist die geringe Zahl der Wiederfänge aus vorhergehenden Fangperioden bemerkenswert. Die Wiederfangergebnisse an Feldmäusen im Hochgrasbestand in Schlabendorf-Nord zeigen regelmäßige Aktivität auch über die Winterperioden. Die Ergebnisse zeigen wie die Darstellungen zuvor, daß die von Land-Reitgras dominierten Hochgrasbestände für die Feldmaus geeignete Habitate darstellen, die von der Art vermutlich dauerhaft besiedelt werden.

3.2 Feldhase

Die Ergebnisse der Hasenzählungen sind in Tabelle 12.4 zusammengestellt. Auf den Schlabendorfer Flächen konnten regelmäßig Tiere angetroffen werden, während Nachweise in Koyne/Plessa vergleichsweise seltener gelangen. Bemerkenswert sind die hohen Dichten mit bis zu 34 geschätzten Individuen auf 100 ha.

Tabelle 12.4 Ergebnisse der Hasenzählungen. Die Anzahl bezeichnet die gesichteten Individuen, die Dichte die geschätzte Individuenzahl auf 100 ha.

	Schlabendorf-Nord		Schlabendorf-Süd		Koyne/Plessa	
	Anzahl	**Dichte**	**Anzahl**	**Dichte**	**Anzahl**	**Dichte**
09.04.97	4	20	3	14	-	-
18.04.97	-	-	-	-	1	15
01.07.97	11	34	2	10	-	-
01.07.97	2	10	3	15	-	-
22.07.97	-	-	-	-	1	?
29.09.97	-	-	-	-	0	0
29.09.97	-	-	-	-	0	0
22.10.97	0	0	1	10	0	0
Gesamt	17	max. 34	9	max. 15	2	max. 15

4 Diskussion

In Bezug auf ihre Biotopbindung zeigen sich bei den drei häufigsten Kleinsäugerarten unterschiedliche Bilder. Bei der Feldmaus ist eine deutliche Bindung an Grasfluren zu erkennen. Mit 70,9% aller Nachweise in den Hochgrasbeständen zeigt sich eine deutliche Präferenz dieses Biotoptyps bei der Feldmaus. Da diese Art in erster Linie Dauergrünland, Ackerflächen und Ruderalstandorte (Niethammer 1978c, Schröpfer & Hildenhagen 1984) mit mindestens 20 cm hohem Gras (De Jonge & Dieske 1979) bevorzugt, entspricht der hohe Anteil den Erwartungen. Daß diese Art ebenfalls sehr häufig im Biotoptyp P (Ansaaten) vorkommt, läßt sich auf die spezielle Ansaat (Kleefeld mit hoher Vegetation) auf der Probefläche zurückführen und entspricht ebenfalls den Erwartungen. Die hohe Zahl von Nachweisen im Biotoptyp F (von Gräsern dominierte Sandtrockenrasen; Deckung >10%) ist zum großen Teil auf einen Randeffekt der angrenzenden Hochgrasbestände zurückzuführen. Bemerkenswert sind zwei Fänge der Feldmaus auf vegetationsfreien Rohkippen, da vegetationsfreie Flächen im Allgemeinen gemieden werden. Diese Nachweise erfolgten 1995, als auf den Untersuchungsflächen hohe Populationsdichten registriert werden konnten. Daher ist zu vermuten, daß die Tiere aufgrund des hohen Populationsdruckes auf diese für die Feldmaus ungünstigen Habitate ausgewichen sind.

Ein anderes Bild ergibt sich für die Waldmaus. Sie ist die einzige Kleinsäugerart, die in allen untersuchten Biotoptypen nachgewiesen werden konnte. In der Literatur gilt die Art trotz ihres Namens als euryök (Niethammer 1978b). Es wird beschrieben (Hermann 1991), daß die Waldmaus eine Vorliebe für Grenzlinien hat. Von Halle (1991) wird sie als eine Pionierart der Wiederbesiedlung eingestuft. Dies wird durch unsere Untersuchungen bestätigt. Die Waldmaus konnte als einzige Kleinsäugerart an Benjeshecken und auf Rodungen sowie frischen Aufforstungen gefangen werden. Diese Art wurde wie sieben weitere Kleinsäuger am häufigsten in den Hochgrasbeständen gefangen. Dies erscheint ungewöhnlich, weil eine dichte Bodenvegetation ihre Ansiedlung behindern soll (Schröpfer 1984b, Rathke 1995). Es ist jedoch zu vermuten, daß die untersuchten Calamagrostis-Bestände hinreichend lückig sind, um eine Besiedelung durch die Waldmaus zu ermöglichen.

Die Nachweise der Gelbhalsmaus erfolgten ebenfalls überwiegend in Hochgrasbeständen, obwohl diese Tiere generell an Laubgehölze (Schröpfer 1984a), besonders ältere und hohe Baumbestände (Niethammer 1978a) gebunden sind. Diese Art sollte demnach hauptsächlich im Biotoptyp K (Laubwald) vorkommen. Bei der Beurteilung der vorliegenden Zahlen muß berücksichtigt werden, daß Wald-, insbesondere Laubwaldflächen nur in geringem Maße befangen wurden, da Offenlandbereiche Gegenstand dieser Untersuchung waren. Es kann sich aus diesem Grunde kein vollständiges Bild der Besiedlung ergeben. Anders als in der Literatur beschrieben wurden die Tiere auch in weiteren Offenlandbiotopen wie Sandtrockenrasen und selbst auf vegetationsfreien Sandflächen relativ häufig gefangen. Da die Nachweise an Gelbhalsmäusen auf Untersuchungsflächen gelangen, die an Gehölzbestände angrenzten bzw. so kleinflächig waren, daß die Probeflächen den Charakter von Waldlichtungen haben, darf hier verstärkt ein Randeffekt angenommen werden. Aufgrund des großen Aktionsraumes dieser Tiere, der zwischen einem und 5 ha liegt (Niethammer 1978a) erscheint es plausibel, daß neben den Gehölzflächen auch die angrenzenden Offenlandbereiche genutzt werden. Ebenfalls für eine Bindung der Gelbhalsmaus an ältere Laubgehölzbestände trotz der Offenlandfänge spricht die Tatsache, daß die überwiegende Mehrheit der Nachweise im Raum Koyne/Plessa erfolgte. Aufgrund des größeren Zeitraums seit Beendigung des Braunkohlentagebaues sind die Gehölzbestände in diesem Bereich älter und entsprechen somit in höherem Maße den Habitatansprüchen der Gelbhalsmaus.

Die geringen Wiederfänge an Wald- und Gelbhalsmäusen zeigen für viele Probeflächen, daß die untersuchten Sandtrockenrasen, Hochgrasbestände und vegetationsfreien Sandflächen für diese beiden Arten vermutlich keine so optimalen Lebensräume darstellen wie für die Feldmaus. Insbesondere das Fehlen von Wiederfängen nach der Winterperiode läßt den Schluß zu, daß keine ganzjährige Besiedlung durch stabile Populationen erfolgt. Eine Ausnahme bildet hierbei Schlabendorf-Nord, wo regelmäßig Tiere auch nach dem Winter wiedergefangen werden konnten. Hier scheint die Waldmaus die befangenen Flächen ganzjährig zu nutzen. Warum die Tiere hier ein anderes Verhalten zeigen als auf vergleichbaren anderen Probeflächen konnte nicht geklärt werden. Hier besteht weiterer Forschungsbedarf.

Waldmäuse und Gelbhalsmäuse nutzen nahezu identische Nahrungsspektren und haben als streng nachtaktive Arten die gleichen Aktivitätszeiten. Aufgrund der vermuteten interspezifischen Konkurrenz ist ein Auftreten beider Arten im gleichen Habitat unwahrscheinlich. Die Unterschiede liegen in einer größeren Bindung der Gelbhalsmaus an Laubgehölze. In der Regel verdrängt die größere

Gelbhalsmaus die Waldmaus (Schröpfer 1984b). Auf den Flächen des Tagebaus Plessa konnten hingegen beide Arten in fast gleicher Anzahl gefangen werden. Wie oben ausgeführt, sind die hier vorkommenden Offenlandbiotope keine optimalen Lebensräume für die beiden Arten. Vermutlich können aus diesem Grund hier beide Arten koexistieren. Auch hier besteht zur eindeutigen Klärung dieses Problems weiterer Forschungsbedarf.

Zusammenfassend kann den ehemaligen Tagebauflächen eine herausragende Bedeutung für Kleinsäuger zugewiesen werden. Die Calamagrostisbestände sind wesentliche strukturelle Landschaftselemente der Offenlandschaften der BFL. Sie zeichnen sich durch ihre Eignung als Lebensraum für Kleinsäuger aus. Dies betrifft sowohl die Artenzahlen als auch die beachtlichen Populationsdichten. Das ebenfalls häufige Vorkommen von Calamagrostis auf gewachsenem Land unterstreicht dessen Nutzen als verbindende Struktur zur Migration und Ausbreitung. Calamagrostis-Bestände dienen vermutlich als natürliche Verbundstrukturen von gewachsenem Land in die Kippenflächen und in weiträumige, neuentstehende noch zu besiedelnde Bereiche hinein. Mit dem Schutz und der Entwicklung von Calamagrostis-Bereichen wird für die Tiergruppe der Säugetiere das Grundmotiv Biodiversität verwirklicht.

In Brandenburg werden für gewachsenes Land Hasendichten von 1,5 bis 2,5 Tieren pro 100 ha (Dolch 1995), für die nordwestliche Niederlausitz 3 Hasen/km^2 (Donath 1987) angegeben. Die eigenen Untersuchungen zeigen hiervon abweichende Ergebnisse. Die größten Dichten wurden in Schlabendorf-Nord mit bis zu 34 Individuen auf 100 ha festgestellt. Auch in Schlabendorf-Süd wurden konstant Tiere gesichtet, während in Koyne/Plessa deutlich weniger Nachweise gelangen.

Die Untersuchungsgebiete unterscheiden sich bezüglich der vorherrschenden Biotoptypen. Während in den Schlabendorfer Tagebauen großflächige Offenlandbereiche vorhanden sind, ist in den südlichen älteren Gebieten um Lauchhammer der Waldanteil höher. Die wenigen großen Offenlandflächen in diesem Raum werden größtenteils wieder landwirtschaftlich genutzt. Neben den landwirtschaftlichen Produktionsmethoden wie den Einsatz schneller Maschinen und damit schnelle, großräumige Flächenveränderungen durch Pflügen und Ernte, sowie dem Pflügen und Eggen der Äcker vor dem Winter, sieht Boye (1996) weitere Gefährdungsursachen der Hasenbestände in Nahrungsmangel und Nahrungsverschlechterung. Die Abnahme des in der Agrarlandschaft als Hasenfutter dienenden Pflanzenspektrums und die Zunahme von stark gedüngtem Grünfutter ist für den Energiehaushalt des Hasenorganismus sehr nachteilig; er kann die stickstoffhaltige Nahrung nur unzureichend verdauen und wird krankheitsanfälliger (Boye 1996).

Die hohen Dichten in den ehemaligen Tagebauen Schlabendorf-Nord und -Süd zeigen, daß naturnahe Offenlandbereiche sich günstig auf die Bestände des Feldhasen auswirken. Sowohl das Nahrungsspektrum, als auch der geringe anthropogene Einfluß könnten Ursachen dafür sein, daß in diesen Gebieten eine höhere Hasendichte zu verzeichnen war, als üblicherweise für Brandenburg angenommen. Im Gebiet Koyne/Plessa sind die verbliebenen naturnahen Offenlandflächen kleiner und der anthropogene Einfluß z. B. durch den Campingplatz Grünewalder

Lauch wesentlich höher. Dies könnten Gründe für die vergleichsweise geringeren Anzahlen in diesen Bergbaufolgelandschaften sein. Daß bei der letzten Zählung am 22. Oktober 1997 auf allen Flächen weniger Feldhasen erfaßt werden konnten, muß keinen Populationsrückgang bedeuten. Für diese Jahreszeit kann angenommen werden, daß sich die Tiere auf den umliegenden landwirtschaftlichen Flächen aufgehalten haben. In den Sommermonaten scheinen die Bergbaufolgelandschaften Rückzugshabitate für den Feldhasen zu sein.

Die großflächig ohne anthropogene Beeinträchtigung ablaufende Sukzession und die Ausbildung vielfältiger Vegetationstypen des Offenlandes (Felinks 2000, in diesem Band) bilden einen herausragenden Lebensraum für durch Intensivnutzung im Bestand stark gefährdete Säugerarten wie den Feldhasen. Der Schutz dieser Zielart läßt sich am Besten mit den Handlungsoptionen des Prozeßschutzes – Minimierung jeglicher anthropogener Eingriffe oder Störungen – in Übereinstimmung bringen.

Danksagung

Die vorliegenden Untersuchungen wurden im Rahmen des Verbundvorhabens LENAB durchgeführt, gefördert vom BMBF (Fkz 0339648) und der LMBV mbH. Wir danken Oberförster Dieter Mudra für die freundliche Zusammenarbeit.

Literatur

Ahrens, M., Goretzki, J., Stubbe, C. & Tottewitz, F. 1995. Die Scheinwerferzählung als Methode zur Ermittlung der Populationsdichte beim Feldhasen. Methoden feldökologischer Säugetierforschung 1: 39-44.

Boye, P. 1996. Ist der Feldhase in Deutschland gefährdet? Natur und Landschaft 71: 167-174.

BTU Cottbus 1998. Verbundvorhaben Niederlausitzer Bergbaufolgelandschaft: Erarbeitung von Leitbildern und Handlungskonzepten für die verantwortliche Gestaltung und nachhaltige Entwicklung. Abschlußbericht zum BMBF-/LMBV-Verbundprojekt (Fkz. 0339648). Polykopie, Cottbus: 1054 S.

De Jonge, G. & Dieske, H. 1979. Habitat und interspecific displacement of small mammals in the Netherlands. Netherlands Journal of Zoology 29: 177-214.

Dolch, D. 1995. Beiträge zur Säugetierfauna des Landes Brandenburg - Die Säugetiere des ehemaligen Bezirks Potsdam. Naturschutz und Landeschaftspflege in Brandenburg, Sonderheft 1995: 36 S.

Donath, H. 1987. Zur Bestandsdichte des Feldhasen (Lepus europeus Pallas 1778) in der nordwestlichen Niederlausitz. Biol. Studien Kreis Luckau 16: 74-76.

Felinks, B. 2000. Dynamik der Vegetationsentwicklung in den terrestrischen Offenlandbereichen der Bergbaufolgelandschaft, dieser Band.

Felinks, B., Mrzljak, J. & Pilarski, M. 2000. Generalisierung vegetationskundlicher und zoologischer Daten „vom Punkt in die Fläche“ - empirische Aspekte, dieser Band.

Halle, S. 1988. Die Säugetierfauna in einem jungen Rekultivierungsgebiet der rheinischen Braunkohlereviers. Z. angew. Zool. 1988: 421–427.

Halle, S. 1990. Die Einwanderung von Kleinnagern und ihr Einfluß auf die forstliche Rekultivierung im rheinischen Braunkohlerevier. Laufener Seminarbeitr. 3/90: 16–20.

Halle, S. 1991. Populationsdynamik von Apodemus sylvaticus in Rekultivierungen, Populationsökologie von Kleinsäugern. Wiss. Beitr. Univ. Halle 1990/34 (P 42): 371-382.

Heise, S. & Wieland, H. 1991. Zu den Methoden der Abundanzbestimmung bei Feldmauspopulationen als Grundlage eines umweltgerechten Pflanzenschutzes. Nachrichtenbl. Deut. Pflanzenschutz 43(2): 30–33.

Hermann, M. 1991. Säugetiere im Saarland - Verbreitung, Gefährdung, Schutz. Schriftenreihe d. Naturschutzbundes Saarland e. V. (DBV): 166 S.

Jessat, M., Worschech, K. & Hörser, N. 1991. Zur Besiedlung aufgeforsteter Kippengebiete durch Kleinsäuger. In M. Stubbe, D. Heidecke & A. Stubbe (Hrsg.) Populationsökologie von Kleinsäugern. Wiss. Beitr. Univ. Halle 34 (P 42): 365–370.

Meinig, H. 1992. Möglichkeiten und Grenzen der ökologischen Habitatbewertung mittels Säugetieren. In R. Eikhorst (Hrsg.) Beiträge zur Biotop- und Landschaftsbewertung. Verlag für Ökologie und Faunistik, Duisburg: 39-54.

Niethammer, J. 1978a. Apodemus flavicollis (Melchior, 1834) - Gelbhalsmaus. In J. Niethammer & F. Krapp (Hrsg.) Handbuch der Säugetiere Europas. Band 1, Rodentia I. Akademische Verlagsgesellschaft, Wiesbaden: 325-336.

Niethammer, J. 1978b. Apodemus sylvaticus (Linnaeus, 1758) - Waldmaus. In J. Niethammer & F. Krapp (Hrsg.) Handbuch der Säugetiere Europas. Band 1, Rodentia I. Akademische Verlagsgesellschaft, Wiesbaden: 337-358.

Niethammer, J. 1978c. Microtus arvalis (Pallas, 1779) - Feldmaus. In J. Niethammer & F. Krapp (Hrsg.) Handbuch der Säugetiere Europas. Band 1, Rodentia I. Akademische Verlagsgesellschaft, Wiesbaden: 284-318.

Rathke, D. 1995. Populationsuntersuchungen an Kleinsäugern (ohne Wühlmäuse) der heckenbestandenen Feldmark in Weyhe. Diplomarbeit, Bremen: 77 S.

Rinke, T. 1990. Zur Nahrungsökologie von Microtus arvalis (Pallas, 1779) auf Dauergrünland: I. Allgemeine Nahrungspräferenzen. Z. f. Säugetierk. 55: 106-114.

Schlund, W. & Scharfe, F. 1995. Kleinsäuger in Trockenrasen unterschiedlicher Sukzessionsstadien. Z. Ökologie u. Naturschutz. 117-124.

Schröpfer, R. & Hildenhagen, U. 1984. Feldmaus - Microtus arvalis (Pallas, 1779). Abh. westf. Mus. Naturk. 46 (4): 204-215.

Schröpfer, R. 1984a. Gelbhalsmaus - Apodemus flavicollis (Linnaeus, 1834). Abh. westf. Mus. Naturk. 46 (4): 230-239.

Schröpfer, R. 1984b. Waldmaus - Apodemus sylvaticus (Linnaeus, 1758). Abh. westf. Mus. Naturk. 46 (4): 240-246.

Stubbe, A. & Stubbe, M. 1991. Langzeitdynamik der Kleinsäugergesellschaft des Hakelwaldes. In M. Stubbe, D. Heidecke & A. Stubbe (Hrsg.) Populationsökologie von Kleinsäugern. Wiss. Beitr. Univ. Halle 34 (P42): 231–265.

Ylönen, H., Altner, H.-J. & Stubbe, M. 1991. Seasonal dynamics of small mammals in an isolated woodlot and ist agricultural surroundings. Ann. Zool. Fennici 28: 7-14.

13 Muster der Artenzusammensetzung von Wirbellosen in Offenlandbereichen der Bergbaufolgelandschaft

Jadranka Mrzljak[1], Udo Bröring[2], Jürgen Borries[3], Karl-Heinz Geipel[3], André Grondke[3], Werner Hoffmann[3], Britta Ohm[3], Joachim Rusch[3] & Gerhard Wiegleb[4]

[1] Brandenburgische Technische Universität Cottbus, LS Allgemeine Ökologie, Postfach 101344, D-03013 Cottbus, e-mail: mrzljak@tu-cottbus.de

[2] Brandenburgische Technische Universität Cottbus, LS Allgemeine Ökologie, Postfach 101344, D-03013 Cottbus, e-mail: broering@tu-cottbus.de

[3] Museum der Natur und Umwelt Cottbus, Am Amtsteich 17-18, D-03046 Cottbus

[4] Brandenburgische Technische Universität Cottbus, LS Allgemeine Ökologie, Postfach 101344, D-03013 Cottbus, e-mail: wiegleb@tu-cottbus.de

Zusammenfassung. Standardisierte Erhebungen der Besiedlung von 22 Probeflächen des Offenlandes der Niederlausitzer Bergbaufolgelandschaft mit Wirbellosen erbrachten folgende Artenzahlen: 146 Laufkäfer- und Sandlaufkäfer (Carabidae, Cicindelidae), 197 Kurzflügelkäfer (Staphylinidae), 124 Wanzen (Heteroptera), 25 Heuschrecken (Saltatoria), 3 Ohrwürmer (Dermaptera), 3 Schaben (Blattodea) und 223 Spinnen (Araneae). Es wurden die Artenidentität aller Probeflächen nach Sörensen und Renkonen errechnet und eine Detrended Correspondence Analysis (DCA) Ordination durchgeführt. Alle drei Berechnungen zeigen übereinstimmend zwei wesentliche Einflüsse auf die Artenzusammensetzung der Flächen. Das sind zum einen die räumliche Autokorrelation von Probeflächen, die einem Tagebau zugehören und zum anderen die Vegetationsstruktur. Das Ähnlichkeitsmuster der Probeflächen ist das Ergebnis von zwei sich überlagernden Mustern, da beide Effekte räumlich betrachtet nicht gleichsinnig wirken. Das Alter der Probeflächen zeigt keinen erkennbaren Einfluß auf die Artenzusammensetzung. Für die Besiedlung und Sukzession der Flächen mit Wirbellosen muß geschlossen werden, daß die erstbesiedelnden Arten alle nachfolgenden Stadien prägen. Als wesentlicher Umweltparameter hat die Vegetationsstruktur bestimmenden Einfluß auf die Artenzusammensetzung der Wirbellosen von Offenlandflächen der Bergbaufolgelandschaft.

Schlüsselwörter. Artenähnlichkeit, Arthropoden, Besiedlung, BFL, Detrended Correspondence Analysis, Landschaft, Muster, Offenland, Sukzession.

1 Einleitung

In der Niederlausitz wird seit Beginn des Jahrhunderts Braunkohlentagebau betrieben. Die verbliebenen Kippen der Bergbaufolgelandschaft (BFL) werden sehr rasch von einer artenreichen Wirbellosenfauna besiedelt. Die vorliegende Untersuchung konzentriert sich auf die Analyse der Verbreitung epigäisch lebender Gruppen, von denen arten- und individuenreich die Laufkäfer, Kurzflügelkäfer, Wanzen, Heuschrecken, Ohrwürmer und Spinnen in Erscheinung treten. Von besonderer Bedeutung ist die Trennung des Einflusses von räumlicher Autokorrelation und Vegetationsstruktur auf die Zusammensetzung der Arthropodengemeinschaften.

2 Methodik

2.1 Untersuchungsgebiet und Untersuchungsflächen

Die Untersuchungen wurden in den Tagebauen Schlabendorf-Süd, Schlabendorf-Nord, Koyne, Grünewalde und Plessa durchgeführt (siehe auch Schulz & Wiegleb 2000, dieser Band).

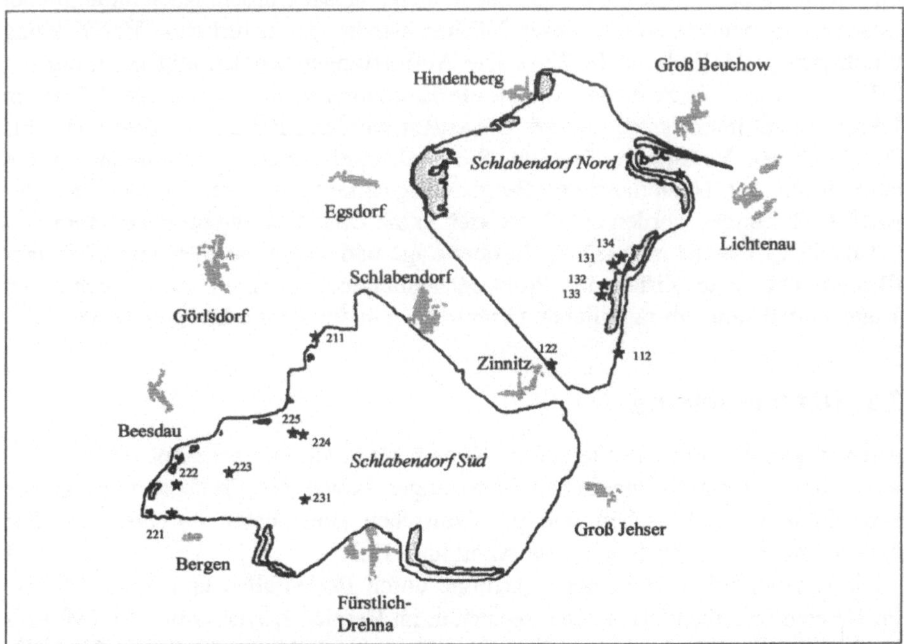

Abbildung 13.1 Lage der Probeflächen (*) in den Tagebauen Schlabendorf-Süd und Schlabendorf-Nord. Die Darstellung zeigt die Ortsbereiche (dunkel), die Restseen (hell) und die Grenzen der Tagebaubereiche.

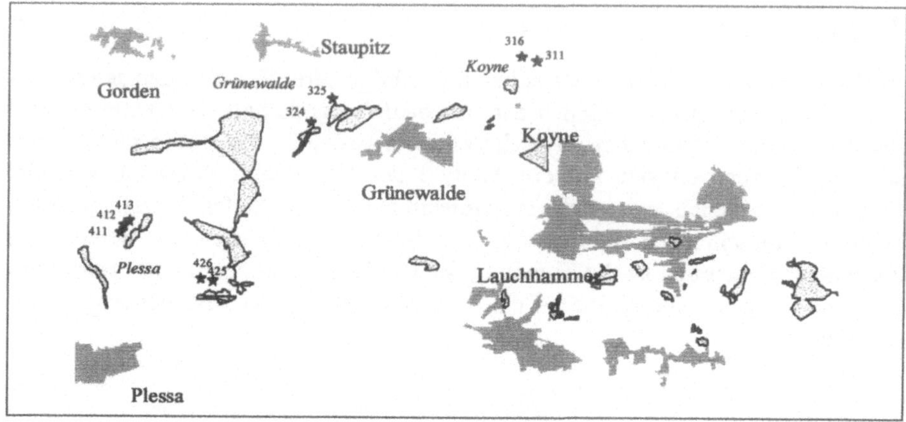

Abbildung 13.2 Lage der Probeflächen (*) in den Tagebauen Koyne, Grünewalde und Plessa. Die Darstellung zeigt die Ortsbereiche (dunkel) und die Restseen (hell).

Die vorliegende Untersuchung ist beschränkt auf Offenlandflächen mit spontaner Vegetationsentwicklung. Zu Vergleichszwecken ebenfalls in die Untersuchung aufgenommen wurden Flächen, die nach Verkippung melioriert, aufgeforstet oder mit kommerziell vertriebenen Saatmischungen angesät wurden. Nach anfänglicher Bearbeitung wurden einige dieser Flächen wieder der natürlichen Entwicklung überlassen (z. B. Probefläche 224). Die Aufforstungen werden allgemein nur extensiv gepflegt. Die Probefläche 324, ein Einsaatrasen mit zweimaliger Mahd im Jahr, wird am intensivsten genutzt. Insgesamt wurden Flächen im Alter von 5 bis 70 Jahren seit Verkippung beprobt. Sie sind repräsentativ für naturnahe Offenlandflächen der Niederlausitzer Bergbaufolgelandschaft. Drei Flächen des gewachsenen Landes wurden zum Vergleich in die Untersuchung aufgenommen.

Tabelle 13.1 bietet eine Übersicht über Lage und Vegetationstyp von 22 Probeflächen. Die erste Ziffer der Probeflächennummer markiert den zugehörigen Tagebau und kann zur räumlichen Orientierung in den Graphiken genutzt werden.

2.2 Datenerhebung

Auf den gemeinsamen Probeflächen wurden räumlich eng verzahnt die zoologischen und vegetationskundlichen Erfassungen sowie die Probenahmen für die Ermittlung der chemischen und physikalischen Bodendaten durchgeführt. Die Anordnung der Probenahmen zeigt Abbildung 13.3.

Die Erfassung der Tiergruppen erfolgte durch Bodenfallen und Kescherfänge. Im Bereich Schlabendorf wurden sechsmal, im Bereich Koyne/Grünewalde/Plessa fünfmal während der Vegetationsperioden 1995 und 1996 standardisierte Kescherfänge ausgeführt (auf 100 qm 50 Schläge). Auf jeder Probefläche waren 6 Bodenfallen (8 cm Ø, 50% Ethylenglykol, Netzabdeckung 2 cm Maschenweite) über zwei Jahre exponiert. Die Leerung erfolgte während der Vegetationsperiode in 2wöchigem, in den Wintermonaten in 4wöchigem Abstand.

Die Vegetationsdichte wurde dicht über dem Boden als Halme/Blätter pro Meter in vier Parallelen vermessen. Die Durchschnittswerte der Probeflächen wurden vier Klassen zugeordnet: Vegetationslose Flächen, Flächen geringer Vegetationsdichte (< 25 Halme/Blätter pro Meter), Flächen mittlerer (25-50 Halme/Blätter pro Meter) und hoher Dichte (> 50 Halme/Blätter pro Meter). Die Klassen dienen als Referenz für die Vegetationsstruktur.

Tabelle 13.1 Nummer, Struktursignatur, Vegetationstyp und Alter der Probeflächen. [u] = gewachsenes Land. Dunkle Struktursignaturen zeigen dichte Vegetation an, helle Marken lückige oder vegetationslose Flächen.

Probe-fläche	**Struktur-signatur**	**Tagebau**	**Vegetationstyp**	**Alter**
112[u]	▲	Schlabendorf-Nord	Zwergstrauchheide	-
122	▦	Schlabendorf-Nord	Krautreiches Hochgras, Ansaat	20 Jahre
131	▽	Schlabendorf-Nord	Vegetationslose Fläche	20 Jahre
132	●	Schlabendorf-Nord	Krautreicher Sandtrockenrasen	20 Jahre
133	■	Schlabendorf-Nord	Calamagrostis epigejos-Bestand	20 Jahre
134	○	Schlabendorf-Nord	Moosreicher Sandtrockenrasen	20 Jahre
211[u]	■	Schlabendorf-Süd	Calamagrostis epigejos-Bestand	-
221[u]	■	Schlabendorf-Süd	Calamagrostis epigeios-Bestand	-
222	○	Schlabendorf-Süd	Moosreiche Silbergrasflur, Ansaat	7 Jahre
223	◇	Schlabendorf-Süd	Aufforstung	7 Jahre
224	▦	Schlabendorf-Süd	Getreide-Klee-Ansaat	5 Jahre
225	▽	Schlabendorf-Süd	Vegetationslose Fläche	15 Jahre
231	○	Schlabendorf-Süd	Corynephorus canescens-Bestand	10 Jahre
311	○	Koyne	Schüttrippen mit Vegetationsinseln	45 Jahre
316	■	Koyne	Calamagrostis epigejos -Bestand	45 Jahre
324	▦	Grünewalde	Dichte Ansaat	35 Jahre
325	◆	Grünewalde	Moosreiche Fläche mit Pfeifengras	35 Jahre
411	▽	Plessa	Vegetationslose Fläche	50 Jahre
412	●	Plessa	Krautreicher Sandtrockenrasen	50 Jahre
413	■	Plessa	Calamagrostis epigejos-Bestand	50 Jahre
425	▽	Plessa	Vegetationslose Fläche	70 Jahre
426	▽	Plessa	Vegetationslose Fläche	70 Jahre

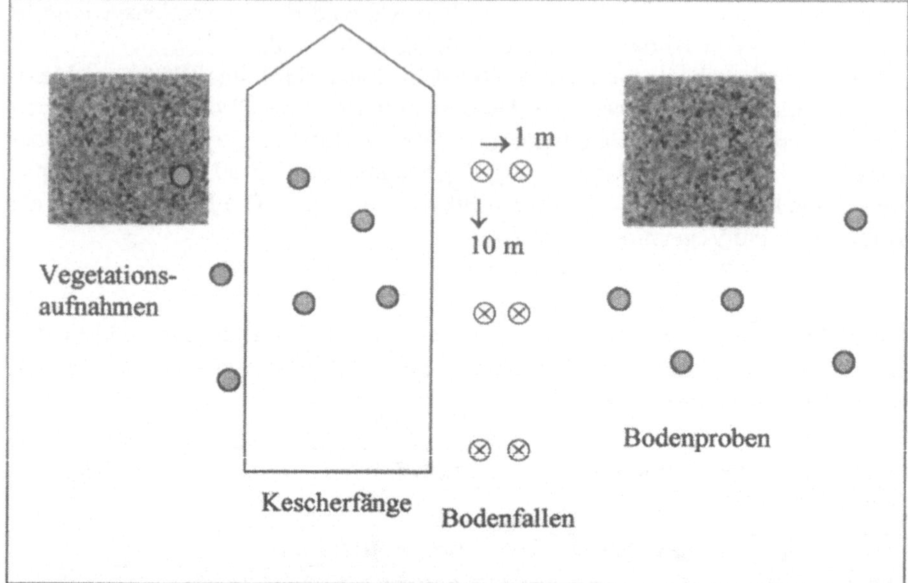

Abbildung 13.3 Probenahmedesign der zoologischen und vegetationskundlichen Erfassungen sowie der Bodenprobenahme auf jeder Probefläche.

2.3 Datenauswertung

Der Zeitpunkt des ersten Auftretens von Arten kann nur eingeschränkt direkt beobachtet oder gemessen werden. Um Gesetzmäßigkeiten und Mechanismen der Besiedlung der gesamten Gemeinschaft zu bestimmen, müssen über indirekte Methoden Muster der Verbreitung sowie Muster der Veränderungen der Artenzusammensetzung untersucht werden. Im vorliegenden Artikel kommen drei Auswertungsmethoden zur Anwendung.

2.3.1 Ähnlichkeitsindizes

Qualitative Ähnlichkeit - Sörensen-Index. Der Sörensen-Index berechnet die Ähnlichkeit in der Artenzusammensetzung je zweier Datensätze unabhängig davon, wieviel Individuen jeweils gefangen worden sind.

$$QS\,(\%) = \frac{2G}{S_A + S_B} * 100$$

G = Anzahl der gemeinsamen Arten der Standorte A und B
S_A, S_B = Anzahl der Arten auf Standort A bzw. B

Quantitative Ähnlichkeit - Renkonen-Index. Der Renkonen-Index addiert die jeweils kleineren Dominanzwerte aller gemeinsamen Arten zweier Datensätze. Neben der Artenidentität finden ebenfalls die relative Individuenanzahl Berücksichtigung.

$$Re\,(\%) = \sum_{i=1}^{G} \min D_{A,B}$$

$$D_A = \frac{n_A}{N_A}, \quad D_B = \frac{n_B}{N_B}$$

n_A = Individuenzahl einer Art i auf Standort A

N_A = Gesamtindividuenzahl aller Arten an Standort A

min $D_{A,B}$ = der kleinere Wert der Dominanzen D_A und D_B

G = Anzahl der gemeinsamen Arten der Standorte A und B

2.3.2 Detrended Correspondence Analysis (DCA)

Die DCA im Programmpaket CANOCO ist eine unimodale Ordinationsmethode basierend auf Regression und Schätzung. Die erste Ordinationsachse stellt eine theoretische Umweltvariable dar, die nicht auf tatsächlichen Messungen beruht, sondern allein aus der Struktur der Artenkombinationen abgeleitet wird. Die Ordination ist ein geeignetes Instrument, Muster in umfangreichen Datensätzen von Wirbellosengemeinschaften darzustellen (Ter Braak & Smilauer 1998, Rushton et al. 1987, Ter Braak 1986, Van der Aart 1973). Es wird ein mehrdimensionaler Raum aufgespannt, in dem die Probeflächen multivariat angeordnet werden. Die Darstellung erfolgt als zweidimensionale Graphik.

3 Ergebnisse

Insgesamt wurden auf den 22 Probeflächen 721 Arthropodenarten erfaßt. In die vorliegende Berechnung gingen 146 Laufkäfer- und Sandlaufkäferarten (Carabidae, Cicindelidae), 197 Kurzflügelkäferarten (Staphylinidae), 124 Wanzenarten (Heteroptera), 25 Heuschreckenarten (Saltatoria), 3 Ohrwurmarten (Dermaptera), 3 Schabenarten (Blattodea) und 223 Spinnenarten (Araneae) ein.

3.1 Qualitative Ähnlichkeit - Sörensen-Index

In Tabelle 13.2 sind die Sörensen-Indizes der Probeflächen dargestellt. Der durchschnittliche Index aller 22 Probeflächen beträgt 46,3%, Werte über diesem Durchschnitt sind dunkel markiert.

Tabelle 13.2 Sörensen-Index (%) von 22 Offenlandflächen der Niederlausitzer Bergbaufolgelandschaft. Werte über dem Gesamtdurchschnitt sind dunkel markiert.

Probefläche	122 Krautreiches Hochgras	131 Vegetationslos	132 Sandtrockenrasen	133 Calamagrostis-Bestand	134 Sandtrockenrasen	211 Calamagrostis-Bestand	221 Calamagrostis-Bestand	222 Moosreiches Silbergras	223 Aufforstung	224 Gras-Klee-Ansaat	225 Vegetationslos	231 Silbrgras-Bestand	311 Schüttrippen	316 Calamagrostis-Bestand	324 Dichte Ansaat	325 Moos mit Pfeifengras	411 Vegetationslos	412 Sandtrockenrasen	413 Calamagrostis-Bestand	425 Vegetationslos	426 Vegetationslos
112	56	45	57	59	55	54	56	44	43	48	28	52	51	56	59	59	52	63	57	35	35
122		46	60	60	49	64	63	41	40	56	27	53	44	47	59	55	43	55	51	30	26
131			48	50	61	41	41	58	56	52	43	61	47	50	38	44	53	46	33	45	43
132				66	61	53	56	44	42	53	28	55	43	48	53	48	42	56	47	26	28
133					62	53	56	46	48	55	34	60	47	52	51	52	45	52	45	30	30
134						42	46	53	51	55	35	62	44	49	44	45	49	50	40	36	33
211							68	39	36	51	29	50	40	46	59	57	41	55	54	31	27
221								41	41	52	29	52	40	45	58	59	43	55	55	31	29
222									57	56	50	63	42	45	39	42	52	45	32	43	43
223										52	46	60	42	45	34	38	51	38	29	42	41
224											39	66	44	47	48	45	45	45	37	37	33
225												46	32	30	25	31	37	29	21	45	48
231													48	53	48	48	54	50	38	40	38
311														61	46	48	49	46	37	39	39
316															48	54	55	53	40	43	36
324																64	43	58	55	33	31
325																	50	59	54	38	36
411																		57	46	51	49
412																			60	39	35
413																				33	29
425																					57

Die vegetationslosen Flächen weisen geringere Artenidentitäten an Wirbellosen mit vegetationsbedeckten Flächen und ebenfalls untereinander auf, als die vegetationsbedeckten Flächen. Das Muster höherer Ähnlichkeit zeigt zwei Tendenzen auf: Zum einen scheint räumliche Nähe von Probeflächen, zum anderen eine ähnliche Vegetationsaustattung einen höheren Sörensen-Index zu ergeben. Um dies zu überprüfen, wurden die Probeflächen der Tagebaue auf ihre jeweiligen Durchschnittswerte getestet. Ebenso wurde für jede Klasse der Vegetationsdichten als Strukturparameter der Vegetation verfahren.

Tabelle 13.3 Durchschnittlicher Sörensen-Index (%) der Probeflächen jedes einzelnen Tagebaus im Vergleich zum Gesamtdurchschnittswert aller Probeflächen.

Tagebaugebiet	**Probeflächen**	**Durchschnitt**	**Differenz zum Gesamtdurchschnitt**
Alle 22 Probeflächen		46,3	
Schlabendorf-Nord	112, 122, 131, 132, 133, 134	55,7	+9,4
Schlabendorf-Süd	211, 221, 222, 223, 224, 225, 231	48,7	+2,4
Koyne/Grünewalde	311, 316, 324, 325	53,5	+7,2
Plessa	411, 412, 413, 425, 426	45,6	-0,7

Die Ergebnisse in Tabelle 13.3 zeigen, daß räumliche Autokorrelation innerhalb der Flächen eines Tagebaues von 2,4 bis 9,4% über dem Durchschnitt erhöhte Artenidentitäten erzeugt. Für Plessa wurden mit -0,7 ein dem Gesamtdurchschnitt annähernd identischer Wert errechnet. Dieser geringe Wert ist darauf zurückzuführen, daß drei der fünf beteiligten Probeflächen vegetationslos sind, also einen überproportional hohen Anteil des allgemein zu allem sehr „unähnlichen" Flächentyps aufweisen und damit als Ausnahme zu werten sind.

Tabelle 13.4 Durchschnittlicher Sörensen-Index (%) von Probeflächen ähnlicher Vegetationsdichte im Vergleich zum Durchschnittswert aller Probeflächen.

Vegetationsdichte	**Probeflächen**	**Durchschnitt**	**Differenz zum Gesamtdurchschnitt**
Alle 22 Probeflächen		46,3	
Vegetationsfreie Flächen	131, 225, 425, 426	46,8	+0,5
Geringe Vegetationsdichte	134, 222, 223, 311, 316, 411, 412	49,2	+2,9
Mittlere Vegetationsdichte	112, 122, 132, 133, 224, 325, 413	53,3	+7
Hohe Vegetationsdichte	211, 221, 231, 324	55,8	+9,5

In Tabelle 13.4 ist wiedergegeben, in welchem Maße strukturelle Ähnlichkeiten der Vegetation höhere Artenidentitäten der Besiedlung von Wirbellosen bedingen. Die vegetationslosen Flächen liegen mit 0,5% Abweichung etwa beim

Gesamtdurchschnittswert. Die Probeflächen mit Vegetation zeigen 2,9 bis 9,5% höhere Artenidentitäten über dem Durchschnitt bei gleichen Vegetationsdichten.

3.2 Quantitative Ähnlichkeit – Renkonen-Index

Tabelle 13.5 Renkonen-Index von 22 Offenlandflächen der Niederlausitzer Bergbaufolgelandschaft. Werte über dem Gesamtdurchschnitt sind dunkel markiert.

Probeflächen	122 Krautreiches Hochgras	131 Vegetationslos	132 Sandtrockenrasen	133 Calamagrostis-Bestand	134 Sandtrockenrasen	211 Calamagrostis-Bestand	221 Calamagrostis-Bestand	222 Moosreiches Silbergras	223 Aufforstung	224 Gras-Klee-Ansaat	225 Vegetationslos	231 Silbergras-Bestand	311 Schüttrippen	316 Calamagrostis-Bestand	324 Dichte Ansaat	325 Moos mit Pfeifengras	411 Vegetationslos	412 Sandtrockenrasen	413 Calamagrostis-Bestand	425 Vegetationslos	426 Vegetationslos
112	21	38	53	55	48	22	23	12	13	14	7	21	37	37	35	49	29	54	27	29	20
122		16	26	28	18	26	23	12	17	31	6	22	19	24	27	23	16	23	14	11	10
131			42	40	54	12	18	42	40	33	24	47	28	32	19	33	51	36	10	34	24
132				61	56	25	31	17	16	22	7	29	31	34	34	39	30	51	20	25	14
133					64	19	28	14	19	25	7	30	39	43	36	45	28	49	16	27	17
134						13	25	25	23	24	13	38	33	36	27	36	39	46	13	28	18
211							49	9	8	15	8	16	17	15	32	26	13	19	27	10	12
221								13	12	17	10	23	21	20	38	31	19	29	35	12	13
222									68	41	19	49	12	11	10	9	28	14	6	13	13
223										43	18	51	14	16	13	12	28	14	6	17	16
224											18	55	15	18	16	14	24	16	9	14	14
225												20	9	6	9	7	22	8	5	19	22
231													16	18	21	16	30	20	13	15	17
311														63	40	43	33	35	15	27	24
316															40	45	31	39	16	26	20
324																48	24	36	26	17	20
325																	30	47	28	31	18
411																		42	18	33	37
412																			31	30	19
413																				11	10
425																					58

Der durchschnittliche Renkonen-Index beträgt 25,4%. Ein Vergleich der dunkel markierten Felder mit überdurchschnittlichen Werten für Sörensen und Renkonen zeigt für 76% aller Flächenvergleiche ein identisches Muster. Obwohl klarer als in der Tabelle 13.2 Cluster mit höherer Dominanzidentität zu erkennen sind, können die Einflüsse von räumlicher Nähe und vegetationsstruktureller Austattung nicht aus dem vorliegendem Muster allein unterschieden werden.

Tabelle 13.6 Durchschnittlicher Renkonen-Index (%) aller Probeflächen jedes einzelnen Tagebaus im Vergleich zum Durchschnittswert aller Probeflächen.

Tagebaugebiet	**Probeflächen**	**Durchschnitt**	**Differenz zum Gesamtdurchschnitt**
Alle 22 Probeflächen		25,4	
Schlabendorf-Nord	112, 122, 131, 132, 133, 134	41,3	+15,9
Schlabendorf-Süd	211, 221, 222, 223, 224, 225, 231	26,8	+1,4
Koyne/Grünewalde	311, 316, 324, 325	46,5	+21,1
Plessa	411, 412, 413, 425, 426	28,9	+3,5

In Tabelle 13.6 bedingt die räumliche Autokorrelation eine Anhebung der Dominanzidentität um 1,4 bis 21,1% über dem Durchschnittswert. Das bedeutet, daß Arten, die individuenreiche Populationen in einem Tagebau aufzubauen vermögen, ihren Konkurrenzvorteil gegenüber anderen Arten in unterschiedlichen Vegetationstypen und großflächig verteidigen können.

Tabelle 13.7 Durchschnittlicher Renkonen-Index (%) von Probeflächen ähnlicher Vegetationsdichte im Vergleich zum Durchschnittswert aller Probeflächen.

Vegetationsdichte	**Probeflächen**	**Durchschnitt**	**Differenz zum Gesamtdurchschnitt**
Alle 22 Probeflächen		25,4	
Vegetationsfreie Flächen	131, 225, 425, 426	30,2	+4,8
Geringe Vegetationsdichte	134, 222, 223, 311, 316, 411, 412	31,0	+5,6
Mittlere Vegetationsdichte	112, 122, 132, 133, 224, 325, 413	29,5	+4,1
Hohe Vegetationsdichte	211, 221, 231, 324	29,8	+4,4

In Tabelle 13.7 zeigt sich der Einfluß der Vegetationsstruktur auf die Dominanzverhältnisse der Arten immer positiv, aber geringer ausgeprägt als die räumliche Autokorrelation. Die Werte liegen um 4,1 bis 5,6% über dem Durchschnitt.

3.3 Detrended Correspondence Analysis (DCA)

Abbildung 13.4 zeigt die DCA Ordination aller Probeflächen für die Besiedlung mit Wirbellosen. Die Signaturen der Probeflächen geben vereinfacht Typ und Struktur der Vegetation wieder (siehe Tabelle 13.1).

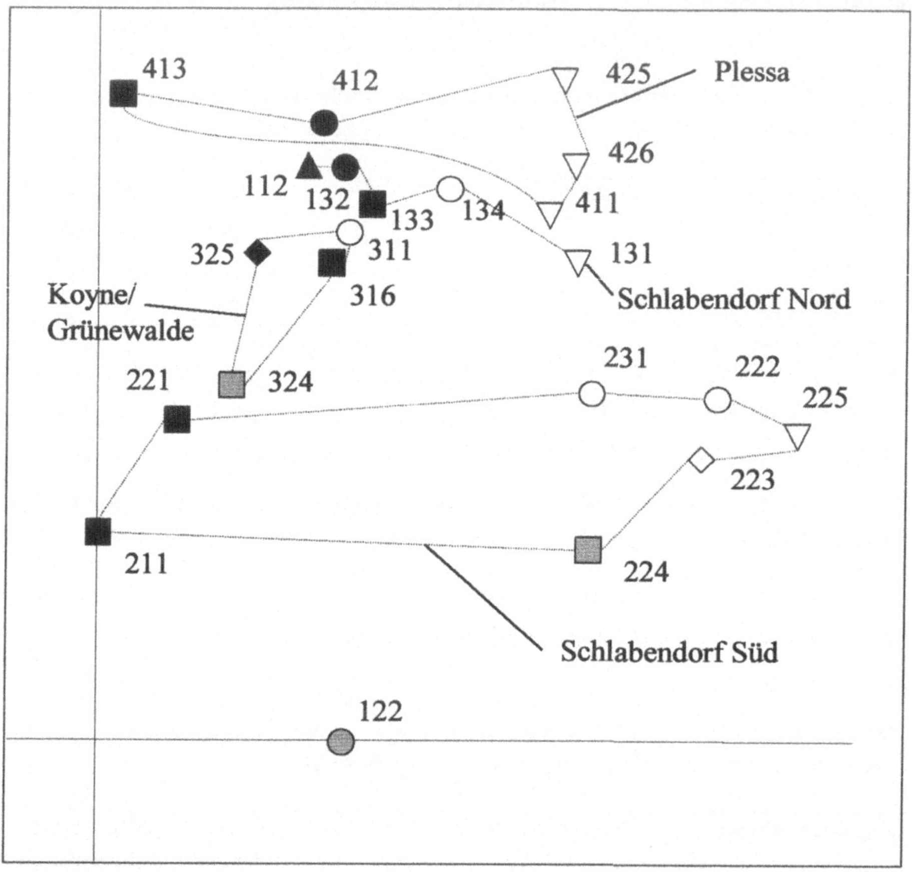

Abbildung 13.4 DCA Ordination von Arthropoden der Niederlausitzer Bergbaufolgelandschaft. Arten mit weniger als vier erfaßten Individuen wurden nicht berücksichtigt.

Allgemein sind in der rechten Hälfte der Graphik vegetationslose und schütter bewachsene Probeflächen (leere Signaturen) angeordnet, während Calamagrostis-Bestände, krautreiche Sandtrockenrasen und dichte Ansaaten in der linken Hälfte der Graphik zu finden sind (dunkle Signaturen). Die hypothetische Umweltvariable der 1. Ordinationsachse könnte demnach eine Strukturvariable der Vegetation sein. Sie erklärt 15,0% der Varianz der Arten.

Der Vegetationstyp zeigt nur indirekt über seine Struktur einen Einfluß auf die Artenzusammensetzung der Wirbellosen. Dies ist an der Anordnung der dunklen

Quadrate zu erkennen, die Calamagrostis-Bestände darstellen. Sie werden mit anderen strukturell ähnlichen Vegetationstypen gemischt. Es ist entscheidender für die Zusammensetzung der Arthropodengemeinschaft, welchem Tagebau eine Fläche zugehört, als welcher Vegetationstyp ausgeprägt ist.

Um den Einfluß der räumlichen Autokorrelation zu zeigen, wurden die Probeflächen der Tagebaue mit Linien verbunden. Die jeweiligen Probeflächen der Tagebaue werden in Scheiben übereinander und getrennt angeordnet. Die Trennung läßt ein räumlich bedingtes Muster erkennen. Die hypothetische 2. Achse der Ordination könnte als räumliche Autokorrelation interpretiert werden. Beide Achsen zusammen erklären 23,9% der Varianz. Die Probeflächen jedes Tagebaugebietes sind räumlich zueinander näher liegend als zu Probeflächen anderer Tagebaue. Gleichzeitig sind sie sich im Alter ähnlicher. Dies erschwert, den Einfluß von räumlicher oder zeitlicher Autokorrelation auf die Varianz in der Artenzusammensetzung zu unterscheiden. Daß die 20 Jahre alten Flächen von Schlabendorf-Nord zwischen den 70 Jahre alten Plessa und dem 35-50 Jahre altem Koyne/ Grünewalde angeordnet werden, läßt darauf schließen, daß das Alter der Flächen von untergeordneter Bedeutung ist.

Die Probefläche 122 in Schlabendorf-Nord bildet in diesem Gefüge einen Ausreißer. Die krautreiche Ansaat bewegt sich hinsichtlich ihrer Vegetationsdaten wie Dichte, Deckung oder Vegetationshöhe im Rahmen der übrigen Probeflächen. Hinsichtlich einiger abiotischer Bodenparameter weicht sie jedoch wesentlich ab. So sind maximale Wasserkapazität, Wassergehalt und der Gehalt an pflanzenverfügbaren Nährstoffen der obersten 10 cm Boden deutlich, teilweise um ein mehrfaches höher als bei den übrigen hier betrachteten Probeflächen (Hahn in BTUC 1998). Insbesondere der höhere Wassergehalt könnte eine Erklärung für die abweichende Artenzusammensetzung sein (siehe auch Mrzljak & Wiegleb 1999).

4 Diskussion

Die Besiedlung der Bergbaufolgelandschaft mit Wirbellosen findet sehr rasch statt. Dies trifft für alle epigäisch lebenden Tiergruppen zu (BTUC 1998). In der amerikanischen Literatur wird der Terminus „arthropod fallout“ verwendet (Crawford & Edwards 1986), im deutschen „Luftplankton“, um den Individuen- und Artenreichtum der aktiv und bei Flügellosen ausschließlich passiv erfolgenden Verbreitung durch die Luft dieser Tiergruppe herauszustreichen (Keplin et al. 1999, Kielhorn & Keplin 1999, Dingle 1996). Der Erstbesiedlungserfolg und Sukzessionsfortgang auf den nach Verkippung annähernd sterilen Rohkippen kann mit einfachen Feldmethoden unmittelbar erfaßt werden

Es wurde versucht, aus dem Muster der Artenidentitäten abzuleiten, welche Eigenschaften der Flächen die Besiedlung von Arten bestimmen. Es zeigt sich, daß sowohl räumliche Nähe von Probeflächen als auch strukturelle Ähnlichkeit der Vegetation eine größere Artenidentität von Wirbellosen bedingen. Wenn etwa zwei strukturell ähnliche Probeflächen sehr weit voneinander entfernt liegen, wirkt sich eine Eigenschaft positiv, die andere negativ auf die Artenähnlichkeit der Wirbellosengemeinschaft aus. Das resultierende Ähnlichkeitsmuster in Tabelle 13.2 ist deshalb aus zwei sich überlagernden Mustern entstanden. Die DCA-Ordination wiederholt die Analyse der Ähnlichkeitsmuster. Auch hier überlagern sich zum einen die räumliche Autokorrelation und zum anderen die strukturellen Eigenschaften der Vegetation.

Die drei Rechenmethoden ergeben ein übereinstimmendes Bild. So ist für die Neubesiedlung von Flächen entscheidend, welche Artenzusammensetzungen die benachbarten Habitate aufweisen. Eine weitere wesentliche Flächeneigenschaft für eine erfolgreiche Besiedlung ist die Vegetationsstruktur. Diese wird neben der Boden- und mikroklimatischen Feuchtigkeit (u. a. Mrzljak & Wiegleb 1999, Rushton et al. 1987) ebenfalls in der Literatur mit als einer der häufigsten, die Artenzusammensetzung der Wirbellosen prägenden Umweltfaktoren genannt (u. a. Anderlik-Wesinger et al. 1996, Duffey 1966, Gunnarson 1990, Hatley & Macmahon 1980). Aus den Ähnlichkeitsmustern kann gefolgert werden, daß die Kolonisierung aus der unmittelbaren Umgebung oder von dem nächstliegenden besiedelten Habitat aus erfolgt, das Arten aufweist, deren Lebensraumansprüche durch die Bedingungen auf der Zielfläche gedeckt werden. Die Arten können über unterschiedliche Vegetationstypen hinweg dominante Vorkommen etablieren. Daß die geschilderten Verhältnisse für die älteren Tagebauflächen gleichermaßen zutreffen wie für die jüngeren, könnte zwei Gründe haben.

Zum einen könnten etablierte Arten eine nachfolgende Verdrängung durch Prädationsdruck oder andere Mechanismen unterbinden, d. h. nach schnellem Erstbesiedlungserfolg findet kaum Umbau in der Artenzusammensetzung statt. Literaturangaben berichten Gegenteiliges (Landeck 1996, Mader 1985, Ruzicka & Heikal 1997). In diesen Untersuchungen findet jedoch keine Differenzierung statt, inwiefern biotische Interaktionen in der Artengemeinschaft oder z. B. maßgebliche Veränderungen der Vegetationsstruktur die Auslöser des Artenwandels sind. Die bisherigen Kenntnisse über die Arthropodengemeinschaften strukturell stabiler Vegetationstypen, wie sie die Sandtrockenrasen über Jahrzehnte sein können (Felinks et al. 1999, Wiegleb & Felinks 1999), reichen nicht aus, die Annahme begründet zu verwerfen.

Eine andere denkbare Erklärung für das vorgefundene Artenmuster wäre, daß beständig Individuen von Arten ohne aktuelles Populationsvorkommen aus unterschiedlichen Entfernungen eintreffen, aber von näher benachbarten Habitaten eine größere Individuenanzahl pro Zeiteinheit und Fläche als über weitere Distanzen erreicht werden kann, was ebenfalls eine Populationsetablierung bevorteilen könnte. Der direkte Beleg von Migrationsrichtung, Arten- und Individuenaustausch über die Aufklärung von Verwandschaftsnachweisen und genetischer Populationsstruktur steht noch aus.

Für die naturschutzorientierte Leitbildentwicklung in der Bergbaufolgelandschaft lassen sich folgende Schlüsse ziehen: Wirbellose benötigen aufgrund ihrer hohen Mobilität keine Hilfsmaßnahmen zu Verbreitung oder Ansiedlung. Die Artenfülle und Mannigfaltigkeit der Lebensraumansprüche von Arthropoden hat zur Folge, daß jeder Biotoptyp in freier Sukzession Lebensraum für Spezialisten darstellen kann.

Je einzigartiger eine Landschaftsstruktur ist, etwa im Falle großfächig vegetationsloser Sandbereiche, umso ausgeprägter wird die Spezialisierung der Besiedler sein. Dies bedingt u. U. eine gleichzeitige Artenarmut. In diesem Beispiel sei etwa das hochdominante Vorkommen des Sandohrwurms genannt. Für derartige Flächen sollten Prozeßschutz und Zielartenschutz als vorrangiges Schutzziel verfolgt werden.

Biodiversität kann in jenen Bereichen am Besten verwirklicht werden, deren Vegetationsausstattung reichlich Kleinstrukturen aufweist. Dies gilt im besonderem Maße für Sandtrockenrasen und Calamagrostis-Bereiche in freier Sukzession. Initialsetzungen der Vegetation mit autochtonem Pflanzmaterial sind erlaubt. Die Anlagen sollten jedoch so gestaltet werden, daß nachfolgende Pflegemaßnahmen unterbleiben können, da mechanische Bearbeitung wie Mahd u. a. eine Vereinheitlichung bewirkt und dem Schutzziel entgegenwirkt. In allen Fällen gilt für die Besiedlung mit Wirbellosen, daß freie Sukzession jedem Management vorzuziehen ist.

Danksagung

Martina Müller, Claudia Kowalke, Bianka Karopka und Mario Friebe sei für die Zusammenarbeit und ihren großen Fleiß gedankt. Wir danken Jörn Vorwald (Cottbus) und Josef Settele (Leipzig) für die kritische Durchsicht des Manuskriptes. Die vorliegenden Untersuchungen wurden im Rahmen des Verbundvorhabens LENAB durchgeführt, gefördert vom BMBF (Fkz 0339648) und der LMBV mbH.

Literatur

Anderlik-Wesinger, G., Barthel, J., Pfadenhauer, J. & Plachter, H. 1996. Einfluß struktureller und floristischer Ausprägung von Rainen der Agrarlandschaft auf die Spinnen (Araneae) der Krautschicht. Verh. Ges. Ökol. 26: 711-720.

BTU Cottbus 1998. Verbundvorhaben Niederlausitzer Bergbaufolgelandschaft: Erarbeitung von Leitbildern und Handlungskonzepten für die verantwortliche Gestaltung und nachhaltige Entwicklung. Abschlußbericht zum BMBF-/LMBV-Verbundprojekt (Fkz. 0339648). Polykopie, Cottbus: 1054 S.

Crawford, R.L. & Edwards, J.S. 1986. Balooning spiders as a component of arthropod fallout on snowfields of Mount Rainier, Washington, U.S.A. Arctic and Alpine Research 18(4): 429-437.

Dingle, H. 1996. Migration: the Biology of Life on the Move. Oxford University Press, Oxford: 474 S.

Duffey, E. 1966. Spider ecology and habitat structure (Arach., Araneae). Senck. biol. 47: 45-49.

Felinks, B., Hahn, B. & Wiegleb, G. 1999. Vegetationstypen der terrestrischen Bereiche in der Niederlausitzer Bergbaufolgelandschaft. Arch. f. Natursch. u. Landschaftsforschung 38: 43-84.

Gunnarson, B. 1990.Vegetation structure and the abundance and size distribution of spruce-living spiders. Journal of Animal Ecology 59: 743-752.

Hatley, C.L. & Macmahon, J.A. 1980. Spider community organization: seasonal variation and the role of vegetation architecture. Environ. Entomol. 9(5): 632-639.

Keplin, B., Dageförde, A. & Düker, C. 1999. Untersuchungen zum Abbau von organischer Substanz und zur Bodenbiozönose auf forstlich rekultivierten Kippstandorten. In R. Hüttl, E. Weber & D. Klem (Hrsg.) Ökologisches Entwicklungspotential von Bergbaufolgelandschaften. De Gruyter, Berlin: 73-88.

Kielhorn, K.H. & Keplin, B. 1999. Carabidenzönosen unterschiedlich alter Kiefernaufforstungen auf rekultivierten Kippböden: Struktur der Fauna, regionale Charakteristika und Aspekte des Artenschutzes. In R. Hüttl, E. Weber & D. Klem (Hrsg.) Ökologisches Entwicklungspotential von Bergbaufolgelandschaften. DeGruyter, Berlin: 119-130.

Landeck, I. 1996. Diasporenangebot im Umland der Tagebaue des Untersuchungsgebietes und Wiederbesiedlung der Kippen und Halden durch Flora und Wirbellose (Käfer, Ameisen, Spinnen, Libellen und Heuschrecken). In FIB and LMBV mbH (Hrsg.) Schaffung ökologischer Vorrangflächen bei der Gestaltung der Bergbaufolgelandschaft. Finsterwalde: 93-127.

Mader, H.J. 1985. Die Sukzession der Laufkäfer- und Spinnegemeinschaften auf Rohböden des Braunkohlenreviers. Schriftenr. f. Vegetationskunde 16: 167-194.

Majer, J.D. (Hrsg.) 1989. Animals in Primary Succession - the Role of Fauna in Reclaimed Lands. Cambridge Univ. Press, Cambridge: 547 S.

Mrzljak, J. & Wiegleb, G. 1999. Spider colonization of former brown coal mining areas — time or structure dependent? Landscape and Urban Planning, eingereicht.

Rushton, S.P., Topping, C.J. & Eyre, M.D. 1987. The habitat preferences of grassland spiders as identified using Detrended Correspondence Analysis (Decorana). Bull. Brit. Arachnol. Soc. 7 (6): 165-170.

Ruzicka, V. & Hejkal, J. 1997. Succession of epigeic spider communities (Araneae) on spoil banks in North Bohemia. Acta Soc. Zool. Bohem. 61: 381-388.

Schulz, F. & Wiegleb, G. 2000. Die Niederlausitzer Bergbaufolgelandschaft - Probleme und Chancen, dieser Band.

Ter Braak, C.J.F. & Smilauer, P. 1998. Canoco Reference Manual and User's Guide to Canoco for Windows: Software for Canonical Community Ordination (Version 4). Microcomputer Power, New York: 352 S.

Ter Braak, C.J.F. 1986. Canonical correspondence analysis: a new eigenvector technique for multivariate direct gradient analysis. Ecology 67(5): 1167-1179.

Van der Aart, P.J.M. 1973. Distribution analysis of wolfspiders (Araneae, Lycosidae) in a dune area by means of principal components analysis. Nederl. J. Zool. 23: 266-329.

Wiegleb, G. & Felinks, B. 1999. Succession in post-mining landscapes - chance or necessity? Ecological Engineering, in Druck.

Teil 4

Datenhaltung und Generalisierung

14 Integration biologisch-ökologischer Daten „vom Punkt in die Fläche“

Gerhard Wiegleb[1] & Jörn Vorwald[1,2]

[1] Brandenburgische Technische Universität Cottbus, LS Allgemeine Ökologie, Postfach 101344, D-03013 Cottbus, e-mail: wiegleb@tu-cottbus.de

[2] Brandenburgische Technische Universität Cottbus, LS Allgemeine Ökologie, Postfach 101344, D-03013 Cottbus,e-mail: j.vorwald@t-online.de

Zusammenfassung. Aus theoretischen Überlegungen zum „Generalisierungsproblem“ und dem beispielhaften Vergleich verschiedener gebräuchlicher Generalisierungsansätze werden Schlußfolgerungen für die Praxis abgeleitet. Das Problem der räumlichen Generalisierung („vom Punkt zur Fläche“) ist in der wissenschaftstheoretischen Literatur noch wenig bearbeitet. Es tritt jedoch in der praktischen Arbeit in vielfältiger Form auf. Deshalb haben Ökologen unter den Stichworten „Skalentheorie“ und „Theorie der Beobachtungsebenen“ eigenständige und teilweise auch erfolgreiche Ansätze entwickelt. Anhand von Modellüberlegungen zur Komplexität und Heterogenität des Untersuchungsobjektes können Ökologen sehr gute Angaben darüber machen, wann welche Form der Generalisierung erlaubt bzw. erfolgversprechend ist. Mit diesem Erfahrungswissen ausgestattet, werden Methoden zur Auswahl von Naturschutzvorrangflächen in der Bergbaufolgelandschaft vergleichend diskutiert. Keines der analysierten Verfahren kommt ohne Generalisierungsschritte aus. Teilweise müssen, wie auch theoretisch vermutet, sogar zwei Generalisierungsschritte durchgeführt werden. Je weniger unvollständig die Information ist, desto weniger ist man auf Generalisierung angewiesen. Ein völliger Verzicht auf Generalisierung ist auch bei vollständiger Information nicht möglich. Eine Bevorzugung von Informationsgewinn über Datenerhebung oder über Generalisierung läßt sich nur in Abhängigkeit von der Fragestellung und den zur Verfügung stehenden Ressourcen beantworten.

Schlüsselwörter. Bergbaufolgelandschaft, Biotop, Geotop, Information, Maßstab, Naturschutzvorrangflächen, optimaler Habitat, räumliche Generalisierung.

1 Einleitung

Die Notwendigkeit von räumlicher Integration ökologischer Daten (Schlagwort „vom Punkt zur Fläche“) ergibt sich aus wissenschaftspraktischen und -theoretischen Aspekten (Erhard et al. 1997). Die räumliche Integration dient der Überprüfung von auf der Basis von Messungen erstellten Hypothesen auf ihre Allgemeingültigkeit. Sie ist damit ein Sonderfall des Generalisierungsproblems in den Naturwissenschaften. Wegen ihres explorativen Charakters dient die räumliche Integration der Ausarbeitung neuer Erkenntnisse durch Einbeziehung zusätzlicher Informationsebenen und Modelle, z. B. bei der Verknüpfung von bodenkundlichen Kartierungen und bodenchemischen Analysen. Hinzu kommt die Notwendigkeit der Verknüpfung von Erfassungsmethoden und Ansätzen verschiedener Fachdisziplinen, die aufgrund ihrer Fragestellung auf verschiedenen Raum-Zeit-Ebenen arbeiten, z. B. bei der Verknüpfung boden- und fernerkundungsgestützter Kartierungsansätze. Dies alles dient der Unterstützung von Planung und Management durch quantitatives, gemessenes Wissen sowie dem Wissenstransfer von der Wissenschaft zu den „Entscheidungsträgern". Die in der wissenschaftlichen Feldforschung eingesetzte Punktmessung (für chemische und physikalische Analysen sowie biologische Probenahmen) findet in aller Regel unter den Bedingungen „klein", „homogen" und „vollständig bekannt" (denn darauf wurde die Entwicklung der Meßtechnik ausgerichtet) statt. Die politisch vorgegebenen Anforderungen an die Lösung von konkreten Umweltproblemen bewegen sich in der Regel in der entgegengesetzten Ecke des Phasenraumes: „groß", „inhomogen" (vorgegeben durch die Verantwortungsbereiche und die großräumig wirksamen Maßnahmen, die Entscheidungsträgern zur Verfügung stehen) und „unbekannt" (gegeben durch die schlechten Möglichkeiten großräumiger Erhebungen; Ausnahmen: Satellitenbilder; Erhard et al. 1997).

In den letzten 15 Jahren hat sich in der Ökologie ein wachsendes Bewußtsein für den Umgang mit Integrations- und Generalisierungsproblemen herausgebildet. Wesentliche Ansätze hierzu sind die „Maßstabstheorie" und die „Theorie der Beobachtungsebenen" („Hierarchietheorie"). Die „Maßstabstheorie" hat verschiedene Quellen wie Geographie, Geologie und Landschaftsökologie auf der einen Seite (Wiens 1989, 1995, Allen & Hoekstra 1991, Jax & Zauke 1991) und Ökosystemmodellierung, Systemtheorie u. a. (Kolasa & Rollo 1991, Levin 1992, White & Running 1994, Ellner & Turchin 1995) auf der anderen. Weitere praktische Ansätze kommen aus der Richtung Probenahmetheorie (Palmer 1988, Wiegleb 1991, Legendre 1993, Stark 1994, Dröschmeister 1995, Jax et al. 1996, Kuhnt 1997). Auch die „Theorie der Beobachtungsebenen" hat sowohl philosophische (Beckner 1974, Primas 1991, Cariani 1992, Emmeche et al. 1994, Wiegleb & Bröring 1996), ökologietheoretische (Großmann 1987, O'Neill et al. 1986, Kolasa & Pickett 1989, Müller 1992, Jones & Lawton 1995, Wiegleb 1996) als auch unmittelbar anwendungsbezogene Grundlagen (Allen et al. 1984, Turner 1989, Woodmansee 1990, Goodchild 1994). Die Übergänge zwischen den Theoriebereichen sind fließend. „Beobachtungsebenen" beziehen sich eindeutig auf beobachterdefinierte Konventionen (Individuen, Populationen, Lebensgemeinschaften, Ökosysteme, Landschaften; Allen & Hoekstra 1992). Übergänge zwischen Beoachtungsebenen sind immer von beobachterdefinierten Forschungsinteressen und Fragestellungen bestimmt. Maßstabsübergänge beziehen sich eher auf von den Systemen „selbst" (durch Prozeß(semi)autonomie bzw. „funktionale" Autonomie) „definierte" „Grenzen" (Wiegleb & Bröring 1996).

Im folgenden soll auf der Basis einiger theoretischer Überlegungen dargestellt werden, welche Generalisierungsschritte den im LENAB-Projekt entwickelten Verfahren zur Leitbildentwicklung und Bewertung immanent sind. Schließlich sind auch Schlußfolgerungen genereller Art zu ziehen, insbesondere was die praktische Anwendung betrifft.

2 Theoretische Überlegungen

2.1 Formen der räumlichen Generalisierung

Bei der Durchsicht ausgewählter ökologischer Fachliteratur sowie der einschlägigen wissenschaftstheoretischen Literatur zeigte sich ein Mißverhältnis zwischen Theorie und Praxis der Generalisierung:

- Generalisierungen sind in der Wissenschaftspraxis der Ökologie allgegenwärtig.
- „Räumliche Generalisierungen" stellen einen Sonderfall der Generalisierung dar. Ebenso häufig sind zeitliche Generalisierungen („Vorhersagen") und insbesondere „raum- und zeitunabhängige Generalisierungen" („logische Generalisierungen") anzutreffen.
- Lehrbücher der Wissenschaftstheorie und -philosophie sagen nur wenig zum Thema „Generalisierung". Entweder findet sich nicht einmal das Stichwort „Generalisierung" im Register oder es werden Allgemeinplätze verbreitet (Beispiel: „Die Generalisierung erwächst aus der Verdrängung der Präsenz des Phänomens durch die kategoriale Penetration", Flach 1994).

Eine Ausnahme bildet Hempel (1977). Für ihn sind bei der Generalisierung von Erkenntnissen die Übergänge von Erklärung zu Modellbildung und Analogieschluß in Bezug auf Präzision und Reichweite fließend. Auch Modelle und Analogien beinhalten „gesetzmäßige Isomorphien". Deutlich abgegrenzt von wissenschaftlich tragfähigen Generalisierungen werden die „akzidentiellen" Generalisierungen (diese sind „wahr", aber nicht erklärend). „Weiche" Formen der Generalisierung (z. B. Klassifikationen) werden dagegen nicht erwähnt oder unter „Heuristiken" behandelt.

In Tabelle 14.1 findet sich eine Zusammenstellung von Methoden, die für räumliche Generalisierungen (Integration) Anwendung finden. Die Liste wurde um einige spezifisch landschaftsökologische Ansätze erweitert, die man in Lehrbüchern nicht findet, die aber eine weite Verbreitung haben. Es gibt nach dieser Übersicht 11 unterscheidbare Methoden der räumlichen Generalisierung. Diese werden meist nicht allein, sondern in Kombination angewandt, um ein Problem zu lösen.

Tabelle 14.1 Formen der räumlichen Generalisierung (nach Hempel 1977, Sattler 1986).

Art der Generalisierung	**Vorgehen**	**Beispiel**
(Symmetrische Umkehr der) Erklärung nach dem H-O-Schema	Übertragung rauminvarianter deterministischer Gesetzmäßigkeiten auf neue Fälle	Wasser fließt überall bergab, also auch in der Bergbaufolgelandschaft
Erklärung über Umwege (Modellbildung)	Zielvariable vor Ort ist schwer meßbar, rauminvariante Zusammenhänge mit meßbaren Variablen sind bekannt	Pyritverwitterung und pH-Wert
Extrapolation (induktive Generalisierung)	Räumliche Extrapolation von bekannten gut untersuchten Punkten aus möglich	Standortdaten Phosphat von Probefläche zu Acker
Analogieschluß über Präzedenzfälle	Externe Fälle dienen als „gesetzmäßige Isomorphie“ unterschiedlicher Reichweite und Präzision	Moorbildung auf der Nordhalbkugel und auf Feuerland
Pars-pro-toto-Methode (Indikation)	(Analogie)Schluß vom Teil aufs Ganze ohne Prozeßinformation	Gutes Schmetterlingsbiotop = gesundes Ökosystem
Mittelwertbildung	Räumliche Interpolation auf der Basis bekannter Werte möglich	Mittlere Produktivität eines Raumausschnittes
(Vorab-)Klassifikation	Klassifikation nach externen Merkmalen, die nicht untersucht werden	Chalk stream, Nebelwald (angelsächsische Tradition der Vegetations- und Standortkunde)
Clusteranalyse	Polythetische Klassifikation nach den untersuchten Merkmalen	„Luzulo-Fagetum“, mitteleuropäische Vegetations- und Bodenkunde
Maximum-Likelihood-Methode	Monothetische Klassifikation nach dem wahrscheinlichsten Systemzustand	Pixel“klassifikation“ in der Luftbildauswertung
Maximalwertmethode/ Eintrittswahrscheinlichkeitsmethode	Monothetische Klassifikation über Maximalwert und Eintrittswahrscheinlichkeit	Einflußbereich des 50jährigen Hochwassers = Aue
Fuzzy-Tolerance-Methode	Nicht-dezisionistische Klassifikation von fließenden Übergangsbereichen	Hangcatenen, fließende Übergänge zwischen Bodeneinheiten

Ausschließliche Anwendung der Erklärung nach dem Hempel-Oppenheimer-(H-O-)Schema ist in der räumlichen Generalisierung wie auch in anderen Fällen ein wissenschaftstheoretisches Ideal und kommt praktisch nicht vor (vgl. auch Hesse 1997). Nähere Erläuterungen und je ein Beispiel finden sich in der Tabelle.

Es gibt offenbar Methoden, die sowohl den Schluß vom Punkt zur Fläche als auch den Schluß von der Fläche zum Punkt erlauben. Dies ist der Fall, wenn für alle innerhalb einer Fläche gegebenen Sachverhalte eine exakte Erklärung im Sinne des H-O-Schemas möglich wäre. Es gibt Methoden, die wohl den Schluß vom Punkt zur Fläche erlauben, nicht jedoch den Rückschluß von Flächeninformationen auf Punkte. Hierzu gehören alle Formen der Mittelwertbildung oder Klassifikation.

Die in der Tabelle beschriebenen Methoden haben unterschiedliche Anwendungsbereiche. Die Methodik der räumlichen Generalisierung ist dabei vielfältiger als die Methodik der zeitlichen Vorhersage. Möglicherweise hängt dies damit zusammen, daß die Zukunft prinzipiell offen und unbekannt (Faber et al. 1992), der Raum dagegen prinzipiell „erkennbar" ist, d. h. man kann die Ergebnisse auch nachprüfen (Sattler 1986). Es gibt außerdem Methoden, die nicht vom Punkt zur Fläche schließen, sondern unmittelbar von einem Punkt auf weitere Punkte innerhalb der Fläche, die also „integrierte" Flächeninformation gar nicht anstreben. Hierzu gehört z. B. das Kriging/Nearest-neighbourhood-Methode. Auch im Falle der Verwendung eines Geographischen Informationssystems (GIS) findet keine „Erzeugung" flächendeckender Information statt. Statt dessen werden diskrete und flächendeckende Informationen verarbeitet und auch als solche dargestellt.

2.2 Übergänge zwischen Maßstabsebenen

Im folgenden werden einige theoretische Grundüberlegungen dargestellt (vgl. auch Erhard et al. 1997). Diese basieren auf der Analyse von einfachen Modellvorstellungen. Es werden die Fragen gestellt:

- Welche Maßstabsübergänge sind erlaubt und unter welchen Bedingungen sind sie erlaubt?
- Wie beschaffe ich die Information für einen erlaubten Maßstabsübergang unter der Voraussetzung, daß ich nicht über vollständige Information über das System verfüge (was der Regelfall sein dürfte, vgl. Vorwald 1999)?

Diese beiden Aspekte sind logisch unterscheidbar, auch wenn sie formal meist nicht getrennt werden, sondern zusammen oder iterativ behandelt werden.

2.2.1 Vorüberlegungen

Bevor Maßstabsübergänge diskutiert werden können, müssen die unterschiedlichen Merkmale von „Punkten" und „Flächen" definiert sein. Zwischen diesen Kategorien müssen beim Maßstabsübergang logische Verbindungen geschaffen werden, bzw. notwendige Information zu ihrer Rekonstruktion darf nicht verloren gehen. Generelle Merkmale von „Punkten" sind ihre Homogenität und ihre exakte Lage. In der Praxis sind diese Eigenschaften durch die Technik der Probenahme definiert. Das bedeutet, daß Meßpunkte tatsächlich durch homogenisierte Gebilde repräsentiert werden, die eine interne Größenverteilung aufweisen. Damit werden ihnen innerhalb einer Fläche oder eines Raumes auch Grenzen zu andersartigen

Punkten sowie eine externe Verteilung zugewiesen, die die Darstellbarkeit als Raster (numerische Punkte) oder Polygon (typologische Punkte) ermöglicht.

„Flächen" definieren sich vor allen Dingen durch ihre Ausdehnung und ihre Repräsentativität für bestimmte Merkmale (Typuszugehörigkeit). Die Verteilung eines Merkmals kann durch verschiedene statistische Größen (z. B. Mittelwert, Schwankungsbreite) oder auch mit Hilfe von Verteilungstypen beschrieben werden. Die Begriffe „Patchiness" und „Mosaik" (im Sinne von Wiens 1995, diskrete Verteilung) oder „Gradient" (kontinuierliche Verteilung) stellen Beispiele solcher Typen dar. Dabei ist zu beachten, daß die Eigenschaften als solche keinen Hinweis auf den Komplexitätsgrad einer Fläche enthalten.

Bezogen auf die gleiche Flächeneinheit bedeutet ein Wechsel in einen größeren[1] Maßstab immer eine Homogenisierung eines vormals auf Unterflächen oder in Form von Punkten verteilt vorliegenden Merkmals. Dies erfordert zumindest abstrakte Informationen über Ausprägung und Verteilung des Merkmals, die prinzipiell aus der Betrachtung der Fläche selbst gewonnen werden können, die allerdings dann durch die Homogenisierung verloren gehen kann. Dieselben Informationen sind auch umgekehrt beim Wechsel in einen kleineren Maßstab erforderlich, sie sind aber diesmal grundsätzlich nicht aus dem Ausgangszustand zu ermitteln. Ein „downscaling" eines bestimmten Merkmals ist daher nur mit zusätzlichen Informationen möglich, die aus der unteren Maßstabsebene gewonnen werden müssen.

Die Betrachtung von Maßstabsübergängen soll im folgenden durch einige Fallbeispiele erläutert werden. Als grundsätzlich unterschiedliche Fälle werden zunächst homogene und inhomogene Fälle angesehen. Innerhalb der inhomogenen Fälle ist die Frage von Bedeutung, ob die Verteilung auf der unteren Ebene bekannt ist („Design") oder nicht („Mosaik"), wobei es prinzipiell für die Analyse egal ist, ob die Verteilung diskret oder kontinuierlich („Gradient") ist.

Ist die betrachtete Fläche hinsichtlich eines relevanten Merkmals innerhalb jeder beliebigen Teilfläche identisch („homogen"), liegt ein Spezialfall vor, der nicht nur die Gewichtung des Merkmals beim Übergang von der unteren auf die höhere Ebene vereinfacht, sondern durch den sich die Erhebung zusätzlicher Informationen beim umgekehrten Übergang erübrigt. Der Skalenübergang ist daher in jede Richtung erlaubt! Voraussetzung ist nur, daß die Eigenschaft der homogenen Verteilung bekannt ist. Praktische Beispiele ergeben sich beim Übergang zwischen Schlag (forstliche Betrachtung, ha-Maßstab) und Region (mehrere km^2, z. B. Satellitenbild) etwa in großen forstlichen Plantagen oder beim Übergang zwischen Acker (landwirtschaftliche Betrachtung) und m^2-Maßstab (z. B. für Bodenanalysen).

---

[1]Die Bezeichnungen „groß" und „klein" im Rahmen von Maßstabserörterungen beziehen sich im folgenden immer auf den „extent" der Untersuchung im Sinne von Allen & Hoekstra (1991), d. h. sie entsprechen nicht der üblichen geographischen Terminologie.

Setzt sich die betrachtete Fläche hinsichtlich des betrachteten Merkmals aus unterschiedlichen Teilflächen zusammen, deren jeweilige Anteile (bei gegenseitiger Beeinflussung auch die explizite Lage) bekannt sind, entspricht dies dem Ideal der designten Fläche. Da nach einem Maßstabsübergang von der unteren zur höheren Ebene diese Information nicht mehr verfügbar ist, ist der Skalenübergang nur vom Kleinen zum Großen erlaubt. Ein durch ein Satellitenbild definiertes Gebiet kann deutlich in Agrar- und Waldteile untergliedert werden, die (bei sonst homogenen Bedingungen wie z. B. Bodenbedingungen) hinsichtlich des Wasserhaushaltes als homogene Einheiten betrachtet werden können (Einzugsgebiet). Aus dem abgeleiteten Wert für den Zufluß zum Grundwasserleiter kann aber nicht auf die Versickerungsrate unter einer beliebigen Teilfläche rückgeschlossen werden, wenn nicht bekannt ist, ob diese Teilfläche agrar- oder forstwirtschaftlich genutzt wird.

Wenn sich die betrachtete Fläche hinsichtlich des relevanten Merkmals aus unterschiedlichen Teilflächen zusammensetzt, deren jeweilige Anteile und Lage nicht bekannt sind, ist keine Gewichtung möglich, die es gestattet, den größeren Maßstab repräsentativ auszustatten. Dies hat zur Folge, daß überhaupt kein Skalenübergang erlaubt ist. Ergibt z. B. die Analyse von Wurzelprofilen innerhalb eines Bestandes stark streuende Ergebnisse, ohne daß eine Ursache hierfür ausgemacht wird, ist der Schluß auf die Gesamtfläche nicht möglich, da die Repräsentativität der Messungen nicht beurteilt werden kann.

In der Praxis erweisen sich die durch die Meßtechnik einerseits und die Fragestellung andererseits erforderlichen Skalenübergänge häufig als verboten. Man versucht daher Skalenübergänge durch die Wahl der Technik oder der Fragestellung zu vermeiden oder zusätzliche Informationen zu gewinnen, die eine Gewichtung des betrachteten Merkmals ermöglichen. Die dafür grundsätzlich zur Verfügung stehenden Möglichkeiten sollen im folgenden betrachtet werden.

2.2.2 Möglichkeiten der Informationsbeschaffung innerhalb einer Maßstabsebene

Die Informationsbeschaffung innerhalb einer Maßstabsebene ist abhängig von der Fragestellung, der verfügbaren Vorinformation und der (oft unbekannten) Beschaffenheit des Untersuchungsgegenstandes. Die verschiedenen Möglichkeiten können in drei Klassen unterteilt werden:

Erstens ist es prinzipiell möglich, Informationen über ein Merkmal auf einer bestimmten räumlichen Maßstabsebene dadurch zu gewinnen, daß direkt Messungen dieses Merkmals auf derselben Maßstabsebene durchgeführt werden. Hierbei werden Fehler vermieden, die durch indirekte Erhebungen oder Maßstabsübergänge verursacht werden können. Allerdings werden keine Informationen über die Zusammensetzung des Merkmals auf niedrigeren Maßstabsebenen gewonnen. Die Limitierungen dieser Methodik ergeben sich vor allen Dingen aus der Gerätetechnik. Hierher gehört die Messung physikalischer (Porenvolumen), chemischer (pH-Wert) oder biologischer (Anzahl Individuen) Parameter auf sehr kleinen absoluten Skalen (mm bis m), oder auch die Ermittlung von Flächenverteilungen aus Satelliten- oder Luftbildaufnahmen. Da dieses Vorgehen aus technischen bzw. Kostengründen für größere Skalenbereiche meist nicht praktikabel ist, auf der anderen Seite aber viele relevante Fragestellungen gerade in diesen größeren Skalenbereichen ablaufen (s. o., Skalenraumdefinition in Erhard et al. 1997) ist es notwendig, Informationen indirekt zu gewinnen.

Hierzu können zweitens die gewünschten Informationen auf einer kleineren Maßstabsebene flächendeckend oder nicht flächendeckend erhoben werden. Flächendeckend bedeutet dabei, daß die untersuchten Einheiten in sich (für die Fragestellung) als homogen angesehen werden können. Im Fall, daß eine flächendekkende Erhebung nicht möglich ist, müssen zusätzliche Informationen über Verteilung und Struktur, möglicherweise kausale Zusammenhänge zu anderen, flächenmäßig bekannten Informationen gewonnen werden. Diese Methodik ermöglicht es zwar, Fragestellungen auf höheren Maßstabsebenen mit konventionellen, nicht dafür entwickelten Techniken zu bearbeiten, ihr praktischer Einsatz wird aber zumeist durch begrenzte Ressourcen an Arbeitskraft und Zeit limitiert. An als homogen angesehenen Waldstandorten wird in der Regel von einem oder wenigen Bodenprofilen auf den vorherrschenden Bodentyp oder die Wurzelverteilung geschlossen. Vegetationsaufnahmen, die an repräsentativen Teilflächen aufgenommen werden, werden anschließend mit Hilfe vorhandenen Wissens über Standortfaktoren (Klima, Boden, im Wald auch Baumartenzusammensetzung) auf größere Gebiete extrapoliert.

Ein dritter Fall kann dann gegeben sein, wenn auf Grund der technischen Gegebenheiten ein anderes Merkmal auf der interessierenden Maßstabsebene erhoben wird, um damit auf die Eigenschaften des eigentlichen Untersuchungsobjektes zu schließen. Dies ist allerdings nur möglich, wenn sich eine entsprechend enge Beziehung zwischen gemessenem und interessierende(m/n) Merkmal(en) herstellen läßt. Zum Beispiel lassen Satellitenmessungen von Oberflächentemperaturen auf Evapotranspirationswerte größerer Gebiete schließen.

In der Praxis ist häufig eine Kombination der drei Fälle zu beobachten, die versucht, die Möglichkeiten, die sich aus der Kombination von verfügbarer Gerätetechnik, möglichem Meßaufwand und vorhandenem Wissen ergeben, optimal zu nutzen. So erfolgt die Messung eines Merkmals oft auf einer gegenüber der Fragestellung untergeordneten Maßstabsebene, anschließend wird von der Messung auf ein anderes, eigentlich interessierendes Merkmal geschlossen. In einem dritten Schritt wird dann mit Hilfe von weiteren (räumlichen) Informationen auf die eigentliche Interessenebene extrapoliert. So werden an wenigen Bäumen eines Bestandes Transpirationsmessungen durchgeführt. Mit Hilfe eines Wasserhaushaltsmodells (physiologisches und physikalisches Wissen) wird dann aus den (bekannten) Witterungs- und Bodendaten einerseits und der Kalibrierung mit Hilfe der Transpirationsmessungen andererseits die versickerte Wassermenge eindimensional abgeschätzt und mit Hilfe von Informationen über die Bestandesdichte und Flächenausdehnung für eine größere bewaldete Fläche extrapoliert.

3 Konkrete Generalisierungsinstrumente

3.1 Praktische Ansätze

In der Praxis von Naturschutz und Landschaftsplanung tritt uns das Generalisierungsproblem anders entgegen als in der Theorie oder auch der ökologischen Grundlagenforschung. Es wird generalisiert, weil generalisiert werden muß (z. B. Durka et al. 1997 für die BFL), um zu entscheidungsrelevanter Information zu gelangen. Der Ökologe könnte das Verfahren an einer bestimmten Stelle abbrechen oder aber warten, bis mehr Information erhoben worden ist. Der in Vollzugs- und Entscheidungszwänge eingespannte Planer kann dies nicht. Die Generalisierung tritt dabei nicht allein unter dem Aspekt der „Zielfunktionen“ auf, vielmehr werden zunächst Flächen bzw. Räume mit bestimmten Attributen versehen, die auf wertfreien ökologischen Analysen beruhen. Der weniger erfahrene Planer wird dabei im Falle der BFL eher auf Geotope (Hydrotope, Physiotope) abstellen, weil es vermeintlich keine biotischen Schutzgüter gibt, anhand derer der Raum klassifiziert werden kann. Demgegenüber wird der Insider auch in der BFL Biotoptypen als flächendeckende Grundinformation anstreben, bei zusätzlich vorliegender Information könnte der an der Planung beteiligte Naturschutzfachmann es auch auf optimale Habitate abgesehen haben. Eine Übersicht mit einigen ausgeführten Beispielen ist in Tabelle 14.2 dargestellt.

Tabelle 14.2 Vergleich von praxisrelevanten Generalisierungsansätzen.

Geotop	Biotop	Optimaler Habitat
Ebene, trockene, sandige, nährstoffarme Kippenfläche	Rohboden, offene Flächen mit Moos, Kurzgrasrasen, Hochgrasflur, Zwergstrauchheiden, Ansaaten und fehlgeschlagene Forsten z. T.	Spinnen, Artdiversität: Biotopkomplex aus offenen Flächen mit Moos, Kurzgrasrasen und Hochgrasrasen von mindestens 100 m^2
Flachwasserzone eines sauren Restsees	Vegetationslose Flachwasserzone Juncus-bulbosus-Flur Röhricht/feuchte Grasflur	Leitart Wechselkröte, Laichgewässer: Nicht zu saure Flachwasserbereiche ohne Fische
...		
Grundmeliorierter Randbereich eines Tagebaugebietes	Ansaatfläche, Aufforstung, ruderale Säume mit und ohne Dominanz von Calamagrostis	Heuschrecken Rote-Liste-Arten (Zielarten Kleine Goldschrecke und Heidegrashüpfer): Auflichtung der Aufforstung und Förderung von Calluna

Der beispielhafte Vergleich zeigt, daß bei den unterschiedlichen Generalisierungsansätzen unterschiedlicher Informationsbedarf entsteht, bzw. wie die Information verdichtet werden muß. Geotopbeschreibungen können sehr gut auf flächendeckend vorliegende Fernerkundungsdaten zurückgreifen. Sie sind erschöpfend klar definiert (als kleinste abgrenzbare homogene Raumeinheiten). Schon bei Biotopbeschreibungen ist die Erhebung ausschließlich über Fernerkundung nur eingeschränkt möglich (vgl. BTUC 1998). Eine ergänzende, verifizierende Geländebegehung ist in den meisten Fällen erforderlich. Fernerkundungsdaten sind für große Gebiete in unterschiedlichen Auflösungen relativ leicht beschaffbar, während für die Biotoptypenermittlung Spezialkenntnisse nötig sind, um die Kartieranweisungen auch umsetzen zu können. Es ergeben sich Probleme, luft- und bodengestützte Kartierung zur Übereinstimmung zu bringen. Hinzu kommt das Problem der Dynamik. Während der Geotop relativ statisch konzipiert ist, sind Biotoptypen aufgrund ihrer Definition über die Vegetationsstruktur relativ dynamisch und können sich mittelfristig ändern. Die Kartierung läßt sich dennoch relativ saisonunabhängig durchführen, da die genaue kleinräumige Vegetationszusammensetzung oft irrelevant für das Kartierergebnis ist.

Der Biotoptypen-Ansatz hat Naturschutz und Landschaftsplanung dazu verholfen, mit generalisierter Information umzugehen und heterogene Datenlagen als solche zu akzeptieren. In der Praxis ist das meist hilfreich: Wo man nichts über das Vorkommen geschützter (und ggf. gefährdeter) Arten weiß, können auch keine Konflikte zwischen Artenschutz und anderen Zielfunktionen benannt werden, die gelöst werden müßten. Je nach Untersuchungsgebiet stellt sich dieses Problem mehr oder weniger kraß dar, aber die Neigung, fehlende Information zu ergänzen und etwa Artenerfassungsprogramme aufzulegen, ist seit Einführung des BNatSchG und der BArtSchV vor mehr als 20 Jahren in vielen Bundesländern (ausgenommen Baden-Württemberg, Bayern und Niedersachsen) eher begrenzt geblieben. Dessen ungeachtet erfährt der Biotoptypen-Ansatz durch § 20c BNatSchG und die entsprechenden Länderregelungen (§ 32 BbgNatSchG, § 26 SächsNatSchG usw.) eine gewichtige Legitimation.

Möglicherweise aus der Erkenntnis heraus, daß in den komplexen ökologischen Systemen für Planungen zu große Unsicherheiten liegen, hat man sich auf den aus der geographischen Tradition stammenden Geotop-Ansatz zurückgezogen (vgl. Haase 1978). Die Unsicherheiten sind dabei nicht geringer geworden, aber billiger ist das Verfahren allemal schon dadurch, daß nicht auf biologische Spezialkenntnisse zurückgegriffen werden muß. Bei einer auf dem Geotop-Ansatz beruhenden Potentialanalyse ist darüber hinaus von vornherein zu erwarten, daß die Eintrittswahrscheinlichkeit für das Ausschöpfen des Potentials bei etwa 0,5 liegt, d. h. das Potential wird ausgeschöpft oder nicht. Ungeachtet der Tatsache, daß der Optimale-Habitate-Ansatz möglicherweise dem Bedürfnis der Vereinnahmung von Naturschutz und Landschaftsplanung durch „die Ökologen“ entstammt (vgl. Schurig 1995, Wiegleb 1997), ist die Senkung der Unsicherheiten legitim. Sie krankt meist nur am erforderlichen Erfassungsaufwand. Außerdem sieht sich der Ansatz mit dem Vorwurf konfrontiert, daß die Ergebnisse „auch schon vorher bekannt“

waren, nämlich immer dann, wenn die Potentialanalyse bestätigt wird. Klar ist, daß die wiederholte Durchführung solcher Analysen zur Akkumulation von Erfahrungswissen führt, das bisher noch nicht für alle Arten(gruppen) regional verifiziert vorliegt.

3.2 Untersuchung verschiedener Auswahlmethoden für Naturschutzvorrangflächen in der BFL unter dem Generalisierungsaspekt

Gegenwärtig stehen mindestens drei grundsätzlich unterschiedliche Generalisierungsansätze für Naturschutzvorrangflächen in der BFL zur Verfügung, die nur bedingt mit den oben beschriebenen korrespondieren (Steffens 1998, Mrzljak & Wiegleb 1999, Durka et al. 1997). Die in Tabelle 14.3 aufgelisteten Methoden (im folgenden „Steffens", „LENAB" bzw. „Durka" genannt) sollen hier vergleichend gegenübergestellt werden.

Alle Methoden arbeiten mit Karten, die auf flächendeckender Information beruhen. Naturgemäß handelt es sich dabei um Informationen zu den Geotop- bzw. Biotoptypen. Der erste Unterschied besteht in der Beschaffung und Verarbeitung weiterführender Information. Während Steffens (1998) auf die Beschaffung verzichtet und ausgehend von den Geotopen eine Potentialanalyse einleitet, kommen Mrzljak & Wiegleb (1999) und Durka et al. (1997) nicht umhin, für (ausgewählte) Gebiete floristische und/oder faunistische Informationen zu beschaffen, die naturgemäß punktförmig erhoben werden müssen. Inwieweit eine Positiv- („LENAB") oder Negativauswahl („Durka") besser in Bezug auf ein optimales Auswahlergebnis ist, sei dahingestellt (Schritt 1). In Schritt 2 (Generalisierung) ergeben sich weitere Unterschiede. Während die Methode „Durka" auf Analogieschluß baut, versucht „LENAB" dies zu vermeiden, indem von vornherein eine homogene empirische Datenbasis geschaffen wird. Besonders weitreichend ist die Generalisierung bei der Methode „Steffens", da diese zweifacher Art ist (vom Geotoptyp zum Biotoptyp in Schritt 2 sowie vom Biotoptyp zum naturschutzfachlichen Wert in Schritt 3) und die eigentlichen Schutzobjekte quasi überspringt. Ein solches Vorgehen ist nur unter der Annahme eines starken standörtlichen Determinismus in der Ökologie erlaubt. Im Prinzip erfolgt in Schritt 3 in allen Fällen die eigentliche Zuordnung der Flächen zu den Schutzzielen, während in Schritt 4 die Auswahl exekutiert wird.

Die Auswahlverfahren könnten kaum unterschiedlicher sein. Während die Methode „Steffens" intuitiv vorgeht und damit auch einen gewissen Schutzmechanismus gegen das überwiegende Vorliegen unscharfer Information einbaut, verfahren die Methoden „LENAB" und „Durka" streng formalisiert, einmal algebraisch und einmal regelbasiert. Für die Auswahl könnte nur dann ein Vorteil bei „Durka" gesehen werden, wenn die zu Beginn der Untersuchung fehlende Information ergänzt worden ist und vollständige bzw. quasi-vollständige Information (vgl. Vorwald 1999) über alle relevanten Parameter vorliegt.

Tabelle 14.3 Methodenvergleich Auswahlmethoden für Naturschutzvorrangflächen Bergbau.

Quelle	Steffens 1998	LENAB 1998	Durka et al. 1997
Datengrundlage	Flächendeckende Karten zu Pedologie, Hydrologie und Relief	Flächendeckende Biotoptypen-/ Satellitenbildkarten aller Gebiete, punktförmige Erfassungen ausgewählter Gruppen	Flächeninformationen (Nutzung, Größe, absehbare Entwicklung usw.), Artenlisten ausgewählter Artengruppen (Leitartengruppen) für potentielle Vorranggebiete (heterogene Datenlage)
Auswertungsschritt 1	Verschneidung der Karten zu kleinsten homogenen Einheiten (Physiotopen)	Auswahl der geeigneten Aggregation von Biotoptypen bzw. Satellitenbildklassifikationen	Ausschluß gemäß definierter Kriterien ungeeigneter Gebiete
Auswertungsschritt 2 (Generalisierung)	Zuordnung von potentiellen Biotoptypen zu Physiotopen (Vorwissen nötig, standörtlicher Determinismus vorausgesetzt)	Zuordnung der Punktdaten zu den Flächendaten, Ermittlung der potentiellen Fauna (empirisch), wechselseitige Kontrolle der Vorhersage	Analogieschluß zur „Homogenisierung" der Datenlage durch intensive Untersuchung von Testgebieten; Ranking aller Flächen
Auswertungsschritt 3 (Zielzuordnung)	Zuordnung von potentiellen naturschutzfachlichen Werten (Prozeßschutz, erwünschte Biotoptypen) zu den potentiellen Biotoptypen	Erstellung von Biotophybriden, Übertragung auf vergleichbare Kombinationen von Biotopen	Zuordnung von Schutzzielen (Biodiversität, Prozeßschutz) zu allen Flächen
Auswahlschritt	Intuitiv, „Prozeßschutzgebiete" eigentlich ohne Umwandlung in Biotoptypen, „Artenschutzgebiete" ohne definiertes Güte-Kriterium	Auswahl der Landschaftsausschnitte, die die gewünschten Biotopkombinationen enthalten, Reihung nach der Artenzahl o. a. Kriterien, Prozeßschutz nur indirekt abbildbar	Iterative Auswahl der Gebiete, die die gewünschte Zielfunktion maximieren, Leitartenkollektiv steht für Gesamtartenzahl, Abbildung aller vorhandenen Standortqualitäten für Prozeßschutz

Das hieße wiederum, den gleichen Aufwand wie „LENAB" zu betreiben und damit den Vorteil aufzugeben. Ungeklärt aus unserer Sicht bleibt außerdem, ob

Nachbarschaftseffekte berücksichtigt werden können und ob eine Exklusivfunktion berücksichtigt ist, d. h. ob die Auswahl eines Gebietes trotz schlechter Plazierung in der Rangfolge zustande kommt, wenn z. B. das exklusive Vorkommen einer Leitart gegeben ist. Die Prämisse der Ergänzung entfällt bei „LENAB", weil von vornherein quasi-vollständige Information erhoben wurde. Auch ein Einfluß der vertauschten Reihenfolge der Verfahrensschritte ist nicht erkennbar, weil zunächst alle möglichen Kombinationen von Biotophybriden erzeugt werden. Danach kann sehr elegant die Auswirkung verschiedener Zielfunktionen verglichen werden. Schließlich ist auch eine Exklusivfunktion implementierbar.

Es kann aufgrund von Erfahrungswerten festgestellt werden, daß sowohl „LENAB" (Mrzljak & Wiegleb 1999) als auch „Durka" (Durka et al. 1997) brauchbare Ergebnisse liefern. Die Methode „Steffens" (1998) wurde in dieser Form noch nicht getestet, auch wurden alle hier betrachteten Methoden nicht vergleichend am selben Objekt angewandt. Der Eingangsaufwand ist bei „LENAB" höher, aber unter dem Argument der Vermeidung von Nachuntersuchungen rechtfertigbar. Ein weiterer Vorteil besteht darin, daß das Verfahren weniger den Charakter eines einmal erstellten Expertensystems hat, sondern jedesmal wieder auf empirische Daten zurückgreifen muß. Das Verfahren geht sehr vorsichtig mit den Möglichkeiten der Generalisierung um, d. h. die Generalisierung erfolgt nicht von vornherein auf größere Flächen bezogen sondern sie wird erst mit der Erzeugung der Biotophybride möglich, die selbst stärker flächenwirksam sind. Die Versuchung, „Durka" in der Verwaltungspraxis anzuwenden, dürfte dennoch relativ groß sein, denn die Kostenersparnis am Anfang wird dazu führen, daß auch als notwendig erkannte Nachuntersuchungen unterbleiben werden, da ein unter Berücksichtigung der vorhandenen Information konsistentes Ergebnis immer vorgelegt werden kann. Die dort eingebundenen Analogieschlüsse sind sehr weitreichend und täuschen möglicherweise über vorhandene Informationslücken über größere Flächen hinweg.

4 Schlußfolgerungen

Es stellt sich die Frage, welche Regeln sich aus den theoretischen Grundlagen und den beschriebenen praktischen Ansätzen für die Praxis künftiger Verfahren ableiten lassen. Wie die Analyse gezeigt hat, gibt es bei der Lösung praktischer ökologischer Probleme offenbar immer Beziehungen zwischen der Objektseite (d. h. der Art der „Heterogenität" bzw. „Komplexität") und der Beobachterseite (d. h. der Strategie des Informationsgewinns). Diese Beziehungen sind aber nicht eindeutig. In der Praxis weicht man in heterogenen Fällen in verschiedene Richtungen aus, je nach zur Verfügung stehender Mittel und Arbeitskräftebasis sowie der bei den Bearbeitern und Planungsträgern vorhandenen Opportunität. Meist verbleibt ein Mangel an Probenahmen und Daten, d. h. an relevanter Information. Dessen ungeachtet bzw. gerade deshalb betreiben Wissenschaftler Generalisierungen aller Art, oft sogar so etwas wie „mehrfache Generalisierungen". Dies geschieht z. B. in der bodenkundlichen Bewertung von Produktionsflächen, wie am Beispiel der forstlichen Standortkunde deutlich wird. Hier schließt man mittels eines Indikatorsystems von der Bodenvegetation (Typ) auf den Boden (Typ) vom Bodentyp auf das waldbauliche Potential und verallgemeinert weiter bis zu Aussagen auf überregionaler Ebene. Ein ganz ähnliches Vorgehen liegt der Methode „Steffens" zugrunde.

Mit der Durchführung von Generalisierungen eng verknüpft ist die Frage nach der Repräsentativität von Messungen. Bezüglich des räumlichen Aspektes läßt sich das Problem zwar weitgehend durch Voruntersuchungen zur Flächenrepräsentativität der Probenahmepunkte umgehen (z. B. BTUC Innovationskolleg 1995), wird aber in der Praxis bei der Projektvergabe und -durchführung oft vernachlässigt. Von den oben genannten Methoden ist insbesondere die Methode LENAB anfällig gegen mangelnde Repräsentativität, da von repräsentativen Punkten auf Biotoptypen geschlossen wird. Die Methode „Steffens" umgeht das Problem dadurch, daß das eigentliche Schutzgut von Interesse nicht beprobt wird, die Methode „Durka" dadurch, daß die vorhandene Information der „vollständigen" Information gleichgesetzt wird.

Aus dem Vergleich der Generalisierungsansätze kann geschlußfolgert werden, daß die Fragestellung über die Wahl der Methode entscheiden sollte. Das ist eigentlich trivial, solange man sich über Wissenschaft unterhält. Planern und Naturschützern ist dies nicht immer gegenwärtig. Die Methode „Steffens" ist vorzuziehen, wenn in einem völlig unbekannten Gebiet in kürzester Zeit irgendwelche Ausweisungen zu Naturschutzzwecken erfolgen sollten, wobei es auf die exakte Abgrenzung ggf. nicht so ankommt, hinterher aber Korrekturmöglichkeiten bestehen. Der räumliche Maßstab spielt dabei keine so große Rolle. Diesem könnte durch unterschiedlich feine Definition der kleinsten homogen Einheit (Geotop) Rechnung getragen werden. Die Methode „LENAB" bietet sich an in gut untersuchten Gebieten, wo sowohl ausreichend Information über Biotoptypen als auch über Artengruppen vorhanden ist oder in vertretbarer Zeit erhoben werden kann. Insbesondere für die naturschutzfachliche Optimierung überschaubarer Gebiete (bis 200 ha) ist die Methode ideal. Die Methode „Durka" ist vom Ansatz her größerskalig angelegt und kann im Prinzip sogar landesweit angewendet werden (Faith & Walker 1996). Sofern über eine als repräsentativ und aussagekräftig anerkannte Gruppe von Naturschutzobjekten quasi-vollständige Information vorliegt, ergibt sich ein Ergebnis, daß a priori als akzeptabel angesehen werden kann. Insgesamt sind die Unsicherheiten, denen die mit Hilfe der verwendeten Methoden gemachten Aussagen unterliegen, explizit zu benennen. Alles andere ist „Zauberei", d. h. die Planung fällt wie ein Kartenhaus in sich zusammen, wenn die Grundlagen durch den Erkenntnisfortschritt (Zusatzinformation) oder eine Neubesetzung des an der Planung beteiligten Gremiums erschüttert werden. Neben der Diskussion der Unsicherheiten sind auch die Folgen von Maßstabsübergängen zu diskutieren. Es muß explizit darauf verwiesen werden, was aus den Grundlagen im Falle der Bezugnahme untergeordneter Planungen (z. B. Ableitung von Zielen des Landschaftsplans aus dem Landschaftsrahmenplan) oder im Falle der Übernahme in übergeordnete Planungen (z. B. bei Generierung des Regionalplanes unter Bezugnahme auf mehrere Landschaftsrahmenpläne) wird. Für die Maßstabsübergänge ist außerdem immer die Unterscheidung zwischen „Punkten" und „Flächen" von Bedeutung, die jeweils durch ihre „Homogenität" und „Komplexität" charakterisiert werden können.

Danksagung

Die Ergebnisse basieren teilweise auf Überlegungen zum Probenahmedesign und auf konzeptioneller Abstimmung der Teilprojekte im Rahmen des BTUC Innovationskollegs „Ökologische Entwicklungspotentiale der Bergbaufolgelandschaften im Lausitzer Braunkohlerevier", gefördert von der DFG (Fkz INK 4/A1). Wir danken E. Weber (Cottbus), R. Grote (München) und M. Erhard (Potsdam) für die theoretischen Diskussionen zum Generalisierungsproblem. Weitere Überlegungen entstammen dem Verbundvorhaben LENAB (Fkz 0339648), gefördert vom BMBF und der LMBV mbH. Wir danken insbesondere B. Felinks (Leipzig), J. Mrzljak (Cottbus) und M. Pilarski (Potsdam) für wertvolle Anregungen. U. Bröring (Cottbus) übernahm das Korrekturlesen und gab wertvolle Anregungen.

Literatur

Allen, T.F.H. & Hoekstra, T.W. 1991. Role of heterogeneity in scaling of ecological systems under analysis. In J. Kolasa & S.T.A. Pickett (Hrsg.) Ecological Heterogeneity. Ecological Studies 86, New York: 47-68.

Allen, T.F.H. & Hoekstra, T.W. 1992. Toward a Unified Ecology. Columbia Univ. Press, Columbia.

Allen, T.F.H., O'Neill, R.V. & Hoekstra, T.W. 1984. Interlevel relations in ecological research and management: some working principles from hierarchy theory. USDA, Forest Service, General Technical Report RM-110: 11 S.

Beckner, M. 1974. Reduction, hierarchies and organisms. In F.J. Ayala & T. Dobzhansky (Hrsg.) Studies in the Philosophy of Biology Reduction and Related Problems. Berkeley University Press, Berkeley: 163-177.

BTU Cottbus 1998. Verbundvorhaben Niederlausitzer Bergbaufolgelandschaft: Erarbeitung von Leitbildern und Handlungskonzepten für die verantwortliche Gestaltung und nachhaltige Entwicklung. Gesamtbericht im Abschlußbericht zum BMBF-/ LMBV-Verbundprojekt (Fkz. 0339648). Polykopie, Cottbus, 93 S.

BTUC Innovationskolleg 1995. Bericht zum Teilprojekt Flächenauswahl. Polykopie, Cottbus: 67 S.

Cariani, P. 1992. Emergence and artificial life. In C.G. Langton, C. Taylor, J.D. Farmer & S. Rasmussen (Hrsg.) Artifical Life II. Santa Fe Studies in the Science of Complexity, Proc Vol 10, Redwood City: 775-797.

Dröschmeister, R. 1995. Ausgewählte Ansätze für den Aufbau von Monitoringprogrammen im Naturschutz - Möglichkeiten und Grenzen. Symposium Praktische Anwendungen des Biotopmonitoring in der Landschaftsökologie, Bochum: 78-89.

Durka, W., Altmoos, M. & Henle, K. 1997. Naturschutz in Bergbaufolgelandschaften des Südraumes Leipzig unter besonderer Berücksichtigung spontaner Sukzession. UFZ-Bericht 22, Leipzig: 209 S.

Ellner, S. & Turchin, P. 1995. Chaos in a noisy world: new methods and evidence from time-series analysis. Am. Nat. 145: 343-375.

Emmeche, C, Köpp, S. & Stjernfelt, F. 1994. Emergence and the ontology of levels: Search of the unexplainable. Arbejdspapier 11 Afdeling for literaturvidenskab. Dept of Comparative Literature, University of Copenhagen.

Erhard, M., Grote, R., Weber, E. & Wiegleb, G. 1997. Vom Punkt zur Fläche: Theoretische und praktische Probleme bei der räumlichen Integration ökologischer Daten. Aktuelle Reihe BTU Cottbus 4/97: 65-85.

Faber, M., Manstetten, R. & Proops, J. 1992. Toward an open future: Ignorance, novelty, and evolution. In R. Costanza, B.B. Norton & B.D. Haskell (Hrsg.) Ecosystem Health - New Goals for Environmental Management. Island Press, Washington DC: 72- 96.

Faith, D.P. & Walker, P.A. 1996. How do indicator groups provide information about the relative biodiversity of different sets of areas?: on hotspots, complementarity and pattern-based approaches. Biodiversity Letters 3: 18-25.

Flach, W. 1994. Grundzüge der Erkenntnislehre. Königshausen & Neumann, Würzburg.

Goodchild, M.F. 1994. Integrating GIS and remote sensing for vegetation analysis and modelling: methodological issues. J. Veget. Sci. 5: 615-626.

Grossmann, A. 1987. Die dynamische Ebene und Methoden der Aggregation und Disaggregation von Modellen. In W. Haber (Hrsg.) Ökosystemforschung Berchtesgaden - Methodenentwicklung für Ökosystemforschung als Basis für die Synthesephase im MA-Projekt 6. Polykopie.

Haase, G. 1978. Zur Ableitung und Kennzeichnung von Naturraumpotentialen. Petermanns Geograph. Mitt. 122(2): 113-125.

Hempel, C.G. 1977. Aspekte wissenschaftlicher Erklärung. De Gruyter, Berlin.

Hesse, H. 1997. Erklären und Verstehen in der Ökologie. Aktuelle Reihe BTU Cottbus 4/97: 9-30.

Jax, K. & Zauke, G.P. 1991. Maßstäbe in der Ökologie - ein vernachlässigter Konzeptbereich. Verh. Ges. Ökol. 21: 23-30.

Jax, K., Potthast, T. & Wiegleb, G. 1996. Skalierung und Prognoseunsicherheit bei ökologischen Systemen. Verh. Ges. Ökol. 26: 527-535.

Jones, C.G. & Lawton, J.H. (Hrsg.) 1995. Linking Species and Ecosystems. Chapman, Hall, New York.

Kolasa, J. & Pickett, S.T.A. 1989. Ecological systems and the concept of biological organisation. Proc. Natl. Acad. Sci. 86: 8837-8841.

Kolasa, J. & Rollo, C.D. 1991. Introduction: The heterogeneity of heterogeneity: a glossary. In J. Kolasa & S.T.A. Pickett (Hrsg.) Ecological Heterogeneity. Springer, New York: 1-23.

Kuhnt, G. 1997. Regionale Repräsentanz. Beiträge zur raumorientierten Meßtheorie. Habilschrift. Weber, Kiel.

Legendre, P. 1993. Spatial autocorrelation: trouble or new paradigm. Ecology 74: 1659-1673.

Levin, S.A. 1992. The problem of pattern and scale. Ecology 73: 1943-1967.

Mrzljak, J. & Wiegleb, G. 1999. Optimierungsverfahren für Landschaft: „Biotophybride". In U. Bröring, F. Schulz & G. Wiegleb (Hrsg.) Naturschutzfachliche Bewertung im Rahmen der Leitbildmethode. Physica, Heidelberg: 179-191.

Müller, F. 1992. Hierarchical approaches to ecosystem theory. Ecological Modelling 63: 215-242.

O'Neill, R., DeAngelis, D.L., Waide, J.B. & Allen T.F.H. 1986. A Hierarchical Concept of Ecosystems. Princeton University Press, Princeton.

Palmer, M.W. 1988. Fractal geometry: a tool for describing spatial patterns of plant communities. Vegetatio 75: 91-100.

Primas, H. 1991. Reductionism: palaver without precedence. In E. Agazzi (Hrsg.) The Problem of Reductionism in Science, Episteme 18. Kluwer, Dordrecht: 161-172.

Sattler, R. 1986. Biophilosophy: Analytic and Holistic Perspectives. Springer, Berlin.

Schurig, V. 1995. Ignorabimus. Das Nicht-Wissen als höchste Wissensform am Beispiel des Naturschutzes. Ethik u. Sozialwissenschaften 6.

Stark, J.M. 1994. Causes of soil nutrient heterogeneity at different scales. In M. Caldwell, & R.W. Pearcy (Hrsg.) Exploitation of Environmental Heterogeneity by Plants. Academic Press, New York: 255-284.

Steffens, R. 1998. Bewertungsverfahren und Bewertungsprobleme für Vorrangflächen des Naturschutzes. Tagungsunterlagen Workshop Implementation naturschutzfachlicher Bewertungsverfahren in Verwaltungshandeln. Burg in Spreewald, November 1998.

Turner, M.G. 1989. Landscape ecology: the effect of pattern on process. Annu. Rev. Ecol. Syst. 30: 171-197.

Vorwald, J. 1999. Unvollständige Information im Planungsprozeß. In G. Wiegleb & U. Bröring (Hrsg.) Implementation naturschutzfachlicher Bewertungsverfahren in Verwaltungshandeln. Aktuelle Reihe BTU Cottbus, in Druck.

White, J.D. & Running, S.W. 1994. Testing scale dependent assumptions in regional ecosystem simulations. J. Veget. Sci. 5: 687-702.

Wiegleb, G. & Bröring, U. 1996. The position of epistemological emergentism in Ecology. In B. Albers, S. Dittmann, I. Krönicke & G. Liebezeit (Hrsg.) The Concept of Ecosystems. Senckenbergiana Maritima 27(3/6): 179-193.

Wiegleb, G. 1991. Explorative Datenanalyse und räumliche Skalierung - eine kritische Evaluation. Verh. Ges. Ökol. 21: 327-338.

Wiegleb, G. 1996. Konzepte der Hierarchietheorie in der Ökologie. In K. Mathes, B. Breckling & K. Eckschmitt (Hrsg.) Systemtheorie in der Ökologie. Ecomed, Landsberg: 7-24.

Wiegleb, G. 1997. Leitbildmethode und naturschutzfachliche Bewertung. Z. Ökolologie u. Naturschutz 6: 43-62.

Wiens, J.A. 1989. Spatial scaling in ecology. Funct. Ecol. 3: 385-397.

Wiens, J.A. 1995. Landscape mosaics and ecological theory. In L. Hansson, L. Fahrig & G. Merriam (Hrsg.) Mosaic Landscapes and Ecological Processes. Chapman & Hall, London: 1-26.

Woodmansee, R.G. 1990. Biogeochemical cycles and ecological hierarchies. In I.S. Zonneveld & R.T.T. Forman (Hrsg.) Changing Landscapes: An Ecological Perspective. Springer, New York.

15 Generalisierung vegetationskundlicher und zoologischer Daten „vom Punkt in die Fläche“ – empirische Aspekte

Birgit Felinks[1], Jadranka Mrzljak[2] & Monika Pilarski[3]

[1] Brandenburgische Technische Universität Cottbus, LS Allgemeine Ökologie, Postfach 101344, D-03013 Cottbus, aktuelle Adresse: UFZ-Umweltforschungszentrum Leipzig-Halle GmbH, PB Naturnahe Landschaften und ländliche Räume, PF 2, D-04301 Leipzig, e-mail: felinks@pro-ufz.de

[2] Brandenburgische Technische Universität Cottbus, LS Allgemeine Ökologie, Postfach 101344, D-03013 Cottbus, e-mail: mrzljak@tu-cottbus.de

[3] Fernerkundungszentrum Potsdam, Berliner Str. 50, D-14467 Potsdam, e-mail: M.Pilarski@FEZ-Potsdam.de

Zusammenfassung. An Beispielen von Datensätzen aus der Bergbaufolgelandschaft (BFL) werden Methoden der Generalisierung für vegetationskundliche und zoologische Datensätze vorgestellt, deren Ergebnisse durch Validierungsdaten überprüft wurden. Als Basis dienen u. a. mittels fernerkundlicher Methoden erstellte digitale Karten und GIS. Unter vegetationskundlichem Aspekt zeigt sich bei Übergang von einer höheren auf eine niedrigere Beobachtungssebene ein Anstieg im Informationsgehalt. Als Werkzeug der vegetationskundlichen Generalisierung ist die Anwendung der CASI Methode in Kombination mit der kleinräumigen vegetationskundlichen Erfassung erfolgversprechend und effektiv. Der Einsatz von LANDSAT-TM-Daten ist bei größeren, zusammenhängenden und in der Vegetationsstruktur homogenen Bereichen sinnvoll. Die Biotoptypenkartierung eignet sich nur eingeschränkt zur räumlichen Generalisierung. Zoologische Daten und Satellitendaten können erfolgreich zur flächendeckenden artgenauen Generalisierung verschnitten werden. Als Methodik der artenzahlspezifischen Generalisierung wird das Biotophybrid-Verfahren diskutiert. Die vorgestellten Methoden sind als Module eines umfassenderen landschaftsökologischen Modells zu denken, das mit Hinzunahme und Verschneidung weiterer Parameter der Landschaft weitergehende Analysen und Entwicklungsprognosen von Artverbreitung und Artendiversität ermöglicht.

Schlüsselwörter. Beobachtungsebene, Fernerkundung, Generalisierung, GIS, Landschaftsökologie, Vegetationserfassung, zoologische Erfassung.

1 Einleitung

Ein Anspruch des LENAB-Projektes war es, Ergebnisse, die von verschiedenen Fachdisziplinen an einzelnen untersuchten Probepunkten mit unterschiedlichen Methoden und auf unterschiedlichen räumlichen und zeitlichen Ebenen gewonnen wurden, miteinander zu verschneiden und in einen landschaftsökologischen Zusammenhang zu stellen. Generalisierungen sollen dabei verschiedene Aufgaben erfüllen. Sie sollen dazu beitragen, aus wissenschaftlicher Perspektive eine Landschaftsanalyse der terrestischen Offenlandbereiche in der Niederlausitzer BFL sowohl auf der Ebene der raumordnerischen als auch der landschaftlichen Leitbilder (Blumrich et al. 1998) zu leisten. Im Vordergrund steht bei der grobskaligen Betrachtungsweise die Verteilung und Anordnung der verschiedenen Landnutzungsformen. Auf einer feineren Skala lassen sich mittels einer Zusammenführung von Vegetations- und Nutzungsklassen sowie Vegetationsstrukturen flächenkonkret Aussagen zur Ausbildung und Ausdehnung von Vegetationsmustern herleiten. Ein Vergleich verschiedener Flächen kann in einem multitemporalen Ansatz dazu beitragen, der kleinräumigen Vegetationsdynamik in der BFL auf die Spur zu kommen. Andererseits muß eine Generalisierung im Rahmen der Sanierungs- und Landschaftsplanung sowie des Naturschutzes den Kriterien der Praxis genügen, d. h. auf der Basis von zugänglichem Kartenmaterial eine Erfassung großräumiger Landschaftsausschnitte ermöglichen, um weitergehende Handlungskonzepte und Pflegemaßnahmen abzuleiten.

Während in der Laborpraxis mit kontrollierbaren und standardisierten Bedingungen Generalisierungen erfolgreich angewendet werden können, entziehen sich die feldökologisch gewonnenen Ergebnisse meist einer strikt kausalen Operationalisierung. Dies ist u. a. darauf zurückzuführen, daß in diesen offenen Systemen immer wieder nicht vorhersagbare und unerwartete Wechselwirkungen auftreten (Breckling et al. 1997). Bei jeglicher Form der Generalisierung kommt es demzufolge darauf an, Methodiken zu entwickeln und anzuwenden, die diese Störungen als integralen Bestandteil des untersuchten Landschaftsausschnittes mit erfassen und nicht als eine Ausnahme von der Regel interpretieren. Desweiteren müssen diese Methodiken darauf hin überprüft werden, inwiefern Übergänge zwischen verschiedenen Beobachtungsebenen erlaubt sind und somit im Rahmen von Generalisierungsbemühungen überhaupt eingesetzt werden können.

Im Rahmen der vorliegenden Arbeit sollen ausschließlich Aspekte der räumlichen Generalisierung erörtert werden. Dazu ist es notwendig, sich in einem ersten Schritt mit der Frage zu beschäftigen, wie räumliche Muster sowie ihr Wirkungsgefüge ausgehend von den einzelnen Probepunkten über verschiedene räumliche Ebenen hinweg miteinander verknüpft sind (Mathes 1997). In einem zweiten Schritt werden anhand von den im Verlauf des LENAB-Projektes erhobenen Punkt- und Flächendaten verschiedene Generalisierungsansätze sowohl für vegetationskundliche als auch zoologische Daten vorgestellt. Im Vordergrund stehen hierbei die Fragen: Welche räumlichen Muster können mit welcher Methodik erkannt und beschrieben werden? Was sind die Gründe für Vergleichbarkeit bzw.

Unterschiede? Wie wirken sich die jeweiligen Klassifikationsergebnisse auf den Prozeß der räumlichen Generalisierung aus? Abschließend werden in einer Übersicht die jeweiligen Vor- und Nachteile im Hinblick auf Generalisierungen in den Offenlandschaften der Niederlausitzer Bergbaufolgelandschaft zusammengefaßt.

2 Theoretische Grundlagen der Generalisierung

Die Festlegung der jeweiligen Beobachtungsebenen einschließlich ihrer möglichen Übergänge stellt eine wesentliche Voraussetzung für eine räumliche Generalisierung dar. In diesem Zusammenhang eröffnet die Hierarchie-Theorie (z. B. Allen & Hoekstra 1992, Wiegleb 1996, Breckling et al. 1997) die Möglichkeit, verschiedene Ebenen als Untersuchungsgegenstand in Betracht zu ziehen. Dazu zählt zunächst die Fokalebene, auf der das System von Interesse angesiedelt ist und durch die Fragestellung vorgegeben wird. Die darüber liegende Ebene ist kein undifferenzierter Hintergrund, sondern setzt vielmehr die Constraints, die sich unmittelbar auf die darunterliegenden Ebenen auswirken. Im Rahmen der Bergbaufolgelandschaft können als Constraints z. B. klimatische Faktoren, Fragmentierung von Lebensräumen oder die durch den aktiven bzw. passiven Bergbau vorgegebenen Rahmenbedingungen fungieren. Ebenso ist die Ebene unterhalb der Fokalebene durch eine eigene Spontaneität charakterisiert und trägt somit zu einer Strukturierung der höheren Ebenen bei. Im allgemeinen sind diese strukturell miteinander verbundenen Ebenen auch durch verschiedene Zeitskalen ausgewiesen. So ist mit Vergrößerung der räumlichen Beobachtungsebene auch zumeist die Notwendigkeit verbunden, größere Zeiträume in Betracht zu ziehen.

Nach Erhard et al. (1997) sind Beobachtungsebenen durch beobachterdefinierte Forschungsinteressen und Fragestellungen ausgewiesen, Maßstabsebenen hingegen beziehen sich auf die von einem System „selbst definierten" Grenzen. Allerdings wird z. B. in der Geographie der Begriff Maßstab bei der Erstellung von Karten verwendet und ist dann ebenfalls als eine vom Beobachter vorgegebene Einheit anzusehen. In der vorliegenden Arbeit beziehen sich alle Ausführungen ausschließlich auf Beobachtungsebenen bzw. ihre jeweiligen Übergänge. Ist von Maßstab die Rede, handelt es sich um eine Darstellung der Ergebnisse in Kartenform. Punktdaten zeichnen sich per definitionem durch Homogenität und die Möglichkeit einer genauen Lagezuordnung aus, sie besitzen demzufolge keine räumliche Ausdehnung. Im Rahmen des LENAB-Projektes ergeben sich die jeweiligen Punktdaten aus der entsprechenden Probenahmetechnik. Ihnen wird eine interne Homogenität zuerkannt, so daß es möglich ist, sie in Beziehung zu anderen „Punkten" zu setzen. Flächendaten hingegen sind dadurch charakterisiert, daß sie Raumauschnitte mittels statistisch ermittelter Größen (z. B. Mittelwertberechnung) einem spezifischen Typ zuordnen. Rückschlüsse auf den Komplexitätsgrad der einzelnen Fläche sind in diesem Fall nicht mehr möglich (vgl. Erhard et al. 1997).

Tabelle 15.1 Probeflächennummer, Lage, Vegetationstyp, Landbedeckungsklasse nach LANDSAT-TM-Daten und aggregierte Biotopklassen nach Felinks/Schulz (BTUC 1998).

Probe-fläche	Tagebau	Vegetation	LB-Klasse	Biotop-klasse
112	Schlabendorf-Nord	Zwergstrauchheide	12	I
122	Schlabendorf-Nord	krautreicher Hochgrasbestand	15	O
131	Schlabendorf-Nord	vegetationsfreie Fläche	11	R
132	Schlabendorf-Nord	krautreicher Sandtrockenrasen	9	H
133	Schlabendorf-Nord	Calamagrostis-Dominanzbestand	21	G
134	Schlabendorf-Nord	moosreicher Sandtrockenrasen	10	F
211	Schlabendorf-Süd	Calamagrostis-Dominanzbestand	14	G
221	Schlabendorf-Süd	Calamagrostis-Dominanzbestand	9	G
222	Schlabendorf-Süd	moosreiche Silbergrasflur	9	F
223	Schlabendorf-Süd	Kiefernaufforstung	9	M
224	Schlabendorf-Süd	Getreide-Klee-Ansaat	9	O
225	Schlabendorf-Süd	vegetationsfreie Fläche	11	R
231	Schlabendorf-Süd	Silbergrasflur	8	F
311	Koyne	Schüttrippen mit Vegetationsinseln	6	H
316	Koyne	lückige Calamagrostis-Flur	8	G
324	Grünewalde	Einsaatrasen	8	G
325	Grünewalde	moosreiche Fläche mit Pfeifengras	11	I
411	Plessa	lückige Silbergrasflur	8	R
412	Plessa	Sandtrockenrasen	8	H
413	Plessa	Calamagrostis-Dominanzbestand	8	G
425	Plessa	vegetationsfreie Fläche	23	R
426	Plessa	vegetationsfreie Fläche	23	R

3 Generalisierung landschaftsökologischer Primärdaten

Die verschiedenen Ansätze einer räumlichen Generalisierung in den terrestrischen Offenlandbereichen unterscheiden sich im Hinblick auf die verwendeten Punkt- und Flächendaten sowie in der Vorgehensweise der Generalisierung selbst. Als Punktdaten sind sowohl die im Rahmen der kleinräumigen Vegetationserfassung gewonnenen Angaben über Artenzusammensetzung und Bedeckungsgrad auf den 4 m² großen Aufnahmeflächen anzusehen (vgl. Felinks 2000, dieser Band) als auch die mittels Bodenfallen und Kescherfängen an einem konkreten Probepunkt nachgewiesenen Arten und Individuendichten (vgl. Mrzljak et al. 2000, dieser Band). Es handelt sich demzufolge um direkte Messungen bestimmter Merkmale auf einer ausgewählten Beobachtungsebene. Eine vollständige, d. h. flächendekkende Beprobung des gesamten Untersuchungsgebietes ist aufgrund des hohen Zeit- und Personalaufwandes nicht möglich. Eine Zuordnung der Probeflächen, auf denen Punktdaten erhoben wurden, zu den entsprechenden Landbedeckungsklassen ist aus Tabelle 15.1 ersichtlich.

Flächendaten wurden zum einen mittels unterschiedlicher Fernerkundungsmethoden gewonnen. Es handelt sich dabei um Auswertungen von Satellitenbilddaten des Systems LANDSAT-TM sowie von multispektralen und räumlich hochauflösenden Daten aus einer Befliegung mit dem Bildspektrometer CASI (vgl. Pilarski & Schmidt 2000, dieser Band). Die Ergebnisse sind als verschiedene Landbedekkungsklassen dargestellt. Ebenfalls flächendeckende Daten wurden im Rahmen der Biotoptypenkartierung auf Basis der Auswertung von CIR-Luftbildern gewonnen.

4 Generalisierungsmethoden unter vegetationskundlichen Gesichtspunkten

4.1 Methodik

Im folgenden soll für die Sukzessionsfläche am Westufer des Lichtenauer Sees mit den Probepunkten 131 bis 134 anhand vorliegender vegetationskundlicher Daten aufgezeigt werden, wie die jeweiligen Punkt- und Flächendaten mit dem Ziel der räumlichen Generalisierung miteinander verschnitten wurden. Eine vergleichende Auswertung der Punkt- und Flächendaten in einer landschaftsökologischen Herangehensweise umfaßt die Schritte Beobachtung – Beschreibung – Klassifikation – Interpretation – Generalisierung – Ableitung von Handlungsanforderungen (vgl. Tab. 15.2).

In den zwei zur Verfügung stehenden Fernerkundungsdatensätzen werden zunächst Informationen zu Oberflächeneigenschaften (z. B. Farbe, Helligkeit und Temperatur) und Landschaftsgeometrie in einer bestimmten Pixelgröße als Menge rückgestreuten Lichts in einem definierten Spektralbereich (sogenannte spektrale Signaturen) aufgezeichnet. Mittels digitaler Bildverarbeitungsmethoden werden diese Rohdaten anschließend in diskrete Grauwerte umgewandelt. Als solche grauwertcodierten Daten werden sie den Anwendern zur Verfügung gestellt. Auf der Stufe einer Klassifikation werden wiederum mittels digitaler Bildverarbeitungsverfahren wie Cluster und Ratiobildungen diese Grauwerte bestimmten Objektklassen zugeordnet. Diese lassen sich dann als Landbedeckungsklassen oder Vitalitätsindex interpretieren und auf einer Karte abbilden.

Die im Verlauf einer Biotoptypenkartierung gemachten Beobachtungen sind u. a. abhängig von der Topographie, der Landnutzungsform, dem einsehbaren Geländeausschnitt und der Artenkenntnis des Kartierers. Die Beschreibung orientiert sich weitestgehend an der Ausprägung der vorgefundenen Einheiten und schließt z. B. die Größe und Unzerschnittenheit, das Arteninventar und den Einfluß anthropogener Störfaktoren mit ein. Die Klassifizierung erfolgt durch eine

Zuordnung der Einheiten zu einem bereits vorhandenen Biotopkartierungsschlüssel (Landesumweltamt Brandenburg 1995).

Während einer vegetationskundlichen Bearbeitung wird sowohl der Deckungsgrad der Gesamtvegetation als auch der einzelner Arten notiert. Die Beobachtungen sind in diesem Fall abhängig von der Artenkenntnis des Bearbeiters, Anzahl, Größe und Anordung der Aufnahmeflächen sowie ihrer Entfernung zueinander. Die weitergehende Beschreibung orientiert sich an der Artenzusammensetzung, Vegetationsstruktur und Lebens- bzw. Wuchsformtypen.

Es wird deutlich, daß die anschließende Klassifikation innerhalb der verschiedenen methodischen Ansätze auf unterschiedlichen Ausgangsbedingungen basieren. Bei den Geländemethoden werden die jeweiligen Eigenschaften des Untersuchungsobjektes direkt erfaßt. Die Erfassung ist zu einem gewissen Grad von der Wahrnehmung des Bearbeiters abhängig. Die Biotoptypenkartierung ordnet anschließend die im Gelände vorgefundenen Einheiten, unter Zuhilfenahme der GIS-Technologie, einem formalisierten Kartierungsschlüssel zu. Die vegetationskundliche Bearbeitung bedient sich vorrangig Clustermethoden unter Zuhilfenahme verschiedener Ordinationsverfahren um Vegetationseinheiten entsprechend den untersuchten Merkmalen ausgewiesenen Vegetationstypen zuzuordnen (vgl. Erhard et al. 1997).

Hingegen handelt es sich bei der Fernerkundung um ein spezielles Meßverfahren, welches in jedem Fall das Remissionsverhalten der Vegetation in bestimmten (sensorspezifischen) spektralen Bereichen erfaßt. Es ist damit ein indirektes Verfahren im Hinblick auf die Ermittlung von speziellen Objekteigenschaften wie Grad der Bodenbedeckung oder Anteil an photosynthetisch aktiver Vegetation. Mit der Wahl der Spektralkanäle und der geometrischen Auflösung findet während des Meßprozesses selbst bereits die erste Generalisierung statt. Der zweite Generalisierungsprozeß ist die Klassifikation i. e. S., d. h. die Anwendung von Verfahren der multivariaten Statistik zur Homogenisierung des Datenmaterials. Dazu dienen auch Ratiobildungen von Spektralkanälen und deren Äquidensitenbildung. An dieser Stelle findet schon der Prozeß der Übertragung in die Fläche statt; so werden bei einer überwachten Klassifizierung die Eigenschaften der Musterklassen auf das gesamte Bild oder eine erarbeitete Bildmaske angewandt. In einem abschließenden Generalisierungsprozeß werden dann die ausschließlich nach ihren spektralen Eigenschaften ermittelten Klassen zu realen Objektklassen auf der Basis von Referenzflächen zusammengefaßt. Diese Vegetations- und Nutzungklassen werden nun im Rahmen der Geländemethoden verwendet, um die dort aufgestellten Klassifikationsergebnisse von den einzelnen Probepunkten auf eine landschaftliche Ebene zu übertragen. Die Darstellung der Klassifikations- und Generalisierungsergebnisse erfolgt in der Regel mittels thematischer Karten.

Die auf LANDSAT-TM-Satellitenbilddaten basierenden Landbedeckungsklassen ermöglichen eine Abbildung im Maßstab 1:100 000 bis 1:50 000, CASI-Bildaten erlauben eine Abbildung der Landbedeckungsklassen im Maßstab 1:10 000. Zur Darstellung der Biotoptypen werden Karten im Maßstab 1:10 000 bzw. 1:15 000 herangezogen, eine Darstellung der Vegetationstypen ist bis auf einen Maßstab von 1:1 000 möglich. Somit ist eine Abbildung der Vegetationseinheiten bzw. Landbedeckungsklassen in einem Maßstabsbereich zwischen 1:1 000 und 1:100 000 möglich. Entsprechend der angewandten Methodik lassen sich daraus Rückschlüsse auf die Ausbildung räumlicher Muster im Hinblick auf Landnutzungsformen (Fernerkundung), Fragmentierung/Durchlässigkeit der Landschaft (Biotoptypenkartierung) und Verteilung von Vegetationstypen und ihre Übergangsbereiche (vegetationskundliche Erfassung) ziehen. In einem abschließenden Schritt können aus einer Analyse und Interpretation der vorgefundenen räumlichen Muster Handlungskonzepte oder auch eventuelle Pflegemaßnahmen abgeleitet werden.

Tabelle 15.2 Vergleich landschaftsökologischer Methoden im Rahmen einer räumlichen Generalisierung.

	Fernerkundungsmethoden	**Geländemethoden**	
	LANDSAT-TM CASI	Biotoptypenkartierung	Vegetationskundliche Bestandserfassung
Methodik	Digitale Bildanalyse multispektraler Daten	Luftbildauswertung, Kartierung	Schätzung der Vegetationsbedeckung
Beobachtung	Geometrische und spektrale Objekteigenschaften	Einsehbarer Geländeausschnitt, Landnutzung, Topographie, Artenkenntnis	Anzahl, Größe, Anordnung, Entfernung der Probeflächen, zeitliche Wiederholung, Artenkenntnis
Beschreibung	Codierung der gemessenen physikalischen Eigenschaften in Grauwerte	Größe und Eigenschaft einer diskreten Einheit, Arteninventar	Artenzusammensetzung, Vegetationsstruktur, Lebens-, Wuchsform typen
Klassifikation	Homogenisierung des Datenmaterials, Zuordnung der Vitalitätsstufen und spektralen Klassen zu Landbedekkungsklassen	Zuordnung zu einem bestehenden Kartierungsschlüssel: Biotoptypen	Ähnlichkeitsindizes, uni- und multivariate Methoden: Vegetationstypen
Generalisierung	Zusammenfassung zu Vegetations- und Nutzungsklassen nach Abgleich mit der konkreten Landschaft	Übertragung der Klassifikationsergebnisse einzelner Probepunkte auf die landschaftliche Ebene unter Verwendung der Vegetations- und Nutzungsklassen	
Interpretation räumlicher Muster	Ökologisch relevante Parameter: Diversität der Landnutzungsformen, Grad der Flächenversiegelung	Grad der Fragmentierung, Durchlässigkeit	Verteilung der Vegetationstypen, Übergangsbereiche
Anwendung	Erarbeitung von Handlungskonzepten und Pflegemaßnahmen		

4.2 Grain und Extent

Um Veränderungen, die sich hinsichtlich der Anordnung und der Ausbildung räumlicher Muster bei einem Wechsel der Beobachtungsebenen ergeben, nachvollziehen und erklären zu können, ist es notwendig, Grain und Extent für jede Beobachtungsebene zu definieren. Mit dem Begriff Grain wird die kleinste räumliche bzw. zeitliche Auflösung einer Beobachtung bezeichnet (Allen et al. 1984). Im Fall der Fernerkundung ist Grain demzufolge gleichbedeutend mit der Pixelgröße, sie beträgt bei LANDSAT-TM Daten 30x30 m und bei CASI Daten 2x2 m. Im Rahmen einer vegetationskundlichen Erfassung wird der Grain durch die Größe der Aufnahmefläche vorgegeben und liegt in diesem Fall ebenfalls bei 2x2 m. Eine exakte Festlegung des Grain bei der Biotoptypenkartierung ist schwieriger. In der Regel orientiert sich das Auflösungsvermögen an dem Maßstab der zugrunde liegenden Karte. Bei einem Maßstab von 1:10 000 erscheint daher ein Grain von 10x10 m wahrscheinlich. Mit dem Begriff Extent wird der Bereich bezeichnet, der die größtmögliche Reichweite der Betrachtungen umfaßt und beschreibt somit das mittels einer Methodik erfaßte Untersuchungsgebiet. Darüber hinaus müssen Kriterien festgelegt werden, die auf jeder Ebene nachvollzogen werden können, um eine Verschneidung der Ergebnisse zu ermöglichen. Im Rahmen der vorliegenden Studie erfüllen folgende Parameter diese Bedingungen: das Verhältnis des Deckungsgrades von Gräsern-Kräutern-Kryptogamen, der Prozentsatz an abgestorbenem Pflanzenmaterial, der Deckungsgrad von Gehölzen und das Verhältnis zwischen vegetationsfreier und bedeckter Bodenfläche.

4.3 Ergebnisse

Ein Vergleich der Abbildung 7.4 und 7.5 (Pilarski & Schmidt 2000, dieser Band) zeigt, daß mit einer Erhöhung des Grain von 2x2 m auf 10x10 m bzw. 30x30 m die Darstellbarkeit sowohl von kleinräumigen, mosaikartigen als auch die von isoliert liegenden Strukturen schnell abnimmt. Dies betrifft insbesondere die Bereiche, in denen auf engem Raum kryptogamen- und artenreiche Sandtrockenrasen, Kurzgras- und Hochgrasbestände sowie Einzelbäume mit unterschiedlichem Anteil am Vegetationsaufbau beteiligt sind. Zusammenhängende Strukturen gleicher Größenordnung wie z. B. offene Sandflächen, ausgedehnte Hochgrasbestände oder auch Sandtrockenrasen weisen bei einem Wechsel auf eine höhere Beobachtungsebene nur geringfügige Veränderungen in der Musterausbildung auf. Methoden mit vergleichbaren Grain (CASI, vegetationskundliche Erfassung) weisen sehr gute Übereinstimmungen auf. Lediglich Kurzgrasbestände mit einem höheren Prozentsatz abgestorbenen Pflanzenmaterials werden z. T. mit Hochgrasbeständen verwechselt und kryptogamenreiche Kurzgrasbestände werden z. T. bereits als offene Sandflächen abgebildet. Da die CASI-Daten jedoch während einer Befliegung Anfang Dezember 1996 gewonnen wurden, ist davon auszugehen, daß eine Anwendung und Verschneidung von zwei zeitlich aufeinanderfolgenden Befliegungen während der Vegetationsperiode diese Unschärfen weitestgehend reduzieren könnte.

Aus Abbildung 15.1 geht allerdings auch hervor, daß eine sukzessive Erhöhung des Grain nicht automatisch eine Verringerung der Darstellbarkeit räumlicher Strukturen zur Folge hat. Denn obwohl die LANDSAT-TM Daten einen deutlich höheren Grain aufweisen als die Biotoptypenkartierung, ist es mittels der Fernerkundungsmethode möglich, räumliche Muster zu identifizieren, die zwar mit den CASI-Daten in Übereinstimmung gebracht werden können, im Rahmen der Biotoptypenkartierung jedoch nicht mehr darstellbar sind. So werden von der Biotoptypenkartierung weite Bereiche des Untersuchungsgebietes als Hochgrasbestände oder Kiefern-Vorwälder mit dichtem Zwischenwuchs ausgehalten, Sandtrockenrasen jedoch nicht als eigenständige Einheit ausgewiesen. Zurückzuführen ist dies aller Wahrscheinlichkeit nach auf den bereits beschriebenen Einfluß des einsehbaren Geländeausschnittes während der Kartierung. Auch weisen die zur Biotoptypenkartierung verwendeten CIR-Luftbilder keine optimale Eignung für eine Vegetationserfassung trockener Standorte auf, denn die Sensibilisierung der Filmschichten ist auf eine gute Differenzierung chlorophyllhaltiger Vegetation gerichtet. Außerdem ist die Befliegung nicht für Bereiche mit häufigem Wechsel von vegetationslosen und schwacher, z. T. trockener Vegetation optimiert, d. h. an diesen Stellen zeigen die Fotos, bedingt durch die hellen Sande, stark überstrahlte, nicht mehr differenzierbare Bereiche.

4.4 Überprüfung der Generalisierung

Im Verlauf einer späteren Geländebegehung ausgewählter Probepunkte wurde überprüft, inwiefern die Verschneidung kleinräumiger Vegetationserfassung, Biotoptypenkartierung und Fernerkundungsmethoden ein erfolgreiches Werkzeug zur Generalisierung in den Offenlandbereichen der BFL darstellt. Als erfolgversprechend und effektiv erscheint eine Anwendung der CASI-Methode in Kombination mit der kleinräumigen vegetationskundlichen Erfassung. Die Befliegungen mit dem CASI-Bildspektrometer resultieren in einer flächendeckenden Erfassung der Landschaft. Eine Verifizierung der spektralen Signale ist mittels einer repräsentativen vegetationskundlichen Bearbeitung mit hinreichender Genauigkeit möglich. Insbesondere der Einsatz zeitlich aufeinanderfolgender Messungen kann dazu beitragen, bestehende Unsicherheiten weiter zu verringern. Der Einsatz von LANDSAT-TM-Daten erscheint im Rahmen einer räumlichen Generalisierung dann sinnvoll, wenn das Untersuchungsgebiet größere zusammenhängende und im Hinblick auf die Vegetationsstruktur homogene Bereiche aufweist. Kleinräumig wechselnde Strukturen, wie sie z. B. für Sukzessionsflächen aber auch für Flächen im Tagebaurandbereich charakteristisch sind, werden nur unzureichend wiedergegeben. Die Biotoptypenkartierung kann nur mit großen Einschränkungen zur räumlichen Generalisierung eingesetzt werden. Um befriedigende Resultate zu liefern, müßte eine Verschneidung sowohl mit Ergebnissen der vegetationskundlichen Erfassung als auch mit Ergebnissen aus der Fernerkundung stattfinden.

4.5 Schlußfolgerungen aus vegetationskundlicher Sicht

Der Übergang von einer höheren auf eine niedrigere Beobachtungsebene ist mit einem Anstieg im Informationsgehalt verbunden. Dies ist darauf zurückzuführen, daß sowohl mittels CASI-Befliegungen als auch mit vegetationskundlichen Erfassungen kleinflächige Vegetationsstrukturen und Übergangsbereiche erfaßt werden, die bei einer Erhöhung des Grain nicht mehr darstellbar sind. Da auf den höheren Beobachtungsebenen keine emergenten Eigenschaften offenbar werden, ist davon auszugehen, daß sich die vorgestellten Methoden lediglich im Auflösungsvermögen unterscheiden. Somit ist es nicht möglich, ein hierarchisch strukturiertes Landschaftsmodell (Allen & Starr 1982, O'Neill et al. 1988, Allen & Hoekstra 1992) zu präsentieren.

Tabelle 15.3 Übersicht der vegetationskundlichen und satelliten-/sensorgestützten Erfassungsmethoden in Hinblick auf Überführbarkeit der Beobachtungsebenen.

Vegetationskundliche Bearbeitung	⇔	CASI
Vegetationskundliche Bearbeitung	⇨	Biotoptypenkartierung
Vegetationskundliche Bearbeitung	⇨	LANDSAT-TM
CASI	⇨	Biotoptypenkartierung
CASI	⇨	LANDSAT-TM
LANDSAT-TM	⇨	Biotoptypenkartierung

Unter der Voraussetzung einer engen Zusammenarbeit zwischen den einzelnen Ansätzen sind Übergänge zwischen den Beobachtungsebenen in verschiedenen Richtungen möglich (Tab. 15.3).

5 Generalisierung zoologischer Daten

Im folgenden werden Methoden vorgestellt, die auf LANDSAT-TM-Daten bzw. der Biotoptypenkartierung als Instrument der Generalisierung zoologischer Daten basieren. Es liegen kaum Informationen darüber vor, inwieweit Eigenschaften der Landschaft, die Lebensraumansprüche von Tierarten erfüllen, mit spektralen Eigenschaften korrelieren, die von Satellitenkameras erfaßt werden können. Deshalb wurden die rechnerisch-methodischen Generalisierungen abschließend auf ihre Spezifität und Effektivität hin überprüft.

Ziele der artspezifischen und der artenzahlspezifischen Generalisierung

Die artspezifische Generalisierung hat zum Ziel, für jede Karteneinheit (Pixel der Satellitenkarten oder Biotoptyp der Biotoptypenkartierung) eine Artenliste mit hypothetischen Vorkommen zu prognostizieren. Die artenzahlspezifische Generalisierung begnügt sich mit dem Ziel, für jede Karteneinheit die Anzahl an Arten zu prognostizieren ohne die beteiligten Arten zu benennen. Für naturschutzfachliche Planungen ist diese Information u. U. zur Flächenauswahl ausreichend.

Die Gültigkeit beider Generalisierungsansätze ist auf Basis der LENAB-Daten regional begrenzt. Eine Ausweitung ist mit Hinzunahme weiterer Untersuchungsflächen möglich.

Datenbasis

Den Generalisierungen zugrunde liegende Artenlisten von Wirbellosen der in Tabelle 15.1 aufgeführten Probestellen stammen von einheitlich und zeitgleich durchgeführten Freilandfängen von Mai 1995 bis Mai 1997. Mit je sechs Barberfallen (8 cm Ø, 50% Ethylenglykol, 2 cm Maschenweite der Netzabdeckung) pro Standort und Vegetationstyp wurden epigäische Spinnen, Laufkäfer, Ohrwürmer und Schaben gefangen. Die Wanzen der höheren Strata wurden gekeschert und die Heuschrecken durch Sichtfang erfaßt. Insgesamt wurde die Erfassung von 722 Arten zur Generalisierung verwendet (s. a. Mrzljak et al. 2000, dieser Band).

5.1 Methodik der artspezifischen Generalisierung

Unser Vorgehen beinhaltet folgende Schritte, um punktuell durchgeführte faunistische Artenerfassungen auf die Fläche hochzurechnen und hypothetische Angaben zu nichtbeprobten Flächen zu erhalten: Eine Probestelle mit sechs Bodenfallen wird auf der Kartendarstellung als Punkt im Raum behandelt. Eine GPS-Vermessung ermittelt die geographische Lage dieses Punktes. Die Verschneidung der Daten im GIS ermöglicht die Zugehörigkeit des Punktes zu seiner Landbedekkungs-(LB)-Klasse (Tab. 15.1) zu bestimmen (Pilarski & Schmidt 2000, dieser Band). Die ermittelte Artenliste an diesem Punkt wird als Referenz für die LB-Klasse betrachtet.

Alle in einer LB-Klasse erfaßten Arten werden zusammengefaßt und als jeweils klassenspezifische Artenliste definiert. Jedoch werden nicht alle Arten gleichwertig gewichtet, da die Vorhersagen der Artvorkommen eine unscharfe Information darstellen (vgl. Syrbe 1996). Man spricht deshalb nicht von der Wahrscheinlichkeit, sondern von der Möglichkeit, daß eine Art zu einem Biotoptyp gehört. Die Möglichkeit kann Werte zwischen 0 und 1 annehmen. Die Frequenz einer Art bestimmt in einer Klasse die Antreffmöglichkeit a dieser Art in allen betreffenden Karteneinheiten dieser Klassenzugehörigkeit:

$$a(\mathrm{Art}_i) = \text{Anzahl Pixel } (\mathrm{Biotopklasse}_j) \text{ mit Vorkommen } (\mathrm{Art}_i) \times 100 \,/\, \text{Gesamtanzahl der beprobten Pixel } (\mathrm{Biotopklasse}_j)$$

Die Menge aller erfaßten Arten mit den jeweiligen Antreffmöglichkeiten a in $\mathrm{Biotopklasse}_j$ stellt eine Fuzzy-Menge der $\mathrm{Biotopklasse}_j$ dar. Die Pixel der Satellitenbildkarten sind in diesem Verfahren die Matrix, von deren beprobten Zellen auf die nichtbeprobten der identischen Klasse interpoliert wird.

Die Vorhersagbarkeit des Arteninventars einer LB-Klasse ist umso genauer, je mehr Probestellen dieser Klasse inventarisiert werden. Tabelle 15.1 zeigt bereits mögliche Ursachen der Unschärfe von Vorhersagen auf Basis von LB-Klassen. Bereiche mit kleinräumig stark heterogen strukturierter Vegetation wie im Tagebau Plessa die Probestellen 411, 412 und 413 werden beim hohen Grain der LANDSAT-TM-Daten als einheitliche Klasse abgebildet. Trockene Bereiche wie in unserem Beispiel die Probestellen 131 und 225 weisen die gleiche LB-Klasse auf, wie die feuchte Probestelle 325, für Arthropodenarten dagegen ist bekannt, daß sie in ihrer Lebensraumwahl empfindlich auf Unterschiede in mikroklimatischen Feuchtegraden und mikrostrukturellen Eigenschaften reagieren (Anderlik-Wesinger et al. 1996, Duffey 1966, Hatley & Macmahon 1980, Mrzljak & Wiegleb 1999b). Die aktuelle Entwicklung neuer Satellitenaufnahmegeräte mit verbesserter räumlicher Auflösung und geminderter Empfindlichkeit für atmosphärische Störungen sowie die multifunktionale Verwertbarkeit der Fernerkundungsdaten je nach Aufgabe und Interpretationsverfahren lassen ein in kurzer Zeit breitest angelegtes, kommerzielles Datenangebot an digitalen Karten erwarten (Backhaus 1997). Die Prognostizierbarkeit dürfte damit in Zukunft wesentlich verbessert werden.

Das beschriebene Vorgehen der Verschneidung von zoologischen Punktdaten und Flächendaten kann ebenfalls mit Biotoptypenklassen als Flächendaten erfolgen. Beide Ansätze werden an Beispielen vorgestellt und die Generalisierungsergebnisse überprüft.

5.1.1 Generalisierte Artenlisten für Landbedeckungsklassen nach LANDSAT-TM-Daten

Die vorliegende Datenbasis erlaubt für die LB-Klassen 8, 9 und 11 (Tab. 15.1 und 7.3) jeweils hypothetische Gesamtartenlisten zu erstellen. Die Artenliste von Probestelle 316 ist der LB-Klasse 8 zugehörig und wurde nicht in den Datensatz zur Generalisierung mitaufgenommen. Sie dient als „Nullprobe" um die Güte der Generalisierung zu prüfen, inwieweit die vohergesagten Arten für Flächen dieser LB-Klasse mit tatsächlich erfaßten übereinstimmen.

Für 494 potentielle Arten der LB Klasse 8 kann die Antreffmöglichkeit angegeben werden. Von insgesamt 157 an Probestelle 316 erfaßten Species der Wirbellosen wurden 18 Arten (11%, siehe auch Abb. 15.1) durch die Generalisierung nicht erfaßt. 75 Arten (48%) konnten mit sehr großer Möglichkeit (a = 1 und 0,8) vorhergesagt werden und 49% mit mittlerer oder geringer Antreffquote.

Am Beispiel der Art Micaria dives Lucas 1846 (Araneae) kann der Nutzen artgenauer generalisierter Listen für die Naturschutzpraxis gezeigt werden: Es wird eine 100% Antreffmöglichkeit für LB-Klasse 8 vorhergesagt, und die Art wurde auf der Kontrollstelle 316 tatsächlich nachgewiesen. Sie ist als sehr selten (= weniger als 6 aktuelle Vorkommen) in Brandenburg eingestuft (Platen et al. 1999) und hat hier den Rote-Liste-Status 1 (vom Aussterben bedroht), in Deutschland den Status 2 (stark gefährdet). Auf einer Brandenburg umfassenden Karte können alle Flächen der LB-Klasse 8 als potentieller Lebensraum dieser Art ausgewiesen werden. Auf Basis weniger punktueller Untersuchungen und einer Karte der LB-Klassen könnte eine flächendeckende Prognose der Verbreitung dieser Art erstellt werden, isolierte Vorkommen und verbindende Bereiche identifiziert und zielartenstrategische Naturschutzplanungen erfolgen. Zur rechnergestützten Implementation dieser Funktion siehe Anders & Bröring (2000, dieser Band).

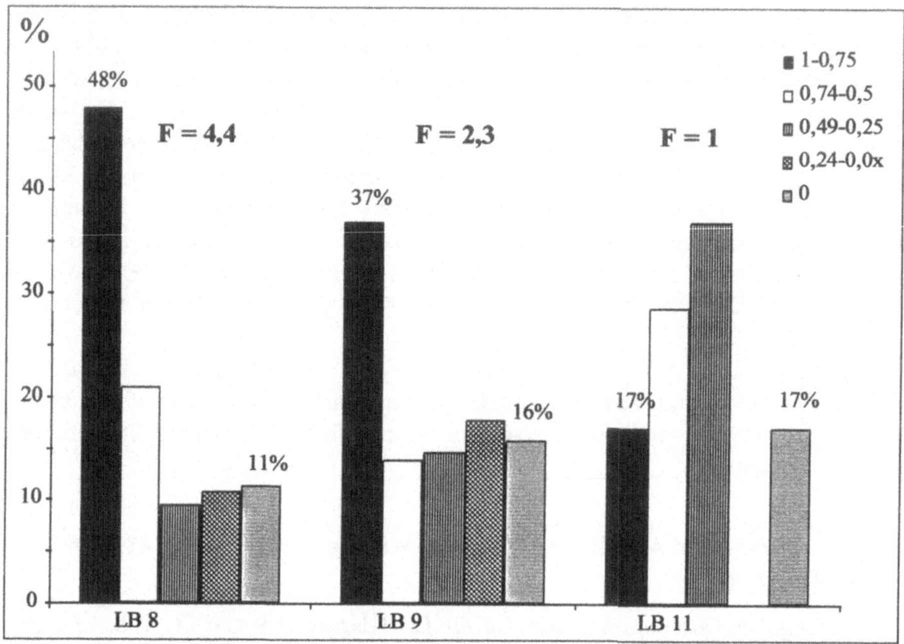

Abbildung 15.1 Prozentanteile der Artenliste an Wirbellosen von Probestelle 316 (LB-Klasse 8), die mit großer (■), mittlerer (□ ▥) und geringer (▩) Möglichkeit vorhergesagt wurden. Die grauen Balken (▤) repräsentieren den prozentualen Fehlanteil, für den keine Vohersage möglich war. F gibt den Quotienten von mit hoher Möglichkeit vorhergesagten Arten zu den nicht prognostizierten Arten an.

Die Validierung der generalisierten Gesamtartenliste ist in Abbildung 15.1 wiedergegeben. Der Fehlanteil steigt bei den „falschen" LB-Klassen 9 und 11 auf 16% bzw. 17%, dagegen sinkt der Anteil der mit hoher Möglichkeit anzutreffenden Arten bis auf 17%, der durch in allen Vegetationstypen verbreitete Ubiquisten verursacht wird. Das Verhältnis von mit großer Möglichkeit vorhergesagten Arten zu den nicht prognostizierten Arten ist mit dem Faktor (F) 4,4 am günstigsten bei der „richtigen" LB-Klasse. D. h., eine Differenzierung der unterschiedlichen LB-Klassen ist möglich.

Zusammenfassend zeigt sich, daß die dargestellte Methode der Generalisierung auf Basis von LB-Klassen geeignet ist, hypothetische Artenlisten für unbeprobte Bereiche zu erstellen. Unterschiedliche LB-Klassen lassen sich voneinander trennen. Die Auflösung von 30x30 m ist u. U. zu grob, um eine für den praktischen Einsatz brauchbare Differenzierung zu erzeugen. Eine Anwendung der Methodik mit einer Auflösung von 10x10 m würde voraussichtlich die geeignete Kartenbasis der Generalisierung darstellen, um planungsrelevante flächendeckende Grundlagen zu erzeugen.

5.1.2 Generalisierte Artenlisten für Biotopklassen

Die Vegetationstypen der Niederlausitzer Bergbaufolgelandschaft lassen sich vegetationskundlich in eine Vielzahl von Typen differenzieren. Für die Besiedlung mit Wirbellosen ist die Vegetationsstruktur von größerer Bedeutung als die Artenzusammensetzung der Pflanzen oder das Alter der Flächen (Mrzljak & Wiegleb 1999b).

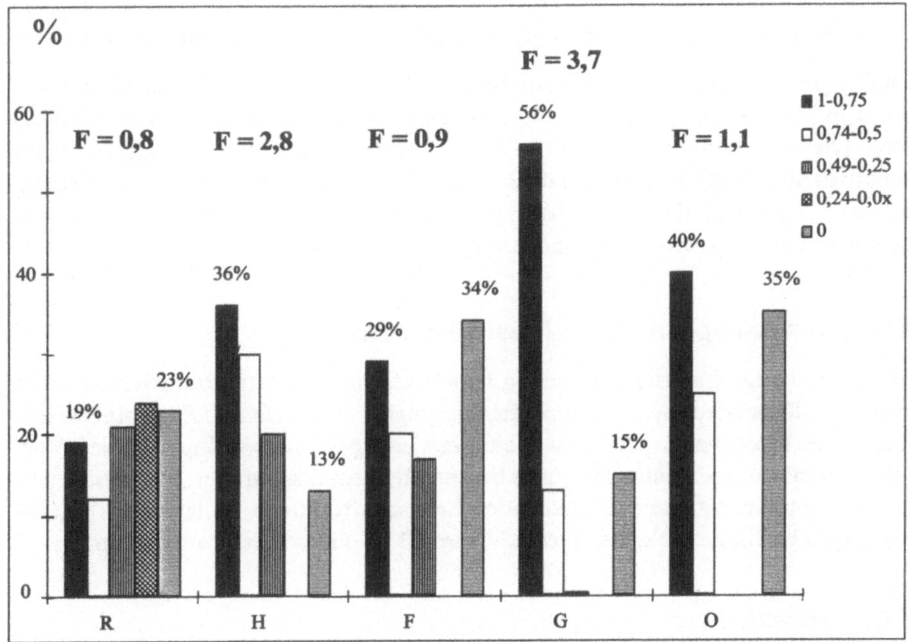

Abbildung 15.2 Prozentanteile der Artenliste an Wirbellosen von Probestelle 316 (Biotopklasse G), die mit großer (■), mittlerer (□ ▥) und geringer (▩) Möglichkeit vorhergesagt wurden. Die grauen Balken (▩) repräsentieren den prozentualen Fehlanteil, für den keine Vohersage möglich war. F gibt den Quotienten von mit hoher Möglichkeit vorhergesagten Arten zu den nicht prognostizierten Arten an.

Eine Zusammenfassung der Vegetationstypen in für die Bergbaufolgelandschaft typische Biotopklassen ist in Tabelle 15.1 wiedergegeben. Für die Klassen R, H, F, G und O können auf Basis der vorliegenden Daten potentiell mögliche Artenlisten erstellt werden. Die Überprüfung der Vorhersage der generalisierten Artenlisten mit der „Nullprobe“ 316, die G angehört, ist in Abbildung 15.2 dargestellt. Die „richtige“ Klasse G zeigt die beste Vorhersage mit 56% mit hoher Möglichkeit vorhergesagter Arten und 15% Fehlarten, das ist ein Verhältnis von 3,7. Die Übertragung dieser Ergebnisse in die Fläche ist soweit möglich, wie Biotoptypenkartierungen oder Vegetationserfassungen vorliegen.

Abschließend ist festzustellen, daß beide Kartengrundlagen ähnlich befriedigende Ergebnisse liefern bei 48% bzw. 56% mit großer Möglichkeit vorhergesagten Arten und Fehlanteilen von 11% bzw. 15%, das ist ein Verhältnis von 3,7 bzw. 4,4. Die Fernerkundungsdaten erscheinen im Vergleich zu Biotoptypenkartierungen die plausibelste und für Forschungszwecke am wenigsten durch unterschiedliche Sichtweisen der Kartierer und Uneindeutigkeiten der Kartierungsschlüssel verwässerte Generalisierungsgrundlage. Sie sind flächendeckend erstellbar und können bei Bedarf ebenfalls flächendeckend rasch aktualisiert werden.

5.1.3 Schlußfolgerung zur zoologischen artspezifischen Generalisierung

Die artgenaue Generalisierung ermöglicht eine flächendeckende, rasch aktualisierbare Vorhersage von potentiellen Lebensräumen explizit gewünschter Zielarten. Die vorgestellte Methodik ist als Modul eines umfassenderen landschaftsökologischen Modells zu denken, das mit Hinzunahme und Verschneidung weiterer Parameter der Landschaft weitergehende Analysen und Entwicklungsprognosen von Artverbreitung und Artendiversität zuläßt.

5.2 Artenzahlspezifische Generalisierung

Für großräumige Landschaftsplanung ist es aufgrund des Arbeitsaufwandes nicht möglich, flächendeckend Arteninventarisierungen vorzunehmen. Zur naturschutzfachlichen Flächenauswahl ist es auch nicht zwingend notwendig, artgenau Vorhersagen zu treffen. Vielmehr würde bereits die Kenntnis darüber, welcher Artenreichtum auf bestimmten Flächen oder Landschaftsräumen zu erwarten ist, das Verfolgen bestimmter Naturschutzziele wie z.B. Biodiversität, ermöglichen.

5.2.1 Methodik

Als Planungsgrundlage werden die Ergebnisse der Landschaftsoptimierung nach dem Biotophybrid-Verfahren vorgeschlagen. Die Darstellung der Methodik ist ausführlich in Mrzljak et al. (1999) und Mrzljak & Wiegleb (1999a, c) dargestellt. In den resultierenden Modellandschaften (Tab. 2.5, Wiegleb 2000, dieser Band) für bestimmte Naturschutzziele sind nicht allein das Arteninventar einer Probefläche eines bestimmten Vegetationstyps von Bedeutung für seine naturschutzfachliche Bewertung. Vielmehr werden auf einer höheren räumlichen Skala die Nachbarschaftsbeziehungen mit berücksichtigt. Im Biotophybrid-Verfahren wird auf Basis empirischer Daten die günstigste Kombination von Vegetationstypen ermittelt, die für ein bestimmtes Naturschutzziel (Blumrich et al. 1998) optimal ist. Das

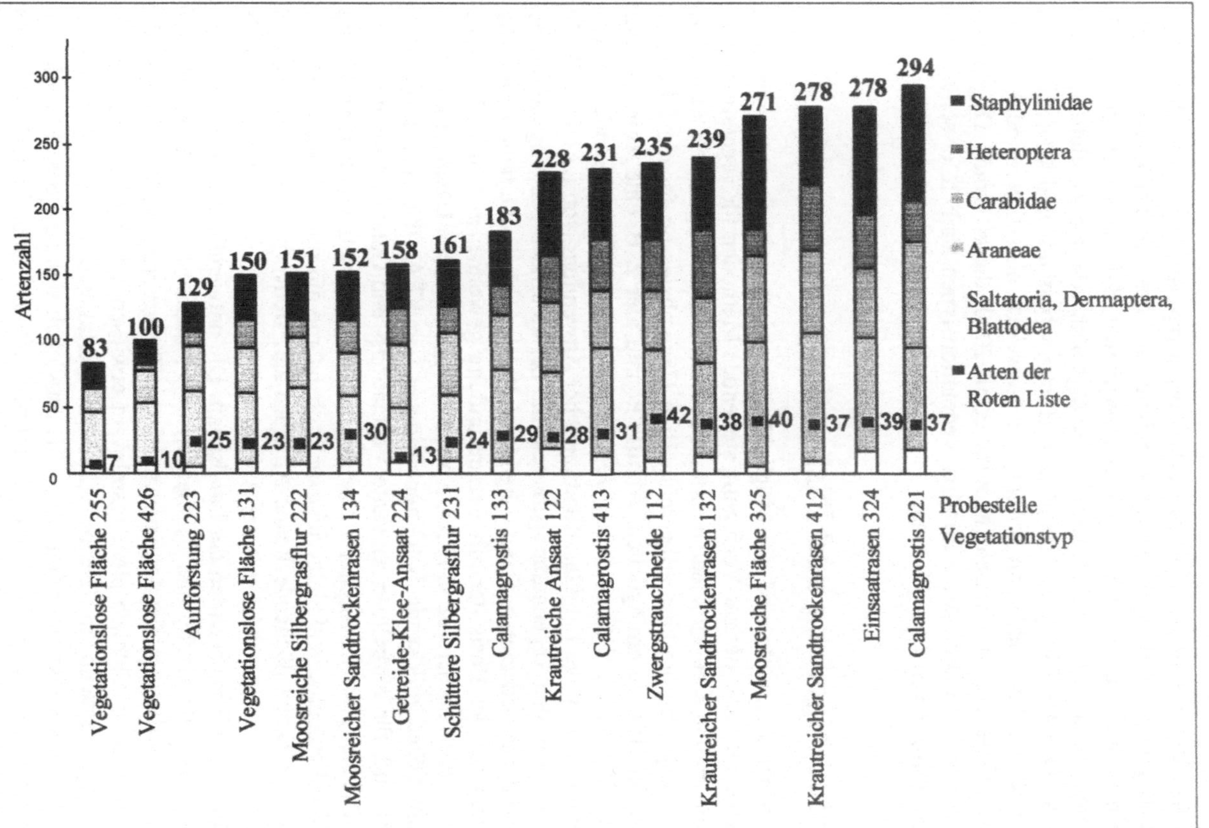

Abbildung 15.3 Artenzahl der Wirbellosen und Anzahl der Arten der Roten Liste von Vegetationstypen der Niederlausitzer Bergbaufolgelandschaft.

Ergebnis ist in jedem Fall eine komplexe, hypothetische Modellandschaft. Diese dient für konkrete naturschutzfachliche Planungen als Bewertungsgrundlage und zur naturschutzfachlichen Flächenauswahl, sowie als Instrument der Erfolgskontrolle zur Beurteilung bereits bestehender Schutzvorhaben.

5.2.2 Ergebnisse

In unserem Beispiel ist die Übertragbarkeit der Modellandschaften (Tab. 2.5) auf andere Tagebauflächen und andere Bereiche, die die beschriebenen Vegetationstypen aufweisen, in der Beobachtung begründet, daß die Artenzahl und der Anteil geschützter Arten der Roten Liste maßgeblich von der Vegetationsstruktur abhängen. Die Abbildung 15.3 zeigt, daß Hochgrasbestände und krautreiche Vegetation höhere Artenzahlen an Wirbellosen aufweisen, als schüttere oder niedrigwüchsige Vegetationsstrukturen (Mrzljak et al. 2000, dieser Band). Dagegen ist der Anteil an Rote-Liste-Arten in allen Vegetationstypen ähnlich, er schwankt in unserem Beispiel von 7 bis 42 Arten.

6 Schlußfolgerung und Diskussion

Zum jetzigen Zeitpunkt sind die Möglichkeiten der Generalisierung vom Punkt zur Fläche auf Basis der zur Verfügung stehenden Methoden für vegetationskundliche und zoologische Punktdaten unterschiedlich einzuschätzen. Die Datenbasis ist noch zu gering um eine allgemeingültige Generalisierung für die Offenlandschaften der BFL zu ermöglichen. Abhilfe könnte hier z. B. eine weitergehende intensive Zusammenarbeit zwischen Vegetationskunde und Fernerkundung schaffen, um die Anzahl der Fehlklassifikationen bei Anwendung von LANDSAT-TM, insbesondere in den Tagebaurandgebieten und bei kleinflächigen Vegetationsmosaiken weiter zu reduzieren. Dann wäre ebenfalls die zoologische räumliche Generalisierung auf der Basis der mit Fernerkundung gewonnenen Landbedeckungsklassen in ihrer Vorhersage präziser. Speziell für zoologische Daten ist zu prüfen, inwiefern höher auflösende Satellitenbilddaten wie KFA-1000 und KWR-1000 geeignet sind, für Wirbellose relevante Vegetations- und Geländestrukturen abzubilden. Die Beispiele im Kapitel 5.1 zeigen, daß unter Einsatz von Fernerkundung und GIS bei entsprechend zielgerichteter Probenahme mit punktförmig erhobenen zoologischen Daten flächendeckende Angaben zu Artenverbreitung möglich sind. Die Güte der Aussage steigt mit der Anzahl der Probepunkte und mit der Anzahl der gemessenen Eigenschaften der Landschaft. Die notwendigen Datengrundlagen für eine flächendeckende, alle Kategorien und Nutzungstypen einer Landschaft umfassende Vorhersage des Artenbestandes von Tiergruppen der Wirbellosen, die sich als naturschutzfachlich planungsrelevant erwiesen haben, wären mit vertretbarem Mitteleinsatz und in absehbarem Zeitraum erfassbar.

Der Einsatz von Fernerkundung und GIS entwickelt sich zum Standard für Fragestellungen in wissenschaftlichen Disziplinen, die auf landschaftsökologischer

Skala operieren. GIS ist wesentliches Instrument in Modellierungen zur Vorhersage von Biodiversität (Iverson & Prasad 1998, Williams 1998). Die in Kapitel 4 und 5.1.1 vorgestellten Ansätze der Generalisierung können als Module eines umfassenderen landschaftsökologischen Modells aufgefaßt werden, das unter Einbeziehung weiterer Parameter als der hier vorgestellten die Analyse von Funktionsgefüge und Abhängigkeiten von Artenverbreitung und Artendiversität ermöglichen würde. Beispiele für derartige umfassendere Modelle sind für sozioökonomische Fragestellungen (Mothes & Lutze 1997), aus der Umweltvorsorge (Fan et al. 1998, Stoddard et al. 1998), in nationalen Programme zum Umweltmonitoring (Bricker & Ruggiero 1998), der Klimaforschung und der Landwirtschaft (Paruelo & William 1998) veröffentlicht. In der Grundlagenforschung dient GIS u. a. der Verschneidung und Modellierung von biotischen Daten mit abiotischen Umweltvariablen (z. B. Lehmann 1998, Kadmon & Heller 1998).

Danksagung

Das Verbundvorhaben LENAB wurde gefördert vom BMBF (Fkz 0339648) und der LMBV mbH.

Literatur

Allen, T.F.H. & Hoekstra, T.W. 1992. Toward a Unified Ecology. Univ. Press, Columbia.

Allen, T.F.H. & Starr, T.B. 1982. Hierarchy: Perspectives for Ecological Complexity. Univ. of Chicago Press, Chicago: 310 S.

Allen, T.F.H., O'Neill, R.V. & Hoekstra, T.W. 1984. Interlevel relations in ecological research and management: some working principles from hierarchy theory. USDA, Forest Service, General Technical Report RM-110: 11 S.

Anderlik-Wesinger, G., Barthel, J., Pfadenhauer, J. & Plachter, H. 1996. Einfluß struktureller und floristischer Ausprägung von Rainen der Agrarlandschaft auf die Spinnen (Araneae) der Krautschicht. Verh. Ges. Ökol. 26: 711-720.

Backhaus, R. 1997. Operationalisierung von Satellitendaten für den Umweltschutz: Technologischer Selbstzweck oder zukunftsweisende Gestaltungsperspektive? GAIA 6(4): 276-288.

Blumrich, H., Bröring, U., Felinks, B., Fromm, H., Mrzljak, J., Schulz, F., Vorwald, J. & Wiegleb, G. 1998. Naturschutz in der Bergbaufolgelandschaft – Leitbildentwicklung. Studien und Tagungsberichte 17: 44 S.

Breckling, B., Latus, C., Müller, F. & Mathes, K. 1997. Konzepte zur Untersuchung ökologischer Komplexität: Der Bezug zwischen Kausalität, Skalierung, Rekursion, Hierarchie und Emergenz. Aktuelle Reihe BTU Cottbus 4/97: 106-124.

Bricker, O. & Ruggiero, M.A. 1998. Toward a national program for monitoring environmental resources. Ecological Applications 8(2): 326-329.

Anders, T & Bröring, U. 2000. Datenbank und Datenhaltung im Rahmen des Verbundprojektes LENAB, dieser Band.

BTU Cottbus 1998. Verbundvorhaben Niederlausitzer Bergbaufolgelandschaft: Erarbeitung von Leitbildern und Handlungskonzepten für die verantwortliche Gestaltung und nachhaltige Entwicklung. Abschlußbericht zum BMBF-/LMBV-Verbundprojekt (Fkz. 0339648). Polykopie, Cottbus: 1054 S.

Duffey, E. 1966. Spider ecology and habitat structure (Arach., Araneae). Senck. biol. 47: 45-49.

Erhard, M., Grote, R., Weber, E. & Wiegleb, G. 1997. Vom Punkt zur Fläche: Theoretische und praktische Probleme bei der räumlichen Integration ökologischer Daten. Aktuelle Reihe BTU Cottbus 4/97: 65-85.

Fan, W., Randolph, J.C. & Ehman, J.L. 1998. Regional estimation of nitrogen mineralization in forest ecosystems using geographic information systems. Ecological Applications 8(3): 734-747.

Felinks, B. 2000. Dynamik der Vegetationsentwicklung in den terrestrischen Offenlandbereichen der Bergbaufolgelandschaft, dieser Band.

Hatley, C.L. & Macmahon, J.A. 1980. Spider community organization: seasonal variation and the role of vegetation architecture. Environ. Entomol. 9(5): 632-639.

Iverson, L.R. & Prasad, A. 1998. Estimating regional plant biodiversity with GIS modelling. Diversity and Distribution 4: 49-61.

Kadmon, R. & Heller, J. 1998. Modelling faunal responses to climatic gradients with GIS: land snails as a case study. Journal of Biogeography 25: 527-539.

Landesumweltamt Brandenburg (Hrsg.) 1995. Biotopkartierung Brandenburg. Potsdam: 128 S.

Lehmann, A. 1998. GIS modelling of submerged macrophyte distribution using generalized additive models. Plant Ecology 139: 113-124.

Mathes, K. 1997. Beschreibung und Erklärung von Mustern und Prozessen auf Ökosystem und Landschaftsebene – Einführung in das Thema. Aktuelle Reihe BTU Cottbus 4/97: 5-8.

Mothes, V. & Lutze, G. 1997. Reflexionen sozioökonomischer Probleme in der Landschaftsmodellierung. Arch. für Naturschutz u. Landschaftsforschung 35: 239-253.

Mrzljak, J. & Wiegleb, G. 1999a. Optimierungsverfahren für Landschaft: „Biotophybride". In U. Bröring, F. Schulz & G. Wiegleb (Hrsg.) Naturschutzfachliche Bewertung im Rahmen der Leitbildmethode. Physica, Heidelberg: 179-191.

Mrzljak, J. & Wiegleb, G. 1999b. Succession of spiders in postmining landscapes – time or structure dependent? Landscape and Urban Planning, (eingereicht).

Mrzljak, J. & Wiegleb, G. 1999c. Konflikte bei der naturschutzfachlichen Bewertung aufgrund unterschiedlicher Zielarten – Fakt oder Fiktion. In G. Wiegleb & U. Bröring (Hrsg.) Implementation naturschutzfachlicher Bewertungsverfahren in Verwaltungshandeln. Aktuelle Reihe BTU Cottbus, in Druck.

Mrzljak, J., Bröring, U., Borries, J., Geipel, K.-H., Grondke, A., Hoffmann, W., Ohm, B., Rusch, J. & Wiegleb, G. 2000. Muster der Artenzusammensetzung von Wirbellosen in Offenlandschaften der Bergbaufolgelandschaft, dieser Band.

Mrzljak, J., Bröring, U., Felinks, B. & Wiegleb, G. 1999. Ein Verfahren der Erfolgskontrolle im Naturschutz: „Biotophybride". Verh. Ges. Ökol. 29: 563-570.

O'Neill, R.V., Milne, B.T., Turner, M.G. & Gardner, R.H. 1988. Resource utilization scales and landscape pattern. Landscape Ecology 2: 63-69.

Paruelo, J.M. & Lauenroth, W.K. 1998. Interannual variability of NDVI and its relationship to climate for North American shrublands and grasslands. Journal of Biogeography 25: 721-733.

Platen, R., von Broen, B., Herrmann, A., Ratschker, U.M. & Sacher, P. 1999. Gesamtartenliste und Rote Liste der Webspinnen, Weberknechte und Pseudoskorpione des Landes Brandenburg. Naturschutz und Landschaftspflege in Brandenburg, Beilage 8(2): 79 S.

Stoddard, J.L., Driscoll, C.T., Kahl, J.S. & Kellogg, J.H. 1998. Can site-specific trends be extrapolated to a region? An acidification example for the northeast. Ecological Applications 8(2): 288-299.

Syrbe, R.-W. 1996. Fuzzy-Bewertungsmethoden für Landschaftsökologie und Landschaftsplanung. Arch. für Naturschutz u. Landschaftsforschung 34: 181-206.

Wiegleb, G. 1996. Konzepte der Hierarchie-Theorie in der Ökologie. In K. Mathes, B. Breckling & K. Ekschmitt (Hrsg.) Systemtheorie in der Ökologie. Ecomed, Landsberg: 7-24.

Williams, P.H. 1998. Biodiversity indicators: graphical techniques, smoothing and searching for what makes relationships work. Ecography 21(59): 551-560.

16 Datenbank und Datenhaltung im Rahmen des Verbundprojektes LENAB

Thomas Anders[1] & Udo Bröring[2]

1 FUGRO CONSULT GmbH, Wolfener Str. 36, Aufgang K, D-12681 Berlin, e-mail: fugro.geodin@t-online.de

2 Brandenburgische Technische Universität Cottbus, LS Allgemeine Ökologie, Postfach 101344, D-03013 Cottbus, e-mail: broering@tu-cottbus.de

Zusammenfassung. Bei der Konzipierung von komplexen Forschungsprojekten ist vorab festzulegen, wie die Forschungsergebnisse bei Abschluß des Projektes vorliegen sollen. Im Falle des LENAB-Projektes wurde ein Teilprojekt für den Aufbau einer zentralen Datenbank- und der Entwicklung von GIS-Applikationen eingerichtet, denn es ist notwendig, möglichst am Beginn gemeinsame Bezugssysteme und Grundsätze für die Datenerfassung und -vorhaltung zu definieren. Das DV-Teilprojekt tritt hier als Technologielieferant auf. Durch die Anwendung des GIS Arc/Info in Verbindung mit dem Desktop-GIS ArcView und durch die Erstellung einer Client/Server-fähigen Applikation auf der Basis eines SQL-DB-Servers wurden modernste Technologien in die Systematisierung und Auswertung der Daten integriert. Dies wird an Beispielen demonstriert. Die eingesetzten Einzelprodukte lassen sich gut zu einem einheitlichen Methodenkomplex ergänzen. Durch die Zusammenfassung der Ergebnisdaten einzelner Teilprojekte wird eine Wiederverwendbarkeit der Daten für weitere Forschungsaufgaben garantiert, andererseits die Möglichkeit gegeben, Ergebnisse einer komplexen Betrachtungsweise zuzuführen.

Schlüsselwörter. Arc/Info, ArcView, Client/Server-fähige Applikation, Datenauswertung, Datenerfassung, Datenstruktur, EDV-Technologie, Räumliche Generalisierung.

1 Einleitung

Im Zuge der Arbeiten im Forschungsprojekt LENAB (vgl. Bröring et al. 1995) wurden 1995 bis 1998 ökologische und sozialwissenschaftliche Daten verschiedener Art erhoben und ausgewertet (vgl. BTUC 1998). Die Verschiedenheit der Daten betraf die Art der Erhebung (Messung, Zählung, Kartierung), die zeitlichen Abstände der Erhebung (in Minutenabständen bis einmalig), den betroffenen

Sachverhalt und die geographische Ausdehnung (Punkt, Linie, Fläche). Aufgabe innerhalb des Forschungsverbundes war die Koordinierung der in den einzelnen Teilprojekten erfolgten Arbeiten mit DV-Relevanz. Im Ergebnis wurden die Daten der einzelnen Forschungsprojekte gesammelt und zu einem ganzheitlichen Daten- und Methodenkomplex zusammengefaßt.

Im vorliegenden Beitrag werden die Vorgehensweisen im einzelnen erläutert und anhand von einfachen Anwendungsbeispielen aus dem Bereich räumlicher Generalisierung insbesondere faunistischer Daten illustriert.

2 Methodik und Realisierung

Der grundsätzliche Ansatz geht von der Erfassung und Verwaltung punkt-, linien- und flächenförmiger Informationsquellen in einem geographischen Informationssystem aus (vgl. im einzelnen Anders in BTU Cottbus 1998). Die Meßdaten und Zählungen werden in einem relationalen Datenbanksystem erfaßt. Mittels des Desktop-GIS ArcView wird eine Verknüpfung zwischen den Datenbeständen hergestellt. Auf der Ebene des GIS und der Datenbank sind Applikationen zur Datenverwaltung und -ausgabe vorhanden. Auf der Basis eines SQL-DB-Servers wurden modernste Technologien in die Systematisierung und Auswertung der Daten integriert.

Die Arbeiten wurden auf der Plattform einer Kombination aus einer Unix-Workstation (DEC alpha 2 4/166), einem PC (Pentium, AMD K6/200) und einem Novell-Server durchgeführt. Auf der Workstation wurde das GIS Arc/Info 7.1.2 eingesetzt, auf dem PC ArcView 3.0a unter Windows 95, und auf dem Novell-Server war das RDBMS Oracle 7.3 in einer NLM-Version im Einsatz. Für die Kommunikation zwischen dem PC und der Workstation wurde LAN WorkPlace Pro 5.1 inkl. PCNFS verwendet. Die Ansprache des DB-Servers wurde über das Netzwerksystem Novell 4.11 realisiert.

3 Das GIS-Projekt

Für die genannten Informationen zu linienförmigen bzw. flächenhaften Objekten wurden die Daten mit dem GIS Arc/Info 7.1.2 auf einer Unix-Workstation (s. o.) bearbeitet. Die Daten wurden für jedes Untersuchungsgebiet in einem separaten Workspace organisiert. Da es sich nur um zwei Untersuchungsgebiete mit einer deutlich unterschiedlichen Lage handelte, wurden die Gebiete als NORD (Schlabendorf) und SUED (Koyne/Plessa) bezeichnet. Innerhalb der Workspaces wurde eine Strukturierung nach inhaltlichen Aspekten vorgenommen. Für beide Untersuchungsgebiete wurde eine identische Strukturierung vorgenommen.

Für die beiden Untersuchungsgebiete stehen die topographischen Rasterdaten des Landesvermessungsamtes Brandenburg in den Maßstäben 1:10 000 und 1:25 000 zur Verfügung. Es handelt sich um TIFF-Dateien, die in jeweils vier

Ebenen je Blatt vorliegen (Grundriss, Wald, Gewässer, Relief). Die Daten liegen in ihrem Originalzustand (Tischkoordinaten und Beschreibungsdatei) und georeferenziert (5. Meridianstreifen) vor. Für alle topographischen Raster stehen Coverages mit den Blatträndern zur Verfügung, ebenso für die beiden Maßstäbe ArcView-Projekte zur vierfarbigen Visualisierung der Topographien. Die Plotausgabe unter Arc/Info erfolgt mit einer AML, die blattbezogen arbeitet (Konvertierung der Rasterebenen in Grids, Kartenerstellung in ArcPlot). Die Raster stehen in den jeweiligen Workspaces der Untersuchungsgebiete in Subworkspaces bereit. Sie sind blattweise in Verzeichnissen abgelegt.

Innerhalb der Untersuchungsgebiete wurden die in der Tabelle 16.1 angegebenen Themen als Substrukturen angelegt.

Tabelle 16.1 Substrukturen innerhalb der beiden Hauptuntersuchungsgebiete.

Biotope	**Aktuelle Biotopkartierung und historische Biotoperfassungen**
Boden	Bodenkartierung
Fernerkundung	Interpretierte Rasterdaten von Satellitenaufnahmen
Fließgewässer	Kartierung der existierenden und geplanten Fließgewässer
Archäologische Funde	Punktkarten zu archäologischen Fundplätzen
Grundwasser	Grundwasserstandskarten (Ist und Prognose)
Ornithologie	Ornithologische Untersuchungsflächen
Relief	Digitale Geländemodelle
Sanierungspläne	Vorliegende Karten zur Sanierungsplanung
Soziologie	Soziologische Informationen auf Gemeindeebene
Topographie	Raster- und Vektortopographien
Versiegelung	Karte zu Versiegelungsflächen

4 Die Datenbank

In den Bestand der eigentlichen Datenbank wurden alle Untersuchungs- und Meßergebnisse übernommen, die an punktförmigen Informationsquellen (Meßstellen i. w. S) gewonnen wurden. Die Informationen wurden in Tabellen abgelegt, welche untereinander im Sinne eines relationalen Datenmodells miteinander verknüpft sind.

Das Datenmodell

Das Datenmodell wurde unter der Berücksichtigung von mehrstufigen Relationen aufgebaut. Es trägt einen allgemeineren Charakter, als es für die Organisierung der Daten im Forschungsprojekt konkret notwendig war. Es ist in der Lage, dank seiner Grundstruktur und Flexibilität, alle geographisch bestimmten Objekte und Sachverhalte abzubilden.

Lokalität

Es wird zunächst von der Beschreibung der Lokalität ausgegangen, welche mindestens Informationen zur Benennung und zur geographischen Lage enthält. Darüber hinaus können je nach Typ der Lokalität verschiedene Eigenschaften relevant sein. Die Beschreibung einer solchen Lokalität erfolgt in einer Stammtabelle. Diese wird entsprechend der Bedürfnisse zur Beschreibung von Lokalitäten in ihrer Struktur variiert. Optional können ergänzende Tabellen benutzt werden, die zu einer Teilmenge ergänzende Angaben enthalten. Einen besonderen Fall stellt die Lokalität mit teufenorientierter Ausdehnung dar. Für diese, wie z. B. Bohrungen, Brunnen, Grundwasserpegel, wird ein Satz Tabellen zur Aufnahme der Daten definiert. Dabei können eine oder mehrere Tabellen für teufenorientierte Angaben benutzt werden. Diese Möglichkeiten werden beispielsweise für die komplette Erfassung einer Grundwassermeßstelle benötigt, wobei Daten zur Geologie, zum Durchmesser der Bohrung, zur Verfüllung und Verrohrung für eine grafische Darstellung notwendig sind. Die Verknüpfung zwischen den einzelnen Tabellen, die zur Beschreibung der Lokalität gehören, erfolgt über einen eindeutigen Lokalitätsident.

In einer Datensammlung können durch die Definition jeweiliger Mengen von Tabellen mehrere Lokalitätstypen verwaltet werden. Um einen Zugriff auf alle Lokalitäten zu erhalten, werden diese mit ihren elementarsten Informationen in einer typenübergreifenden Tabelle registriert (LOC_REG). Im Zuge dieser Registrierung erhalten alle Lokalitäten einen projektübergreifenden Ident, der zur weiteren Verknüpfung u. a. mit Meßdaten dient. Abbildung 16.1 zeigt die Beziehung zwischen den Stammdaten (1 Datensatz entspricht einer Lokalität) und den Teufendaten (Schichten, Ausbaudaten, Meßdaten etc.).

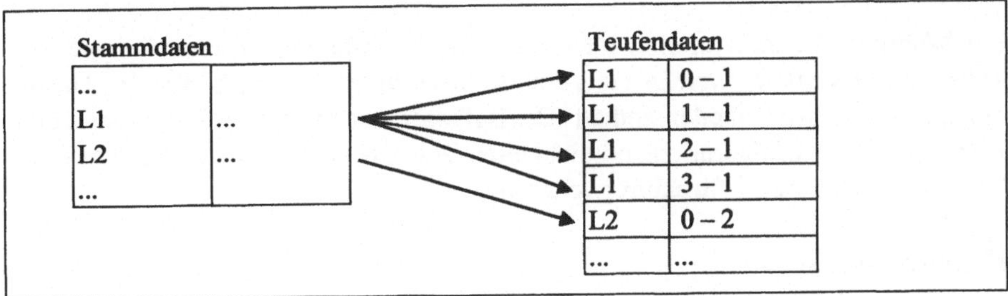

Abbildung 16.1 Beziehung zwischen Stammdaten und Teufendaten.

Beispiele für Lokalitätstypen sind zoologische und botanische Meßpunkte, Klimameßstellen, ornithologische Untersuchungspunkte und limnologische Meßpunkte. Abbildung 16.2 zeigt schematisch den grundsätzlichen Aufbau des Datenmodells mit seinen Verknüpfungen zwischen Lokalität-Meßstelle-Meßwert. Meßwerte können auf verschiedener Ebene angebunden werden, diverse Kombinationen aus Lokalität, Meßstellentyp und Datentyp sind konfigurierbar.

Meßstellen

In einer möglichen 1:n-Beziehung zu den Lokalitäten stehen die eigentlichen Meßstellen. Diese können, an der gleichen Lokalität befindlich, unterschiedlich sein. Für diesen Zweck wird der Verwaltung der Lokalitäten eine Meßstellenverwaltung beigestellt. Für verschiedene Meßstellentypen können erneut verschiedene Tabellensätze generiert und benutzt werden. Auch hier werden die verschiedenen Meßstellen in Registertabellen typübergreifend mit einem eindeutigen Ident registriert.

Meßwerte

Die eigentliche Verknüpfung der Meßwerte erfolgt durch die Anbindung mittels des Ident an die Meßstellenverwaltung. Dabei werden die Meßwerte in sogenannten Datentypen gruppiert. Die Datentypen sind inhaltlich definiert und weisen sehr unterschiedliche Spektren an Meßparametern auf. Beispiele für solche Datentypen sind Ergebnisse zu Grundwasserchemie, Grundwasserdynamik, Bodenuntersuchungen, Klimadaten oder auch ökologische Meßwerte und Beobachtungsergebnisse. Jedem solchen Datentyp wird jeweils eine Tabelle mit dem entsprechenden Umfang an Wertespalten zugeordnet. Dabei können sowohl mehrere Datentypen einem Meßstellentyp, als auch ein Datentyp mehreren Meßstellentypen zugeordnet werden.

Die einzelnen Datensätze in den Meßwerttabellen verfügen über eine Anbindung zur Meßstelle durch den jeweils mitgeführten Meßstellenident. Jeder Datensatz wird außerdem durch eine Datensatz- bzw. Probenummer, sowie Name, Datum und Uhrzeit qualifiziert.

Integrität

Zur Wahrung der strukturellen Integrität wird im Datenmodell eine Gruppe von Tabellen vorgehalten, welche die gesamte Strukturbeschreibung aller im Datenmodell integrierten Tabellen enthält. Die Software zur Pflege der Daten hat damit Kontroll- und Konfigurationsmöglichkeiten zur Überwachung der strukturellen Integrität bzw. für eine Strukturerweiterung.

Datenbestand

Klima

Es liegen zu zwei Klimameßstellen Daten vor. Dabei handelt es sich um eine Menge von ca. 450 000 Datensätzen, die Klimadaten enthalten (stündlich gemessene Temperaturen, Niederschlag etc.), und Daten zur Winddynamik (gemessen alle 5 Minuten, Windrichtung und -stärke).

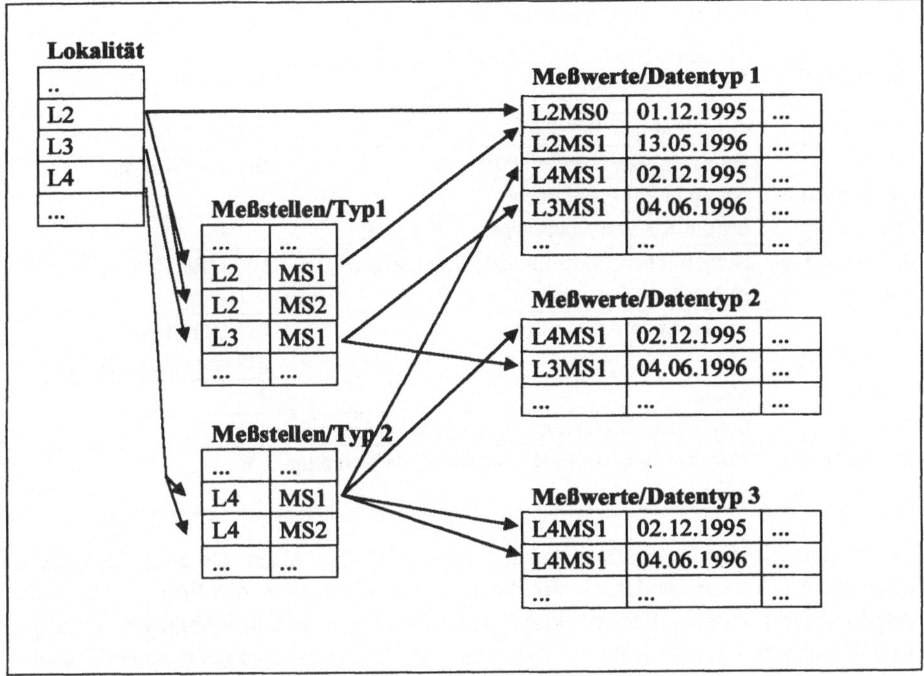

Abbildung 16.2 Aufbau des Datenmodells mit seinen Verknüpfungen zwischen Lokalität-Meßstelle-Meßwert.

Limnologie

Für fünf Restlöcher liegen Untersuchungsergebnisse vor. Die Proben wurden zu verschiedenen Zeitpunkten in verschiedenen Tiefenintervallen entnommen. Für die einzelnen Untersuchungsarten ist die Anzahl der genommenen Proben je Beprobung unterschiedlich.

Botanik

Für den Zeitraum 1995-1997 liegen vegetationskundliche Untersuchungen vor. Diese beinhalten die Ermittlung des Deckungsgrades bei Berücksichtigung von 278 Arten bzw. Artengruppen. Für den genannten Zeitraum sind ca. 1 000 Einzeluntersuchungen berücksichtigt.

Zoologie

Im Rahmen mehrerer Teilprojekte wurden zoologische Daten erhoben. Zu den Tiergruppen Amphibien, Vögel, Libellen, Reptilien, Wanzen, Hautflügler, Laufkäfer, Spinnen und Säugetiere liegen insgesamt ca. 35 000 Datensätze vor. Im Detail ist dabei die Belegung sehr heterogen. Die Datensätze liegen im Prinzip in der in der folgenden Tabelle angegebenen Form vor.

Tabelle 16.2 Muster der Dateistruktur zur Verarbeitung faunistischer Daten.

Datenfeld	**Beschreibung**	**Beispiel**
Bereich	Großräumiger Bereich	Schlabendorf-Süd
Biotop	Biotopangabe (vereinheitlicht)	Einsaat-Grasland
Probepunkt	Nummer der Probefläche	122
Datum	Datum der Beobachtung/der Datennahme	7.8.96
Tiergruppen-code	Einheitlicher Code für die untersuchten Tiergruppen	HET (für Heteroptera)
Objekt	Beobachtete Art (codiert)	290 (für Stenodema calcarata FALLEN 1807)
Anzahl	Menge	2
Einheit	Individuen, Männchen, Weibchen, Larven o. a.	Ind
Methode	Angabe der Methode (Bodenfalle/Netzfang u. a.)	NF

Zur Entlastung der Datensätze wurden sowohl für die Arten, als auch für andere Angaben Codes verwendet, so für die Biotopangaben oder die Probepunkte, die relational mit entsprechenden korrespondierenden Dateien verbunden wurden. Eine korrespondierende Datei ist etwa die, die Code, Artname (in exakter Nomenklatur) und diverse allgemeine biologische Angaben zu Phagie, Phänologie, Vorkommen in bestimmten Biotopen usw. enthält. Die Datenhaltung erfolgte meist mit Access, aber auch andere Anwendungen sind grundsätzlich geeignet. Die Datenstruktur gewährleistet, daß alle Daten synthetisch oder einzeln nach bestimmten Kriterien und zwar in jeder Richtung ausgewertet werden können (etwa über die Erstellung von Pivot-Tabellen). Auch die gemeinsame Auswertung mit den Ergebnissen aus anderen Teilprojekten ist wegen der klaren Zuordnung zu Raum und Zeitpunkt der Beobachtung möglich.

5 Entwickelte Methoden

Zur Gewährleistung einer geeigneten Datenverarbeitung und einer effektiven Kommunikation zwischen den einzelnen Teilprojekten mit ihrem je unterschiedlichen Datensatz sowie zur Sicherstellung eines flüssigen Datenaustausches wurden verschiedene Methoden entwickelt.

Berechnung von Fließgewässergefällen

Es wurde eine ArcView-Applikation erstellt die auf der Basis von Arc/Info-Daten das Gefälle von Fließgewässern berechnet. Voraussetzung dafür sind ein Fließgewässernetz und eine Schar von Höhenmeßpunkten am Gewässernetz.

Auf der Grundlage dieser Daten wird das Flußnetz dynamisch segmentiert. Die so erzeugten Daten werden in der ArcView-Applikation dahingehend ausgewertet, daß für Flußabschnitte zwischen Höhenmeßpunkten das Gefälle berechnet und in im betreffenden Shape zur weiteren Auswertung hinterlegt wird.

Extrapolation von zoologischen Ergebnissen

Für das Teilprojekt 1 wurde eine ArcView-Extension entwickelt, um punktuell erhobene zoologische Untersuchungsergebnisse in Flächenthemen zu extrapolieren. Dazu werden die Zählergebnisse zu einer optionalen Spezies an den Meßpunkten bezüglich des ausgewählten Flächensystems (Biotope, Biotopklassen, Fernerkundungsdaten) analysiert. Über die Lage der Punkte in verschiedenen Flächen werden Referenzflächen ermittelt. Die für die Referenzflächen ermittelten Ergebnisse werden als Grundlage für eine Klassifizierung der Gesamtheit der Flächen benutzt. Das Klassifizierungsergebnis wird als neues Thema in ArcView erstellt und steht für eine Kartenausgabe zur Verfügung (Beispiel s.u.).

Visualisierung der Übersichtskarte mit ArcView

Für die Visualisierung der Untersuchungsgebiete, wesentlicher topographischer Elemente und der Lage der Untersuchungspunkte wurde ein ArcView-Projekt erstellt. In diesem wurden Views auf die entsprechenden Coverages und Shapes eingerichtet, sowie Legenden und maßstabsgerechte Layouts erstellt.

Arc/Info-Applikation

Für die Handhabung der Arc/Info-Daten wurde eine Applikation mit der Programmiersprache AML erstellt. Diese stellt in einer benutzerfreundlichen Oberfläche unter Arc/Info alle Methoden bereit, um die Karten, für die bei FUGRO entsprechende Ausgabeprogramme vorliegen menügesteuert ausgeben zu können. Die benutzten Methoden sind für die beiden Untersuchungsgebiete identisch. Das System ist offen gestaltet und kann im Zuge fortführender Arbeiten erweitert werden.

6 Anwendungsbeispiele

Wesentliches Ziel des Verbundprojektes war es, Leitbilder für die verantwortliche Gestaltung und nachhaltige Entwicklung der Bergbaufolgelandschaft zu entwikkeln und damit einen Beitrag zum Planungsprozeß zu leisten (Bröring et al. 1995, Schulz & Wiegleb 2000, dieser Band, Wiegleb 2000, dieser Band). Notwendig dazu ist neben einer geeigneten, thematisch aufbereiteten Verschneidung der Untersuchungsergebnisse verschiedener Teilprojekte eine flächenhafte Darstellung. Dies gelingt mit Hilfe der unter Arc/Info entwickelten Applikationen.

Abbildung 16.3 zeigt beispielhaft einen Kartenausschnitt aus der Umgebung von Schlabendorf. Die Darstellung erfolgt auf der Grundlage von Fernerkundungsdaten, Biotoptypenkartierung und Kartierung der Vegetation. Flächenmäßige Anordnung und Flächengrößen der unterschiedenen Biotoptypen können mit Hilfe von Arc/Info bzw. ArcView bestimmt werden. Jeder beliebige Kartenausschnitt ist darstellbar und für räumliche Planungen verwendbar.

Die Klassifikation der Biotope in Biotoptypen nimmt schwerpunktmäßig auf Offenlandbereiche Bezug. Die Probenahmepunkte konzentrieren sich auf den Bereich um Restsee F (Lichtenauer See) und zwischen Fürstlich Drehna und Görlsdorf. Bei der Auftragung der unterschiedenen Hauptbiotoptypen wird deutlich, daß die naturnahen Offenlandbereiche vielfach unterbrochen sind durch Gehölzanpflanzungen und Bereiche, die anderen Nutzungen unterliegen (Grünland, Ackerflächen), aber auch, daß größere, zusammenhängende vegetationsfreie Flächen vorhanden sind. Insgesamt ergibt sich ein z. T. sehr kleinräumiges Mosaik naturschutzfachlich bedeutsamer Offenlandflächen.

Aufgrund der generellen Möglichkeit, alle im Projekt gemessenen Daten zu verschneiden und in Form von GIS-Karten auszugeben, ist es möglich, die vermutete Verbreitung einzelner Arten oder nach bestimmten Merkmalen gebildeten Artengruppen darzustellen. Abbildung 16.4 zeigt den gleichen Kartenausschnitt wie Abbildung 16.3 mit der vermuteten Verbreitung von Acalypta gracilis (Heteroptera). Für diese Darstellung wurden die ermittelten Individuendichten (Aktivitätsdichtemessung durch Bodenfallen) für die einzelnen Biotope einfach gemittelt, in Abundanzklassen umgeformt und für die Graustufe in der Darstellung herangezogen. Dabei gingen die Ergebnisse einer zweijährigen Erfassungskampagne mit Bodenfallen, die in den verschiedenen Biotopen ausgebracht waren, ein (vgl. Mrzljak et al. 2000, dieser Band).

Bei der ausgewählten Art Acalypta gracilis handelt es sich um eine in bodennahen Straten (oft in Moos) lebende, 2 bis 3 mm große pflanzensaugende Netzwanze (Tingidae), deren Verbreitungsgebiet fast ganz Europa umfaßt. In der Bergbaufolgelandschaft bevorzugt diese Art offenbar junge Kiefernanpflanzungen oder lokkere Aufforstungen, aber auch Hochgrasbestände und Sandtrockenrasen. Ein Verbreitungsschwerpunkt ist für den Bereich um den Restsee F abzulesen.

Solche Darstellungen sind für alle ca. 1 000 Arten der durch quantitative Netzfänge und Bodenfallen untersuchten Tierarten möglich (Heteroptera, Carabidae, Araneae, Staphylinidae, Scarabaeidae u. a.; vgl. Mrzljak et al. 2000, dieser Band), wobei sich auch andere, elaboriertere Berechnungsmodi zur quantitativen Darstellung von populationsbezogenen Daten für Flächen ausführen lassen. Ein Beispiel ist die Generalisierung von Punktdaten in die Fläche unter Verwendung einer Fuzzy-Menge (Felinks et al. 2000, dieser Band).

Durch die Möglichkeit, alle Optionen eines modernen GIS zu benutzen, ist hiermit ein geeignetes Instrument für die Planung unter naturschutzfachlichen Aspekten gegeben. So lassen sich anwendungsspezifisch Bereiche mit besonders hohen Artendichten, mit hohen Diversitäten, mit besonders hohen Anteilen an biotoptypischen oder seltenen Arten als auch Verbreitungsmuster bestimmter Arten ausweisen. Eine Darstellung ist auf verschiedenen klein- bis größerräumigen Skalen je nach Anwendungszweck möglich.

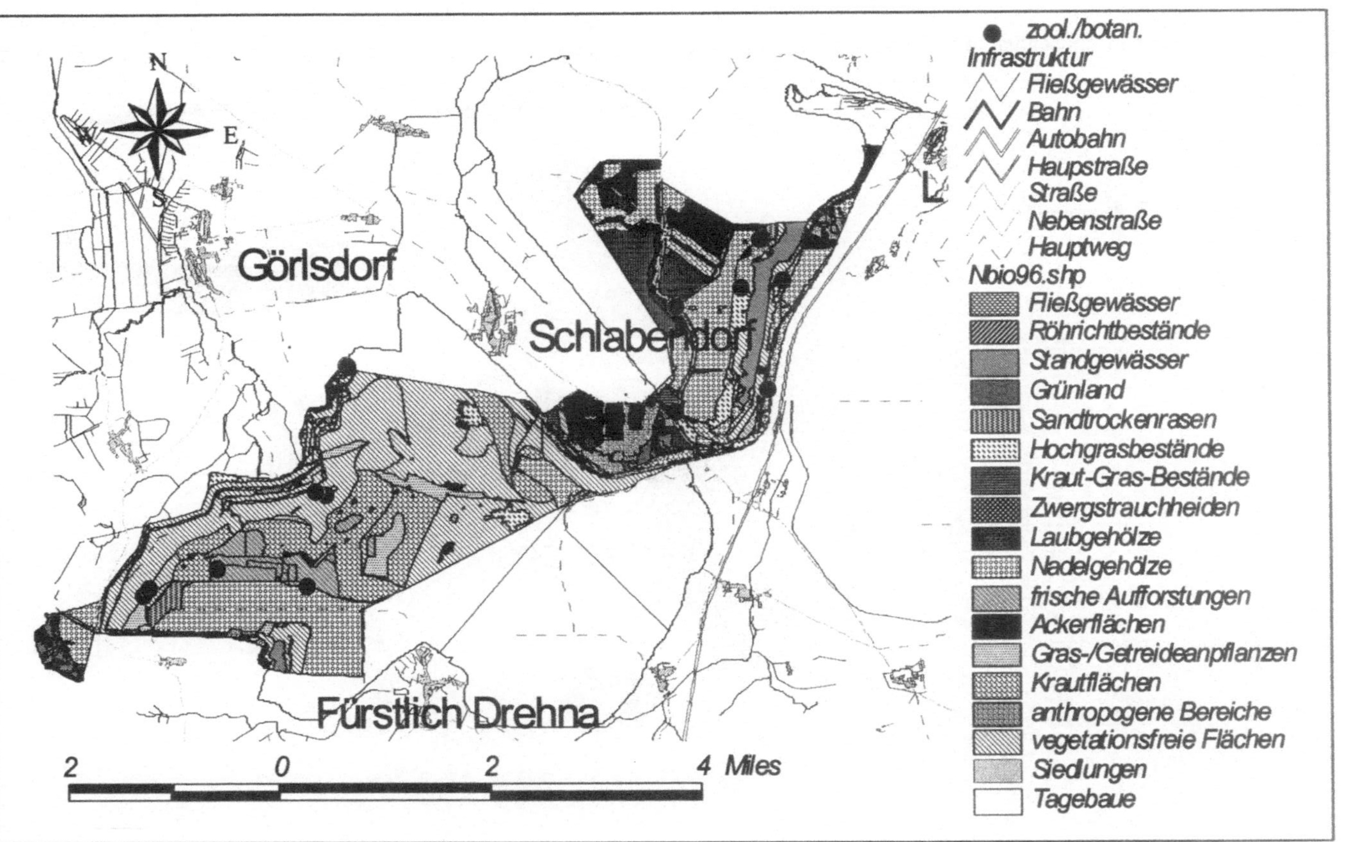

Abbildung 16.3 Karte von Schlabendorf und Umgebung mit Biotoptypen und Lage der zoologischen und botanischen Untersuchungsflächen.

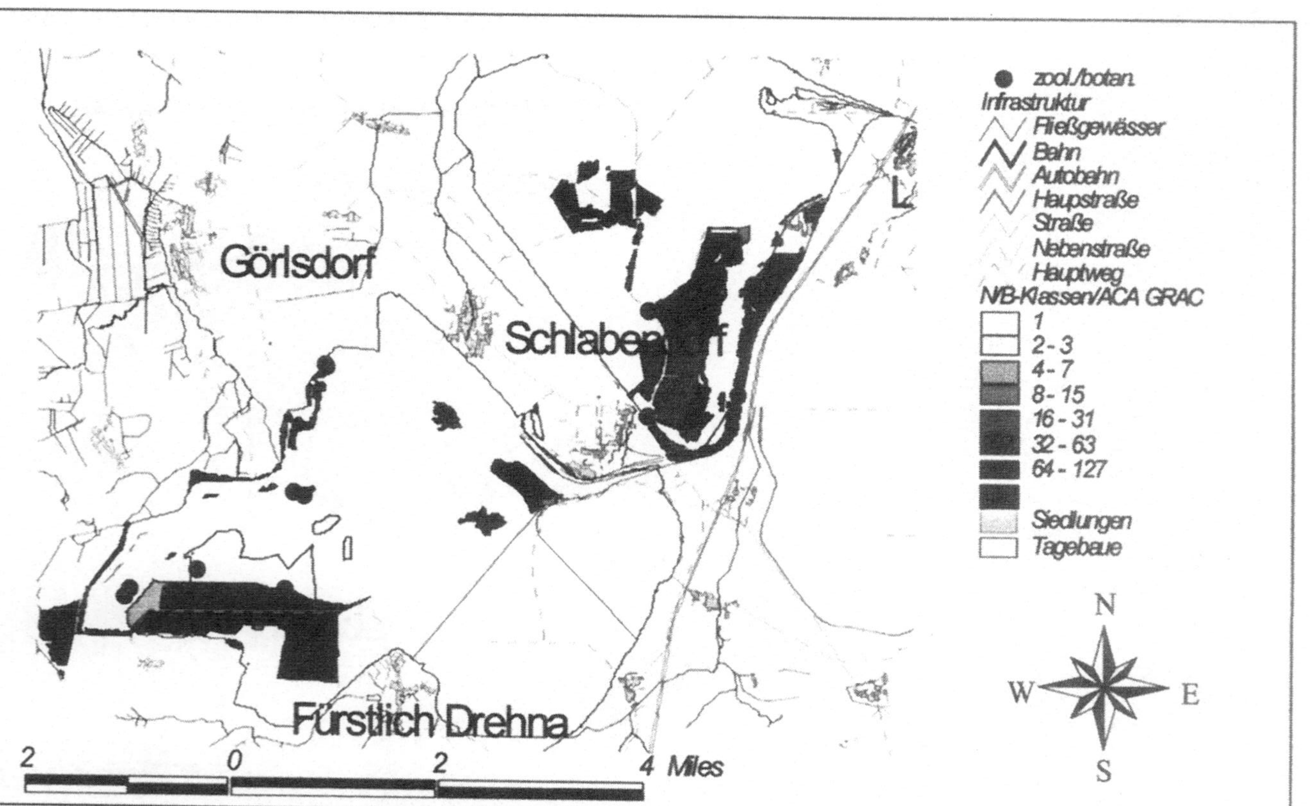

Abbildung 16.4 Verbreitung von Acalypta gracilis (Heteroptera) in verschiedenen Biotopen im Bereich Schlabendorf nach Bodenfallenunter suchungen (vgl. Text).

Zur Demonstration wurde ein einfacher Berechnungsmodus gewählt, das dargestellte Beispiel darf deshalb nicht überinterpretiert werden (Abb. 16.4). Es zeigt, wie eine flächenhafte Darstellung, wie für Planungszwecke gefordert, aussehen kann. Darüber hinaus können die dargestellte Datenbankstruktur und die entwikkelten Anwendungen als Basis für die Entwicklung eines umfassenden, verschiedene Biotopstrukturen und Nutzungen, verschiedene Leitbilder und Anforderungen an die Landschaft berücksichtigenden Landschaftsmodells betrachtet werden. Möglich wird dies insbesondere durch die ständige Verfügbarkeit der Daten für die Bearbeitung aktueller Probleme auch in der Phase der ergänzenden Datenerhebung und Auswertung sowie der Erweiterbarkeit des Grundmodells in verschiedene Richtungen je nach Anforderung.

Danksagung

Wir danken allen Mitarbeitern am LENAB-Projekt für die gute Zusammenarbeit, besonders B. Felinks, A. Grondtke und M. Pilarski. Wir danken F. Schulz und J. Mrzljak für die Durchsicht des Manuskriptes und konstruktive Kritik. Das Verbundvorhaben LENAB wurde gefördert vom BMBF (Fkz 0339648) und der LMBV mbH.

Literatur

Bröring, U., Schulz, F. & Wiegleb, G. 1995. Niederlausitzer Bergbaufolgelandschaft: Erarbeitung von Leitbildern und Handlungskonzepten für die verantwortliche Gestaltung und nachhaltige Entwicklung ihrer naturnahen Bereiche. Z. Ökol. Natursch. 4(3): 176-178.

BTU Cottbus 1998. Verbundvorhaben Niederlausitzer Bergbaufolgelandschaft: Erarbeitung von Leitbildern und Handlungskonzepten für die verantwortliche Gestaltung und nachhaltige Entwicklung. Abschlußbericht zum BMBF-/LMBV-Verbundprojekt (Fkz. 0339648). Polykopie, Cottbus: 1054 S.

Felinks, B. 2000. Dynamik der Vegetationsentwicklung in den terrestrischen Offenlandbereichen der Bergbaufolgelandschaft, dieser Band.

Felinks, B., Mrzljak, J. & Pilarski, M. 2000. Generalisierung vegetationskundlicher und zoologischer Daten „vom Punkt in die Fläche" – empirische Aspekte, dieser Band.

Mrzljak, J., Bröring, U., Borries, J., Geipel, K.-H., Grondke, A., Rusch, J. & Wiegleb G. 2000. Muster der Artenzusammensetzung von Wirbellosen in Offenlandbereichen der Bergbaufolgelandschaft, dieser Band.

Schulz, F. & Wiegleb, G. 2000. Die Niederlausitzer Bergbaufolgelandschaft - Probleme und Chancen, dieser Band.

Wiegleb, G. 2000. Leitbildentwicklung in der Bergbaufolgelandschaft als Beispiel für das Konzept der „guten naturschutzfachlichen Praxis", dieser Band.

Teil 5

Gewässerökologie

17 Ausgewählte Aspekte der Morphologie und Ökologie von Fließgewässern der Bergbaufolgelandschaft

Michael Mutz[1], Martina Pusch[1] & Jörg Siefert[1]

[1] Brandenburgische Technische Universität Cottbus, LS Gewässerschutz, Forschungsstelle Bad Saarow, Seestr. 45, D-15526 Bad Saarow, e-mail: m.mutz@t-online.de

Zusammenfassung. Die Bergbaufolgelandschaft der Niederlausitz ist in Bezug auf die Gewässersysteme als eine neuartige Landschaft anzusehen. Die Rahmenbedingungen für Gewässer sind durch die aktuelle Grundwasserabsenkung, intensive wasserwirtschaftliche Nutzung und starke Veränderungen der hydrologischen Bedingungen auch nach Erreichen eines sich selbst regulierenden Wasserhaushaltes gekennzeichnet. Gegenüber der vorbergbaulichen Situation ist ein Verlust an Fließstrecken und eine starke Degradation der Gewässermorphologie zu verzeichnen. Die strukturarmen Gerinne sind durch Eintiefung und mächtige Depositionen aus Eisenocker beeinträchtigt. Bei der beginnenden morphologischen Eigenentwicklung spielen Fallholz und aquatische Makrophyten eine bedeutende Rolle. Beim Makrozoobenthos kommt es zu einem Ausfall von Funktionsgruppen wie Laubzerkleinerer oder Weidegänger. Räuber stellen einen ungewöhnlich hohen Anteil der Biozönosen. Die artenarme Besiedlung zeigt einen deutlichen Bezug zu den Parametern pH-Wert und Eisentrübe. Der Abbau von Fallaub erfolgt in den sauren Gewässern hoch spezifisch. Bedingt durch das Fehlen der Laubzerkleinerer und die Inkrustation von Laub in eisenhaltige Depositionen kommt es auch nach über einem Jahr nach Eintrag nahezu zu keiner Fragmentierung der Blätter. Dies hat Auswirkungen auf die Struktur und Morphodynamik der Gerinnesohlen. Nach dem Eintrag in die Gewässer werden Nährstoffe und Kohlenstoff aus den Blättern herausgelöst, wobei außergewöhnlich hohe Pilzbiomassen auf den Blättern beobachtet wurden. Diese kompensieren in Kurzzeit-Laborversuchen völlig den Masseverlust der Blätter durch Herauslösen. Es wird eine spezifische mikrobielle Umsetzung von partikulärem Kohlenstoff in den geogen sauren Gewässern vermutet. Aufgrund der zentralen Bedeutung von organischem Kohlenstoff für den Stoff- und Energiehaushalt der geogen sauren Gewässer, sowie durch eine eventuell mögliche natürliche biogene Alkalisierung, ergibt sich drängender Forschungsbedarf bei den Prozessen zur Umsetzung von organischem Material.

Schlüsselwörter. Bergbaufolgelandschaft, Fließgewässer, Gerinnemorphologie, Laubabbau, Makrozoobenthos.

1 Einleitung

Die im Rahmen des LENAB-Projektes durchgeführten Arbeiten hatten das Ziel, den aktuellen morphologischen und ökologischen Status der kleineren Fließgewässer in der Bergbaufolgelandschaft (BFL) zu erfassen und deren potentiell natürliche Morphologie zu spezifizieren. Der Fokus der Arbeiten lag auf den Untersuchungen zur Gewässermorphologie, da diese direkt Gegenstand der laufenden Gewässergestaltungen und Gewässerumgestaltungen in der BFL sind. Die sehr umfassende Aufgabe, den aktuellen ökologischen Zustand zu erfassen, konnte nur anhand ausgewählter Schwerpunkte erfolgen. Diese Auswahl sollte einerseits Grundlagen für die Bewertung des ökologischen Zustandes der Gewässer liefern. Andererseits sollten aber auch spezifische Prozesse der Eigenentwicklung dieser doch stark von natürlichen Bedingungen abweichenden Gewässer untersucht werden, um Prognosen über künftige Gewässerentwicklungen zu verbessern.

Es wurden an Gewässern der BFL Untersuchungen zum morphologischen Status, zur Wasserchemie, zur Besiedlung durch Makrozoobenthos, zum Abbau von Laub und zur Sedimentbildung durchgeführt. An Referenzgewässern wurde umfassend die Morphologie erhoben und die Besiedlung durch Makrozoobenthos bestimmt.

Der vorliegende Artikel präsentiert ausgewählte Aspekte der Ergebnisse des Projektes zu den genannten Themenkreisen. Die auf der Grundlage der erhobenen Daten entwickelten Leitbilder und Objektszenarien für Fließgewässer sind nicht Gegenstand des Textes. Hierüber gibt es bereits eine Reihe von Publikationen (Mutz 1996, Mutz 1998, Mutz & Nixdorf 1999), zudem fanden die hierzu entwikkelten Vorstellungen Eingang in die medienübergeifenden Leitbilder, die ebenfalls in diesem Buch vorgestellt werden (Nixdorf et al. 2000, dieser Band).

2 Allgemeine Rahmenbedingungen der Fließgewässer der BFL

Die Fließgewässer der BFL sind nach wie vor stark durch den unnatürlichen Wasserhaushalt der Region, d. h. durch Grundwasserabsenkung, Grubenwassereinleitungen und Versickerungen dominiert. Dies gilt nicht nur für die Gewässer innerhalb der Ausdehnung des von Arnold & Kuhlmann (1993) publizierten Grundwasserabsenkungstrichters, sondern auch für die Gewässer in der Region Koyne/Plessa, wo bereits natürliche Abflußverhältnisse vorherrschen sollten. Von den im Projektgebiet Lauchhammer auf den aktuellen topographischen Karten verzeichneten 166 km Gräben und Fließgewässern hatten während der Kartierungsarbeiten in den Jahren 1995-1997 nur 35 km eine erkennbare Wasserführung. Der überwiegende Anteil der Gewässer mit nennenswerter Wasserführung wurde direkt aus Grubenwasser gespeist.

Große Teile der Gewässersysteme der BFL wurden zur Abführung der gepumpten Grubenwassermengen auf Abflüsse ausgebaut, die weit über den natürlichen Abflüssen der vorbergbaulichen Situation liegen. Weitere Maßnahmen dieser intensiven bergbaulich bedingten Überformung der Gewässer sind Eintiefungen, Laufverlagerungen von Fließstrecken um Abbaugebiete und einzugsgebietsübergreifende Wasserüberleitungen in die ausgebauten Vorflutsysteme. Dazu kommt noch der Verlust von Fließgewässern in den eigentlichen Abbaugebieten im Zuge der völligen Überformung der Topographie dieser immerhin ca. 740 km² umfassenden Flächen. Die Größenordnung, die dieser Verlust an Fließgewässern umfassen kann, wird am Beispiel des Tagebaues Schlabendorf-Süd deutlich. 78 km permanent wasserführende Fließstrecke in der vorbergbaulichen Situation stehen nur noch ca. 2,7 km Fließstrecke nach der bergbaulichen Sanierung gegenüber (Braunkohlenausschuß 1993). Bei dieser vergleichenden Betrachtung muß allerdings berücksichtigt werden, daß in der vorbergbaulichen Situation die Region außer durch natürliche Fließgewässer auch durch ein Netz an Entwässerungsgräben überzogen war. Dieses zum Teil sehr alte Entwässerungsnetz war Bestandteil der gewachsenen Kulturlandschaft mit extensiver Landwirtschaft auf den teilweise sehr grundwassernahen Standorten. Die hohe vorbergbauliche Gewässerdichte entsprach somit nicht den natürlichen Bedingungen. In der nachbergbaulichen Situation wird die Hydrologie der Gebiete durch die tiefreichenden wasserdurchlässigen Kippen ohne stauende Schichten und durch die neu entstandenen großen Tagebauseen geprägt, die direkt einen großen Anteil der Grundwasserneubildung als Zwischenabfluß oder über Grundwasserzustrom aufnehmen werden, so daß die nun geringe Gewässernetzdichte durchaus den neuen Voraussetzungen in diesen Gebieten entspricht.

3 Ausgewählte Aspekte der Gewässermorphologie

Entsprechend der intensiven, durch den Bergbau aber zum Teil auch durch die Landwirtschaft bedingten, wasserwirtschaftlichen Nutzung der Gewässer sind die Fließgewässer überwiegend als Gräben mit Rechteck- oder Trapezprofil ausgebaut und in ihrem Querschnitt gegenüber natürlichen Gewässern überdimensioniert. Die Ergebnisse der Kartierungen der Gewässermorphologie ergaben dementsprechend eine große Strukturarmut der Fließgewässer. Besonders problematisch für die künftige Entwicklung der Gewässer erscheint die große Eintiefung der Fließstrecken von überwiegend über 1,5 m unter Flur (Abb. 17.1).

Ein weiteres, für die Gewässerentwicklung bedeutsames Ergebnis ist die sehr weit verbreitete Bedeckung der Gewässersohlen durch Depositionen aus Eisenokker. Eisenocker-Verschlammungen von einer Mächtigkeit bis 0,5 m waren selbst in Fließgewässern mit mittleren Fließgeschwindigkeiten bis zu 20 cm/s die Regel.

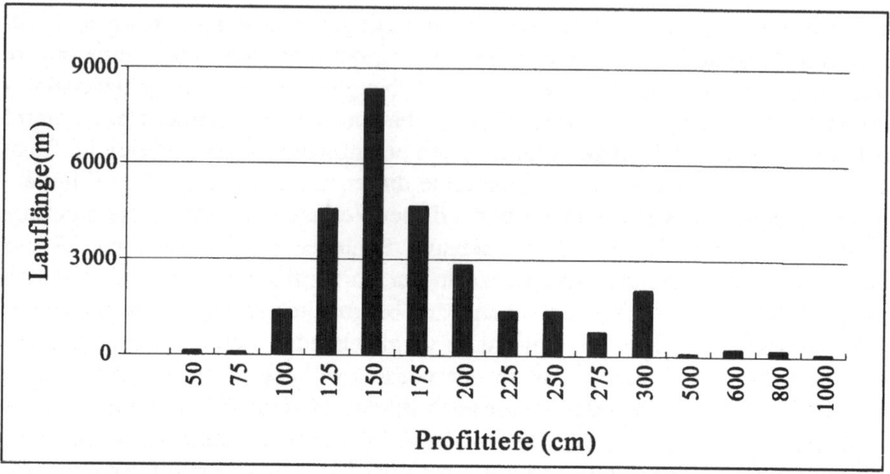

Abbildung 17.1 Eintiefung der Fließstrecken in der Untersuchungsregion Koyne/Plessa. Angaben in absoluter Fließstrecke.

Zum Teil ist dies auf eine Einleitung neutralisierten Grubenwassers zurückzuführen, wie im Falle der pH-neutralen Gewässer im Einflußbereich der ehemaligen Tagebaue Schlabendorf. Durch eine Verbesserung der Nachreinigung dieser Wässer könnte die Bildung dieser Depositionen sicherlich erheblich reduziert werden.

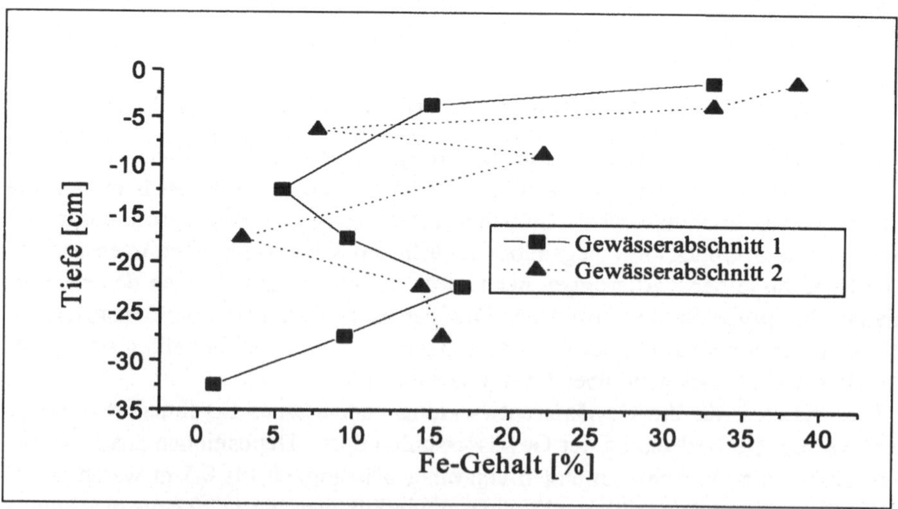

Abbildung 17.2 Tiefenverteilung der Eisengehalte von Sedimenten zweier Gewässerabschnitte der Tagebauseenkette bei Koyne/Plessa. Die Punkte geben die mittleren Gehalte von 2,5 bzw. 5 cm starken Sedimentschichten wieder.

Die Analyse von Sedimenten aus der Region Koyne/Plessa zeigte aber, daß der Eisengehalt auch in ungestörten Fließstrecken zwischen 7% und 20% lag und in der oberen relativ lockeren 2,5 bis 5 cm mächtigen Auflage sogar bis zu 40% der Sedimente ausmachte (Abb. 17.2). Diese Fließstrecken werden von bestehenden Tagebauseen gespeist. Es muß also angenommen werden, daß auch bei einem sich selbst regulierenden Wasserhaushalt solche beachtlichen Fe-Depositionen ein wesentliches Charakteristikum der Fließstrecken in der BFL sein werden.

Aus der Strukturerhebung ergaben sich auch Hinweise auf Richtung und Geschwindigkeit der Eigenentwicklungen der Gerinnemorphologie. In der Region Koyne/Plessa konnte z. B. im mittleren Abschnitt des Floßgrabens und am oberen Neugraben eine moderate Erhöhung der Tiefenvarianz und des Strukturreichtums festgestellt werden, die durch Fallholz aus den dort bewaldeten Uferstrecken ausgelöst wird. Ein weiterer wichtiger Strukturauslöser in den Gewässern sind Makrophyten. Insbesondere Juncus bulbosus, welches fast alle unbeschatteten Fließstrecken ohne regelmäßige Gewässerunterhaltung mit einem Deckungsgrad von über 25% besiedelte, aber auch horstbildende Binsen (Juncus effusus), vereinzelt auftretendes Schilf (Phragmites australis) und Rohrkolben (Typha latifolia) verursachten in den zumeist überdimensionierten Gerinnen eine Diversifizierung der Strömung und in der Folge Strukturen wie Längs- und Querbänke (Fischer et al. 1996). Die zeitliche Dimension einer solchen Eigenentwicklung dürfte entsprechend der Zeiträume zur Vegetationsentwicklung im Bereich von einigen Jahren bis Jahrzehnten liegen.

4 Besiedlung durch Makrozoobenthos

Während zweier Probenahmekampagnen im Frühsommer 1996 und im Frühjahr 1997 wurde an 15 Probestellen in der BFL und an fünf Referenzgewässern das Makrozoobenthos quantitativ erfaßt. Dabei wurden einzelne Choriotope separat beprobt und zur Gewichtung der jeweiligen Besiedlung deren Flächenanteile am Gewässerabschnitt geschätzt.

Insgesamt wurden 156 Taxa wirbelloser Tiere gefunden, davon 81 Taxa in den 11 Probestellen der Region Koyne/Plessa, 66 Taxa in den vier Probestellen der Schlabendorf-Region, sowie 97 Taxa an den fünf Referenzprobestellen. Die Artenliste der Gewässer in der Bergbaufolgelandschaft zeigt typische Arten für Moorstich- und Entwässerungsgräben wie z. B. die Trichoptere Oligotricha striata oder der Dytiscidae Rhantus suturellus und einige in Brandenburg gefährdete oder auch stark gefährdete Taxa, wie z. B. die Odonata Orthetrum brunneum oder Gomphus vulgatissimus.

Sowohl in Bezug auf die Anzahl der Taxa als auch in Bezug auf die Diversität der Taxa ist die Besiedlung hochsignifikant negativ mit den pH-Werten des Wassers korreliert (Abb. 17.3).

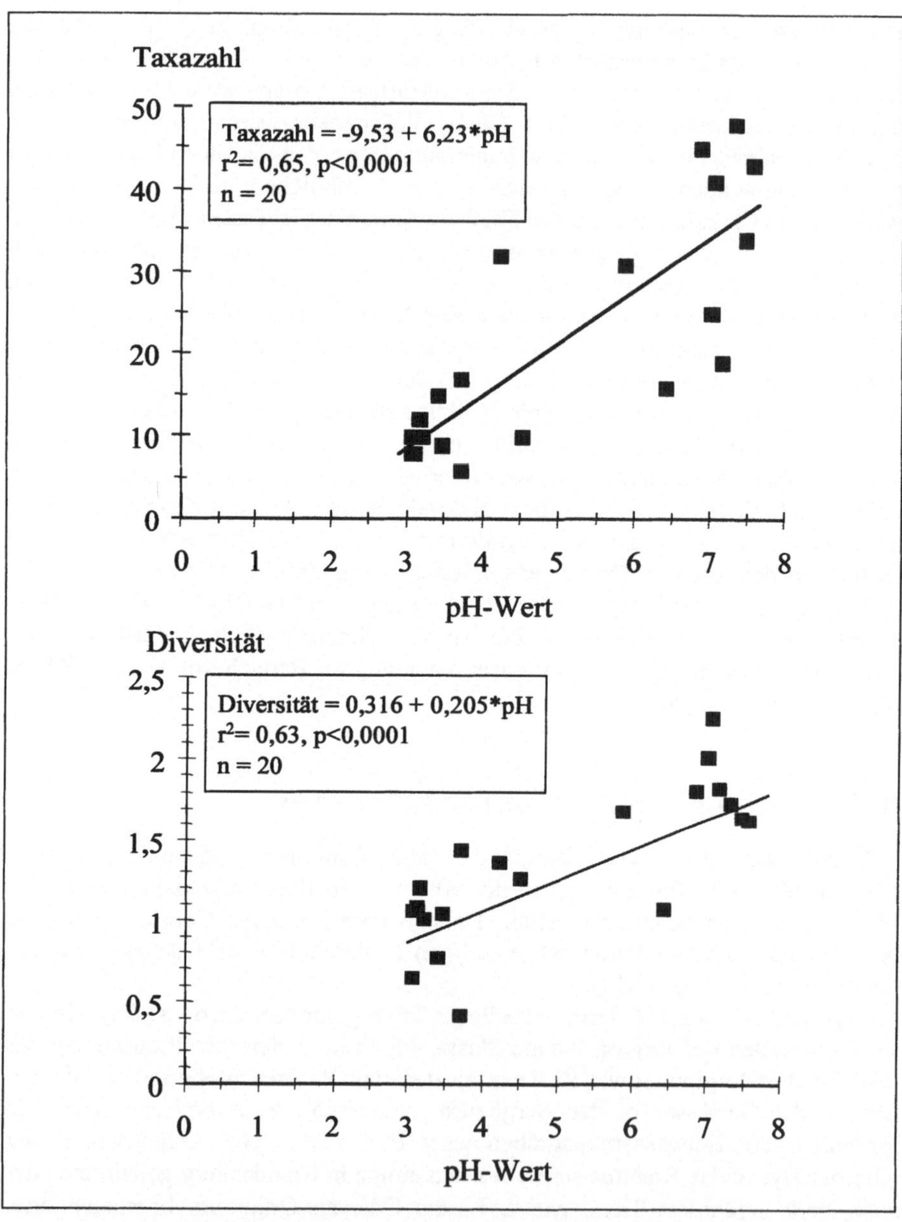

Abbildung 17.3 Korrelation zwischen Anzahl der Taxa und Artendiversität des Makrozoobenthos einerseits und pH-Werten andererseits.

Folgende Taxa, die in pH-neutralen Gewässerabschnitten der BFL gefunden wurden, konnten in den stark geogen sauren Gewässern (pH < 4,0) nicht angetroffen werden: Lumbriculidae, Mollusca, Crustacea, Ephemeroptera, Plecoptera,

Hydropsychidae, Limnephilidae, Leptoceridae, Sericostomatidae, Limoniidae, Tipulidae und die Chironomiden des Tribus Tanytarsini. Diese Taxa scheinen die geringen pH-Werte oder andere Parameter der spezifischen Wasserqualität nicht tolerieren zu können, denn geeignete Habitate sind in den Gewässern vorhanden.

Kategorien der Makrozoobenthosbesiedlung

Eine statistische Untersuchung der Ähnlichkeit der Besiedlung der Probestellen (Clusteralgorithmus nach Ward, unter Verwendung der quadrierten euklidischen Distanzen) ergab eine Kategorisierung der Gewässer in zwei Hauptgruppen, die weiter untergliedert werden können (Abb. 17.4):

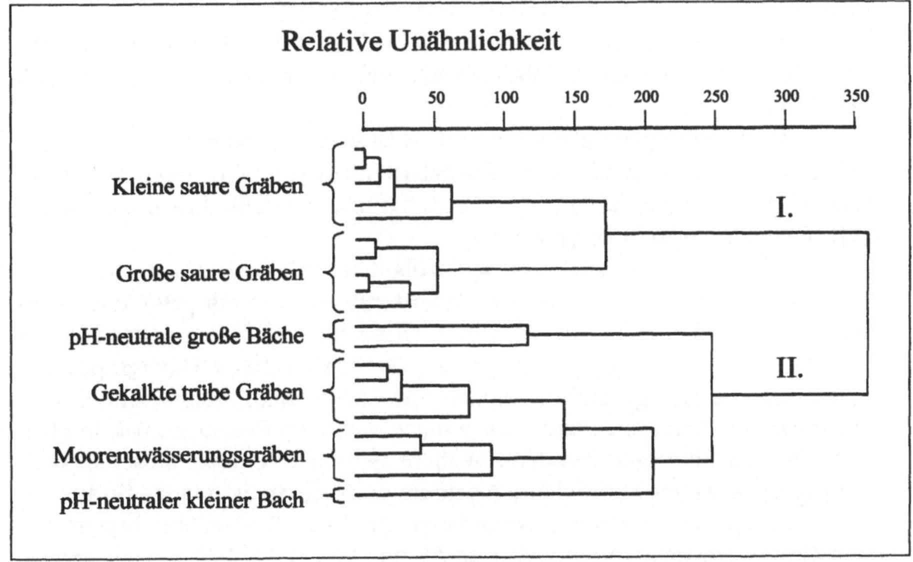

Abbildung 17.4 Dendrogramm der Makrozoobenthosbesiedlung an den Probestellen. Relative Unähnlichkeit nach Ward, unter Verwendung der quadrierten euklidischen Distanzen.

I. Die Gewässerabschnitte der **ersten Hauptgruppe** der **„geogen sauren Gewässer"** haben alle eine geringe Anzahl von Taxa. Die pH-Werte des Wassers lagen zwischen 2,8 und 3,8. Die Benthosbiozönose dieser Gewässer setzte sich fast nur aus Detritusfressern und Räubern zusammen. Die Ernährungstypen Weidegänger, Zerkleinerer und Filtrierer fehlten weitgehend, so daß die Biozönose ein deutliches Defizit an Ernährungstypen aufwies. Die Detritusfresser waren bis auf zwei Ausnahmen dominierend mit einem prozentualen Anteil an der Gesamtbiozönose zwischen 66% bis nahezu 100%. Eine der beiden Ausnahmen war der Abfluß des Tagebausees 109 (Probestelle 4), wo mit der sehr großen Population der filtrierenden Neureclipsis bimaculata eine Räuberdichte zwischen 49-73% verbunden war; die zweite Gewässerstrecke, in der die Detrivoren nicht dominierten, war die Schrake südlich von Malenchen. Dort stellte eine große Population der räuberischen Tanypodinae 40-92% der gesamten Biozönose. Unklar ist die Nahrungsgrundlage dieser relativ hohen Räuberdichten, insbesondere der passiv filtrierenden Neureclipsis im Seeabfluß des Restsees 109, da in diesem sauren See (pH 2,7-3,3) bei den Untersuchungen bisher kaum Zooplankton gefunden werden konnte. Weidegänger wurden nur am oberen Floßgraben (Probestelle 1) mit je einem Anteil von ≤ 1% der Gesamtbiozönose gefunden.

Die Gewässerabschnitte dieser Hauptgruppe lassen sich aufgrund ihrer Makrozoobenthosbesiedlung weiter untergliedern in:

- „Kleine saure Gräben", d. h. kleinere geogen saure Gewässer mit einer Gewässerbreite bis zu 2 m, welche die Restseekette (RS 75-78) bei Koyne durchfließen.
- „Größere saure Gräben", das sind verschiedene 3-4 m breite Gewässerabschnitte des Floßgrabens bei Plessa sowie ein Abschnitt der Schrake südlich von Malenchen.

II. Die zweite Hauptgruppe „gering saure Gewässer und Moorentwässerungsgräben", die aus den weniger sauren Fließabschnitten der BFL sowie den Referenzgewässern besteht, ist in sich heterogener und unterteilt sich in Bezug auf die Besiedlung in vier Untergruppen:

- Die erste Untergruppe „Gekalkte und trübe Gräben", besteht aus gering sauren, da künstlich gekalkten, trüben Gewässerabschnitten mit pH-Werten zwischen 6,3 und 7,5. Hier wurden höhere Taxazahlen als in den geogen sauren Gewässern erreicht. Gemeinsam ist den Gewässern dieser Untergruppe das mehr oder weniger gehäufte Auftreten von Chironomini, Tanytarsini, Orthocladiinae, Prodiamesinae und Tanypodinae und auch Bezzia sp. war in allen vier Gewässerstrecken abundant. Weitere typische Vertreter dieser Besiedlungsgruppe waren Tubificidae, Nemoura cinerea, Sialis lutaria, Hydropsyche angustipennis und Hemerodromia sp. Die Besiedlungsdichte war in diesen Gewässern mit Werten zwischen 86 und 890 Individuen/m² nur gering. Dies ist vermutlich durch die starke Trübung durch Eisenflocken und/oder durch die starken Depositionen an Eisenocker bedingt, was zu den sehr lokkeren besiedlungsfeindlichen anorganischen Sedimenten ohne nennenswerte autochthone Nahrungsgrundlage führt. Ein weiterer Grund für die geringe Besiedlungsdichte dieser Gewässerabschnitte könnte allerdings auch die intensive Unterhaltung mit teilweiser Sohlräumung sein.

  Die Vielfalt der in der Zoozönose vorhandenen Ernährungstypen war in dieser Kategorie von Gewässern höher als in den geogen sauren Gräben. Zumeist waren alle Ernährungstypen vertreten, wobei die relativen Anteile entsprechend dem lokalen Auftreten von Massenvorkommen einzelner Taxa stark variierten.

- Eine zweite Untergruppe „pH-neutrale größere Bäche" bildet die Fließstrecke der Wudritz nördlich von Willmersdorf-Stöbritz zusammen mit einem der Referenzgewässer, dem Ottersbach bei Ortrand. Die Besiedlungsdichte und die Taxazahl dieser als relativ naturnah einzustufenden Gewässer waren mit 2 363 bis 4 437 Individuen/m^2 bzw. 43 bis 47 Taxa deutlich höher als in den gekalkten und trüben Gräben. Der Fließabschnitt der Wudritz hatte nur eine relativ geringe Eisentrübung bei pH-Werten zwischen 7,3 und 7,7. Die Biozönosen dieser beiden Gewässer waren geprägt durch das relativ häufige Auftreten von Chironomini, Tanytarsini, Orthocladiinae, Tanypodinae und Simulium sp. Weitere charakteristische in beiden Probestellen vorkommende Taxa waren Tubificidae, Pisidium sp., Nemoura sp., Orectochilus villosus, Gyrinus substriatus, Sialis lutaria, Hydropsyche angustipennis, Agrypnia varia, Halesus radiatus, Potamophylax latipennis, Dicranota sp., Bezzia sp., Chrysops sp. und Hemerodromia sp. Wie in der vorigen Gruppe kamen hier alle fünf Ernährungstypen vor. Das aus dem Gehölzsaum einfallende Laub konnte in der Wudritz von Zerkleinerern genutzt werden, die im Frühsommer mit einem Massenvorkommen von Gammarus roeseli 52% der Zoozönose stellten.

- Die dritte eigenständige Untergruppe „Moorentwässerungsgräben" sind die humos sauren Referenzgewässer mit pH-Werten zwischen 4,2 und 6,4. Die klare Differenzierung dieser Gewässer von den geogen sauren Fließstrecken unterstreicht die Eigenart der Gewässer der BFL. Die folgenden Taxa kamen in all diesen Gewässern mit höherer oder geringerer Abundanz vor: Tubificidae, Lumbriculus variegatus, Sialis lutaria, Phylidorea sp., Orthocladiinae, Tanypodinae und Bezzia sp. Anders als in den sauren Gewässerabschnitten der Tagebauregion kamen im sauren Ablauf des Dubringer Moores die Lumbriculidae Lumbriculus variegatus und Stylodrilus heringianus, die Plecoptere Nemoura sp., die Trichopterenlarven Oligostomis reticulata und Stenophylax permistus sowie Pediciiden- und Limoniidenlarven vor. Die verhältnismäßig reichhaltige Besiedlung im Ablauf des Dubringer Moores bei pH 4,2 und die hohe Ähnlichkeit dieser Besiedlung mit der in den weniger sauren Wässern (siehe Abb. 17.4) kann als ein Hinweis darauf gedeutet werden, daß bei einer pH-Erhöhung über Werte von 4,0 eine Schwelle hin zu einer reichhaltigeren Besiedlung überschritten wird. Natürlich ist dabei zu bedenken, daß die Chemie des huminsauren Wassers in den Moorabflüssen trotz ähnlich geringem pH-Wert nicht mit der in den geogen sauren Wässern der Tagebaugebiete vergleichbar ist. In der prozentualen Häufigkeit der Ernährungstypen sind die Gewässer dieser dritten Untergruppe sehr heterogen. Räuber oder Sedimentfresser dominierten, Weidegänger und Zerkleinerer machten durchgängig weniger als 1% der Zoozönose aus.
- Eine eigenständige Besiedlung vom Typ „pH-neutraler kleiner Bach" mit nur geringer Ähnlichkeit zu den anderen Gewässern hatte die Schrake oberhalb des Tagebaugebietes nahe Großmühle. Dieses Referenzgewässer hat ein von Grubenabwässern unbeeinflußtes, pH-neutrales und klares Wasser und ist in der Anzahl der Taxa dem anderen neutralen Referenzgewässer vergleichbar. Obwohl hier viel Fallaub vorhanden ist, fehlte jedoch Gammarus roeseli als Zerkleinerer. Dafür waren Asellus aquaticus und Nemoura sp. sehr häufig.

Auch Bezzia sp. und Oligostomis reticulata erreichten hier höhere Abundanzen als in den anderen Gewässerstrecken. Alle fünf Ernährungstypen waren in der Zoozönose dieser Referenzstrecke vertreten.

Diese aufgeführte Kategorisierung basiert auf den Ähnlichkeiten der Makrozoobenthosbesiedlung. Ein Zusammenhang mit den Parametern Wasserqualität und Sohlsubstratverhältnisse erscheint plausibel und wurde daher auch im Text mit aufgenommen. Es fehlen jedoch entscheidende weitere Informationen, z. B. über die hydrologischen Verhältnisse im Zeitraum vor den Probenahmen, um andere Einflüsse ausschließen zu können. Die Erfahrungen in der BFL zeigen, daß z. B. durchaus mit kurzzeitigen extremen Wasserstandsschwankungen, Trockenfallen oder gar Fließumkehr von Gewässerstrecken gerechnet werden muß, was die Besiedlung und damit die aufgeführte Kategorisierung von Gewässerstrecken wesentlich mitbestimmt.

Bedeutung der Choriotope

Eine wesentliche Erkenntnis aus der Beprobung des Makrozoobenthos ist die große Bedeutung der Choriotope bzw. Choriotopvielfalt für die Biodiversität. Dieser Zusammenhang findet sich in den sauren Gewässern analog zu den Bedingungen in natürlichen und pH-neutralen Gewässern (Tolkamp 1980).

Totholz erwies sich sowohl im Hinblick auf die Besiedlungsdichte als auch die Taxazahl als ein wichtiger Choriotop. So ergab sich z. B. in der Wudritz oder im Floßgraben unterhalb Tagebausee 109 im Totholz eine zwei- bis dreimal höhere Abundanz als in den anderen Choriotopen. Auch in der sauren Referenzstrecke, dem Abfluß des Dubringer Moores, waren die Besiedlungsdichte und die Anzahl der Taxa in strukturreichen Totholzbereichen ca. doppelt so hoch wie in totholzfreien Zonen. Wo Totholz fehlt, wirkt sich auch ein strukturreicheres Schilfufer positiv auf die Besiedlung aus. Im Landgraben war das Schilfufer fünfmal so dicht besiedelt wie Schlamm oder verschlammte submerse Makrophyten. Die Anzahl der Taxa war im Schilfufer doppelt so hoch.

Bei stark sauren Gewässern oder Fließstrecken mit sehr starkem Eisenflockentreiben besteht die Tendenz, daß Weichsubstrat (Schlamm) in höherer Dichte besiedelt wird als die vorhandenen Hartsubstrate (Steinschüttung). Dieser im Vergleich mit natürlichen Gewässern gegenläufige Zusammenhang könnte dadurch zu erklären sein, daß durch Eisentrübe und Eisendeposition auf den Hartsubstraten keine epilithischen Algen aufkommen, so daß die Nahrungsbasis für Weidegänger als die typischen Hartsubstratbesiedler fehlt. Eine weitere Erklärungsmöglichkeit könnte auch die i.d.R. autökologisch bessere Anpassung von Schlammbesiedlern an widrige Umweltbedingungen sein (intensive Sedimentation, Sauerstoffmangel).

5 Abbau grobpartikulärer organischer Substanz in geogen sauren Gewässern

Als Hauptkohlenstoff- und Energiequelle fungieren in kleinen, natürlicherweise bewaldeten Fließgewässern die Ufergehölze mit ihrem Fallaub. Die heutige uferbegleitende Vegetation der BFL ist aufgrund der einförmigen Hydrologie und der o. g. Eintiefung der Gewässer sowie des jungen Alters der Landschaft geprägt durch an Trockenstandorte angepaßte Pioniergehölze wie Betula pendula, Robinia pseudoacacia oder Pinus silvestris. Für den Endzustand der Entwicklung der BFL sind ebenfalls zumindest für die naturnahen Bereiche bewaldete Fließstrecken höchst wahrscheinlich, wobei sich dort die Zusammensetzung der Gehölze sicher mit ansteigenden Wasserständen erheblich verändern wird.

Aus den Erhebungen des Makrozoobenthos (s. o.) geht hervor, daß in den geogen sauren Gewässern die funktionale Gruppe der Laubzerkleinerer nahezu vollständig fehlt. Es ergab sich also die Frage nach der Umsetzung der eingetragenen Blätter, zumal die sogenannte biogene Neutralisation durch Einbringen aller Arten von organischen Substanzen ein wesentlicher Ansatz in der Diskussion um Neutralisierungsmöglichkeiten der Gewässer ist.

Es wurden zwei Untersuchungen zum Abbau von welkem Birkenlaub (Betula pendula) in den geogen sauren Gewässern der BFL durchgeführt. In Laboruntersuchungen wurde der erste Schritt des Laubabbaus, das sogenannte „leaching", d. h. das anfängliche wenige Wochen andauernde Auswaschen von Substanzen aus den Blättern, in Parallelansätzen aus neutralem und geogen saurem Wasser untersucht. Im Freiland wurden in Langzeitexpositionsversuchen die Fragmentierung und der Masseverlust von Laub über mehr als ein Jahr erfaßt.

Leaching von Birkenblättern

Die unmittelbar nach der Exposition einsetzende rasche physikalische Auswaschung der Blätter erfolgte in beiden Ansätzen ähnlich, im wesentlichen während der ersten 5 Tage, bei pH 7 um 13% des Ausgangsgewichtes an aschefreiem Trokkengewicht (AFTG) und bei pH 2,5 um bis zu 17% (Abb. 17.5). Für den weiteren Verlauf des Abbaus hat die biologische Konditionierung der Blätter, d. h. die Besiedlung durch Pilze und Bakterien, entscheidende Bedeutung. Diese Konditionierung setzt nach 2-10 Tagen ein und ist nach ca. 2-3 Wochen abgeschlossen. In dieser Phase unterscheiden sich die Prozesse im geogen sauren Wasser entscheidend von denen in neutralem Wasser. Während in den neutralen Ansätzen die Blatttrockenmasse stetig bis auf ca. 80% der Ausgangsmasse abnahm, wurde im geogen sauren Wasser ab dem fünften Tag eine Zunahme der Blattmassen auf bis zu 105% der Ausgangsmasse nach 25 Tagen festgestellt. Diese Zunahme der Biomasse ist durch einen intensiven Pilzbewuchs zu erklären, der ab dem zehnten Tag als dicker flaumiger Überzug in den sauren Versuchsansätzen zu beobachten war.

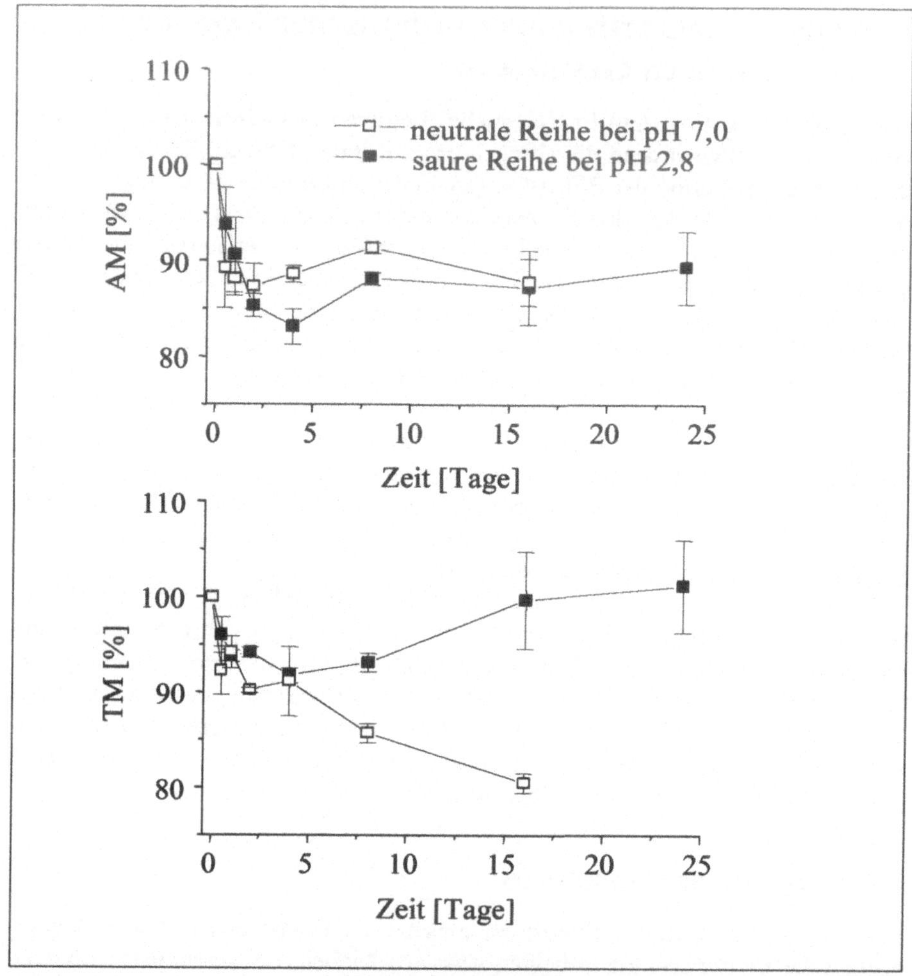

Abbildung 17.5 Vergleich der Masseänderungen von Blättern in Leachingexperimenten mit getrocknetem Birkenlaub in geogen saurem und neutralem Wasser. AM = Aschemasse, TM = Trockenmasse. Mittelwerte und Standardfehler aus drei Parallelen.

Die Andersartigkeit des Konditionierungsprozesses der Blätter im sauren und neutralen Wasser könnte durch eine chemische Veränderung der phenolischen Substanzen im sauren Milieu bedingt sein. Die in den Blättern vorhandenen phenolischen Substanzen wirken für Mikroorganismen als wuchshemmende Stoffgruppen (Bärlocher 1990). Im sauren Milieu werden die phenolischen Gruppen protoniert, was vermutlich die wuchshemmende Wirkung dieser Stoffe vermindert. Untersuchungen der wässrigen Phase ergaben dementsprechend, daß in den sauren Ansätzen keine phenolischen Substanzen nachgewiesen werden konnten, während deren Konzentration in den neutralen Ansätzen mit der Zeit stark anstieg (Abb. 17.6).

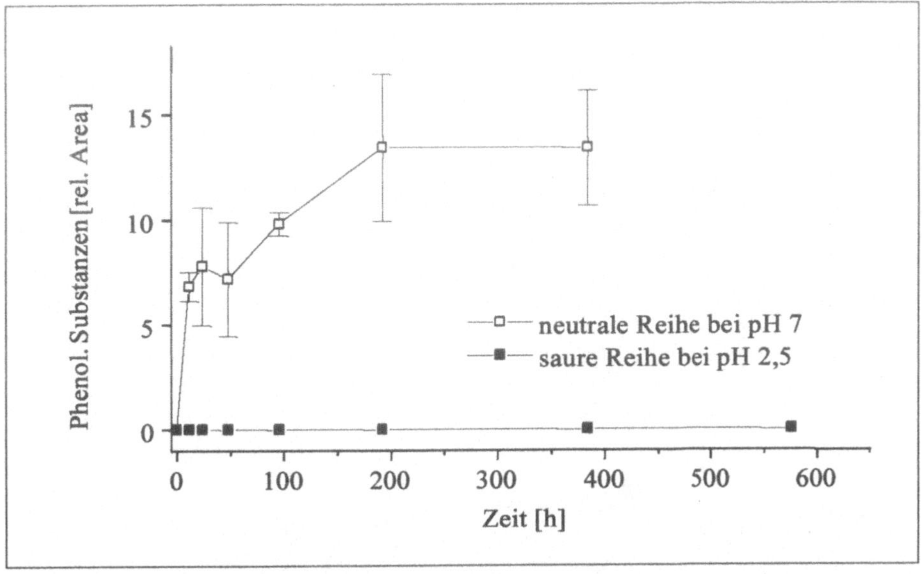

Abbildung 17.6 Vergleich der Menge phenolischer Substanzen in der wässrigen Phase während der Leachingexperimente. Mittelwerte und Standardfehler aus drei Parallelen. Rel. Area bezieht sich auf die Fläche im Chromatogramm.

Laubabbau in situ

An drei Probestellen mit geogen saurem Wasser (pH 2,6-3,0), aber unterschiedlichen Begleitparametern (Abflußmenge und Fließgeschwindigkeit, Alter der Fließgewässerabschnitte und faunistisch/floristische Besiedlung) wurde über einen Zeitraum von einem Jahr die Veränderung exponierter Laubpakete untersucht. Der Laubabbau erfolgte auch in situ stark gehemmt sowie verändert, wobei zwischen den drei Probestellen keine signifikanten Unterschiede festgestellt werden konnten (Abb. 17.7). Der intensive Pilzbewuchs in der Anfangsphase der Exposition konnte auch auf den im Freiland exponierten Blättern gefunden werden.

Nach über 12 Monaten Verweildauer der Blattpakete konnten an keinem der Blätter Fraßspuren beobachtet werden. Der verbliebene Anteil an organischem Material betrug immer noch 15-60%, der an Trockenmasse 50-130% der Ausgangsmasse (Abb. 17.7). Die Zunahme der Trockenmasse ist durch die starke Deposition von Eisenocker auf den Blättern zu erklären. Dies ist auch die Ursache für die sehr starke Zunahme des AFTG der Blattpakete auf bis zu 1 300%. Die Blätter waren zum Teil durch bis zu 1 mm starke und nicht abspülbare Krusten umschlossen. Solche in ihrer Form nicht veränderten, inkrustierten Blätter bilden eine Matrix für lose eingespülte Eisenocker-Depositionen. Die Massezunahme durch solch lose Depositionen betrug im Laufe der 15 Monate dauernden Exposition bis zu 130 g pro Laubtasche.

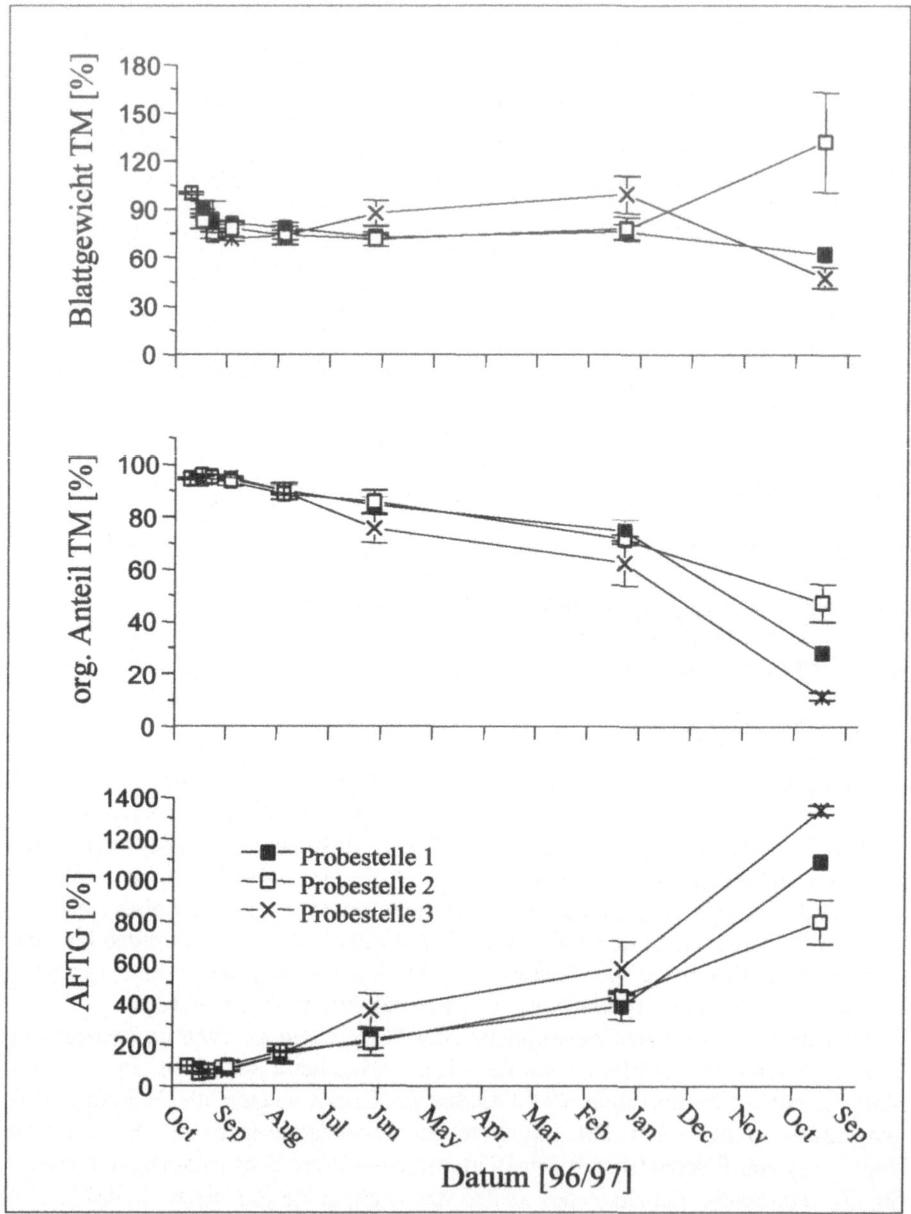

Abbildung 17.7 Veränderung exponierter Laubpackungen in geogen sauren Gewässern der BFL, AFTG aschefreies Trockengewicht, TM Trockenmasse.

Die Umsetzung des in saure Gewässer eingetragenen grobpartikulären organischen Materials verläuft also höchst spezifisch. Dies ist bedingt durch erstens die Besonderheiten bei der mikrobiellen Konditionierung der Blätter, zweitens das

Fehlen der Funktionsgruppe der Laubzerkleinerer und drittens durch die hohen Depositionsraten an Eisenocker. Die Auswirkungen auf ökologische Prozesse sowie ein dadurch eventuell entstehender erhöhter und spezifischer Bedarf zur Gewässerunterhaltung sind nicht bekannt. Durch die zentrale Bedeutung partikulären organischen Kohlenstoffs für den Stoff- und Energiehaushalt der Gewässer sowie dessen entscheidende Rolle bei der biogenen Neutralisation saurer Gewässer ergibt sich aus unserer Sicht hier Forschungsbedarf. Dies betrifft vertiefende Untersuchungen zum Ab- und Umbau von partikulärem organischen Material, insbesondere zum Zusammenspiel von Pilzen, Bakterien und physikochemischen Prozessen, Untersuchungen zur Art und Verwertbarkeit der dabei freigesetzten gelösten Substanzen und deren Nutzbarkeit für aquatische Biozönosen sowie Untersuchungen zum hydrodynamischen Verhalten der resultierenden spezifischen Sedimente.

Danksagung

Die vorliegenden Untersuchungen wurden im Rahmen des Verbundvorhabens LENAB durchgeführt, gefördert vom BMBF (Fkz 0339648) und der LMBV mbH.

Literatur

Arnold, I. & Kuhlmann, K. 1993. Beziehung zwischen Braunkohletagebau und Wasserhaushalt in der Niederlausitz. Natur und Landschaft in der Niederlausitz 14: 3-16.

Bärlocher, F. 1990. Factors that delay colonization of fresh alder leaves by aquatic hyphomycetes. Arch. Hydrobiol. 119: 249-255.

Braunkohlenausschuß 1993. Sanierungsplan Schlabendorfer Felder. Potsdam: 61 S.

Fischer, H., Hastrich, A. & Mutz, M. 1996. Morphologie und Makrophyten von Fließgewässern einer Tagebaufolgelandschaft in der Niederlausitz. Deutsche Gesellschaft für Limnologie, Tagungsbericht 1995: 572-576.

Mutz, M. & Nixdorf, B. 1999. Leitbilder und Bewertung für Fließ- und Standgewässer in der technogenen Niederlausitzer Bergbaufolgelandschaft. In G. Wiegleb, F. Schulz & U. Bröring (Hrsg.) Naturschutzfachliche Bewertung im Rahmen der Leitbildmethode. Physica, Heidelberg: 84-97.

Mutz, M. 1996. Möglichkeiten und Grenzen der Leitbildgestaltung für Fließgewässer der Bergbaufolgelandschaft. In G. Wiegleb (Hrsg.) Die Leitbildmethode als Planungsmethode. Aktuelle Reihe BTU Cottbus 8/96: 140-145.

Mutz, M. 1998. pH-Wert 2,8 und Strukturgüte I - Leitbildentwicklung für Fließgewässer der technogenen Niederlausitzer Bergbaufolgelandschaft. Deutsche Gesellschaft für Limnologie. Tagungsbericht 1997: 700-704.

Nixdorf, B., Mutz, M., Wollmann, K. & Wiegleb, G. 2000. Zur Ökologie in extrem sauren Tagebaugewässern der Bergbaufolgelandschaft – Besiedlungsmuster und Leitbilder, dieser Band.

Tolkamp, H. 1980. Organism-substrate relationships in lowland streams. Centre for Agricultural Publishing and Documentation, Wageningen: 211 S.

18 Limnologie und Gewässerchemie von ausgewählten, geogen schwefelsauren Tagebauseen der Niederlausitz

Gabriele Packroff[1], Werner Blaschke[2], Peter Herzsprung[1], Jutta Meier[1], Michael Schimmele[1] & Kathrin Wollmann[3]

[1] UFZ-Umweltforschungszentrum Leipzig-Halle GmbH, Sektion Gewässerforschung, Brückstraße 3 a, D-39114 Magdeburg, e-mail: packroff@gm.ufz.de

[2] NABU KV Senftenberg, Weinbergstr. 34, D-01979 Lauchhammer

[3] Brandenburgische Technische Universität Cottbus, LS Gewässerschutz, Forschungsstelle Bad Saarow, Seestr. 45, D-15526 Bad Saarow

Zusammenfassung. Anhand einiger ausgewählter Ergebnisse umfangreicher limnologischer Untersuchungen an unterschiedlich versauerten Tagebauseen in der Niederlausitz werden die besonderen Eigenschaften dieses Gewässertyps dargestellt. Die abweichende Zusammensetzung der Wasserinhaltsstoffe beeinflußt das Schichtungsverhalten und chemische Reaktionen im Pelagial. Die niedrigen pH-Werte und die damit verbundenen Begleiterscheinungen hemmen verschiedene biologische Prozesse (z. B. mikrobielle Reaktionen im Sediment, Primärproduktion) und schränken auch die Verzahnung mit dem terrestrischen Umfeld ein. Trotz der Limitierung erreicht die artenarme Biozönose im Pelagial sporadisch hohe Biomassen.

Schlüsselwörter. Bakterielle Prozesse, pelagische Biozönose, Limitierung biologischer Prozesse, Photoreduktion, pH-Rekonstruktion, saure Tagebauseen, Schichtungsverhalten.

1 Einleitung

In der Bergbaufolgelandschaft bilden die Gewässer den Landschaftsteil mit dem größten Flächenzuwachs (Möhlenbruch & Schölmerich 1992). Generell wird die Versauerung der Tagebauseen in der Niederlausitz als das größte, die Wasserqualität beeinflussende Umweltproblem angesehen. Gewässer stehen durch ihren Erholungs- und Freizeitwert besonders im Interesse der Öffentlichkeit und unterliegen damit einem gewissen Nutzungsdruck. Die Erfassung des Ist-Zustandes der

Seen, wie er in diesem Kapitel dargestellt ist, bildet den ersten Schritt auf dem Weg zu Leitbildern (siehe Nixdorf et al. 2000, dieser Band).

Die extrem sauren Seen stellen einen besonderen Gewässertypus dar, der aufgrund des Chemismus Modifikationen in limnischen Eigenschaften aufweist. Diese wirken sich auf die Stoffumsetzungen und Besiedlungsmuster der Gewässer aus. Für den vorliegenden Beitrag wurde eine Auswahl aus zahlreichen Untersuchungsergebnissen getroffen, wobei insbesondere die Darstellung von Wechselwirkungen zwischen den abiotischen und biotischen Faktoren im Vordergrund stehen soll.

2 Gewässerchemie

2.1 Untersuchungsgewässer und Methodik

Die Untersuchungen wurden von 1995 bis 1997 an vier unterschiedlich versauerten Tagebauseen durchgeführt (Tab. 18.1). Der Schwerpunkt lag dabei auf den Alttagebauen im Revier Plessa-Lauch, insbesondere dem Restsee 111. Der neutrale Restsee B (Stöbritzer See, Revier Schlabendorf-Nord), der als Vergleichsgewässer in die Studien integriert war, entsprach in seiner Ausprägung weitgehend einem natürlich entstandenen, mesotrophen See. Daher konzentrieren sich die folgenden Darstellungen auf die besonderen Eigenschaften saurer Restseen.

Tabelle 18.1 Zusammenstellung von Kenndaten der untersuchten Tagebauseen (aus Wiedemann 1994, Braunkohlenausschuß 1993, 1996 und eigenen Ergebnissen*).

Restsee	**RS 107**	**RS 111**	**RS 117**	**RS B**
Tagebau	Agnes	Plessa	Plessa-Lauch	Schlabendorf-Nord
Tagebaubetrieb bzw. Entstehung der Restseen	1897-1928	1929-1958	1956-1966	1963/64
Wasserstand (mNN)	+92,3	+94,1	+92,3	+55,0
Größe (ha)	12,2	10,7*	95	ca. 10*
Volumen (Mio m³)	0,23	0,5*	-	-
Maximale Tiefe (m)	4,0*	10,2*	14*	10*
Mittlere Tiefe (m)	1,9	4,6*	11	ca. 5-6*
pH (Median)	2,31*	2,61*	2,97*	8,00*
Azidität (K_B) (mmol l^{-1})	35-55*	15-25*	2,5-3*	0,02 -0,2*

Physikalisch-chemische Parameter (Temperatur, elektrische Leitfähigkeit, pH, Sauerstoffgehalt und -sättigung, Chlorophyll a-Fluoreszenz) wurden mit Hilfe selbstregistrierender Multiparametersonden (Idronaut, Brugherio, Italien und ME Meerestechnik-Elektronik, Trappenkamp, Deutschland) aufgenommen. Die Beprobung der Wassersäule wurde mit einem Wasserschöpfer (Limnos, Finnland) in Form integrierender Mischproben durchgeführt, wobei bei Vorliegen einer thermischen oder chemischen Schichtung eine Trennung in die jeweiligen Wasserkörper erfolgte, oder in Form von Vertikalprofilen, deren Auflösung 1 m betrug. Methodische Einzelheiten bzw. Anpassungen von Standardmethoden an die speziellen Bedingungen der sauren Seen finden sich bei Herzsprung et al. (1998), Friese et al. (1998), Kapfer et al. (1997), Kapfer (1998), Liepelt (1997), Liepelt et al. (1997), Nixdorf & Kapfer (1998), Packroff (1998), Schimmele (1998a,b), Wollmann (1997, 1998) oder sind in den entsprechenden Abschnitten erwähnt.

2.2 Schichtungsverhalten der Tagebauseen

Das Schichtungsverhalten der sauren Seen wird neben der Morphometrie stark durch die chemischen Wasserinhaltsstoffe beeinflußt. Die von natürlichen Gewässern stark abweichende chemische Zusammensetzung des Restseewassers erforderte zur Auswertung der Messungen der elektrischen Leitfähigkeit die Berechnung von Korrekturfunktionen (Schimmele 1998a).

Im folgenden wird exemplarisch das Schichtungsverhalten des Restsees 111 im Verlauf von drei Jahren dargestellt, da hier insbesondere intensive chemische wie auch mikrobiologische Untersuchungen stattfanden. Die genaue Seenmorphologie wurde mit einem gekoppelten System aus differentiellem GPS und einem hydrografischen Echolot ermittelt (Büttner et al. 1998). An der tiefsten Stelle des Sees, die allerdings nur 4% der Fläche und 1% des Volumens einnimmt, baute sich nach langer Eisbedeckung und Eisschmelze ein chemischer Gradient auf, der die vertikale Mischung behinderte. Die Entstehung der Meromixie ließ sich anhand der Profile der elektrischen Leitfähigkeit verfolgen, ebenso die anschließende horizontale Dreigliederung des Gewässers (siehe Abb. 18.1 und 18.2) in Epilimnion, Meta-/Hypolimnion und Monimolimnion. Im Monimolimnion kam es zu einer Verarmung an Sauerstoff, so daß hier ein abgegrenzter, neuer Reaktionsraum für chemische und biologische Prozesse entstand. Die temporäre oder vielleicht auch dauerhafte Meromixie kann somit einen nachhaltigen Einfluß auf den Stoffhaushalt und damit die Entwicklung eines Tagebausees haben, da mikrobielle Prozesse wie z. B. die Sulfatreduktion oder Eisenreduktion, die durch die Erniedrigung der Azidität zur Neutralisierung beitragen, nur unter anoxischen Bedingungen ablaufen (Wendt-Potthoff & Neu 1998). Die Durchmischung der Seen fördert hingegen durch die Zufuhr von Sauerstoff die gegenläufigen, säureproduzierenden Prozesse der Sulfid- und Eisenoxidation.

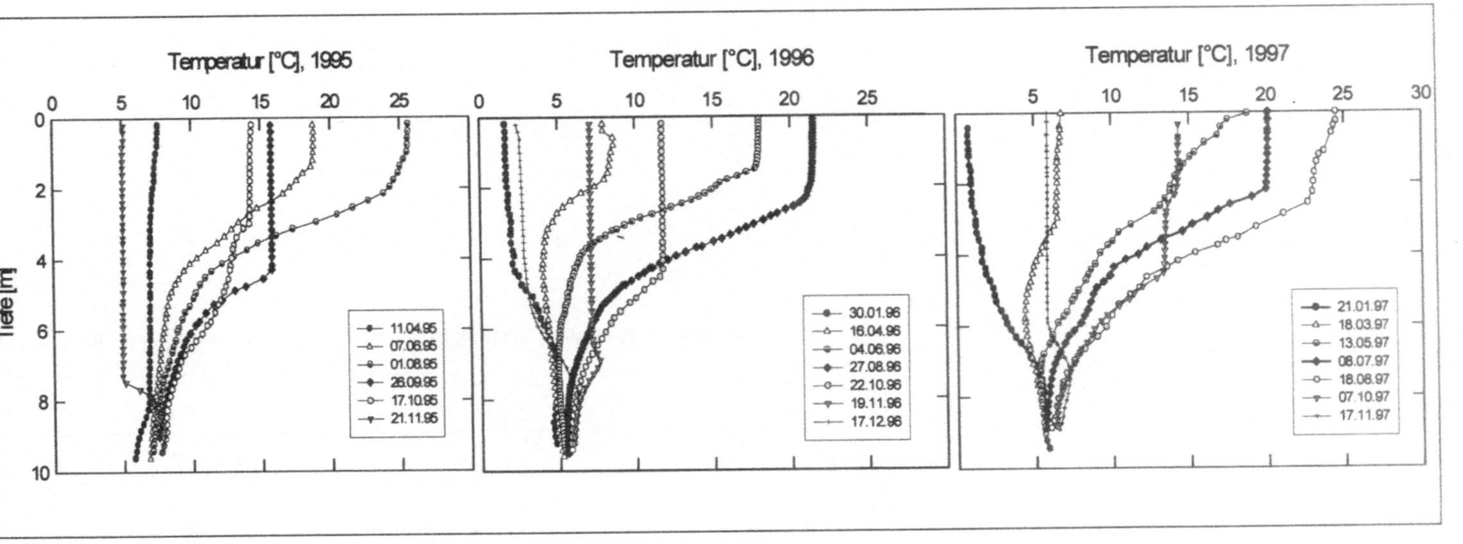

Abbildung 18.1 Ausgewählte Profile der Temperatur, Restsee 111, 1995-1997.

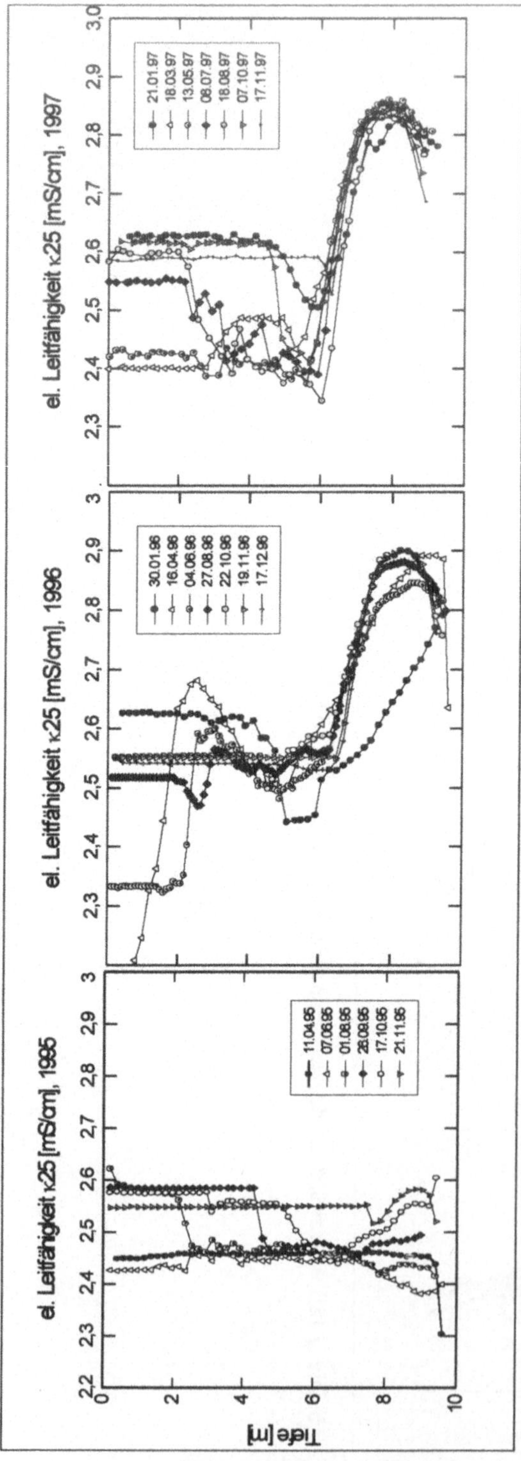

Abbildung 18.2 Ausgewählte Profile der Leitfähigkeit, Restsee 111, 1995-1997.

2.3 Chemische Untersuchungen im Pelagial

Die untersuchten pyritversauerten Seen waren durch niedrige Konzentrationen an Gesamt-Phosphor (TP) und gelöstem reaktivem Phosphor (SRP) im Bereich von 0,00015-0,001 mmol l^{-1} gekennzeichnet. Die insbesondere in den oberflächennahen Wasserschichten außerordentlich niedrigen Gehalte an gesamtem anorganischem Kohlenstoff (TIC) und gelöstem organischem Kohlenstoff (DOC) lagen in der Regel unter 0,1 mmol l^{-1}. Ein weiteres Kennzeichen der sauren Seen sind die auch unter oxischen Bedingungen vorherrschenden hohen Ammoniumkonzentrationen, da durch die Säure und die TIC-Limitation die nitrifizierenden Bakterien in ihrem Wachstum und ihrer Aktivität gehemmt werden (Kennedy 1992).

Im Epilimnion wurde den geogen schwefelsauren Seen durch photochemische, also abiotische Prozesse zusätzlich Kohlenstoff entzogen. Der in der Literatur für versauerte Weichwasserseen (Collienne 1983, Sulzberger et al. 1990) beschriebene Vorgang der Photoreduktion von Fe(III) zu Fe(II) unter gleichzeitiger Oxidation des DOC konnte durch Untersuchungen am Restsee 111 für saure Tagebauseen bestätigt werden (Herzsprung et al. 1998). Der entscheidende Unterschied zu Weichwasserseen war die um Größenordnungen höhere Eisen(III)-Konzentration der pyritversauerten Seen. Damit war der Gehalt an potentiell photolytisch aktivem Oxidationsmittel wesentlich größer.

Im Frühjahr bis Herbst wurden sehr niedrige DOC-Konzentrationen im Epilimnion gemessen, während gleichzeitig erhöhte Konzentrationen von zweiwertigem Eisen nachgewiesen wurden (Abb. 18.3). In tieferen Wasserschichten sehen die Verhältnisse umgekehrt aus: Der Gehalt an zweiwertigem Eisen ist relativ gering, sofern das Wasser noch gelösten Sauerstoff aufweist und die Konzentration des organisch gebundenen Kohlenstoffs beträgt mehr als das fünffache der Konzentration an der Oberfläche. In den Wintermonaten konnte diese Verteilung nicht beobachtet werden. Der Oberflächengehalt an zweiwertigem Eisen war absolut kleiner und der Gehalt an DOC absolut höher als im Sommer.

Die Schlußfolgerung hieraus ist, daß in den oberflächennahen Schichten der pyritversauerten Seen unter der Einwirkung von Sonnenlicht ein kleiner Anteil (etwa 1-5%) des extrem hohen Gehalts an dreiwertigem Eisen (bezogen auf das Epilimnion) in zweiwertiges Eisen umgewandelt wird, während gleichzeitig ein beträchtlicher Teil des organisch gebundenen Kohlenstoffs zu Kohlendioxid oxidiert wird und somit in die Atmosphäre entweichen kann. Der Gehalt an anorganisch gebundenem Kohlenstoff ist wegen des niedrigen pH-Wertes ohnehin gering, zumindest in den oberflächennahen Schichten. Die Pyritversauerung führt also zu einer nachhaltigen abiotischen Eliminierung von Kohlenstoffverbindungen (Oxidation von DOC, Ausgasen von Kohlendioxid). Damit sind wichtige Komponenten für die Nährstoffversorgung aquatischer Organismen nur unzureichend verfügbar.

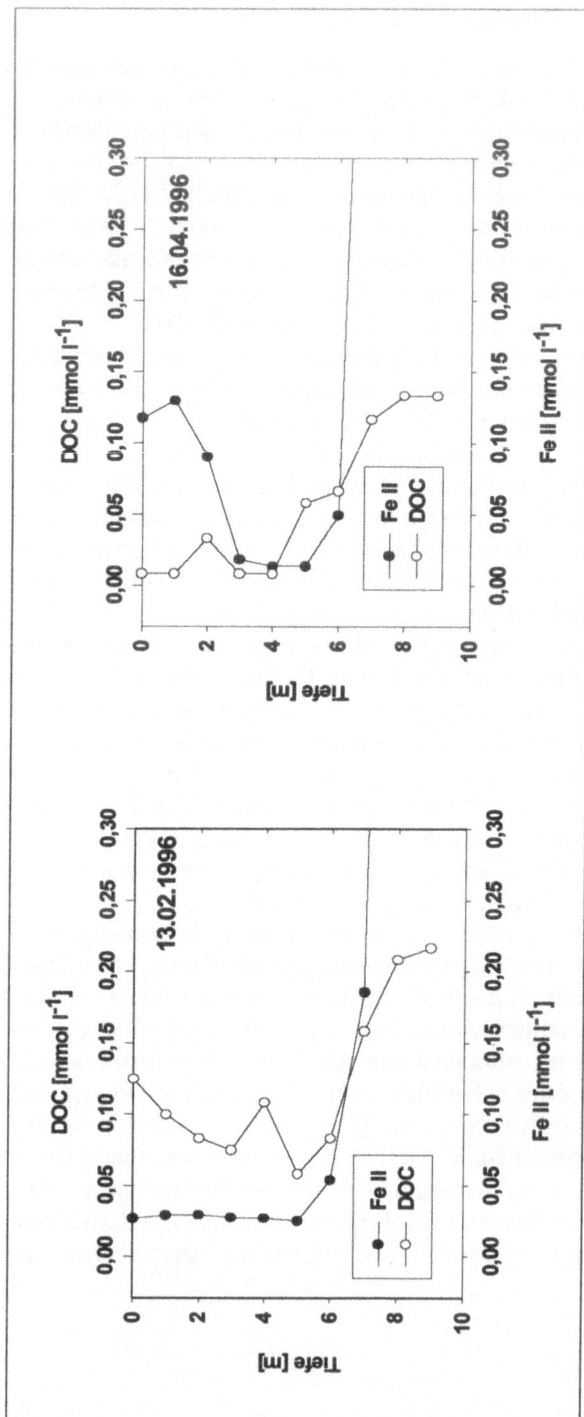

Abbildung 18.3 Vergleich der vertikalen Verteilung der Konzentrationen von Eisen (II) und DOC im Winter und Frühling 1996 in RS 111.

2.4 Stoffumsetzungen im Sediment

Biogeochemische Prozesse in den Sedimenten wie z. B. der Abbau organischer Substanz, die Reduktion von Mangan- und Eisenoxiden sowie die bakterielle Sulfatreduktion sind Schlüsselfaktoren, die die Sediment- und Wasserchemie beeinflussen. In Abhängigkeit von der Zusammensetzung der organischen Substanz und dem Schichtungsverhalten des Sees kann hypolimnische Anoxia zu einer verstärkten mikrobiellen Produktion von Alkalinität führen (Wendt-Potthoff & Neu 1998).

Im Restsee 111 hatte sich während der Untersuchungen ein anoxisches Monimolimnion gebildet (siehe Kap. 2.2) und damit einen für die Sulfat- oder Eisenreduktion geeigneten Reaktionsraum geschaffen. Die Sedimentuntersuchungen im Restsee 111 konzentrierten sich daher auf diese anoxischen Bereiche. Vergleichend wurden auch Sedimente aus oxischen Bereichen (bei ca. 7 m) in die Untersuchung einbezogen, da sie für die Gesamtheit des Sees repräsentativer waren. Die Prozesse des mikrobiellen S- und Fe-Kreislaufs wurden über Radiotracer-Methoden (Sulfatreduktion) oder als potentielle Aktivitäten in Inkubationsversuchen (Eisenreduktion) bestimmt, ergänzt durch die Analyse der im Sediment vorliegenden S- und Fe-Verbindungen (Abb. 18.4 A, B; Meier et al. 1999).

Nur im tiefen, anoxischen Bereich war ein nennenswerter Anstieg des pH-Wertes mit der Tiefe feststellbar, während die oxischen Sedimente einen ähnlichen pH-Wert wie die Wassersäule aufwiesen. Die gemessenen Sulfatreduktionsraten waren verglichen mit neutralen Seen niedrig (< 10 nmol SO_4^{2-} cm^{-3} d^{-1}, Abb. 18.4 C), die Festlegung der Schwefelverbindungen durch die mikrobielle Aktivität konnte jedoch durch die Isotopen-Signaturen bestätigt werden (Friese et al. 1998). In den Sedimenten aus 7 m Tiefe waren keine sulfatreduzierenden Aktivitäten nachweisbar, der Eintrag von Sauerstoff durch die Zirkulation führte dort zu einem für die S- und Fe-Oxidierer idealen Milieu.

Auch bei den eisenreduzierenden Bakterien zeigte sich dieser Zusammenhang zwischen Zellzahlen, (potentieller) Aktivität und den vorherrschenden Sauerstoffverhältnissen am Sediment. Von den die mikrobielle Aktivität bestimmenden Faktoren (Vorhandensein der Elektronenakzeptoren Fe(III) und Sulfat, anoxische Verhältnisse, Vorhandensein abbaubarer organischer Substanz) scheint im Fall des Restsees 111 vor allem der Mangel an abbaubarer organischer Substanz die limitierende Komponente zu sein.

3 Gewässerbiologie

3.1 Besonderheiten der pelagischen Biozönosen

Generell zeichnen sich die Lebensgemeinschaften in den stark versauerten Seen durch eine geringe Diversität aus, die mit niedrigen Biomassen und Intensitäten von Stoffumsätzen verbunden ist. Auffällig sind Monodominanzen einzelner Taxa.

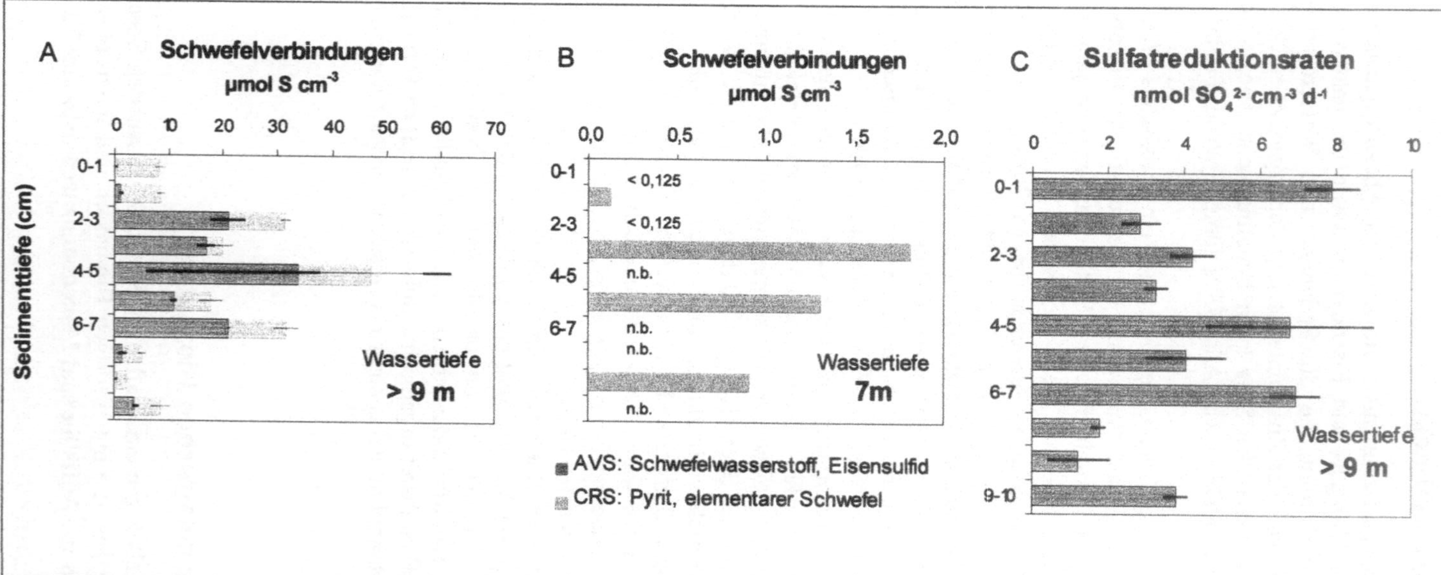

Abbildung 18.4 A, B Verteilung der Schwefelverbindungen (H_2S, FeS = aktive Sulfatreduktion, FeS_2, S^0 = Rückoxidation) in den Sedimenten von Restsee 111, Vergleich der Zone Wassertiefe >9 m und des 7 m-Bereiches. C: Sulfatreduktionsraten in den Sedimenten von Restsee 111 (April 1997). Minimal-und Maximalwerte zweier Parallelen, n.b. = nicht bestimmt.

Das Phytoplankton der sauren Tagebauseen wird durch Chrysophyceae der Gattung Ochromonas dominiert. Ebenfalls regelmäßig treten Chlorophyceae der Gattung Chlamydomonas auf. Eine sehr kleine Chlamydomonas-Art ist bestandsbildend in den im RS 111 auftretenden Chlorophyll a-Tiefenmaxima (Nixdorf et al. 1998). Weiterhin typisch für saure Tagebauseen sind Euglenophyceen (Lepocinclis teres). Im Restsee 117 stellten Dinoflagellaten der Gattung Gymnodinium eine saisonal wichtige Komponente dar. Die Besiedlung der Tagebauseen durch Phytoflagellaten wies Übereinstimmungen mit regenversauerten und vulkanisch entstandenen Seen auf (Olaveson & Nalewajko 1994). Im Epilimnion der untersuchten sauren Seen ist die photoautotrophe Biomasse sehr gering, das Biovolumen überschreitet in den Restseen 107 und 111 nur in Einzelfällen 1 mm^3 l^{-1}, im Restsee 117 wurden hingegen Maxima mit mehr als 1,5 mm^3 l^{-1} angetroffen. Die Erfassung der Phytoplanktonbesiedlung und Sukzession mittels HPLC setzte, bedingt durch die besonderen Eigenschaften der sauren Seen, eine umfangreiche Methodenentwicklung und -variation voraus (Liepelt 1997). Sie bestätigte weitgehend das durch die mikroskopische Analyse gewonnene Bild.

Zu den Pionierarten des Zooplanktons der extrem sauren Seen zählen Heliozoen, Ciliaten und Rotatorien. Im Restsee 107 wurden bis zu 30 000 Heliozoen pro Liter angetroffen, im Restsee 117 erreichten Ciliaten während Peak-Situationen eine Biomasse von ca. 300 µg Frischgewicht pro Liter. Die Ciliatengemeinschaft wurde von wenigen Vertretern der Prostomatida, Peritrichida und Hypotrichida geprägt (Packroff 1998). Die fünf häufigsten Rotatorienarten bilden eine für diesen Seentypus charakteristische Artengemeinschaft und kommen in Abundanzen > 600 Individuen pro Liter vor (Deneke 1997). In Übereinstimmung mit den Ergebnissen von Untersuchungen in schwach sauren Weichwasserseen setzt sich das Zooplankton auch in extrem sauren Restseen hauptsächlich aus kleinen litoralen oder benthischen Arten zusammen.

Niedrige pH-Werte können per se bereits zu einem Säurestress führen. Außerdem ist die Löslichkeit vieler Metall- und Schwermetallionen (z. B. Aluminium, Eisen, Mangan) unter diesen pH-Bedingungen stark erhöht. Daraus können toxische Effekte resultieren und damit limitierende Faktoren für die Entwicklung eines komplexeren Nahrungsnetzes. Erst ab pH 3 ist mit dem Auftreten effektiver Filtrierer (Rotatorien, Ciliaten) zu rechnen und damit von einem größeren Einfluß des Zooplankton-Grazings auf das Phytoplankton auszugehen. Im Gegensatz zum Zooplankton wirkt sich ein niedriger pH bei den säuretoleranten Corixiden aufgrund fehlender Konkurrenz und fehlendem Prädationsdruck bei ausreichendem Nahrungsangebot nicht negativ auf Artenvielfalt und Abundanz aus (Wollmann 1997). Verglichen mit dem Phyto-und Zooplankton ist die Artenzahl der Wasserwanzen mit insgesamt 13 Species recht hoch. Der überwiegende Anteil der Wasserwanzen in den Restseen ist carnivor bzw. omnivor (Henrikson & Oscarson 1981).

3.2 Limitierung biologischer Prozesse am Beispiel der Primärproduktion

Das geringe Angebot an anorganisch gebundenem Kohlenstoff (Konzentrationen < 1 mg l^{-1}) ist ein limitierender Faktor für die Primärproduktion. Die spezifische Primärproduktionsrate (definiert als Primärproduktionsrate bezogen auf Chlorophyll a) für Proben aus dem Epilimnion der untersuchten Tagebauseen lag im Mittel zwischen 0,36 und 0,48 mg C (mg Chl a)$^{-1}$ h^{-1} (Tab. 18.2, Kapfer et. al 1997).

Tabelle 18.2 Vergleich von Chlorophyll a - spezifischen Primärproduktionsraten (Minima und Maxima) für 1997 der untersuchten Seen mit Literaturdaten (nach Kapfer et al. 1997, verändert).

Spezifische Produktionsrate mg C (mg Chl a)$^{-1}$ h^{-1}		**See**
0,01-1,0	pH 2,3	RS 107 (Epilimnion)
0,02-0,9	pH 2,6	RS 111 (Epilimnion)
0,1-0,2	pH 2,9	RS 117 (Epilimnion)
5,9	pH 2,9	RS 117 (Chl. a -Maximum im Hypolimnion)
0,7-1,5	pH 7,3	RS B (Epilimnion)
0,1-1,3	pH 2,7	Reservoir 29, Indiana, USA (Gyure et al. 1987)
0,4-0,7	Dystroph	Hakojärvi, Finnland (Hammer 1980)
3,2	Eutroph	Abbot's Pond, England (Hammer 1980)
7,9	Mesotroph	Neusiedlersee, Österreich (Hammer 1980)

Laborversuche ergaben ausgehend von für die sauren Restseen typischen DIC-Konzentrationen eine Steigerung der Primärproduktion um bis zu 350% bei Zugaben von 1 mg l^{-1} anorganischem Kohlenstoff. Verschiedene Studien an DIC-armen Seen, die von leicht versauert bis alkalisch reichten, sowie Laborversuche mit Algen (Hein 1997, Schindler & Fee 1973, Goldman et al. 1974) bestätigten die Hypothese, daß DIC-Konzentrationen < 1 mg l^{-1} limitierend für die Primärproduktion sein können.

Daneben spielen die Phosphorkonzentrationen auf oligo- bis mesotrophem Niveau eine weitere wichtige Rolle in der Regulierung der Produktionsintensitäten. Mit Hilfe von Fluoreszenz-Sondenmessungen konnten im Restsee 111 Chlorophyllmaxima und damit Einschichtungen von Phytoplankton in der Tiefe detektiert und vertikal gut aufgelöst werden (siehe Abb. 18.5 A-C).

Dabei wirkten vermutlich mehrere Faktoren auf die vertikale Zonierung des durch Ochromonas spp. und Chlamydomonas spp. dominierten Phytoplanktons ein. Mit zunehmender Azidität und entsprechend zunehmendem Eisengehalt wird

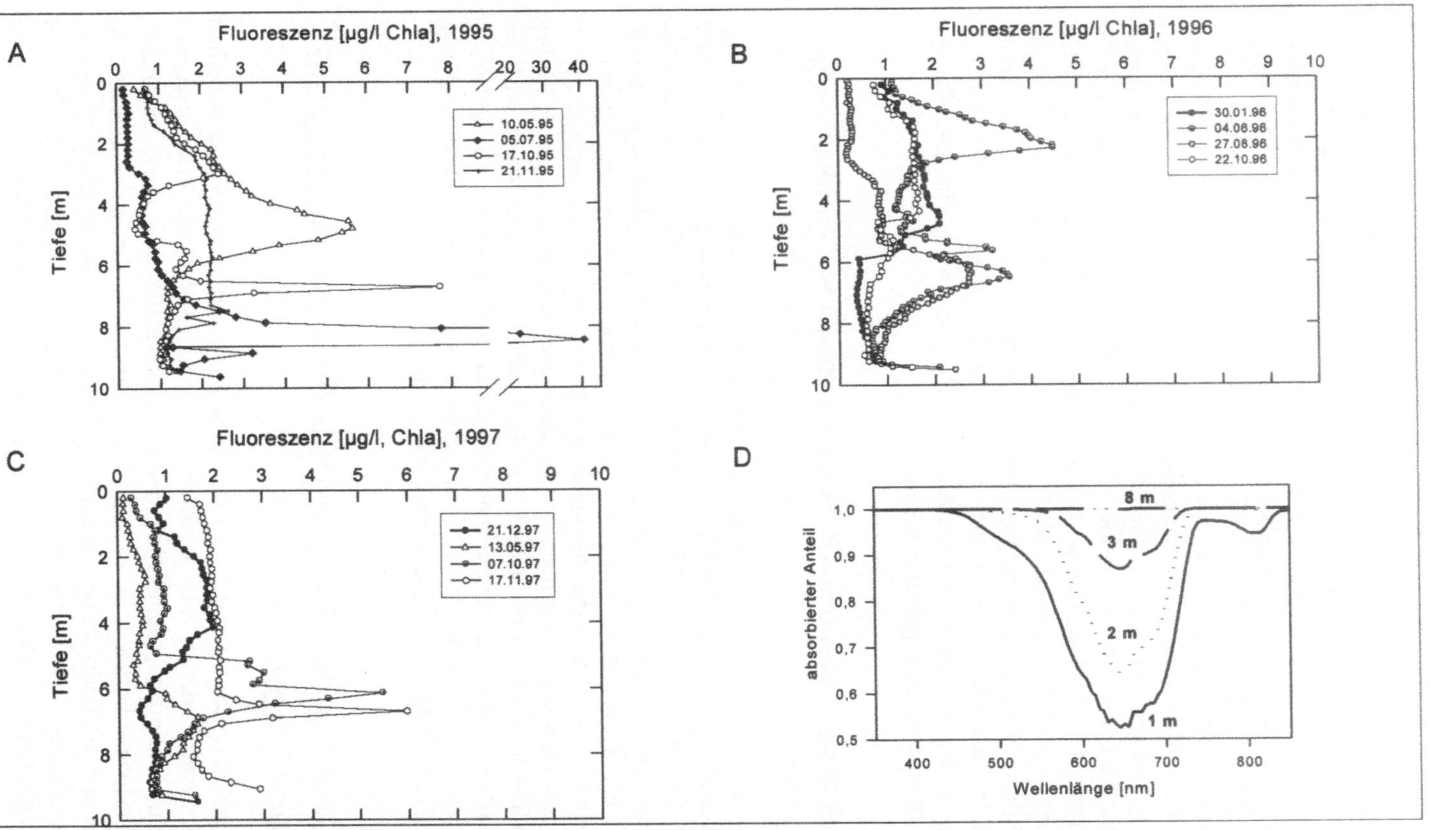

Abbildung 18.5 A-C Ausgewählte Profile der Fluoreszenz, Restsee 111, 1995 und 1997. D Unterwasserlichtspektren in verschiedenen Tiefen in Restsee 111 am 20.8.1997.

das für biologische Produktion verfügbare Licht sowohl in der Intensität als auch im Wellenlängenbereich immer stärker eingeschränkt (Abb. 18.5 D). Dies führt dazu, daß z. B. im Restsee 111 die 1%-Linie des zur Verfügung stehenden Lichtes (gemessen als PAR, d. h. photosynthetisch aktive Strahlung) bereits bei etwa 5 m lag. Die Limitierung des Kohlenstoffangebotes im Epilimnion bevorzugt Organismen, die in der Lage sind, in den kohlenstoffreicheren, aber lichtarmen Tiefenzonen andere Ernährungsweisen auszunutzen. Innerhalb der Gattungen Chlamydomonas und insbesondere Ochromonas finden sich Arten, die zu einer mixotrophen Ernährungsweise befähigt sind. Einige Ochromonas-Arten werden funktionell sogar als heterotroph angesehen (Andersson et al. 1989). Vergleichbare Tiefenchlorophyllmaxima wurden auch von anderen sauren Seen beschrieben (Fee 1976, Gyure et al. 1987, Kettle et al. 1987). Auch die Mobilität der Flagellaten und mögliche Vertikalwanderungen können eine Anpassungsstrategie an die besonderen Milieubedingungen in den sauren Seen darstellen. Aus den bisherigen Messungen und Analysen kann das Auftreten hypolimnischer Maxima allerdings noch nicht abschließend geklärt werden.

3.3 Rekonstruktion des pH-Wertes anhand von Indikatororganismen

Die Anwendung von Indikatororganismen zur Rekonstruktion der Versauerungsgeschichte eines Gewässers fand bisher vor allem Anwendung bei regenversauerten Weichwasserseen (Arzet 1987, Hofmann 1993). Es zeigte sich, daß die Methode auch bei den noch recht jungen Gewässern des Braunkohletagebaus anwendbar ist (Scharf et al. 1999). Als Indikatororganismen wurden Diatomeen, Chironomiden und Ostracoden herangezogen. In der Anzahl und der Zusammensetzung der Taxa waren deutliche Unterschiede zwischen dem neutralen Restsee und den sauren Restseen erkennbar. Die Restseen 107 und 111 waren nach der Indikation durch die Organismen stets stark sauer, während die erste Besiedlung den Restsee 117 als zumindest zeitweise schwach saures Gewässer kennzeichnete, das erst im Laufe der Entwicklung stark versauerte.

4 Bedeutung der Restgewässer für Libellen, Amphibien und Vögel

Nach den Untersuchungen zur Libellenfauna bietet die Bergbaufolgelandschaft z. T. hoch spezialisierten und damit seltenen oder gefährdeten Arten geeignete Lebensräume. Die Bodenständigkeit vieler Taxa wird allerdings durch die aquatische Larvalphase limitiert, da bei sehr niedrigen pH-Werten keine erfolgreiche Reproduktion stattfindet. In den sauren Restseen konnten nur für einige säuretolerante Pionierarten und Erstbesiedler (z. B. Enallagma cyathigerum, Coenagrion puella) oder (stenöke) Moorarten (z. B. Leucorrhina dubia) Larven nachgewiesen werden. Ähnliches gilt für die Erstbesiedler unter den Amphibien, Kreuzkröte

(Bufo calamita) und Knoblauchkröte (Pelobates fuscus). Auch hier scheint starke Versauerung mit pH-Werten < 4 entwicklungshemmend auf Laich und Larven zu wirken (Günther 1996).

Die Restseen haben regionale Bedeutung als Kranichrast- und Schlafplätze. Größere Restseen werden vorwiegend von Saat- und Bläßgänsen, aber auch von anderen Wasservögeln als Rast- und Schlafplatz genutzt. Schellenten wurden auf dem Restsee 117 auch bei der Nahrungsaufnahme beobachtet (Blaschke & Packroff 1999). Hier bietet eventuell die ausgeprägtere Besiedlung des Pelagials mit Corixiden eine Futterressource.

5 Schlußfolgerungen

Die Hemmung verschiedener Prozesse ist auf die niedrigen pH-Werte und die damit verbundenen Begleiterscheinungen in den pyritversauerten Tagebauseen zurückzuführen. Die niedrigen Konzentrationen von organischem und anorganischem Kohlenstoff schränken Primär- und Sekundärproduktion ein, verstärkt durch die für die Lausitzer Seen typischen niedrigen Phosphorgehalte. Zu den durch den Mangel an abbaubaren organischen Substanzen limitierten mikrobiellen Prozessen gehören die Sulfat- und Eisenreduktion, die durch die Verringerung von Azidität potentiell zur natürlichen Neutralisation beitragen können. Trotz der Limitierung sind sporadisch hohe Biomassen bei Primärproduzenten und Konsumenten möglich und spiegeln das hohe ökologische Entwicklungspotential und die schnellen Reaktionsmöglichkeiten auf kurzfristig günstige Milieubedingungen wider. Die Muster für eine solche Eigenentwicklung wurden als erste Klassifizierungsansätze (Lessmann & Nixdorf 1997) als Grundlage für Bewertungen herangezogen.

Aufgrund der besonderen chemischen Eigenschaften der Seen und bei günstigen morphometrischen Verhältnissen können zwar spontan geeignete Bedingungen für Neutralisationsprozesse entstehen (anoxisches Monimolimnion), die konstante Versauerung selbst bei den ältesten Tagebauseen (Restsee 107, 70 Jahre) läßt aber darauf schließen, daß die biologischen Prozesse unter den herrschenden Bedingungen nicht in der Lage sind, genügend Alkalinität zu produzieren. Dabei ist natürlich auch das individuelle hydrogeochemische Umfeld eines Tagebausees von besonderer Bedeutung für die Prognose der natürlichen Entwicklung. Eine wichtige Komponente liegt in der Hydrogeochemie der Einzugsgebiete, die (auch aufgrund fehlender Basisdaten) in unseren Betrachtungen bisher zu wenig berücksichtigt werden konnte.

Die eingeschränkten Entwicklungsmöglichkeiten wirken sich auch auf die Verzahnung mit dem terrestrischen Umfeld aus. Die Lebewesen, die wie die Libellen oder Amphibien auf eine aquatische (Larval-) Phase in ihrem Entwicklungszyklus angewiesen sind, können zwar als Imagines oder Adulte geeignete Bereiche in der Bergbaufolgelandschaft besiedeln, werden aber durch die Hemmung der Reproduktion nicht bodenständig.

Danksagung

Dieser Beitrag stellt eine Zusammenfassung wichtiger Ergebnisse des Teilprojektes 3 „Limnologie und Gewässerchemie" des LENAB-Verbundvorhabens dar. Allen Projektmitarbeitern sei hiermit für die Bereitstellung von Daten gedankt. Am TP 3 (Schwerpunkt Tagebauseen) waren neben den Autoren maßgeblich beteiligt: R. Deneke (BTUC), K. Friese (UFZ), H. Klapper (UFZ), M. Kapfer (BTUC), H. Krumbeck (BTUC), A. Liepelt (BTUC), U. Mischke (BTUC), M. Mutz (BTUC), B. Nixdorf (BTUC), J. Rücker (BTUC), B. Scharf (UFZ), K. Wendt-Potthoff (UFZ). Ein besonderer Dank gilt unseren technischen Mitarbeitern, deren Einsatz bei Feldarbeiten und im Labor hier noch einmal gewürdigt werden soll. Desweiteren wurden Ergebnisse des Teilprojektes 9 aufgenommen.

Literatur

Andersson, A., Falk, S., Samuelsson, G. & Hagström, A. 1989. Nutritional characteristics of a mixotrophic nanoflagellate, Ochromonas sp. Microb. Ecol. 17: 251-262.

Arzet, K. 1987. Diatomeen als pH-Indikatoren in subrezenten Sedimenten von Weichwasserseen. Dissertation, Innsbruck: 266 S.

Blaschke, W. & Packroff, G. 1999. Zum Nahrungserwerb der Schellente (Bucephala glangula) in pH-sauren Tagebaurestseen der Niederlausitz. Bucephala, in Druck.

Braunkohlenausschuß Land Brandenburg 1993. Sanierungsplan Schlabendorfer Felder.

Braunkohlenausschuß Land Brandenburg 1996. Sanierungsplan Lauchhammer Teil II.

Büttner, O., Becker, A., Kellner, S., Kuehn, B., Wendt-Potthoff, K., Zachmann, D.W. & Friese, K. 1998. Geostatistical analysis of surface sediments in an acidic mining lake. Water, Air and Soil Pollut. 108: 297-316.

Colliene, R.H. 1983. Photoreduction of iron in the epilimnion of acidic lakes. Limnol. Oceanogr. 28: 83-100.

Deneke, R. 1997. Vergleichende Untersuchungen des Zooplanktons in 20 extrem sauren Tagebaurestseen der Lausitz. Tagungsbericht zur DGL-Tagung 1996 in Schwedt/Oder: 502 S.

Fee, E.J. 1976. The vertical and seasonal distribution of chlorophyll in lakes of the Experimental Lakes Area, Northwestern Ontario: Implications for primary production estimates. Limnol. Oceanogr. 21: 767-783.

Friese, K., Wendt-Potthoff, K., Zachmann, D.W., Fauville, A., Mayer, B. & Veizer, J. 1998. Biogeochemistry of iron and sulfur in the sediments of an acidic mining lake in Lusatia, Germany. Water, Air and Soil Pollut. 108: 231-247.

Goldman, J.C., Oswald, W.J. & Jenkins, D. 1974. The kinetics of inorganic carbon limited algal growth. Journal WPCF 46: 554-574.

Günther, R. (Hrsg.) 1996. Die Amphibien und Reptilien Deutschlands. Gustav Fischer, Jena.

Gyure, R.A., Konopka, A., Brooks, A. & Doemel, W. 1987. Algal and Bacterial Activities in Acidic (pH 3) Strip Mine Lakes. Appl. Environ. Microbiol. 9: 2069-2076.

Hammer, U.T. 1980. Geographical variations. In D.F. Westlake (Koord.) Primary Production. In E.D. Le Cren & R.H. Lowe-McConnell (Hrsg.) The Functioning of Freshwater

Ecosystems. International Biological Program 22. Cambridge University Press, Cambridge: 141-246.

Hein, M. 1997. Inorganic carbon limitation of photosynthesis in lake phytoplankton. Freshwat. Biol. 37: 545-552.

Henrikson, L. & Oscarson, H.G. 1981. Corixids (Hemiptera-Heteroptera), the new top-predators in acidified lakes. Verh. Int. Ver. theor. angew. Limnol. 21: 1616-1620.

Herzsprung, P., Friese, K., Packroff, G., Schimmele, M., Wendt-Potthoff, K. & Winkler, M. 1998. Vertical and Annual Distribution of Ferric and Ferrous Iron in Acidic Mining Lakes. Acta hydrochim. hydrobiol. 26: 253-262.

Hofmann, G. 1993. Diatomeen als Indikatoren der Gewässerversauerung - ein kritischer Methodenvergleich. Unveröff. Bericht zum F/E-Vorhaben „Monitoringprogramm für versauerte Gewässer durch Luftschadstoffe in der Bundesrepublik Deutschland im Rahmen der ECE“, im Auftrag des Bayerischen Landesamtes für Wasserwirtschaft, München: 45 S.

Kapfer, M. 1998. Assessment of the colonization and primary production of microphytobenthos in the littoral of acidic mining lakes in Lusatia (Germany). Water, Air and Soil Pollut. 108: 331-340.

Kapfer, M., Mischke, U., Wollmann, K. & Krumbeck, H. 1997. Erste Ergebnisse zur Primärproduktion in extrem sauren Tagebauseen der Lausitz. In R. Deneke & B. Nixdorf (Hrsg.) Gewässerreport (Teil III). Aktuelle Reihe BTU Cottbus 5/97: 31-40.

Kennedy, I.R. 1992. Biochemistry of nitrogen utilization. Acid soil and acid rain. Research Studies Press LTD. Taunton, Somerset.

Kettle, W.D., Moffet, M.F. & de Noyelles, F. jr. 1987. Vertical distribution of zooplankton in an experimentally acidified lake containing a metalimnetic phytoplankton peak. Can. J. Fish. Aquat. Sci. 44 (Suppl.): 91-95.

Lessmann, D. & Nixdorf, B. 1997. Charakterisierung und Klassifizierung von Tagebauseen der Lausitz anhand morphometrischer Kriterien, physikalisch-chemischer Parameter und der Phytoplanktonbesiedlung. Aktuelle Reihe BTU Cottbus 5/97: 9-18.

Liepelt, A.E. 1997. Entwicklung des Phytoplanktons in Tagebauseen der Lausitz 1995 und 1996 - Erfassung durch mikroskopische Bestimmungen und HPLC-Pigmentanalysen. In R. Deneke & B. Nixdorf (Hrsg.) Gewässerreport (Teil III). Aktuelle Reihe BTU Cottbus 5/97: 19-30.

Liepelt, A.E., Lessmann, D. & Mischke, U. 1997. Die Vertikalverteilung des Phytoplanktons in Tagebauseen der Lausitz - Vergleich von ‚in situ’-Fluoreszenzmessung, HPLC-Pigmentanalytik und mikroskopischer Bestimmung. Tagungsbericht zur DGL-Tagung 1996 in Schwedt/Oder: 640-644.

Meier, J., Wendt-Potthoff, K. & Babenzien, H.-D. 1999. Microbiology of the iron and sulfur cycle in mining lakes of different acidity, in Vorbereitung.

Möhlenbruch, N. & Schölmerich, U. 1992. Tagebau-Rekultivierung, Landschaften nach der Auskohlung. Spektrum der Wissenschaften 4/1992: 105-129.

Nixdorf, B. & Kapfer, M. 1998. Stimulation of phototrophic pelagic and benthic metabolism close to sediments in acidic mining lakes. Water, Air and Soil Pollut. 108: 317-330.

Nixdorf, B., Mischke, U. & Lessmann, D. 1998. Chrysophytes and Chlamydomonads: pioneer colonists in extremely acidic mining lakes (pH <3) in Lusatia (Germany). Hydrobiologia 369/370: 315-327.

Nixdorf, B., Mutz, M., Wollmann, K. & Wiegleb, G. 2000. Zur Ökologie in extrem sauren Tagebaugewässern der Bergbaufolgelandschaft – Besiedlungsmuster und Leitbilder, dieser Band.

Olaveson, M.M. & Nalewajko, C. 1994. Acid rain and freshwater algae. Arch. Hydrobiol. (Suppl.) 42: 99-123.

Packroff, G. 1998. Protozoen in Tagebaurestseen - Qualitative und quantitative Aspekte. Tagungsbericht zur DGL-Tagung 1997 in Frankfurt/M.: 346-350.

Scharf, B., Cronberg, G., Hofmann, G., Packroff, G. & Wilhelmy, H. 1999. Acidification history of some lignite mining lakes in Germany. Journal of Paleolimnology, in Vorbereitung.

Schimmele, M. 1998a. Die Messung der elektrischen Leitfähigkeit in Bergbaurestseen. Tagungsbericht zur DGL-Tagung 1997 in Frankfurt/Main: 768-773.

Schimmele, M. 1998b. Density measurements in mining lakes. Third Workshop on Physical Processes in Natural Waters, Magdeburg, 31.8.-3.9.1998. UFZ-Bericht 23/1998: 51-55.

Schindler, D.W. & Fee, E.J. 1973. Diurnal variation of dissolved inorganic carbon and its use in estimating primary production and CO_2 invasion in Lake 227. J. Fish. Res. Board Can. 30: 1501-1510.

Sulzberger, B., Schnoor, J.L., Giovanoli, R., Hering, J.G. & Zobrist, J. 1990. Biogeochemistry of iron in an acidic lake. Aquat. Sci. 52: 56-74.

Wendt-Potthoff, K. & Neu, T.R. 1998. Microbial processes for potential in situ remediation of acidic lakes. In W. Geller, H. Klapper & W. Salomons (Hrsg.) Acid Mining Lakes - Acid Mine Drainage, Limnology and Reclamation. Environ. Sci. Series, Springer: 269-284.

Wiedemann, D. 1994. Schaffung ökologischer Vorrangflächen bei der Gestaltung der Bergbaufolgelandschaft. Abschlußbericht BMBF-Vorhaben Finsterwalde.

Wollmann, K. 1997. Vorkommen von Wasserwanzen (Corixidae, Heteroptera) in Tagebauseen der Lausitz. In R. Deneke & B. Nixdorf (Hrsg.) Gewässerreport (Teil III). Aktuelle Reihe BTU Cottbus 5/97: 41-48.

Wollmann, K. 1998. Corixidae (Heteroptera) in sauren Tagebauseen der Lausitz (Brandenburg). Lauterbornia: 17-24.

19 Redox-Vorgänge in litoralen Sedimenten in Wechselwirkung mit dem Wachstum und der Entwicklung der Erstbesiedlungsvegetation am Beispiel von Juncus bulbosus L.

Abad Chabbi[1]

[1] Brandenburgische Technische Universität Cottbus, LS Bodenschutz und Rekultivierung, Postfach 101344, D-03013 Cottbus, e-mail: chabbi@tu-cottbus.de

Zusammenfassung. Die Zwiebelbinse ist die Pionierpflanze in extrem sauren Tagebaurestseen des Braunkohletagebaus. Verschiedene chemische Analysetechniken wurden verwendet, um die Mechanismen und Strategien aufzuklären, mit denen Juncus bulbosus den extremen Bedingungen widersteht. Aus Gesamtmetallgehalten im Sediment und in der Pflanze wurden Konzentrationsfaktoren (CF) ermittelt, um die die Metallkonzentrationen im Gewebe beeinflussenden Faktoren zu charakterisieren. Die Pflanze gibt Sauerstoff in die Rhizosphäre ab und erhöht so dort das Redox-Potential. Dies führt zu der Bildung von Eisenplatten aus Goethit um die Wurzel. Das Rasterelektronenmikroskop zeigte einen von Mikroorganismen besiedelten Zwischenraum zwischen der Wurzel und den Sandkörnern. Dies läßt auf eine Interaktion zwischen der mikrobiellen Komponente auf der Wurzeloberfläche und den Wurzelexsudaten unter den Eisenplatten (mineralfreier Raum) schließen. Eisentoxizität wird durch die physiologischen und biochemischen Pflanzenstrukturen verzögert, was durch Untersuchungen der Metallkonzentrationen in Sediment und Pflanzengewebe bestätigt wurde. Die Elementkonzentrationen im Sediment der Tagebaurestseen nehmen unabhängig vom Substrat in der Reihenfolge Fe > Al > Mn > Zn ab, während Cu und As von untergeordneter Bedeutung sind. Fe und Al werden nicht aktiv aufgenommen, ihre Konzentration im Gewebe wird von der Pflanze bestimmt. Die höheren CF für Mn und Zn bestätigen eine aktive Aufnahme durch die Pflanze. Hohe Mn-Konzentrationen im Sediment können gefährlich für Juncus bulbosus sein. Die Ansiedlung und das Wachstum von Juncus bulbosus in Tagebaurestseen kann als Indikator physicochemischer Parameter dieser Seen und der Stabilität des Systems betrachtet werden.

Schlüsselwörter. Abraumsediment, Eisenaufnahme, Eisenplatten, Endodermis, Juncus bulbosus L., Mikroorganismen, Toxizität.

1 Einleitung

Die sauren Tagebaurestseen sind klar abzugrenzen von den Seen, die in Folge von Depositionen versauerten. Dies betrifft vor allem das Redoxsystem der Sedimente. Die fortwährende Freisetzung von Säuren aus der Verwitterung von Eisensulfiden führt zu einer langanhaltenden extremen Versauerung der Tagebaurestseen (Obermann et al. 1992, Wisotzky 1994) mit starken Auswirkungen auf die Nährstoffversorgung der dort lebenden Organismen (insbesondere Pionierpflanzen). Bislang gibt es nur wenige Untersuchungen über die chemischen Bedingungen in der Litoralzone von Gewässern mit extremen Standortverhältnissen (z. B. Wiegleb 1978), wie sie für die Bergbaufolgelandschaft der Lausitz typisch sind.

In den sechziger Jahren wurde die Rolle von Zwiebelbinsen (Juncus bulbosus L.) als Pioniervegetation der Tagebaurestseen des Lausitzer Braunkohlereviers erkannt (Pietsch 1965). Zweifellos hat Juncus bulbosus vielfältige Anpassungsmechanismen unter solchen Umweltbedingungen entwickelt, die im biologischen Sinne einzigartig sind und die noch nicht erforscht wurden. Die wenigen bisherigen Untersuchungen über Juncus bulbosus befaßten sich mit der Besiedlung schwach saurer Gewässer, die in Schweden, den Niederlanden und in Schottland infolge saurer Depositionen aus der Luftverschmutzung auftraten. Diese Studien konzentrierten sich auf die Besiedlung und Ausbreitung von Juncus bulbosus (Hinneri 1976, Roelofs 1983, van Damm 1988, Roelofs et al. 1994), auf die Wechselwirkung von Pflanzenwachstum und pH-Werten (Wortelboer 1990) und auf die Rolle von CO_2 für das Überleben von Juncus bulbosus (Roelofs et al. 1984, Wetzel et al. 1984, Leuven et al. 1988, Arts 1990, Svedäng 1990, 1992). Es gibt bisher nur ungenaue Vorstellungen und Hypothesen über die Besiedlungsmechanismen und Wachstumsdynamik von Juncus bulbosus in sauren Tagebaurestseen. Es wurden noch keine Aussagen darüber getroffen, welche ökophysiologischen und biochemischen Anpassungen es Juncus bulbosus ermöglichen, im anstehenden Sediment zu überleben. In dieser Arbeit wurden zwei Aspekte näher untersucht:

1. Es wird angenommen, daß Juncus bulbosus zahlreiche Anpassungsmechanismen entwickelt hat, die miteinander in Wechselbeziehungen stehen. Zur Charakterisierung dieser Pflanze wurden deshalb ihre Morphologie, Physiologie sowie ihre biochemischen Eigenschaften genauer untersucht.
2. Weiterhin wurden die Elementkonzentrationen in den Sedimenten der Tagebaurestseen und den Juncus bulbosus-Pflanzen verglichen. Dies soll zum Verständnis der Faktoren beitragen, die die Elementkonzentrationen in der ober- und unterirdischen Biomasse kontrollieren.

2 Material und Methoden

2.1 Standorte

Die Untersuchungen wurden am Senftenberger See (SFB) und im Raum Koyne-Plessa an den Tagebaurestseen (RS) 108 und 109 im Osten von Deutschland (Land Brandenburg) durchgeführt. Zum Vergleich wurde Pflanzenmaterial aus der Kiesgrube Gosda verwandt (Abb. 19.1). Hierbei handelt es sich um einen pyrit- und kohlefreien Standort.

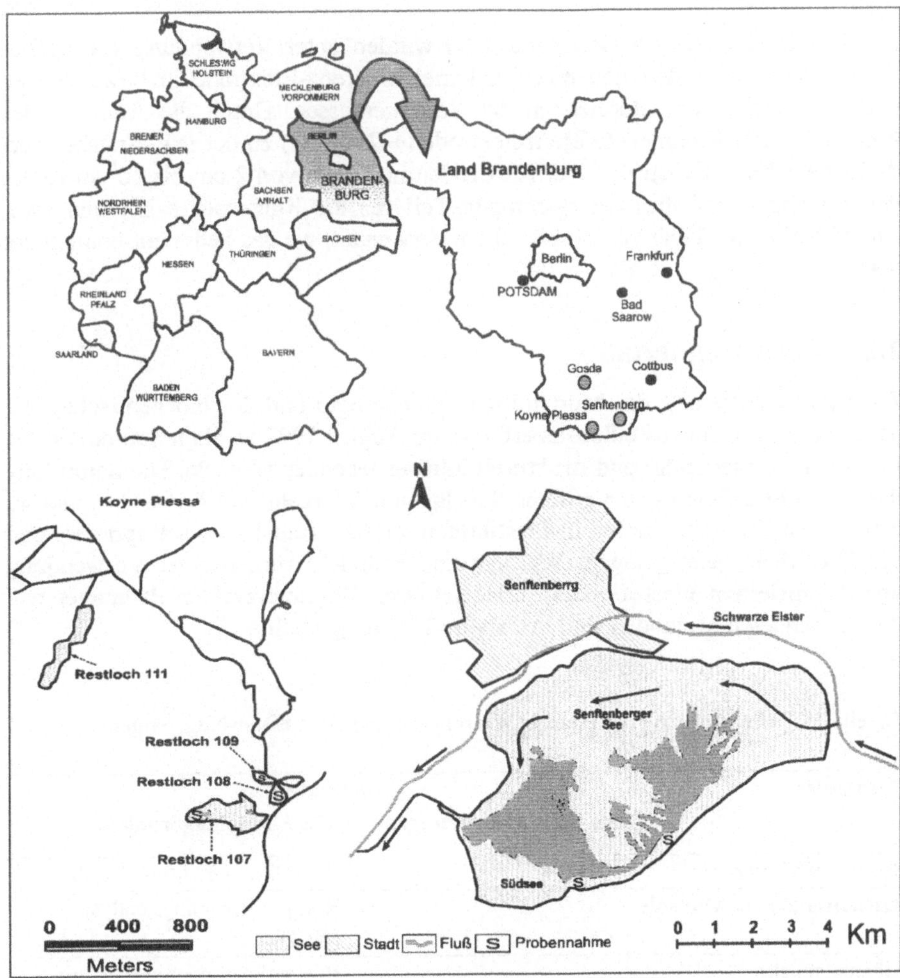

Abbildung 19.1 Standortkarte des Untersuchungsgebietes im Land Brandenburg. Der Pfeil im Bereich des Senftenberger Sees zeigt den Fließweg des Wassers.

Die Wasserpegel sind Schwankungen unterworfen und größtenteils vom Grundwasser abhängig. Das Litoral ist durch eine Wassertiefe von 30-50 cm gekennzeichnet. Die Sedimente des Senftenberger Sees bestehen hauptsächlich aus quartärem Substrat (Pleistozäner Sand), d. h. kohle- und pyritfreiem Material mit nur vereinzelten tertiären Beimischungen. Im Koyne-Plessa Bezirk herrscht pyrit- und kohlehaltiges Material (tertiäre Substrate) vor. Juncus bulbosus stellt die dominante Makrophyten-Vegetation des Uferbereiches dieser Seen dar.

2.2 Redoxprofile

Die Redoxpotentiale der Sedimente (E_h) wurden unter Verwendung von aufpolierten Platinelektroden und einer Kalomel-Referenz-Elektrode in bewachsenen und unbewachsenen Litoralzonen der Seen gemessen. Durch die Addition des Potentials einer Kalomel-Referenzelektrode (+ 244 mV) zu der mV-Angabe wurde E_h berechnet. Es wurden vier Elektroden in Tiefen von 2 cm bis 10 cm (unter der Annahme, daß dies der wichtigste Teil für die Rhizosphäre ist) und zwei Elektroden in der Tiefe von 10 bis 20 cm verwendet, wo das Sediment homogener war.

2.3 Pflanzenmaterial

Zur Charakterisierung der Morphologie, Physiologie und der biochemischen Eigenschaften von Juncus bulbosus erfolgte im August 1997 an allen Standorten die Beprobung turgeszenter und strukturell intakter lebender Wurzeln. Die Sammlung der Wurzeln erfolgte unter größter Sorgfalt um Wurzeln und Erdreich intakt zu lassen. Die Wurzeln wurden in Plastiktüten gesetzt, zum Labor transportiert und bei 4° C über Nacht gelagert. Wurzeln und Erdreich wurden unter Verwendung von deionisiertem Wasser voneinander getrennt. Die untersuchten Parameter und die verwendeten Methoden sind in Tabelle 19.1 dargestellt.

Tabelle 19.1 Untersuchung der Pflanzenwurzeln mit und ohne Eisenablagerungen.

Parameter	**Methoden**	
	Ohne Eisenablagerungen	**Mit Eisenablagerungen**
Sauerstofffreisetzung		Ti^{3+}-Citrat und Methylenblau
Kristallisation der Minerale		Röntgen-Beugungsanalyse (XRD)
Elementgehalte		Rasterelektronenmikroskopie (EDXA)
Morphologie	Transmissionselektronenmikroskopie	Raster- und Transmissionselektronenmikroskopie

Sedimentproben sowie ober- und unterirdisches Pflanzenmaterial wurden in den drei untersuchten Seen im Juli 1997 genommen, um die Elementanreicherung zu untersuchen. In jedem See wurden vier Beprobungsstandorte im Abstand von 10 m (Station 1-4 in den Abbildungen) ausgewählt und drei einzelne grüne Pflanzen zufällig ausgesucht. Jede dieser Pflanzen wurde untersucht und als Wiederholung betrachtet. Die gesamte Pflanze wurde entwurzelt, danach der Pflanzensproß an der Grenze zum Sediment entfernt und in eine separate Plastiktüte verpackt. Drei Sedimentkerne (8,5 cm Durchmesser und 20 cm Länge) wurden vom gleichen Ort, so nah wie möglich an der beprobten Pflanze (d. h. in der Vegetationszone) entnommen.

Die im Gelände genommenen Sediment- und Pflanzenproben wurden ohne Verzug ins Labor transportiert. Die unterirdische Pflanzenbiomasse wurde durch Naßsiebung mit deionisiertem Wasser vom Sediment getrennt (Otte et al. 1991). Das deionisierte Wasser mit dem darin gelösten Sediment wurde bei 80°C getrocknet und wird als Probe des Rhizosphärenbereichs betrachtet. Die oberirdische Biomasse wurde mit deionisiertem Wasser gewaschen. Die Pflanzengewebe wurden bei 55°C 24 Stunden lang getrocknet. Die Konzentrationen an Fe, Mn, Al, Zn, Cu und As in Pflanzengewebe und Sediment wurden nach Druckaufschluß (Chabbi 1999a) mit einem Atomabsorptionsspektrometer und Graphitrohr (AAS) UNICAM model 939 analysiert.

2.4 Messung der radialen O_2-Freisetzung

Der freigesetzte Sauerstoff der Juncus bulbosus-Wurzeln wurde kolorimetrisch mit einer Ti^{3+}-Citratlösung quantifiziert (Delaune et al. 1990, Sorrel et al. 1993). Die Ti^{3+}-Citratlösung wurde in einer N_2-Atmosphäre entsprechend der Methode von Zehnder & Wuhrmann (1976) präpariert. Die Wurzeln von Juncus bulbosus wurden mit Leitungswasser gewaschen, mit deionisiertem Wasser abgespült, vorsichtig mit Seidenpapier trockengetupft und anschließend in 200 ml 25%-ige Hoagland-Lösung eingetaucht, die außerdem die Ti^{3+}-Citratlösung enthielt. Nach 6 Stunden erfolgte die Bestimmung der Absorption der zum Teil oxidierten Ti^{3+}-Citratlösung bei 527 nm mit einem Spektrophotometer. Die Sauerstofffreisetzung wurde mit folgender Formel berechnet:

$$ROL = c(y-z)/TG \qquad (1)$$

Hierbei ist ROL die radiale Sauerstofffreisetzung in $\mu mol\ g^{-1}$ Trockengewicht, c das Anfangsvolumen des Ti^{3+}-Citrats in ml, y die Ti^{3+}-Citrat-Konzentration der Kontrolle (ohne Pflanzen) und z ist die Ti^{3+}-Citrat-Konzentration nach 6 h mit eingetauchten Wurzelsystemen.

2.5 Oxidation in der Rhizosphäre

Der Sauerstoffverlust der Wurzeln wurde unter Verwendung der Methylenblau/Agarose-Methode untersucht (Trolldenier 1988, Chabbi et al. 1999b). Das

Redoxpotential (E_h) der Agarlösung wurde 6 h lang überwacht. Die Oxidation von Methylenblau, die durch die Halo-Bildung angezeigt wird, und die Veränderungen des Redoxpotentials wurden systematisch alle 10 Minuten über einen Zeitraum von 70 Minuten aufgezeichnet. Hierzu wurden polierte Platinelektroden entlang ausgewählter Wurzeln und über das Agarmedium eingeführt (Chabbi 1999b, Chabbi et al. 1999). E_h wurde wie oben beschrieben berechnet.

2.6 Bestimmung der Redoxreaktionen

2.6.1 Experimentaufbau

Die Redoxreaktion von $Fe(II)SO_4$ und $Mn(II)SO_4$ in der Nähe der Juncus bulbosus-Wurzeln wurde experimentell unter reduzierten Bedingungen untersucht. Das anaerobe Agarexperiment (Stickstoffbegasung des Mediums) wurde im Labor durchgeführt. Die Wurzeln intakter Pflanzen wurden in eine durchsichtige Acrylbox (20 cm x 20 cm x 10 cm) mit halbfester Agarose (0,2%) und Nährstoffzugabe (25%-igen Hoagland-Lösung) gegeben. Anschließend wurde eine 2,3 mM (ca. 180 mg l^{-1}) Natrium-Sulfid-Lösung zugegeben, die zur Stabilisierung des pH-Wertes fein verteiltes 0,5 g l^{-1} Calciumcarbonat enthielt. Die Agarose wurde mit 1,3 mM (361 mg l^{-1}) Eisensulfat ($FeSO_4 \times 7H_2O$) und 3 mM (507 mg l^{-1}) Mangansulfat ($Mn(II)SO_4 \times H_2O$) angereichert. Die Bedingungen des Laborexperimentes wichen stark von den Standortbedingungen ab durch höhere Mn-Konzentrationen im Verhältnis zu Fe. Außerdem waren diese Konzentrationen 10fach höher als in den Sedimenten. Nach 18 Stunden wurden die Ausfällungen an der Wurzelapex unter dem Rasterelektronenmikroskop mit Röntgenspektroskopie (SEM-EDAX) untersucht.

2.6.2 Röntgenbeugungsanalyse (XRD)

Die Wurzeln mit Eisenplattenbesatz wurden blitzgefrostet und gefriergetrocknet. Nach 24 h wurden die Ablagerungen um die Wurzel (Eisenplatten) abgetrennt, auf eine Größe von 630 µm gesiebt und anschließend gemörsert. Die Röntgenbeugungsanalyse erfolgte mit einer Co-Kα Bestrahlung (Bigham et al. 1990).

2.6.3 Scanning-Elektronen-Mikroskopie (SEM)

Für die Scanning-Elektronen-Mikroskopie wurden frische Wurzelsegmente mit Eisenplattenbesatz (10 mm Abstand zum Apex) mit 2,5% Glutaraldehyd an einem 0,1 M Cacodylat-Puffer, bei einem pH-Wert von 7,4 bei 4° C über Nacht fixiert. Nach der Waschung der Segmente mit der Pufferlösung wurden sie mit 1% OsO_4 zwei Stunden lang fixiert, mit Azeton dehydriert und in Gießharz eingebettet (Spurr 1969). Nach der Polymerisation bei 70°C über 24 Stunden wurden die Proben in 4 mm Abschnitte geschnitten und auf Aluminiumprobekörpern mit Gießharz befestigt. Nach einem vorsichtigen Anschliff wurden die Probekörper poliert und mit Kohlenstoff überzogen. Im Anschluß erfolgte die Untersuchung mit einem Scanning-Elektronen-Miskroskop (ZEISS DSM 962) bei 20 kV mit einem Arbeitsabstand von 25 mm, in Kombination mit einem Elektronendetektor und einem Energiestreuungs-Röntgen-Detektor (Oxford Instruments, Link ISIS).

2.7 Transmissions-Elektronen-Mikroskopie (TEM)

Für die Transmissions-Elektronen-Mikroskopie wurden Wurzelsegmente (Apikal-Region), wie oben beschrieben, präpariert. Schnitte von 30 µm Stärke wurden an 600 hexagonalen Maschengittern befestigt und bei einem Elektronenenergieverlust von 250 eV mit einem ZEISS EM 912 Omega-Gerät untersucht. Die Dokumentation der Ergebnisse erfolgte mit einer Bildintensivierkamera (SIT 66 Drage).

3 Ergebnisse und Diskussion

3.1 Sauerstofffreisetzung aus der Wurzel und Redoxstatus

Die Abgabe von Sauerstoff aus den Wurzeln an das umliegende Sediment wurde als der Mechanismus postuliert, der einem Transport von potentiell toxischen Substanzen (z. B. Fe^{2+}) an die Wurzeloberfläche oder innerhalb der Wurzeln zu den Sprossen hin verhindert (Armstrong 1979, Carlson & Forrest 1982, Chabbi et al. 1998).

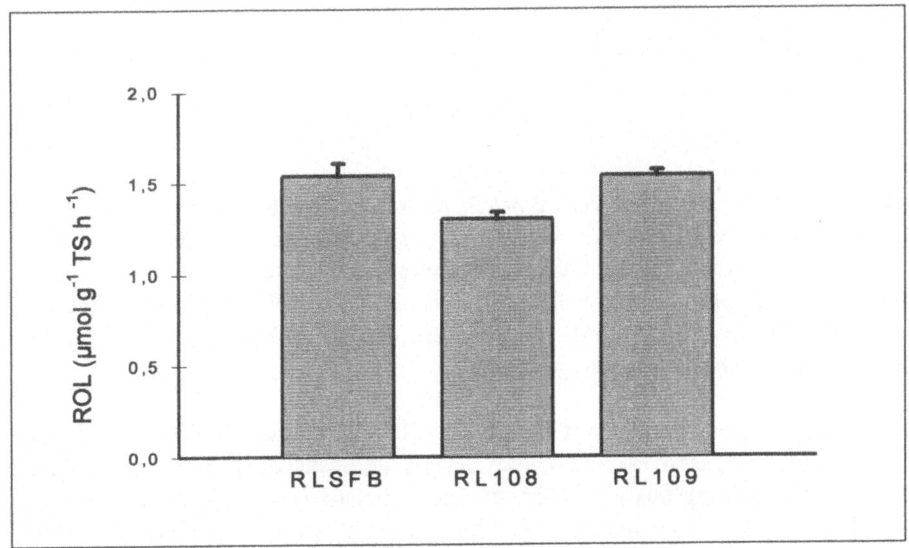

Abbildung 19.2 Radialer Sauerstoffverlust (ROL) von Juncus bulbosus über einen Zeitraum von 6 Stunden. Mittelwerte (n =3) ±SE.

Durch die Bestimmung der Freisetzung von Sauerstoff mittels Ti^{3+}-Citrat, kann gezeigt werden, daß Juncus bulbosus in sauren Tagebaurestseen große Mengen an Sauerstoff (1,28-1,56 µmol O_2 g^{-1} TS h^{-1}) über die Wurzeln an die Umgebung abgibt (Abb. 19.2).

Im Laborversuch mit Methylenblau-Agar wurde ein erhöhtes Redoxpotential innerhalb der Zone der Halo-Formationen gemessen. Im Laufe der Zeit (70 min) erhöhten sich die Redoxpotentiale der Rhizosphäre von Juncus bulbosus weiter (Abb. 19.3).

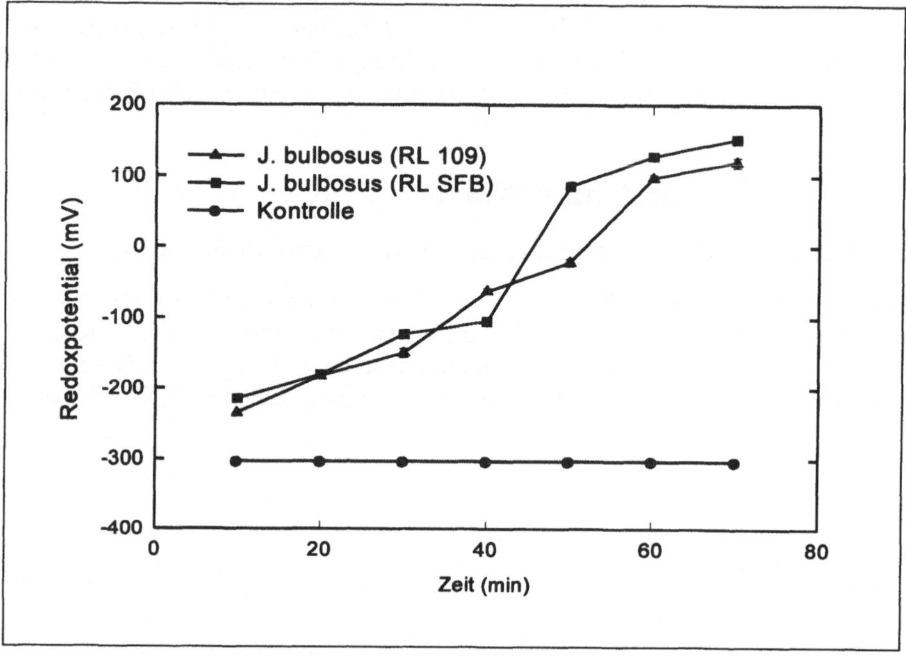

Abbildung 19.3 Der zeitliche Verlauf des E_h im Rhizosphärenbereich zum Zeitpunkt des Eintauchens der Wurzelsysteme in die reduzierten Methylenblau-Agar-Nährlösungen. Platinelektroden wurden in der Nähe der Wurzelspitzen sowie einige Zentimeter von der Wurzel entfernt eingeführt, außerhalb der Zone der Halo-Formation (Kontrolle). Die Werte sind die Mittelwerte (n =3) ±SE (Beachten Sie, daß die SE-Werte kleiner sind als die Symbole). Die Wurzellängen betrugen 10-15 cm.

Diese Ergebnisse stimmen mit denen der Ti^{3+}-Citratmessung überein. Die Laborexperimente lassen erkennen, daß Juncus bulbosus dazu befähigt ist durch Sauerstofffreisetzung aus den Wurzeln den Redoxstatus zu verändern. Von stark reduzierenden Bedingungen E_h = -300 steigen die Werte auf E_h = +150 bis +190. Diese Eigenschaft ist auch von Reispflanzen und anderen Makrophyten bekannt (Boone et al. 1983, Jaynes et al. 1986, Wigand et al. 1997). Jedoch starben Luronium natans und Ranunculus ololeucos unter extremen Bedingungen mit niedrigen pH-Werten ab (Alam 1981, Maessen et al. 1992). Geländemessungen des E_h in der

Rhizosphäre und den angrenzenden unbewachsenen Sedimenten zeigten, daß Juncus bulbosus trotz der extremen Umweltbedingungen in Tagebaurestseen (Tab. 19.2) in der Lage ist, zu überleben und das Redoxpotential zu verändern (Abb. 19.4). Da die Pflanze bei pH-Werten von 4,1-5,3 nur eine relativ geringe Sauerstofffreisetzung zeigt (Roelefs et al. 1984), könnte dies bedeuten, daß die extremen Umweltbedingungen des sauren Abraumsediments die Pflanze dazu anregen, mehr Sauerstoff freizusetzen und dadurch den E_h-Wert in der Rhizosphäre zu erhöhen.

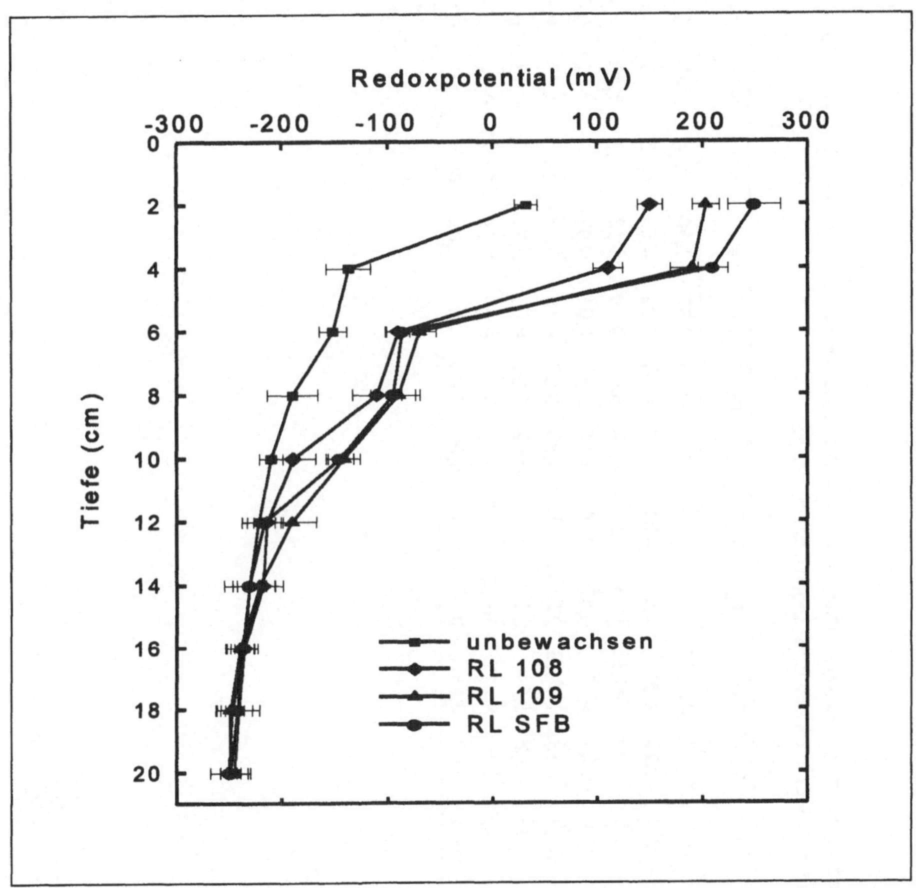

Abbildung 19.4 Verlauf des Redoxpotentials (E_h) im Profil der Sedimente verschiedener Seen mit und ohne Juncus bulbosus. Die Werte sind die Mittelwerte (n = 2-4) ± SE.

Tabelle 19.2 Chemische Bedingungen und Eigenschaften von Juncus bulbosus–Gewässern. Alle Werte sind in mg l^{-1}. Die Werte sind die Mittelwerte (n = 3) ± SE. * See ohne Makrophytenbewuchs, (nach Chabbi 1999a).

See	pH	EC/µS	Eh/m	Fe^{3+}	Mn^{4+}	Ca^{2+}	Mg^{2+}	Na^{+}	Al^{3+}	PO_4^{3-}	Zn^{2+}	K	Cl^{-}	NH_4^{+}	NO_3^{-}	SO_4^{2-}	DOC	DIC
107*	2,53	4142	+700	701	14,13	417,67	56,87	7,14	59,63	0,00	3,37	1,50	9,14	6,40	1,41	3184	5,46	0,21
SE ±	0,01	4,41	2,33	4,04	0,10	2,04	0,95	0,24	0,47	0,00	0,02	0,03	0,13	0,03	0,02	31	0,18	0,01
108	2,84	1506,3	+650	24,50	1,20	109,33	16,4	7,54	3,54	0,00	0,19	5,17	17,35	2,40	1,07	566,33	2,33	0,37
SE ±	0,01	1,58	3,21	0,20	0,01	1,71	0,12	0,10	0,11	0,00	0,01	0,03	0,12	0,02	0,05	6,31	0,11	0,01
109	3,53	795,33	+632	22,9	1,13	174,33	27,13	8,26	0,80	0,00	0,16	27,80	14,48	1,79	0,85	340,79	2,25	0,41
SE ±	0,00	0,84	5,51	0,06	0,08	1,64	0,21	0,17	0,02	0,00	0,01	0,17	0,09	0,13	0,03	13,09	0,15	0,03
SFB	3,33	584	+532	4,05	0,69	86,17	16,37	17,83	0,32	0,00	0,09	7,58	28,13	0,94	2,74	331,20	2,69	0,5
SE ±	0,01	6,96	3,33	0,03	0,02	0,63	0,08	0,14	0,02	0,00	0,01	0,06	0,35	0,01	0,08	9	0,23	0,02

Unter Laborbedingungen beobachtete Janiesch (1991) eine Steigerung der Sauerstoff-Freisetzung bei Carex-Arten mit steigendem Fe^{2+}, aber die physiologischen Gründe für dieses Verhalten waren nicht bekannt. Bedford et al. (1991) erwähnten, daß mehrere Senken für Sauerstoff in der Rhizosphäre existieren könnten und daß Eisen in reduzierter Form schnell mit Sauerstoff reagieren kann und dabei einen großen Teil des angebotenen Sauerstoffs verbraucht.

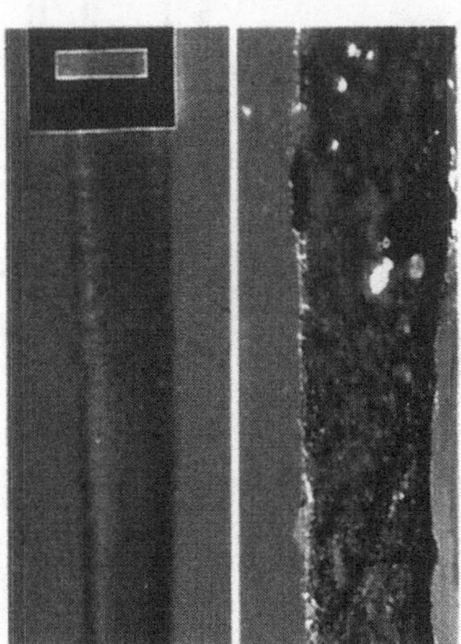

Abbildung 19.5 Oben: dichter schwimmender Bestand von Juncus bulbosus am Senftenberger See. Unten: Wurzeln von Juncus bulbosus, links ohne Eisenablagerungen und rechts mit Eisenablagerungen. Die Skala beträgt 250 µm.

Die Wurzeln von Juncus bulbosus zeigen Eisenablagerungen, welche eine rötlich-braune Färbung besitzen und als Eisenplatten bekannt sind (Abb. 19.5). Diese Beobachtung könnte bedeuten, daß die Sauerstoff-Freisetzung und der daraus folgende Anstieg des Redoxpotentials die Oxidation von Fe^{2+} zu Fe^{3+} nach sich ziehen, was zur Bildung von Eisenplatten um die Wurzel führt.

Röntgenbeugungsanalysen (XRD) zeigen, daß die oxidierten Ablagerungen reich an Goethit sind (Abb. 19.6). Aus der Breite des stärksten Signals (110) läßt sich eine sehr geringe Kristallgröße von ca. 10 nm ableiten.

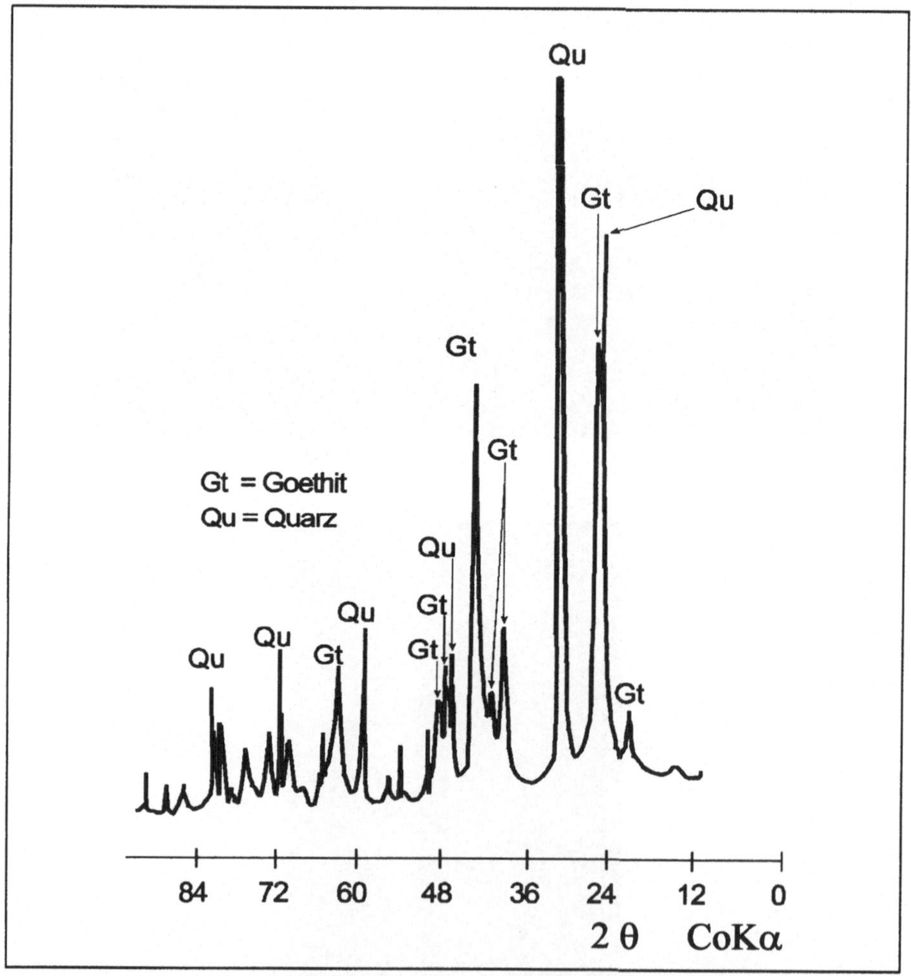

Abbildung 19.6 Repräsentative Röntgen-Diffraktion (XRD) von Eisenplatten der oxidierten Wurzelkanäle von Juncus bulbosus.

Nach Cornell & Schwertmann (1996) tritt dieser Typ bei Umgebungstemperatur in neutraler Lösung auf und ist im allgemeinen wenig kristallin. Chen et al. (1980) beobachteten die Goethitbildung in Wurzelablagerungen von Reispflanzen. Die Autoren gingen davon aus, daß ein hoher CO_2-Gehalt im Boden die Bildung von Goethit vor Lepidokrit auslöst. Dies stellten auch Schwertmann & Thalmann (1976) bzw. Carlson & Schwertmann (1990) in ihren frühen Arbeiten fest. Es kann gefolgert werden, daß die CO_2-Abgabe durch Juncus-Wurzeln und Mikroorganismen zur Goethitbildung geführt hat.

Verschiedene Nachweise in der Literatur belegen, daß besonders in sauren Seen die Werte der Kohlenstoffaufnahme über die Wurzeln höher sein können als diejenigen über die Sprosse (Sondergaard & Sand-Jensen 1979, Wetzel et al. 1984). Der extrem saure pH-Wert (< 3,5) und die Flachgründigkeit der Bergbaurestseen führten dazu, daß die Konzentration von anorganischem Kohlenstoff im Wasser in unmittelbarem Kontakt der Blätter von Juncus bulbosus sehr niedrig ist. Nixdorf et al. (1998) berichteten, daß die Konzentration von DIC in sauren Bergbaurestseen sehr niedrig ist und teilweise sogar unterhalb der Nachweisgrenze (0,5 mg C l^{-1}) liegt. Kapfer (1998) dokumentierte, daß der von Mikroorganismen produzierte anorganische Kohlenstoff (DIC) an die Atmosphäre abgegeben wird und somit dem System verloren geht. Der anorganische Kohlenstoff ist bekannt als limitierender Faktor für die Primärproduktion in extrem sauren Seen (Goldman et al. 1974) und lebenswichtig für den Metabolismus von Makrophytenwurzeln und Planktonorganismen. Die Frage, die sich stellt, lautet: Wie kann Juncus bulbosus dem Mangel an anorganischem Kohlenstoff in sauren Tagebaurestseen entgegenwirken?

Die Dünnschliffe der oxidierten Wurzelkanäle wurden mittels Rasterelektronenmikroskopie (REM) untersucht. Das Ergebnis (Abb. 19.7 A, C) zeigt, daß die Wurzel mit einem Mineral (z. B. Quarz) bedeckt ist, welches von einer rotausgefallenen Komponente umgeben wird (Chabbi et al. 1997).

Zwischen der Wurzel und den Quarzkörnern gibt es einen mineralienfreien Raum. Dieser Raum wird von Mikroorganismen/Bakterienkolonien besiedelt (Abb. 19.7 B-D). Diese mikrobiellen Komponenten sind vermutlich die 'wahren' Rhizobakterien. Sie unterscheiden sich von den typischen 'eisenbegleitenden Bakterien', welche direkt am Eisen angelagert sind. Für die hier untersuchten Proben konnte eine solche Anlagerung an das Eisen nicht festgestellt werden (siehe Abb. 19.7). Meines Wissens nach konnte dieser Freiraum um die Wurzel in Gegenwart von Eisenablagerungen bisher noch nicht beobachtet werden. Die Mikroorganismen leben wahrscheinlich von Wurzelausscheidungen, die unter Streß vermehrt gebildet werden (Hale et al. 1978, Hale & Moore 1979, Curl & Trelove 1986). Sie metabolisieren die Wurzelexsudate und geben dabei CO_2 an die Rhizosphäre ab. Die Eisenplatten verhindern den Austritt des anorganischen Kohlenstoffs ins umgebende Medium.

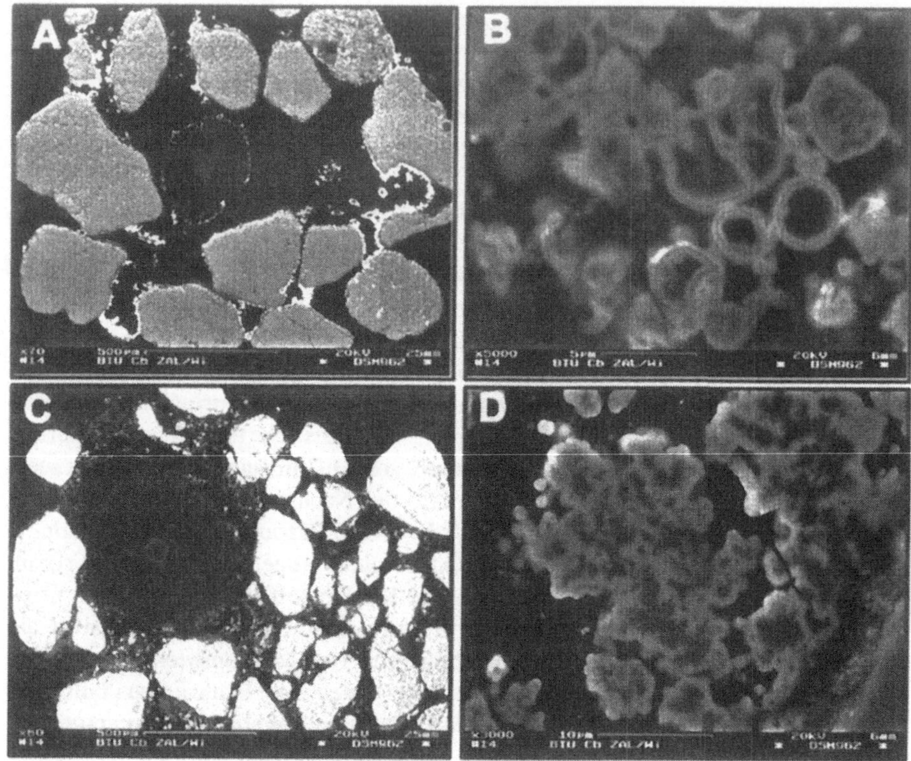

Abbildung 19.7 Scanning-Elektroden-Mikroskopie der Juncus bulbosus-Wurzel (10 mm vom Wurzelapex entfernt), entnommen im Senftenberger See (A) und RS 108 (C). Sichtbarer freier Raum zwischen der Oberfläche (Zentrum) und der mineralischen Komponente. Die rote Ausfällung ist in der Abbildung weiß gekennzeichnet. Abbildungen (B) und (D) stellen eine Mikroorganismenkolonie zwischen der Wurzeloberfläche und der mineralischen Komponente in Abb. (A) und (C) dar.

Möglicherweise konserviert Juncus einen Teil seines Kohlenstoffs durch die Verwendung des im Freiraum um die Wurzel produzierten CO_2 (Chabbi 1999b). Dies stimmt mit den Ergebnissen von Wetzel et al. (1984) überein, die schlußfolgerten, daß ein großer Teil (1/4-1/3) des photosynthetisch gebundenen CO_2 aus der Wurzelaufnahme stammt.

Zusammenfassend kann festgehalten werden, daß die Sauerstoffabgabe aus den Wurzeln von Juncus bulbosus das Redoxpotential erhöht und damit zur Bildung von Eisenablagerungen um die Wurzel führt. Der mineralfreie Raum um die Wurzel ist ein idealer Lebensraum für Bakterien. Der Freiraum um die Wurzeln könnte neben seiner Bedeutung als Lebens- und Reaktionsraum für die Mikroorganismen zusätzlich den Verlust von anorganischem Kohlenstoff verhindern. Gleichfalls könnte dieser Raum der pH-Wert-Pufferung und als Kohlenstoffquelle für den Pflanzenmetabolismus dienen. Das Mikromilieu in diesem Freiraum ist möglicherweise ein wesentlicher Faktor für das Überleben von J. bulbosus unter Extrembedingungen.

3.2 Eisenverteilung in der Wurzel

Eisenablagerungen an Wurzeln werden von vielen Autoren als Schutz vor reduzierten phytotoxischen Elementen betrachtet (Mendelssohn & Postek 1982, Chabbi et al. 1997).

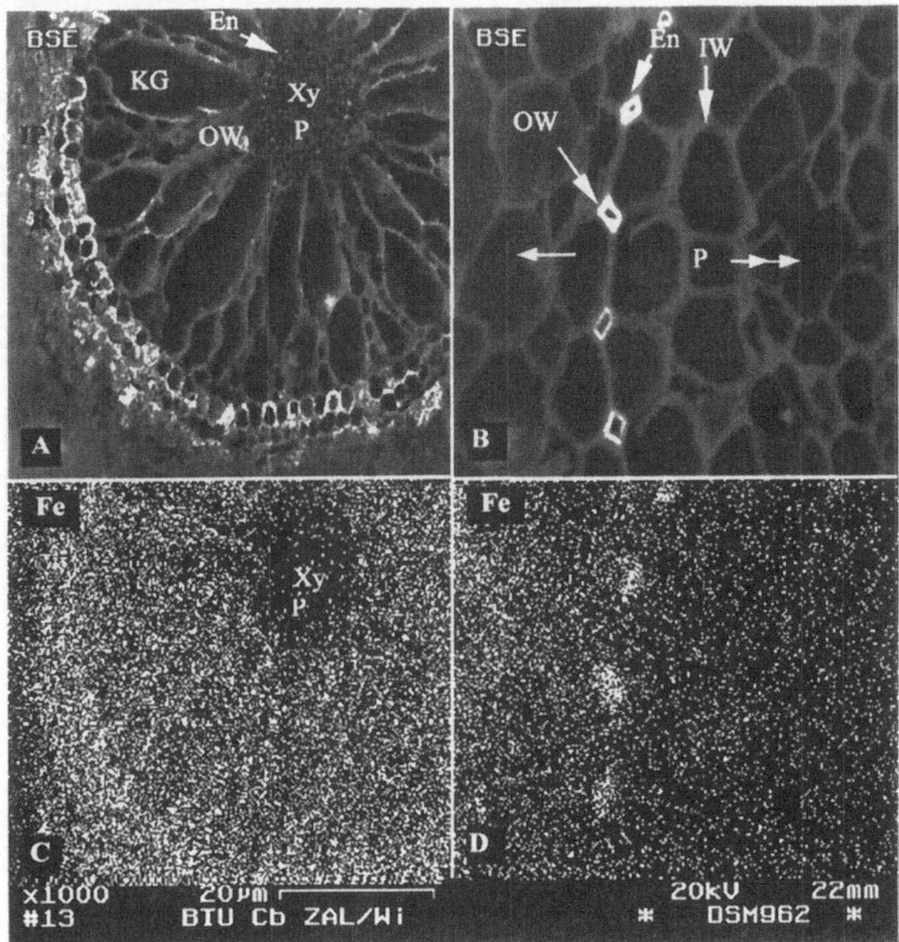

Abbildung 19.8 Scanning-Elektronen-Mikrographen eines Querschnitts 10 mm vom Apex entfernt. Die Eisenverteilungen der Abbildungen A und B sind in Abbildung C und D dargestellt. IP Eisenablagerung; R Rhizodermis, E Exodermis (Hypodermis); KG kortikaler Gasraum (Aerenchym), En Endodermis (white spots), P Parenchym; Xy Xylem, OW äußere Zellwand; IW innere Zellwand. Die Pfeilspitzen zeigen die Richtung zum Aerenchym und doppelte Pfeilspitzen die Richtung zum Xylem.

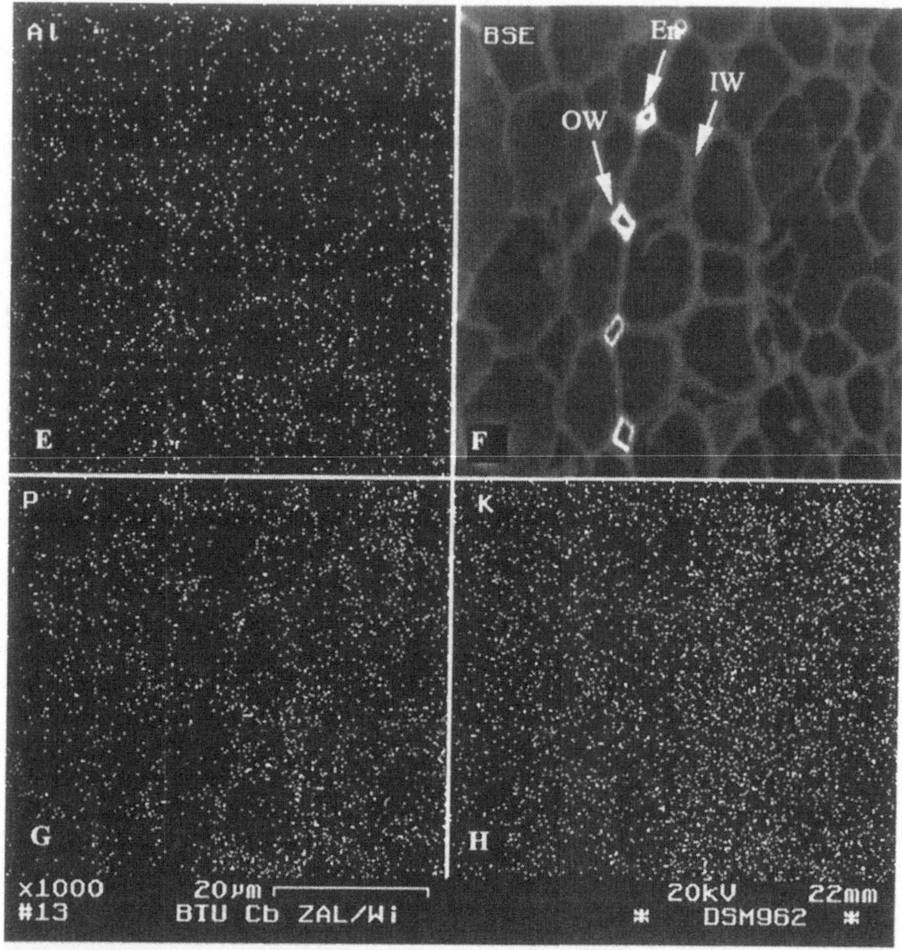

Abbildung 19.9 Die Abbildungen E, G und H zeigen die Verteilung der Elemente in Abbildung F. Beschriftung wie Abbildung 19.8.

Die REM-Untersuchung zeigte, daß Rhizodermis- und Exodermiszellen durch helle BSF-Kontraste gekennzeichnet sind (in der Abb. 19.8 weiß dargestellt), die einen hohen Eisengehalt anzeigen (Abb. 19.8 C). Die Endodermis weist Stellen mit starker Eisenanreicherung in Form von weißen Flecken (white spots) auf (Abb. 19.8 B-D). Zusätzlich sind die äußeren Zellwände des Zentralzylinders mit einer Eisenkruste überzogen (Abb. 19.8 D). Die semiquantitative Analyse mittels EDXA-Detektor zeigte einen erhöhten Eisengehalt in der Rhizodermis, Exodermis und Endodermis (white spots), dagegen einen niedrigen Eisengehalt innerhalb des Zentralzylinders (Kortex und Parenchym, Abb. 19.10). Dies verdeutlicht die wahrscheinliche Funktion der Endodermis als selektive Barriere für Eisen.

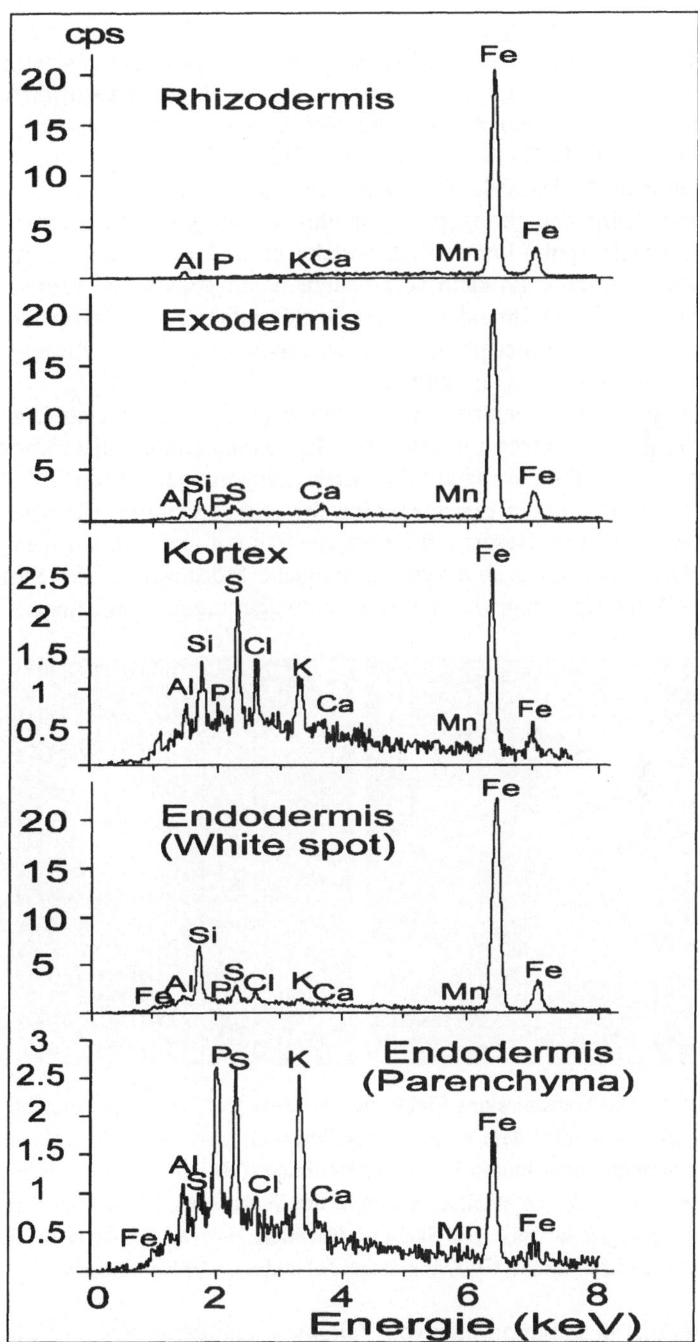

Abbildung 19.10 Verteilung der Elemente in Wurzelabschnitten von Juncus bulbosus, ermittelt durch die Energie-Dispersive-Röntgen-Analyse (EDXA).

Die drastische Verringerung des Eisens in den Kortexzellen wird sicherlich durch die Rhizodermis- und Exodermiszellen kontrolliert. Des weiteren schützt das gut ausgebildete Aerenchym aufgrund seiner Rolle bei der Sauerstoffdiffusion die Zellen des Kortex vor dem Anstieg des löslichen Fe^{2+} (Mendelssohn & Postek 1982, Chabbi et al. 1997), wodurch Blockaden der Belüftungswege und somit schädliche Folgen für das Xylem-System verhindert werden.

Andererseits wird der geringere Eisenanteil in der Parenchymregion von der Endodermis (white spots) kontrolliert, welche besonders effektiv überschüssiges Eisen adsorbieren kann. Es kann somit nicht daran gezweifelt werden, daß der Eisenrückhalt durch die Endodermis als Schlüsselfaktor anzusehen ist, der den apoplastischen Transport der phytotoxischen Elemente zwischen Kortex und Zentralzylinder kontrolliert und einschränkt.

Mit der Transmissionselektronenmikroskopie (TEM) lassen sich Unterschiede zwischen den Wurzelspitzen mit und ohne Eisenablagerungen nachweisen (Abb. 19.11). Die weißen Wurzelspitzen (ohne Eisenablagerungen Abb. 19.11 A) zeigen die für wachsende Wurzeln typischen Gewebe und Strukturen. Die Meristemzellen weisen einen reichen Besatz mit Zellorganellen auf und sind nur wenig vakuolisiert. Im Gegensatz dazu sind zytoplasmatische Störungen in der Struktur des bräunlichen Wurzelspitzengewebes mit Eisenablagerungen zu erkennen.

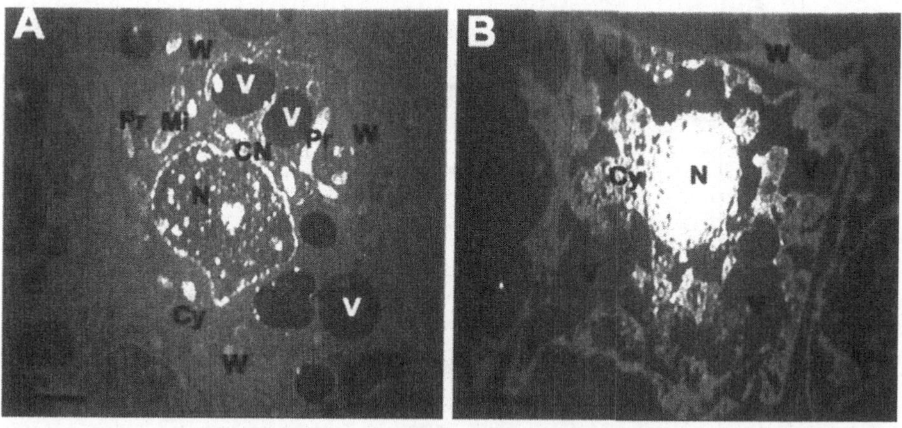

Abbildung 19.11 Die Transmissions-Elektronen-Mikroskopie der Meristemregion von einer weißen Wurzel, entnommen dem Kiesgrubensediment (A), und einer Wurzel mit Eisenablagerung, entnommen dem sauren Braunkohlesediment (B). Die weiße Wurzel zeigt eine normale Organisation der Organellen, während die Wurzel mit Eisenbelag zytoplasmatische Gewebestörungen aufweist. Die Skala repräsentiert 1µm. W Zellwand, V Vakuole, Pr Proplastid, Mi Mitochondrium, Cy Zytoplasma, N Nukleus, CN Kernmembran.

Das Meristem ist in starkem Maße von Vakuolen durchsetzt. Es enthält nur wenig Muciegel. Der Zellkern ist gut erkennbar; aber plasmatische Zellbestandteile können aufgrund ihrer gestörten Struktur kaum identifiziert werden.

Dies deutet darauf hin, daß die Eisenresistenz Veränderungen in den physiologischen Eigenschaften der Zellen (Abb. 19.11A) bewirkt. Wie die Pflanze dieses Metall und dessen interzelluläre Verteilung kontrolliert, bleibt jedoch ungeklärt, was auch für andere Makrophyten gilt (Kampfenkel et al. 1995, Irving Mendelssohn, persönliche Mitteilung). Die Pflanze könnte überschüssiges Eisen zu den Vakuolen transportieren, wo es in Komplexen mit organischen Säuren zurückgehalten werden kann. Dahingegen werden keine nekrotischen Zellen beobachtet, was zeigt, daß die Pflanze Eisenüberschüsse steuern kann. Diese Hypothese wird unterstützt durch die Ergebnisse der REM- und EDXA-Analysen.

Im Gegensatz zum Eisen konnte keine Anreicherung anderer Elemente außerhalb des Zentralzylinders festgestellt werden. Die pflanzlichen Nährstoffe, insbesondere Phosphor und Kalium, können also ungehindert in das Xylem (Abb. 19.9 E-G-H und 19.10) gelangen. Die pflanzlichen Nährelemente werden von epidermalen oder kortikalen Zellen der Wurzel aufgenommen, über die äußere Membran oder das Plasmalemma transportiert und schließlich in das Leitungssystem des Xylems überführt (Epstein 1998), das die Stoffe zum Sproß transportiert. Die gemessenen Konzentrationen von Kalium (0,66 und 0,95 mmol g^{-1} TS) und Phosphor (0,02 und 0,03 mmol g^{-1} TS) liegen im optimalen Bereich (Chabbi 1999c, d). Es scheint also, daß der Eisenüberschuß nicht zur Verringerung der Absorption von Kalium und Phosphor führt, wie für Reispflanzen demonstriert wurde (Benkkiser et al. 1984). Juncus bulbosus könnte Eisen als Phytochelatine in wenig toxischer Form binden. Außerdem könnte ein aktiver Aufnahmemechanismus von Kalium und Phosphor wichtig sein für die Verhinderung der Eisentoxizität.

Die REM-, EDXA- und TEM-Analysen zeigen, daß die Bildung von Eisenablagerungen durch Juncus bulbosus zwar Eisen immobilisieren kann, aber keinen ausreichenden Einfluß auf dessen Transport in der Wurzel hat. Das Überleben von Juncus bulbosus unter den extremen Bedingungen in Sedimenten der Tagebaurestseen beruht auf einem komplexen Zusammenwirken von morphologischen, physiologischen und biochemischen Anpassungen.

3.3 Elementanreicherung im Sediment und Pflanzengewebe

Die Mittelwerte der Konzentrationen von sechs Elementen in den Sedimenten der drei Tagebaurestseen sind in Tabelle 19.3 aufgelistet. Die gemessenen Eisengehalte sind höher als die anderer potentiell phytotoxischer Elemente (Mn, Al, und Zn). Cu und As sind von untergeordneter Bedeutung. Die Sedimente der Restseen 108 und 109 zeigen die höchsten Eisenkonzentrationen, bedingt durch Vorherrschen von Tertiärsubstraten, in denen Pyritverwitterung abläuft. In den Sedimenten des Senftenberger Sees (1,5-2% Tertiärsubstrat) sind die Eisengehalte vergleichsweise gering. Außerdem wurden in den Tertiärsubstraten hohe Al-Gehalte gemessen. Dieses spiegelt wiederum das pyrithaltige Substrat und die intensiven Verwitterungsprozeße der Primärminerale, wie Feldspäte oder Glimmer (Heinkele et al. 1999) wider. Die Mn- und Zn-Konzentrationen weisen nur geringe Unterschiede in den Sedimenten der drei Seen auf.

Tabelle 19.3 Verteilung von Fe-, Mn-, Al-, Zn-, Cu- und As-Konzentrationen in Sedimenten (Rhizosphärenbereich) der Seen mit Juncus bulbosus-Bewuchs.

See	Fe mg g^{-1} TS	Mn	Al	Zn µg g^{-1} TS	Cu	As
RS 108	268-326	70,2-120	9,5-10,8	37,1-41,3	7,4-9.21	4,2-6,1
RS 109	285-365	63,3-71,2	6,5-8,5	41,6-64-2	4,2-7.35	3,2-5,5
SFB	131-155	33,3-73,4	1,3-1,8	43,4-56.2	-	-

Von den 6 Elementen (Fe, Mn, Al, Zn, Cu, As), die im Sediment nachgewiesen wurden, finden sich nur Fe, Mn, Al und Zn in nachweisbaren Konzentrationen in der Pflanzenbiomasse. Eisen ist das dominierende Element in Sproß und Wurzel. Seine Konzentration in der pflanzlichen Biomasse spiegelt die große Verfügbarkeit dieses Elementes im Sediment wider (Chabbi et al. 1996). Die Verteilung der Elemente zeigt, daß sie im Sproß weniger konzentriert vorliegen als in der unterirdischen Biomasse (Tab. 19.4).

Tabelle 19.4 Gesamtelementgehalte im Sproß und Wurzel von Juncus bulbosus (Mittelwerte (n=3) ± SE).

	Fe	Al	Mn	Zn
	mg g^{-1} TS		µg g^{-1} TS	
RS 108-Sproß	25,97 ± 0,20	0,19 ± 0,16	40,52 ± 5,31	41,3 ± 3,21
RS 108-Wurzel	119,21 ± 0,56	0,71 ± 0,19	46,75 ± 6,15	48,12 ± 5,07
RS 109-Sproß	42,55 ± 0,74	0,22 ± 0,15	72,53 ± 4,33	77,51 ± 4,33
RS 109-Wurzel	241,50 ± 0,46	0,91 ± 0,26	83,75 ± 4,15	160,13 ± 7,07
SFB-Sproß	21,37 ± 0,38	0,78 ± 0,14	110,23 ± 7,07	72,52 ± 4,33
SFB-Wurzel	38,03 ± 0,15	2,05 ± 0,19	157,26 ± 12,99	20,22 ± 0,00

Auch bei anderen Makrophyten wurden in der Wurzel höhere Eisenkonzentrationen gefunden als im Sproß (Etherington 1984, Talbot et al. 1987). Dies ist auf die Eisenanreicherung infolge der Ausfällungsmechanismen (Eisenablagerungen) zurückzuführen. Demgegenüber gleichen sich die Mn-Konzentrationen in Sproß und Wurzel. Andere Untersuchungen terrestrischer und aquatischer Pflanzen zeigten eine ganz ähnliche Verteilung dieser Elemente (Wallace & Romney 1977, Babcock et al. 1983). Um die Verteilung der Elemente in der Pflanze besser zu verstehen, wurden die Konzentrationsfaktoren als Quotienten

$$CF = \text{Konzentration im Sproß} / \text{Konzentration im Boden} \quad (2)$$

berechnet. Ein niedriger Konzentrationsfaktor (CF) indiziert eine geringe Elementenaufnahme durch die Wurzel, während ein hoher CF eine hohe Aufnahme anzeigt. Im Vergleich zu den anderen Elementen sind die CF-Werte für Eisen an allen Standorten infolge der hohen Eisenkonzentrationen im Sediment sehr niedrig. Folglich scheinen die Pflanzen in der Lage, die Fe-Aufnahme zu regulieren.

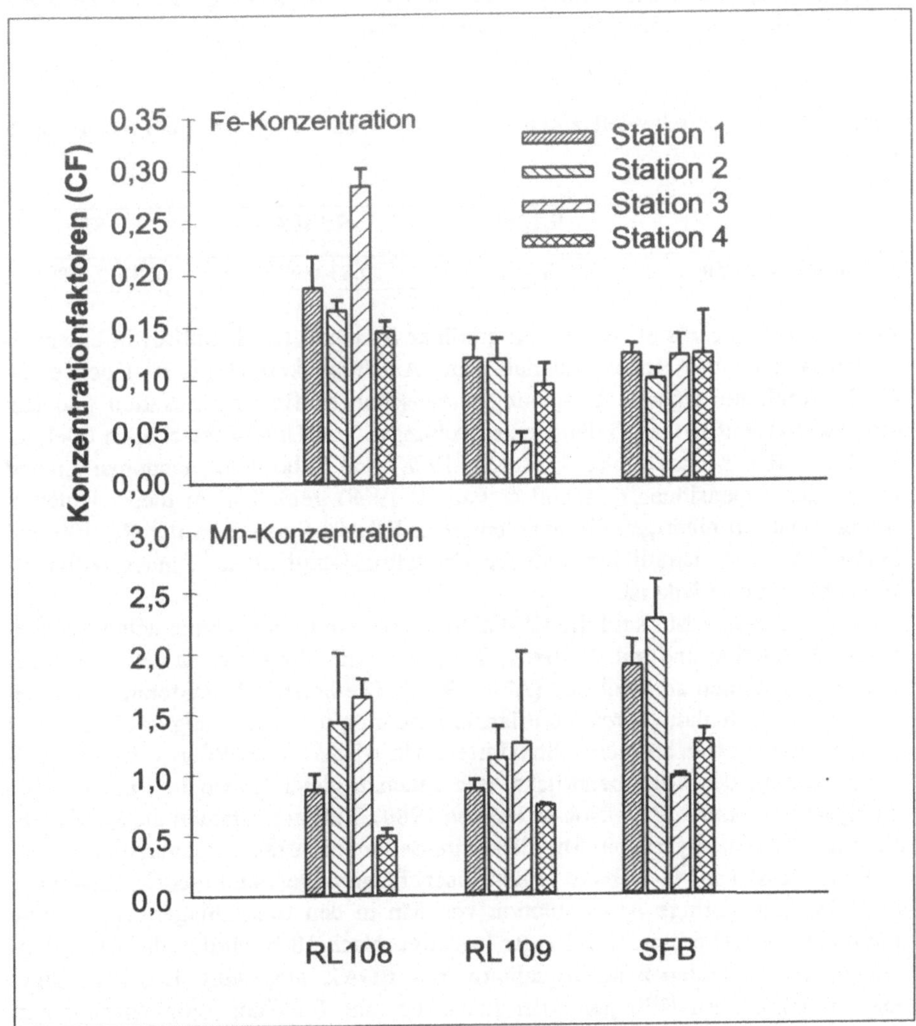

Abbildung 19.12 Konzentrationsfaktoren (CF) von Fe und Mn im Sproßgewebe von Juncus bulbosus (dargestellt sind Mittelwerte (n = 3) ± SE). Station 1-4 stellt die Parallelproben in jeweils 10 m Abstand dar.

Eine Ausnahme bilden die höheren CF-Werte des Eisens an einigen Standorten in Plessa (am RS 108), die eine Eisenaufnahme durch die Pflanze anzeigen (Abb. 19.12). Der Grund für die hohen CF-Werte ist nicht bekannt. Eine mögliche Ursache könnte die unzureichende oxidative Kapazität der Rhizosphäre sein, wodurch die Pflanzen mit hohen Eisenkonzentrationen konfrontiert werden, welche nicht mehr ausgefällt werden können und folglich vermehrt aufgenommen werden. Da gleichzeitig hohe Gesamt-S-Gehalte im Sediment (Tabelle 19.5) vorliegen, könnte die Unzulänglichkeit des Oxidationsvermögens in der Wechselwirkung zwischen S, Fe und dem Redoxpotential (E_h) begründet sein.

Tabelle 19.5 Gesamtschwefelkonzentration im Sediment in 0-5 cm Tiefe (nach Chabbi 1999a).

	RS 108	RS 109	RS SFB
Sediment 0-5 cm Tiefe	3-7%	0.83-0.93%	0.17-0.24%

Viele Autoren beschrieben, daß ein erhöhter S-Gehalt (z. B. Sulfid) in einem linearen Anstieg des Redoxpotentials zum Ausdruck kommt (z. B. Koch et al. 1990). Ähnliche negative Beziehungen zwischen Sulfid-Konzentration und Redoxpotential wurden bei Geländeuntersuchungen von Unterwasserböden (DeLaune et al. 1983, Mendelssohn & McKee 1988) und Laboruntersuchungen anhand von Bodensuspensionen (Connell & Patrick 1968) gefunden. In dieser Untersuchung weist ein niedriges Redoxpotential in RS 108 verglichen mit RS 109 und SFB (Abb. 19.4) darauf hin, daß die Oxidationsfähigkeit der Juncus bulbosus-Wurzeln eingeschränkt ist.

Für das Element Mn sind die CF-Faktoren bei sämtlichen Untersuchungsstandorten sehr ähnlich und mit Werten z. T. größer 1 im Vergleich zu den vorher genannten Elementen am höchsten (Abb. 19.12). Die hohen CF-Faktoren indizieren eine Elementaufnahme durch die Pflanze. Eine mögliche Erklärung ist der Mangel an Mikronährstoffen an diesen Standorten. Mn wird von der Pflanze für die Aufrechterhaltung des Zellinnendrucks, den Ionenausgleich sowie in Enzymen als Katalysator gebraucht (Clakson & Hanson 1980). Folglich könnten die hohen CF-Faktoren mit einem geringen Mn-Gehalt im Sediment in Zusammenhang stehen.

Die gemessenen Mn-Gehalte in den Eisenablagerungen sind niedrig (Chabbi et al. 1998). Die geringe Akkumulation von Mn in den Eisenablagerungen wurde durch ein Laborexperiment mit Agar bestätigt. Nach 18 h wurden die Ausfällungen an der Wurzelapex semi-qualitativ mit EDAX analysiert. Die Ergebnisse zeigten, daß die Ausfällungen einen hohen Fe- und P-Gehalt (möglicherweise in Form von Eisenphosphat) und trotz seiner höheren Konzentration im Medium einen nur wenig geringeren Mn-Gehalt aufweisen (Abb. 19.13). Das Oxidationsvermögen (Abb. 19.3) von Juncus bulbosus (E_h +150; +190 mV) reicht nicht aus um Mn zu oxidieren. Ähnliche Ergebnisse wurden von Turner & Patrick (1968) und Patrick & Henderson (1981) erzielt. Die Mn-Konzentrationen in den Pflanzen (Tab. 19.4) reflektieren nur die niedrigen Mn-Gehalte im Sediment. Als Folge könnten hohe Mn-Gehalte im Sediment möglicherweise toxisch wirken, da die Pflanze ein geringeres Vermögen hat, Mn zu oxidieren und dadurch seinen Eintritt in die Wurzel zu verhindern.

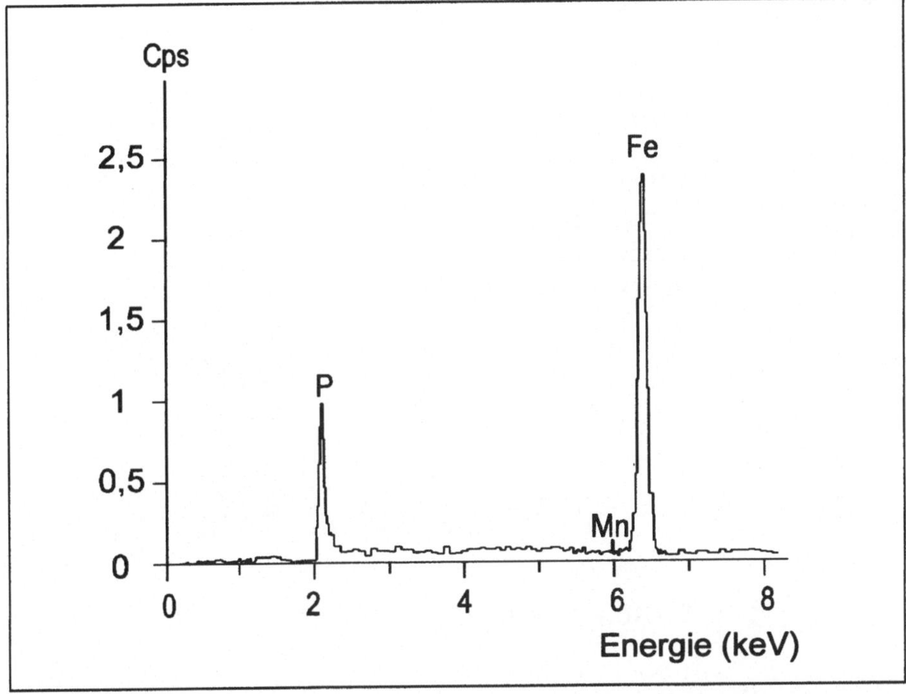

Abbildung 19.13 Zusammensetzung der Ausfällung am Wurzelapex von Juncus bulbosus.

Des weiteren war der CF-Wert von Al (Abb. 19.14) in Plessa (RS 108 und RS 109) im Vergleich zum Standort SFB um ein Vielfaches niedriger. Im Sediment ist die Konzentration 10mal höher, was darauf hinweist, daß dieses Mikronährelement nicht aktiv von den Pflanzen aufgenommen wird. Bei den in dieser Studie gemessenen pH-Werten scheint es auch nicht wieder aus dem Sediment durch Veränderungen des Redoxpotentials remobilisiert zu werden. Eine Erklärung für die hohen CF-Werte am Standort SFB gibt es bisher nicht. Hohe Gesamtphenolkonzentrationen im Sproß (Ergebnisse nicht dargestellt) könnten ein Mechanismus für Al-Chelatbildung sein, so daß dieses Element nicht phytotoxisch wirken kann. Es wurde keine Al-Toxizität beobachtet.

Die CF-Werte von Zn sind denen von Mn ähnlich. Die niedrigen CF-Werte in SFB spiegeln wiederum die Umweltbedingungen wider.

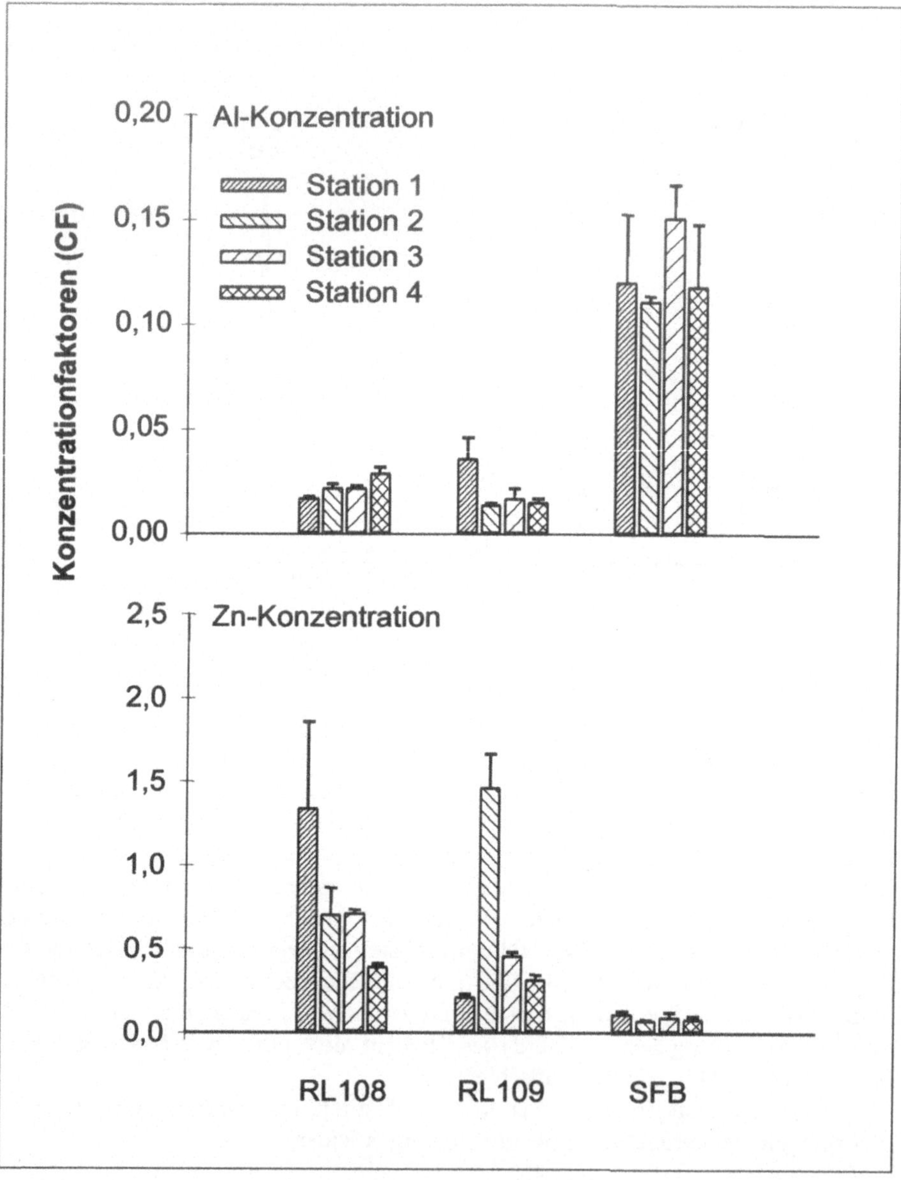

Abbildung 19.14 Al und Zn-Konzentrationen der Ausfällung um den Wurzelapex, Juncus bulbosus, dargestellt sind Mittelwerte (n = 3) ± SE. Station 1-4 stellt die Parallelproben in jeweils 10 m Abstand dar.

Zusammenfassend kann festgestellt werden, daß die Elementkonzentrationen in den Sedimenten für die drei untersuchten Tagebaurestseen in der Reihenfolge Fe > Al > Mn > Zn abnehmen, wobei Cu und As von untergeordneter Bedeutung sind.

Anhand der ober- und unterirdischen Biomasse von Juncus bulbosus konnte gezeigt werden, daß Eisen das dominierende dieser Elemente in der Pflanze ist. Die Konzentrationen in der Wurzel sind aber höher als die im Sproß. Das gleiche Phänomen wurde auch für das Element Al beobachtet. Dahingegen reflektieren die geringen Mn-Konzentrationen in Sproß und Wurzel nur die Umweltbedingungen in den Sedimenten. Der Laborversuch zeigt, daß dieses Element aufgrund seines geringen Redoxpotentials nur in reduzierter Form vorliegt, wodurch es infolge der phytotoxischen Wirkung von hohen Mn-Konzentrationen zu einem Absterben von Juncus bulbosus führen könnte.

Die Besiedlung und das Wachstum von Juncus bulbosus in Tagebaurestseen kann einen Hinweis auf die physico-chemische Beschaffenheit und die Stabilität des Systems geben. Juncus bulbosus-Pflanzen induzieren Prozesse, die nicht nur die Verfügbarkeit von potentiell phytotoxischen Elementen beeinflussen, sondern auch eine wichtige Rolle beim Rückhalt von Metallen in der Rhizosphäre spielen.

Danksagung

Der Autor möchte dem Bundesministerium für Forschung und Bildung (BMBF, Fkz 0339648) und der LMBV mbH für ihre finanzielle Unterstützung danken. Ich bedanke mich auch bei Dr. Wolfgang Wiehe, Zentrales Analytisches Labor der BTU Cottbus für die Bereitstellung von SEM und TEM, Prof. Dr. Dr. Udo Schwertmann, TU München für die Bereitstellung der Pulver-Röntgen-Diffraktion, Nora Hendgen, Regina Müller und Gabi Franke, BTU Cottbus für ihre technische Unterstützung und Cornelia Rumpel für ihre hilfreichen und wertvollen Hinweise.

Literatur

Alam, S.M. 1981. Effects of solution pH on the growth and chemical composition of rice plants. Journal of Plant Nutrition 4: 247-260.

Armstrong, W. 1979. Aeration in higher plants. Advance in Botanical Research 7: 226-332.

Arts, G.H.P. 1990. Deterioration of Atlantic soft-water systems and their flora, a historical account. Thesis Catholic University, Nijmegen: 197 S.

Babcock, M.F., Evans, D.W. & Alberts, J.L. 1983. Comparative uptake and translocation of trace elements from coal ash by Typha latifolia. The Science of Total Environment 28: 203-214.

Bedford, B.L., Bouldin, D.R. & Beliveau, B.D. 1991. Net oxygen and carbon-dioxide balances in solutions bathing roots of wetland plants. Journal of Ecology 79: 943-959.

Benckiser, G., Santiago, S., Neue, H.U., Watanabe, I. & Ottow, J.C.G. 1984. Effect of fertilization on exudation, dehydrogenase activity, iron-reducing populations and Fe^{+2} formation in the rhizosphere of rice (Oryza sativa L.) in relation to iron toxicity. Plant & Soil 79: 305-316.

Bigham, J.M., Schwertmann, U., Carlson, L. & Murad, E. 1990. A poorly crystallised oxyhydroxysulfate of iron formed by bacterial oxidation of Fe(II) in acid waters. Geochymica and Cosmochymica Acta 54: 2743-2758.

Boone, C.M., Bristow, J.M. & van Loon, G.W. 1983. The relative efficiency of ionic iron (III) and iron (II) utilization by the rice plant. Journal of Plant Nutrition 6: 202-218.

Carlson, L. & Schwertmann, U. 1990. The effect of CO_2 and oxidation rate on the formation of goethite versus lepidocrocite from an Fe(II) system at pH 6 and 7. Clay Mineral 25: 65-71.

Carlson, P.R. & Forest, J. 1982. Uptake of dissolved sulfide by Spartina Alterniflora: Evidence from natural sulfur isotope abundance ratios. Science 216: 633-635.

Chabbi, A. 1999a. Metal concentrations in tissues of Juncus bulbosus and sediments of Lusatian lignite mining lakes. Aquatic Botany, eingereicht.

Chabbi, A. 1999b. Juncus bulbosus as a pioneer species in acidic lignite mining lakes: Interactions mechanism and survival strategies. New Phytologist 144 (1): 133-142.

Chabbi, A. 1999c. Juncus bulbosus as a pioneer species in acidic lignite mining lakes: Source of inorganic carbon assimilation and phosphorus uptake kinetics. Mitteilungen des Badischen Landesvereins für Naturkunde und Naturschutz, 17 (2): 301-312.

Chabbi, A. 1999d. Plant-microbe interactions in extreme environments of lignite mining lakes. In H. Armannsson (Hrsg.) Geochemistry of Earth's Surface, Reykjavic. A.A. Balkema Publishers, Rotterdam/Brookfield: 157-160.

Chabbi, A. McKee, KL. & Mendelssohn, IA. 1999. Fate of oxygen loss from Typha domingensis (Typhaceae) and Cladium jamaicense (Cyperaceae) and consequence for root metabolism. American Journal of Botany, in Druck.

Chabbi, A., Pietsch, W. & Hüttl, R.F. 1996. The role of Juncus bulbosus L. as a pioneer of open pit lakes in the Lusatian mining area. In H. Bottrell (Hrsg.) Proceedings of the 4th International Symposium of the Geochemistry of Earth's Surface 22-28 July, Ilkley Yorkshire. IAGC Publishers: 373-378.

Chabbi, A., Pietsch, W. & Hüttl, R.F. 1997. Iron plaque formation by Juncus bulbosus: a habitat for microbial activity in acid mining lakes. BIOGEOMO 3rd International Symposium on Ecosystem Behaviour. Villanova University, Pennsylvania, June 21-25, 1997. Cambridge Publication, Journal of Conference Abstracts 2 (2): 153.

Chabbi, A., Pietsch, W., Wiehe, W. & Hüttl, R.F. 1998. Juncus bulbosus L.: Strategies of survival under extreme phytotoxic conditions in acid mine lakes in the Lusatian mining district, Germany. International Journal of Ecology and Environmental Sciences 24: 271-292.

Chen, C.C., Dixon, J.B. & Turner, F.T. 1980. Iron coatings on rice roots: mineralogy and quatity influencing factors. Soil Science Society of America Journal 44: 635-639.

Clarkson, D.T. & Hanson, J.B. 1980. The mineral nutrition of higher plants. Annual Reviews in Plant Physiology 31: 239-298.

Connell, W.E. & Patrick, J.R. 1968. Sulfate reduction in soil: effects of redox potential and pH. Science 159: 86-87.

Cornell, R.M. & Schwertmann, U. 1996. The iron oxides. Structure, Properties, Reactions, occurrence and uses. VCH Publishers, New York.

Curl, E.A. & Trelove, B. 1986. The rhizosphere. Advanced Series of Agriculture Science 15: 9-54.

DeLaune, R.D., Pezeshki, S.R. & Pardue, J.H. 1990. An oxidation-reduction buffer for evaluating physiological response of plants to root oxygen stress. Environmental and Experimental Botany 30(2): 243-247.

DeLaune, R.D., Smith, C.J. & Patrick, J.R. 1983. Relationships of marsh elevation, redox potential, and sulfide to Spartinia aterniflora productivity. Soil Science Society of America Journal 47: 930-935.

Epstein, E. 1998. How calcium enhances plants salts tolerance. Science 280: 1906-1907.

Etherington, J.R. 1984. Comparative studies of plants growth and distribution in relation to waterlogging. X. Differential formation of adventitious roots and their experimental excision in Epilobium hirsutum and Chamerion angustifolium. Journal of Ecology 72: 389-404.

Goldman, J.C., Oswald, W.J. & Jenkins, D. 1974. The kinetics of inorganic carbon-limited algal growth. Journal of Water Pollution Control Fed. 46 (3): 554-574.

Hale M.G. & Moore L.D. 1979. Factors affecting root exudation II: 1970-1978. Advanced Agronomy 31: 93-124.

Hale, M.G., Moore, L.D. & Griffin, G.J. 1978. Roots exudates and exudation. In Y.R. Dommergues and S.V. Krupa (Hrsg.) Interaction between Non-pathogenic Soil Microorganisms and Plants. Elsevier Publisching, Amsterdam: 163-204.

Heinkele, T., Neumann, C., Rumpel, C., Stryszcz, Z., Koegel-Knabner, I. & Hüttl, R.F. 1999. Zur Pedogenese auf ursprünglich pyrit- und kohlehaltigen Kippsubstraten im Lausitzer Braunkohlerevier. In R.F. Hüttl, D. Klem & E. Weber (Hrsg.) Ökologisches Entwicklungspotential der Bergbaufolgelandschaften im Lausitzer Braunkohlerevier. De Gruyter, Berlin: 25-44.

Hinneri, S. 1976. On the ecology and phenotypic plasticity of vascular hydrophytes in a sulfate-rich, acidotrophic freshwater reservoir. SW coast of Finland. Annals of Botany Fennoscandia 13: 97-105.

Janiesch, P. 1991. Ecophysiological adaptations of higher plants in natural communities to waterlogging. In J. Rozema & J.A.C. Verkleij (Hrsg.) Ecological Responses to Environmental Stresses. Kluwer Academic Publishers: 50-60.

Jaynes, M.L. & Carpenter, S.R. 1986. Effects of vascular and nonvascular macrophytes on sediment redox and solute dynamics. Ecology 67: 875-882.

Kampfenkel, K., Van Montagu, M. & Inzé, D. 1995. Effects of iron excess Nicotiana plumbaginifolia plants. Implications to oxidative stress. Plant Physiology 107: 725-735.

Kapfer, M. 1998. Assessment of colonization and primary production of microphytobentos in the littoral of acidic mining lakes in Lusatia, Germany. Water, Air and Soil Pollut. 108: 331-340.

Koch, M.S., Mendelssohn, I.A. & McKee, K.L. 1990. Mechanism for the hydrogen sulfide-induced growth limitation in wetland macrophytes. Limnology Oceanography 35(2): 399-408.

Leuven, R.S.E.W. & Wolfs, W.J. 1988. Effects of water acidification on the decomposition of Juncus bulbosus L. Aquatic Botany 31: 57-81.

Maessen, M., Roelofs, J.G.M., Bellmakers, M.J.S. & Verheggen, G.M. 1992. The effects of aluminium, aluminium/calcium ratios and pH on aquatic plants from poorly buffered environments. Aquatic Botany 43: 115-127.

Mendelssohn, I.A. & McKee, K.L. 1988. Spartinia alterniflora L. die back in Louisiana: Time course investigation of soil waterlogging effects. Journal of Ecology 76: 509-521.

Mendelssohn, I.A. & Postek, M.T. 1982. Elemental analysis of deposits on the roots of Spartina alterniflora Liosel. American Journal of Botany 69(6): 904-912.

Nixdorf, B., Wollmann, K. & Deneke, R. 1998. Ecological potentials for planktonic development and food web interactions in extremely acidic mining lakes in Lusatia. In W. Geller, H. Klapper & W. Salomons (Hrsg.) Acidic Mining Lakes. Springer: 147-167.

Obermann, P., van Berk, W., Wisotzky, F. & Krämer, S. 1992. Zwischenbericht über die Untersuchungen zu den Auswirkungen der Abraumkippen im Rheinischen Braunkohlenrevier auf die Grundwasserbeschaffenheit - Pyritoxidation im Tagebau Inden I der Rheinbraun AG und Chemische Beeinflussung des Grundwasser durch Braunkohlenabraumkippen. Landesamt für Wasser und Abfall NW, Düsseldorf.

Otte, M.L., Dekkers, M.J., Rozema, J. & Broekman, R.A. 1991. Uptake of arsenic by Aster tripoliumi relation to rhizosphere oxidation. Canadian Journal of Botany 69: 2670-2677.

Patrick, W.H. & Henderson, R.E. 1981. Reduction and reoxidation cycles of manganese and iron in flooded soil and water solution. Soil Science Society of America Journal 45(5): 855-859.

Pietsch, W. 1965. Die Erstbesiedlungsvegetation eines Tagebaugewässers (Synökologische Untersuchungen im Lausitzer Braunkohlenrevier). Limnologica 3(2): 177-222.

Roelofs, J.G.M. 1983. Impact of acidification and eutrophication on macrophyte communities in soft waters in the Netherlands. I. Field observations. Aquatic Botany 17: 139-155.

Roelofs, J.G.M., Brandrud, T.E. & Smolders, A.J.P. 1994. Massive expansion of Juncus bulbosus L. after liming of acidified SW Norwegian lakes. Aquatic Botany 48: 187-202.

Roelofs, J.G.M., Schuurkes, J.A.A.R. & Smits, A.J.M. 1984. Impact of acidification and eutrophication on macrophyte communities in soft waters. II. Experimental studies. Aquatic Botany 18: 389-411.

Schwertmann, U. & Thalmann, H. 1976. The influence of [Fe (II)] [Si] and pH on the formation of lepidocrocite and ferrihydrite during oxidation of aqueous $FeCl_2$ solution. Clay Minerals 11: 189-200.

Sondergaard, K. & Sand-Jenssen, K. 1979. Carbon uptake by the leaves and roots of Littorella uniflora L. Aschers. Aquatic Botany 6: 1-12.

Sorrell, B.K., Brix, H. & Ott, P.T. 1993. Oxygen exchange by entire root systems of Cyperus involucratus and Eleocharis sphacelata. Journal of Aquatic Plant Management 31: 24-28.

Spurr, A.R. 1969. A low-viscosity epoxy resin embedding medium for electron microscopy. Journal Ultrastructure Research 26: 31-43.

Svedäng, M.U. 1990. The growth dynamics of Juncus bulbosus L. - a strategy to avoid competition? Aquatic Botany 37: 123-138.

Svedäng, M.U. 1992. Carbon dioxide as a factor regulating the growth dynamics of Juncus bulbosus. Aquatic Botany 42: 231-240.

Talbot, R.J., Etherington, J.R. & Bryant, J.A. 1987. Comparative studies of plants growth and distribution in relation to waterlogging. XII. Growth, photosynthetic capacity and metal ion uptake in Salix caprea and S. cinerea ssp. oleifolia. New Phytologist 105: 563-574.

Trolldenier, G. 1988. Visualisation of oxidising power of rice roots and possible participation of bacteria in iron deposition. Zeitschrift für Pflanzenernährung und Bodenkunde 151: 117-121.

Turner, F.T. & Patrick, W.H. 1968. Chemical changes in waterlogged soils as a result of oxygen depletion. Trans. 9th International Congress of Soil Science 4: 53-65.

Van Damm, H. 1988. Acidification of three moorland pools in The Netherlands by acid precipitation and extreme drought periods over seven decades. Freshwater Biology 20: 157-176.

Wallace, A. & Romney, E.M. 1977. Roots of higher plants as barrier to translocation of some metals to shoots of plants. In H. Drucker & R.E. Wildung (Hrsg.) Biological Implications in the Environment Energy Research and Development Administration. CONF-750929, NTIS, Springfield: 370-379.

Wetzel, R.G., Brammer, E.S. & Forsberg, C. 1984. Photosynthesis of submerged macrophytes in acidified lakes. I. Carbon fluxes and recycling of CO_2 by Juncus bulbosus L. Aquatic Botany 19: 329-342.

Wiegleb, G. 1978. Untersuchungen über den Zusammenhang zwischen hydrochemischen Umweltfaktoren und Makrophytenvegetation in stehenden Gewässern. Arch. Hydrobiologia 83: 343-484.

Wigand, C., Stevenson, J.C. & Corwell, J.C. 1997. Effects of different submersed macrophytes on sediment biogeochemistry. Aquatic Botany 56: 233-244.

Wisotzky, F. 1994. Untersuchungen zur Pyritoxidation in Sediment des Rheinischen Braunkohlenreviers und deren Auswirkungen auf die Chemie des Grundwasser. Besondere Mitteilungen zum Deutschen Gewässerkundlichen Jahrbuch Nr. 58, Landesumweltamt Nordrhein-Westfalen, Essen.

Wortelboer, F.G. 1990. A model on the competition between two macrophyte species in acidifying shallow soft water lakes in The Netherlands. Hydrobiological Bulletin 24: 91-107.

Zehnder, A.J.B. & Wuhrmann, K. 1976. Titanium (III)-citrate as non-toxic oxidation-reduction buffering system for the culture of obligate anaerobes. Science 194: 1165-1166.

20 Zur Ökologie in extrem sauren Tagebaugewässern der Bergbaufolgelandschaft - Besiedlungsmuster und Leitbilder

Brigitte Nixdorf[1], Michael Mutz[2], Kathrin Wollmann[1] & Gerhard Wiegleb[3]

[1] Brandenburgische Technische Universität Cottbus, LS Gewässerschutz, Forschungsstelle Bad Saarow, Seestr. 45, D-15526 Bad Saarow, e-mail: b.nixdorf@t-online.de

[2] Brandenburgische Technische Universität Cottbus, LS Gewässerschutz, Forschungsstelle Bad Saarow, Seestr. 45, D-15526 Bad Saarow, e-mail: m.mutz@t-online.de

[3] Brandenburgische Technische Universität Cottbus, LS Allgemeine Ökologie, Postfach 101344, D-03013 Cottbus, e-mail: wiegleb@tu-cottbus.de

Zusammenfassung. Tagebaugewässer der Lausitz unterscheiden sich in grundlegenden chemischen Gewässermerkmalen von natürlichen Seen und Flüssen Mitteleuropas. Das betrifft im wesentlichen die hohe Leitfähigkeit bei pH-Werten zwischen 2 und 4 und die Pufferung durch Eisen bzw. Aluminium. Darüber hinaus bilden die anthropogenen Eingriffe in die Morphometrie der Gewässer eingeschränkte Rahmenbedingungen für die Ausprägung von Lebensgemeinschaften. Davon sind die Fließgewässer besonders betroffen. Die Ressourcenbereitstellung für die Primärproduzenten gestaltet sich insbesondere für die CO_2-Versorgung in räumlich und zeitlich untypischen Mustern. Alle bisher untersuchten Gewässer sind besiedelt, wobei die Artenvielfalt mit abnehmender Azidität steigt. Die Nahrungsketten in Tagebauseen sind in Abhängigkeit vom Säuregrad unterschiedlich komplex strukturiert. Fische, Mollusken und Crustaceen fehlen in extrem sauren Seen, in den sauren Fließgewässern ist der Ausfall taxonomischer Gruppen noch drastischer. Für die Leitbildentwicklung kann weder auf historische, noch auf aktuelle Referenzgewässer zurückgegriffen werden. Die auf Grundmotive (Naturnähe, ungestörte Eigenentwicklung) ausgerichteten Leitbilder für die Entwicklung naturnaher Bereiche sind daher Prognosen über die Ausprägung von Naturhaushaltsfunktionen. Daneben werden mögliche Nutzungsfunktionen ebenfalls in die Leitbilder integriert. Für Fließgewässer erfolgt die Ableitung alternativer Szenarien, während für Tagebauseen an den Leitbildern „Badesee“ und „Museeumsee“ spezifische Ziele und der Eingriffsbedarf aufgezeigt werden.

Schlüsselwörter. Bestandsaufnahme, Bewertung, Gewässerfunktion, Gewässernutzung, Leitbilder, Leitbildszenarien, Naturnähe, saure Gewässer, Tagebaugewässer.

1 Einleitung

Der Braunkohlebergbau in der DDR hat große Flächen der Lausitz und Mitteldeutschlands erheblich beeinflußt. Dieser Eingriff gibt den betreffenden Regionen z. T. einen völlig veränderten Charakter. So wird beispielsweise eine Seenlandschaft in der Lausitz entstehen, die es vorher nicht gab, die jedoch aus der wirtschaftlich geprägten Sicht des Tourismus durchaus als Bereicherung betrachtet werden kann. Das Ausmaß der Gestaltung und Umgestaltung von Landschaften in Mitteleuropa ist in diesen Dimensionen nur noch mit dem Hochmoorabbau in Nordwestdeutschland vergleichbar (vgl. Eigner & Schmatzler 1991). Die Aufgabe der Herstellung neuer gesellschaftlich akzeptierter Landschaftsfunktionen erfordert eine Zusammenarbeit auf breiter interdisziplinärer Ebene. Die Konsensfindung hierzu ist eine Herausforderung sowohl für Planer, Sanierer, Wissenschaftler als auch Politiker. Der Prozeß der gemeinsamen Zielfindung gestaltet sich aufgrund des großen Zeitdruckes bei der aktiven Umgestaltung der Landschaft und natürlich auch aufgrund konkurrierender Vorstellungen teilweise konfliktreich. Es werden Fragen und Probleme auf unterschiedlichen Entscheidungs- und Handlungsebenen aufgeworfen:

In welche Richtung soll die Entwicklung der „neuen" Landschaften gestaltet werden? Welche Entwicklungs- oder Sanierungsziele sind wünschenswert und dabei auch aus der Sicht übergeordneter Ziele wie „Nachhaltigkeit" sinnvoll? Was läßt sich letztendlich an Natur gestalten und wie kann diese genutzt werden? Hinter all diesen Fragen verbirgt sich der Ruf nach Leitbildern für eine Region, die im Gegensatz zur Jungmoränenlandschaft Brandenburgs ohne den Braunkohleabbau extrem seenarm wäre.

Die Notwendigkeit für wissenschaftlich fundierte Leitbilder ergibt sich weiterhin aus der Bewertung des gegenwärtigen und künftigen ökologischen Zustandes der Gewässer sowie der Ableitung von erforderlichen gezielten Eingriffen zur Gestaltung der Gewässer. Welches bei bereits durchgeführten oder laufenden Gestaltungsmaßnahmen die obersten Zielfunktionen waren und sind, ist bisher nur in wenigen Fällen geklärt. Hier war und ist folglich wissenschaftlich unterstützte Leitbildentwicklung angezeigt, die ihren Niederschlag in einem Forschungsverbund zur Entwicklung von Leitbildern in naturnahen Bereichen der Bergbaufolgelandschaft fand (BTUC 1997, 1998, Bröring et al. 1995, Blumrich et al. 1998, Vorwald & Wiegleb 1998, Wiegleb 1999a, Schulz & Wiegleb 2000, dieser Band).

In diesem Beitrag wollen wir Ergebnisse des gewässerbezogenen Teils dieses Forschungsverbundes vorstellen und uns mit dem derzeitigen Stand der Ökosystemanalyse und der Leitbildentwicklung für Stand- und Fließgewässer in der Bergbaufolgelandschaft (BFL) auseinandersetzen. Ausgehend von den wichtigsten Ergebnissen aus den LENAB-Forschungen wollen wir die ökologischen Rahmenbedingungen als notwendige Voraussetzungen für die Bewertung von Gewässerzuständen kurz umreißen und die Besiedlungsstrukturen sowie Leitbilder bzw. Szenarien zur Gestaltung unterschiedlicher Zielvorgaben vorstellen.

2 Limnologische Besonderheiten der Gewässer in der BFL (Chemismus und Besiedlung)

2.1 Ökologische Rahmenbedingungen für die Ausprägung von Lebensgemeinschaften

Im Rahmen verschiedener Forschungsprojekte wurde zunächst der aktuelle Zustand der Gewässer in der BFL erforscht und beschrieben (Packroff et al. 2000, dieser Band, Nixdorf et al. 1998a, b, Mutz et al. 2000, dieser Band, Fischer et al. 1996, Ruch & Mutz 1997). Dabei wurde z. T. wissenschaftliches Neuland betreten, weil zur ökologischen Grundlagenforschung geogen versauerter Gewässer bisher nur einige wenige Arbeiten existierten. Insbesondere im Forschungsverbund „LENAB" (BTUC 1997, 1998) sind grundlegende Studien zur Besiedlung der Gewässer entlang eines Säuregradienten erarbeitet worden, die eine erste Grundlage für eine Kategorisierung der Standgewässer bilden (Lessmann & Nixdorf 1997). Hauptuntersuchungsgebiete waren dabei die Regionen Schlabendorfer Felder und Koyne/Grünewalde/Plessa, in denen folgende Stand- und Fließgewässer untersucht wurden (Tab. 20.1):

Tabelle 20.1 Stand- (kursiv gedruckt) und Fließgewässer in Brandenburg, die als Tagebaugewässer bzw. Referenzgewässer untersucht wurden. RS = Restsee.

Gewässer	Naturräumliche Region
Schlaube,Böberschenkfließ, Melangfließ, Lutzke, Kosselmühlenfließ, *Storkower See*	Beeskower Platte/Lieberoser Land
Helenesee, Katjasee als neutrale Referenzgewässer	Lebuser Platte
Hindenberger See, Stöbritzer See, Stoßdorfer See, Lichtenauer Lauch (RS F),	Drehnaer Graben
RS Plessa 111, Rotsee (RS 107), Rosasee (RS 109), Grünewalder See (RS 117), Koyne (RS 113) Fließstrecken der Restseekette Koyne/Plessa, Floßgraben, Schneidemühlgraben, u.a.	Kirchhain-Finsterwalder Bekken
Wudritz, Schrake, Berste, *Felixsee, Waldsee*	Lausitzer Grenzwall
Pulsnitz, Otternbach, *Lugteich*	Lausitzer Urstromtal

In Abbildung 20.1 wird ein Überblick über die Einordnung von Tagebauseen in eine Gewässertypisierung nach pH-Wert, Leitfähigkeit und dem jeweiligen Puffersystem gegeben.

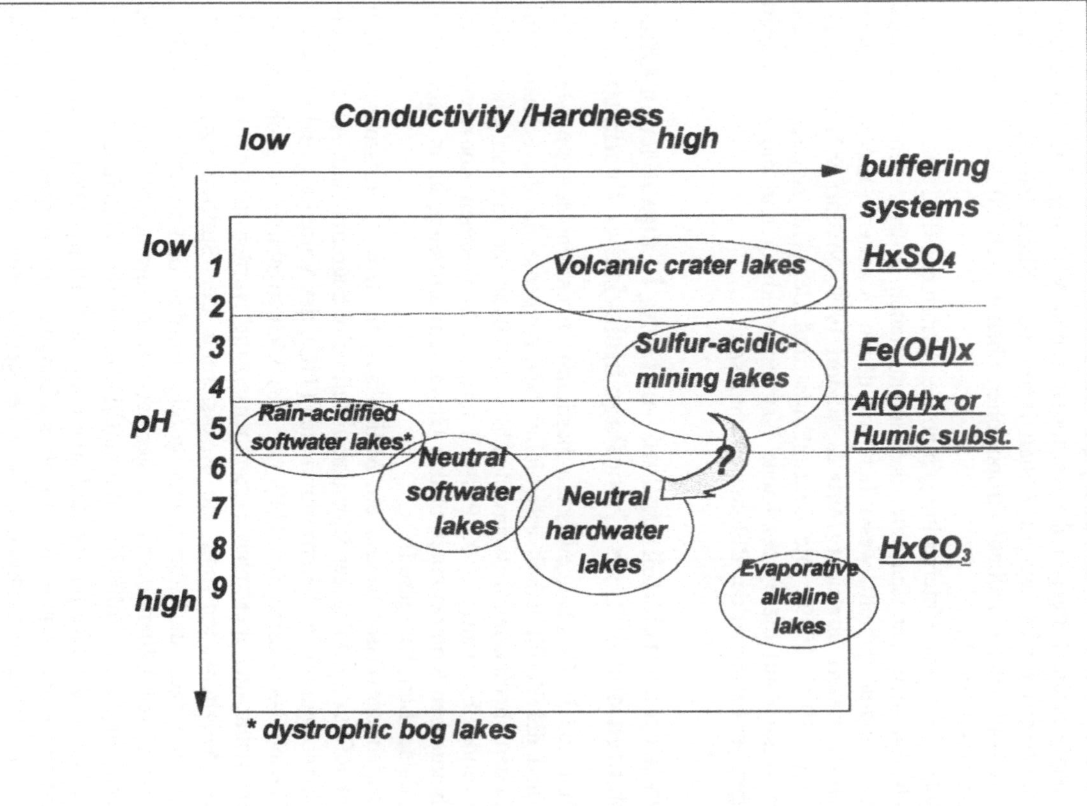

Abbildung 20.1 Seetypen in Abhängigkeit von Leitfähigkeit, pH-Wert und Puffersystem (nach Geller et al. 1998, modifiziert nach Nixdorf & Uhlmann 1998).

Daraus wird deutlich, wie groß die chemisch bedingte Eigenständigkeit saurer Gewässer bezüglich ihrer Herkunft und Ausprägung ist. Besonders auffällig ist dabei die deutliche Differenzierung zwischen depositionsversauerten Seen (Weichwasserseen) und den geogen sauren Tagebauseen. Die sehr unterschiedliche Leitfähigkeit und die Verlagerung der depositionsversauerten Gewässer in den Al-Puffer-Bereich unterstreichen diese Tatsache, die eine Übertragung von Erkenntnissen aus der ökologischen Forschung zum Thema „Acid rain and acidification of freshwaters" auf die Gewässer der BFL nur sehr begrenzt zuläßt.

Limnologische Forschungen in Bergbaufolgelandschaften bedeuten auf methodischem Gebiet vielfach Pionierarbeit, um Besiedlungsmuster und biogene Prozesse zu analysieren. Entgegen der vorherrschenden Meinung von den „toten" Bergbaugewässern fanden wir in Abhängigkeit vom Säuregrad der Gewässer Besiedlungen auf unterschiedlichen trophischen Ebenen (Tab. 20.2-20.4 und Mutz et al. 2000, dieser Band).

Eine ganze Reihe von Untersuchungen an Gewässern der BFL belegen, daß der ökologische Rahmen, der sich unter den unnatürlichen strukturellen und chemischen Bedingungen einstellt, wesentlich von denen in anderen natürlichen oder naturnahen Gewässern abweicht (Mutz & Nixdorf 1999, Nixdorf & Hemm 1999, Nixdorf et al. 1997, 1999). Die Beurteilungs- und Bewertungssysteme für die Gewässer müssen auf diese spezifische Naturentwicklung und die besonderen Belastungen der Gewässer der BFL ausgerichtet sein.

2.2 Ressourcenbereitstellung und –nutzung in aquatischen Ökosystemen der BFL als Grundlage biologischer Produktion

Der Chemismus in Bergbaugewässern bestimmt in entscheidendem Maße das Angebot und die Verfügbarkeit essentieller Nährelemente für die Primärproduzenten. Zu den chemischen Ressourcen zählen vor allem die anorganischen Fraktionen folgender Elemente: C, N, P, Si, S und Fe. In welchen Konzentrationen welche chemischen Komponenten in den Gewässern auftreten, ist in Packroff et al. (2000, dieser Band) dargestellt.

Saure Tagebaugewässer weisen ein Milieu auf, in dem die Ressourcen trotz steter Nachlieferung infolge des Chemismus teilweise begrenzt sind. An den Beispielen der anorganischen C-Konzentrationen (TIC), der Verteilung und Höhe der Gesamt-Phosphor-Konzentration (TP) und des Lichtangebotes in Abhängigkeit von der Intensität und spektralen Zusammensetzung wurden in Krumbeck et al. (1998) die Möglichkeiten und die Realisierung der Stoffumsetzung durch Phytoplankton dargestellt. Dabei konnte gezeigt werden, daß die Primärproduktion in den meisten Fällen durch die geringen Konzentrationen anorganischen Kohlenstoffes begrenzt wird (TIC $< 0,5$ mgC/l), wobei eine Trennung des limitierenden Einflusses der Phosphorverfügbarkeit (meist < 10 µg TP/l) bislang nicht vorgenommen werden konnte. In den Untersuchungen von Krumbeck et al. (1998) wurde der Versuch unternommen, anhand der gemessenen Konzentrationen die „carrying capacity" für die Primärproduktion zu ermitteln, um auf dieser Basis das

Potential zur Ausbildung von Nahrungsnetzen zu kalkulieren. Das geringe Nährstoff- und Futterangebot kann dabei die z. T. hohen Abundanzen sowohl der Produzenten als auch der Konsumenten nicht erklären. Deutliche Entkopplungen zwischen Ressourcenbereitstellung und Biomasseproduktion wurden ebenso registriert wie die Konzentration von biogenen Stoffumsetzungen an Grenzflächen (z. B. Sediment/Wasser: Kapfer 1998, Kapfer et al. 1997, 1999, Nixdorf & Kapfer 1998). Für die Primärproduzenten bieten sich dabei eine Reihe von metabolischen Möglichkeiten (Steinberg et al. 1999), die z. T. noch spekulativen Charakter tragen:

- Mechanismen der Ressourcensammlung bei planktischen Primärproduzenten saurer Gewässer
- Mechanismen zur Kohlenstoffkonzentrierung (Carbon concentrating mechanisms)
- Hohe Chlorophyll : Kohlenstoff - Verhältnisse
- Mixotrophie (Nutzung organischer Phosphor- und Kohlenstoffverbindungen)
- Hohe Mobilität (Phytoflagellaten), um nährstoffreiche Schichten aufsuchen zu können
- Geringe Erhaltungsatmung (maintenance respiration)

2.3 Besiedlung und Möglichkeiten zur Ausbildung von Nahrungsnetzstrukturen in aquatischen Ökosystemen der BFL

Saure Tagebaugewässer besitzen ein ökologisches Entwicklungspotential, d. h. sie bieten aufgrund ihrer Besiedlungsmuster und Stoffumsetzungen die Möglichkeit zu einer spezifischen, z. T. auch vielfältigen Ausprägung ökologischer Strukturen (z. B. meromiktische Seen, Fyson & Rücker 1998). Spezifische Besiedlungskomponenten (Mutz et al. 2000, dieser Band) und Nahrungsketten und -netze (Nixdorf et al. 1998b, Wollmann et al. 1999, Wölfl 1999) wurden dokumentiert. In den Tabellen 20.2-20.4 sind Beispiele für planktische und benthische Besiedler von Tagebauseen der Lausitz aufgezeigt. Dabei wurde nach autotrophen und heterotrophen Organismen unterschieden. Die morphometrische, chemische und physikalische Charakterisierung der Seen wird in Packroff et al. (2000, dieser Band) vorgenommen.

Tabelle 20.2 Heterotrophe Besiedlungskomponenten im Pelagial bzw. im Benthal von Standgewässern der BFL (Abkürzungen der Tagebauseen s. Tab. 20.1, RS = Restsee).

Tagebau-seen	Charakteristische Taxa und Arten		
	Rotatorien	Crustaceen	Andere
RS 107	Cephalodella hoodi	-	Chironomidae (plumosus-Gruppe), Sigara n. nigrolineata
RS F	Cephalodella hoodi	-	Nicht untersucht
RS F-Süd	Brachionus urceolaris	-	Chironomidae, Arctocorisa germari, Sigara n. nigrolineata
RS Plessa 111	Cephalodella spec. (s. Tab. 20.4)	-	Chironomidae (plumosus-Gruppe), Sigara n. nigrolineata, Glaenocorisa p. propinqua, Arctocorisa germari, Callicorixa praeusta, Sigara striata, Sigara concinna, Sigara falleni, Corixa dentipes, Hydracarina
Waldsee	Brachionus urceolaris	Chydorus sphaericus	Ciliaten, Gastrotrichae, Sigara n. nigrolineata, Sigara semistriata, Sigara distincta, Callicorixa praeusta, Glaencorisa p. propinqua, Corixa dentipes, Iliocoris cimicoides, Bezzia sp., Dytiscidae
Felixsee	Cephalodella hoodi, Brachionus urceolaris, Keratella cochlearis (s. Tab. 20.4)	Chydorus sphaericus, Daphnia cucullata*, Bosmina coregoni*	Actocorisa germari, Glaenocorisa p. propinqua, Callicorixa praeusta, Sigara n. nigrolineata, Sigara distincta, Sigara concinna, Sigara falleni, Corixa dentipes, Micronectinae, Dytiscidae, Zygoptera-Larven, Hydracarina
RS B	Keratella cochlearis, Filinia terminalis	Thermocyclops oithonoides, Ceriodaphnia spp., Daphnia spp., Bosmina longirostris	Chaoborus flavicans, Sigara striata, Sigara lateralis, Sigara n. nigrolineata, Corixa punctata, Micronectinae, Notonecta glauca, Iliocoris cimicoides, Hydracarina, Gammarus spec., Chironomidae, Dytiscidae

Tabelle 20.3 Autotrophe Besiedlungskomponenten im Pelagial bzw. im Benthal von drei Standgewässern der BFL, in Klammern Artenanzahl eines Sammeltaxons.

Klasse	Species/Taxon	Plessa RS 111	Grünewalder RS 117	Felixsee
Chlorophyceae	Chlamydomonas spp.	X (3)	X (1)	X (4)
	Scourfieldia cordiformis		X (1)	X (1)
	Ulotrichales		n.d.	X (1)
	Chlorogonium sp.			X (1)
	Choricystis sp.			X (1)
	Schroederia setigera			X
	Stichococcus sp.			X (1)
Chrysophyceae	Ochromonas spp.	X (5)	X (4)	X (4)
	Chromulina sp.		X (1)	X (1)
	Synura sp.			X (1)
Dinophyceae	Gymnodinium sp.		X (1)	
	Peridinium umbonatum			X
	Amphidinium elenkinii			X
Euglenophyceae	Lepocinclis ovum	X	X	
	Trachelomonas volvocina	X		X
Bacillariophyceae	Eunotia exigua	X	X	X
	Eunotia sp.		X	
	Navicula spp.			X (3)
	Nitzschia spp.			X (2)
Cryptophyceae	Cryptomonas marssonii			X
	Cryptomonas erosa			X
	Cryptomonas ovata			X
Anzahl der Taxa		11	11	25

Tabelle 20.4 Zooplanktontaxa in drei Bergbauseen unterschiedlicher Azidität.

Gruppe	Art	RS 111	RS 117	RS Felix
Heliozoa	Actinophrys sp.	X		
Ciliata		X	X (3)	X
Rotifera	Bdelloidae (c. f. Rotaria rotatoria)	X	X	X
	Brachionus urceolaris f. sericus		X	X
	Cephalodella hoodi	X	X	X
	Cephalodella gibba		X	X
	Elosa worallii	X	X	X
	Lecane lunaris			X
	Lecane stichaea			X

Fortsetzung Tabelle 20.4

	Lepadella sp.		X	X
	Trichocerca similis			X
Crustacea	Chydorus sphaericus		X	X
	Diacyclops sp.			X
Anzahl der Taxa		5	10	12

Im Gegensatz zu terrestrischen Bereichen zeigt sich in den aquatischen Systemen der defizitäre Charakter der (Lebensgemeinschaften)/Nahrungsnetze/(Gilden etc.) deutlich. Während in den terrestrischen Bereichen alle Gruppen außer den Mollusken gut vertreten sind und auch reichhaltige funktionale Wechselbeziehungen etabliert sind (Dunger 1998), fallen in sauren Gewässern bestimmte Gruppen aufgrund der chemischen Bedingungen aus. Dazu gehören beispielsweise in Standgewässern neben den Fischen die Mollusken und in Gewässern mit pH<3 die Crustaceen. Die bisherigen Forschungen der Autoren in Standgewässern beschränkten sich auf die pelagische Besiedlung. Forschungsbedarf besteht in der Analyse der dortigen Makrozoobenthosbesiedlung.

In Fließgewässern mit geogen saurem Wasser fehlen die Lumbricolidae, Mollusca, Crustaceae, Ephemeroptera, Plecoptera, Hydropsychidae, Limnephilidae, Leptoceridae, Sericostmatidae, Limoniidae, Tipulidae und Chironomiden des Tribus Tanytarsini. In Tagebauseen erfolgt die Entwicklung der Biozönosen entsprechend des Säuregrades der Gewässer. Das trifft besonders für das Phyto- und Zooplankton zu. Dabei gilt, daß der Säuregrad (KB- und pH-Werte) die Diversität entscheidend prägt, während die Verfügbarkeit von Ressourcen (insbesondere Kohlenstoff und Phosphor) die Höhe der Biomasseentwicklung bestimmt. Insbesondere in flachen Gewässern bzw. Gewässerbereichen und in meromiktischen Seen wurden bei ausreichender Nährstoffversorgung extrem hohe Abundanzen von Chlamydomonas, Ochromonas, Euglenoiden (Fyson & Rücker 1998) sowie Ciliaten und Heliozoen (Wölfl 1999) beobachtet.

Die Strukturierung der Nahrungsnetze ist einfach und wird mit abnehmendem Säuregrad komplexer. In der Abbildung 20.2 sind Beispiele für die Vernetzung der planktischen und benthischen Organismen für den Restsee Plessa (RS 111) dargestellt. Hierbei wird deutlich, daß in diesen extremen Habitaten bereits enge Nahrungsnetzverknüpfungen existieren und ökologische Steuermechanismen nachweisbar sind. Topprädatoren in diesen Gewässern sind die Corixiden, deren Entwicklung durch das Fehlen eines Fraßdruckes durch Fische gewährleistet ist.

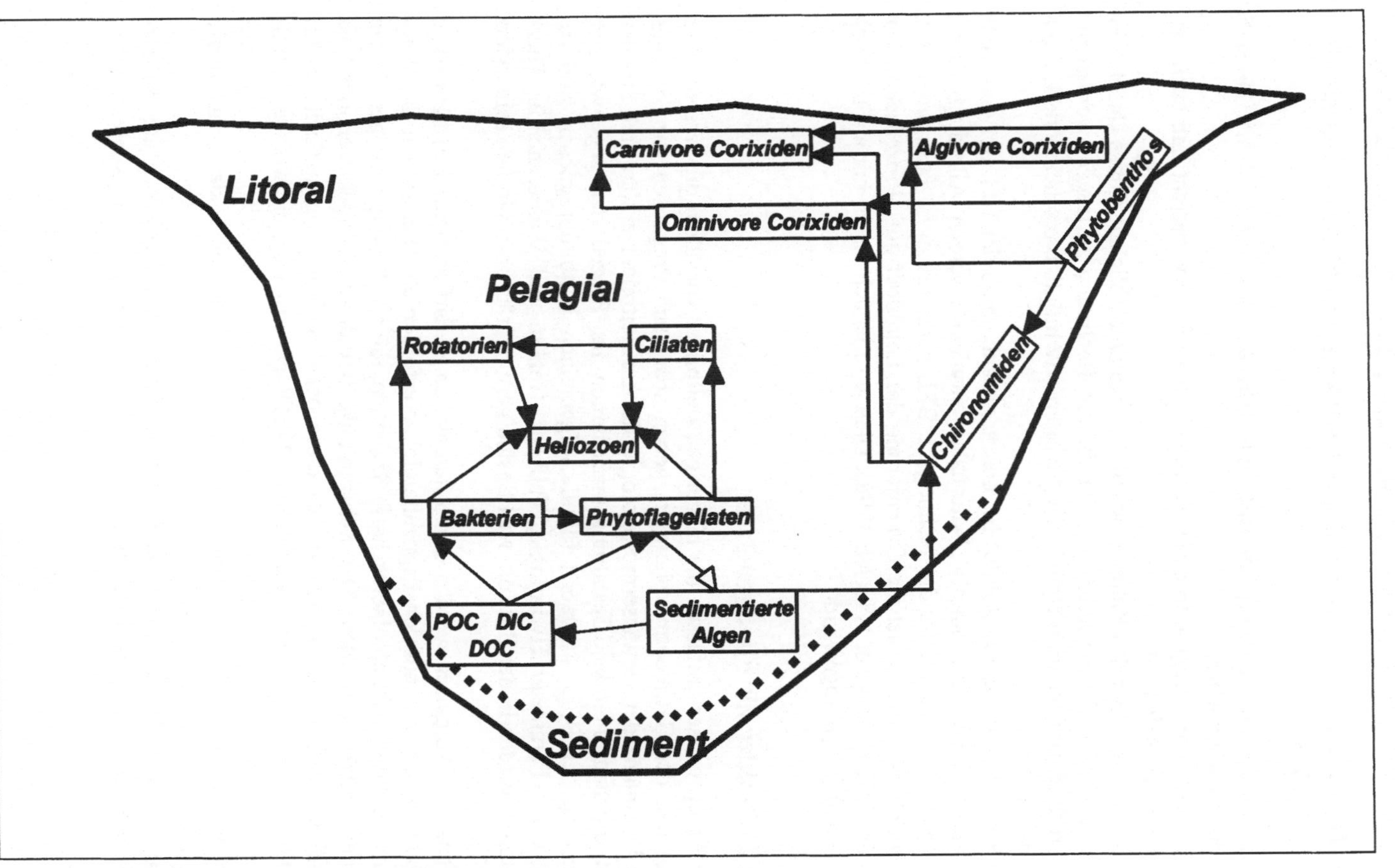

Abbildung 20.2 Nahrungsnetzbeziehungen im Tagebausee Plessa 111.

3 Leitbilder für Gewässer in Bergbaufolgelandschaften

3.1 Besonderheiten der Leitbildentwicklung in Bergbaufolgelandschaften

Die Leitbilder für Gewässer der BFL unterscheiden sich in mehrfacher Hinsicht von den sonst üblichen:

1. Sie enthalten Prognosen eines Zustandes, der nirgends besteht und auch niemals bestanden hat.
2. Sie müssen über den Rahmen des in der Ökologie üblichen hinaus Unschärfen und Unsicherheiten abbilden. Um diesem Rechnung zu tragen, werden mit Hilfe einer Szenariotechnik mehrere alternativ möglich erscheinende Leitbilder erarbeitet.
3. Sie sollen wie die Leitbilder für Gewässer außerhalb der BFL am gesetzlich vorgegebenen Grundmotiv „Naturnähe" entwickelt werden. Allerdings ist der naturnahe Zustand für die technogene BFL nicht genau zu bestimmen. Ein möglicher Ausweg ist die Orientierung der Leitbilder auf „Prozeßschutz" in der BFL (Felinks & Wiegleb 1998). Dies wird jedoch bisher nur auf terrestrische Biotope angewandt.

3.2 Leitbilder für Fließgewässer

Für Fließgewässer umfassen die bisherigen Leitbilder vor allem die wesentlichen Parameter der Gewässermorphologie, geben aber auch Prognosen zur Biologie. Die Dominanz der Gewässermorphologie für die Leitbilder erklärt sich aus den akut durchzuführenden Gestaltungsmaßnahmen im Prozeß der gegenwärtigen Sanierung der BFL. Vorgaben für die allgemeinen Leitbildprognosen sind zunächst die Parameter Hydrologie, Talform, Gefälle und Wasserchemie. Diese Faktoren werden in der BFL die wichtigsten gerinneprägenden Größen sein (Mutz 1998 a,b).

Genauere Prognosen werden durch den akuten Bedarf an Vorgaben für neu zu gestaltende Gerinne auf den Kippenbereichen erforderlich. Hier sollten die allgemeinen Leitbilder durch objektscharfe Szenarien, die als Planungsvorlagen dienen können, unterlegt werden. Der Schwerpunkt bei diesen „Objektszenarien" ist ebenfalls die Gerinnemorphologie, da diese bei den Gestaltungsmaßnahmen für die Fließstrecken umgesetzt werden muß. Da Objektszenarien, die wie die Leitbilder einen künftig wahrscheinlichen Zustand nur prognostizieren, ebenfalls mit nicht unerheblichen Unsicherheiten belastet sind, werden auch sie als alternativ mögliche Szenarien formuliert.

Die Biologie der Gewässer der BFL wird ganz wesentlich durch die Wasserqualität determiniert, das bedeutet, daß das biologische Entwicklungspotential der

Fließgewässer bestimmt wird durch die Wasserqualität vorgeschalteter Tagebauseen oder die Qualität des aus den Kippen exfiltrierenden Grundwassers.

Die formulierten Leitbilder, die auf naturschutzfachliche Grundmotivationen ausgerichtet sind, werden unterlegt durch die zugehörigen Ausprägungen von Naturhaushalts- und Nutzungsfunktionen (Mutz 1998a). In der Tabelle 20.5 ist ein Leitbild mit einigen Stichworten skizziert. Zum Leitbild gehören Prognosen der Funktionsausprägung mit einer intuitiven Zuweisung grobklassifikatorischer Werte auf einer 7-stufigen Skala. Diese Werte orientieren sich an der Funktionsausprägung, wie sie außerhalb der BFL unter naturnahen Bedingungen zu finden ist. Insbesondere diese Funktionsebene macht interne Konflikte zwischen natürlicherweise harmonierenden Funktionen deutlich. Als Beispiel hierfür sei der Konflikt zwischen großer (= guter) Hoch- und Niedrigwasserrückhaltung und den geringen (= schlechten) Lebensraumfunktionen des Leitbildes in Tabelle 20.5 genannt.

Die Leitbildszenarien beinhalten bewußt auch wertende Aussagen über die Ausprägung von Nutzungsfunktionen. Diese sollen das Nutzungspotential des Szenarios verdeutlichen und können je nach Bedarf erweitert oder eingeschränkt werden. Eine synthetische Bewertung der Naturhaushaltsfunktionen oder gar eine synthetische Bewertung von Naturhaushalts- und Nutzungsfunktionen ist nicht sinnvoll.

Die Leitbildszenarien können auch auf eine mögliche Optimierung einzelner Nutzungen ausgerichtet werden. Dem Leitbildszenario aus Tabelle 20.4 ist vergleichend ein weiteres Leitbildszenario gegenübergestellt, welches sich z. B. auf die Erfüllung wesentlicher biologischer Funktionen, inklusive Fallaubzerkleinerung und Nitrifikation, ausrichtet (siehe Tab. 20.6). Die alternativen Leitbilder können nebeneinander gestellt werden und machen auf diese Weise Unterschiede transparent. Die vergleichende Betrachtung erleichtert die interdisziplinäre Diskussion und Bewertung und zeigt deutlich auf, wo Sanierungs- bzw. Nutzungsvorstellungen unrealistisch sind. Eine für die Sanierung wichtige Information, die den „Wert“ von Gewässern der BFL mit bestimmt, ist der Zeithorizont, der zum Erreichen des Szenarios erforderlich ist. Eine Abschätzung der Dynamik zum Entwicklungsziel hin ist daher Bestandteil der Szenarien.

Die endgültige Festlegung von Leitbildern, die dann vergleichbar den naturnahen Leitbildern außerhalb der BFL als künftiger Bewertungsmaßstab für die Gewässer dienen, ist dem fachlich interdisziplinären Diskussionsprozeß und der politischen Diskussion vorbehalten.

Tabelle 20.5 Leitbildszenario ausgerichtet auf die Grundmotivation „Naturnähe, verstanden als freie Eigenentwicklung“, für Fließgewässer in naturnahen Bereichen der BFL in einem Muldental mit Gefälle $0{,}5\text{-}2\,^{0}/_{00}$ und pH <3. Die Prognosen der Funktionsausprägung erfolgen auf einer siebenstufigen Skala von --- sehr schwach ausgeprägt über +/- durchschnittlich ausgeprägt bis +++ sehr stark ausgeprägt. Im Fall von zwei Angaben bezieht sich die erste auf den limnischen Bereich, die zweite in Klammern stehende auf den uferbegleitenden terrestrischen Bereich. Qbv bordvoller Abfluß, WZ Wasser/Land-Wechselzone.

Morphologie		**Biologie**	
Häufigkeit Q_{bv}	<= Jährlich	Ufervegetation	Birkenbruch
Linienführung	Mäandrierend/verzweigt	Autochthone Primärproduktion	Gering
Eintiefung	Sehr gering/gering (< 0,5 m)	Makrophyten	Vereinzelt
Breite/Tiefe	30-50	Algen	Vereinzelt
Uferbereich	Vereinzelt Seitenerosion, breite WZ	Mikrobiologie	Funktionsausfall
Morphodynamik	Gering-sehr gering	Makrozoobenthos	Funktionsausfall
Naturhaushaltsfunktionen			
Hochwasserrückhaltung	+++	Biogene Neutralisation	---
Niederigwasserrückhaltung	+++	Nitrifikation	---
Stoffrückhalt (Fe)	+	Habitatfunktion	--- (+++)
C-Produktion Ufergehölze	+++	Refugialbildung	--- (+++)
Fallaubabbau	---	Biotopvernetzung	--- (+++)
Nutzungsfunktionen			
Wasserwirtschaft		**Tourismus**	
Abflußausgleich	+++	Paddeln	---
Vorflutsicherung	---	Wandern	---
Vorflut für Kläranlagen	+++	Fischerei	---
Bewässerung	---	Landschaftsästhetik	+++
H_2O Qualitätsverbesserung	???	Erschließung	---
Alterung der Landschaft	-/+	Artenschutz	(---) +++

Tabelle 20.6 Leitbildszenario ausgerichtet auf die Grundmotivation „alle wesentlichen Funktionen des aquatischen Lebensraumes sind möglichst zu besetzen", für Fließgewässer in naturnahen Bereichen der BFL in einem Muldental mit Gefälle 0,5-2$^0/_{00}$; durch die Grundmotivation ergibt sich eine pH-Anhebung auf 4,5. Erläuterungen zu Abkürzungen und Bewertungsstufen siehe Tabelle 20.5.

Morphologie		**Biologie**	
Häufigkeit Q_{bv}	Stabiler Q, kein Ausufern	Ufervegetation	Birken, Eichen
Linienführung	Geschwungen	Autochthone Primärproduktion	Gering
Eintiefung	(1–1,5 m)	Makrophyten	Vereinzelt
Breite/Tiefe	< 10, Kastenprofil	Algen	Vereinzelt
Uferbereich	Schmale WZ	Mikrobiologie	?
Morphodynamik	Sehr gering	Makrozoobenthos	Naturnahe Besiedlung
Naturhaushaltsfunktionen			
Hochwasserrückhaltung	---	Biogene Neutralisation	++ ?
Niedrigwasserrückhaltung	---	Nitrifikation	++
Retention von Fe	+	Habitatfunktion	+ (+++)
C-Produktion Ufergehölze	++	Refugialbildung	--- (+++)
Fallaubabbau	++	Biotopvernetzung	-- (+++)
Nutzungsfunktionen			
Wasserwirtschaft		**Tourismus**	
Abflußausgleich	---	Paddeln	---
Vorflutsicherung	---	Wandern	+++
Vorflut für Kläranlagen	+++	Fischerei	---
Bewässerung	---	Landschaftsästhetik	++
H_2O Qualitätsverbesserung	???	Erschließung	+++
Alterung der Landschaft	+	Artenschutz	+ (+++)

Dieser diskursive Teil der Leitbildentwicklung, den man auch als Leitbildauswahl betrachten kann, versteht sich nicht als neutrale wissenschaftliche Expertenaufgabe, sondern als Unterstützung eines gesellschaftlichen Abstimmungsprozesses. Die vorgestellten Leitbildszenarien sollen als Zuarbeit für diesen interdisziplinären Diskussionsprozeß die Zusammenhänge zwischen den Leitbildparametern und den Funktionen aufzeigen und dadurch diesen Diskussionsprozeß strukturieren.

Die bisherigen Erfahrungen deuten darauf hin, daß es letztlich eine Abstimmung zwischen den Nutzenfunktionen und den nicht auf unmittelbaren Nutzen ausgerichteten Naturschutzzielen ist, die zu einer akzeptierten und abgestimmten Gesamtbewertung und damit zum festgelegten Leitbild führt.

Durch das Fehlen einer Gewässertypologie oder -kategorisierung für die Vielzahl der Gewässer der BFL haben die entwickelten Leitbilder keine scharf abgegrenzte Gültigkeit. Sie entspringen einer Generalisierung der Erkenntnisse an einzelnen untersuchten Gewässersystemen. Die Zuordnung der Leitbilder zu einem bestimmten Gewässer muß individuell und kritisch geprüft werden. Wir gehen davon aus, daß im Zuge der weiteren Erforschung der BFL auch die dringend erforderliche Kategorisierung der Gewässer erfolgt und dann die Zuordnung von Leitbildern zu Gewässerkategorien flächendeckend vorgenommen werden kann.

3.3 Leitbilder für Tagebauseen

Für Standgewässer wird aus der Sicht der Limnologen die Beantwortung der Frage nach einem Leitbild zunächst aus der Beschreibung des Entwicklungspotentials der Seen abgeleitet, das sich nach der Flutung ohne nachhaltige Eingriffe herausbilden würde. Es wird zum derzeitigen Stand der Diskussion als der leicht saure, mesotrophe See definiert. Es läßt Szenarien der Entwicklung zu, die vom Bewahren des extrem sauren Zustandes („Wissenschaftssee", Abb. 20.3) und im Sinne eines nutzenorientierten Weltbildes für einen künftigen Badesee (Abb. 20.4) auch Neutralisierungsmaßnahmen in naturnahen Bereichen gestattet. Es gibt vielfältige Anlässe, über den ökologischen Reiz, die wissenschaftliche Brisanz und eine breitere Akzeptanz saurer Gewässer nachzudenken. Das sollte auch den Schutz dieses eigenständigen Gewässertyps einschließen. In den folgenden Abbildungen werden zwei Varianten der Leitbildentwicklung für saure Seen in der BFL vorgestellt.

Im Fall Abbildung 20.3 überläßt man den See seiner natürlichen Entwicklung oder greift unter Umständen sogar in einen natürlichen Reifungsprozeß ein, der sonst in Richtung Neutralisierung führen würde. Damit soll ein seltener und wertvoller Gewässerzustand erhalten werden. Dieser See wäre für die stille Erholung geeignet, auch als „Anschauungsobjekt" über die Auswirkungen des Bergbaus auf Natur und Landschaft („kulturhistorisches Denkmal") und wäre nicht zuletzt für die ökologische Grundlagenforschung unersetzbar. Derartige Seen hätten einen Schutzstatus, der menschliche Nutzung ausschließt, sofern sie über eine stille Erholung, Landschaftserleben oder ähnliches hinausgeht. Bei der Auswahl derartiger Gewässer müssen wasserwirtschaftliche Probleme im Prozeß der hydrologischen Einbindung (z. B. in Fließgewässersysteme) Berücksichtigung finden.

In der Abbildung 20.4 ist ein weiteres Beispiel für das Leitbild des weithin favorisierten Badesees in der Lausitz dargestellt. Das Grundmotiv für derartige Gewässerentwicklungen wäre Nutzungsmaximierung, die aufwendige und z. T. auch langandauernde Sanierungsmaßnahmen erforderten. Dieses Ziel ist folglich mit den übergeordneten Leitbildern „Naturnähe" und „Nachhaltigkeit" nicht vereinbar.

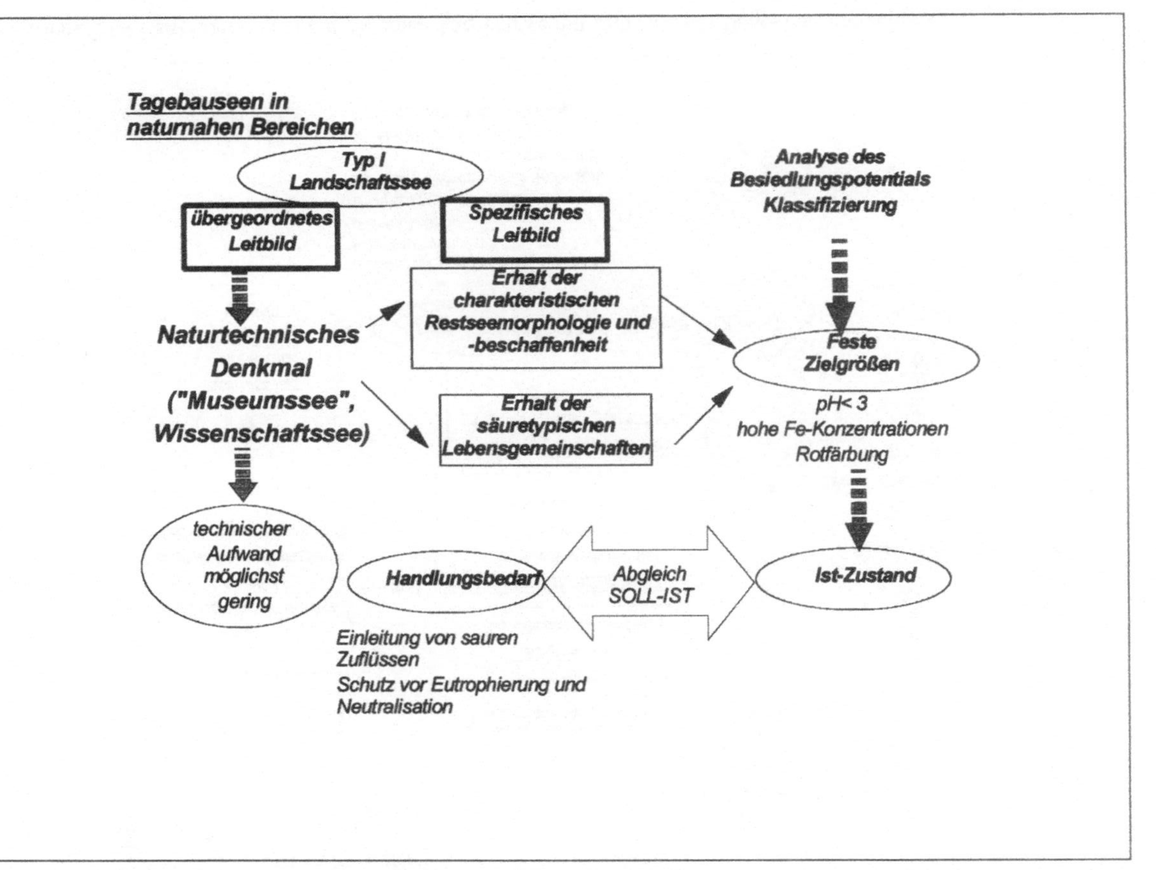

Abbildung 20.3 Leitbildentwicklung für einen Tagebausee unter dem Grundmotiv „Nutzungsminimierung und Prozeßschutz".

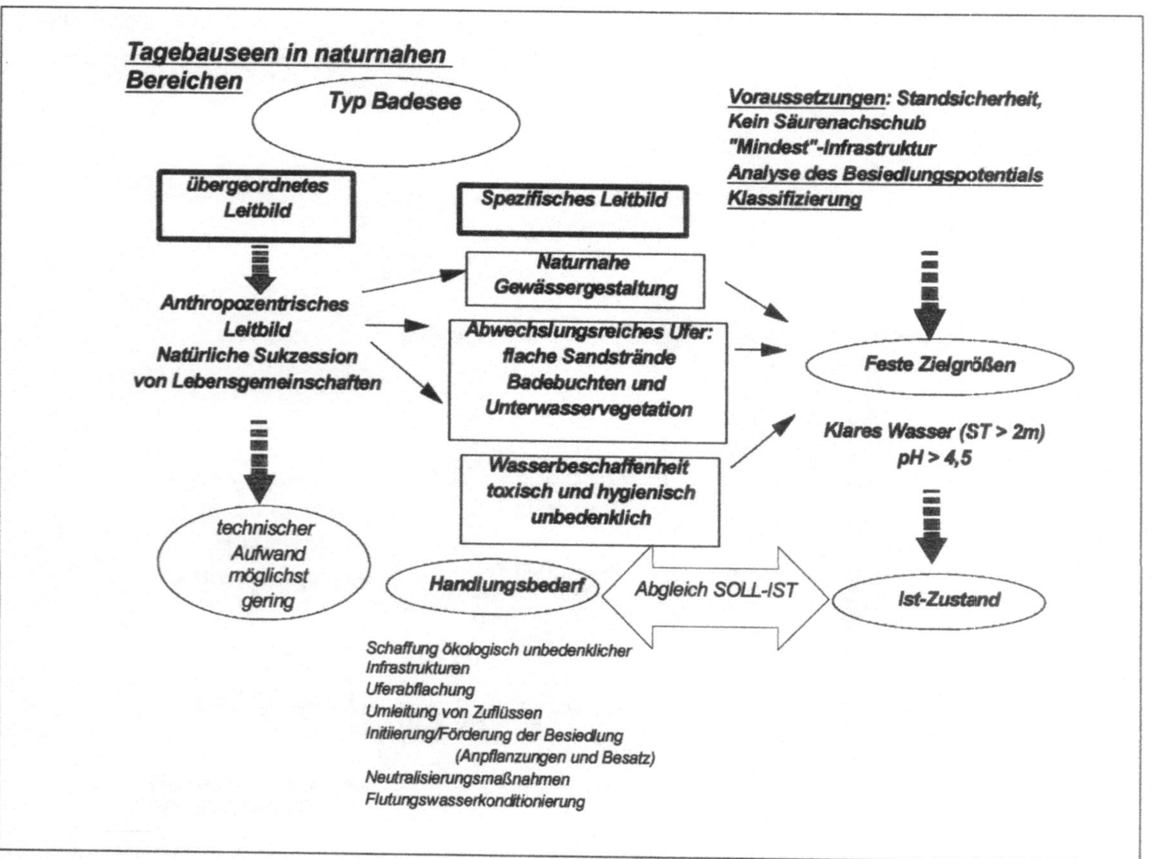

Abbildung 20.4 Leitbildentwicklung für einen Tagebausee mit dem Ziel des Bade- und Freizeitsees.

4 Schlußfolgerung

Folgende Hauptaussagen über die Besiedlung und über ökologische Besonderheiten mit Konsequenzen für die Leitbilddiskussion und mögliche Sanierungen konnten abgeleitet werden:

1. Saure Tagebaugewässer sind ein eigenständiger Ökosystemtyp. Sie repräsentieren den „schwefelsauren Bergbausee" (Geller et al. 1998), der sich bezüglich seiner Entstehung und in hydrogeochemischer Hinsicht deutlich von anderen sauren Gewässern unterscheidet (Abb. 20.1). Diese Unterschiede erlangen insbesondere dann eine Bedeutung, wenn es um gewollte (Neutralisierung von Bergbaugewässern) oder ungewollte (depositionsbedingte Versauerung von Weichwasserseen) Zustandsveränderungen der aquatischen Ökosysteme geht. Zunehmend gewinnen auch Erwägungen zur Schutzwürdigkeit derartiger Ökosysteme an Bedeutung.
2. Alle bisher untersuchten Tagebauseen sind besiedelt (s. Tab. 20.2 – 20.4) und in ihrem trophischen Niveau mit oligotrophen bzw. mesotrophen Seen vergleichbar. Es wurden auch Algenbiomassenentwicklungen auf eu- bis hypertropher Stufe beobachtet, die jedoch deutliche Entkopplungen zu den Ressourcen und ungewöhnliche abiotische Steuerungen aufweisen (Nixdorf et al. 1998a,b).
3. Auch die stark sauren Fließgewässer sind besiedelt. Allerdings fallen viele wesentliche Gruppen der üblichen Fließgewässerbiozönose aus. Dies ist zumindest zum Teil mit einem Funktionsausfall in der Stoffumsetzung verbunden.
4. Die extremen chemischen Bedingungen in sauren Tagebaugewässern schaffen besondere biologische Strukturen und Stoffumsetzungen:
   - Spezielle Artenkomposition bei sehr geringer Diversität (s. Tab. 20.2–20.4, Mutz et al. 2000, dieser Band, Lessmann & Nixdorf 1999),
   - hohe Abundanzen und Umsetzungen bei ausreichend CO_2-, TOC- und PO_4-Ressourcen bzw. TOC-Angebot (Krumbeck et al. 1998), Entkopplung des Ressourcenangebotes und der Nährstoffaufnahme von der Biomasseproduktion führt zu untypischen saisonalen und vertikalen Besiedlungsmustern,
   - der Ab- und Umbau allochthoner organischer Substanz erfolgt stark gehemmt und hoch spezifisch (Mutz et al. 2000, dieser Band),
   - Schwerpunkte der chemischen und biogenen Umsetzungen sind Grenzflächen (z. B. Sedimente, s. Kapfer 1998, Nixdorf & Kapfer 1998),
   - die Strategien zur Überwindung der Ressourcenlimitation müssen im einzelnen noch erforscht werden. Für die Primärproduzenten bieten sich dabei eine Reihe von Möglichkeiten (Steinberg et al. 1999), die z. T. noch spekulativen Charakter tragen.

Es hat sich gezeigt, daß die Leitbildmethode auch im Gewässerbereich der BFL gut angewendet werden kann. Folgende Gründe sprechen für ihren Einsatz:

1. In schwierigen Situationen zwingt die Leitbildmethode, genau nachzufragen, was das eigentliche Ziel der Entwicklungen und Eingriffe sein soll und ob die-

ses überhaupt erreichbar ist. Voraussetzung dafür ist in jedem Fall eine gute Datenbasis (Wiegleb et al. 1999). Diese wurde im LENAB-Verbund geschaffen und sollte für alle weiteren Maßnahmen bei der Gestaltung der BFL die wissenschaftliche Grundlage bilden.

2. Die Leitbildmethode führt zu einer nachvollziehbaren Bewertung des Istzustandes, auch wenn diese Bewertung durch das Fehlen eines Referenzzustandes erhebliche Probleme mit sich bringen kann (Wiegleb 1996, 1997, 1999a, b, Nixdorf et al. 1999).
3. Die Leitbildmethode ermöglicht eine kontinuierliche Überprüfung von Handlungen und Maßnahmen. Insbesondere im naturnahen Bereich werden Einschätzungen der Sinnhaftigkeit von praktischen Maßnahmen aufgrund der Kenntnis des geochemischen und limnologischen Entwicklungspotentials möglich.
4. Selbst so schwierige Aspekte wie die Beurteilung der „Naturnähe" von technogenen Habitaten und Landschaften lassen sich mit der Leitbildmethode elegant lösen (unter Rückgriff auf die Konzepte „Nutzungsminimierung" und „Prozeßschutz"), wenn auf einer soliden Datenbasis zum ökologischen Istzustand genügend Wissen, Mut und Phantasie aufgebracht werden.

Literatur

Blumrich, H., Bröring, U., Felinks, B., Fromm, H., Mrzljak, J., Schulz, F., Vorwald, J. & Wiegleb, G. 1998. Naturschutz in der Bergbaufolgelandschaft – Leitbildentwicklung. Studien und Tagungsberichte 17: 44 S.

Bröring, U., Schulz, F. & Wiegleb, G. 1995. Niederlausitzer Bergbaufolgelandschaft: Erarbeitung von Leitbildern und Handlungskonzepten für die verantwortliche Gestaltung und nachhaltige Entwicklung ihrer naturnahen Bereiche. Z. Ökol. Naturschutz 4: 176-178.

BTU Cottbus 1997. Verbundvorhaben Niederlausitzer Bergbaufolgelandschaft: Erarbeitung von Leitbildern und Handlungskonzepten für die verantwortliche Gestaltung und nachhaltige Entwicklung. Zwischenbericht.

BTU Cottbus 1998. Verbundvorhaben Niederlausitzer Bergbaufolgelandschaft: Erarbeitung von Leitbildern und Handlungskonzepten für die verantwortliche Gestaltung und nachhaltige Entwicklung. Abschlußbericht zum BMBF-/LMBV-Verbundprojekt (Fkz. 0339648). Polykopie, Cottbus: 1054 S.

Bund-Länder-Arbeitsgruppe Wasserwirtschaftliche Planung 1994. Rahmenkonzept zur „Wiederherstellung eines ausgeglichenen Wasserhaushaltes in den vom Braunkohlebergbau beeinträchtigten Flußeinzugsgebieten in der Lausitz und in Mitteldeutschland (Rahmenkonzept Wasserhaushalt).

Dunger, W. 1998. Immigration, Ansiedlung und Primärsukzession der Bodenfauna auf jungen Kippböden. In W. Pflug (Hrsg.) Braunkohlentagebau und Rekultivierung. Landschaftsökologie - Folgenutzung - Naturschutz. Springer, Berlin: 635-644.

Eigner, J. & Schmatzler, E. 1991. Handbuch des Hochmoorschutzes – Bedeutung, Pflege, Entwicklung. 2. Aufl. Kilda, Münster.

Felinks, B. & Wiegleb, G. 1998. Welche Dynamik schützt der Prozeßschutz? Aspekte unterschiedlicher Maßstabsebenen - dargestellt am Beispiel der Niederlausitzer Bergbaufolgelandschaft. Naturschutz u. Landschaftsplanung 30: 298-303.

Fischer, H., Hastrich, A. & Mutz, M. 1996. Morphologie und Makrophyten von Fließgewässern einer Tagebaufolgelandschaft in der Niederlausitz. Deutsche Gesellschaft für Limnologie, Tagungsbericht 1995: 572-576.

Fyson, A. & Rücker, J. 1998. Die Chemie und Ökologie des Lugteichs - eines extrem sauren, meromiktischen Tagebausees. In M. Schmitt & B. Nixdorf (Hrsg.) Gewässerreport (Nr. 4). Aktuelle Reihe BTU Cottbus 5/98: 18-34.

Geller, W., Klapper, H. & Salomons, W. (Hrsg.) 1998. Acidic Mining Lakes. Springer, Berlin: 435 S.

Kapfer, M. 1998. Assessment of the colonisation and primary production of microphytobenthos in the littoral of acidic mining lakes in Lusatia (Germany). Water, Air and Soil Pollut. 108: 331-340.

Kapfer, M., Mischke, U., Wollmann, K. & Krumbeck, H. 1997. Erste Ergebnisse zur Primärproduktion in extrem sauren Tagebauseen der Lausitz. In R. Deneke & B. Nixdorf (Hrsg.) Gewässerreport (Teil III). Aktuelle Reihe BTU Cottbus 5/97: 31-40.

Kapfer, M., Nixdorf, B., Fyson, A. & Bartenbach, B. 1999. Die Bedeutung des Benthals für das limnologische Entwicklungspotential von Tagebauseen. In R.F. Hüttl, D. Klem & E. Weber (Hrsg.) Rekultivierung von Bergbaufolgelandschaften. DeGruyter, Berlin: 205-218.

Krumbeck, H., Nixdorf, B. & Fyson, A. 1998. Ressourcen der Bioproduktion in extrem sauren Tagebauseen der Lausitz - Angebot, Verfügbarkeit und Umsetzung. In M. Schmitt & B. Nixdorf (Hrsg.) Gewässerreport (Nr. 4). Aktuelle Reihe BTU Cottbus 5/98: 7-17.

Lessmann, D. & Nixdorf, B. 1997. Charakterisierung und Klassifizierung von Tagebauseen der Lausitz anhand morphometrischer Kriterien, physikalisch-chemischer Parameter und der Phytoplanktonbesiedlung. In R. Deneke & B. Nixdorf (Hrsg.) Gewässerreport (Teil III). Aktuelle Reihe BTU Cottbus 5/97: 9-18.

Lessmann, D. & Nixdorf, B. 1999. Acidification control of phytoplankton diversity, spatial distribution and trophy in mining lakes. Verh. Internat. Verein. Limnol., in Druck.

Mutz, M. & Nixdorf, B. 1999. Leitbilder und Bewertung für Fließ- und Standgewässer in der technogenen Niederlausitzer Bergbaufolgelandschaft. In G. Wiegleb, F. Schulz & U. Bröring (Hrsg.) Naturschutzfachliche Bewertung im Rahmen der Leitbildmethode. Physica, Heidelberg: 84-97.

Mutz, M. 1998a. pH Wert 2,8 und Strukturgüte I - Leitbildentwicklung für Fließgewässer der technogenen Niederlausitzer Bergbaufolgelandschaft. Deutsche Gesellschaft für Limnologie, Tagungsbericht 1997: 700-704.

Mutz, M. 1998b. Stream system restoration in a strip mining region, eastern Germany: dimension, problems and first steps. Aquatic Conserv. Mar. Freshw. Ecosyst. 8: 159-166.

Mutz, M., Pusch, M. & Siefert, J. 2000. Ausgewählte Aspekte der Morphologie und Ökologie von Fließgewässern der Bergbaufolgelandschaft, dieser Band.

Nixdorf, B. & Hemm, M. 1999. Besonderheiten im Stoffhaushalt künstlicher Klarwasserseen Südostbrandenburgs (Tagebauseen der Lausitz) - ein Überblick. Beiträge zur angewandten Gewässerökologie Norddeutschlands, in Druck.

Nixdorf, B. & Kapfer, M. 1998. Stimulation of phototrophic pelagic and benthic metabolism close to sediments in acidic mining lakes. Water, Air and Soil Pollut. 108: 317-330.

Nixdorf, B. & Lessmann, D. 1999. Methoden zur Bestimmung der Trophieentwicklung und Einschätzung der Gefährdung in fremdgefluteten Tagebauseen. In M. Kapfer & B. Nixdorf (Hrsg.) Gewässerreport (Nr. 5). Aktuelle Reihe BTU Cottbus 1/99.

Nixdorf, B. & Uhlmann, W. 1998. Acidification and risk of eutrophication of mining lakes as a result of man's activity in East Germany. Abstract and lecture of „Lakes Conference 1998“: Lakes as Indicators for Anthropogenic Processes in the Catchment Area - The Role of Man's Activity in the Drainage Area. Ascona, Switzerland.

Nixdorf, B., Lessmann, D., Grünewald, U. & Uhlmann, W. 1997. Limnology of extremely acidic mining lakes in Lusatia (Eastern Germany) and their fate between acidity and eutrophication. Proceedings of Conference on Acid Rock Drainage, Canada 1997, Vol. IV: 1745-1760.

Nixdorf, B., Mischke, U. & Lessmann, D. 1998a. Chrysophyta and Chlorophyta - pioneers of planktonic succession in extremely acidic mining lakes in Lusatia. Hydrobiologia 369/370: 315-327.

Nixdorf, B., Mutz, M. & Wiegleb, G. 1999. Die Bewertung von Tagebaugewässern und ihrer Entwicklung im Spiegel ökologischer und wasserwirtschaftlicher Rahmenbedingungen. In M. Kapfer & B. Nixdorf (Hrsg.) Gewässerreport (Nr. 5). Aktuelle Reihe BTU Cottbus 1/99: 65-81.

Nixdorf, B., Wollmann, K. & Deneke, R. 1998b. Ecological potential for planktonic development and food web interactions in extremly acidic mining lakes in Lusatia. In W. Geller, H. Klapper & W. Salomons (Hrsg.) Acidic Mining Lakes. Springer, Berlin: 147-167.

Packroff, G., Blaschke, W., Herzsprung P., Meier J., Schimmele, M. & Wollmann, K. 2000. Limnologie und Gewässerchemie von ausgewählten, geogen schwefelsauren Tagebauseen der Niederlausitz, dieser Band.

Ruch, K.-U. & Mutz, M. 1997. Morphologischer Zustand von Fließgewässern im Einflußbereich des Braunkohletagebaus Schlabendorfer Felder, Niederlausitz. Deutsche Gesellschaft für Limnologie, Tagungsbericht 1996: 523-526.

Schulz, F. & Wiegleb, G. 2000. Die Niederlausitzer Bergbaufolgelandschaft – Probleme und Chancen, dieser Band.

Steinberg, C.E.W., Fyson, A. & Nixdorf, B. 1999. Extrem saure Seen in Deutschland. Biologie in unserer Zeit 29(2): 98-109.

Vorwald, J. & Wiegleb, G. 1998. Beispielhafte Entwicklung von Leitbildern in der Bergbaufolgelandschaft. Aktuelle Reihe BTU Cottbus 4/98: 55 S.

Wiegleb, G, Vorwald, J. & Bröring, U. 1999. Synoptische Einführung in das Thema „Bewertung im Rahmen der Leitbildmethode“. In G. Wiegleb, F. Schulz & U. Bröring (Hrsg.) Naturschutzfachliche Bewertung im Rahmen der Leitbildmethode. Physica, Heidelberg: 1-14.

Wiegleb, G. 1996. Leitbilder des Naturschutzes in Bergbaufolgelandschaften am Beispiel der Niederlausitz. Verh. Ges. Ökol. 25: 309-319.

Wiegleb, G. 1997. Leitbildmethode und naturschutzfachliche Bewertung. Z. Ökologie u. Naturschutz 6: 43-62.

Wiegleb, G. 1999a. Stellung der Bewertung im Rahmen der „guten naturschutzfachlichen Praxis“. In G. Wiegleb, F. Schulz & U. Bröring (Hrsg.) Naturschutzfachliche Bewertung im Rahmen der Leitbildmethode. Physica, Heidelberg: 37-47.

Wiegleb, G. 1999b. Umweltbewertung und naturschutzfachliche Bewertung – monetärer Minimalismus oder ökologisch begründete Spitzfindigkeiten. In G. Wiegleb & U. Bröring (Hrsg.) Implementation naturschutzfachlicher Bewertungsverfahren in Verwaltungshandeln. Aktuelle Reihe BTU Cottbus, in Druck.

Wölfl, S. 1999. Limnology of sulfur-acidic lignite mining lakes. II. Biological properties: Plankton structure of an extreme habitat. Proc. Int. Ass. Theoret. Appl. Limnol. 27, in Druck.

Wollmann, K., Deneke, R., Nixdorf, B. & Packroff, G. 1999. Dynamics of planktonic food webs in 3 lakes across an acidic gradient (pH 2-4). Hydrobiologia, in Druck.